VMware

王春海 著

vSphere 6.5
企业运维实战

人民邮电出版社

北京

U0253508

图书在版编目（CIP）数据

VMware vSphere 6.5企业运维实战 / 王春海著. --
北京：人民邮电出版社，2018.4
（51CTO图书大系）
ISBN 978-7-115-47822-1

Ⅰ．①V… Ⅱ．①王… Ⅲ．①虚拟处理机 Ⅳ.
①TP317

中国版本图书馆CIP数据核字(2018)第016537号

内 容 提 要

本书以 vSphere 6.5.0 版本为基准介绍 VMware vSphere 企业运维的内容，包括传统 vSphere 数据中心的组建、VSAN 数据中心的实施规划、虚拟机的备份与恢复、从已有物理服务器到虚拟服务器的迁移等内容。

本书采用循序渐进的教学方法，介绍大量先进的虚拟化应用技术，步骤清晰，讲解细致，非常容易学习和快速掌握，既可以供虚拟机技术爱好者、政府信息中心技术人员、企业和网站的网络管理员、计算机安装及维护人员、软件测试和开发人员、高校师生等参考，也可以作为培训机构的教学用书。

- ◆ 著　　　　王春海
   责任编辑　　王峰松
   责任印制　　焦志炜

- ◆ 人民邮电出版社出版发行　　北京市丰台区成寿寺路 11 号
   邮编 100164　电子邮件 315@ptpress.com.cn
   网址 http://www.ptpress.com.cn
   固安县铭成印刷有限公司印刷

- ◆ 开本：787×1092　1/16
   印张：37.25　　　　　　2018 年 4 月第 1 版
   字数：882 千字　　　　2024 年 7 月河北第 15 次印刷

定价：118.00 元

读者服务热线：(010)81055410　印装质量热线：(010)81055316
反盗版热线：(010)81055315
广告经营许可证：京东市监广登字 20170147 号

前　言

组建与维护 vSphere 数据中心，是一个综合与系统的工程，要对服务器的配置与服务器数量、存储的性能与容量以及接口、网络交换机等方面进行合理的配置与选择。

在 vSphere 数据中心构成的三要素——服务器、存储和网络中，服务器与网络变化不大，主要是存储的选择。在 vSphere 6.0 及其之前，传统的 vSphere 数据中心普遍采用共享存储，一般优先选择 FC 接口，其次是 SAS 及基于网络的 iSCSI。在 vSphere 6.0 推出之后，还可以使用普通的 X86 服务器、基于服务器本地硬盘、通过网络组成的 vSAN 存储。

简单来说，一名虚拟化系统工程师，除了要了解硬件产品的参数、报价外，还要根据客户的需求，为客户进行合理的选型，并且在硬件到位之后，进行项目的实施（安装、配置等）。在项目完成之后，要将项目移交给用户，并对用户进行简单的培训。

在整个项目正常运行的生命周期（一般的服务器虚拟化等产品为 4～6 年）内，能让项目稳定、安全、可靠地运行，并且在运行过程中，解决用户遇到的大多数问题，对系统故障进行分析、判断、定位与解决。

本书适合虚拟化系统集成工程师阅读，书中对 VMware 虚拟化数据中心的规划、硬件选型（服务器、存储和网络交换机）、常用服务器 RAID 配置、存储配置进行了介绍，同时对 VMware 虚拟化产品的安装、从物理机到虚拟机的迁移（P2V 与 V2V）、虚拟化环境中虚拟机的备份与恢复、vSphere 的运维管理等一一进行了介绍。本书还对 VMware 超融合架构 VMware vSAN 进行了比较详细的介绍，并对虚拟化项目中遇到的一些故障进行了简单的说明，并提出了解决方法。

本书一共 8 章，各章内容介绍如下。

第 1 章，概要介绍虚拟化产品硬件选择与服务器 RAID 配置、存储配置等，内容包括虚拟化数据中心的架构，虚拟化数据中心服务器的选择、存储选择，虚拟化中网络及交换机的选择等。此外，还介绍了 vSAN 架构硬件的选择与使用注意事项、服务器底层的管理（包括 HP、DELL 服务器配置）、IBM 与 DELL 服务器的 RAID 配置、IBM V5000 的存储配置等。

第 2 章，介绍无 vCenter Server 管理的 ESXi 主机运维，包括在 VMware Workstation 上安装 ESXi、在普通 PC 上安装 ESXi、在 DELL 服务器上安装 ESXi 的内容，以及 ESXi 控制台设置、使用 ESXi 创建虚拟机等应用。此外，还介绍了虚拟机中使用 ESXi 主机物理硬盘、ESXi 主机重新安装、ESXi 服务器不能识别 USB 加密狗的解决方法等，以及 ESXi 的网络配置、时间配置等内容。

第 3 章，介绍 vSphere 企业应用配置与管理，包括 vCenter Server 6.5.0、vSphere Web Client 基础操作，使用 vSphere Web Client 配置管理虚拟机、虚拟机模板、高可用群集、虚拟机容错等内容。

第 4 章，管理 vSphere 网络，包括规划 vSphere 网络、vSphere 分布式交换机、在分布式交换机上配置链路聚合、理解 vSphere 虚拟交换机的 VLAN 类型、专用 VLAN 的功能等内容。

第 5 章，从物理机到虚拟机，包括在实施虚拟化的过程中如何配置虚拟化主机、如何从物理机迁移到虚拟机（使用 vCenter Converter）。还介绍了 VMware ESXi 中配置虚拟机、在虚拟机中安装系统、在虚拟机中使用外部设备等内容。

第 6 章，介绍 VMware 虚拟机备份与恢复工具 VMware Data Protection 的使用。VMware Data Protection 是 VMware 最新的虚拟机备份工具，可创建虚拟机备份，同时不会中断虚拟机的使用或虚拟机提供的数据和服务。VMware Data Protection 管理虚拟机备份，并可以在需要的时候将虚拟机恢复，并在这些备份过时后将其删除。它还支持删除重复，以删除冗余数据。VMware Data Protection 中还支持 SQL Server 与 Exchange 的数据库备份与恢复技术。

第 7 章，介绍 VMware 日志工具 vRealize Log Insight 的安装配置。vRealize Log Insight 可以为 VMware 虚拟机提供实时的日志管理，用于收集 VMware vSphere 和 NSX 的日志。

第 8 章，介绍 VMware 超融合架构 vSAN 的内容，主要讲解了使用普通的 X86 服务器、服务器本地硬盘或者通过网络，借助 vSphere 搭建 vSAN 存储的内容。本章还简要介绍了 vSAN 的基础知识，在 VMware Workstation 中搭建了 vSAN 实验环境，以及五节点标准 vSAN 群集、使用 vSAN 延伸群集组建双活数据中心、使用两节点 vSAN 延伸群集组成双机热备系统的应用案例。

尽管写作本书时，作者精心设计了每个场景、案例，已经考虑到一些相关企业的共性问题，但就像天下没有完全相同的两个人一样，每个企业都有自己的特点，都有自己的需求，所以，这些案例可能并不能完全适合读者的需求，在实际应用时需要根据企业的情况进行改动。

作者写书的时候，都是尽自己最大的努力来完成的。但有些技术问题，尤其是比较"难"的问题落实到书面上，读者阅读的时候，看一遍可能会看不懂。这不要紧，只要多想想，再多看几遍可能就掌握了。技术类的图书，并不像现在流行的一些网络小说，草草看一眼就能明白。现在的网络小说，更多地像快餐一样，一带而过即可。而阅读技术类的图书，需要多加思考。技术，尤其是专业一些的技术，相对来说都是比较枯燥的。

作者介绍

本书作者王春海，1993 年开始学习计算机，1995 年开始从事网络方面的工作。曾经主持组建过某省国税、地税、市铁路分局（全省范围）的广域网组网工作，近几年一直从事政府等单位的网络升级、改造与维护工作，经验丰富，在多年的工作中，解决过许多疑难问题。

从 2000 年最初的 VMware Workstation 1.0 到现在的 VMware Workstation 12.0.1，从 VMware GSX Server 1 到 VMware GSX Server 3、VMware Server、VMware ESX Server 再到 VMware ESXi 6，作者亲历过每个产品的每个版本的使用。作者从 2004 年即开始使用并部署 VMware Server（VMware GSX Server）、VMware ESXi（VMware ESX Server），已经为许多地方政府、企业成功部署并应用至今。

早在 2003 年作者即编写并出版了业界第一本虚拟机方面的专著《虚拟机配置与应用完全手册》（主要讲述 VMware Workstation 3 的内容），在随后的几年又出版了《虚拟机技术与应用——配置管理与实验》《虚拟机深入应用实践》《VMware vSphere 企业运维实战》等多本虚拟机方面的图书。作者写作的图书，部分输出版权到了台湾地区，例如《VMware 虚拟机实用宝典》由台湾博硕公司出版繁体中文版，《深入学习 VMware vSphere 6》由台湾佳魁资讯股份有限公司出版繁体中文版。

此外，作者还熟悉 Microsoft 系列虚拟机、虚拟化技术，熟悉 Windows 操作系统、Microsoft 的 Exchange、ISA、OCS、MOSS 等服务器产品，是 2009 年度 Microsoft Management Infrastructure 方面的 MVP（微软最有价值专家）、2010—2011 年度 Microsoft Forefront（ISA Server）方向的 MVP、2012—2015 年度 Virtual Machine 方向的 MVP、2016—2017 年度 Cloud and Datacenter Management 方向的 MVP。

提问与反馈

本书涉及的系统与知识点很多，尽管作者力求完善，但仍难免有不妥之处，诚恳地期望广大读者不吝指教。

如有问题希望咨询时，请读者把自己的情况介绍一下，因为作者不了解读者的环境，要帮读者解决问题，需要先了解读者的环境、系统，所以需要读者写一份文档，发送电子邮件到 wangchunhai@wangchunhai.cn。文档中应该有以下内容。

（1）你的系统是全新规划、实施的，还是已经使用了一段时间。如果是使用了一段时间，在系统（或某个应用）不正常之前，你做了哪些操作。相关服务器的品牌、配置、参数、使用年限等。

（2）附上你的拓扑图，标上相关设备（交换机、路由器、服务器）的 IP 地址、网关、DNS 等参数。

（3）你是怎么分析判断你遇到的问题的，在这期间你又遇到了哪些问题。

（4）如果你是全新规划时遇到问题，请写出你的需求，你是怎么规划的。

（5）你认为应该告诉作者的其他信息。

请注意，作者无意收集大家的信息，对于 IP 地址，读者可以把前两位用 x1.x2 来代替。这些信息只是为了方便分析问题。如果读者只是问问题，那还不如去网上搜索答案。

对作者的邮件，请读者直接回复，不要新建邮件。因为作者经常解答许多人的问题，如果读者新发了邮件，就不知道原来提问的内容了。

另外，如果读者遇到了问题，可以百度搜索作者的名字，再加上问题的关键字，一般能找到作者写的相关文章。例如：

如果你在规划 Active Directory 时，关于 DNS 不知如何规划，可以百度搜索“王春海 DNS”。

如果你有多条线路，希望同时连接多个网络，可以百度搜索“王春海 多出口”。有时候，你的问题如果作者以前遇到或已经解决了，就会写成文章发表在作者网址为 http://wangchunhai.blog.51cto.com 的博客上。

作者的博客经常发表一些文章，包括一些案例设计和问题解决，每篇博客文章都有案例或问题说明、拓扑图以及解决的方法，一般能帮助读者解决相关问题。

当然，读者还可以添加作者的 QQ 号 2634258162。但在 QQ 上问问题时，有事直接问，不要问在不在，一定要表达清楚你的问题。每个人的时间都是有限的，作者不反对聊天，但如果说来说去，没有实质内容，只是浪费彼此的时间。

最后，谢谢大家，感谢每一位读者！读者的认可，是作者最大的动力！

王春海

2017 年 10 月

目　　录

第1章 vSphere 虚拟化架构产品选型与配置

组建 vSphere 数据中心，是一个综合与系统的工程，要对服务器的配置与服务器数量、存储的性能与容量以及接口、网络交换机等方面进行合理的配置与选择。在 vSphere 数据中心构成的三要素——服务器、存储、网络中，服务器与网络变化不大，主要是存储的选择。在 vSphere 6.0 及其以前，传统的 vSphere 数据中心普遍采用共享存储，一般优先选择 FC 接口，其次是 SAS 及基于网络的 iSCSI。在 vSphere 6.0 推出后，还可以使用普通的 X86 服务器、基于服务器本地硬盘、通过网络组成的 vSAN 存储。需要指出的是，实际上 vSphere 5.5 U1 就开始支持 vSAN，但第一个集成 vSAN 的正式版本是 vSphere 6.0。

1.1 vSphere 数据中心架构

组建 VMware 虚拟化数据中心有两种主流架构。一种是采用传统共享存储的架构，如图 1-1-1 所示；另一种是基于 vSAN 无共享存储的架构（即所谓的超融合架构），如图 1-1-2 所示。

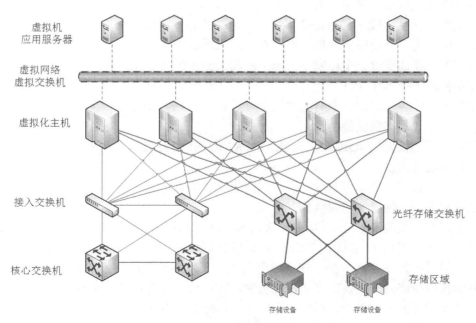

图 1-1-1 传统共享存储架构

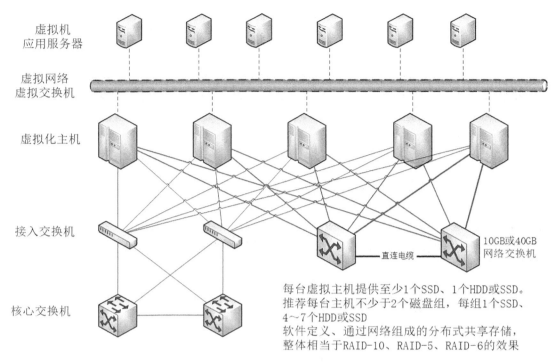

虚拟机
应用服务器

虚拟网络
虚拟交换机

虚拟化主机

接入交换机

核心交换机

10GB或40GB
网络交换机

直连电缆

每台虚拟主机提供至少1个SSD、1个HDD或SSD。
推荐每台主机不少于2个磁盘组，每组1个SSD、
4～7个HDD或SSD
软件定义、通过网络组成的分布式共享存储，
整体相当于RAID-10、RAID-5、RAID-6的效果

图 1-1-2　无共享存储（超融合）架构

简单来说，在传统的 vSphere 数据中心组成中，物理主机不配硬盘（从存储划分 LUN 启动）或仅配置较小的硬盘，或者每个服务器配置一个 2GB 左右的 U 盘或 SD 卡，用来安装 ESXi 的系统，而虚拟机则保存在共享存储（这也是 VMotion、DRS、DPM 的基础）中。传统数据中心的共享存储很容易是一个"单点故障"及一个"速度瓶颈"节点，为了避免从物理主机到存储连接（包括存储本身）出现的故障，一般从物理主机到存储、存储本身都具备冗余，无单点故障点或单点连接点。这表现在以下方面。

（1）每个存储配置 2 个控制器，每个控制器的 1 个接口连接到 2 个独立的交换机（FC 光纤交换机或 SAS 交换机）。

（2）每个服务器配置 2 个 HBA 接口卡（或 2 端口的 HBA 接口卡），每个 HBA 接口卡连接到 1 个单独的存储交换机。

（3）存储磁盘采用 RAID-5、RAID-6、RAID-10 等磁盘冗余技术，并且在存储插槽中还有"全局热备磁盘"。

（4）为了进一步提高可靠性，还可以配置 2 个存储，使用存储厂商提供的存储同步复制或镜像技术，实现存储的完全复制。

为了解决"速度瓶颈"，一般存储采用 8GB 或 16GB 的 FC 接口，或 6GB 或 12GB 的 SAS 接口。也有提供 10 吉比特 iSCSI 接口的网络存储，但在大多数传统的 vSphere 数据中心中，一般采用光纤存储。在小规模的应用中，可以不采用光纤存储交换机，而是将存储与服务器直接相连，当需要扩充更多主机时，可以添加光纤存储交换机。

在较新的超融合架构中，不配备共享存储，而采用服务器本地硬盘组成"磁盘组"。磁盘组中的磁盘以 RAID-0 的方式组成，服务器之间通过网络实现类似 RAID-10 的整体效果。

多个服务器的多个磁盘组共同组成可以在服务器之间"共享"的 vSAN 存储。任何一个虚拟机保存在某台主机的 1 个或多个磁盘组中，并且至少有 1 个完全的副本保存在其他主机中，这个虚拟机在不同主机的磁盘组中的数据是使用"vSAN 流量"的 VMkernel 进行同步的，在推荐的 vSAN 架构（图 1-1-2 右边的网络交换机）中，为 vSAN 流量推荐采用 10 吉比特网络。

　　从图 1-1-1 与图 1-1-2 可以看出，无论是传统数据中心还是超融合架构的数据中心，用于虚拟机流量的"网络交换机"可以采用同一个标准进行选择。物理主机的选择，如果是在传统数据中心中，可以不考虑或少考虑本机磁盘的数量；如果采用超融合架构，则尽可能选择支持较多盘位的服务器。物理主机的 CPU、内存、本地网卡等其他配置，选择可以相同。最后，传统架构中需要为物理主机配置 FC 或 SAS HBA 接口卡，并配置 FC 或 SAS 存储交换机；超融合架构中需要为物理主机配置 10 吉比特以太网网卡，并且配置 10 吉比特以太网交换机。

　　无论是在传统架构还是在超融合架构中，对 RAID 卡的要求都比较低。前者是因为采用共享存储（虚拟机保存在共享存储，不保存在服务器本地硬盘），不需要为服务器配置过多磁盘，所以就不需要 RAID-5 的支持，最多 2 个磁盘配置 RAID-1 用于安装 VMware ESXi 系统；而在超融合架构中，VMware ESXi Hypervisor 直接控制每个磁盘，不再需要阵列卡这一级。如果服务器已经配置 RAID 卡，则需要将每个磁盘配置为"直通"模式（有的 RAID 卡支持，例如 DELL H730）或配置为"RAID-0"（不支持磁盘直通的 RAID 卡）。

　　关于 VMware vSAN 兼容的主机，可以在"vSAN ReadyNode"网页中查看，链接为 http://vsanreadynode.vmware.com/RN/RN。

　　在了解 VMware 数据中心两种架构后，如果要规划 VMware 数据中心（或 VMware 虚拟化环境、vSphere 虚拟化环境），就可以参照如图 1-1-3 所示流程。

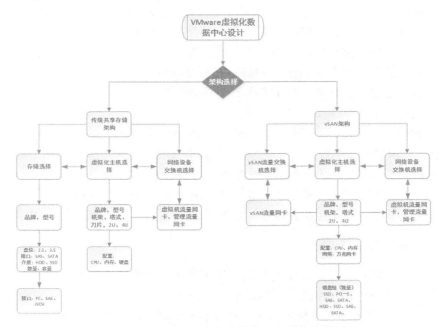

图 1-1-3　VMware 虚拟化数据中心设计流程图

下面介绍虚拟化主机（物理服务器）、网络交换机、共享存储（用于传统共享存储架构）以及 vSAN 架构中物理主机及磁盘的选择。为了方便读者阅读，分为两节进行介绍。

1.2 传统数据中心服务器、存储、交换机的选择

在一个小型、传统架构的 vSphere 数据中心中，一般由至少 3 台 X86 服务器、1 台共享存储组成。如果存储与服务器之间使用光纤连接，在此基础上，只要存储性能与容量足够，可以很容易地从 3 台服务器扩展到多台。但这种传统的 vSphere 数据中心，受限于共享存储的性能（存储接口速度、存储的容量、存储的 IOPS），服务器与存储的比率不会太大（通常采用 10 台以下的物理服务器连接 1～2 台存储）。

从理论及实际来看，vSphere 数据中心架构比较简单，只要存储、网络、服务器跟得上，很容易扩展成比较大的数据中心。对于大多数的管理员及初学者，只要搭建出 3 台服务器、连接 1 台共享存储的 vSphere 环境，就很容易扩展到 10 台、20 台甚至更多的服务器，同时连接 1 台到多台共享存储的 vSphere 环境，并且管理起来与 3 台的 vSphere 最小群集没有多大的区别。所以，这也是我在以前的图书中以 3 台主机、1 台共享存储为例作为案例的原因。但是，量变会引起质变。虽然我们理解 vSphere 的架构，也能安装配置多台服务器组成的 vSphere 数据中心，但在实际的应用环境中，服务器的数量扩充并不是无上限的。有的时候，并不是多增加服务器就能提高 vSphere 数据中心的性能。

例如，在我维护与改造的一个 vSphere 数据中心中，有 10 台服务器，这些服务器购买年限不同，服务器配置不多，整个 vSphere 数据中心的运行性能一般，并且没有配置群集，虽然有共享存储（各有 1 台 EMC 及 1 台联想的存储），但存储只是当成服务器的"外置硬盘"使用，存储中划分了多个 LUN，但每个 LUN 只是划分给其中的 1 台服务器使用，这样 VMware 的 HA、VMotion 没有配置，另外每台服务器虽然有多个网卡但只有 1 个网卡连接了网线。在我仔细核算后，重新配置存储（将多个 LUN 映射给 4 台服务器使用），使用 4 台服务器，去掉了另外 6 台配置较低的服务器，整个业务系统的可靠性提升了一个数量级（原来虽然是虚拟化环境，但如果某台服务器损坏，这个服务器上的虚拟机并不能切换到其他主机），4 台服务器具有 2 台冗余。

对于 vSphere 数据中心，尤其是对于较大的 vSphere 数据中心，我个人推荐采用"双群集"的架构，即配置一个传统的、中小型 vSphere 数据中心（采用共享存储），安装 vCenter Server 以及其他的基础架构的虚拟机，例如 Active Directory、View 连接服务器、View 安全服务器、vROps、VDP 等业务虚拟机。另外再组建一个 vSAN 的数据中心，这个 vSAN 数据中心用于高性能的业务虚拟机，并且 vSAN 的群集可以很容易地横向与纵向扩展。

1.2.1 服务器的选择

在实施虚拟化的过程中，如果既有服务器可以满足需求，使用既有的服务器即可。如果既有服务器不能完全满足需求，则可以部分采用既有服务器，然后再采购新的服务器。

【说明】虽然本节内容是传统数据中心服务器的选择，但组建超融合数据中心的服务器也可参考本节内容。

如果采购新的服务器，可供选择的产品比较多。根据外形的不同，服务器有机柜式、塔式、刀片服务器之分。从空间利用上来看，万片服务器空间利用率最高，但兼容性可能存在问题、性能相对较差、后期维护成本较高。对于大多数单位来说，应该优先采购机架式服务器。采购的原则主要包括以下方面。

（1）当 2U 的服务器能满足需求时，则采用 2U 的服务器。通常情况下，2U 的服务器最大支持 2 个 CPU，标配 1 个 CPU。在这个时候，就要配置 2 个 CPU。

如果 2U 的服务器不能满足需求，则采用 4U 的服务器。通常情况下，4U 的服务器最大支持 4 个 CPU，标配 2 个 CPU。在购置服务器时，以为服务器配置 4 个 CPU 为宜。如果对服务器的数量不进行限制，采购 2 倍的 2U 服务器要比采购 4U 的服务器节省更多的资金，并且性能大多数也能满足需求。

（2）CPU：在选择 CPU 时，以选择 6 核或 8 核的 Intel 系列的 CPU 为宜。10 核或更多核心的 CPU 较贵，不推荐选择。当然，单位对 CPU 的性能、空间要求较高时除外。在大多数的情况下，采用内核数较多、主频相对较低的 CPU，比选择内核数较小、主频相对较高的 CPU，具有更高的性价比。例如，某单位采购 2U 服务器，每台服务器配置 1 个 Intel E5-2630 V4，后来选择 2 个 Intel E5-2609 V4，在价格相差不多的情况下，具有更多的核心数，相对来说具有更好的性能。Intel E5 系列（DELL 服务器）专用 CPU 的参考报价如表 1-2-1 所列（2017 年 2 月京东公司报价，产品链接为 http://item.jd.com/11171187629.html）。

表 1-2-1　　　　　　　　　　DELL 服务器 E5 系列 CPU 报价

型号	核心/个	主频/GHz	缓存/MB	支持内存	功耗/W	单价/元
E5-2660 V4	14	2.0	35	DDR4-2400	105	12500
E5-2650 V4	12	2.2	30	DDR4-2400	105	8599
E5-2640 V4	10	2.4	25	DDR4-2133	90	6600
E5-2637 V4	4	3.5	15	DDR4-2400	135	6500
E5-2630 V4	10	2.2	25	DDR4-2133	90	4688
E5-2620 V4	8	2.1	20	DDR4-2133	85	3399
E5-2609 V4	8	1.7	20	DDR4-1866	85	2599
E5-2603 V4	6	1.7	15	DDR4-1866	85	1899
E5-2670 V3	12	2.3	30	DDR4-2133	120	10800
E5-2650 V3	10	2.3	25	DDR4-2133	105	7858
E5-2640 V3	8	2.6	20	DDR4-1866	90	6599
E5-2637 V3	4	3.5	15	DDR4-2133	135	6550
E5-2630 V3	8	2.4	20	DDR4-1866	85	4580
E5-2620 V3	6	2.4	15	DDR4-1866	85	3288
E5-2609 V3	6	1.9	15	DDR4-1600	85	2398
E5-2603 V3	6	1.6	15	DDR4-1600	85	1898

（3）内存：在配置服务器的时候，尽量为服务器配置较大内存。在虚拟化项目中，内存比 CPU 更重要。在使用 vSphere 5.5 的情况下，一般 2U 服务器配置内存从 32GB 起配；在使用 vSphere 6.0 的情况下，内存从 64GB 起配；在 vSphere 6.5 的情况下，内存从 64～128GB 起配。

（4）网卡：在选择服务器的时候，还要考虑服务器的网卡数量，至少要为服务器配置 2 接口的吉比特网卡，推荐 4 端口吉比特网卡。

（5）电源：推荐配置双电源。一般情况下，2U 服务器选择 2 个 450W 的电源可以满足需求，4U 服务器选择 2 个 750W 的电源可以满足需求。

（6）硬盘：如果虚拟机保存在服务器的本地存储而不是网络存储，则以为服务器配置 6 个硬盘做 RAID-5 或者 8 个硬盘做 RAID-50 为宜。由于服务器硬盘槽位有限，故不能选择太小的硬盘。当前性价比高的是 600GB 或 900GB 的 SAS 硬盘，1.2TB 的 SAS 硬盘价格相对较高。2.5 英寸 SAS 硬盘转速为 10000 转/分，3.5 英寸 SAS 硬盘转速为 15000 转/分。选择 2.5 英寸硬盘具有较高的 IOPS。

至于服务器的品牌，则可以选择联想 System（原 IBM 服务器）、HP 或 DELL。表 1-2-2 所列是几款服务器的型号及规格。

表 1-2-2　　　　　　　　　　　　几款服务器型号及规格

品牌及型号	规　　格
联想　3650 M5	2U，最大 2CPU（标配 1CPU）；DDR4，24 个内存插槽（RDIMM/LRDIMM）；24 个前端和 2 个后端 2.5 英寸盘位（HDD 或 SSD）；或 12 个 3.5 英寸盘位和 2 个后端 3.5 英寸盘位；或 8 个 3.5 英寸盘位和 2 个后端 3.5 英寸或 2 个后端 2.5 英寸盘位。标配 SR M5200 阵列卡，支持 RAID-0/1/10，增加选件可支持 RAID-5/6/50；标配 1 个电源（最多 2 个电源）；3 个前端（1 个 USB 3.0、2 个 USB 2.0）和 4 个后端（2 个 USB 2.0、2 个 USB 3.0）和 1 个适用于虚拟机管理程序的内部（USB 3.0）接口，1 个前端和 1 个后端 VGA 接口；4 端口吉比特网卡，1 个 IMM 管理接口，可选 10/40Gbe ML2 或 PCIe 适配器
联想　3850 X6	4U，最大 4CPU（标配 2CPU）；DDR4，48 个 DIMM 插槽，最大支持 96 根内存；标配 ML2 四端口吉比特网卡，可选双口 10 吉比特网卡；最大支持 8 个 2.5 英寸盘位；1 个前端 USB 2.0、2 个前端 USB 3.0 接口；1 个前端 VGA 接口，1 个后端 VGA 接口；标配双电源
HP DL388 G9	2U，最大 2CPU（标配 1CPU）；DDR4，24 个内存插槽；标配 8 个 2.5 英寸硬盘位，可选升级到 16 或 24 个硬盘槽位；4 端口吉比特网卡；1 个 500W 电源，可选冗余（2 个）；RAID-1/0/5
HP DL580 G9	4U，最大 4CPU；标配 2 个内存板，每个内存板 12 个插槽，最大可扩充到 96 个 DIMM 内存插槽；4 端口吉比特网卡，可升级为 2×10Gbit/s Flex Fabric 网卡；2 个电源，最多支持 4 个冗余；支持 10 块 2.5 英寸盘位
DELL R920	4U，最大 4CPU；最多 96 个 DIMM 插槽（4 CPU，8 个内存板），最大支持 6TB 内存；标配 1 个吉比特双端口 Intel 网卡；标配双电源（最多 4 个电源）；最大支持 24 块 2.5 英寸硬盘；8 个 USB+1 个 VGA+2 个 RJ45 网口+1 个串口
DELL R720	2U，最大 2CUP；24 个 DIMM 插槽，最大支持 768GB；最大支持 8 块硬盘；集成 4 端口吉比特网卡；RAID-1/0/5；可选冗余电源

几种服务器外形如图 1-2-1～图 1-2-3 所示。

图 1-2-1　HP DL388 系列（2U 机架式，2.5 英寸盘位）

图 1-2-2 联想 3650 M5 系列（2U 机架式，2.5 英寸盘位）

图 1-2-3 DELL R730（2U 机架式，2.5 英寸盘位）

1.2.2 服务器与存储的区别

从外形来看，存储设备（如图 1-2-4 所示，这是 IBM V3500、3700、5000、7000 系列存储外形）与机架式服务器类似，但存储的作用与服务器又有所区别。

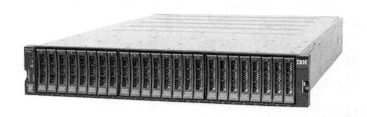

图 1-2-4 IBM V3500、3700、5000、7000 系列存储外形（2.5 英寸盘位）

服务器提供计算资源与存储资源（这里面的存储，指的是存放服务器所安装与运行操作系统、应用程序的数据），而专业的存储设备（一般称为存储）则主要为其他设备（主要是服务器）提供存储空间。可以将专业的存储设备看为服务器的外置硬盘空间，并可以根据需要进行扩充。

服务器与存储的连接方式有以太网网络连接、通过线缆（SAS 连接或 FC 光纤连接）连接几种方式。这与存储设备配置的接口有关。

存储，可以简单看成具有较多硬盘（提供空间）以及 1～2 个控制器的"二合一"设备。其中较多硬盘可以组成磁盘池、使用 RAID 划分提供较大容量、提供磁盘的冗余，使用控制器为服务器提供连接。

存储控制器一般会提供 3 种流行的端口，通常是以太网连接（以 iSCSI 方式提供）、SAS、FC 连接 3 种方式。其中 iSCSI 连接速度有 1Gbit/s 与 10Gbit/s 两种，SAS 连接速度有 6Gbit/s 与 12Gbit/s 两种，FC 连接速度有 8Gbit/s 与 16Gbit/s 两种。

如果服务器与存储使用 iSCSI 连接，则不需要为服务器添加专用设备，使用服务器自带的网卡即可。服务器与存储既可以直接连接，也可以通过交换机连接。

如果服务器与存储使用 SAS 方式，则需要为服务器配置 SAS HBA 接口卡。在这种方式下，是服务器与存储使用 SAS 线缆直接连接。在采用这种连接时，受控制器数量、每个控制器提供的 SAS 端口的限制（通常情况下每个控制器最多有 4 个 SAS 端口，其中 3 个端口可以连接主机，剩余 1 台接磁盘柜用于扩展），一般存储最多只能与 6 台服务器同时连接（如果用 SAS 交换机进行扩展，则可以连接更多主机）。

如果服务器与存储使用 FC 方式，需要为服务器配置 FC HBA 接口卡。在这种方式下，服务器与存储既可以直接连接（使用多模光纤），也可以通过光纤存储交换机连接（即服务器与存储都连接到光纤存储交换机）。

存储虽然是为服务器提供空间，但与服务器本地硬盘提供的空间又有区别，虽然服务器使用 SAS 或 FC 连接的存储空间可以安装操作系统并用于启动（与服务器配置的本地硬盘区别不大）。服务器本地硬盘只是供服务器本身使用，而存储提供的空间可以同时为多台服务器使用，这是配置群集、实现高可用的重要基础。

但是，虽然存储划分的同一个 LUN（相当于 1 个磁盘或 1 个卷）可以同时分配给多台服务器同时使用，但对服务器安装的操作系统亦有限制，如果服务器安装的 Windows 与 Linux 系统在进行"常规"使用时，例如安装 Windows Server 2008，将 LUN 创建为分区，以普通磁盘的方式使用，在多个服务器使用同一存储提供的同一 LUN 时，当不同的服务器分别读写（主要是数据写入）相同的 LUN 时，会造成数据丢失；只有服务器安装"专业"的操作系统，例如 Vmware 或 Windows Server 2008 及其以上的操作系统并配置为"故障转移群集"，管理 LUN 并将其添加为"群集共享卷"使用时，才不会造成数据丢失！

在虚拟化数据中心中，如果使用传统共享存储架构，多台服务器连接（使用）存储提供的空间，服务器本身可以不需要配置本地硬盘，而是由存储划分 LUN，并将 LUN 分配给服务器单独使用或同时使用。

1.2.3 存储的规划

在传统的虚拟化数据中心中，推荐采用存储设备而不是服务器本地硬盘。在配置共享的存储设备时，并且虚拟机保存在存储时，才能快速实现并使用 HA、FT、vMotion 等技术。在使用 VMware vSphere 实施虚拟化项目时，一个推荐的作法是将 VMware ESXi 安装在服务器的本地硬盘上，这个本地硬盘可以是一个固态硬盘（30～60GB 即可），也可以是一个 SD 卡（配置 4～8GB 的 SD 卡即可），甚至可以是 1～4GB 的 U 盘。如果服务器没有配置本地硬盘，也可以从存储上为服务器划分 10～30GB 大小的 LUN 用于启动。

【说明】在 HP DL380 G8 系列服务器主板上集成了 SD 接口，可以将 SD 卡插在该接口中用于安装 VMware ESXi；在 IBM 3650 M4 系列服务器主板上集成了 USB 接口，可以为其配置一个 1～8GB 的 U 盘用于安装 VMware ESXi。一些其他品牌的服务器主板（或机箱外部）也安装了 SD 或 CF 卡。当然，如果主板中没有 SD 或 USB 接口而希望将 ESXi 安装在 U 盘，也可以直接将 U 盘安装在服务器后端或前端的 USB 口上，实际使用效果是相同的。

在虚拟化项目中选择存储时，如果服务器数量较少，可以选择 SAS HBA 接口（如图 1-2-5 所示）的存储；如果服务器数量较多，则需要选择 FC HBA 接口（如图 1-2-6 所示）的存储并配置 FC 的光纤交换机。SAS HBA 接口速度为 6Gbit/s（新型号可以到

12Gbit/s），FC HBA 接口速度为 8Gbit/s（新型号可以到 16Gbit/s）。

图 1-2-5　SAS HBA 接口卡

图 1-2-6　FC HBA 接口卡

　　在选择存储设备的时候，要考虑整个虚拟化系统中需要用到的存储容量、磁盘性能、接口数量、接口的带宽。对于容量来说，整个存储设计的容量需要实际使用容量的 2 倍以上。例如，整个数据中心已经使用了 1TB 的磁盘空间（所有已用空间加到一起），则在设计存储时要至少设计 2TB 的存储空间（是配置 RAID 之后的，而不是没有配置 RAID 时所有磁盘相加的空间）。

　　例如：如果需要 2TB 的空间，使用 600GB 的硬盘，用 RAID-10 时，需要 8 块硬盘，实际容量是 4 个硬盘的容量，即 600GB×4≈2.4TB；用 RAID-5 时，则需要 5 块硬盘。

　　在存储设计中另外一个重要的参数是 IOPS（Input/Output Operations Per Second），即每秒进行读写（I/O）操作的次数，这个参数多用于数据库等场合衡量随机访问的性能。存储端的 IOPS 性能和主机端的 IO 是不同的，IOPS 是指存储每秒可接受多少次主机发出的访问，主机的一次 IO 需要多次访问存储才可以完成。例如，主机写入一个最小的数据块，也要经过"发送写入请求、写入数据、收到写入确认"等 3 个步骤，也就是 3 个存储端访问。每个磁盘系统的 IOPS 是有上限的，如果设计的存储系统实际的 IOPS 超过了磁盘组的上限，则系统反应会变慢，影响系统的性能。简单来说，15000 转/分的磁盘的 IOPS 是 150，10000 转/分的磁盘的 IOPS 是 100，普通 SATA 硬盘的 IOPS 大约是 70～80。一般情况下，在进行桌面虚拟化时，每个虚拟机的 IOPS 可以设计为 3～5 个，普通虚拟服务器的 IOPS 可以规划为 15～30 个（依据实际情况）。当设计一个同时运行 100 个虚拟机的系统时，IOPS 则至少要规划为 2000 个。如果采用 10000 转/分的 SAS 磁盘，则至少需要 20 个磁盘。当然这只是简单的测算，如果要详细的计算，则要综合考虑磁盘转速、IOPS、磁盘数量、采用的 RAID 方式、考虑 RAID 缓存命中率、读写比例等。下面详细介绍。

　　（1）首先要了解不同磁盘接口、磁盘转速所能提供的最大 IOPS。不同磁盘所能提供的理论最大 IOPS 参考值如表 1-2-3 所列。

表 1-2-3　　　　　　　　　　　不同磁盘接口、转速所能提供的最大 IOPS

磁 盘 接 口	转速/转·分$^{-1}$	IOPS/个
光纤	15000	180
SAS	15000	175

磁 盘 接 口	转速/转·分$^{-1}$	IOPS/个
光纤	10000	140
SAS	10000	130
SATA	7200	80
SATA	5400	40
固态硬盘		2500～20000

（2）计算所系统所需要的总 IOPS。例如 VMware View 桌面不同状态时所需要的 IOPS 如表 1-2-4 所列。

表 1-2-4　　　　　　　　　View 桌面不同状态时所需要的 IOPS（参考值）

系 统 状 态	所需 IOPS/个
系统启动时	26
系统登录时	14
工作时（轻量）	4～8
工作时（普通）	8～12
工作时（重量）	12～20
桌面空闲时	4
桌面登出时	12
桌面离线时	0

如果要规划 300 个桌面同时工作，最多 100 个桌面同时启动，则 100 个桌面同时启动时需要 2600 个 IOPS，100 个系统登录时需要 1400 个 IOPS，当 300 个桌面工作时（普通）则需要 2400～3600 个 IOPS。则总 IOPS 需要 2600～6200 个。本例以 3000 个 IOPS 作为规划值。

（3）多块磁盘提供的 IOPS 上限与 RAID 方式、Cache 命中率、读取比例有关。其中 RAID-5 的写惩罚为 4，RAID-10 与 RAID-1 的写惩罚为 2（RAID-5 单次写入需要分别对数据位和校验位进行 2 次读和 2 次写，所以写惩罚为 4）。知道磁盘总数计算总 IOPS 的公式如下：

$$总\ IOPS = \frac{单块盘的IOPS \times 磁盘个数}{(1-读Cache命中率) \times 读百分比 + 写惩罚 \times 写百分比}$$

根据上述公式，在有总的 IOPS 需求时，所需要的磁盘总数公式如下：

$$磁盘个数 = \frac{总IOPS \times ((1-读Cache命中率) \times 读百分比 + 写惩罚 \times 写百分比)}{单块盘的IOPS}$$

根据这个公式，在 RAID-5 方式下，以 10000 转/分的 SAS 磁盘为例，单块磁盘最大能提供 130 的 IOPS，在 RAID 卡的 Cache 命中率 30%，读写比例为 6∶4（分别以 60%读、40%写）时，计算得出 3000 个 IOPS 至少需要为 46.6 个磁盘，考虑到实际的规划则至少需要 48～52 个磁盘。

同样，磁盘如果以 RAID-5 划分，Cache 命中率 30%，20%读，80%写，计算得数为 77.07，则至少需要 78～82 个磁盘。

同样的磁盘（单块磁盘 IOPS 为 130），如果以 RAID-10 划分，缓存 30%、读 60%、写 40% 为例，则需要 28.15 个磁盘，实际约需要 28 个以上。当以缓存 30%、读 20%、写 80% 为例时，则需要 40.15 个磁盘，实际需要 40 个及其以上。

在满足 IOPS 的同时，还要考虑划分为不同 RAID 时磁盘的实际有效空间。

例如，以 RAID-10 为例，如果单个磁盘容量为 600GB，因为 RAID-10 要浪费一半的空间，则 28 个磁盘提供的有效空间是 14×600GB≈8.4TB；如果是 40 个磁盘划分为 RAID-10，则实际有效容量是 20×600GB≈12TB。

在规划存储时，还要考虑存储的接口数量及接口的速度。通常来说，在规划一个具有 4 台主机、1 个存储的系统中，采用具有 2 个接口器、4 个 SAS 接口的存储服务器是比较合适的。如果有更多的主机或者主机需要冗余的接口，则可以考虑配 FC 接口的存储，并采用光纤交换机连接存储与服务器。

1.2.4　IBM 常见存储参数

当前 IBM 常用存储型号为 V3500、V3700、V5000、V7000 系列，其中 V3500 与 V3700 为低端存储，V3500 不能升级而 V3700 可以升级。IBM 存储有 2.5 英寸、3.5 英寸 2 种型号，其中 2.5 英寸盘位的存储正面如图 1-2-7 所示。

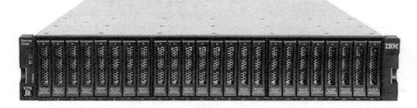

图 1-2-7　IBM V3500、3700、5000、7000 正面视图（2.5 英寸盘位）

IBM V5000 系列存储参数如表 1-2-5 所列。

表 1-2-5　　　　　　　　　　　　IBM V5000 系列参数一览

软　　件	面向 Storwize V5030 的 IBM Spectrum Virtualize 软件	面向 Storwize V5020 的 IBM Spectrum Virtualize 软件	面向 Storwize V5010 的 IBM Spectrum Virtualize 软件
用户界面	基于 Web 的图形用户界面（GUI）		
单或双控制器	双	双	双
连接（标配）	10Gbit/s iSCSI、1Gbit/s iSCSI		
连接（选配）	16Gbit/s 光纤通道、12Gbit/s SAS 10Gbit/s iSCSI / 以太网光纤通道（FCoE）、1Gbit/s iSCSI		
缓存（每系统）	32GB 或 64GB	16GB 或 32GB	16GB
支持的驱动器	2.5 英寸与 3.5 英寸驱动器： 15000 转/分 SAS 磁盘（300GB、600GB）； 10000 转/分 SAS 磁盘（900GB、1.2TB、1.8TB）。		

续表

软　件	面向 Storwize V5030 的 IBM Spectrum Virtualize 软件	面向 Storwize V5020 的 IBM Spectrum Virtualize 软件	面向 Storwize V5010 的 IBM Spectrum Virtualize 软件
支持的驱动器	2.5 英寸： 7200 转/分 NL-SAS 磁盘（1TB、2TB） 3.5 英寸驱动器： 7200 转/分 NL-SAS 磁盘（2TB、3TB、4TB、6TB、8TB、10TB） 固态驱动器（SSD）2.5 英寸驱动器： 200GB、400GB、800GB、1.6TB、1.92TB、3.2TB、3.84TB、7.68TB 和 15.36TB		
受支持的最大驱动器数量	每系统最多 760 个驱动器，双向群集系统中 1520 个驱动器	每系统最多 392 个驱动器	每系统最多 392 个驱动器
支持的机柜	• 小型机柜：24 个 2.5 英寸驱动器 • 大型机柜：12 个 3.5 英寸驱动器 • 高密度扩展机柜：92 个 3.5 英寸驱动器或 2.5 英寸驱动器		
最大扩展机柜容量	• 标准扩展机柜：每控制器多达 20 个标准扩展机柜 • 高密度扩展机柜：每控制器多达 8 个高密度扩展机柜	• 标准扩展机柜：每控制器多达 10 个标准扩展机柜 • 高密度扩展机柜：每控制器多达 4 个高密度扩展机柜	• 标准扩展机柜：每控制器多达 10 个标准扩展机柜 • 高密度扩展机柜：每控制器多达 4 个高密度扩展机柜
RAID 级别	RAID-0、1、5、6、10、分布式		
风扇与电源	完全冗余，热插拔		
机架支持	标准 19 英寸（约 48 厘米）		

另外，IBM V7000 系列主机接口支持直接连接 1Gbit/s iSCSI 和可选 16Gbit/s 光纤通道或 10Gbit/s iSCSI/FCoE，IBM 亦有全闪存架构的存储，型号为 IBM Storwize V7000F 和 IBM Storwize V5030F，受支持的 2.5 英寸闪存驱动器容量有 400GB、800GB、1.6TB、1.92TB、3.2TB、3.84TB、7.68TB 和 15.36TB 系列。

1.2.5　DELL PowerVault MD 系列存储参数

PowerVault MD3 系列是 DELL 推出的新一代经济实惠的存储，支持 12Gbit/s SAS、10GBASE-T 以太网 iSCSI 和 16Gbit/s 光纤通道连接，确保拥有实现业务增长所需的适当技术。此外，在新的 MD3 机型中，每个控制器配备 8GB 高速缓存，是当前 MD3 机型上可用控制器内存的 2 倍。

PowerVault MD 系列有多种不同的机型，可以满足不同环境或存储需求。该产品系列包括 DAS（直接连接）或 SAN 阵列，提供 SAS、iSCSI 或光纤通道连接选项。它具有 2U（如图 1-2-8 所示）和 4U（如图 1-2-9 所示）外形规格，可按要求混搭多种硬盘。MD 扩展盘柜提供 12 硬盘、24 硬盘和 60 硬盘选项（如图 1-2-10 所示），可确保能够随业务增长扩展容量。

图 1-2-8　DELL 2U 存储

图 1-2-9　DELL 4U 存储

图 1-2-10　DELL 扩展柜

　　MD3 新一代机型延续了当前 MD3 系列所具有的高标准的可靠性，同时丝毫没有牺牲质量和性能。此最新一代阵列仍然具有出色的可扩展性，2U 机型最多可扩展到 192 个硬盘，并且使用相同的 PowerVault MD 扩展盘柜，高密度 4U 阵列可扩展到最多 180 个硬盘。

　　PowerVault MD3 10GbE iSCSI SAN 非常适合最多使用 64 台主机服务器的网络存储整合和虚拟化部署。此 10GbE iSCSI 阵列系列具有高容量和优异的性能，同时提供多样化的选项，包括 2U 12 或 24 硬盘机箱，或在小型 4U 空间中最多支持 60 个硬盘的高密度机箱。

　　PowerVault MD3 光纤通道阵列系列是数据密集型应用程序的理想选择。利用 16Gbit/s 光纤通道，现有的光纤通道投资将通过一个可扩展的可靠解决方案得到保护。MD3 光纤通道阵列提供高吞吐量和高效率，并在带宽加倍时有望提高性能。

　　PowerVault MD1200、MD1220 和 MD3060e 高密度盘柜是直接连接的 6Gbit/s SAS 扩展盘柜，该扩展盘柜可连接到 12、24 或 60 硬盘 MD3 阵列机型和 DELL PowerEdge 服务器，以提供用于实现高性能和执行数据密集型应用程序的额外容量。

　　PowerVault MD1220 系列可以提供卓越的速度、灵活性和可靠性，以满足数据量大、性能要求高的应用程序（存储活跃且更改频繁的信息）的需求。在使用 4TB 硬盘的情况下，这些高性能 2U 阵列的存储空间最高可扩展到 96TB 或 192TB。

　　DELL PowerVault MD 3400 系列存储参数如表 1-2-6 所列。

表 1-2-6　　　　　　　　　　DELL PowerVault MD 3400 系列存储参数

特　　性	MD 3400	MD 3420	MD 3460
硬盘数/个	12	24	60
硬盘类型	3.5 英寸 SAS、近线 SAS、固态硬盘	2.5 英寸 SAS、近线 SAS、固态硬盘	混搭 3.5 英寸和 2.5 英寸 SAS、近线 SAS 和固态硬盘

续表

特 性	MD 3400	MD 3420	MD 3460
硬盘容量	<ul><li>15000 转/分 SAS 磁盘：300GB、600GB</li><li>7200 转/分 NL-SAS：500GB、1TB、2TB、3TB、4TB</li><li>固态硬盘：200GB、400GB、800GB；读密集型固态硬盘：800GB、1.6TB（装在 3.5 英寸硬盘托架中）</li></ul>		
扩展功能	使用 MD1200 或 MD1220，可扩展至最多 192 个硬盘		使用 MD3060e，可扩展至最多 180 个硬盘
连接	12Gbit/s SAS		
控制器	双控制器 4GB 或 8GB 高速缓存，最大高速缓存 16GB，每控制器 8GB		
最大主机数/台	8		
最大高可用主机数/台	4		
外形规格	2U 机架式盘柜	2U 机架式盘柜	4U 机架式盘柜
管理软件	MD Storage Manager		
标配功能	动态磁盘池、精简配置、VAAI、vCenter 插件、VASA、SRA、SED		
可选功能	快照、虚拟磁盘备份、HPT、硬盘扩展选项		
服务器支持	Dell PowerEdge 服务器		
操作系统支持	Microsoft Windows、VMware、Microsoft Hyper-V、Citrix XenServer、Red Hat 和 SUSE		
RAID 级别	支持 RAID 级别 0、1、10、5、6；在 RAID-0、10 中，每组最多包含 180/192 个物理磁盘；在 RAID-5、6 中，每组最多包含 30 个物理磁盘；最多包含 512 个虚拟磁盘；动态磁盘池		
物理尺寸（高×宽×深）	8.68 厘米（3.42 英寸）× 44.63 厘米（17.57 英寸）× 60.20 厘米（23.70 英寸）	8.68 厘米（3.42 英寸）× 44.63 厘米（17.57 英寸）× 54.90 厘米（21.61 英寸）	17.78 厘米（7 英寸）× 48.26 厘米（19.0 英寸）× 82.55 厘米（32.5 英寸）
最大质量	29.30 千克	24.22 千克	105.20 千克

【说明】（1）DELL PowerVault MD 3800i 系列包括 MD 3800i、MD 3820i、MD 3860i，MD 3800i 系列除了连接方式为 10GBASE-T iSCSI 外，其他的参数分别与 MD 3400、MD 3420、MD 3460 一一对应，即 3400 对应 3800i、3420 对应 3820i、3460 对应 3860i。

（2）DELL PowerVault MD 3800f 系列包括 MD 3800f、MD 3820f、MD 3860f，MD 3800f 系列除了连接方式为 16Gbit/s 光纤通道外，其他的参数分别与 MD 3400、MD 3420、MD 3460 一一对应，即 3400 对应 3800f、3420 对应 3820f、3460 对应 3860f。

（3）DELL PowerVault MD 3800i、DELL PowerVault MD 3800f 最大连接主机数与最大高可用主机数为 64。

DELL PowerVault MD 3200 系列存储参数如表 1-2-7 所列。

表 1-2-7　　　　　　　　DELL PowerVault MD 3200 系列存储参数

特性	MD 3200	MD 3220	MD 3260
硬盘数/个	12	24	60

续表

特性	MD 3200	MD 3220	MD 3260
硬盘类型	3.5 英寸 SAS、近线 SAS、固态硬盘	2.5 英寸 SAS、近线 SAS、固态硬盘	混搭 3.5 英寸和 2.5 英寸 SAS、近线 SAS 和固态硬盘
硬盘容量	<ul><li>15000 转/分 SAS 磁盘：300GB、600GB</li><li>7200 转/分 NL-SAS：500GB、1TB、2TB、3TB、4TB</li><li>固态硬盘：200GB、400GB、800GB；读密集型固态硬盘：800GB、1.6TB（装在 3.5 英寸硬盘托架中）</li></ul>		
扩展功能	使用 MD1200 或 MD1220，可扩展至最多 192 个硬盘		使用 MD3060e，可扩展至最多 180 个硬盘
连接	6Gbit/s SAS		
控制器	单控制器或双控制器 2GB 或 4GB 高速缓存		双控制器 2GB 或 4GB 高速缓存
最大主机数/台	8		
最大高可用主机数/台	4		
外形规格	2U 机架式盘柜	2U 机架式盘柜	4U 机架式盘柜
管理软件	MD Storage Manager		
标配功能	动态磁盘池、精简配置、VAAI、vCenter 插件、VASA、SRA、SED		动态磁盘池、精简配置、VAAI、vCenter 插件、VASA、SRA、HPT、固态硬盘高速缓存、SED
可选功能	快照、虚拟磁盘备份、HPT		快照、虚拟磁盘备份
服务器支持	Dell PowerEdge 服务器		
操作系统支持	Microsoft Windows、VMware、Microsoft Hyper-V、Citrix XenServer、Red Hat 和 SUSE		
RAID 级别	支持 RAID 级别 0、1、10、5、6；在 RAID-0、10 中，每组最多包含 180/192 个物理磁盘；在 RAID-5、6 中，每组最多包含 30 个物理磁盘；最多包含 512 个虚拟磁盘；动态磁盘池		
物理尺寸（高×宽×深）	8.68 厘米（3.42 英寸）× 44.63 厘米（17.57 英寸）× 60.20 厘米（23.70 英寸）	8.68 厘米（3.42 英寸）× 44.63 厘米（17.57 英寸）× 54.90 厘米（21.61 英寸）	17.78 厘米（7 英寸）× 48.26 厘米（19.0 英寸）× 82.55 厘米（32.5 英寸）
最大质量	29.30 千克	24.22 千克	105.20 千克

【说明】（1）DELL PowerVault MD 3200i 系列包括 MD 3200i、MD 3220i、MD 3260i，MD 3200i 系列除了连接方式为 1Gbit/s iSCSI 外，其他的参数分别与 MD 3200、MD 3220、MD 3260 一一对应，即 3200 对应 3200i、3220 对应 3220i、3260 对应 3260i。

（2）DELL PowerVault MD 3600i 系列包括 MD 3600i、MD 3620i、MD 3660i，MD 3600i 系列除了连接方式为 10GBASE-T iSCSI 外，其他的参数分别与 MD 3200、MD 3220、MD 3260 一一对应，即 3200 对应 3600i、3220 对应 3620i、3260 对应 3660i。

（3）DELL PowerVault MD 3600f 系列包括 MD 3600f、MD 3620f、MD 3660f，MD 3600f 系列除了连接方式为 8Gbit/s 光纤通道外，其他的参数分别与 MD 3200、MD 3220、MD 3260 一一对应，即 3200 对应 3600f、3220 对应 3620f、3260 对应 3660f。

（4）DELL PowerVault MD 3200i、DELL PowerVault MD 3600i、DELL PowerVault MD 3600f 最大连接主机数与最大高可用主机数为 64。这些存储都支持行业标准服务器。

DELL PowerVault MD 3260、3460、3860 系列存储后视图如图 1-2-11 所示，DELL PowerVault MD 3200 等 2U 系列存储后视图如图 1-2-12 所示。

图 1-2-11　4U 存储后视图　　　　　　图 1-2-12　2U 存储后视图

【说明】关于 DELL 存储更详细的资料可浏览以下链接：

http://china.dell.com/cn/p/powervault-md36x0f-series/pd?oc=&model_id=powervault-md36 x0f-series&l=zh&s=bsd

1.2.6　网络及交换机的选择

在一个虚拟化环境里，每台物理服务器一般至少配置 4 块网卡，虚拟化主机有 6 块、8 块甚至更多的网卡是常见的，反之，没有被虚拟化的服务器只有 2 块或 4 块网卡（虽然有多块网卡，但一般只使用其中 1 块网卡，其他网卡空闲）。另外，为了远程管理或实现 DPM 功能，通常还要将服务器的远程管理端口（例如 HP 的 iLO、IBM 的 IMM、DELL 的 iDRAC）连接到网络，这样每台服务器至少需要有 5 条 RJ45 网线，如果要配置 vSAN，每台服务器还需要增加 2 条 10 吉比特光纤连线。一般每个机架会放置 6～10 台主机，这样就需要至少 30～60 条网线。在这种情况下，传统的布线预留的接口将不能满足需求（传统机架一般不会预留超过 20 条网线）。一个解决的方法是为每个虚拟化的机架配置接入交换机，再通过 10 吉比特光纤或多条 1Gbit/s 的网线或光纤以"链路聚合"方式上连到核心交换机。

对于中小企业虚拟化环境，为虚拟化系统配置华为 S57 系列吉比特交换机即可满足大多数的需求。华为 S5700 系列分 24 端口、48 端口两种。如果需要更高的网络性能，可以选择华为 S9300 系列交换机。如果在虚拟化规划中，物理主机中的虚拟机只需要在同一个网段（或者在 2 个等有限的网段中），并且对性能要求不高但对价格敏感的时候，可以选择华为 S1700 系列普通交换机。无论是 VMware ESXi 还是 Hyper-V Server，都支持在虚拟交换机中划分 VLAN。即将主机网卡连接到交换机的 Trunk 端口，然后在虚拟交换机一端划分 VLAN，这样可以在只有一到两块物理网卡时，让虚拟机划分到所属网络的不同 VLAN 中。表 1-2-8 是推荐的一些交换机型号及参数。

表 1-2-8　　　　　　　　　中小企业虚拟化环境中交换机的型号及参数

交换机型号	参　　数
华为 S5700-24TP-SI	20 个 10/100/1000Base-T ，4 个 100/1000Base-X 吉比特 Combo 口 包转发率：36Mp/s；交换容量：256Gbit/s

交换机型号	参　　数
华为 S5700-28P-LI	24 个 10/100/1000Base-T，4 个 100/1000Base-X 吉比特 Combo 口 包转发率：42Mp/s；交换容量：208Gbit/s
华为 S5700-48TP-SI	44 个 10/100/1000Base-T，4 个 100/1000Base-X 吉比特 Combo 口 包转发率：72Mp/s；交换容量：256Gbit/s
华为 S5700-52P-LI	48 个 10/100/1000Base-T，4 个 100/1000Base-X 吉比特 Combo 口 包转发率：78Mp/s；交换容量：256Gbit/s
华为 S9303	根据需要选择模块，3 个插槽，双电源双主控单元 转发性能：540Mp/s；交换容量：720Gbit/s；背板带宽：1228Gbit/s GE 端口密度：144；10G 端口密度：36
华为 S9312	根据需要选择模块，12 个插槽，双电源双主控单元 背板带宽：4915Gbit/s；转发性能：1080Mp/s；交换容量：2Tbit/s GE 端口密度：576；10G 端口密度：144
华为 S1700-28GFR	二层交换机；背板带宽：56Gbit/s；24 个 10/100/1000Mbit/s 自适应以太网端口； 4 个 GE SFP 接口

【说明】华为 S5700 系列为盒式设备，机箱高度为 1U，提供精简版（LI）、标准版（SI）、增强版（EI）和高级版（HI）4 种产品版本。精简版提供完备的 2 层功能；标准版支持 2 层和基本的 3 层功能；增强版支持复杂的路由协议和更为丰富的业务特性；高级版除了提供上述增强版的功能外，还支持 MPLS、硬件 OAM 等高级功能。在使用时可以根据需要选择。

1.3　vSAN 架构硬件选型与使用注意事项

在传统的数据中心，主要采用大容量、高性能的专业共享存储。这些存储设备由于安装了多块硬盘或者配置有磁盘扩展柜，具有数量较多的硬盘，因此具有较大的容量。再加上采用阵列卡，同时读写多个硬盘的数据，因此也有较高的读写速度及 IOPS。存储的容量、性能会随着硬盘数量的增加而上升，但随着企业对存储容量、性能的进一步增加，存储不可能无限地增加容量及读写速度。同时，当需要的存储性能越高、容量越大，则存储的造价也不可避免地会越高。随着高可用系统中主机数据的增加，存储的配置、造价以几何的形式增加。

为了获得较高的性能，主要是高 IOPS，高端的存储硬盘全部采用固态硬盘即全闪存设备，虽然带来了较高的性能，但成本增加也是非常大的。在换用固态硬盘后，虽然磁盘系统的 IOPS 提升了，但存储接口的速度仍然是 8Gbit/s 或 16Gbit/s，此时接口又成了新的瓶颈。

为了解决单一存储引发的这个问题，一些厂商提高了"软件定义存储"或"超融合"的概念。VMware 的 vSAN 就是一种"软件定义存储"技术，也可以说是专为虚拟化设计的"超融合软件"。

vSAN（或 Virtual SAN），是 VMware 推出的、用于 VMware vSphere 系列产品、为虚

拟环境优化的、分布式可容错的存储系统。Virtual SAN 具有所有共享存储的品质（弹性、性能、可扩展性），但这个产品又不需要特殊的硬件也不需要专门的软件来维护，可以直接运行在 X86 的服务器上，只要在服务器上插上硬盘和 SSD，vSphere 会搞定剩下的一切。加上基于虚拟机存储策略的管理框架和新的运营模型，存储管理变得相当简单。

在 vSAN 架构中，主要涉及物理主机与 vSAN 流量的网络交换机的选择。下面分别介绍。

1.3.1　vSAN 主机选择注意事项

如果要配置 vSAN 群集，在选择物理服务器时，优先选择支持较多盘位的 2U 机架式服务器，例如前文介绍的 IBM 3650 M5（联想收购 IBM 服务器后，同样的产品命名为联想 System X3650 M5 系列，两者主要参数一样）、HP DL 388 系列、DELL R730X、R730XD 系列。在选择服务器的时候，推荐选择 2.5 英寸盘位而不是选择 3.5 英寸盘位，例如图 1-3-1 所示是 3 种不同盘位配置的联想 System X3650 M5。如果选择 3.5 英寸盘位，则单盘容量较大（当前 3.5 英寸盘容量最大可以到 8TB，而 2.5 英寸 SAS 盘当前最大为 1.2TB 或 1.8TB）；如果选择 2.5 英寸盘位，则可以配置较多数量的磁盘。具体选择 2.5 英寸还是 3.5 英寸要根据实际的情况。

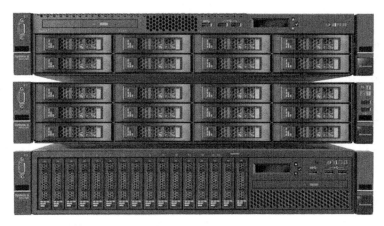

图 1-3-1　联想 X3650 M5 系列正面图（3.5 英寸盘位，2.5 英寸盘位）

【说明】在图 1-3-1 中，从上到下依次是最多 8 个 3.5 英寸盘位、最多 12 个 3.5 英寸盘位、最多 16 个 2.5 英寸盘位的服务器外形图。

在图 1-3-1 中，虽然可以看到 X3650 M5 支持 16 个 2.5 英寸盘位，但一般情况下，其第二组盘位没有配置扩展板，如果需要支持更多硬盘，则需要购买组件才可以。如果拔下硬盘舱位的档件，则可以看到对应的位置是"空"的，如图 1-3-2 所示。

图 1-3-2　第二组舱位标配不能使用（2.5 英寸盘位）

　　默认情况下只有第一组舱位才可以使用，如图 1-3-3 所示。

　　在选择服务器配件时，在非 vSAN 环境中，如果需要使用服务器本地硬盘组成 RAID-5，通常还要选择支持 RAID-5 缓存的组件，例如 IBM 3650 服务器 M5110e 扩展卡，如图 1-3-4 所示。服务器出厂时标配支持 RAID-0/1/10，不支持 RAID-5，只有添加这一组件才支持 RAID-5。但如果是用于 vSAN 环境中，则主机不要添加支持 RAID-5 的组件。

　　【说明】在 VMware vSAN 兼容列表中，IBM 3650 系列服务器（现在的联想 System X3650 M5 服务器）如果要配置 vSAN，需要将每个磁盘配置为 RAID-0 而不是配置为 JBOD 模式。

图 1-3-3　第一组舱位才可使用（2.5 英寸盘位）

图 1-3-4　M5110e 组件

　　对于大多数 2U 的机架式服务器，一般最少支持 16 个 2.5 英寸磁盘，对于这种情况，可以选择 1+3×(1+4)=16 的方式。其中，第一个表示较小的 SSD，例如选择 120GB 消费级的 SSD，用于安装 ESXi 的系统；第二个 1 表示 vSAN 中的缓存磁盘，需要选择企业级的 SSD；4 表示每组配置 4 个 HDD 磁盘；3 表示配置 3 个磁盘组。如表 1-3-1 所列是一份单台 vSAN 主机配置清单。

表 1-3-1　　　　　　　　　　　　单台 vSAN 主机配置清单

产　品	参　数	数　量	备　注
System X3650 M5 标配主机	E5-2650v3 2.3GHz 10C 105W，1x16GB DDR4,8x2.5 英寸盘位，开放式托架，M5210 RAID-0/1，750W 白金，DVD-RW	1	标配 2U 机架式服务器
CPU	Intel Xeon Processor E5-2650 v3 10C 2.3GHz 25MB 2133MHz 105W	1	添加 1 个 CPU
内存	16GB TruDDR4 Memory (2Rx4, 1.2V) PC4-17000 CL15 2133MHz LP RDIMM	7	扩展内存到 128GB
硬盘托架	System x3650 M5 Plus 8x 2.5 英寸 HS HDD Assembly Kit with Expander	1	添加 8 个硬盘位
硬盘	900GB 10KRPM 6Gbit/s SAS 2.5 英寸 G3HS HDD	12	配置 12 个容量磁盘
固态硬盘 1	240GB Enterprise Entry SATA G3HS 2.5 英寸 SSD	1	安装 ESXi 系统

续表

产　品	参　　数	数　量	备　注
固态硬盘 2	480GB Enterprise Entry SATA G3HS 2.5 英寸 SSD	3	配置 3 个缓存磁盘
电源	System x 750W High Efficiency Platinum AC Power Supply	1	配置成双电源
10 吉比特网卡	Intel x520 Dual Port 10GbE SFP+ Adapter for IBM System x	1	添加 2 端口 10 吉比特光纤网卡

在配置 vSAN 时，建议最少配置 4 台主机、至少 1 台 10 吉比特交换机。表 1-3-2 是某个 6 节点 vSAN 群集的主要配置。

表 1-3-2　　　　　　　　　某个 6 节点 vSAN 群集的主要配置

产　品	参　　数	数量	备　注
vSAN 节点服务器	2 个 E5 2650 CPU，128GB 内存，双电源，1 块 240GB SSD，3 块 480GB SSD 用作缓存，12 个 900GB 用作容量磁盘	6	6 台主机组成 vSAN 群集
S6700-24-EI	华为 24 口 10 吉比特交换机，配 16 个 10 吉比特模块	1	配 10 吉比特光纤交换机 1 台
光纤跳线	10 吉比特光纤	10	

在 vSAN 主机中，另一个选择是 10 吉比特网卡，此网卡用于 vSAN 流量。另外，在 vSAN 中，可以将 ESXi 系统安装在 SD 卡或 U 盘中。

1.3.2　使用 vSAN 就绪结点选择配置

在设计新型的、基于超融合的 vSAN 群集中，需要满足以下条件。

（1）要组成 vSAN 群集，至少有 3 台主机为 vSAN 数据提供存储，推荐至少 4 台。并且每台主机至少 1 个磁盘组（每个磁盘组最少 1 个 SSD 磁盘用于提供缓存，至少 1 个 SSD 或 HDD 磁盘提供数据存储），每台主机最多有 5 个磁盘组（每个磁盘组最多有 1 个 SSD，最多有 7 个 SSD 或 HDD 提供数据存储（作为容量磁盘））。

（2）在 vSAN 群集中，至少有 1 个 VMkernel 用于提供 vSAN 流量。

（3）vSAN 软件需要 vSphere 5.5 U1，推荐 vSphere 6.0 以上。除了 vSphere 许可，还需要 vSAN 软件许可。

要构建 vSAN 群集，推荐采用 VMware 官方认证合作伙伴 "Virtual SAN Ready Node" 中所推荐的品牌及型号（http://vsanreadynode.vmware.com/RN/RN），这些品牌有 Intel、DELL、Fujitsu、Lenovo、HP、NEC、Cisco、Huawei、Supermicr 等。Virtual SAN Ready Node 中对上述一些品牌的某些服务器进行了认定，并对这些服务器进行了测试。本节介绍使用 "Virtual SAN Ready Node" 选择服务器及推荐配置的方法，读者可以根据这些推荐配置，并根据自己的实际情况进行调整与修改。

（1）在浏览器中打开 "Virtual SAN Ready Node"，链接地址为 http://vsanreadynode. vmware.com/RN/RN，如图 1-3-5 所示。首先单击 "Select vSAN Version" 选择 vSAN 版本。

当前可供选择的版本有 vSAN 6.5、vSAN 6.2、vSAN6.1、vSAN 6.0 与 vSAN 5.5，在此以 vSAN 6.5 为例。

（2）在"Select Profile"中选择一个配置文件。因为 vSAN 有"全闪存架构"与"混合架构"2 种组成方式，Virtual SAN Ready Node 有全闪存架构中有 3 个配置文件，分别是 AF-4 Series、AF-6 Series、AF-8 Series，分别代表 4、6、8 台主机组成的全闪存架构的 vSAN 群集；针对混合架构有 4 个配置文件，分别是 HY-2 Series、HY-4 Series、HY-6 Series、HY-8 Series，分别表示 2、4、6、8 台主机组成的混合架构的 vSAN 群集。单击每个配置文件，将会显示该 vSAN 群集中每个主机的硬件配置，例如单击 AF-8 Series，将会显示每个节点主机容量配置：

CPU 核心：2 个 12 核心

内存：384GB

缓存磁盘：2 个 400GB 的 SSD，持久性 Class D 或更高，性能 Class F 或更高

容量磁盘：12 个 1TB SSD，要求持久性 CLASS A 或更高级别，性能 Class C 或更高级别

vSAN 存储 IOPS：80000

如图 1-3-6 所示。

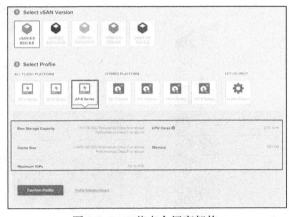

图 1-3-5 选择 vSAN 版本   图 1-3-6 8 节点全闪存架构

如果单击"HY-8 Series"，则显示每个节点主机配置如下：

CPU 核心：2 个 12 核心

内存：384GB

缓存磁盘：2 个 400GB SSD，持久性 Class D 以上，性能 Class E 及以上

容量磁盘：12 个 1TB 转速 10000 转/分的 SAS 磁盘

vSAN 存储 IOPS：40000

如图 1-3-7 所示。

（3）在图 1-3-6 或图 1-3-7 选中配置文件之后，单击"Confirm Profile"按钮确认，之后在"Select OEM"中选择厂商，这包括 CISCO、DELL、Fujitsu、HP、Intel、Lenovo、Supermicro 等，如图 1-3-8 所示。在此选择 DELL。

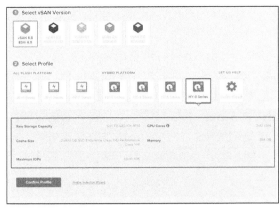

图 1-3-7　8 节点混合架构

图 1-3-8　选择厂商

（4）在"DELL Models"中选择一种配置。如果有多种配置，可以通过鼠标左右滑动查看更多配置，如图 1-3-9 所示。在此选择 DELL R730XD 的一种配置。单击"Select Model"按钮选择。

图 1-3-9　选择配置

（5）在"Next Steps"中单击"Download Configuration"按钮，如图 1-3-10 所示，下载配置，该配置将以 PDF 文件形式生成。

（6）打开下载的 PDF 文件，可以查看当前示例 8 节点全闪存架构每个节点（每个 ESXi 主机）的配置，包括服务器的型号、CPU、内存配置，缓存与容量磁盘大小与数量、网卡型号、支持的 vSAN 版本等，如图 1-3-11 所示。

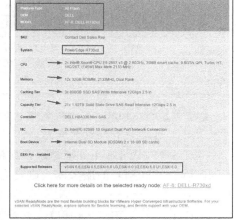

图 1-3-10　下载配置　　　　　图 1-3-11　8 节点全闪存架构每节点主机配置

在图 1-3-11 中可以看到，这是一台 DELL R730xd 的主机，配置了 2 个 Intel E5-2697 V3 的 CPU，12 条内存（单条内存 32GB），3 个 800GB 的 SSD，21 个 1.92TB 的 2.5 英寸磁盘，2 个 Intel 82559 10 吉比特双端口网卡，引导设备采用 2 个 16GB 的 SD 卡，支持 vSAN 6.0、6.0 U1、6.0 U2、6.0 U3、6.5 及 6.6 的版本。

如果需要参考其他品牌、其他不同数量节点、不同架构（全闪存或混合架构）的配置列表，可以重新选择。

参考 "vSAN Ready Node" 网站，我们总结了不同架构、不同节点数量情况下，每节点服务器在推荐的 CPU 数、内存、缓存磁盘、容量磁盘的配置下，vSAN 群集能提供的 IOPS。其中表 1-3-3 是混合架构节点主机配置，表 1-3-4 是全闪存架构主机配置。

表 1-3-3　　　　　　　　不同节点混合架构主机推荐配置及 IOPS

每节点配置参数	8 节点混合架构	6 节点混合架构	4 节点混合架构	2 节点混合架构
CPU	2 个 12 核心	2 个 10 核心	2 个 8 核心	1 个 6 核心
内存	384GB	256GB	128GB	32GB
缓存磁盘	2 个 400GB SSD 持久性级别≥D 性能级别≥E	2 个 200GB SSD 持久性级别≥C 性能级别≥D	1 个 200GB SSD 持久性级别≥C 性能级别≥D	1 个 200GB SSD 持久性级别≥B 性能级别≥B
容量磁盘	12x1TB SAS 10000RPM	8x1TB NL-SAS 7200 RPM	4x1TB NL-SAS 7200 RPM	2x1TB NL-SAS 7200 RPM
存储性能（IOPS）	Up to 40000	Up to 20000	Up to 10000	Up to 4000

表 1-3-4　　　　　　　　不同节点全闪存架构主机推荐配置及 IOPS

每节点配置参数	8 节点全闪存架构	6 节点全闪存架构	4 节点全闪存架构
CPU	2 个 12 核心	2 个 12 核心	2 个 10 核心
内存	384GB	256GB	128GB
缓存磁盘	2 个 400GB SSD，持久性级别≥D 性能级别≥F	2 个 200GB SSD，持久性级别≥C 性能级别≥D	1 个 200GB SSD，持久性级别≥C 性能级别≥C

续表

每节点配置参数	8 节点全闪存架构	6 节点全闪存架构	4 节点全闪存架构
容量磁盘	12x 1TB SSD，持久性级别≥A 性能级别≥C	8x 1TB SSD，持久性级别≥A 性能级别≥C	4x 1TB SSD，持久性级别≥A 性能级别≥C
存储性能（IOPS）	Up to 80000	Up to 50000	Up to 25000

【说明】Endurance 表示耐久性，即 SSD 的寿命；Performance 表示性能，即 SSD 每次写入次数。后文会有详细的介绍。

表 1-3-3 与表 1-3-4 分别是混合架构与全闪存架构中每个节点主机的主要配置，具体到不同品牌、不同型号的服务器，则会有具体的选择，例如 CPU 型号、网卡（vSAN 流量网卡，推荐 10 吉比特）、内存型号及数量。根据"vSAN Ready Node"网站，我们整理了常用的 DELL、HP、IBM（联想）、华为服务器的具体配置，在实际的生产环境中，大家可以参考这些表格与数据（如表 1-3-5～表 1-3-13 所列）。

表 1-3-5 DELL 混合架构 vSAN 群集主机配置

主机型号	PowerEdge R730xd	PowerEdge R730	PowerEdge R730xd	PowerEdge R730
CPU	2x Intel Xeon E5-2698 v4 2.2GHz	2x Intel Xeon E5-2698 v4 2.20GHz	2x Intel Xeon E5-2698 v4 2.20GHz	2x Intel Xeon E5-2697 v3 2.60GHz
内存	16x 32GB RDIMM 2400MT/s	16x 32GB RDIMM 2400MHz	16x 32GB RDIMM 2400MT/s	12x 32GB RDIMM
缓存磁盘	3x 400GB SSD SAS 12Gbit/s 2.5 英寸	2x 400GB SSD SAS 12Gbit/s 2.5 英寸	3x 800GB SSD SAS 12Gbit/s 2.5 英寸	2x Toshiba 2.5 英寸 SAS SSD 400GB
容量磁盘	18x HDD 1.2TB SAS 2.5 英寸	14x 1.2TB SAS 12Gbit/s 2.5 英寸	21x 1.2TB SAS 12Gbit/s 2.5 英寸	14x Seagate 2.5 英寸 SAS HDD 1.2TB
控制器	DELL PERC H730 Adapter SAS-RAID	DELL PERC H730 Mini SAS-RAID	PERC HBA330 12GB Controller Minicard	Dell HBA330 mini
网卡	2 端口 Intel X520 10Gbit/s DA/SFP+，2 端口 I350 吉比特网卡			
ESXi 引导设备	内部 2 个 SD 卡，IDSDM，2 个 8GB SD			
支持的 ESXi 版本	vSAN 6.6，ESXi 6.5，ESXi 6.0 U3，ESXi 6.0 U2，ESXi 6.0 U1，ESXi 6.0			

表 1-3-6 DELL 全闪存架构 vSAN 群集主机配置

主机型号	FC630 Blade	FC830 Blade	PowerEdge R730xd	PowerEdge R730
CPU	2x Intel Xeon E5-2670 v3 2.3GHz	2x Intel Xeon E5-4660 v3 2.1GHz	2x Intel Xeon E5-2697 v3 2.60GHz	2x Intel Xeon E5-2698 v4 2.20GHz
内存	384GB RAM	384GB RAM	12x 32GB RDIMM, 2133MHz	16x 32GB RDIMM, 2400MHz
缓存磁盘	2x 800GB SSD SAS 写密集型 MLC 12Gbit/s 2.5 英寸	2x 800GB SSD SAS 写密集型 MLC 12Gbit/s 2.5 英寸	3x 800GB SSD SAS 写密集型 12Gbit/s 2.5 英寸	2x 800GB SSD SAS 12Gbit/s 2.5 英寸

续表

主机型号	FC630 Blade	FC830 Blade	PowerEdge R730xd	PowerEdge R730
容量磁盘	12x 1.6TB SSD SAS 读密集型 MLC 12Gbit/s 2.5 英寸	16x 1.6TB SSD SAS 读密集型 MLC 12Gbit/s 2.5 英寸	21x 1.92TB SSD SAS 读密集型 12Gbit/s 2.5 英寸	12x 1.6TB SSD SAS 12Gbit/s 2.5 英寸
控制器	FD332-PERC (Dual ROC)	2x FD332-PERC (Dual ROC)	DELL HBA330 Mini SAS	Dell HBA330 mini
网卡	2 端口 QLogic 57810-k 10Gbit/s 网卡	2 端口 QLogic 57810-k 10Gbit/s 网卡	2 端口 Intel 82599 10 Gbit/s 网卡	2 端口 Intel 2P X520＋2P I350
ESXi 引导设备	2 个 16GB SD Card For IDSDM	2 个 16GB SD Card For IDSDM	2 个内部 SD 卡, IDSDM 2x 16GB SD	2 个内部 SD 卡, IDSDM 2x 16GB SD
支持的ESXi版本	vSAN 6.6, ESXi 6.5, ESXi 6.0 U3, ESXi 6.0 U2, ESXi 6.0 U1, ESXi 6.0			

表 1-3-7　　　　　　　　　　HP 混合架构 vSAN 群集主机配置

主机型号	DL380 Gen9 高配置	DL360 Gen9 中等配置	BL460c Gen9 中等配置	HP ProLiant DL380p Gen8 Server
CPU	2x Intel Xeon E5-2680v3 (2.5GHz/12-core/30MB/120W)	2x Intel Xeon E5-2670v3 (2.3GHz/12-core/30MB/120W)	Intel Xeon E5-2670v3 (2.3GHz/12-core/30MB/120W)	2x Intel Xeon E5-2680 v2 (2.8GHz/10-core/25MB/8.0GT-s QPI/115W)
内存	24x HP 16GB DDR4-2133	16x HP 16GB DDR4	16x HP 16GB DDR4-2133	24x HP 16GB DDR3-1866
缓存磁盘	2x HP 400GB 12Gbit/s SAS SFF 2.5 英寸	2x HP 200GB 12Gbit/s SAS SFF 2.5 英寸	2x HP 400GB 12Gbit/s SAS SFF 2.5 英寸	HP 400GB 12Gbit/s SAS SFF 2.5 英寸
容量磁盘	14x HP 1.2TB 6Git/s SAS 10000RPM SFF (2.5 英寸)	8x HP 1TB 6Gbit/s SAS 7200RPM SFF (2.5 英寸)	6x HP 1TB 6Gbit/s SAS 7200RPM SFF (2.5 英寸)	4x HP 300GB 6Git/s SAS 10000RPM SFF (2.5 英寸)
控制器	HP Smart Array P440/4GB FBWC 12Gbit/s 1 端口 Int SAS Controller		HP Smart Array P420i	
网卡	HP FlexFabric 10Gbit/s 2 端口 556FLR-SFP+ Adapter		HP FlexFabric 10Gbit/s 2 端口 536FLB FIO Adapter	
ESXi 引导设备	HP 8GB microSD Enterprise Mainstream Flash Media Kit (HP p/n - 726118-002/726116-B21)			
支持 ESXi 版本	vSAN 6.6, ESXi 6.5, ESXi 6.0 U3, ESXi 6.0 U2, ESXi 6.0 U1, ESXi 6.0, ESXi 5.5 U3, ESXi 5.5 U2, ESXi 5.5 U1			

表 1-3-8　　　　　　　　　　HP 全闪存架构 vSAN 群集主机配置

主 机 型 号	AF-8 Series DL380 Gen9 - 1
CPU	2x Intel Xeon E5-2680v3 (2.5GHz/12-core/30MB/120W)
内存	12x HP 32GB DDR4-2133

续表

主 机 型 号	AF-8 Series DL380 Gen9 - 1
缓存磁盘	2x HP 400GB，12Gbit/s SAS 主流耐用性 SFF 2.5 英寸
容量磁盘	8x HP 1.6TB 6Git/s SATA　SFF 2.5 英寸
控制器	HP Smart Array P840/4GB FBWC 12Gbit/s 2 端口 Int SAS Controller
网卡	HP FlexFabric 10Gbit/s 2 端口 556FLR-SFP+ Adapter
ESXi 引导设备	HP Dual 8GB microSD
支持 ESXi 版本	vSAN 6.6，ESXi 6.5，ESXi 6.0 U3，ESXi 6.0 U2，ESXi 6.0 U1，ESXi 6.0

表 1-3-9　　　　　　　　　　　　联想混合架构 vSAN 群集主机配置

主机型号	System x3650 M5	System x3650 M5	Lenovo ThinkServer RD650	Lenovo ThinkServer RD650 (Hybrid)
CPU	2x Intel E5-2690 v4(14C，2.6GHz) 或 E5-2690 v3 (12C，2.6GHz)	2x Intel E5-2650 v4 (12C，2.2GHz) 或 E5-2650 v3 (10C，2.3GHz，25MB)	2x E5-2650 v3 (10C，105W，2.3GHz)	2x E5-2680 v3 (12C，120W，2.5GHz)
内存	24x 16GB TruDDR4	16x 16GB TruDDR4	16x 16GB DDR4-2133MHz (2Rx4) RDIMM	24x 16GB DDR4-2133MHz (2Rx4) RDIMM
缓存磁盘	2x S3710 400GB SATA 2.5 英寸 MLC G3HS Enterprise SSD	2x S3710 400GB SATA 2.5 英寸 MLC G3HS Enterprise SSD	ThinkServer Gen 5 2.5 英寸 200GB Enterprise Performance SAS 12Gbit/s SSD	2x ThinkServer Gen 5 2.5 英寸 400GB Enterprise Performance SAS 12Gbit/s SSD
容量磁盘	12x 1.2TB 12Gbit/s SAS 2.5 英寸 G3HS HDD	8x 1.2TB 12Gbit/s SAS 2.5 英寸 G3HS HDD	6x ThinkServer Gen 5 2.5 英寸 1.2TB Enterprise SAS 6Gbit/s	6x ThinkServer Gen 5 3.5 英寸 3TB Enterprise SAS 6Gbit/s
控制器	2x ServeRAID M5210 SAS/SATA Controller		Lenovo ThinkServer RAID 720ix	
网卡	Emulex VFA5 ML2 双端口 10GbE SFP+ Adapter		Lenovo ThinkServer Intel X520-SR2 PCIe 10Gbit/s 2 端口 SFP+以太网卡	
ESXi 引导设备	SD Media Adapter for System x		Lenovo ThinkServer 8GB SD Card	
支持 ESXi 版本	vSAN 6.6，ESXi 6.5，ESXi 6.0 U3，ESXi 6.0 U2，ESXi 6.0 U1，ESXi 6.0，ESXi 5.5 U3，ESXi 5.5			

表 1-3-10　　　　　　　　　　　　联想全闪存架构 vSAN 群集主机配置

主机型号	System x3650 M5	System x3550/x3650 M5
CPU	2x Intel E5-2690 v4(14C，2.6GHz)或 Intel E5-2690 v3(12C)	2x Intel E5-2680 v4(14C，2.4GHz)或 Intel E5-2670 v3(12C，2.3GHz)
内存	16x 32GB DDR4	16x 16GB DDR4
缓存磁盘	4x 400GB SAS 2.5 英寸 MLC G3HS Enterprise SSD	2x 400GB SAS 2.5 英寸 MLC G3HS Enterprise SSD
容量磁盘	8x 4TB 6Gbit/s SAS Enterprise Capacity G3HS MLC SSD	4x 4TB 6Gbit/s SAS Enterprise Capacity G3HS MLC SSD
控制器	2x ServeRAID M5210 SAS/SATA Controller	ServeRAID M5210 SAS/SATA Controller

续表

主机型号	System x3650 M5	System x3550/x3650 M5
网卡	2 端口 Emulex VFA5 ML2 10GbE SFP+ 网卡	
ESXi 引导设备	SD Media Adapter for System x	
支持 ESXi 版本	vSAN 6.6，ESXi 6.5，ESXi 6.0 U3，ESXi 6.0 U2，ESXi 6.0 U1，ESXi 6.0	

表 1-3-11　　　　　　　　　　华为混合架构 vSAN 群集主机配置

主机型号	FusionServer RH2288H V3	FusionServer RH2288H V3
CPU	2x Intel Xeon E5-2670v3(2.3GHz，12C)	2x IntelXeonE5-2650 v4(2.2GHz，12C)
内存	16x 16GB DDR4-2133MHz RDIMM	8x 32GB DDR4-2400MHz RDIMM
缓存磁盘	2x HUSMM1640ASS204 SAS	2x HUSMM1640ASS204 SAS
容量磁盘	6x HUC101812CSS200 SAS	6x HUC101812CSS200 SAS
控制器	Huawei SR 430C SAS-RAID	
网卡	SP310	
ESXi 引导设备	32GB SD Card for ESXi install	
支持 ESXi 版本	vSAN 6.6，ESXi 6.5，ESXi 6.0 U3，ESXi 6.0 U2，ESXi 6.0 U1，ESXi 6.0	

表 1-3-12　　　　　　　　　　华为全闪存架构 vSAN 群集主机配置

主机型号	FusionServer RH2288H V3	FusionServer RH2288H V3	FusionServer RH2288H V3
CPU	2x Intel Xeon E5-2690 v3 (2.6GHz，12C)	2x Intel Xeon E5-2690 v3 (2.6GHz，12C)	2x IntelXeonE5-2690 v4 (2.6GHz，14C)
内存	16x 16GB DDR4-2133MHz RDIMM	16x 16GB DDR4-2133MHz RDIMM	8x 32GB DDR4-2400MHz RDIMM
缓存磁盘	2x Intel SSD DC S3710 (400GB, 2.5 英寸) SATA	2x Huawei ES3000 V2 600GB PCIe SSD Card	2x Intel SSD DC S3710 (400GB, 2.5 英寸) SATA
容量磁盘	6x Intel SSD DC S3510 (800GB, 2.5 英寸) SATA	8x Intel SSD DC S3510 (800GB, 2.5 英寸) SATA	6x Intel SSD DC S3510 (800GB, 2.5 英寸) SATA
控制器	Huawei SR 430C SAS-RAID		
控制器缓存	1GB		
网卡	SP310 双端口 10GbE 网卡，基于 Intel 82599		
ESXi 引导设备	32GB SD Card for ESXi install		
支持 ESXi 版本	vSAN 6.6，ESXi 6.5，ESXi 6.0 U3，ESXi 6.0 U2，ESXi 6.0 U1，ESXi 6.0		

表 1-3-13　　　　　　　　　　Intel 混合架构 vSAN 群集主机配置

主　机　型　号	Intel Server System R2208
CPU	2x Intel E5-2600 V4(14C)
内存	24x 16GB DDR4 RDIMM
缓存磁盘	2x Intel SSD DC S3710，SC2BA400G4 (400GB，2.5 英寸)

续表

主 机 型 号	Intel Server System R2208
容量磁盘	12x Seagate 1.2TB 12Gbit/s SAS 10000RPM 2.5 英寸
控制器	2x Intel RAID Controller RS3UC080
网卡	2 端口 Intel 10Gbit/s RJ45/SFP+
ESXi 引导设备	Intel SSD DC S3710 200GB
支持 ESXi 版本	ESXi 6.5，ESXi 6.0 U3，ESXi 6.0 U2，ESXi 6.0 U1，ESXi 6.0

1.3.3　VMware 兼容性指南中闪存设备性能与持久性分级

在 vSAN 架构中，vSAN 群集（存储）的总体性能与节点主机数、每个节点的磁盘组数量、每个磁盘组所配的缓存磁盘、容量磁盘的性能、容量、大小都有关系，还与节点之间 vSAN 流量网络速度有关，可以说，vSAN 群集的总体性能是一个综合的参数。抛却其他参数不说，本节重点介绍用作缓存层的 SSD。SSD 既是磁盘组读写性能的关键，它的"寿命"也对数据的安全性有重要的影响。对于磁盘组来说，如果其中某个容量磁盘损坏，只会影响这个磁盘所涉及的虚拟机；但如果某个缓存磁盘损坏，则会影响到这整个磁盘组中所有的虚拟机。在机械磁盘中，很少有机械磁盘在短时间内连续出错，所以用作容量磁盘的机械磁盘（HDD）出错，vSAN 还有重建或恢复的时间，但如果用作缓存磁盘的 SSD 在短时间内连续出错，那影响的有可能是整个架构。闪存磁盘（SSD，或固态硬盘）有擦写寿命，在使用相对平均的 vSAN 磁盘组中，同一批闪存磁盘有可能是同一时间达到其寿命从而导致闪存磁盘报废！所以，在 vSAN 架构中，闪存磁盘的选择与使用期限至关重要。

在规划 vSAN 群集时，要合理地评估磁盘组数据变动量（写入、删除、重复数据写入），并根据所用 SSD 的容量、寿命，合理评估缓存磁盘的使用寿命，在其寿命终结之前逐步、有序地用全新、更高级别、更大容量的闪存磁盘替换。例如，在一个 vSAN 群集系统中，每个磁盘组选择 MLC 的 200GB 的 SSD，设计（评估）SSD 的使用寿命是 1000 天，则应该在第 900～950 天的时间，花费大约 1 周～1 个月的时间，用 400GB 的 SSD 一一替换原来 200GB 的 SSD（不要一次全部替换，正常地撤出磁盘组、删除原来 200GB 的缓存磁盘、用新的 400GB 代替后再重新添加磁盘组），等这一磁盘组数据同步完成后，再替换下一个磁盘组。用 400GB 的 SSD 替换，原因有两点：首先，vSAN 群集的数据写入量整体应该是持续上升的，用容量增加 1 倍的 SSD，相同 P/E 次数的持久性会增加；其次，电子产品整体价格是下降的，900 天后 400GB 的 SSD 费用应该比现在 200GB 的 SSD 费用要便宜。

为 vSAN 选择 SSD 时，主要性能与寿命有两个重要参数。由于 SSD 所选择的芯片不同，其每秒写入次数决定了其读写性能，而 P/E 次数（闪存完全擦写次数）决定了其使用寿命。下面首先介绍 VMware 定义的闪存设备的性能分级，之后介绍 VMware 定义的持久性，最后介绍常用闪存颗粒的使用寿命区分。

（1）VMware 兼容性指南中闪存设备的性能分级（SSD Performance Classes）。

Class A：每秒写入 2500～5000 次（已经从列表删除）；

Class B：每秒写入 5000～1 万次；

Class C：每秒写入 1 万～2 万次；

Class D：每秒写入 2 万～3 万次；

Class E：每秒写入 3 万～10 万次；

Class F：每秒写入 10 万次以上。

（2）VMware 闪存持久性定义。

Class A：TBW≥365；

Class B：TBW≥1825；

Class C：TBW≥3650；

Class D：TBW≥7300。

（3）TBW。闪存持久性注意事项主要包括以下方面。

随着全闪存配置在容量层中引入了闪存设备，现在重要的是针对容量闪存层和缓存闪存层的持久性进行优化。在混合配置中，只有缓存闪存层需要考虑闪存持久性。

在 Virtual SAN 6.0 中，持久性等级已更新，现在使用在供应商的驱动器保修期内写入的 TB 量（TBW）表示。此前，此规格为每日完整驱动器写入次数（DWPD）。

例如，某 SSD 厂家的保修期是 5 年，该 SSD DWPD 为 10，对于 400GB 的 SSD 来计算，其 TBW 计算公式为：

TBW（5 年）= SSD 容量 × DWPD × 365 × 5

TBW= 0.4TB×10DWPD/天 ×365 天/年 × 5 年= 7300TBW

通过这次 TBW 规格的更新，VMware 允许供应商灵活使用完整 DWPD 规格较低但容量更大的驱动器。

例如，从持久性角度来讲，规格为 10 次完整 DWPD 的 200GB 驱动器与规格为 5 次完整 DWPD 的 400GB 驱动器相当。如果 VMware 要求 Virtual SAN 闪存设备具有 10 次 DWPD，则会将具有 5 次 DWPD 的 400GB 驱动器排除出 Virtual SAN 认证范围。

例如，将规格更改为每日 2TBW 后，200GB 驱动器和 400GB 驱动器都将符合认证资格——每日 2TBW 相当于 400GB 驱动器的 5 次 DWPD 以及 200GB 驱动器的 10 次 DWPD。

对于运行高工作负载的 VSAN 全闪存配置，闪存缓存设备规格为每日 4TBW。这相当于 400GB 的 SSD 每日完全写入 10 次，相当于 5 年内写入 7300TB 数据。当然，在容量层上使用的闪存设备的持久性也可以此为参考，但是，这些设备往往不需要与用作缓存层的闪存设备具备相同级别的持久性。

根据 VMware 建议，在全闪存架构中，作为缓存层的 SSD 应选择 Class C 及其以上级别；在混合架构中，作为缓存层的 SSD 至少要选择 Class B 级别。Vmware 的建议如表 1-3-14 所列。

表 1-3-14　　　　　　　　VMware 建议持久性级别及对应选择

持久性级别	TBW	混合架构缓存层	全闪存架构缓存层	全闪存架构容量层
Class A	≥365	不支持	不支持	支持
Class B	≥1825	支持	不支持	支持
Class C	≥3650	支持	支持	支持
Class D	≥7300	支持	支持	支持

【说明】本段数据参考自 VMware 文档，链接如下。

http://pubs.vmware.com/vmware-validated-design-40/index.jsp#com.vmware.vvd.sddc-desi

gn.doc/GUID-51680487-239F-4FF7-B43A-8C1D98263DB1.html

http://pubs.vmware.com/vmware-validated-design-40/index.jsp#com.vmware.vvd.sddc-desi

gn.doc/GUID-B431C97C-6DBE-4CC7-A55F-098DE9AE3964.html

可以登录 VMware 官方网站查看更进一步的信息。

（4）了解固态硬盘。

因为 VMware 官方推荐的闪存价格较高，尤其是经过 VMware 认证的、与品牌服务器标配的闪存（SSD 或固态硬盘）价格更高。如果我们要从市场上选择、采购 SSD，应该怎样选择？这就需要我们了解下面的知识。

固态硬盘（SSD，Solid State Disk）是在传统机械硬盘上衍生出来的概念，简单地说就是用固态电子存储芯片阵列（NAND Flash）而制成的硬盘。固态硬盘的接口规范和定义、功能及使用方法上与普通硬盘完全相同，在产品外形和尺寸上也与普通硬盘完全一致，包括 3.5 英寸、2.5 英寸、1.8 英寸等多种类型。

SSD 由主控、闪存、缓存等三大核心部件组成，其中主控和闪存对性能影响较大，主控的作用最大。换而言之，性能高低不一的主控，是划分 SSD 档次的方法之一。SSD 构造如图 1-3-12 所示。

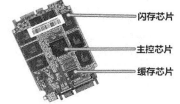

图 1-3-12　SSD 构造

现在固态硬盘所用的闪存芯片主要有 SLC、MLC、TLC、QLC 四种。

简单说，SLC 每单元存储 1bit 数据，MLC 每单元存储 2bit 数据，TLC 每单元存储 3bit 数据，QLC 每单元存储 4bit 数据。不同闪存颗粒使用寿命不同。P/E 擦除次数是指 SSD 的完全擦写次数，格式化 SSD 算是一次 P/E。不同的存储单元（闪存颗粒）类型擦写次数也不同。存储单元主要分为 4 种。

TLC：大约 500～2000 次的擦写寿命，低端 SSD 使用的颗粒；

MLC：大约 3000～10000 次的擦除寿命，中高端 SSD 使用的颗粒；

SLC：大约 10 万次的擦除寿命，面向企业级用户；

QLC：速度最慢，寿命最短。

SLC 即 Single Level Cell 的缩写，名为单层单存储单元。存取原理上 SLC 架构是 0 和 1 两个充电值，即每单元能存放 1bit 数据（1 比特/单元），有点类似于开关电路，就算其中一个单元损坏，对整体的性能也不会有影响，因此性能非常稳定，同时 SLC 的最大驱动电压可以做到很低。SLC 理论上速度最快、P/E 使用寿命长（理论上 10 万次以上）、单片存储密度小。目前 SLC 闪存主要应用于企业级产品、混合硬盘的缓存、高端高品质的优盘/数码播放介质等。SLC 固态硬盘的容量不如 MLC 固态硬盘，速度的优势遭到人为限制，突出的优点是 P/E 使用寿命超长。

MLC 即 Multi-Level Cell 缩写，名为多层式存储单元。MLC 在存储单元中实现多位存储能力，典型的是 2bit。它通过不同级别的电压在 1 个单元中记录 2 组位信息（00、01、11、10），将 SLC 的存储密度理论提升 1 倍。由于电压更为频繁的变化，所以 MLC 闪存的使用寿命远不如 SLC，同时它的读写速度也不如 SLC，由于一个浮动栅存储 2 个单元，MLC 较 SLC 需要更长的时间。TLC 理论上的读写速度不如 SLC，价格一般只有 SLC 的 1/3 甚至更低，MLC 使用寿命居中，一般 3000～10000 P/E 次数。MCL 闪存广泛应用于消费级

SSD 以及轻应用的企业级 SSD，这些领域的 SSD 数据吞吐量小，对 P/E 使用寿命要求没有 SLC 那么苛刻。因此 MLC 闪存没有严格的速度限制，性能表现超过 SLC 闪存。

　　TLC 即 Triple-Level Cell 的缩写，是 2 比特/单元的 MLC 闪存延伸，TLC 达到 3 比特/单元，TLC 利用不同电位的电荷，一个浮动栅存储 3bit 的信息，存储密度理论上较 MLC 闪存扩大了 0.5 倍。TLC 理论上的存储密度最高、制造成本最低，价格较 MLC 闪存降低 20%～50%；TLC 的 P/E 寿命可达 500～2000 余次，TLC 理论上的读写速度最慢，但随着制造工艺的提升，主控算法改进性能有大幅提升。

　　QLC 即 Quad-Level Cell，即 4 比特/单元。

　　SLC、MLC、TLC 与 QLC 4 种闪存各自不同的电压状态对比如图 1-3-13 所示。

SLC	MLC	TLC	QLC
0	00	000	0000
			0001
		001	0010
			0011
	01	010	0100
			0101
		011	0110
			0111
1	10	100	1000
			1001
		101	1010
			1011
	11	110	1100
			1101
		111	1110
			1111

图 1-3-13　四类闪存类型不同的电压状态

　　相对于 SLC 来说，MLC 的容量大了 100%，寿命缩短为 SLC 的 1/10。相对于 MLC 来说，TLC 的容量大了 50%，寿命缩短为 MLC 的 1/20。相对于 SLC 来说，QLC 容量是 SLC 的 4 倍，是 MLC 的 2 倍，是 TLC 的 1.333 倍。

　　固态硬盘寿命计算公式如下：

$$寿命（天）=\frac{实际容量（BG）×P/E次数}{实际写入\left(\dfrac{BG}{天}\right)}$$

$$寿命（年）=\frac{实际容量（BG）×P/E次数}{实际写入\left(\dfrac{BG}{天}\right)×365天}$$

　　在 vSAN 中，一般我们选择 SLC、MLC 作为缓存磁盘，或者选择质量好的 TLC 作为容量磁盘。在正常情况下，我们选择"vSAN 就绪节点"推荐的品牌及配件，例如在表 1-3-9 "联想混合架构 vSAN 群集主机配置"中，X3650 M5 服务器每个节点选择 2 个 E5-2690 v4、384GB 内存、2 个 S3710 400GB MLC、12 个 1.2TB 10K SAS。如果我们选择 Intel S3710 400GB 的 MLC 硬盘，京东报价为 3299 元（报价参考时间：2017 年 5 月 14 日，报价链接页 https://item.jd.com/ 10650918707.html），如图 1-3-14 所示。

图 1-3-14　Intel S3710 SSD 报价

根据官方资料，Intel S3710 SSD 400GB 的持久性是 8.3 PB（8300TBW），达到 CLASS D 的标准。如表 1-3-15 所列，是 Intel S3710 SSD 不同容量的读写速度以及持久性参数。

表 1-3-15   Intel S3710 SSD 参数

Intel DC S3710 企业级 SSD 参数			
基本参数（容量）	200GB	400GB	800GB	1.2TB
参考价格/元	1799	3299	6160	9999
接口类型	SATA 3 6gbit/s			
闪存架构	Intel 128Gbit 20nm High Endurance Technology (HET) MLC			
顺序读取速度/MB·s^{-1}	550	550	550	550
顺序写速度/MB·s^{-1}	300	470	460	520
4KB 随机读/K IOPS	85	85	85	85
4KB 随机写/K IOPS	43	43	39	45
持久性/PB	3.6	8.3	16.9	24.3
平均无故障时间/h	200 万	200 万	200 万	200 万

在 SSD 的选择中，选择企业级硬盘价钱较高，那么能不能选择价钱相对便宜、同样持久性相对低一些的 SSD 呢？例如，表 1-3-15 中的 S3710 SSD，每个可以在相对比较重的负载情况下使用 5 年，但如果选择很便宜的 SSD，即使使用 2 年，每 2 年更换一次，总价钱也合适，是不是可以选择呢？同样以表 1-3-9 所推荐的 X3650 M5 的配置为例，当前每个节点选择了 2 个 400GB 的 SSD、12 个 1.2TB 的 HDD，则每个磁盘组 1 个 400GB 的 SSD、6 个 1.2TB（合计 7.2TB）的容量磁盘，以普通 MLC 磁盘的寿命 3000P/E 次数计算：

如果每个 SSD 每天写入数据量 3.6TB（磁盘组容量一半），则每天 P/E 次数为 3.6/0.4 ＝9，3000 的 P/E 可以使用 3000/9=333.33 天，大约 1 年的使用寿命。

如果每个 SSD 每天写入数据量 1.8TB（磁盘组容量四分之一），则每天 P/E 次数为 1.8/0.4=4.5，3000 的 P/E 可以使用 3000/4.5＝667 天，大约 2 年的使用寿命。

如果每个 SSD 每天写入数据量 0.9TB 数据，则使用寿命大约 4 年。

从以上计算可以得出，如果 vSAN 磁盘组写入数据较小，即使使用持久性较低的 MLC，也能使用 2～4 年的时间。当然，如果写入数据量较大，占到磁盘组容量的一半时，其缓存磁盘的寿命大约 1 年。

【说明】P/E 次数＝TBW/磁盘容量。例如，TBW 为 8.3PB 的 400GB 的 SSD，其 P/E 次数＝8.3×1000/0.4＝20750。

其他几款 SSD 的参数、报价如表 1-3-16 所列。（参考链接 https://item.jd.com/10802367829.html）

表 1-3-16   Intel DC S3520 SSD 参数

Intel DC S3520 SSD 参数			
基本参数（容量）	240GB	480GB	960GB	1.2TB
参考价格/元	1299	2099	3699	4799
接口类型	SATA 3 6gbit/s			

续表

Intel DC S3520 SSD 参数				
闪存架构	16nm 3D NAND			
顺序读取速度/MB·s^{-1}	320	450	450	450
顺序写速度/MB·s^{-1}	300	380	380	380
随机读取（100%跨度）/K IPOS	65	65.5	67	67.5
随机写入（100%跨度）/K IPOS	16	16	16	17.5
持久性/TBW	599	945	1750	2455
平均无故障时间/h	200 万	200 万	200 万	200 万

　　对比表 1-3-15 与表 1-3-16 的两款 SSD，400GB 的 SSD，Intel S3710 的持久性可以到 8300TBW，而 Intel S3520 只有 945TBW，但价格分别是 3299 元与 2099 元。如果是用于 vSAN 环境中，此种价格差异不足以选择较低价钱的 Intel S3520 SSD，而是推荐选择 Intel S3710。

　　但是，如果当前的 vSAN 群集中，每个磁盘组数据量变动不大，例如，以某个节点主机配置有 2 个 400GB 的 SSD、6 块 900GB 的 SSD 为例，这样组成 2 个磁盘组，每个磁盘组 1 个 400GB 的 SSD、3 块 900GB 的 SSD，磁盘组容量为 2.7TB，以每天数据变动量为 1.2TB 计算，则 P/E 次数为 1.2TB/0.4TB＝3，如果选择 MLC（寿命为 3000～10000P/E 次数），则使用寿命最低 1000 天。此时可以选择 Intel 535 系列 SSD，其 360GB 的 SSD 的价格为 1069 元，用此硬盘使用 3 年，在大约 2.5 年（第 30 个月）的时候更换新的磁盘，也是可以的。如图 1-3-15 所示为 Intel 535 系列 SSD 的报价。

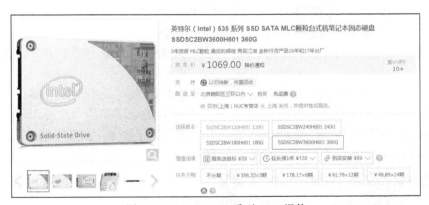

图 1-3-15　Intel 535 系列 SSD 报价

　　当然，如果企业预算合适，选择持久性 Class C 级及其以上的 SSD 是最好的选择，但也应该评估磁盘组中写入数据量的大小，以在 SSD 寿命到来之前替换新的容量磁盘。

1.3.4　vSAN 流量交换机选择

　　vSAN 流量交换机可以选择华为、思科、锐捷等具有足够 10 吉比特接口的交换机，例如华为 S7706、S7703、S6700，思科 6506，锐捷 S6220 等均可。需要注意的是，在选择这些交换机时，还需要配置对应的 10 吉比特光模块或 10 吉比特接口板。表 1-3-17 分别是服务器虚拟化项目与桌面虚拟化项目中服务器的数量、10 吉比特网卡及 10 吉比特交换机的选型，供大家参考。

表 1-3-17　某服务器虚拟化项目与桌面虚拟化项目服务器、10 吉比特网卡与交换机选型

产　品	项　目	数量	单位
服务器虚拟化项目			
服务器	IBM 3650 M4（升级改造项目），128GB 内存，2 个 400GB SSD，6 个 900GB SSD，1 个 16GB U 盘安装 ESXi	7	台
10 吉比特网卡	Intel x520 Dual Port 10GbE SFP+ Adapter for IBM System x	7	张
S6700-24-EI	全光纤 10 吉比特核心网络管理高端企业交换机，提供 24 个 GE SFP/10GE SFP+端口	1	台
10 吉比特光纤模块	XFP-SX-MM850 10 吉比特多模 XFP 光纤模块	14	块
VMware Horizon View 桌面项目			
DELL R730	2 个 E5-2660V3/20 个 16GB 内存/2 个 200GB SSD/6 个 600GB SAS HDD(2.5)/2 个英伟达 K2 显卡/2 个热插拔冗余电源（1+1）	4	台
10 吉比特网卡	DELL 10Gbit/s 网卡/光纤（57810S DP DA/SFP+双端口聚合网络适配器）	8	张
RG-S6220-48XS	锐捷 RG-S6220-48XS 48 个 10 吉比特 SFP+口，2 个扩展槽，含 2 个电源	1	台

1.3.5　IBM 服务器 RAID 卡配置

在组成 vSAN 的服务器中，不要求服务器必须配置带缓存的支持 RAID-5 功能的阵列卡，而推荐采用默认的、不带缓存即不支持 RAID-5 的阵列卡，这样服务器的硬盘将以"直通"的方式使用。如果服务器已经添加了缓存（即已经支持 RAID-5），则需要将每块硬盘配置为 RAID-0 的方式采用。本例以 IBM 3650 M4 为例，介绍为每个磁盘配置为 RAID-0 的步骤。

（1）打开服务器的电源，在服务器上插一个启动 U 盘，在出现图 1-3-16 的菜单后按 F12 键选择引导菜单（如图 1-3-16 所示），在随后出现的引导菜单中选择 U 盘启动。之后才会出现 RAID 卡配置界面，按 Ctrl+H 进入 RAID 卡配置界面，如图 1-3-17 所示（如果不插启动 U 盘并且不在图 1-3-16 中按 F12，则可能不会出现图 1-3-17 所示的 RAID 配置界面）。

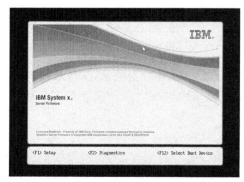

图 1-3-16　按 F12 键

图 1-3-17　进入 RAID 卡快捷按键

（2）进入图形界面，用鼠标单击"Start"按钮，如图 1-3-18 所示。

（3）在 RAID 卡配置界面，单击左侧的"Configuration Wizard"链接，如图 1-3-19 所示。

（4）在配置向导选择"Clear Configuration"（清除配置），单击"Next"按钮，如图 1-3-20 所示。

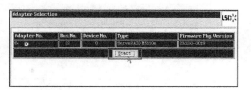

图 1-3-18　进入适配器选择界面

图 1-3-19　配置向导

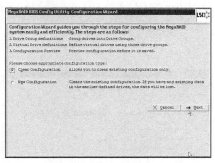

图 1-3-20　清除配置

【注意】这是为了清除原来的配置，此步骤一定要慎重，应确认是新服务器或者原来服务器的数据不需要保留时才能执行此操作。

（5）在下一界面单击"Yes"按钮确认，如图 1-3-21 所示。返回到主页，可以看到当前硬盘是未配置状态，如图 1-3-22 所示。当前有 1 块 120GB 的固态硬盘、3 块 1TB 的 SATA 磁盘。之后单击"Configuration Wizard"，进入配置向导。

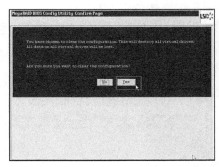

图 1-3-21　确认操作

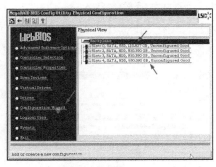

图 1-3-22　主页

（6）在向导页，选择"New Configuration"，新建一个配置，如图 1-3-23 所示。

（7）在下个对话框，单击"Yes"按钮，确认这个操作，如图 1-3-24 所示。

（8）在选择配置方法对话框，选择"Manual Configuration（手动配置）"，如图 1-3-25 所示。

（9）在磁盘组定义对话框，从左侧"Drivers"列表中选择磁盘，单击"Add to Array"添加到右侧的"Drive Groups"中，在开始的时候，右侧的磁盘组是空的，如图 1-3-26 所示。可以将一个、多个或所有的磁盘添加到右侧磁盘组。

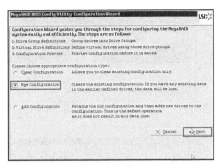

图 1-3-23　新建配置

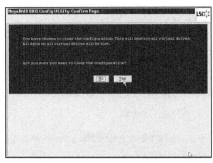

图 1-3-24　确认

图 1-3-25　手动配置

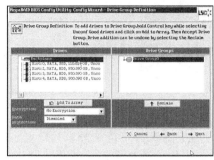

图 1-3-26　磁盘及磁盘组

（10）在本示例中，服务器有 4 个磁盘，并且每个磁盘都要配置成 RAID-0，以用于 vSAN 环境。在此先选择第 1 个 120GB 的固态硬盘，单击"Add to Array"将其添加到"Drive Groups"列表中，添加之后单击"Accept DG"以接受这个磁盘组，如图 1-3-27 所示。

（11）如果是配置 RAID-5、RAID-1 或 RAID-10，此时还要添加其他的磁盘，但这里是单块盘配置 RAID-0，不需要再添加其他磁盘，则单击"Next"按钮，如图 1-3-28 所示。

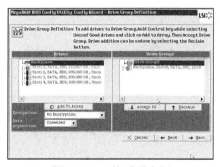

图 1-3-27　接受磁盘组

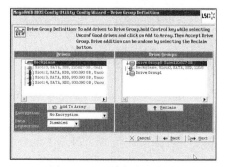

图 1-3-28　磁盘分配完成

（12）在"Span Definition"对话框，单击"Add to SPAN"按钮，然后单击"Next"按钮，如图 1-3-29 所示。

（13）在"RAID Level"（RAID 级别）列表中，选择 RAID-0，然后在"Select Size"单击"Update Size"选择整个磁盘，然后单击"Accept"（接受）按钮，如图 1-3-30 所示。

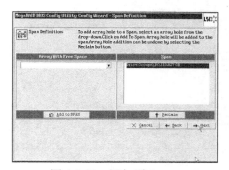

图 1-3-29　添加到 Span

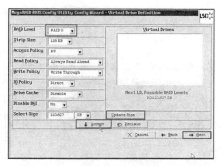

图 1-3-30　将整个磁盘划分 1 个分区

（14）在确认对话框单击"Yes"按钮，如图 1-3-31 所示。

（15）单击"Next"按钮，如图 1-3-32 所示。

图 1-3-31　确认

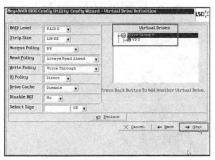

图 1-3-32　划分第 2 个分区

（16）在"Configuration Preview"对话框，单击"Accept"按钮，接受配置，如图 1-3-33 所示。

（17）保存配置，如图 1-3-34 所示。

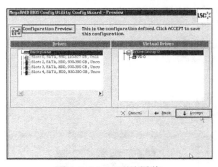

图 1-3-33　配置预览

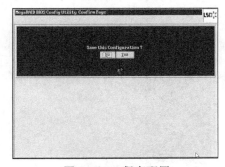

图 1-3-34　保存配置

（18）在配置了 RAID 之后，需要初始化磁盘，如图 1-3-35 所示，单击"Yes"按钮进入初始化对话框。

（19）为新创建的分区选择"Fast Initialize"（快速初始化）即可，如图 1-3-36 所示。

图 1-3-35　是否为新的逻辑分区执行初始化操作

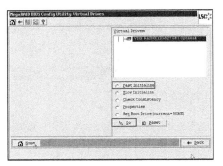

图 1-3-36　初始化分区

（20）最后返回到 WebBIOS 界面，继续单击"Configuration Wizard"，将剩下的每个磁盘都创建为 RAID-0，如图 1-3-37 所示。

（21）在"MegaRAID BIOS Config Utility Configuration Wizard"界面单击"Add Configuration"（添加配置），如图 1-3-38 所示。

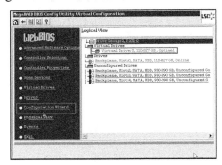

图 1-3-37　WebBIOS 主页

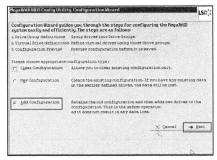

图 1-3-38　添加新配置

（22）之后的步骤与步骤（3）至（19）完全一样，将每个磁盘都配置为 RAID-0，之后初始化。每个磁盘都配置为 RAID-0 后的界面如图 1-3-39 所示。

（23）单击左侧 Exit 退出，在"Exit Application"对话框单击"Yes"按钮，如图 1-3-40 所示。

图 1-3-39　配置完成

图 1-3-40　退出应用程序

（24）在出现"Please Reboot your System"对话框时，按 Ctrl+Alt+Del 重新启动服务器。

1.3.6　在物理主机安装 ESXi 的注意事项

在物理主机上安装 VMware ESXi 时，一定要注意选择正确的位置，例如在前期的规划中,为每台 ESXi 主机配置了 1 个 240GB 的 SSD、3 个 480GB 的 SSD、12 个 900GB 的 HDD,则在安装 ESXi 的时候,可以根据磁盘的容量大小选择,如图 1-3-41 所示。

在图 1-3-41 中,如果按 Page Down 键或↓(下光标键),可以看到其他的 HDD 或 SSD,如图 1-3-42 所示。

图 1-3-41　根据磁盘大小选择

图 1-3-42　查看其他磁盘

在查看磁盘之后,按 Page Up 或↑(上光标键)移动到图 1-3-41,选择合适的磁盘安装 ESXi。

在安装 ESXi 的时候,如果物理主机硬盘已经安装 VMFS 分区(在分区前面用*表示),或者已经有 vSAN 分区(在分区前面用#表示),一定要注意不要将 ESXi 系统安装在标记为#的 vSAN 磁盘中,如图 1-3-43 所示。在这个截图中,是使用一个 32GB 的金士顿启动 U 盘加载 ESXi 的安装镜像,准备将 ESXi 安装到一个 8GB 的 U 盘中的截图。

图 1-3-43　用 32GB 的 U 盘启动准备将 ESXi 安装到 8GB 的 U 盘中

在安装 ESXi 的时候,如果不清楚所选择的分区是否有数据或者是否有 ESXi 的系统,可以选中分区之后按 F1 键,在弹出的对话框中,将会显示是否有 ESXi 的分区,如图 1-3-44 所示。在这个图中,表示在 8GB 的 U 盘中已经有 ESXi 6.0.0 的系统。

如果选择已有系统的磁盘(或 U 盘)安装 ESXi,则会弹出"ESXi Found"的对话框。在此需要选择是进行全新安装(选择"Install")还是升级(选择"Upgrade"),如图 1-3-45 所示。

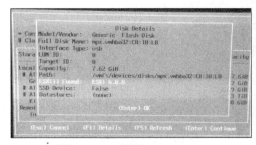
图 1-3-44　找到 ESXi 6.0.0

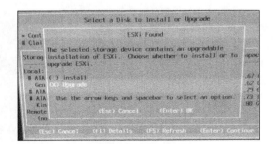
图 1-3-45　选择升级

在安装 ESXi 的时候,如果只看到启动 U 盘,没有找到服务器的硬盘(如图 1-3-46 所示），则可能的原因是：服务器配置了支持 RAID-5 的阵列卡，但没有将每块硬盘配置为 RAID-0。对于这种情况，可以参考 1.3.5 节"IBM 服务器 RAID 卡配置"中的内容，将准备配置为 vSAN 的每个硬盘，单独配置为 RAID-0，再次启动 ESXi 的安装即可。

例如，在图 1-3-47 所示的 IBM 服务器中，配置了 1 块 120GB 的 SSD、3 块 1TB 的 HDD、1 块经过存储分配的 11GB 的 LUN 空间（在此空间安装 ESXi 系统），当前是采用 1 块 32GB 的金士顿启动 U 盘启动，准备将系统安装在 11GB 的 LUN 空间的截图。其中 120GB 及 3 块 1TB 的磁盘都划分为 RAID-0，所以此时看到的磁盘属性为 ServeRAID M5110e。

图 1-3-46　没有找到硬盘

图 1-3-47　在 IBM 服务器安装 ESXi 的截图

1.3.7　关于 vCenter Server 的问题

在规划 vSAN 群集时，有一个无法回避的问题就是 vCenter Server。将 vCenter Server 安装在何处？vCenter Server 能不能运行于 vSAN 群集中？因为在没有安装好 vCenter Server 之前是无法配置 vSAN 群集的。一个通常的作法是先在 vSAN 群集中的某个主机的本地存储安装 vCenter Server，之后使用这个 vCenter Server 管理 vSAN 群集，待 vSAN 群集配置好之后，将 vCenter Server 从 ESXi 本地存储迁移到 vSAN 群集。如图 1-3-48 所示，是某 5 节点 vSAN 群集 vCenter Server 的存储示意图，当前 vCenter Server 安装在 ESXi45 这台主机的本地磁盘，并用其管理整个 vSAN 群集。

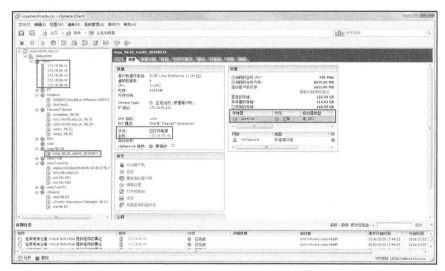

图 1-3-48　将 vCenter 安装在其中一台 ESXi 的本地存储中

如果当前环境中既有传统的共享存储，又有 vSAN 存储，则可以将 vCenter Server 及其他管理的服务器（例如 Active Directory、DHCP、CA）虚拟机保存在传统共享存储，这样 vCenter Server 不会受 vSAN 群集主机重新启动的影响。

1.3.8　关于 vSAN 群集中主机重启或关机的问题

一个正常运行的 vSAN 群集，在没有维护的情况下，vSAN 群集中的主机是不会重新启动或关机的。频繁的关机或重新启动可能会影响 vSAN 群集的效果。如果为了维护等问题，需要关闭 vSAN 群集中的主机，则需要遵循下列原则。

vSAN 群集各节点主机关机顺序如下。

（1）如果 vCenter Server 未部署在 vSAN 群集中，则使用 vSphere Web Client 或 vSphere Client（vSAN 6.5 之前版本使用）登录 vCenter，关闭所有打开电源的虚拟机，将所有 vSAN 节点进行维护模式，在进入维护模式时选择"不迁移数据"，并取消"将关闭电源和挂起的虚拟机移动到群集中的其他主机上"选项（如图 1-3-49 所示），待所有 vSAN 节点进入维护模式后，使用 vSphere Web Client 关闭主机电源。

（2）如果 vCenter Server 部署在 vSAN 群集中，首先关闭除 vCenter 虚拟机以外的其他所有虚拟机，最后关闭 vCenter Server 虚拟机，此时 vSphere Web Client 将会断开连接。然后使用 vSphere Client、vSphere Host Client 或命令行，依次登录每个 vSAN 主机，将主机置于维护模式，在确认模式时同样选择"不迁移数据"、不迁移虚拟机（如图 1-3-50 所示），之后关闭所有 vSAN 主机。

图 1-3-49　确认维护模式

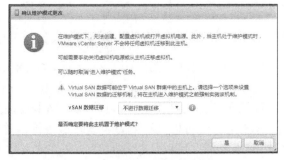

图 1-3-50　不进行数据迁移

进入维护模式命令如下。

```
esxcli system maintenanceMode set --enable=true
```

vSAN 群集的开机顺序如下。

（1）打开所有 vSAN 节点主机电源。

（2）如果 vCenter Server 未部署在 vSAN 群集中，则使用 vSphere Web Client 登录 vCenter Server，将所有节点退出维护模式。

（3）如果 vCenter Server 部署在 vSAN 群集中，使用 vSphere Host Client 或 vSphere Client

或命令行，将 vCenter 所在节点主机退出维护模式，打开 vCenter 虚拟机电源。

（4）待 vCenter Server 上线之后，使用 vSphere Web Client 登录 vCenter Server，将其他节点退出维护模式。

退出维护模式命令如下。

```
esxcli system maintenanceMode set --enable=false
```

1.4   虚拟化服务器的底层管理

在对服务器进行一些底层的操作时，例如进入 CMOS 设置、配置 RAID 卡、安装操作系统，或者服务器出现问题，例如死机需要重新启动时，一般需要到服务器前面接上键盘、鼠标、显示器进行操作，也有的配置网络 KVM，通过网络，使用 KVM 对服务器进行底层的操作。网络 KVM 将服务器的显示界面显示在控制端，使用控制端的键盘、鼠标就可以操作服务器的键盘、鼠标，就像坐在服务器前一样。使用 KVM 时，还可以将本地镜像通过网络映射到服务器，模拟成服务器的光驱或软驱使用。但网络 KVM 费用较高，而且需要重新配置 1 套 KVM 网络（1 台集中的 KVM 管理设备，通过 KVM 或网络线缆再接到每台服务器）。

实际上，一些服务器有类似网络 KVM 的功能，例如 HP 的 iLO、IBM 的 iMM、DELL 服务器提供的 iDRAC 功能，这些功能模块集成在服务器上，进入这些功能配置模块，为这些模块配置一个网络上可以访问的 IP 地址，并将该功能模块接入网络（有一个 RJ45 的接口），通过网络，使用 Web 浏览器，即可实现对服务器的远程（底层）管理及操作，包括打开或关闭服务器的电源、加载镜像到服务器（可以模拟服务器光驱、软驱使用）、将服务器的运行界面显示在控制台、实现远程 KVM 的功能等。现在无论是 HP 的 iLO 还是 IBM 的 iMM 或 Dell 的 iDRAC，使用起来都大同小异，一般是使用 Web 浏览器、需要 JAVA 运行环境来远程管理服务器。下面一一进行介绍。

1.4.1   使用 HP iLO 功能实现服务器的监控与管理

目前 HP 系列服务器，如 HP DL380 Gen8 服务器背面一共有 5 个 RJ45 接口，其中 4 个是服务器网卡，1 个是 iLO 管理网卡，在 iLO 管理网卡上有标识，显示 iLO 只能用于管理，不能用于业务生产使用。可以将 iLO 网卡连接到网络，为其设置一个 IP 地址，通过 iLO、使用 IE 浏览器即可以远程配置、管理服务器，并查看服务器的显示界面、使用本地键盘、鼠标控制服务器，可以加载本地 ISO 文件或本地光盘到服务器，用于系统安装与配置。

iLO 是 Integrated Ligths-out 的简称，是 HP 服务器上集成的远程管理端口，它是一组芯片内部集成 vxworks 嵌入式操作系统，通过一个标准 RJ45 接口连接到工作环境的交换机。iLO 自己有处理器、存储和网卡，默认网卡配置是 DHCP，可以在服务器启动的时候进入 iLO 的 ROM based configuration utility 修改 IP 地址、管理用户名及密码。在服务器购买的时候，面板左侧会有一个白色的纸吊牌，上面写着 iLO 网卡上的 DNS name 以及用户名和密码，一般不要修改，如果修改之后，可以进入 iLO 设置将其复原，一般是创建一个新的管理账户及密码。

只要将服务器接入网络并且没有断开服务器的电源，不管 HP 服务器处于何种状态（开机、关机、重启），都可以允许用户通过网络进行远程管理。简单来说，iLO 是高级别的远程 KVM 系统，可以将服务器的显示信息显示在本地，并且使用本地的键盘鼠标控制、操作服务器，同时可以将本地的光盘镜像、文件夹作为虚拟光驱映射并加载到服务器中。使用 iLO，可以完成低层的 BIOS 设置、磁盘 RAID 配置、操作系统的安装等底层的工作，并且可以在完成系统安装后实现系统的远程控制与管理。下面介绍 iLO 的使用。

1. 为 iLO 设置管理 IP 地址

iLO 有自己的处理器、存储和网卡，默认网卡的配置是 DHCP。管理员可以在 HP 服务器刚开始启动的时候进入 iLO 界面修改 IP、添加或修改管理用户名与密码。HP 服务器的初始密码在前面板左侧的一个吊牌上，将其拉出就可以看到初始的用户名（Administrator）与初始密码。

如果你的网络中有 DHCP 服务器，可以将 iLO 管理网卡（在服务器后面板上，有个 iLO 标记的 RJ45 端口）通过 RJ45 网线连接到交换机，稍等之后，登录 DHCP 服务器，查看新分配的 IP 地址，假设为 192.168.1.234，则登录 https://192.168.1.234 即可以看到 iLO 的管理界面，输入初始用户名与密码就可以进入。进入之后，为了以后管理的方便，建议为服务器规划 iLO 管理地址。例如在我所管理的网络中有 4 台 HP DL388 的服务器，我规划这 4 台服务器的管理地址分别是 192.168.1.31、192.168.1.32、192.168.1.33、192.168.1.34。在进入 iLO 的管理界面后，在左侧窗格选择"Administrator→Network"，在右侧窗格选择"IP&NIC Settings"选项卡，取消"Enable DHCP"的选择，然后设置 IP 地址、子网掩码、网关，也可以在"iLO Subsystem Name"后面为管理的服务器设置计算机名称，例如图 1-4-1 所示的 HP 服务器安装的是 Forefront TMG 2010，则设置系统名称为 TMG2010。

【说明】如果你的网络中没有 DHCP 服务器，则需要在服务器开机之后，按 F8 键进入 iLO 的设置界面，为 iLO 设置管理地址、添加新的管理员用户与密码。

2. 设置时区与时间服务器

iLO 默认的时区是格林尼治标准时间，iLO 会根据这个时间记录服务器的日志。如果你要让日志记录的时间符合当前的需要，例如我们当前是 GMT+8，可以在"Administrator→Network →SNTP Settings"中，在"Timezone"下拉列表中选择"Asia/Shanghai"时间。如果网络中有时间服务器，可以在"Primary Time Server"中输入时间服务器的地址，如图 1-4-2 所示。

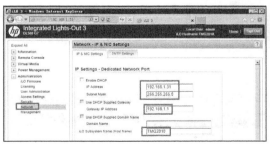

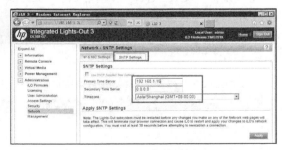

图 1-4-1　设置 iLO 管理地址与系统名称　　　　　　　　图 1-4-2　修改时区

在设置了网卡地址与时区之后，单击"Apply"按钮，让设置生效，iLO 会重新启动。如果你设置的 IP 地址与网络中的其他地址冲突，则当前设置不会更改，你需要重新修改 IP 地址。

【说明】如果在图 1-4-2 没有"SNTP Settings"设置选项卡，表示你的 iLO 的硬件版本比较低。可以在 HP 网站下载 iLO 升级程序将 iLO 的硬件版本更新。

3. 添加管理用户名

在 HP 服务器的前面板的吊牌上写有每台服务器的 iLO 的管理员账户与密码，通常情况下不建议修改这个密码，但这个密码不好记，这时就需要为 iLO 管理添加一个新的管理员账户。可以在"Administrator→User Administrator"中添加新的管理员账户，并设置管理员账户的功能，如图 1-4-3 所示。

4. 添加 License

iLO 在默认情况下是不支持图 1-4-8 界面的远程管理的，你需要从 HP 经销商处购买 iLO 的 License 号码，并在"Administrator→Licensing"处输入该 License 号，才能实现图 1-4-8 界面的远程管理功能，如图 1-4-4 所示。

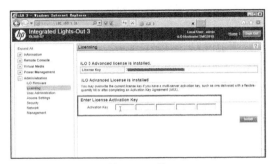

图 1-4-3　添加管理员账户　　　　　　　图 1-4-4　输入 iLO 的 License

5. 服务器电源控制

如果服务器死机或者服务器没有开机，你可以在"Power Management"中实现服务器的开机、关机、重启等操作，如图 1-4-5 所示。

6. 虚拟光驱与软驱功能

如果管理的服务器没有光驱，或者虽然有光驱但没有光盘，或者在远程管理的情况下不能向服务器插入光盘，你可以在 iLO 中使用"Virtual Media"功能，将网络中的 ISO 或软盘虚拟虚拟成光驱功软驱并映射到服务器。在"Virtual Media→Virtual Media"，你可以将光盘镜像的 URL 详细地址输入在"Scripted Media URL"中，然后单击"Insert Media"按钮映射镜像到服务器中，如图 1-4-6 所示。你可以在网络中建立 HTTP 服务器，并启用目录浏览功能，浏览查看并复制所需的光盘镜像地址后，将下载地址粘贴到"Scripted Media URL"中。

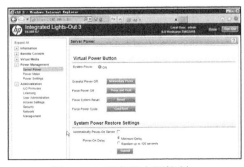

图 1-4-5　服务器电源控制　　　　　　　图 1-4-6　加载 HTTP 镜像到服务器

【说明】如果要直接加载本地的光盘镜像，稍后在服务器的远程控制中可以实现这一功能。

7. 远程 KVM

在"Remote Console→Remote Console"中，可以实现远程 KVM 功能，一种是使用"Integrated Remote Console"，另一种是使用"Java Integrated Remote Console"，如图 1-4-7所示。使用后者需要安装 JAVA 运行环境。

不管使用哪种方式，在登录到远程控制台之后，可以直接显示服务器的当前状态，不管服务器是处于自检、启动中还是启动后，都能看到服务器的显示界面，与直接在服务器前查看服务器的控制台是一样的效果。并且在远程控制中，可以将本地文件夹、镜像文件、URL 地址镜像映射到服务器中作光驱使用，相关控制如图 1-4-8 所示。

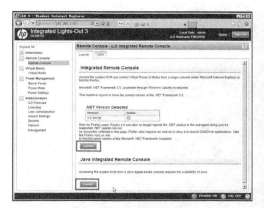
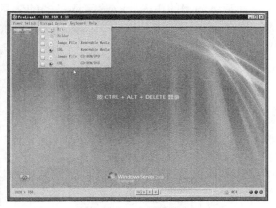

图 1-4-7　远程控制　　　　　　　　　　图 1-4-8　远程控制

在"Power Switch"菜单中还可以更改服务器的电源状态，在"Keyboard"中发送Ctrl+Alt+Del 之后，使用本地键盘，输入管理员账户、密码就可以登录到服务器。此时使用本地的键盘、鼠标就可以操作远程的服务器。

8. 查看 iLO 日志

在"Information→Integrated Management Log"中可以查看服务器的日志，如图 1-4-9所示。在图 1-4-9 中提示插在第 3 个内存插槽的内存有问题，这时候就需要更换好的内存。

9. 系统信息

在"Information→System Information"处可以显示当前服务器的信息，例如 CPU、内存、电源、网卡等，如图 1-4-10 所示。

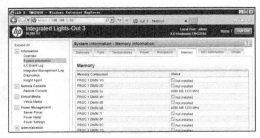

图 1-4-9　iLO 管理日志　　　　　　　　图 1-4-10　系统信息

10. iLO 升级

如果 HP 服务器的 iLO 版本比较低，可以登录 HP 官方网站（http://www.hp.com/go/iLO）下载最新的 iLO 的升级程序。下载的 Windows 版本的升级程序是一个名为 cp015457.exe、大小为 6.59MB 的程序，用 WinRAR 将其解压缩展开，使用名为 ilo3_126.bin、大小为 8MB 的升级文件直接升级即可。升级的方法很简单，登录 iLO 管理界面，在"Administrator→iLO Firmware"中，在右侧窗口中单击"浏览"按钮选择 iLO 的升级文件，单击"Upload"按钮上传，并在上传完成之后根据向导选择升级即可，如图 1-4-11 所示。

整个升级过程比较简单，升级大约需要用两三分钟的时间。升级完成之后，iLO 会重新启动。之后关闭 IE，重新登录 iLO 即可。

11. 其他管理与设置

打开服务器的电源，会显示服务器的信息、状态，并且在左下角显示服务器 iLO 获得或分配的 IP。在本示例中，当前地址为 172.30.5.241，如图 1-4-12 所示。

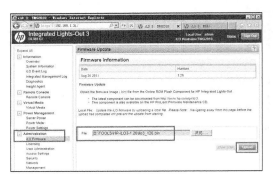

图 1-4-11　上传升级文件

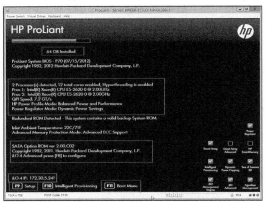

图 1-4-12　服务器信息及 iLO 管理地址

此时服务器获得的可能是一个"临时"的地址，你可以在 IE 浏览器中，使用 https 方式登录此地址，并对此地址进行修改。打开 IE 浏览器，使用 https://172.30.5.241。

如果在图 1-4-12 中没有从 DHCP 服务器获得 IP 地址，或者忘记 iLO 的管理密码，可以在图 1-4-12 中按 F8 键进入 iLO 配置界面（如图 1-4-13 所示），选择"执行维护"，在配置页中选择"iLO 配置"，如图 1-4-14 所示。

图 1-4-13　执行维护

图 1-4-14　iLO 配置

之后为 iLO 添加用户、设置管理地址等，或者"重置"iLO 以恢复到默认配置，如图 1-4-15 所示，这些不一一介绍。

图 1-4-15　配置 iLO

1.4.2　DELL 服务器的 iDRAC 配置

DELL 服务器的 iDRAC 在 CMOS 设置中，为其设置 IP 地址。在默认情况下，DELL 服务器的 iDRAC 与服务器网卡的第 1 个端口共用（专门配有 iDRAC 网络接口的除外）。打开服务器的电源后，按 F2 键（或其他热键，具体可以看服务器的屏幕提示）进入"System Setup"对话框，如图 1-4-16 所示。

在此移动光标到"iDRAC Settings"选项，按回车键，进入"iDRAC Settings"，移动光标到"Network"选项，按回车键，如图 1-4-17 所示。

图 1-4-16　系统设置

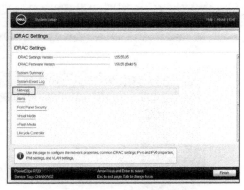

图 1-4-17　网络设置

在"IPv4 settings"选项中，为 iDRAC 设置一个静态管理地址，并设置网关、子网掩码，如图 1-4-18 所示。在此设置 IP 地址为 172.30.30.151。

设置之后，按 Esc 键返回到系统设置页，退出并保存设置。接下来，简单介绍 iDRAC 的设置。

（1）使用 IE 浏览器，输入 iDRAC 的地址（在此为 https://172.30.30.151），在登录页面

输入默认用户名 root，密码为 calvin，如图 1-4-19 所示。

（2）在第一次登录时会提示是否更改密码，如图 1-4-20 所示。

图 1-4-18 设置 iDRAC 管理地址

图 1-4-19 使用默认用户名、密码登录

图 1-4-20 更改密码选项

（3）在默认情况下，使用 iDRAC 可以进行查看日志、开关服务器电源等操作。如果要使用 KVM 功能，还需要购买 iDRAC 企业许可证，如图 1-4-21 所示。

图 1-4-21 虚拟控制台需要 IDRAC 企业许可证

（4）在"概览→服务器→许可证"选项中，浏览导入 IDRAC 许可证（这是一个 xml 的文本文件，需要从 DELL 公司购买，每个许可证只对应一台服务器）文件，如图 1-4-22 所示。

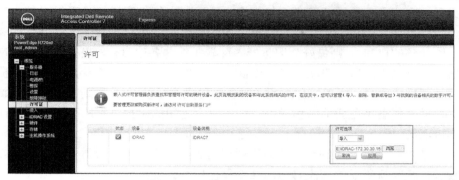

图 1-4-22　导入 IDRAC 许可证

导入 IDRAC 许可证之后即可以使用"虚拟控制台"（即 KVM 功能），这些使用与 HP 的 iLO 类似，不再介绍。

1.5　DELL 服务器的 RAID 配置

DELL 服务器自带的 RAID 卡支持 RAID-0、RAID-1、RAID-5、RAID-6、RAID-50 和 RAID-60，具体选择哪种 RAID 级别要看服务器配置的磁盘数量及管理规划。另外，DELL 第 13 代服务器的 RAID 卡还支持"Non RAID"配置，可以将指定的磁盘配置为类似 HBA 直通的模式，跳过 RAID 卡。这一功能可以为某些特别的应用简化配置（例如用于 vSAN 环境中，需要跳过 RAID 卡或需要配置成 RAID-0 模式，这种方式会优于采用 RAID-0 模式）。

在配置 RAID 划分逻辑卷的时候，推荐创建两个逻辑卷（或逻辑磁盘），其中第一个逻辑磁盘创建得比较小，用于安装操作系统（如果是安装 Windows Server 2008 R2 或 Windows Server 2012 R2，则创建 60～100GB+主机内存×1.5 倍。例如，如果当前主机内存 128GB，则为 Windows 划分的第一个分区大小为 250～300GB；如果用于安装 VMware ESXi，则可以划分 10～30GB）。剩下的空间划分为第二个逻辑磁盘，用作数据分区。

【注意】大多数 RAID 卡损坏，或者由于 RAID 中有 1 个磁盘损坏，更换磁盘后数据丢失，大多数是第一个逻辑磁盘即系统磁盘数据丢失，而位置"靠后"的第二个逻辑分区中的数据基本不会丢失。这也是我建议大家划分 2 个逻辑分区的另一个重要原因。另外，如果将所有磁盘划分为 1 个大的逻辑磁盘，这个逻辑磁盘的空间大小很可能会超过 3TB，部分操作系统不支持在超过 2TB 的分区上启动，这会导致逻辑磁盘只能使用 2TB 的空间，2TB 之后的空间不能使用。将操作系统单独安装在 1 个较小的分区，剩余的空间划分为第二个逻辑卷，第二个逻辑卷用作数据磁盘则不存在这个问题。

现在服务器大多安装了 4～6 个磁盘，对于这个数量的磁盘可以创建 RAID-5。如果服务器上有 8 块或更多的磁盘，且是偶数块盘，建议使用 RAID-50。如果是奇数块盘或者是 RAID 卡不支持 RAID-50，可以配置 RAID-6，或者采用多加 1 块热备的 RAID-5，或者是将磁盘分成两组，其中 4～5 块做一个 RAID-5，另几块再做一个 RAID-5。如果服务器配置的是较大容量（例如单块磁盘 2TB、3TB、4TB）的低转速 NL-SAS 或 SATA 磁盘，推荐为这种磁盘配置 RAID-10，以获得较好的性能。

如果是单台服务器需要托管到电信机房（这里的电信机房指的是提供服务器托管业务的机房，包括联通、电信等运营商对外提供服务的机房，也包括其他第三方提供专线以及服务器托管业务的机房），则最好为服务器多配置 1 块热备磁盘，如果是放于单位自己机房的服务器，则可以不为服务器配置热备磁盘，但同型号的磁盘应该多备 1 块放在机房，在服务器例行巡检中如果发现有故障磁盘（服务器磁盘黄灯或红灯），则需要将备用磁盘替换故障磁盘，并且需要准备新的备用磁盘。如果没有备用的磁盘，把所有的磁盘都使用上，这也是不可取的。因为在通常情况下，阵列中的磁盘大多在 3～5 年之后才开始出故障，如果这时候，你的 RAID-5 中的一个磁盘出现问题了，需要将故障磁盘替换下来，如果购买的时间较长，在等待磁盘的这段时间再有磁盘损坏则会导致阵列失效、数据丢失。所以，在做磁盘阵列甚至在前期规划的时候，相同的磁盘要至少有一两块备用的，当服务器磁盘有故障时需要立刻替换，而不是关闭服务器、向主管领导打报告、等领导批准后再买磁盘再替换，如果在等待备用磁盘的过程中再有磁盘损坏则会导致数据的丢失。

大多数的服务器以及存储支持"全局热备"功能，可以将多余的磁盘放置在机柜中，设置为全局热备磁盘，如果有故障磁盘，系统会自动用"全局热备"磁盘替换故障磁盘。

【注意】虽然服务器集中放置在中心机房，管理也是通过网络远程管理，但是一定要定期对机房进行巡检，要注意服务器是否有报警，尤其是服务器的磁盘是否有故障的"黄灯"或更严重的"红灯"以及一些报警的声音。新配置的服务器及存储，开始至少要每周检查 1 次，等 1 个月之后可以 2 周检查 1 次。但最长不要超过 1 个月，应该至少每个月检查一下设备，如果设备有故障要及时维修或更换。

大多数服务器 RAID 卡配置是很类似的，本节以 DELL R730XD 服务器（配置 H730RAID 卡）为例进行介绍，其他服务器型号可以参考。

【说明】一般情况下，我们配置 RAID，是指 RAID-5、RAID-10 等配置。服务器出厂时的标配，是只支持 RAID-0、RAID-1、RAID-10，不支持 RAID-5。如果要支持 RAID-5，需要为服务器添加缓存（RAID 卡需要）和电池（RAID 卡需要，但并不是必需）。在服务器只有 1 个磁盘时，如果阵列卡只支持 RAID-1、0、10，不支持 RAID-5，此时一般不需要配置，服务器即可以"认出"这块磁盘。如果阵列卡已经升级到支持 RAID-5，单独的 1 块磁盘也必须配置成 RAID-0 才能使用（DELL RAID 卡可以将磁盘标记为"Non RAID"模式）。例如，在某台服务器中有 5 块磁盘，其中 1 块是 120GB 的固态磁盘，4 块是 600GB 的 SAS 磁盘。如果是支持 RAID-5 的阵列卡，则需要创建两个阵列：第一个阵列是 1 块 120GB 的磁盘，使用 RAID-0；第二个阵列则是 4 块 600GB 的磁盘，根据需要配置多个逻辑磁盘，可以是 RAID-5 或 RAID-10。

一般情况下，对于容量较大的 SATA 磁盘，推荐配置为 RAID-10，不推荐采用 RAID-5。

对于性能较高的 SAS 磁盘（10000、15000 转/分）、容量较小（600GB、900GB），推荐采用 RAID-5。如果有多块 SAS 磁盘，建议每 5～6 块一组，每组不超过 8 个。如果阵列卡支持 RAID-50（DELL、HP），则推荐采用 RAID-50。

【说明】在本示例中，我们以 DELL R730 XD 服务器为例，介绍 DELL 服务器的 RAID 配置。为了全面介绍 RAID 功能，我们为服务器配置了 12 块 1TB 的硬盘，将介绍 Non RAID、

RAID-0、RAID-1、RAID-5、RAID-6、RAID-50、RAID-60、RAID-10 等内容。最终配置为规划 10 块 RAID-10 磁盘、1 块全局热备磁盘、1 块 Non RAID 磁盘方案。

1.5.1　配置 RAID-0 或 Non RAID 磁盘

（1）开机启动 DELL 服务器，当出现"PowerEdge Expandable RAID Controller BIOS"对话框时，按 Ctrl+R 组合键，如图 1-5-1 所示。

【说明】如果不能出现图 1-5-1 的 RAID 配置界面，应重新启动服务器，按 F2 键进入 BIOS 设置，在"Boot Settings"中，将"Boot Mode"改为"BIOS"并保存退出即可。如果安装 ESXi，则需要改为 UEFI 模式，如图 1-5-2 所示。

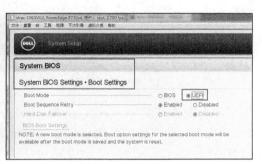

图 1-5-1　进入 RAID 卡配置界面　　　　　　　图 1-5-2　BIOS 设置

（2）进入 RAID 卡配置界面之后，可以看到当前有 12 块 931GB 的磁盘（即 1TB 的磁盘），当前没有 RAID 卡配置信息（显示"No Configuration Present！"），如图 1-5-3 所示。在屏幕的上方显示当前 RAID 卡为 PERC H730 Mini。

（3）移动光标到"No Configuration Present！"这一行，按 F2 键（屏幕下面有提示）弹出快捷菜单，如图 1-5-4 所示。

图 1-5-3　没有配置 RAID 信息　　　　　　　图 1-5-4　快捷菜单

在该快捷菜单中常用的命令有以下几项。

Auto Configure RAID-0：选择此项，将会把所有磁盘都配置为 RAID-0（每个磁盘一个配置）。

Create New VD：创建新的 Virtual Disk（虚拟磁盘）。

Clear Config：清除当前 RAID 配置。

Convert to RAID capable：将配置为 Non RAID 的磁盘设置为 RAID 模式。

Convert to Non-RAID：将指定的磁盘配置为 Non-RAID 磁盘，即 HBA 直通模式。

（4）如果选择"Auto Configure RAID-0"，将会把所有磁盘都配置为 RAID-0（每个磁盘一个配置），如图 1-5-5 所示。

（5）如果选择"Convert to Non-RAID"，则会弹出"Convert RAID Capable Disks to Non-RAID"，选择要转换为 Non-RAID 的磁盘，移动光标到 OK 键确认即可，如图 1-5-6 所示。

图 1-5-5　每个磁盘都配置为 RAID-0　　　　图 1-5-6　转换为非 RAID 模式

（6）如果选择"Convert to RAID capable"（如图 1-5-7 所示），可以列出转换为 Non-RAID 模式的磁盘，并根据需要选择将这些 Non-RAID 磁盘转换为支持 RAID 的模式，如图 1-5-8 所示。

图 1-5-7　转换到 RAID 模式　　　　图 1-5-8　转换到支持 RAID 模式

（7）在练习配置 RAID 的过程中，如果希望"从头"配置，可以移动光标到"PERC H730 Mini"，按 F2 键后在弹出的命令中选择"Clear Config"清除当前 RAID 配置，如图 1-5-9 所示。

（8）在执行清除配置之后，所有的 RAID 配置会被清除，磁盘恢复"Ready"模式，如图 1-5-10 所示。

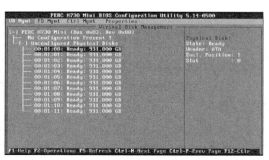

图 1-5-9　清除当前配置　　　　图 1-5-10　清除配置后

【说明】配置为 "Non-RAID" 的磁盘不受 "Clear Config" 的影响。

1.5.2　配置 RAID-1

要配置 RAID-1，需要选择 2 块磁盘。

（1）移动光标到 "No Configuration Present！" 这一行，按 F2 键，在弹出的快捷菜单中选择 "Create New VD"，如图 1-5-11 所示。

（2）在 "RAID Level" 中按回车键，可以选择 RAID 级别，如图 1-5-12 所示。

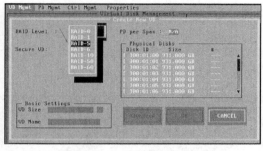

图 1-5-11　新建新 VD　　　　　　　　　图 1-5-12　选择 RAID 级别

【说明】在 "RAID Level" 列表中显示的是当前服务器能支持的 RAID 级别，这与当前服务器配置的磁盘数量有关。例如，如果只有 1 块磁盘，则 RAID 级别只能是 RAID-0；如果有 2 块磁盘，RAID 级别则会包括 RAID-1 及 RAID-0，如果是 3 块磁盘，则支持的 RAID 级别是 RAID-1、RAID-0、RAID-5；如果是 4 块磁盘，则会有 RAID-1、RAID-0、RAID-10、RAID-5。如果配置有 6 块磁盘，则会符合 RAID-0、RAID-1、RAID-5、RAID-6、RAID-10、RAID-50、RAID-60 等所有级别。

（3）在 RAID 级别选择 RAID-1，按 Tab 键到 "Physical Disks" 列表，按空格键选择 2 块磁盘，移动光标到 "Basic Settings → VD Size" 中，在 "GB" 中可以输入 GB、MB、TB 进行容量单位设置，然后按 Tab 键将光标移动到数字区，输入创建的逻辑分区的大小，如果不设置具体数字而保持默认数字，则会选择最大可用空间（对于 RAID-1 来说则是其中 1 块磁盘的容量），移动光标到 "VD Name" 处为新建的逻辑卷设置一个名称，移动光标到 OK 处按回车键创建，如图 1-5-13 所示。

（4）创建之后返回到 RAID 配置界面，在 "Disk Group 0，RAID 1" 中显示第一个磁盘组以及创建的逻辑卷，然后移动光标到 PERC H730，按 F2 键，可以继续创建新的 RAID 卷，也可以选择 "Clear Config" 清除配置，如图 1-5-14 所示。

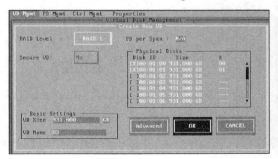

图 1-5-13　创建 RAID-1　　　　　　　　　图 1-5-14　创建的 RAID-1 磁盘组

【说明】在图 1-5-14 中选择"Clear Config"清除 RAID 配置，继续后面的学习。

1.5.3　配置 RAID-0

除了在 RAID 配置界面选择"Auto Configure RAID 0"将每块磁盘配置为 RAID-0 外，还可以根据需要选择 1 到多块磁盘配置为 RAID-0，以为了获得较好的磁盘性能。本节下面介绍这一内容。

（1）移动光标到"No Configuration Present！"这一行，按 F2 键，在弹出的快捷菜单中选择"Create New VD"，如图 1-5-15 所示。

（2）在"RAID Level"列表中选择 RAID-0，在物理磁盘组中选择多个磁盘（在此选中 12 块磁盘），在"VD Size"中，设置第一个逻辑卷大小为 300GB，然后移动光标到"OK"处按回车键，如图 1-5-16 所示。

图 1-5-15　新建新 VD

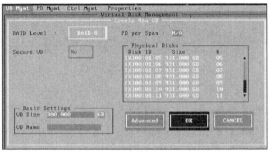

图 1-5-16　创建 300GB 的逻辑卷

（3）返回到 RAID 配置界面，在创建的磁盘组 0 中，按 F2 键，在弹出的快捷菜单中选择"Add New VD"，创建新的 VD，如图 1-5-17 所示（此时磁盘组还有剩余空间 10.617TB）。如果创建的磁盘组不合适，则可以选择"Delete Disk Group"删除磁盘组。

（4）由于已经选中了 RAID 级别以及组成 RAID 的磁盘，所以进入"ADD VD in Disk Group 0"磁盘组中，只有"Basic Settings"可以设置（选择新的 VD 的大小、名称）。可以根据需要设置新的 VD 的大小，如果选择默认值则选择所有可用空间，也可以指定磁盘组大小，如图 1-5-18 所示。

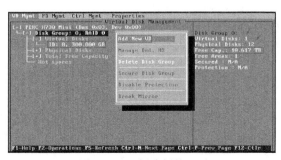

图 1-5-17　创建新的 VD

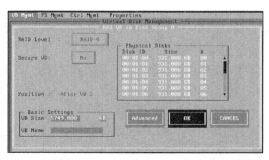

图 1-5-18　指定新的 VD 的大小

在指定 VD 大小之后，如果仍然有剩余空间，可以在图 1-5-17 中按 F2 键选择"Add New VD"创建新的 VD。

（5）在本示例中创建了 4 个逻辑磁盘（VD），此时没有剩余空间（Free Areas 为 0），当前 RAID 级别为 0、磁盘组共有 12 个磁盘（Physical Disks），如图 1-5-19 所示。

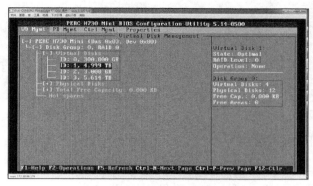

图 1-5-19　创建 RAID 完成

在完成本次操作之后，清除 RAID 配置，继续后面的学习。

1.5.4　配置 RAID-5 与 RAID-6

本例介绍 RAID-5 与 RAID-6 的配置。要配置 RAID-5，至少要有 3 块磁盘；要配置 RAID-6，至少需要 4 块磁盘。

（1）移动光标到"No Configuration Present！"这一行，按 F2 键，在弹出的快捷菜单中选择"Create New VD"，如图 1-5-20 所示。

（2）在"RAID Level"中选择 RAID-5，在物理磁盘组中选择至少 3 块磁盘，在基本设置中设置磁盘的大小及卷标，然后移动光标到 OK 按回车键，如图 1-5-21 所示。

图 1-5-20　新建新 VD

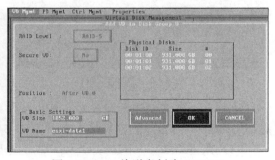

图 1-5-21　3 块磁盘创建 RAID-5

（3）如果要配置 RAID-6 则至少需要 4 块磁盘，但在实际使用中，配置 RAID-6 至少选择 5 块磁盘。如图 1-5-22 所示，是使用 5 块 1TB 磁盘配置 RAID-6 的截图。

（4）在配置 RAID 的时候，同一个服务器可以配置多组 RAID。如图 1-5-23 所示，配置了 3 组 RAID，其中 2 组 RAID-5，第一组 RAID-5 由 3 块 1TB 磁盘组成，划分了 2 个逻辑卷（卷大小分别是 10GB 和 1.8TB）；第二组 RAID-5 由 4 块 1TB 磁盘组成，划分了 1 个逻辑卷，大小为 2.727TB（4 个磁盘容量）；第三个磁盘组由 5 块 1TB 磁盘组成，划分了 1 个逻辑卷，大小为 2.727TB（4 个磁盘容量）。

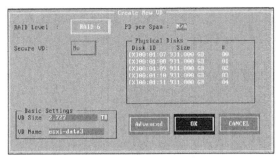

图 1-5-22　配置 RAID-6

图 1-5-23　创建 3 个磁盘组

1.5.5　配置 RAID-10

要配置 RAID-10 至少需要 4 块磁盘，在实际的生产环境中至少需要 6 或 8 块磁盘。在要求较高的环境中还会配置 1～2 块热备磁盘。在本节的操作中，10 块磁盘配置为 RAID-10，2 块磁盘配置为全局热备磁盘。

（1）移动光标到"No Configuration Present！"这一行，按 F2 键，在弹出的快捷菜单中选择"Create New VD"，如图 1-5-24 所示。

（2）在"Create New VD"对话框中，在 RAID 级别选择 RAID-10，在物理磁盘组中依次选中磁盘 0～磁盘 9 共计 10 块磁盘，在基本设置虚拟磁盘大小中，设置第一个卷为 20GB（将会用于安装 ESXi），如图 1-5-25 所示。

图 1-5-24　新建新 VD

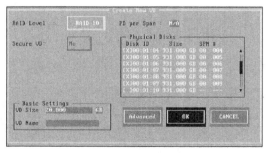

图 1-5-25　创建 RAID-10

（3）返回到 RAID 配置界面，在创建的磁盘组 0 中，按 F2 键，在弹出的快捷菜单中选择"Add New VD"，创建新的 VD，如图 1-5-26 所示（此时磁盘组还有剩余空间 4.526TB）。

（4）在"Add VD in Disk Group 0"的基础设置中，为第二个卷设置大小。如果希望使用最大空间，则移动光标到 OK 按回车键，如图 1-5-27 所示。

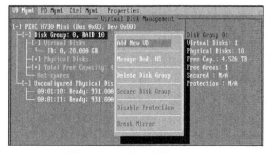

图 1-5-26　创建新的 VD

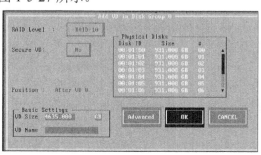

图 1-5-27　添加 VD

（5）返回到 RAID 配置界面可以看到，当前 RAID-10 磁盘组创建了 2 个逻辑卷。另外，展开"Unconfigured Physical Disks"（未配置的物理磁盘组）中可以看到，还有 2 个磁盘状态为"Ready"，这 2 个磁盘没有配置，如图 1-5-28 所示。

（6）移动光标到"Disk Group 0"，按 F2 键，在弹出的快捷菜单中选择"Manage Ded .HS"，如图 1-5-29 所示。

图 1-5-28　未配置磁盘

图 1-5-29　管理热备磁盘

（7）在弹出的"Hot Spares"对话框中，选择空白、就绪的磁盘为热备磁盘，如图 1-5-30 所示。

（8）配置之后返回到"VD Mgmt"界面，在此可以看到磁盘组 0 有 2 块热备磁盘，如图 1-5-31 所示。

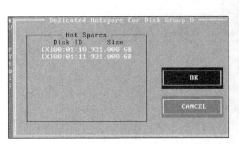
图 1-5-30　选择热备磁盘

图 1-5-31　为磁盘组配置的热备磁盘

【说明】步骤（6）～（7）配置的热备磁盘是绑定在选择的磁盘组中的，如果当前 RAID 配置有多个磁盘组，也可以指定用于每个磁盘组的"全局热备磁盘"。方法是在图 1-5-28 界面按 Ctrl+N 到"PD Mgmt"界面进行配置。

（9）在"PD Mgmt"界面可以看到，当前有 10 块处于"Online"状态的磁盘，表示这些磁盘都已经在磁盘组中进行了配置，在"DG"则显示该磁盘属于的磁盘组，当前 00～09 磁盘属于磁盘组 0。而 10、11 两个磁盘状态为"Ready"，DG 处于 0，表示这 2 块磁盘就绪，但处于未配置状态，如图 1-5-32 所示。

（10）选中一个状态为"Ready"的磁盘，按 F2 键，在弹出的快捷菜单中选择"Make Global HS"将所选的磁盘标记为"全局热备磁盘"，如图 1-5-33 所示。

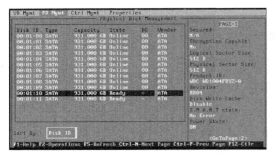

图 1-5-32　磁盘状态

图 1-5-33　配置为全局热备磁盘

【说明】在图 1-5-33 快捷菜单中也有其他的一些命令，例如"Convert to Non-RAID"或"Convert to RAID Capable"（当前为灰色），命令能否运行与所选磁盘的当前状态有关。如果当前磁盘是"热备磁盘"，选择"Remove Hot Spare"即可取消。

（11）将磁盘 10、磁盘 11 都标记为全局热备磁盘，如图 1-5-34 所示。

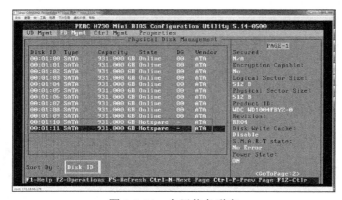

图 1-5-34　全局热备磁盘

本次实验完成后，清除 RAID 配置。

1.5.6　配置 RAID-50

要配置 RAID-50 至少需要 6 块磁盘。另外，在配置 RAID-50 的时候，可以根据情况选择配置 2 组、3 组或多组 RAID-5 再组成 RAID-0。例如：

6 块磁盘，每 3 块磁盘组成一组 RAID-5，2 组 RAID-5 再组成 RAID-0；

8 块磁盘，每 4 块磁盘组成一组 RAID-5，2 组 RAID-5 再组成 RAID-0；

9 块磁盘，每 3 块磁盘组成一组 RAID-5，3 组 RAID-5 再组成 RAID-0；

10 块磁盘，每 5 块磁盘组成一组 RAID-5，2 组 RAID-5 再组成 RAID-0；

12 块磁盘，每 3 块磁盘组成一组 RAID-5，4 组 RAID-5 再组成 RAID-0；

12 块磁盘，每 4 块磁盘组成一组 RAID-5，3 组 RAID-5 再组成 RAID-0；

12 块磁盘，每 6 块磁盘组成一组 RAID-5，2 组 RAID-5 再组成 RAID-0。

下面介绍 RAID-50 的配置。

（1）移动光标到"No Configuration Present！"这一行，按 F2 键，在弹出的快捷菜单中选择"Create New VD"，如图 1-5-35 所示。

（2）在 "Create New VD" 对话框中，在 RAID 级别中选择 RAID-50，在 "PD Per Span" 中选择每个 RAID-5 中的磁盘数量，根据当前服务器中就绪磁盘的数量不同，可以选择 3、4、6 或其他的配置（当前服务器最多是 12 块磁盘，所以只能是 3、4、6；如果是 24 盘位的服务器，有 24 块磁盘，则会有更多的选择）。在此先选择 3，然后依次选中 0～11 磁盘，移动光标到 OK 处按回车键，如图 1-5-36 所示。

图 1-5-35　创建新 VD

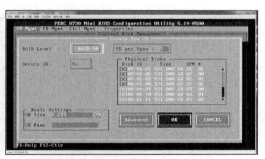

图 1-5-36　每组 RAID 中有 3 块磁盘

（3）创建 RAID-50 之后返回 "VD Mgmt" 视图，可以看到当前 RAID-50 由 4 组 RAID-5 组成，每个 RAID-5 有 3 块磁盘，如图 1-5-37 所示。

（4）清除 RAID 配置，再创建 RAID-50，本次在 "PD Per Span" 中指定为 4，如图 1-5-38 所示。

图 1-5-37　4 组 RAID-5 再组成 RAID-0

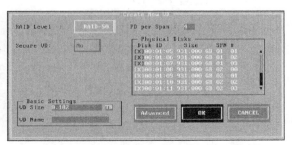

图 1-5-38　每组 RAID-5 中有 4 块磁盘

（5）创建 RAID-50 之后返回到 VD Mgmt 视图可以看到，当前 RAID-50 由 3 组 RAID-5 组成，每组 RAID-5 有 4 块磁盘，如图 1-5-39 所示。

（6）清除 RAID 配置，再次创建 RAID-50，在本次配置中每组 RAID-5 由 6 块磁盘组成，配置后如图 1-5-40 所示。

图 1-5-39　3 组 RAID-5 再组成 RAID-0

图 1-5-40　2 组 RAID-5 再组成 RAID-0

通常情况下，2 组 RAID-5 具有较高的性能、较高的磁盘空间使用率。

（7）在实际的生产环境中，如果是 11 或 12 块磁盘配置 RAID-5，一般是 10 块磁盘配置成 RAID-50（2 组），并且再准备 1～2 块全局热备磁盘，此时操作后的界面如图 1-5-41 所示。在本配置中划分 1 个 RAID-50、2 个卷，第一个卷大小为 20GB 用来装 ESXi 系统，第 2 个卷为 7.253TB（使用剩余空间）。

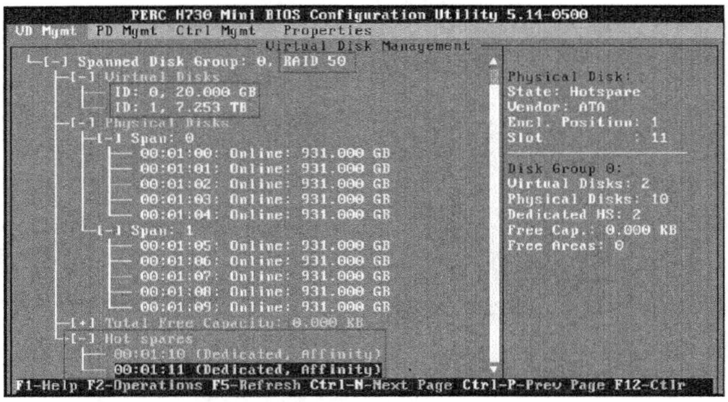

图 1-5-41　12 块磁盘划分 RAID-50

本次实验完成后，清除 RAID 配置。

1.5.7　配置 RAID-60

要配置 RAID-60 至少需要 8 块磁盘。另外，在配置 RAID-60 的时候，可以根据情况选择配置 2 组、3 组或多组 RAID-6 再组成 RAID-0。例如：

8 块磁盘，每 4 块磁盘组成一组 RAID-6，2 组 RAID-5 再组成 RAID-0；

10 块磁盘，每 5 块磁盘组成一组 RAID-6，2 组 RAID-5 再组成 RAID-0；

12 块磁盘，每 4 块磁盘组成一组 RAID-6，3 组 RAID-5 再组成 RAID-0；

12 块磁盘，每 6 块磁盘组成一组 RAID-6，2 组 RAID-5 再组成 RAID-0。

下面介绍 RAID-60 的配置。

（1）移动光标到"No Configuration Present！"这一行，按 F2 键，在弹出的快捷菜单中选择"Create New VD"，如图 1-5-42 所示。

（2）在"Create New VD"对话框中，在 RAID 级别中选择 RAID-60，在"PD Per Span"中选择每个 RAID-5 中的磁盘数量，根据当前服务器中就绪磁盘的数量不同，可以选择 4、5、6 或其他的配置（当前服务器最多是 12 个磁盘，所以只能是 4、5、6；如果是 24 盘位的服务器，有 24 块磁盘，则会有更多的选择）。在此先选择 6，然后依次选中 0～11 磁盘，创建第一个卷大小为 100GB，移动光标到 OK 处按回车键，如图 1-5-43 所示。

（3）创建第二个 VD，大小为默认值，如图 1-5-44 所示。

（4）创建 RAID-60 之后返回"VD Mgmt"视图，可以看到当前 RAID-60 由 2 组 RAID-6 组成，每个 RAID-6 有 6 块磁盘，有 2 个卷，如图 1-5-45 所示。

（5）清除 RAID 配置，再创建 RAID-60，本次在"PD Per Span"中指定为 5，如图 1-5-46 所示。

（6）为该磁盘组指定两块热备磁盘，返回到 VD Mgmt 视图可以看到，当前 RAID-60

由 2 组 RAID-6 组成，每组 RAID-6 有 5 块磁盘，如图 1-5-47 所示。

图 1-5-42　创建新 VD

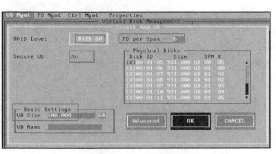

图 1-5-43　每组 RAID 中有 6 块磁盘

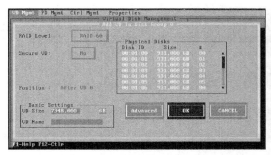

图 1-5-44　创建第二个 VD

图 1-5-45　2 组 RAID-6 再组成 RAID-0

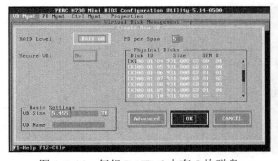

图 1-5-46　每组 RAID-6 中有 5 块磁盘

图 1-5-47　2 组 RAID-6 再组成 RAID-0

1.5.8　初始化 RAID

在创建 RAID 之后，还需要对配置后的逻辑卷执行初始化操作。DELL RAID 卡有"完全初始化"与"快速初始化"2 种。

（1）在"VD Mgmt"界面，选中配置好的逻辑卷（VD），按 F2 键，在弹出的命令菜单中选择"Initialization"，在展开的子菜单中有 2 项命令：如果选择"Start Init"，将执行完全初始化操作；如果选择"Fast Init"，将执行快速初始化操作。如图 1-5-48 所示。

（2）在执行初始化操作后，在"Progress"会显示初始化进度，如图 1-5-49 所示。

初始化期间并不影响系统的使用，例如安装系统、读写保存数据，但读写速度会受到影响。只有初始化完全完成后，存储才会达到最高性能。例如，下例是一个正在初始化的磁盘组安装 ESXi 中查看到的信息，在此期间创建虚拟机以及在虚拟机中安装操作系统、应用程序都不受影响，只是速度略慢。

图 1-5-48　执行初始化操作　　　　　　　图 1-5-49　初始化

（1）使用 vSphere Client 连接到安装 ESXi，在"配置→健康状况"的"状态"中可以看到"警告"，但各项都是"正常"，如图 1-5-50 所示。

图 1-5-50　警告

（2）检查"处理器""存储器"等，可以看到是"存储器"中每块硬盘报警，如图 1-5-51 所示。

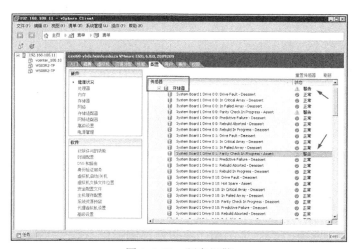

图 1-5-51　硬盘报警

（3）待 RAID 卡完成对硬盘的初始化后，警告取消，状态正常，如图 1-5-52 所示。在后期可以通过检查"健康状况"查看系统硬件是否有问题。

图 1-5-52　状态正常

1.5.9　多磁盘组配置

无论是服务器还是存储，都支持不同性能、不同容量的磁盘混合使用。但在实际使用中，会将不同性能、不同容量的磁盘划分到不同的磁盘组中。

在 RAID 配置这一层（底层），可以将不同容量的磁盘划分到不同的磁盘组，而在操作系统一层（例如 VMware ESXi、Windows Server 或 Linux），都可以将多块不同容量的磁盘（可以是物理磁盘，也可以是由 RAID 划分出来的逻辑卷或虚拟磁盘）合并或扩展到一个分区或卷使用。

对于 DELL 服务器，也支持 RAID 的在线扩容，例如 DELL H730 的 RAID 卡，可以支持将原来由 3 块磁盘组成的 RAID-5，再通过添加 1 到多块同样容量、性能的磁盘，扩展为 4 块或更多磁盘组成的 RAID-5。DELL 的 RAID 卡还支持从 RAID-0、RAID-5、RAID-6 的扩展与转换（例如将 RAID-0 转换到 RAID-5）。

对于不同性能（转速）、不同容量的多块磁盘，还是创建不同的磁盘组管理。

在本示例中，服务器原有 3 块 3TB 的磁盘组成 RAID-5（划分 2 个卷，卷大小分别是 100GB 和 5.539TB，其中 100GB 的磁盘安装的是 VMware ESXi 6.0），如图 1-5-53 所示。

后来感觉容量不够，又购买 7 块 1TB 硬盘（如图 1-5-53 中未分配的磁盘）。

在本示例中，可以将这 7 块磁盘配置成 RAID-5，也将其中 6 块配置为 RAID-5，另 1 块为热备磁盘。

（1）移动光标到"No Configuration Present！"这一行，按 F2 键，在弹出的快捷菜单中选择"Create New VD"，如图 1-5-54 所示。

图 1-5-53　当前有一组 RAID-5

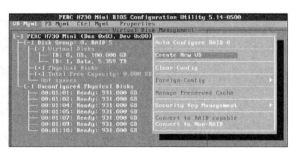

图 1-5-54　创建新 VD

（2）在创建新 VD 界面中，RAID 级别选择 RAID-5，物理磁盘选择其中的 6 块，如图 1-5-55 所示。

（3）创建完成之后，将新建的 VD 进行初始化工作，如图 1-5-56 所示。

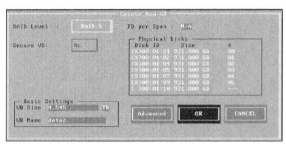

图 1-5-55　创建 RAID-5

图 1-5-56　初始化新建 VD

（4）将剩余的 1 块 1TB 磁盘设置为新建 RAID-5 磁盘组的热备磁盘（由于与原有磁盘组的磁盘容量不同，所以不能配置为全局热备磁盘），如图 1-5-57 所示。

（5）配置完成之后，按 Esc 键退出，系统提示按 Ctrl+Alt+Del 组合键重新启动，如图 1-5-58 所示。

图 1-5-57　指定热备磁盘

图 1-5-58　重新启动

1.6　IBM V5000 存储配置

前面介绍过，虚拟化数据中心主要有 2 种架构（从存储角度来看），一种是基于共享存储的架构，一种是 vSAN 架构。在中小型虚拟化数据中心中主要使用共享存储，这可以根据需要选择 1～2 台共享存储，存储与服务器接口可以是 FC，也可以是 SAS，但以 FC 接口居多，因为 FC 接口可以连接光纤交换机，易于扩展。

1.6.1　配置案例介绍

在虚拟化数据中心中，如果使用传统共享存储架构，多台服务器连接（使用）存储提供的空间，服务器本身可以不需要配置本地硬盘，而是由存储划分 LUN，并将 LUN 分配给服务器单独使用或同时使用。在主机数量较少时，服务器可以直接连接主机，如图 1-6-1 所示；如果主机数量较多，主机与存储可以通过 FC 光纤存储交换机或 SAS 交换机进行连接；如图 1-6-2 所示。

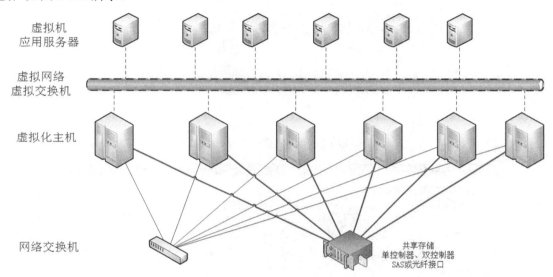

图 1-6-1　主机与存储直接连接

下面通过一个具体的实例介绍 IBM V5000 存储的规划与调试。某数据中心由 2 台 IBM V5000 存储、6 台联想（或 IBM）3650 服务器组成，服务器与存储连接到 2 台光纤存储交换机，2 台光纤存储交换机再连接到存储的每个控制器，如图 1-6-2 所示。

在本节的示例中配置了 2 台 IBM V5000 存储，其中存储 1 配置了 11 块 1.2TB 硬盘，存储 2 配置了 16 块 1.2TB 的 2.5 英寸 10000 转/分的 SAS 硬盘（最多可以配置 24 块 2.5 英寸磁盘），配置了 2 个控制器，每个控制器有 4 个 8GB 的 FC 接口，连接了 2 台 IBM 的光纤交换机，光纤交换机连接到 6 台服务器。

（1）存储 1 有 11 块 1.2TB 的 2.5 英寸 10000 转/分转速的 SAS 磁盘，其中 10 块分成 2 个 Mdisk（每 5 块使用 RAID-5 划分），第 11 块为全局热备磁盘。当前存储总容量为 12TB，Mdisk 容量为 10.91TB，备用容量 1.09TB，如图 1-6-3 所示。

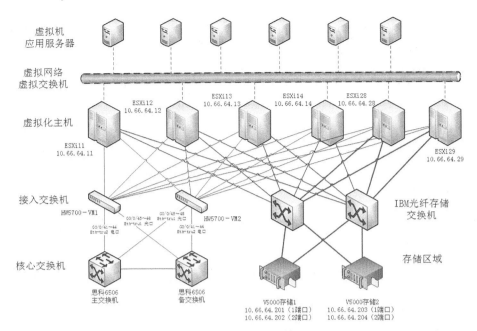

图 1-6-2　存储与服务器连接示意图

图 1-6-3　所有内部驱动器

（2）当前一共划分了 12 个 LUN，其中前 10 个 LUN 大小依次是 11、12、13、……、20GB，这些超过 10GB 的磁盘将分配给每台服务器，用于安装系统，剩余的空间划分为 2 个 LUN，大小分别为 3.00TB 及 5.57TB。划分如表 1-6-1 所列。

表 1-6-1　　　　　　　　　　　　　　某数据中心存储划分

序号	LUN 名称	容量	作　　用
1	esx11-os	11GB	分配给第 1 台服务器，用于安装 ESXi 系统
2	esx12-os	12GB	分配给第 2 台服务器，用于安装 ESXi 系统
3	esx13-os	13GB	分配给第 3 台服务器，用于安装 ESXi 系统
4	esx14-os	14GB	分配给第 4 台服务器，用于安装 ESXi 系统
5	esx15-os	15GB	分配给第 5 台服务器，用于安装 ESXi 系统（备用）

续表

序号	LUN 名称	容量	作　　用
6	esx16-os	16GB	分配给第 6 台服务器，用于安装 ESXi 系统（备用）
7	esx17-os	17GB	分配给第 7 台服务器，用于安装 ESXi 系统（备用）
8	esx18-os	18GB	分配给第 8 台服务器，用于安装 ESXi 系统（备用）
9	esx19-os	19GB	分配给第 9 台服务器，用于安装 ESXi 系统
10	esx20-os	20GB	分配给第 10 台服务器，用于安装 ESXi 系统
11	fc-data1	3.00TB	分配给所有 ESXi 服务器，用于放置虚拟机
12	fc-data2	5.57TB	分配给所有 ESXi 服务器，用于放置虚拟机

（3）在存储配置→主机映射中，将这些 LUN 映射分配给对应主机，当前共有 6 台主机，其中大小为 11、12、13、14GB 的 LUN 分别分配给前 4 台主机，大小为 19、20GB 的 LUN 分配给剩余 2 台主机（主要是这 2 台主机与前 4 台主机配置不一致），3.00TB 与 5.57TB 的空间则分配给所有这 6 台主机。剩余大小为 15～18GB 的 LUN 则备用（以后再添加了新的主机，直接将这些空间分配给新添加的主机安装 ESXi 系统），如图 1-6-4 所示。

（4）在当前环境中，每个主机有 2 个端口，主机状态为“联机”，如图 1-6-5 所示。

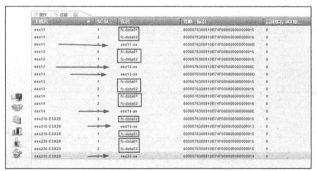

图 1-6-4　主机 LUN 映射

图 1-6-5　主机映射

下面介绍存储的配置以及为存储划分 LUN、映射主机、将 LUN 分配给主机的内容。

1.6.2　IBM V5000 初始配置

将 IBM V5000 的 2 个电源都加电，将控制器 1（机箱后面看左侧的控制器）最左边的 RJ45 端口插上网线，找一台 Windows 7 的计算机接入网络（与控制器网线接入同一网络）。将与存储随机配置的 U 盘插在这台 Windows 7 计算机中，对存储进行初始配置。

（1）将存储随机带的 U 盘插入管理工作站，执行 U 盘中的 initTool.bat 批处理，如图 1-6-6 所示。

（2）进入 V5000 系统初始化界面，如图 1-6-7 所示。

（3）在“任务”菜单选择“是”，配置新系统。如果是配置好的系统忘记管理地址或管理密码，则选择“否”，如图 1-6-8 所示。

（4）在“管理 IP 地址”对话框中，选择“IPv4”，并设置管理地址、子网掩码、网关，如图 1-6-9 所示。在本示例中设置管理地址为 10.66.64.201，子网掩码为 255.255.255.0，网关为 10.66.64.1。

图 1-6-6　执行批处理

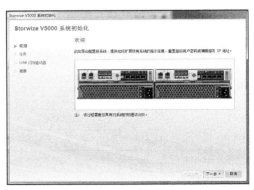

图 1-6-7　初始化界面

图 1-6-8　配置新系统

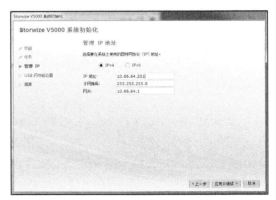

图 1-6-9　设置管理 IP 地址

（5）配置程序提示打开存储电源（将 2 根电源线接入电源单元），并等待状态指示灯闪烁，如图 1-6-10 所示。因为我们已经打开电源，存储状态指示灯已经闪烁，单击"下一步"按钮。

（6）拔下存储配置 U 盘，将 U 盘插入存储左侧控制器上的一个 USB 端口，等待故障指示灯开始闪烁，然后停止闪烁，这个过程一般不超过 3 分的时间，如图 1-6-11 所示。

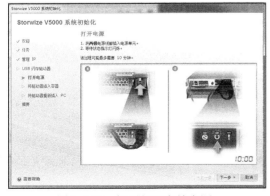

图 1-6-10　提示打开存储电源

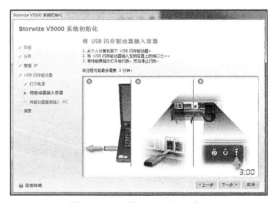

图 1-6-11　拔下配置 U 盘

（7）待存储配置完成后，从存储上拔下配置 U 盘并重新插入当前管理计算机，如图 1-6-12 所示。

（8）为当前计算机配置一个与存储管理 IP 地址相同网段的地址，然后进入命令提示窗口使用 ping 命令测试到存储管理地址的连通性，如图 1-6-13 所示。如果能 ping 通存储管理地址则在图 1-6-12 中单击"下一步"按钮。

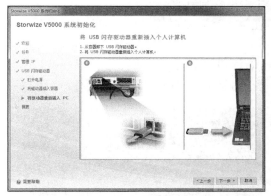

图 1-6-12　将 U 盘重新插入个人计算机

图 1-6-13　测试到存储管理地址的连通性

（9）在"摘要"对话框提示已对系统应用进行更改，如图 1-6-14 所示。

（10）单击"完成"按钮提示系统初始化完成，接下来将重定向到管理 GUI，如图 1-6-15 所示。

图 1-6-14　摘要

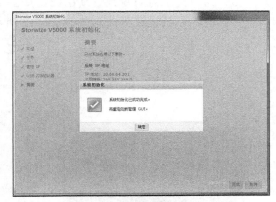

图 1-6-15　存储初始配置完成

将存储配置 U 盘从计算机上拔下并保存好。如果忘记存储管理地址或管理密码，可以用配置 U 盘重新配置。

1.6.3　系统设置

在第一次配置的时候，存储只安装了 10 块 1.2TB 的硬盘（过了一段时间之后又添加了 1 块同型号、同容量的 1.2TB 硬盘用作全局热备磁盘）。如果由存储自动配置，则会配置为 5+4+1 的形式，即 1 块全局热备磁盘，5 块硬盘作为 Mdisk0（RAID-5 划分），4 块硬盘作为 Mdisk1（RAID-5 划分）。在自动配置后删除 Mdisk0，再手动配置，最终配置为 5+5，待后续的 1 块硬盘购买后再将其配置为全局热备，最终为 5+5+1 的方式。

在当前存储中有 10 块硬盘，每 5 块组成 RAID-5。划分 12 个 LUN：

LUN1 划分 11GB 空间，分配给第 1 台 ESXi 主机作启动盘；

LUN2 划分 12GB 空间，分配给第 2 台 ESXi 主机作启动盘；

……

LUN9 划分 19GB 空间，分配给第 9 台 ESXi 主机作启动盘。

（1）使用 IE 或 Chrome 登录存储管理地址，在第一次登录时接受许可协议，如图 1-6-16 所示。

（2）在第一次登录时使用默认用户名 superuser、初始密码 passw0rd 登录（注意，w 与 r 之间是数字 0，不是字母 o，用户名与密码都是小写字母），如图 1-6-17 所示。

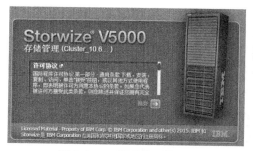

图 1-6-16　接受许可协议

图 1-6-17　使用初始密码登录

（3）向导提示为系统设置新密码，如图 1-6-18 所示。请牢记设置的新密码。

（4）进入系统设置界面，如图 1-6-19 所示。

图 1-6-18　设置新密码

图 1-6-19　系统设置界面

（5）在"系统名称"对话框为系统命名，如图 1-6-20 所示。命名之后单击"应用并继续"按钮。

（6）设置存储的日期和时间，如图 1-6-21 所示。如果当前系统有 NTP 服务器，也可以使用 NTP 服务器。

（7）显示当前的许可功能，如图 1-6-22 所示。

（8）在"检测到的机柜"对话框，检测到当前机柜及可用存储，如图 1-6-23 所示。

图 1-6-20　系统名称

图 1-6-21　设置日期和时间

图 1-6-22　许可功能

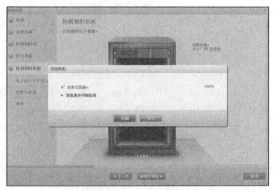

图 1-6-23　检测到机柜

（9）在"电子邮件事件通知"对话框设置是否配置自动通知，如图 1-6-24 所示。

（10）在"配置存储器"对话框选择"立即配置存储器"，此时向导将自动配置存储器。如果希望自定义配置，可选择"稍后配置存储器"，如图 1-6-25 所示。

图 1-6-24　自动配置通知

图 1-6-25　配置存储器

（11）在"摘要"对话框显示了系统设置，检查无误之后单击"完成"按钮，如图 1-6-26 所示。

图 1-6-26　摘要

1.6.4　配置磁盘

当前存储有 10 块磁盘，由于在图 1-6-25 中选择了"立即配置存储器"，所以系统会将第 1 块磁盘设置为"备件"即全局热备磁盘，将第 2~6 块（共 5 块磁盘）以 RAID-5 的方式配置为 mdisk0，将第 7~10 块磁盘（共 4 块磁盘）以 RAID-5 的方式配置为 mdisk1，这样一共 2 个磁盘组，1 块全局热备磁盘，我们称之为 1+5+4 的方式，如图 1-6-27 所示（在"池→内部存储器"中可以看到）。在"使用"中标识为"使用"的是分配到"磁盘组"中的磁盘，而标记为"备件"的即热备磁盘。如果标记为"候选"则是未分配、未使用的。

其中图 1-6-27 中"插槽标识"下面的 1、2、3、4、……、10 为从存储正面视图从左到右的磁盘插槽（如图 1-6-28 所示）。

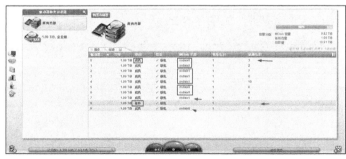

图 1-6-27　两个磁盘组

图 1-6-28　存储监控

（1）将"备件"磁盘标记为"候选"。在存储长期的规划中，应该为存储配置"全局热备"磁盘。而在当前的存储配置中，因为只有 10 块磁盘，暂时缺少 1 块磁盘作为全局热备磁盘。所以在前期的配置中，将"备件"磁盘设置为"候选"磁盘。在"池→内部存储器"中，右击"备件"磁盘，在弹出的快捷菜单中选择"标记为→候选"，如图 1-6-29 所示。

（2）删除 4 块磁盘组成的 RAID-5 的磁盘组。在"池→按池划分的 Mdisk"中，展开 mdiskgrp0，右键单击 mdisk1，在弹出的快捷菜单中选择"删除"，如图 1-6-30 所示。删除 mdisk1。

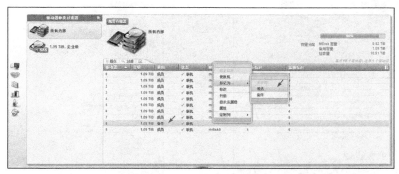

图 1-6-29 标记为"候选"磁盘

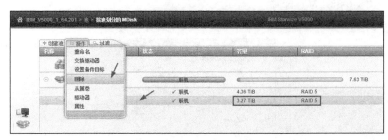

图 1-6-30 删除 mdisk1

（3）重新配置 mdisk1。在"池→内部存储器"中可以看到，在"使用"中有 5 块为"候选"的磁盘，这些磁盘未被配置，可以将这 5 块磁盘配置为 RAID-5。单击"配置存储器"，如图 1-6-31 所示。

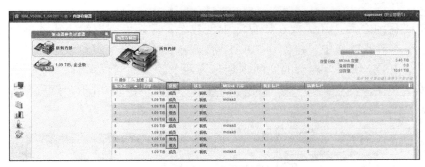

图 1-6-31 配置存储器

（4）在"配置内部存储器"中，在"预设"下拉菜单中选择 RAID 级别，在此为 RAID-5。"自动配置备件"默认为"选中"状态，如果选择这一状态，则会将 4 块驱动器配置为 RAID-5，1 块为热备磁盘，如图 1-6-32 所示。

（5）取消"自动配置备件"，此时配置向导不会设置"热备件"（即不会设置全局热备磁盘），在"配置摘要"中显示为 5 块磁盘配置为 RAID-5，如图 1-6-33 所示。

（6）在"配置内部存储器"随后的配置中选择"扩展现有池"，如图 1-6-34 所示。

（7）配置完成后，返回"池→内部存储器"中可以看到，剩余的 5 块磁盘配置为 mdisk1，如图 1-6-35 所示。

图 1-6-32　默认配置

图 1-6-33　优化容量

图 1-6-34　扩展现有池

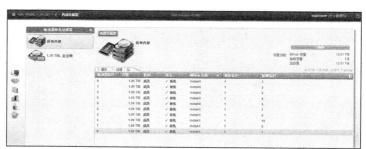

图 1-6-35　创建 mdisk 完成

1.6.5　创建卷

在创建磁盘池之后，还需要在磁盘池中创建卷，并将卷映射给主机才能供主机（服务器）使用。在本节的操作中，将创建 10 个容量较小的卷，每个容量较小的卷分配给一个主机供主机安装 ESXi 使用。剩余的空间则划分为两个较大的卷供所有主机共享使用。

（1）单击左侧"池"选择"按池划分的卷"，如图 1-6-36 所示。然后单击"新建卷"按钮。

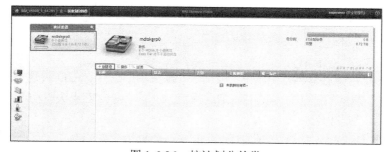

图 1-6-36　按池划分的卷

（2）在"新建卷"对话框中，可以根据需要选择"通用""自动精简配置""镜像""精简镜像"4 种预设的卷。其中"通用"卷是创建多大，立刻从存储分配多大；"自动精简配置"卷是创建之后不立刻分配空间，而是根据系统（计算机或服务器）实际使用的空间"慢慢"从存储分配、增加，但最大大小受限于设置的卷大小；"镜像"卷是在创建一个卷的同时，为其设置一个镜像（实现实时的同步、备份功能）；"精简镜像"是创建一个精简卷，再对其进行镜像，占用的空间亦是随着系统实际占用大小进行分配。自动精简配置卷可以划分超过主机存储大小的卷，但实际大小受限于主机硬盘实际空间。在实际的应用中，我们一般配置"通用卷"——立刻分配空间。

在创建卷的时候，如果存储只是连接了有限的服务器，一般情况下，可以将所有可用空间都分配完。可以根据需要，创建多个大小不一的卷，也可以创建一个或两个数值比较"大"的卷，将空间分配完。

如果服务器没有本地硬盘，在划分存储时，可以划分多个较小的卷，一一分配给每个主机，并且为了利于区分，这些卷的大小不一。例如，如果要为 3 台服务器每台分配一个用于安装 ESXi 系统的启动卷，可以为第 1 台分配 11GB、第 2 台分配 12GB、第 3 台分配13GB，然后一一映射给这三台主机（不能同时映射给多台主机，这有区别于保存共享数据的卷）。如果是用于安装 Windows Server 2012 R2等 Windows 操作系统，则可以为第一台服务器分配 60～100GB 之间大小不一的数值。

图 1-6-37　新建卷

在"卷详细信息"中，设置卷的容量大小及名称，在"摘要"中，显示池中可用容量大小，设置之后，单击"创建"按钮创建，或者单击"创建并映射到主机"按钮，创建卷并进入映射到主机对话框，如图 1-6-37 所示。

（3）参照上述步骤，再创建 9 个卷，分别是 12～20GB 大小，如图 1-6-38 所示。

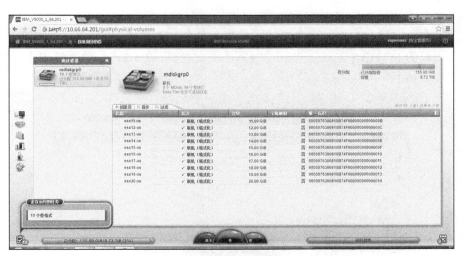

图 1-6-38　创建卷

（4）创建用于 ESXi 群集的卷，设置名称为 fc-data01，设置第一个卷大小为 3TB，如图 1-6-39 所示。

（5）创建第二个用于 ESXi 群集的卷，将剩下的所有空间分配给该卷，如图 1-6-40 所示。

图 1-6-39　创建 3TB 的卷　　　　　　　　　图 1-6-40　创建 5706GB 的卷

（6）当前一共创建了 12 个卷，如图 1-6-41 所示。

图 1-6-41　创建了 12 个卷

1.6.6　新建主机映射

接下来在"主机"管理中，添加 ESXi 主机。在正常情况下，应一一连接主机到存储，不要一下子全部连接到存储，这是为了区分每台主机。通常情况下，打开第一台主机电源，将第一台主机的 FC HBA 卡通过光纤连接到光纤交换机，在 IBM 存储管理中添加该主要端口，主要步骤如下。

（1）在 IBM V5000 存储中，在"主机"菜单中选择"主机"，如图 1-6-42 所示。

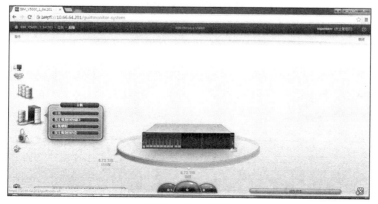

图 1-6-42　主机

（2）单击"添加主机"，如图 1-6-43 所示。

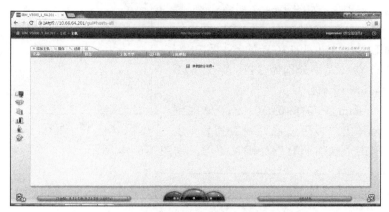

图 1-6-43 添加主机

（3）在"添加主机"对话框选择"光纤通道主机"，如图 1-6-44 所示。

（4）在"添加主机"对话框中，在"光纤通道端口"下拉列表中选择扫描到的 FC HBA 卡的 MAC 地址，当前应该能看到两个 MAC 地址，如图 1-6-45 所示。选中一个，单击"将端口添加到列表"，将其添加到列表，之后再次添加另一个到列表。如果没有看到 MAC 地址，则单击"重新扫描"，如果重新扫描之后还没有看到，应检查服务器是否已经开机、服务器光纤是否连接到存储交换机、存储是否连接到存储交换机等。如果在服务器已经开机并且服务器与存储都连接正常

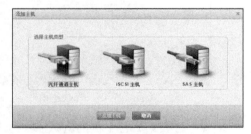

图 1-6-44 选择主机类型

的情况下还是没有扫描到，应该尝试向服务器安装 ESXi 系统，某些 FC HBA 接口卡不支持从存储启动，则在服务器没有安装操作系统（例如 ESXi 与 Windows）并且没有进入到操作系统时，存储检测不到服务器所安装的 FC HBA 接口卡。

（5）在"主机名"文本框中输入这块 FC HBA 卡连接的主机名称，在此命名为 ESX13，然后单击"添加主机"按钮，如图 1-6-46 所示。

图 1-6-45 添加端口

图 1-6-46 添加主机

（6）返回到主机列表，右键单击新添加的主机，选择"修改映射"，如图 1-6-47 所示。

（7）在"修改主机映射"对话框中，添加这台主机的启动 LUN（大小为 13GB 的卷）及 ESXi 群集共享的 2 个卷（大小分别为 3TB 及 5.76TB 的卷），如图 1-6-48 所示。

（8）如果 fc-data01 与 fc-data02 已经映射到其他主机，则会弹出"以下卷已经映射到另一主机"的提示，单击"映射所有卷"确认即可，如图 1-6-49 所示。

图 1-6-47　修改映射

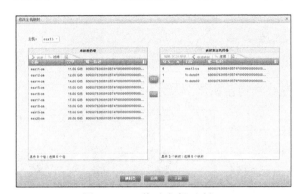

图 1-6-48　修改主机映射

图 1-6-49　映射所有卷

（9）打开第二台主机的电源，将第二台主机添加到主机接口，并修改映射，为其映射第二个系统启动卷（大小为 12GB 的卷）及 ESXi 群集共享卷（3TB 及 5.76TB 的卷），这些不一一介绍。最后将剩余主机一一打开电源，将为这些主机一一映射。映射之后截图如图 1-6-50 所示。

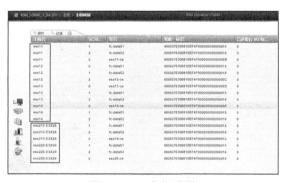

图 1-6-50　主机映射

1.6.7　为主机添加全局热备磁盘

在使用一段时间之后，如果新购置的磁盘已经到位，则可以将新购置的磁盘添加到存储中，并将新添加的磁盘设置为"全局热备"磁盘，主要步骤如下。

（1）在"池→内部存储器"中可以看到，在"插槽"为 11 的位置有 1 块"未使用"的磁盘，如图 1-6-51 所示。

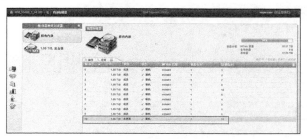

图 1-6-51　未使用磁盘

（2）右键单击这块磁盘，在弹出的快捷菜单中选择"标记为→候选"，如图 1-6-52 所示。

（3）在弹出的"信息"对话框中，选择"是"按钮，如图 1-6-53 所示。

图 1-6-52　标记为候选　　　　　　　　　　　图 1-6-53　确认

（4）再右键单击这块磁盘，在弹出的快捷菜单中选择"标记为→备件"，如图 1-6-54 所示。

（5）配置完成之后，在"使用"列表中，插槽为 11 的磁盘已经变为"备件"磁盘，如图 1-6-55 所示。

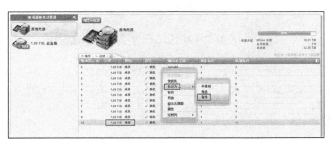

图 1-6-54　标记为备件操作

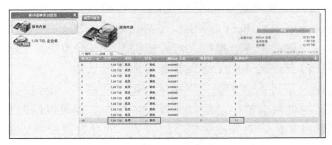

图 1-6-55　标记为备件之后

第 2 章　无 vCenter Server 管理的 ESXi 主机运维

VMware vSphere 的核心产品主要有 ESXi 及 vCenter Server 两个。其中 ESXi 安装在物理服务器，是虚拟化的底层架构及管理系统；而 vCenter Server 通常是安装在 ESXi 中的一个虚拟机，用来管理多台安装了 ESXi 的物理服务器，用于实现"高级"的功能，例如 HA、DRS、DPM、VMotion 等。ESXi 是基础，vCenter 是管理端，两者相辅相成，构成了 VMware vSphere 产品的核心。

在第 1 章中，介绍的是 VMware 虚拟化在企业中的应用，通常情况下，在企业环境中的应用都是"一组"服务器而不是"一台"服务器。在涉及多台 vSphere 服务器的管理时，需要 vCenter Server。

虽然大多数企业是"一组"服务器，但是也有一些中小企业或个人没有过多的服务器，只有 1 台服务器安装 ESXi。在没有 vCenter Server 的时候怎么管理单台 ESXi 服务器，或者虽然有多台 ESXi 服务器，在没有安装 vCenter Server 之前或者 vCenter Server 出故障"挂掉"之后，怎么管理 ESXi 服务器，这些都是系统运维人员需要掌握的知识。

本章将介绍 ESXi 的系统需求、规划选型、安装配置与基本使用，这也是 vSphere 虚拟化的基础。在熟悉 ESXi 之后，如果将多台 ESXi 添加到 vCenter Server 进行管理，可以获得更高的安全性、具有更加方便的管理、实现更多的功能，充分发挥 vSphere 的特点。

2.1　vSphere 产品概述

本节介绍 ESXi、vSphere 产品发行版本，ESXi 系统需求与安装位置等方面的内容。

2.1.1　ESXi 概述

ESXi 需要安装在 X86 架构的 PC 服务器中，不能安装于其他架构的服务器。ESXi 是底层架构的操作系统，不需要操作系统的支持。ESXi 直接在物理服务器中，之后使用 vSphere Client、vSphere Host Client 或 vSphere Web Client 登录 ESXi，对 ESXi 进行管理，例如实现创建虚拟机、启动配置虚拟机，对外提供服务。简单说，ESXi 是一个"虚拟化"底层平台，在服务器没有安装 ESXi 之前，每台服务器只能"同时"运行一个操作系统，而在安装 ESXi 之后，通过的"虚拟化"技术，可以创建多个虚拟机，每个虚拟机都可以支持一个操作系统。在使用虚拟化之后，一台 X86 的服务器可以同时运行多个不同操作系统、多个不同应用的虚拟机，对外提供更多的服务，充分发挥服务器的性能。图 2-1-1 所示是一台安装了 ESXi 6.5.0 的 DELL R730xd 的服务器。

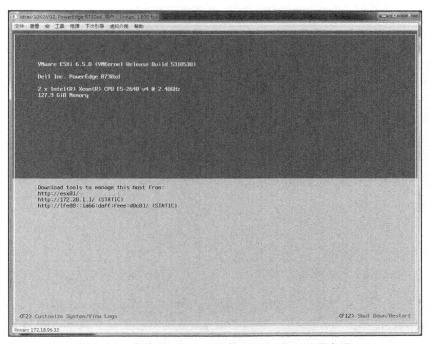

图 2-1-1　安装了 ESXi 6.5.0 的 DELL R730xd 服务器

2.1.2　vSphere 产品与版本

在每个 vSphere 新版本发布的时候，都会有一个"发行说明"，在这个发行说明中，介绍了当前发行产品的名称、版本号、内部版本号、新增功能等。例如在"VMware vSphere 6.5 发行说明"（链接页 http://pubs.vmware.com/Release_Notes/cn/vsphere/65/vsphere-esxi-vcenter-server-65-release-notes.html）中，首先发布了每个产品名称与主次版本号、更新日期及内部版本号，如图 2-1-2 所示。

在图 2-1-2 中可以看到，当前 vSphere 6.5 更新涉及三个产品：

ESXi 6.5，更新时间 2016 年 11 月 15 日，ISO 内部版本号是 4564106；

vCenter Server 6.5，更新时间 2016 年 11 月 15 日，ISO 内部版本号 4602587；

vCenter Server Appliance 6.5，更新时间 2016 年 11 月 15 日，内部版本号 4602587。

如果在 VMware 官方网站下载 vSphere 6.5 产品，主要有：

ESXi 6.5，安装 ISO 文件名为 VMware-VMvisor-Installer-6.5.0-4564106.x86_64.iso，大小 328MB。其中 6.5.0 中的 6 是主版本号，.5.0 是次版本号，而 4564106 是内部版本号。同一个产品内部版本号越大，表示产品发布的时间越晚，产品更新越多。

当 vSphere 某个版本发布之后，VMware 会根据产品的后期使用以及客户的反馈，推出产品的升级版本，这些更新涉及一个（例如 ESXi 或 vCenter Server）或同时多个产品（例如 ESXi 与 vCenter）的更新。例如在 vSphere 6.5 发布之后，又依次发布了 ESXi 6.5.0a、ESXi 6.5.0d 与 vCenter Server 6.5.0a、6.5.0b、6.5.0c、6.5.0d、6.5.0e 等多个更新，如图 2-1-3 所示。单击每个链接，可以看到产品的发行说明，包括了版本号、内部版本号、功能改进等。

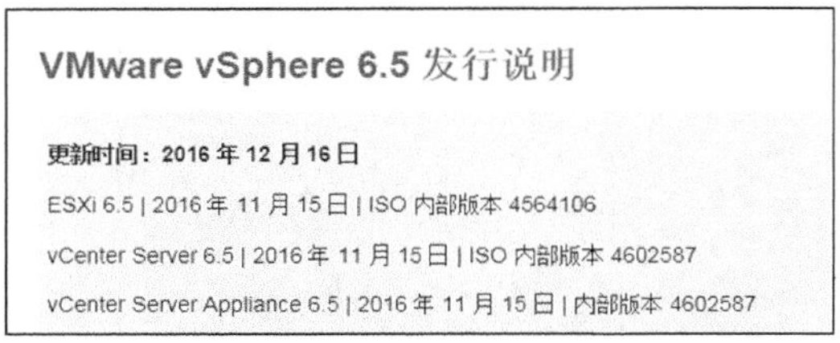

图 2-1-2　vSphere 6.5 发行说明

图 2-1-3　vSphere 新功能和发行说明

【说明】图 2-1-3 可以在 https://www.vmware.com/cn/support/support-resources/pubs/vsphere-esxi-vcenter-server-6-pubs.html 网页浏览，并可以单击每个链接打开相关产品的发行说明。

　　VMware vSphere 是一个国际化的产品，提供了英语、法语、德语、西班牙语、日语、韩语、简体中文、繁体中文等多个语言支持，VMware vSphere 6.5 的组件包括 vCenter Server、ESXi、vSphere Web Client、vSphere Client 和 vSphere Host Client，它们都不接受非 ASCII 输入。在 vSphere Client、vSphere Web Client、vSphere Host Client 中都会自动匹配当前计算机的显示语言。

2.1.3　ESXi 系统需求

　　ESXi 6.5.5 的硬件要求如下。

　　CPU：最低要求是 1 个单插槽、双核心的 CPU，推荐最低要求是双插槽（每个物理 CPU 表示 1 个插槽）、每个 CPU 是 4 核心或更多核心，支持硬件辅助虚拟化。

　　内存：最低要求 4GB，推荐的最低容量是 8GB 或更多。

　　网络：至少 1 个 1GbE 网卡，推荐最少 2 个 1GbE 网卡。

　　本地存储：最低 1 个 4GB 的驱动器，推荐采用 RAID。

　　共享存储：NFS、iSCSI、FC 或 SAS 连接的共享存储。

　　可以将 ESXi 系统安装在 U 盘、SD 卡、存储划分的 LUN、服务器本地硬盘甚至直接通过 PXE 网络引导使用，但具体将 ESXi 安装在何种位置，需要根据实际情况灵活选择。表 2-1-1 列出了几种情况下推荐的 ESXi 的安装位置。

表 2-1-1　　　　　　　　　　　不同环境中 ESXi 推荐的安装位置

安装位置	情况说明	使用环境
本地硬盘	单块磁盘：安装在本地硬盘 多块磁盘：安装在第一块硬盘	单台 ESXi，无 RAID

续表

安装位置	情 况 说 明	使 用 环 境
RAID 划分的卷	RAID-5/6/1/10，划分至少 2 个卷，第一个卷划分 10～30GB，用于安装 ESXi，剩余的空间划分为另一个卷，保存虚拟机	单台 ESXi，有 RAID；或无共享存储使用本地存储的 ESXi 服务器
U 盘或 SD 卡	U 盘或 SD 卡，或为服务器配 1 块容量较小的 SSD（例如 60GB 或 120GB），用于安装系统	（1）使用 iSCSI 共享存储的 ESXi 服务器。（2）FC 或 SAS 的共享存储，但服务器配的 HBA 卡或服务器不支持从存储启动
存储划分的 LUN	在存储上，为每个服务器划分 1 个 10～30GB 的 LUN，用于安装 ESXi 系统	使用 FC 或 SAS 的共享存储
U 盘或 SD 卡	vSAN 节点主机，具有较少剩余磁盘位	vSAN 环境
小容量 SSD	vSAN 节点主机，具有较多剩余磁盘位	vSAN 环境

2.2 在 VMware Workstation 虚拟机中安装 ESXi 系统

"实验是最好的老师。"要掌握 ESXi 的内容，需要从头安装、配置 ESXi，并在 ESXi 中创建虚拟机、配置虚拟机、管理 ESXi 网络。如果要准备 ESXi 环境，有以下 3 种方法。

（1）在服务器上安装。这是最好的方法，你可以在最近两年购买的联想（IBM）、华为、HP、DELL 等服务器上安装测试 ESXi。如果是在已有操作系统的服务器上安装，服务器原来的数据会丢失，应注意备份这些数据。

（2）在 PC 上测试。在某些 Intel 芯片组、CPU 是 Core I3、I5、I7、支持 64 位硬件虚拟化的普通 PC 上进行测试。

当主板芯片组是 H61 的时候，ESXi 安装在 SATA 硬盘可能不能启动，此时可以将 ESXi 安装在 U 盘上，用 SATA 硬盘作为数据盘。当主板芯片组是 Z97 的时候，在 BIOS 设置中启用 RAID 卡支持，但不需要配置 RAID。此时可以将 ESXi 安装在 SATA 硬盘中（不用配 RAID，因为 ESXi 不支持 Intel 集成的"软"RAID，而是绕过 RAID 直接识别成 SATA 硬盘）。

（3）在 VMware Workstation 虚拟机测试。对于初学者和爱好者来说，可能一时找不到服务器安装 ESXi，这时候可以借助 VMware Workstation，在 VMware Workstation 的虚拟机学习 ESXi 的使用。

将 ESXi 安装在虚拟机、PC 机、测试用的服务器中，三者之间的优缺点及需要的配置如表 2-2-1 所列。

表 2-2-1 　　　　　　　　　　　　　不同 ESXi 安装环境的优缺点

安 装 位 置	主 机 配 置	优 点	缺 点
主机 Windows 操作系统 + VMware Workstation 12.5 虚拟机软件	Windows 7、2008 R2 及以上系统；至少 16GB 内存，推荐 32GB 或更高内存；至少 1 个 200GB 以上可用空间的 SSD；1TB 及以上空间的 HDD	简单，方便，可以完成大多数 ESXi 的单机、网络实验；可以快速部署与恢复实验环境	速度慢，部分实验不能完全实现（例如不能启动 FT 的虚拟机等）

续表

安 装 位 置	主 机 配 置	优 点	缺 点
PC 机	Intel i5 及以上 CPU，至少 16GB 内存，推荐 32GB；1 个 ESXi 支持的吉比特网卡；至少 1 块 1TB 以上的硬盘	模拟真实的使用环境，与使用物理服务器测试相似，兼容性好，速度较快	专机专用，这台 PC 在安装 ESXi 后其硬盘原有数据会被清除。还需要使用另外 1 台 PC 机远程管理安装 ESXi 的主机
服务器	Intel E5-2603 以上 CPU，推荐至少 64GB，4～6 块磁盘划分 RAID-5；1 块 200GB 或 400GB 的 SSD	真实的使用环境，速度快，兼容性好	成本稍高，另外需要使用 1 台 PC 机对服务器进行管理

在安装 ESXi 之前，先了解一下 ESXi 的版本。

在 VMware 官方网站，通常提供"公版"ESXi 的安装镜像。公版的安装镜像可以安装 IBM 服务器、大多数的 X86 的服务器。VMware 同时还为 DELL、HP、CISCO 等不同厂家提供"定制"版本，这些版本只能用于对应品牌服务器的安装。简单来说，HP、DELL 等服务器最好使用 VMware "定制"版本安装，不要用"公版"安装。IBM 等大多数的服务器，可以用"公版"安装，而不要用"定制"版本安装。ESXi 不同版本示例说明见表 2-2-2 所列。

表 2-2-2 ESXi 不同版本说明

版 本 描 述	文 件 名	文件大小 /MB
VMware "公版"程序，用于 IBM 等服务器的安装，6.5.0d	VMware-VMvisor-Installer-6.5.0-201704001-5310538.x86_64.iso	331
DELL 服务器定制版，6.5.0d	VMware-VMvisor-Installer-6.5.0-5310538.x86_64-Dell_Customized-A03.iso	332
HP 服务器定制版，6.0U1	VMware-ESXi-6.0.0-Update1-3380124-HPE-600.9.4.5.11-Jan2016.iso	372
HPE 服务器定制版 6.0U2	VMware-ESXi-6.0.0-Update2-3620759-HPE-600.U2.9.4.7.13-Mar2016.iso	379
DELL 服务器定制版，6.0U2	VMware-VMvisor-Installer-6.0.0.update02-3620759.x86_64-Dell_Customized-A00.iso	359
Cisco 服务器定制版，6.0U2	Vmware-ESXi-6.0.0-3620759-Custom-Cisco-6.0.2.1.iso	359
联想服务器定制版，6.0U2	VMware-ESXi-6.0.0-Update2-3620759-LNV-20160511.iso	366

在"下载 VMware vSphere"页中，单击"选择版本"下拉列表，选择要下载的 VMware vSphere 版本，例如 6.5，然后单击"自定义 ISO"选项卡，在"OEM Customized Installer CDs"列表中显示当前可供下载的 ESXi 的定制版本，如图 2-2-1 所示。

2.2.1 实验环境概述

在 VMware Workstation 中，创建 1 台虚拟机安装 ESXi 6.5.0d，在主机中安装 ESXi 6 客户端软件 vSphere Client（或者使用新型的 vSphere Host Client，此客户基于浏览器），在

ESXi 6 中创建虚拟机。本节实验环境示意如图 2-2-2 所示。

图 2-2-1　　ESXi 定制版本下载页

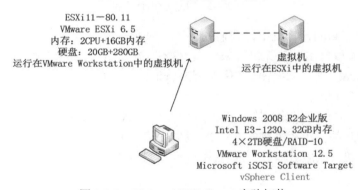

图 2-2-2　　VMware ESX Server 实验拓扑

在图 2-2-2 中，有 1 台配置较高的计算机，这台计算机具有 32GB 内存、4 个 2TB 硬盘（使用 RAID 划分了 2 个逻辑分区，其中第一个逻辑分区为 RAID-10，大小为 60GB，安装了 Windows Server 2008 R2 企业版；第二个逻辑分区为 RAID-10，大小为 3725GB）。

当前机器安装 Windows Server 2008 R2 而不是安装 Windows 7，是因为后期要做 HA、FT 以及 VMotion 实验时，需要用到共享存储，为了实现共享存储，使用软件的 iSCSI 比较合适。而 Microsoft 为 Windows Server 2008 R2 提供了"Microsoft iSCSI Software Target"软件。

另外，当前机器选择安装 Windows Server 2008 R2 而不是最新的 Windows Server 2016 或 Windows Server 2012 R2，是因为可以在 Windows Server 2008 R2 中安装 Flash 插件。因为在配置 vCenter Server 6.5 时，只能使用 vSphere Web Client 进行管理，而 Windows Server

2008 R2 是最后一个支持安装 Flash 插件的"服务器"操作系统,同时可以将 Windows Server 2008 R2 的 IE 浏览器版本升级到 IE11。此时可以在主机的 IE 浏览器中使用 vSphere Web Client 对 vCenter Server 进行管理。

实验计算机基本信息截图如图 2-2-3 所示。

图 2-2-3　实验所用计算机

在这台配置较高的计算机中,我们安装了 VMware Workstation 12.5.7,使用 VMware Workstation 12 虚拟出 1 台计算机用来安装 ESXi。在主机(或网络中其他 1 台计算机)上安装 vSphere Client,使用 vSphere Client(或 vSphere Web Client)连接到 ESXi 并进行管理。实验拓扑如图 2-2-4 所示。

在安装 ESXi 之前,无论是在主机上直接安装 ESXi,还是在 VMware Workstation 的虚拟机中安装 ESXi,都要求在主机的 CMOS 设置中启用 Intel VT 及 Execute Disable Bit 功能。对于不同的计算机(或服务器),可能有不同的设置方式,下面我们选择了几种典型的配置截图。

(1)Intel S1200 主板,需要在"Advanced→Processor Configuration"设置页中,将"Execute Disable Bit"及"Intel Virtualization Technology"设置为"Enabled",如图 2-2-5 所示。

图 2-2-4　实验拓扑图

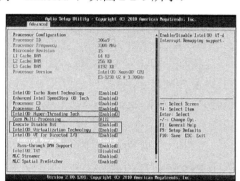

图 2-2-5　Intel S1200 主板配置

（2）Intel Z97 芯片组主板（以华硕 Z97-K 主板为例），需要在"Advanced→CPU Configuration"设置页中，将"Execute Disable Bit"及"Intel Virtualization Technology"设置为"Enabled"，配置如图 2-2-6 所示。

（3）Intel H61、Q67 芯片组主板，需要在"Advanced→Advanced Chipset Configuration"设置页中，将"Intel XD Bit"及"Intel VT"设置为"Enabled"，如图 2-2-7 所示。

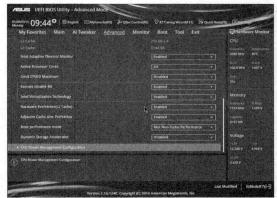
图 2-2-6　Z97 芯片组主板配置

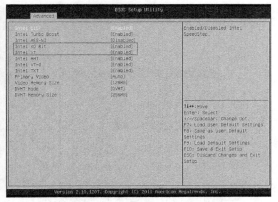
图 2-2-7　Intel H61、Q67 芯片组设置

（4）大多数的服务器，在出厂配置时默认设置即启用了"硬件虚拟化"功能，如果没有，也可以进入 CMOS 设置，启用硬件虚拟化及 Execute Disable Bit 功能。图 2-2-8 是 HP DL 380 Gen8 服务器启用硬件虚拟化的设置截图。

（5）图 2-2-9 是 IBM 3850 服务器启用虚拟化截图，你需要按 F1 键进入 CMOS 设置，在"System Settings→Processors"中将"Execute Disable Bit"及"Intel Virtualization"设置为"Enable"。

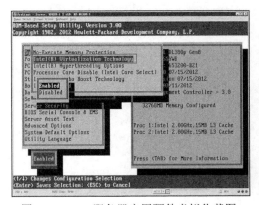
图 2-2-8　HP 服务器启用硬件虚拟化截图

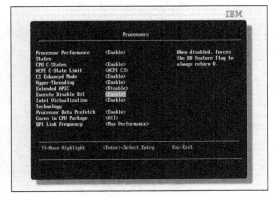
图 2-2-9　IBM 3850 服务器启用虚拟化截图

2.2.2　配置 VMware Workstation 12 的虚拟机

在实验主机安装好 Windows Server 2008 R2 以及 VMware Workstation 12 之后，还需要对 VMware Workstation 进行简单的配置，主要是修改虚拟机的默认工作区、修改虚拟机内

存、设置虚拟机网络，主要配置如下。

（1）在 VMware Workstation 中，打开"编辑"菜单选择"首选项"，如图 2-2-10 所示。

（2）在"工作区"中，选择一个新建的、空白的文件夹，用来保存 ESXi 实验中所创建的虚拟机，在此选择 D:\lab-ESXi 6.5.5，如图 2-2-11 所示。

图 2-2-10　VMware Workstation 主界面

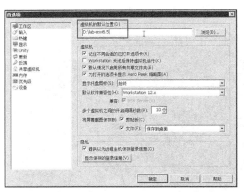

图 2-2-11　工作区

（3）在"内存"选项卡修改虚拟机使用内存的方式。如果主机有足够的内存，可以选择"调整所有虚拟机内存使其适应预算的主机"，如图 2-2-12 所示。如果主机内存较小，又需要创建较多（或需要较大内存）的虚拟机，可以选择"允许交换部分虚拟机内存"或"允许交换大部分虚拟机内存"。"预留内存"不建议修改，使用系统默认值即可。例如在我的实验主机中有 32GB 内存，预留了大约 28GB 内存。

（4）配置之后单击"确定"按钮，返回到 VMware Workstation，在"编辑"菜单选择"虚拟网络编辑器"，打开"虚拟网络编辑器"。为了统一，将 VMnet1 网络地址改为 192.168.10.0，将 VMnet8 网络地址改为 192.168.80.0，然后单击"确定"按钮，如图 2-2-13 所示。

图 2-2-12　内存配置

图 2-2-13　虚拟网络配置

2.2.3　在 VMware Workstation 中创建 ESXi 虚拟机

在下面的步骤中，我们创建一台 ESXi 6.5.5 的虚拟机，为该虚拟机分配 16GB 内存、2 个 CPU、2 个虚拟硬盘，其中一个 20GB，另一个 280GB。如果你的主机没有这么大的内存，至少要为 ESXi 6.5.5 虚拟机分配 8GB 的内存，而硬盘大小则根据自己的规划与设计定制。在 VMware Workstation 12 中创建 ESXi 6 实验虚拟机的步骤如下。

（1）在 VMware Workstation 中，从"文件"菜单选择"新建虚拟机"，或按 Ctrl+N 组合键进入新建虚拟机向导。

（2）在"欢迎使用新建虚拟机向导"对话框选择"自定义（高级）"，如图 2-2-14 所示。

（3）在"选择虚拟机硬件兼容性"对话框选择默认值（使用 Workstation 12.x），如图 2-2-15 所示。

图 2-2-14　新建虚拟机向导　　　　　　　　　图 2-2-15　虚拟机硬件兼容性

（4）在"安装客户机操作系统"对话框选择"稍后安装操作系统"，如图 2-2-16 所示。

（5）在"选择客户机操作系统"对话框选择"VMware ESX"，并从下拉列表中选择"ESXi 6.5"，如图 2-2-17 所示。

图 2-2-16　稍后安装操作系统　　　　　　　　图 2-2-17　选择客户机操作系统

（6）在"命名虚拟机"对话框设置虚拟机的名称为"ESXi-80.11"，如图 2-2-18 所示。

（7）在"处理器配置"对话框选择 2 个处理器，如图 2-2-19 所示。

图 2-2-18　命名虚拟机　　　　　　　　　　　图 2-2-19　选择 2 个处理器

（8）在"此虚拟机的内存"对话框中为 ESXi 6.5.5 虚拟机选择至少 8GB 内存，在此选择 16GB（16384MB），如图 2-2-20 所示。

（9）在"网络类型"对话框选择"使用网络地址转换（NAT）"，如图 2-2-21 所示。

图 2-2-20　为虚拟机分配内存

图 2-2-21　选择网络

（10）在"选择 I/O 控制器类型"对话框选择默认值 LSI Logic，如图 2-2-22 所示。

（11）在"选择磁盘类型"对话框选择 SCSI，如图 2-2-23 所示。

图 2-2-22　选择控制器类型

图 2-2-23　选择磁盘类型

（12）在"选择磁盘"对话框选择"创建新的虚拟磁盘"，如图 2-2-24 所示。

（13）在"指定磁盘容量"对话框设置磁盘大小为 20GB，并且选中"将虚拟磁盘存储为单个文件"，如图 2-2-25 所示。

图 2-2-24　创建新磁盘

图 2-2-25　设置磁盘大小

（14）在"指定磁盘文件"对话框中设置磁盘文件名称，如图 2-2-26 所示。

（15）在"已准备好创建虚拟机"对话框中单击"完成"按钮，如图 2-2-27 所示。

图 2-2-26　设置磁盘名称　　　　　　　　图 2-2-27　创建虚拟机完成

在创建完虚拟机之后，修改虚拟机的配置，为虚拟机添加 1 块 280GB 大小的虚拟硬盘，并修改虚拟机光驱，使用 ESXi 6.5 的安装镜像作为虚拟机的光驱，主要步骤如下。

（1）单击"编辑虚拟机设置"链接，打开"虚拟机设置"对话框，单击"添加"按钮，如图 2-2-28 所示。

（2）在"硬件类型"对话框中选择"硬盘"，如图 2-2-29 所示。

图 2-2-28　虚拟机配置　　　　　　　　　图 2-2-29　选择硬盘

（3）在"选择磁盘类型"对话框中选择"SCSI"，如图 2-2-30 所示。

（4）在"选择磁盘"对话框中选择"创建新虚拟磁盘"，如图 2-2-31 所示。

（5）在"指定磁盘容量"对话框中设置磁盘大小为 280GB，并且选中"将虚拟磁盘存储为单个文件"，如图 2-2-32 所示。

（6）在"指定磁盘文件"对话框中设置磁盘文件名称，可以在这个磁盘文件名称后面加上 280GB 的标识，如图 2-2-33 所示，表示这是一个 280GB 的虚拟磁盘。

图 2-2-30　选择磁盘类型

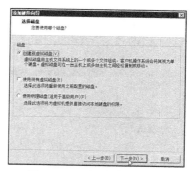

图 2-2-31　创建新虚拟磁盘

图 2-2-32　设置 280GB

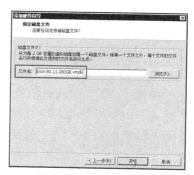

图 2-2-33　指定磁盘文件

（7）返回虚拟机设置对话框，在"CD/DVD"中，浏览选择 ESXi 6.5.0 的安装光盘镜像作为虚拟机的光驱，确认"设备状态"为"启动时连接"，如图 2-2-34 所示。设置完成之后，单击"确定"按钮，完成虚拟硬盘的添加以及启动光盘的配置。

【说明】ESXi 6.5.0 安装包比较小，在 VMware- Mvisor-Installer-6.5.0-Installer-201704001-5310538 版本中，大小为 331MB。从 VMware 网站下载的安装光盘镜像文件名为 VMware-VMvisor-6.5.0-Installer-201704001-5310538. x86_64.iso。

图 2-2-34　选择 ESXi 安装光盘镜像
作为虚拟机光驱

2.2.4　在虚拟机中安装 ESXi 6.5

启动 ESXi 6.5 的虚拟机，开始 ESXi 6.5.5 的安装，主要步骤如下。

（1）在开始安装界面，先关闭"右下角"的提示，然后用鼠标在虚拟机窗口中单击一下，把光标拖到"ESXi-6.5.0-20170404001-standard Installer"上并按回车键，开始 ESXi 6.5.0 的安装，如图 2-2-35 所示。

（2）在安装的过程中，ESXi 会检测当前主机的硬件配置并显示出来，如图 2-2-36 所示，当前主机（指正在运行 ESXi 安装程序的虚拟机）是 Intel E3-1230 的 CPU、16GB 内存。

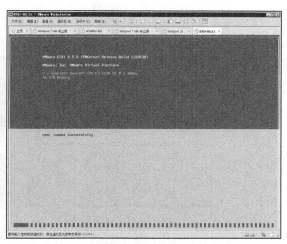

图 2-2-35　开始安装界面　　　　　　　　　图 2-2-36　检测当前主机的硬件配置

（3）在"Welcome to the ESXi 6.5.0 Installation"对话框中按回车键开始安装，如图 2-2-37 所示。

（4）在"End User License Agreement"对话框中按 F11 键接受许可协议，如图 2-2-38 所示。

图 2-2-37　开始安装　　　　　　　　　图 2-2-38　授受许可协议

（5）在"Select a Disk to Install or Upgrade"对话框中选择安装位置，在本例中将 ESXi 安装到 20GB 的虚拟硬盘上，如图 2-2-39 所示。

（6）在"Please select a keyboard layout"对话框中选择"US Default"，然后按回车键，如图 2-2-40 所示。

（7）在"Enter a root password"对话框中，设置管理员密码（默认管理员用户是 root），在本例中，设置密码为 1234567。如果在真正的生产环境中，一定要设置一个"复杂"的密码，即密码包括大小写字母、数字并且长度超过 7 个字符，如图 2-2-41 所示。

图 2-2-39　选择安装磁盘　　　　图 2-2-40　选择默认键盘　　　　图 2-2-41　设置密码

【说明】在 VMware ESX 4 中，最小密码长度为 6 位，在 ESXi 5、6 中，最小密码长度为 7 位。

（8）如果是在一台新的服务器上安装，或者是在一块刚刚初始化过的硬盘上安装，则会弹出"Confirm Install"对话框，提示这个磁盘会重新分区，而该硬盘上的所有数据将会被删除，如图 2-2-42 所示。

（9）开始安装 ESXi，并显示安装进度，如图 2-2-43 所示。

图 2-2-42　确认安装

图 2-2-43　安装进度

（10）ESXi 6.5.5 安装比较快，安装过程大约为四五分钟的时间，在安装完成后，弹出"Installation Complete"对话框，如图 2-2-44 所示，按回车键将重新启动。在该对话框中提示，在重新启动之前取出 ESXi 6.5 安装光盘介质。

（11）当 ESXi 启动成功后，在控制台窗口可以看到当前服务器信息，如图 2-2-45 所示。在图中显示了 ESXi 6.5.5 当前运行服务器的 CPU 型号、主机内存大小与管理地址。在本例中，当前 CPU 为 Intel E3-1230 V2，主频大小为 3.30GHz、16GB 内存，当前管理地址为 192.168.80.128（如果获得 169.254.x.x 的地址表示当前网络中没有启用 DHCP 服务器）。

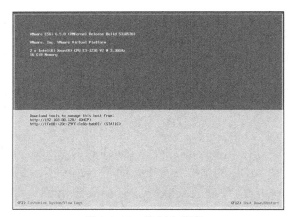

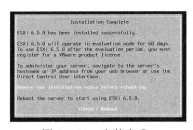

图 2-2-44　安装完成

图 2-2-45　控制台信息

【说明】在 ESXi 6.5 中，默认的控制台管理地址是通过 DHCP 分配的，如果网络中没有 DHCP 或者 DHCP 没有可用的地址，其管理控制台的地址可能为 0.0.0.0 或 169.254.x.x。如果是这样，可以在控制台中设置（或修改）管理地址才能使用 vSphere Client 管理。

2.3　在普通 PC 中安装 ESXi 的注意事项

如果你有较高配置的 PC 机，就可以在普通 PC 机上安装 ESXi。本节以华硕 Z97-K 主板、Intel I7-4790K、32GB 内存、4 块 2TB 硬盘、1 块 500GB 的三星 SSD 硬盘为例介绍（将系统安装在 500GB 的三星 SSD 硬盘上）。其他主板可以参考本节内容。

【说明】本节将从自己制作的启动 U 盘上启动安装 ESXi。本节使用的是"电脑店 U 盘启动工具 6.2"制作的启动 U 盘（一个闪迪（SanDisk）的 8GB 的 U 盘），在制作好启动 U 盘之后，在 U 盘根目录创建一个 DND 的文件夹，然后将 ESXi 6.5.0 的安装光盘镜像复制到这个文件夹，如图 2-3-1 所示。

下面介绍在普通 PC 中安装 ESXi 的主要内容，主要步骤如下。

（1）大多数计算机集成的网卡不支持 ESXi，如果你安装 ESXi，则会提示"No Network Adapters"，提示没有找到网卡，如图 2-3-2 所示。

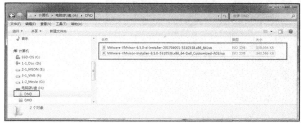

图 2-3-1　复制 ESXi 安装镜像到启动 U 盘 DND 文件夹　　　图 2-3-2　没有找到网卡

【说明】如果 ESXi 主机内存过小，例如只有 4GB 内存也可能出现图 2-3-2 所示的错误提示。

（2）因为计算机集成的网卡不支持 ESXi，所以要安装 ESXi，需要在计算机上安装 1 块（或多块）支持 ESXi 的网卡，例如 Qlogic NetXtreme II BCM5709（如图 2-3-3 所示）、Broadcom NetXtreme BCM5721（如图 2-3-4 所示）。BCM5709 是双端口吉比特网卡，PCI-E ×4 接口，价格较贵，大约在 200 元；BCM5721 是单端口吉比特网卡，PCI-E ×1 接口，价格比较便宜，大约在 50 元。这两款网卡都支持 ESXi，是 PCE-E 接口，现在大多数主板及服务器都有 PCI-E 接口。

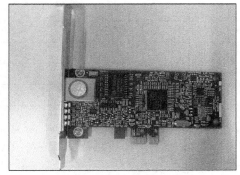

图 2-3-3　PCI-E ×4 接口的 BCM5709 网卡　　　图 2-3-4　PCI-E ×1 接口的 BCM5721 网卡

（3）在 PC 机的主板上有 PCI-E×1、PCI-E×4、PCI-E×16 接口，其中 PCI-E×1 接口的网卡也可以插在 PCI-E×4、PCI-E×16 的插槽上。如图 2-3-5 所示是某品牌 PC 主板 PCI-E×1、PCI-E×4、PCI-E×16 的示例。

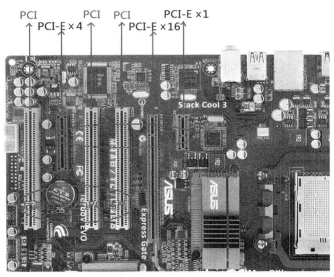

图 2-3-5   主板 PCI-E 接口示例

另外，PCI-E ×1 的接口速度可以到 2Gbit/s，2 端口吉比特网卡不存在瓶颈。不同 PCI-E 接口的传输速度与时钟频率如表 2-3-1 所列。

表 2-3-1   主板 PCI、PCI-E 接口传输速度

标　　准	总线/bit	时　　钟	传 输 速 度
PCI 32bit	32	33MHz 66MHz	133Mbit/s 266Mbit/s
PCI 64bit	64	33MHz 66MHz	266Mbit/s 533Mbit/s
PCI-X	64	66MHz 100MHz 133MHz	533Mbit/s 800Mbit/s 1066Mbit/s
PCI-E X1	8	2.5GHz	512Mbit/s（双工）
PCI-E X4	8	2.5GHz	2Gbit/s（双工）
PCI-E X8	8	2.5GHz	4Gbit/s（双工）
PCI-E X16	8	2.5GHz	8Gbit/s（双工）

（4）在安装之前，进入 CMOS 设置。在 SATA 模式设置中，如果芯片组支持 RAID，则需要选择 RAID；如果芯片组不支持 RAID，则需要选择 AHCI，不能选择 IDE。如图 2-3-6 所示（这是华硕 Z97-K 主板，其他 Intel 芯片的主板与此类似）。

（5）如果选择了 RAID 模式（实际上并不使用主板集成的 RAID，因为这种"软"RAID 并不被 ESXi 支持），在保存 CMOS 设置之后，重新启动计算机，按 Ctrl+I 组合键进入 RAID 设置，查看状态。必须注意，不要创建 RAID，将所有磁盘标记为非 RAID 磁盘即可，你可以进入 RAID 配置界面之后，选择 "Reset Disks to Non-RAID"，如图 2-3-7 所示。将硬盘重置为非 RAID 磁盘之后，移动光标到 Exit（退出）。

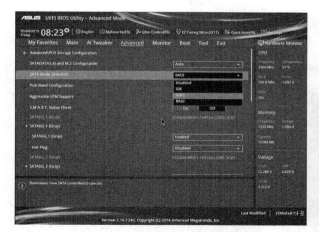

图 2-3-6　SATA 模式选择

图 2-3-7　重置磁盘为非 RAID 磁盘

【说明】即使使用主板集成的 RAID，创建了逻辑卷，在安装 ESXi 的过程中，也会"跳过"该 RAID 盘，而是直接识别成每个单独的物理磁盘。

（6）启动计算机，按 Del 键或 F2 键，之后计算机会停留在 UEFI BIOS 实用程序界面。在此界面中，显示了 SATA 信息、启动的设备等，如图 2-3-8 所示。

（7）按 F8 键，进入引导菜单，选择启动 U 盘。在此是"SanDisk Cruzer Blade（7633MB）"，这是一个 8GB 的闪迪 U 盘，如图 2-3-9 所示。

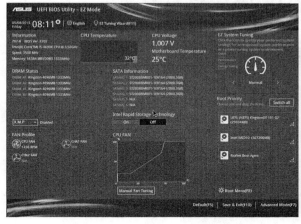

图 2-3-8　UEFI BIOS 实用程序

图 2-3-9　选择启动设备

（8）在 U 盘启动界面中，选择"启动自定义 ISO/IMG 文件（DND 目录）"按回车键，如图 2-3-10 所示。

（9）选择"自动搜索并列出 DND 目录下所有文件"，如图 2-3-11 所示。

（10）选择 ESXi 6.5.0 安装光盘镜像，并按回车键，如图 2-3-12 所示。在当前示例中，需要选择"VMware-VMvisor-Installer-6.5.0-installer-201704001-5310538.x86_64.iso"文件。

【说明】从 VMware 官方下载的 VMware ESXi 6.5.0d 的文件名是 VMware-VMvisor-Installer-6.5.0-installer-201704001-5310538.x86_64.iso，但我为了易于分辨改名为 VMware-VMvisor-Installer-6.5.0-d-installer-201704001-5310538.x86_64.iso，请注意这个区别。

（11）加载 ESXi 的安装程序。如图 2-3-13 所示，安装程序检测到的硬件信息是 ASUS、Intel i7-4790K、32GB 内存。

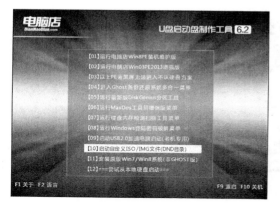

图 2-3-10　启动自定义 ISO

图 2-3-11　自动搜索并列出 DND 目录下所有文件

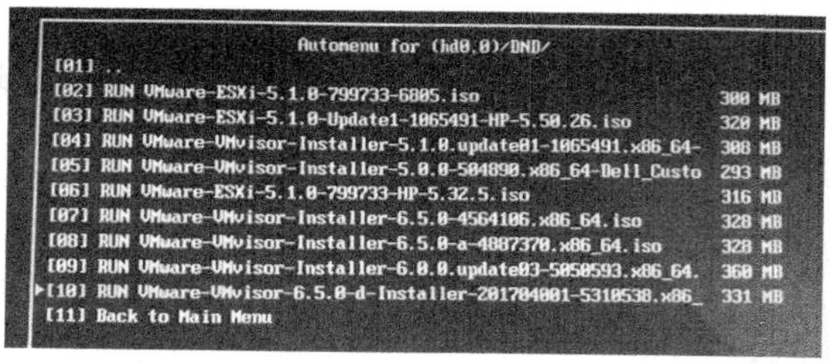

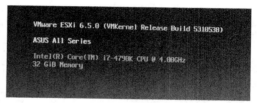

图 2-3-12　选择 ESXi 6 安装镜像文件

图 2-3-13　检测到的主机配置

（12）进入 ESXi 安装程序，在 "Select a Disk to Install or Upgrade" 对话框中，选择要安装 ESXi 的磁盘。虽然当前主机支持 RAID，但这只是南桥芯片组支持的 RAID，相当于 "软" RAID，所以 ESXi 会 "跳过" 这个 RAID，直接识别出每块硬盘。如图 2-3-14 所示，显示了 1 块三星 SSD 750 的 465.76GB（500GB）的固态硬盘、4 块 1.82TB 硬盘（2TB 硬盘）、1 个 7.45GB 的 U 盘（这是引导 U 盘）。

【说明】如果要将 ESXi 安装在 U 盘，但启动 U 盘与要安装的 U 盘容量、品牌相同时，为了区分，你可以在图 2-3-14 的界面中按下引导 U 盘，并按 F5 键重新刷新，以选择用于安装的 U 盘。此时 VMware ESXi 安装程序已经加载到内存，在以后的安装中将不再需要引导 U 盘。

（13）当有多块磁盘要安装 ESXi 时，可以移动光标选择要安装的设备，按 F1 键，以查看信息，此时会显示当前硬盘是否有 ESXi。如果硬盘前面有*号，表示该硬盘存在 VMFS 分区；如果硬盘前面有#号，表示这是 vSAN 磁盘。你不能将系统安装在 vSAN 磁盘中。如果硬盘已经有 VMFS 分区，则表示该硬盘可能有 ESXi 系统，也可能是 VMFS 数据分区，移动光标到硬盘，按 F1 键可以查看信息。如图 2-3-15 所示，表示在当前硬盘上找到了 ESXi 6.0.0 的产品（示例）。

如果没有找到 ESXi，则会显示 "No" 的信息，如图 2-3-16 所示。

（14）如果在 "Select a Disk to Install or Upgrade" 对话框中只有一个 U 盘（并且是系统引导的 U 盘时），如图 2-3-17 所示，表示当前 ESXi 没有检测到硬盘，需要按 Esc 键退出安装，重新启动计算机进入 CMOS 设置，修改 CMOS 的配置，再次启动安装。如果主机是一台服务器，并且安装了硬盘，则表示服务器没有配置 RAID，在没有配置 RAID 并将物理磁盘划分为逻辑磁盘前，ESXi 也不会直接识别到物理硬盘。

图 2-3-14　选择一块磁盘安装或升级 ESXi

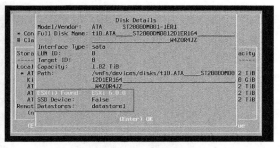

图 2-3-15　找到 ESXi

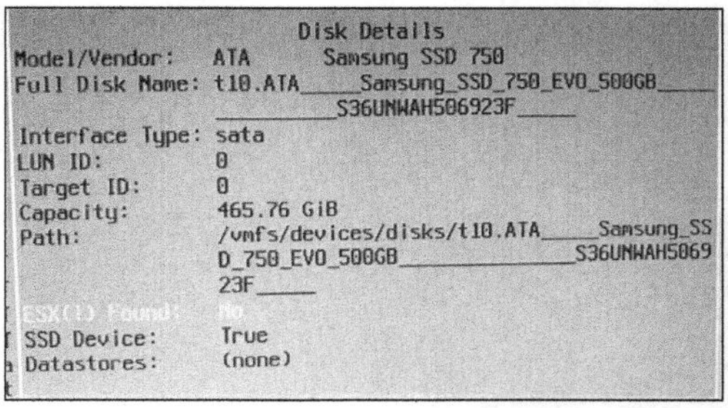

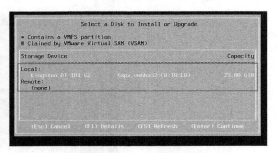

图 2-3-16　当前硬盘没有 ESXi

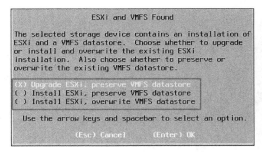

图 2-3-17　没有找到硬盘

（15）选择有 ESXi 的磁盘，按回车键，会弹出"ESXi and VMFS Found"的提示，如图 2-3-18 所示。选择"Upgrade ESXi，Preserve VMFS datastore"，表示升级 ESXi，并保留VMFS 数据；选择第二项，表示安装一个全新的 ESXi，并保留原来 VMFS 数据；选择第三项，表示安装全新的 ESXi，不保留原来的 VMFS 数据并覆盖这些数据。一般情况下不要选择第三项，否则原来 ESXi 中已有的内容（虚拟机、其他文件）都会被清除。当然，只有在确认不需要保留原有内容时，才可以选择第三项。在此选择第一项。

（16）在"Confirm Upgrade"对话框，按 F11 键，全新安装 ESXi，如图 2-3-19 所示。

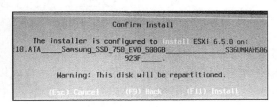

图 2-3-18　ESXi 安装或升级选择

图 2-3-19　升级

（17）开始安装 ESXi，安装的后续步骤与在上一节在 VMware Workstation 虚拟机中安装 ESXi 相同，这些不再一一介绍，直到安装完成，如图 2-3-20 所示。

（18）按回车键，拔下 U 盘，计算机重新启动后进入 CMOS 设置，设置安装的硬盘（本示例是三星 500GB 的 SSD）为第一引导磁盘，如图 2-3-21 所示。之后保存 CMOS 设置并退出。

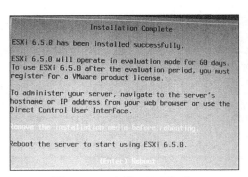

图 2-3-20　安装 ESXi 完成

图 2-3-21　设置引导磁盘

（19）计算机引导并进入 ESXi 6.5，如图 2-3-22 所示。

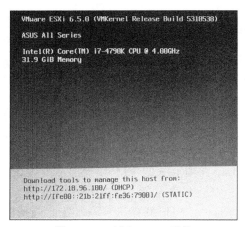

图 2-3-22　进入 ESXi 系统

2.4　在 DELL 服务器中安装 ESXi 6.5.0

配置好 RAID 之后，接下来在物理主机安装 ESXi 6.5.0。安装 ESXi 有多种方法，既可以使用安装光盘、工具 U 盘本地安装，也可以通过配置 TFTP 服务器通过网络安装，还可以通过 KVM 或服务器的底层工具，例如 DELL 的 iDRAC、HP 的 iLO、IBM 的 iMM，登录这些底层控制台通过加载 ISO 映像来安装。在本示例中使用 iDRAC 通过加载 ESXi 的安装镜像的方式安装，主要步骤如下。

（1）在配置完 RAID 之后，在"虚拟介质"菜单中选择"映射 CD/DVD"，如图 2-4-1 所示。

（2）在弹出的"虚拟介质—映射 CD/DVD"对话框中单击"浏览"按钮，选择 ESXi 6.5.0 的安装 ISO，之后单击"映射设备"按钮，如图 2-4-2 所示。

图 2-4-1　映射 CD/DVD　　　　　　　　　　图 2-4-2　映射设备

（3）在映射 ISO 之后，在"下次引导"菜单中选择"虚拟 CD/DVD/ISO"，如图 2-4-3 所示（选中之后前面有个"√"）。然后在"电源"按钮选择"重设系统（热引导）"，如图 2-4-4 所示。

图 2-4-3　下次引导　　　　　　　　　　　　图 2-4-4　重设系统

（4）服务器重新启动之后，在重新引导的过程中可以看到"Boot to Virtual CD Requested"的确认项，表示这是从虚拟 CD 引导，如图 2-4-5 所示。

图 2-4-5　从虚拟 CD 引导

（5）开始 ESXi 6.5.5 的安装。在安装的过程中，ESXi 会检测当前主机的硬件配置并显示出来。如图 2-4-6 所示，当前主机为 DELL PowerEdge R730xd，CPU 为 2 个 E5-2640 v4，内存为 128GB。

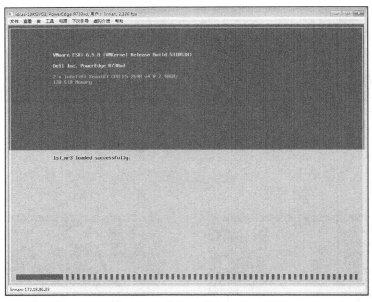

图 2-4-6　检测当前主机配置

（6）ESXi 6.5.0 的安装在前文已经作过介绍，在此重复的步骤将不一一介绍。当前用于演示的服务器已经规划配置好 RAID，并且已经安装了 ESXi 6.5.0。在此实验中，我们将通过"升级安装"的方式，为当前的服务器安装最新的 6.5.0d 版本。

（7）在"Select a Disk to Install or Upgrade"对话框中，可以看到当前列出 4 块硬盘，其中 2 块 ATA 硬盘，大小分别是 3.64TB 及 447.13GB，另 2 块 DELL PERC H730 Mini 磁盘（这是划分 RAID 后识别的磁盘），大小分别是 30GB 与 29TB，在 30GB 的磁盘安装了 6.5.0。每块硬盘前面都有*号，表示这些硬盘都有 VMFS 分区。在有 VMFS 分区的硬盘安装系统时，一定要选择正确的磁盘。如果将 ESXi 安装到原来没有 ESXi 分区的硬盘，则选择安装 ESXi 的目标磁盘上的数据将会丢失。如图 2-4-7 所示。

（8）移动光标到 30GB 的硬盘，按 F1 键后安装程序会在该硬盘上找到 ESXi 6.5.0 的系统，如图 2-4-8 所示。

图 2-4-7　选择安装磁盘

图 2-4-8　选择默认键盘

（9）移动光标到其他硬盘，例如 500GB 的硬盘，按 F1 键，此时在该硬盘上找到 VMFS 分区，但没有找到 ESXi 系统，如图 2-4-9 所示，表示这块磁盘不能用来安装 ESXi，除非不需要保留这块磁盘上的数据（可能有虚拟机）。

（10）移动光标到 29TB 的硬盘并按 F1 键，同样在该硬盘找到 VMFS 分区，但没有找到 ESXi 系统，如图 2-4-10 所示。

图 2-4-9　查看 500GB 硬盘　　　　　　　图 2-4-10　查看 29TB 硬盘

（11）移动光标到 30GB 的硬盘，按回车键，弹出 "ESXi and VMFS Found" 的对话框，移动光标到第一项，选择 "Upgrade ESXi, preserve VMFS datastore（升级 ESXi，保存 VMFS 数据库）"；如果选择第二项，则是安装新的 ESXi（之后需要设置密码等）、保存 VMFS 数据库；如果选择第三项，则是安装新的 ESXi 并且覆盖 VMFS 数据库，选择此项原来的数据将被清空。如图 2-4-11 所示。

（12）在 "Confirm Install" 对话框按 F11 键确认升级，如图 2-4-12 所示。

图 2-4-11　升级 ESXi 并保留 VMFS 数据　　　　　图 2-4-12　确认升级

（13）开始升级，升级安装完成后，弹出 "Upgrade Complete" 对话框，如图 2-4-13 所示，按回车键将重新启动。

（14）当 ESXi 启动成功后，在控制台窗口可以看到当前服务器信息，如图 2-4-14 所示。在图中，显示了 ESXi 6.5.5 当前运行服务器的 CPU 型号、主机内存大小与管理地址。在本例中，当前服务器为 DELL PowerEdge R730xd，CPU 为 2 个 Intel E5-2640 V4，主频大小为 2.40GHz、128GB 内存，当前管理地址为 172.20.1.1（这是安装完成之后由管理员手动设置的 IP 地址）。

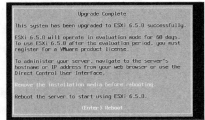

图 2-4-13　安装完成

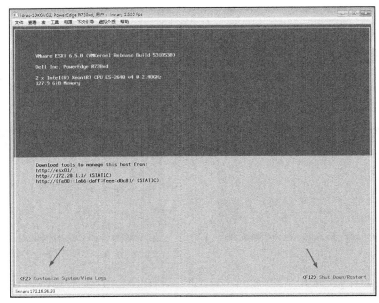

图 2-4-14　控制台信息

2.5　ESXi 控制台设置

虚拟化的 3 个特性（或者说 3 个需要注意的地方）是计算、存储、网络。"计算"可以认为提供计算资源（提供 CPU 与内存），"存储"为虚拟机提供储存空间，"网络"则为虚拟机或者为 ESXi 主机管理提供网络流量。"计算"资源在服务器开机运行之后即可"直接使用"，存储与网络则需要配置之后才能使用。

网络的配置可以在 ESXi 控制台进行基础的配置（包括选择管理用网卡，设置管理 IP 地址、子网掩码、网关，设置 ESXi 主机名称、DNS 等），也可以使用 vSphere Client 或 vSphere Web Client 对物理主机网络进行规划与配置。

存储的配置一般是通过 vSphere Client 或 vSphere Web Client 进行，不能在 ESXi 控制台中对存储进行配置与管理。

在安装好 ESXi 之后，需要在 ESXi 控制台前进行基本的配置，包括选择管理网卡、设置管理 IP 地址等，这相当于安装了 Windows Server 操作系统之后，进入图形界面进行的基本配置，例如设置 IP 地址、修改计算机名称、开启远程桌面等操作。

本节介绍 ESXi 6.5 控制台设置，包括管理员密码的修改、控制台管理地址的设置与修改、ESXi 主机名称的修改、重启系统配置（恢复 ESXi 默认设置）等功能。下面介绍在 ESXi 6.5 控制台的相关操作。

2.5.1　进入控制台界面

使用服务器远程管理工具（或 KVM）打开服务器显示界面，或者在服务器前按 F2 键，输入管理员密码（在安装 ESXi 6.5 时设置的密码，在图 2-2-41 中设置的），输入之后按 Enter

键，如图 2-5-1 所示，将进入系统设置对话框（本操作以 DELL R730xd 服务器为例，使用 DELL iDRAC 登录进入，相当于在服务器前面的操作）。

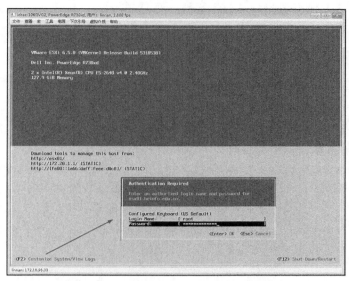

图 2-5-1　输入密码以登录系统配置

进入"System Customization"（系统定制）对话框，如图 2-5-2 所示，在该对话框中能完成口令修改、管理网络配置、管理网络测试、网络设置恢复、键盘配置等工作。

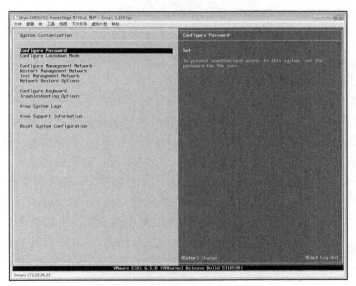

图 2-5-2　系统定制

2.5.2　修改管理员口令

如果要修改 ESXi 6.5 的管理员密码，可以在图 2-5-2 中将光标移动到"Configure Password"处按 Enter 键，在弹出的"Configure Password"对话框中，先输入原来的密码，

然后分两次输入新的密码并按 Enter 键完成密码的修改，
如图 2-5-3 所示。

【说明】在安装的时候可以设置简单密码，如 1234567。
但在安装之后再修改密码时，必须为其设置复杂密码。

2.5.3　配置管理网络

图 2-5-3　修改管理员密码

在"Configure Management Network"选项中可以选择管理接口网卡（当 ESXi 主机有
多块物理网卡时）、修改控制台管理地址、设置 ESXi 主机名称等。

（1）在图 2-5-2 中，将光标移动到"Configure Management Network"按 Enter 键，进入
"Configure Management Network"对话框，如图 2-5-4 所示。

（2）在"Network Adapters"选项中按 Enter 键，打开"Network Adapters"对话框，选
择主机默认的管理网卡，如图 2-5-5 所示。当主机有多块物理网卡时，可以从中选择，并
且在"Status"列表中显示出每块网卡的状态。当前服务器有 4 块网卡，本示例中将第一、
二块网卡（标示为 vmnic0、vmnic1）用于管理网卡，将第三、四块网卡（标示为 vmnic2、
vmnic3）用于虚拟机流量。在此选择第一、二块网卡。

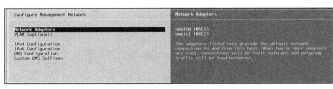

图 2-5-4　配置管理网络　　　　　　　　　　图 2-5-5　选择管理网卡

（3）在"VLAN（Optional）"选项中，可以为管理网络设置一个 VLAN ID，如图 2-5-6
所示。一般情况下不要对此进行设置与修改。

【说明】当主机有多块网卡时，例如本示例中的 4 块网卡，一般是将 2 块网卡用于物理
主机的管理（例如第一、二块网卡），另 2 块网卡用于虚拟机流量（例如第三、四块网卡）。
一般情况下用于管理的网卡连接交换机的 Access 端口，用于虚拟机流量的网卡则连接到交
换机的 Trunk 端口。在这种情况下，图 2-5-6 中的 VLAN 不需要设置，因为当前选择的网
卡连接到的是虚拟机的 Access 端口。但是在另一种情况下，如果物理服务器网卡数比较少，
例如只有 2 块时，并且这 2 块网卡连接到交换机的 Trunk 端口时，用于主机管理在一个
VLAN、用于虚拟机流量在其他 VLAN 时，则需要在图 2-5-6 中设置 VLAN。例如为主机
管理规划使用 VLAN2006 网段，则需要在图 2-5-6 中输入 VLAN 的数量 2006。关于虚拟机
网络将会在后文介绍。

（4）在"IP Configuration"选项中，设置 ESXi 管理地址。在默认情况下，ESXi 在完
成安装的时候，默认选择是"Use dynamic IP address and network configuration"（使用 DHCP
分配网络配置），在实际使用中，应该为 ESXi 设置一个静态地址。在本例中，将为 ESXi
设置 172.20.1.1 的地址，如图 2-5-7 所示。选择"Set static IP address and network
configuration"，并在"IP Address"地址栏中输入"172.20.1.1"，为其设置子网掩码与网关
地址。

【说明】应该为 ESXi 设置正确的子网掩码与网关地址，以让 ESXi 主机能连接到 Internet，或者至少能连接到局域网内部的"时间服务器"。在真实的环境中，计算机有一个正确的时间至关重要。ESXi 中虚拟机的时间受 ESXi 主机控制，如果 ESXi 主机时间不正确，则会影响到在其中运行的所有虚拟机。

图 2-5-6　VLAN 设置

图 2-5-7　设置管理地址

（5）在"DNS Configuration"选项中，设置 DNS 的地址与 ESXi 主机名称。如果要让 ESXi 使用 Internet 的"时间服务器"进行时间同步，除了要在图 2-5-6 中设置正确的子网掩码、网关地址外，还要在此选项中设置正确的 DNS 服务器以能实现时间服务器的域名解析。如果使用内部的时间服务器并且是使用 IP 地址的方式进行时间同步，是否设置正确的 DNS 地址则不是必需的。在"Hostname"处则是设置 ESXi 主机的名称。当网络中有多台 ESXi 服务器时，为每台 ESXi 主机规划合理的名称有利于后期的管理。在本例中，为第一台 ESXi 的主机命名为 esx11，如图 2-5-8 所示。

【说明】在为 ESXi 命名时，要考虑将来的升级情况，所以不建议在命名时加入 ESXi 的版本号。例如，如果在你所管理的网络中，准备了 3 台服务器用来安装 ESXi 6.5，那么可以命名为 esx11、esx12、esx13。另外，在为虚拟机设置名称时，如果你所在的网络有内部的 DNS，可以直接为 ESXi 主机设置带域名的名称，例如我的网络中 DNS 域名是 heinfo.edu.cn，我可以在图 2-5-8 中将 ESXi 主机修改为 esx11.heinfo.edu.cn（需要在 heinfo.edu.cn 的域中添加名为 esx11 的 A 记录，并且指向这台 ESXi 的地址 172.20.1.1）。

（6）在"Custom DNS Suffixes"选项中，如图 2-5-9 所示，设置 DNS 的后缀名称。DNS 的后缀名称会附加在图 2-5-8 中设置的"Hostname"后面，默认为 localdomain，如果不修改这个名称，当前 ESXi 主机全部名称则为 esx11.localdomain。如果 ESXi 所在的网络中没有内部的 DNS，名称则可以保持默认值；如果网络中有内部的 DNS，应在此修改为内部的 DNS 域名，同时在 DNS 服务器中添加 ESXi 主机的 A 记录并指向 ESXi 主机的 IP 地址。

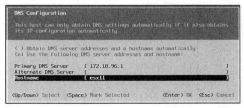

图 2-5-8　设置 ESXi 主机名称

图 2-5-9　DNS 后缀

例如，在当前演示的网络中，DNS 服务器的地址是 172.18.96.1，这个 DNS 所属的域是 heinfo.edu.cn，我在 heinfo.edu.cn 的 DNS 中添加了 A 记录为 esx11，并指向 172.20.1.1

（如图 2-5-10 所示），此时我可以在 Suffixes 后面写上"heinfo.edu.cn,localdomain"。

（7）在设置（或修改）完网络参数后，按 一 下 Esc 键，将 弹 出 " Configure Management Network: Confirm"对话框，提示是否更改并重启管理网络，按 Y 确认并重新启动管理网络，如图 2-5-11 所示。

（8）返回到"System Customization"对 话 框 后 ， 在 右 侧 的 " Configure Management Network"中显示了设置后的地址，如图 2-5-12 所示。

图 2-5-10　DNS 服务器配置

图 2-5-11　保存网络参数更改并
重启管理网络

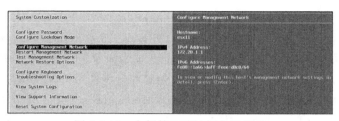

图 2-5-12　主机管理地址与主机名称

（9）在配置 ESXi 管理网络的时候，如果出现错误而导致 VMware vSphere Client 无法连接到 ESXi，可以在图 2-5-12 中，选择"Restart Management Network"，在弹出的"Restart Management Network：Confirm"对话框中按 F11 键，将重新启动管理网络，如图 2-5-13 所示。

图 2-5-13　重新配置管理网络

如果希望测试当前 ESXi 的网络设置是否正确、是否能连接到企业网络，可以选择"Test Management Network"，在弹出的"Test Management Network"对话框中测试到网关地址或者指定的其他地址的 ping 测试，如图 2-5-14 所示。

在使用 ping 命令并且有回应时，在相应的地址后面显示"OK"提示，如图 2-5-15 所示。

【说明】当前测试 esx11.heinfo.edu.cn 没有返回地址，是因为还没有在 DNS 服务器中添加对应 A 记录。

图 2-5-14　测试管理网络

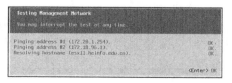

图 2-5-15　测试管理网络

2.5.4　启用 ESXi Shell 与 SSH

除了可以使用控制台、vSphere Client 管理 ESXi 外，还可以通过网络、使用 SSH 的客户端连接到 ESXi 并进行管理。在默认情况下，ESXi 的 SSH 功能并没有启动（SSH 是 Linux 主机的一个程序，ESXi 与 VMware ESX Server 基于 Red Hat Linux 的底层系统，也是可以使用 SSH 功能的）。如果要使用这一功能，可以选择"Troubleshooting Options"选项，在 "Troubleshooting Mode Options"对话框中，启用 SSH 功能（将光标移动到 Disable SSH 处按 Enter 键）。当"SSH Support"显示为"SSH is Enabled"时，SSH 功能被启用，如图 2-5-16 所示。

在此还可以启用 ESXi Shell、修改 ESXi Shell 的超时时间等。

图 2-5-16　启用 SSH

2.5.5　恢复系统配置

"Reset System Configuration"选项可以将 ESXi 恢复到默认设置，这些设置包括以下方面。

（1）ESXi 管理控制台地址恢复为"DHCP"，计算机名称恢复到刚安装时的名称。

（2）系统管理员密码被清空。

（3）所有正在运行的虚拟机将会被注销。

如果选择该选项，将会弹出"Reset System Configuration：Confirm"对话框，按 F11 键将继续，按 Esc 键将取消这个操作，如图 2-5-17 所示。

如果在图 2-5-17 按下了 F11 键，将会弹出"Reset System Configuration"对话框，提示默认设置已经被恢复，按 Enter 键将重新启动主机，如图 2-5-18 所示。

在恢复系统设置之后，由于系统管理员密码被清空，所以管理员需要在第一时间重新启动控制台，进入"Configure Password"对话框，设置新的管理员密码（在控制台界面，按 F2 键后，在提示输入密码时直接按 Enter 键即可进入），如图 2-5-19 所示。

图 2-5-17　恢复系统配置

由于管理地址、主机名称都恢复到默认值，管理员还需要重新设置管理地址、设置主机地址，这些不再一一介绍。

图 2-5-18　系统设置被恢复

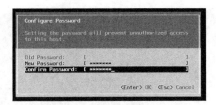

图 2-5-19　设置新的管理员密码

2.5.6　ESXi 的关闭与重启

如果要关闭 ESXi 主机或者重新启动 ESXi 主机，可以在 ESXi 控制台中，按 F12 键，输入 ESXi 主机的管理员密码进入"Shut Down/Restart"对话框，如图 2-5-20 所示。如果要关闭 ESXi 主机，则按 F2 键；如果要重新启动 ESXi 主机，则按 F11 键；如果要取消关机或重启操作，按 Esc 键。

图 2-5-20　关机或重启对话框

【说明】使用 vSphere Client 连接到 ESXi，也可以完成关机或重启 ESXi 主机的操作。

2.6　配置 ESXi 主机与创建虚拟机

要管理 VMware ESXi 的服务器，有以下几种方法。

（1）使用 vSphere Web Client 登录到 vCenter Server，并将 ESXi 添加到 vCenter Server 进入管理。这是 VMware 所推荐的方法，也是发挥 vSphere 企业版功能所推荐的一种方法。另外，从 vSphere 6.5.0 开始，VMware 不再提供传统的 C#客户端（以前称为 vSphere Client）。

（2）使用 vSphere Client。在 vSphere 5.X 及 vSphere 6.0 的时候，可以使用 vSphere Client 登录到 vCenter Server 或者使用 vSphere Client 直接登录到要管理的 ESXi 主机，使用 vSphere Client 进行管理。但从 vSphere 6.5.0 开始，VMware 不再提供 ESXi 6.5 的 vSphere Client 6.5.0，但可以使用 vSphere Client 6.0.0 登录 ESXi 6.5 的主机，对主机进行基本的管理。

（3）vSphere Host Client。这是类似于 vSphere Web Client、使用浏览器对 ESXi 主机进行管理的一种客户端。vSphere Host Client 可以完成对 ESXi 的基本管理。

本节介绍 ESXi 客户端 vSphere Client 的安装与基本使用。

2.6.1　vSphere Client 的安装

在安装并配置了 ESXi 6.5 之后，在网络中的一台用作管理工作站的计算机安装 vSphere Client 6.0，使用 vSphere Client 6.0 管理 ESXi 6.5。在安装时，需要注意以下方面。

（1）在 ESXi 中没有集成 vSphere Client 6 的客户端，需要登录 VMware 官方网站下载 vSphere Client。截至本书写作时，vSphere Client 最新版本是 vSphere Client 6.0 Update 3，大小为 362MB，文件名为 VMware-viclient-all-6.0.0-5112508.exe。你可以在 vSphere 产品下载页中，在选择版本中选择 "6.0U3a" 下载这个版本，如图 2-6-1 所示。

图 2-6-1　下载 vSphere Client

（2）进入 vSphere Client 的安装程序，在 VMware vSphere Client 6 中，支持简体中文、繁体中文、英语、日语、法语、德语与朝鲜语，你可以根据需要选择，如图 2-6-2 所示。

（3）vSphere Client 的安装比较简单，完全按照默认值安装即可，如图 2-6-3 所示。

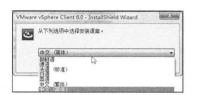

图 2-6-2 安装向导

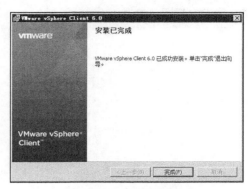

图 2-6-3 安装完成

2.6.2 启动 vSphere Client 并登录到 ESXi

启动 vSphere Client，在"IP 地址/名称"地址栏中输入要管理的 ESXi、VMware ESX Server 或 VMware Virtual Center（VMware 虚拟中心）的 IP 地址，然后输入 ESXi（或 VMware Virtual Center）的用户名及密码，单击"登录"按钮，如图 2-6-4 所示。

在第一次登录某个 ESXi 或 VMware Virtual Center 时，会弹出一个"安全警告"的对话框，选中"安装此证书并且不显示……"，然后单击"忽略"按钮，以后将不再出现此提示，如图 2-6-5 所示。

在登录到 ESXi 后，如果在安装 ESXi 时没有输入序列号，则会弹出"VMware 评估通知"的对话框，提示"您的评估许可证将在 60 天后过期"，单击"确定"按钮进入 vSphere Client 控制台，如图 2-6-6 所示。

图 2-6-4 登录到 ESXi

图 2-6-5 安全警告

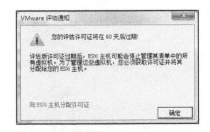

图 2-6-6 登录到 VMware ESX Server

第一次登录到 ESXi 时，默认会显示"清单"视图，单击"清单"按钮（如图 2-6-7 所示）将显示 ESXi 主机，如图 2-6-8 所示。

图 2-6-7　清单

图 2-6-8　主机视图

2.6.3　为 ESXi 输入序列号

安装完 ESXi 后，默认为评估模式，并可以使用最多 60 天。在 60 天之内，该 ESXi 没有任何的限制，在产品到期之前，需要为 ESXi 购买一个许可才能使用。本节介绍为 ESXi 输入序列号的方法。

（1）在 VMware vSphere Client 控制台中，单击"配置"链接，在"软件"列表中选择"已获许可的功能"，在右侧显示当前的 VMware ESX Server 许可证类型及支持的功能，如果是评估模式，则会显示产品的过期时间，如图 2-6-9 所示。

（2）如果有 ESXi 的序列号，可以在"配置→已获许可的功能"选项中，单击右侧的"编辑"按钮，在弹出"分配许可证"对话框中，选择"向此主机分配新许可证密钥"，并单击"输入密码"，在弹出的"添加许可证密钥"中，输入 ESXi 的序列号即可，如图 2-6-10 所示。

图 2-6-9　查看 VMware ESX Server 许可证类型及过期时间

图 2-6-10　注册 ESXi

（3）注册之后，在"ESX Server 许可证类型"中，显示当前获得许可的功能以及支持的 CPU 数量、产品过期时间等，如图 2-6-11 所示。

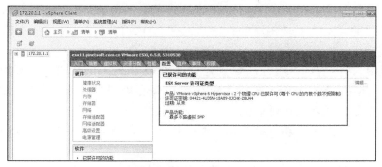

图 2-6-11　注册后的信息

【说明】在图 2-6-11 中，显示的产品功能只有"最多 8 路虚拟 SMP"，这是由于输入的是一个免费的 ESXi 序列号（VMware vSphere Hypervisor 6 License 04421-4U35N-18A89-0JCHK-28U44）。这个免费的许可证密钥可以在不限数量的物理主机上部署。要注意，免费版的序列号不支持 VMware vCenter Server 的高级功能，如虚拟机迁移、HA、模板等功能。如果要使用这些功能，还需要重新注册 ESXi、输入支持更高功能的序列号。

（4）如果在产品的初期输入的是一个免费的 ESXi 序列号，后期希望使用 ESXi 的高级功能（实际上是 VMware vCenter Server 提供的），则仿照图 2-6-10 的方式，重新注册 ESXi，并输入一个具有更高功能的序列号即可。注册后界面如图 2-6-12 所示。

图 2-6-12　无功能限制的 ESXi

2.6.4　管理 ESXi 本地存储器

在实际的生产环境中，ESXi 服务器通常有多个存储，这些存储可以是服务器本地硬盘或本地使用 RAID 配置的逻辑卷，或者共享存储（ESXi 主机通过 iSCSI、FC 或 SAS 连接到的存储设备映射的 LUN）。在安装 ESXi 的时候，ESXi 安装程序会将 ESXi 所在的磁盘（或卷或 LUN）添加为第一个 ESXi 的存储，而对于主机上的其他存储则需要管理员手动添加。如果是共享存储，并且共享存储是分配给多台 ESXi 主机时，只要在其中一台主机上添加了存储（实际上是将新的存储格式化为 VMFS 卷），则其他主机也会自动添加这个 VMFS 卷。

如果环境中只有一台 ESXi 主机，则需要使用 vSphere Client 将主机其他磁盘（或卷、LUN）添加为 VMFS 卷，在新添加的 VMFS 卷中保存虚拟机。因为安装 ESXi 所在的磁盘空间较小，一般不会用来保存虚拟机。

如果环境中的 ESXi 主机只有单块磁盘，因为没有剩余的磁盘，所以也就不需要再添加存储。

如果环境中有多台 ESXi 主机，并且有共享存储卷时，为了容易区分每个卷，通常会重命名每台主机的"系统卷"（即安装 ESXi 分区的卷）、主机的本地卷或共享卷，命名方式与规则很简单，只要每名管理员或使用者能很容易地区分不同主机的不同卷以及共享卷就可以，表 2-6-1 是其中的一个命名方式。

表 2-6-1　　　　　　　　　　　生产环境中 ESXi 卷命名方式

序　　号	ESXi 主机名称	卷　描　述	VMFS 卷名
第一台 ESXi 主机	ESXi-01	系统卷	esx01-os
		其他卷—本地硬盘 1	esx01-data01
		其他卷—本地硬盘 2	esx01-data02
		FC 接口—共享存储 LUN1	fc-data01
		FC 接口—共享存储 LUN2	fc-data02
第二台 ESXi 主机	ESXi-02	系统卷	esx02-os
		其他卷—本地硬盘 1	esx02-data01
		其他卷—本地硬盘 2	esx02-data02
		FC 接口—共享存储 LUN1	fc-data01
		FC 接口—共享存储 LUN2	fc-data02
第三台 ESXi 主机	ESXi-03	系统卷	esx03-os
		其他卷—本地硬盘 1	esx03-data01
		其他卷—本地硬盘 2	esx03-data02
		FC 接口—共享存储 LUN1	fc-data01
		FC 接口—共享存储 LUN2	fc-data02

因为在 172.20.1.1 的 DELL 服务器上其他的卷都已经添加（如图 2-6-13 所示），所以我们使用 2.2 节"在 VMware Workstation 虚拟机中安装 ESXi"中所创建的虚拟机进行练习。

这个 ESXi 的 IP 地址是 192.168.80.128，该 ESXi 除了安装系统的硬盘外还有一个 280GB 的硬盘，我们将使用该虚拟机进行练习。

（1）使用 vSphere Client 连接到 ESXi 主机（IP 地址为 192.168.80.128），在"配置→存储器"中，右键单击数据存储（当前名称为 datastore1），在弹出的快捷菜单中选择"重命名"，如图 2-6-14 所示。

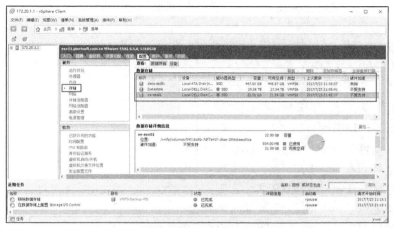

图 2-6-13　已经配置好 ESXi 存储的服务器

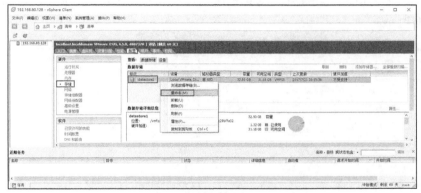

图 2-6-14　重命名

（2）将其命名为 esx-os，如图 2-6-15 所示。然后单击右上角的"添加存储器"链接，如图 2-6-15 所示。

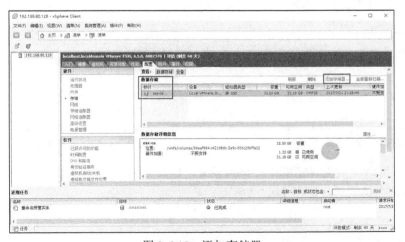

图 2-6-15　添加存储器

（3）在"选择存储器类型"对话框中选中"磁盘/LUN"，如图 2-6-16 所示。

（4）在"选择磁盘/LUN"对话框中，可以看出当前有一块磁盘可以使用，大小为 280GB，如图 2-6-17 所示。

（5）在"当前磁盘布局"中，显示了当前磁盘的容量，目前该磁盘容量为 280GB，如图 2-6-18 所示。

（6）在"属性"对话框中，为新添加的数据存储命名。在命名的时候，最好能分清添加的存储属于哪一台服务器、是基于本地磁盘还是基于网络磁盘（如 FC 光

图 2-6-16　选择存储器类型

纤存储、iSCSI 网络存储）。在本例中，设置存储为 data，如图 2-6-19 所示。

（7）在"磁盘/LUN—格式化"对话框中，设置最大文件大小，通常选择默认值即可，如图 2-6-20 所示。

图 2-6-17　选择磁盘

图 2-6-18　磁盘布局

图 2-6-19　复查设置

图 2-6-20　使容量最大

（8）在"即将完成"对话框中，复查设置，然后单击"完成"按钮，如图 2-6-21 所示。

（9）添加存储之后，如图 2-6-22 所示。此时有两个存储。

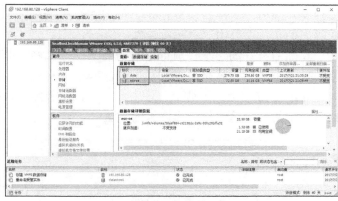

图 2-6-21　添加存储　　　　　　　　　　图 2-6-22　添加存储之后

2.6.5　上传操作系统与应用软件到 ESXi 存储

可以将各种镜像文件（例如 Windows Server 2008 R2、SQL Server 2008 R2 等）或应用软件（例如各种 exe、rar 或其他文件）上传到 ESXi 数据存储。其中 ISO 文件可以直接映射给虚拟机使用，而普通的软件可以通过浏览器中登录 ESXi 主机、浏览数据存储的方式下载，这样可以实现虚拟机与主机数据的交互。当然，虚拟机也可以通过网络、共享文件夹、外挂 U 盘等方式实现数据交互。本节先介绍将常用软件与 ISO 上传到 ESXi 数据存储的方法，后文将介绍使用 ISO 及其他软件的方法。

（1）在"存储器"选项中，可以添加、删除存储器，也可以重命名存储器，或者浏览数据存储，查看存储器中保存的数据，并对数据进行操作（上传、下载、删除、打开其中的虚拟机），如图 2-6-23 所示。

图 2-6-23　存储器

在图 2-6-23 中，用鼠标右键单击数据存储，在弹出的快捷菜单中选择"浏览数据存储"命令，打开"数据存储浏览器"。

（2）在弹出的"数据存储浏览器"中，选中"/"根目录，单击""，可以创建一个

文件夹。例如，文件夹名为 tools，如图 2-6-24 所示。创建后，进入该文件夹，单击"⬚"，在弹出的菜单中单击"上传文件"。

在随后打开的"上传项目"对话框中，可以将选中的文件上传到数据存储中，可以将常用操作系统的安装光盘镜像（如 Windows Server 2003、Windows Server 2008、Windows 7、Windows 8 等）上传到这个目录中。以后在安装操作系统的时候，可以直接使用保存在数据存储中的光盘镜像作为虚拟机的光驱。

图 2-6-24   上传图标

（3）还可以选择"上传文件夹"功能，选择本地中已经安装好的虚拟机并将整个虚拟机所在的文件夹上传到 ESXi 的数据存储中。上传完成后，定位到文件夹中的 vmx 文件，用鼠标右键单击，在弹出的快捷菜单中选择"添加到清单"选项，即可以将上传的虚拟机添加到 ESXi 中，如图 2-6-25 所示。

图 2-6-25   上传虚拟机并且添加到清单

【说明】只能将 VMware ESXi 的虚拟机上传到 ESXi，不能直接上传 VMware Workstation 的虚拟机。否则，即使上传之后，将虚拟机添加到清单，该虚拟机（VMware Workstation 格式）也可能不能直接启动。

（4）在数据存储中，还可以选中一个文件、文件夹，并对其进行删除、下载到 vSphere Client、重命名、剪切、复制等操作，如图 2-6-26 所示。这些比较简单，不一一介绍。

【说明】不可"剪切"或"重命名"扩展名为 vmdk 的虚拟机硬盘文件。

（5）本示例中，需要上传 Windows Server 2008 R2 的镜像文件，而 Tools 目录中是已经上传的 ISO 镜像文件，如图 2-6-27 所示。

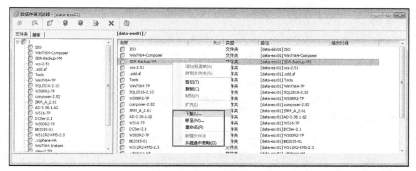

图 2-6-26 文件夹操作

图 2-6-27 上传 ISO 文件

（6）在"配置→存储器"右侧单击"设备"，可以查看设备的状态，如图 2-6-28 所示。

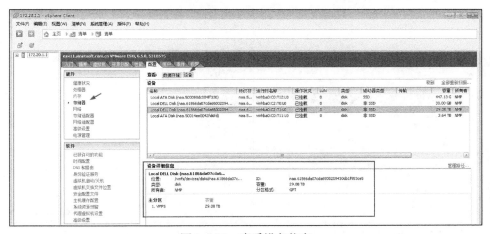

图 2-6-28 查看设备状态

2.6.6 创建 Windows Server 2008 R2 的模板虚拟机

在企业生产环境中，可能多种虚拟机都安装同一种操作系统，例如某些虚拟机可能需要 Windows Server 2008 R2，可能某些较老的软件只能运行在 Windows Server 2003 R2 操作系统中。对于无 vCenter Server 管理的 ESXi，通常有以下几种方法创建多个相同操作系统的虚拟机。

（1）复制硬盘法。即先创建一个"模板"虚拟机 01，在虚拟机 01 中安装某个操作系统，例如 Windows Server 2008 R2。在安装好操作系统、VMware Tools 以及必要的软件之后，将虚拟机关机。之后再创建虚拟机 02、虚拟机 03、……在创建虚拟机 02、虚拟机 03 的时候，不创建虚拟机硬盘，等虚拟机创建完成之后，将虚拟机 01 的硬盘文件复制到虚拟机 02、虚拟机 03，然后修改虚拟机 02、虚拟机 03 的配置，添加复制后的虚拟机硬盘文件，实现多个相同操作系统虚拟机的复制。

（2）OVF 方法。同样是安装一个"模板虚拟机"，在配置好模板虚拟机之后，关闭虚拟机，修改虚拟机配置，取消 ISO 与软驱镜像的连接，将虚拟机导出成 OVF 文件。然后再通过部署 OVF 模板的方式，创建新的其他虚拟机。

本节先介绍第一种方法，关于 OVF 方法将在后文再介绍。

在本次的案例中，需要多台安装了 Windows Server 2008 R2 操作系统的虚拟机，并在虚拟机中安装对应的软件。为了简化操作，可以先创建一个虚拟机，在这台虚拟机中安装 Windows Server 2008 R2，并进行"基础"配置、安装必备的常用软件，之后将这台虚拟机作为"模板"使用。当再需要 Windows Server 2008 R2 虚拟机时，直接将这个配置好的虚拟机"硬盘文件"复制到新的虚拟机中，供其他虚拟机直接使用即可。这个虚拟机硬盘文件相当于安装好了 Windows Server 2008 R2 操作系统的"镜像"。

本节将介绍创建 Windows Server 2008 R2 模板虚拟机的方法，主要步骤如下。

（1）用鼠标右键单击连接到 ESXi 的计算机的名称或 IP 地址，在弹出的快捷菜单中选择"新建虚拟机"选项，或者按 Ctrl+N 组合键，如图 2-6-29 所示。

（2）在"配置"对话框中，选择"自定义"，如图 2-6-30 所示。

图 2-6-29　新建虚拟机

图 2-6-30　自定义配置

（3）在"名称和位置"对话框，在"名称"文本框中输入要创建的虚拟机的名称，如 WS08R2-TP，如图 2-6-31 所示。在 ESXi 与 vCenter Server 中，每个虚拟机的名称最多可以包含 80 个英文字符，并且每个虚拟机的名称在 vCenter Server 虚拟机文件夹中必须是唯一的。在使用 vSphere Client 直接连接到 ESXi 主机时无法查看文件夹，如果要查看虚拟机文件夹和指定虚拟机的位置，应使用 VMware vSphere 连接到 vCenter Server，并通过 vCenter Server 管理 ESXi。

【说明】通常来说，创建的虚拟机的名称与在虚拟机中运行的操作系统或者应用程序有一定的关系，在本例中创建的虚拟机名称为 WS08R2-TP，表示这是创建一个 Windows Server 2008 R2 的虚拟机，并在虚拟机中安装 Windows 2008 R2 的操作系统。

（4）在"数据存储"对话框中，选择要存储虚拟机文件的数据存储，在有多个存储时，从中选择一个存储，如图 2-6-32 所示。在该列表中，显示了当前存储的容量、已经使用的空间、可用的空间、存储的文件格式。

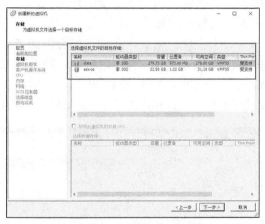

图 2-6-31　虚拟机名称　　　　　　　　　　图 2-6-32　选择保存虚拟机位置的数据存储

（5）在"虚拟机版本"对话框中，选择虚拟机的版本。在 ESXi 6.5 的服务器中，推荐使用"虚拟机版本：13"的格式，这是 ESXi 6.5.0 支持的格式，具有更多功能。如图 2-6-33 所示。如果虚拟机在 VMware ESX/ESXi 5 及更高版本上运行，或者与 ESX/ESXi5 共享虚拟机时可以选择"虚拟机版本：8"。如果虚拟机需要在 VMware ESXi 6.0 上运行，则可以选择"虚拟机版本：11"。

（6）在"客户机操作系统"对话框中，选择虚拟机要运行的操作系统，如图 2-6-34 所示。这与 VMware Workstation、VMware Server 相类似。在本示例中选择"Windows Server 2008 R2（64 位）"。

图 2-6-33　选择虚拟机版本　　　　　　　　　图 2-6-34　选择客户机操作系统

（7）在"CPU"对话框中，选择虚拟机中虚拟 CPU 的数量。在 vSphere 6 中，最多可以将虚拟机配置为具有 128 个虚拟 CPU。但 vSphere ESXi 主机上许可的 CPU 数量、客户机操作系统支持的 CPU 数量和虚拟机硬件版本决定着可以添加的虚拟 CPU 数量。

【说明】vSphere Virtual Symmetric Multiprocessing（Virtual SMP）可以使单个虚拟机同时使用多个物理处理器。必须具有虚拟 SMP，才能打开多处理器虚拟机电源。

"CPU"配置对话框中的"虚拟插槽数"相当于物理主机上的物理 CPU，而每个虚拟插槽的内核数，相当于每个物理 CPU 具有几个核心（或内核）。虚拟插槽数×每个虚拟插槽的内核数＝内核总数。

对于物理机来说，我们可以分清或者知道有几个物理 CPU（插槽）、每个 CPU 有几个内核。ESXi 会把插槽数×内核数×超线程（一般是 2）得出总的 CPU 数。如果未配置"超线程"，则 CPU 数=插槽数×内核数。例如，在一台配置有 2 个 8 核心的 CPU，CPU 未配置超线程（如图 2-6-35 所示），则 ESXi 会认为有 2×8=16 个逻辑处理器（如图 2-6-36 所示）。

图 2-6-35　摘要

图 2-6-36　配置→处理器

对于虚拟机来说，只要"内核总数"相同，其获得的 CPU 资源是相同的，换句话说，性能也是相同的。例如，为一个虚拟机分配了 4 个插槽，每个插槽有 1 个内核，与为其分配 2 个插槽、每个插槽 2 个核心，或为其分配 1 个插槽、每个插槽有 4 个核心，性能是完全一样的。并且在虚拟机操作系统中，也会识别出 4 个核心。那么，为什么要区别插槽及内核呢？这在许多时候，是为了满足某些产品许可协议的限制。因为有的软件会限制物理 CPU 的数量，但不限制 CPU 的内核数。例如，某个软件授权允许运行在双 CPU 的计算机上（即 2 个物理 CPU）。此时，为虚拟机分配 4 个插槽即超过了许可协议，但分配 2 个插槽、每个插槽 2 个内核或分配 1 个插槽、每个插槽 4 个内核，既能满足实际的性能需求，也不违背软件许可协议。

另外，如果虚拟机操作系统支持硬件的"热添加"功能，你可以在虚拟机启动的过程中，为其添加 CPU 及内存，但只限于更改 CPU"插槽数"，不能更改每个插槽的内核数。相当于在物理服务器上，添加 CPU，但不能将 CPU 的内核从少改为多。如图 2-6-37 所示，是修改正在运行的一台 Windows Server 2008 R2 虚拟机时 CPU 的配置界面，从中可以看到，可以修改插槽数，不能修改内核数（虚）。要更改内核数，必须关闭虚拟机的操作系统再修改。

在 ESXi 6.5 的硬件版本中，虚拟机中虚拟 CPU 的内核总数（虚拟插槽数×每个虚拟插槽的内核数）最多为 128，但这受限于主机的 CPU 数量。为虚拟机中分配的虚拟 CPU 的数量不能超过 ESXi 主机的 CPU 数量及当前 ESXi 的许可数量。例如，在写作本章时，作者所用的服务器是具有 2 个 8 核心的 CPU（E5-2609 V4），则在创建虚拟机时，为虚拟机中分配虚拟 CPU 的内核总数不能超过 16（虚拟插槽数×每个虚拟插的内核数）。在大多数的情况下，我们为虚拟机分配 1 个 CPU 即可，如果以后虚拟机不能满足需求，可以再修改。如图 2-6-38 所示。

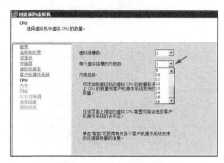

图 2-6-37　正在运行的虚拟机的配置页　　　　　图 2-6-38　CPU 选择

（8）在"内存"对话框中，配置虚拟机的内存大小。在默认情况下，向导为用户分配的一个合适的大小，在本例中为 Windows 2012 的虚拟机分配 1GB 的内存（默认为 4GB），如图 2-6-39 所示。

【说明】在 ESXi 6.5 中，最多可以为虚拟机分配 6128GB。

（9）在"网络"对话框中，为虚拟机创建网络连接，如图 2-6-40 所示。在 ESXi 中的虚拟机，最多支持 4 个网卡。在 ESXi 6.5 中，虚拟网卡的类型默认为 Intel E1000 网卡，也可以选择 E1000E、VMXNET 2 或 VMXNET 3 型网卡。当 ESXi 主机有多个网络时，可以在"网络"列表中选择。

图 2-6-39　为虚拟机配置内存　　　　　　图 2-6-40　创建网络连接

（10）在"SCSI 控制器"对话框中，选择要使用的 SCSI 控制器类型，可以在"BusLogin""LSI Logic 并行""LSI Logic SAS""VMware 准虚拟"之间选择，如图 2-6-41 所示。通常情况下，选择默认值即可。

（11）在"选择磁盘"对话框为虚拟机创建虚拟硬盘，这与 VMware Workstation 相类似。在此选择"创建新的虚拟磁盘"，如图 2-6-42 所示。

图 2-6-41　选择 SCSI 控制器　　　　　　图 2-6-42　创建新的虚拟磁盘

【说明】与 VMware Workstation 可以直接使用主机物理硬盘相类似，在 ESXi 中可以直接使用 "裸机映射" 磁盘。

（12）在 "创建磁盘" 对话框中，设置新创建的虚拟磁盘的容量及置备参数。如果要让虚拟机 "按需分配磁盘空间"，应选择 "Thin Provision"；如果要让虚拟磁盘按照 "磁盘大小" 立刻分配空间，可以选择 "厚置备延迟置零" 或 "厚置备置零" 2 种磁盘，如图 2-6-43所示。厚置备磁盘具有更好的性能，但会占用过多的磁盘空间。通常情况下，对于需要使用数据库系统的虚拟机，选择厚置备磁盘（非 SSD 存储）；对于大多数的应用来说，选择"Thin Provision" 即可。如果虚拟机保存在 SSD（固态硬盘）存储上，则不要选择 "厚置备"磁盘，在 SSD 存储上使用 "Thin Provision" 即可获得更好的性能。通常来说，为 Windows 7、Windows 8、Windows Server 2008、Windows Server 2012、Windows Server 2016 的虚拟机分配 60～100GB 即可满足系统的需求（这是指一般为虚拟机分配 4～8GB 内存，如果为虚拟机分配较大的内存，则上述空间大小还要加上虚拟机内存的 1.5 倍，例如，假设要为虚拟机分配 64GB 内存，则需要为系统磁盘分配 60+64×1.5≈150GB 左右的空间）。一般情况下，分配的这块磁盘只用来安装操作系统及必要的应用程序。如果不够，可以在安装完系统之后，通过修改虚拟机配置的方式增加虚拟机的硬盘大小，然后再在虚拟机操作系统中扩展磁盘。在大多数的情况下，操作系统与数据磁盘是分别的两个或多个虚拟磁盘（操作系统 1 个盘，数据盘 1 个或多个）。

（13）在 "高级选项" 中，指定虚拟磁盘的高级选项与工作模式。如无必要，不要更改。如图 2-6-44 所示。

【说明】"独立" 磁盘模式不受快照影响。如果在一个虚拟机系统中有多个虚拟硬盘，在创建快照或者从快照中恢复时，选中为 "独立" 磁盘模式的虚拟硬盘保持不变。在 ESXi虚拟机中，"独立" 磁盘有 "独立—持久" 与 "独立—非持久" 两种模式。持久模式磁盘的行为与物理机上常规磁盘的行为相似。写入持久模式磁盘的所有数据都会永久性地写入磁盘。而对于 "独立—非持久" 模式的虚拟机关闭虚拟机电源或重置虚拟机时，对非持久模式磁盘的更改将丢失。使用非持久模式，可以每次使用相同的虚拟磁盘状态重新启动虚拟机。对磁盘的更改会写入重做日志文件并从中读取，重做日志文件会在虚拟机关闭电源或重置时被删除。

图 2-6-43　创建磁盘　　　　　　　　　　图 2-6-44　高级选项

（14）在"即将完成"对话框中，查看当前新建虚拟机的设置，然后单击"完成"按钮，如图 2-6-45 所示。如果要进一步修改虚拟机设置，可以选中"完成前编辑虚拟机设置"复选框。

（15）在创建虚拟机的过程中，在 vSphere Client 控制台下方的"近期任务"中，显示创建虚拟机的进程。如果要启动虚拟机、查看虚拟机窗口，可以鼠标右键单击，在弹出的快捷菜单中选择"打开控制台"选项，如图 2-6-46 所示。

图 2-6-45　即将完成　　　　　　　　　图 2-6-46　近期任务与打开控制台

2.6.7　修改虚拟机的配置

在创建虚拟机之后，在虚拟机的整个生存周期中，可以根据需要随时修改虚拟机的配置。通常情况下，都是在虚拟机关闭的情况下修改参数，如内存、CPU 数量、增加或移动虚拟硬盘、增加虚拟硬盘的大小、添加或移动网卡等。而在 ESXi 6.5 中，对于安装某些操作系统的虚拟机，如 Windows Server 2003，是可以在虚拟机运行的情况下增加内存大小的，而 Windows Server 2008，还可以在虚拟机运行的时候增加虚拟 CPU 的数量，这个功能称为内存与 CPU 的热添加功能。下面通过在上一节创建的虚拟机来介绍修改虚拟机配置这一功能的使用。

在 vSphere Client 控制台左边的窗格中，右键单击一个虚拟机弹出快捷菜单，在该菜单中可以打开或关闭虚拟机电源、打开虚拟机的控制台、修改虚拟机的设置、重命名虚拟机、删除虚拟机等，如图 2-6-47 所示。这些操作比较简单，不一一介绍。

在弹出的快捷菜单中，选择"编辑设置"，可以打开虚拟机的配置对话框，修改虚拟机的设置。例如，可以添加、删除虚拟机的硬件，也可以修改虚拟机的参数，如设置内存大小、硬盘大小等，如图 2-6-48 所示。

图 2-6-47   快捷菜单

图 2-6-48   添加硬件对话框

在虚拟机配置对话框中，大多与 VMware Workstation 中相类似，但也有不同，主要有以下方面。

（1）在 ESXi 的虚拟机可以修改硬盘大小，如图 2-6-49 所示。

【注意】无论是在 VMware Workstation 还是在 ESXi 中，只能增加硬盘容量，不能减小硬盘的容量，并且虚拟硬盘的大小受限于所在存储器的大小及 VMware 虚拟机最大硬盘大小（62TB）。例如，在图 2-6-49 中，WS08R2-TP 所在的 ESXi 存储中最大空间为 1903.78GB，则该虚拟机的硬盘大小为 1903.78GB；如果当前服务器可用空间超过 62TB，则虚拟硬盘上限为 62TB。

（2）ESXi 的虚拟机的光驱、软驱，除了可以使用 ESXi 的主机设备外，还可以使用所连接的 vSphere Client 客户端的光驱或镜像文件，也可以使用保存在 ESXi 的数据存储中的镜像，如图 2-6-50 所示。

图 2-6-49   可以直接扩充磁盘空间

图 2-6-50   光驱可以使用客户端、主机及数据存储中的镜像

（3）在"显卡"选项中，可以为虚拟机指定显示器数目、视频内存大小，如图 2-6-51 所示。如果是 Windows 7、Windows 8 等工作站操作系统的虚拟机，可以为虚拟机启用 3D 支持；如果是 Windows Server 2003 等服务器操作系统虚拟机，不能启动 3D 支持（选项为灰色）。通常情况下，为虚拟机分配较大的视频内存可以提高虚拟机的显示性能。如果不清楚为虚拟机设置多大的内存，可以选择"自动检测设置"。

（4）在"CPU"选项中，可以为虚拟机指定虚拟 CPU 的插槽数与每插槽的内核数，如图 2-6-52 所示。

图 2-6-51　显卡设置

图 2-6-52　虚拟 CPU 设置

（5）在"选项→高级→内存/CPU 热插拔"中，如果虚拟机所配置的操作系统支持内存的热添加或（与）CPU 的热插拔，在该项对应的设置是可以修改并启用的。Windows 7、Windows 8、Windows Server 2008、Windows Server 2008 R2、Windows Server 2012 等操作系统虚拟机还支持"CPU 热插拔"功能；大多数的操作系统支持内存热添加。在"内存热添加"项可以选择"为此虚拟机启用内存热添加"，而在"CPU 热插拔"选项中，"为此虚拟机启用 CPU 热添加"与"为此虚拟机启用 CPU 热添加和热移除"选项禁用，如图 2-6-53 所示。当虚拟机所配置的操作系统是 Windows Server 2008 R2、Windows Server 2008 时，可以启用 CPU 热插拔选项。

（6）虚拟机的启动是比较好的，这就导致在虚拟机启动时来不及按 F2 键进入 BIOS 设置。此时可以在"选项→高级→引导选项"中，选中"下一次虚拟机引导时，强制进入 BIOS 设置画面"，这样当虚拟机启动时会进入 BIOS 设置对话框，如图 2-6-54 所示。

（7）在"资源"选项卡中，可以分配 CPU、内存、磁盘等资源值，默认情况下没有进行限制，可以根据需要，限制虚拟机的 CPU、内存、磁盘占用的资源，如图 2-6-55 所示。

有关虚拟机的其他设置，以后在用到的时候会做进一步的介绍。

在 vSphere Client 中，单击工具栏上的"🖥"按钮，或者在快捷菜单中选择"打开控制台"命令，打开虚拟机的控制台，在该虚拟机台中，可以启动、关闭虚拟机以及修改虚拟机的设置。例如，可以为当前虚拟机选择保存在 **vSphere Client** 客户端硬盘上的光盘镜像作为虚拟机的光驱，以为虚拟机安装操作系统，如图 2-6-56 所示。

图 2-6-53　内存与 CPU 热插拔选项

图 2-6-54　强制 BIOS 选项

图 2-6-55　限制虚拟机资源占用率

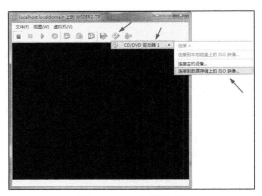

图 2-6-56　光驱选择

2.6.8　在虚拟机中安装操作系统

本节将介绍在 ESXi 虚拟机中安装操作系统、VMware Tools 的步骤。在本节的实验中，将在 WS08R2-TP 的虚拟机中安装 Windows　2008 R2 数据中心版操作系统。

（1）打开 WS08R2-TP 虚拟机控制台，单击"▷"按钮启动虚拟机。首先要选择使用何种方式（或介质）安装操作系统。可以通过单击"🕹"按钮弹出"CD/DVD 驱动器 1"下拉菜单，选择使用主机光驱、主机数据存储上的 ISO 镜像、本地磁盘上的 ISO、本地光驱作为虚拟机的光驱安装操作系统，如图 2-6-57 所示。

【说明】如果在企业，推荐在网络中配置"Windows 部署服务器"，通过网络部署 Windows 操作系统。或者将常用的操作系统（例如 Windows 7、Windows Server 2012）的 ISO 镜像文件上传到 ESXi 数据存储。当然，也可以使用本地 ISO 镜像，这可根据实际情况选择。

（2）设置之后，用鼠标在控制台窗口中单击一下，进入虚拟机的设置。如果虚拟机进入 CMOS 菜单，按 F10 键保存退出，如图 2-6-58 所示。

（3）在本示例中，将通过加载数据存储中的 Windows Server 2008 R2 的光盘镜像安装。在图 2-6-57 中，选择"连接到数据存储"，在弹出的"浏览数据存储"对话框中，浏览选择 Windows Server 2008 R2 安装光盘镜像，如图 2-6-59 所示。

（4）之后进入 Windows Server 2008 R2 的安装界面，如图 2-6-60 所示。

图 2-6-57　连接到本地磁盘上的 ISO 映像

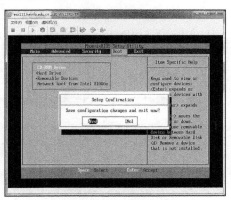

图 2-6-58　保存设置退出

图 2-6-59　选择安装镜像

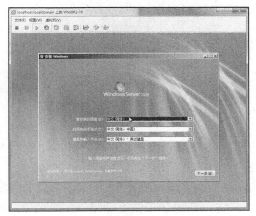

图 2-6-60　开始安装

（5）在"选择要安装的操作系统"列表中选择要安装的系统，在此选择 Windows Server 2008 R2 数据中心版，如图 2-6-61 所示。

（6）在"你想将 Windows 安装在何处"选择安装磁盘，直接单击"下一步"按钮，将 Windows Server 2008 R2 安装在硬盘上，如图 2-6-62 所示。

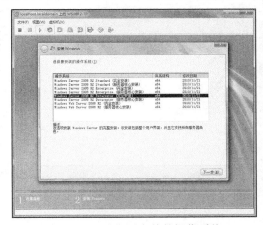

图 2-6-61　选择要安装的操作系统

图 2-6-62　安装位置

（7）开始安装 Windows Server 2008 R2，大约需要 15～20 分钟的时间。安装完 Windows Server 2008 R2 后，第一次登录需要更改密码，如图 2-6-63 所示。

（8）在安装完 Windows Server 2008 R2 之后，在"虚拟机"菜单中选择"客户机→安装/升级 VMware Tools"，如图 2-6-64 所示，根据向导安装 VMware Tools，操作比较简单，不再介绍。

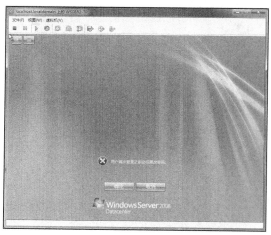

图 2-6-63　许可条款

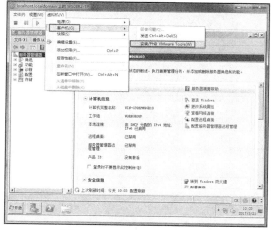

图 2-6-64　安装 VMware Tools

（9）在安装完 Windows Server 2008 R2、VMware Tools 之后，激活 Windows Server 2008 R2。

（10）运行 gpedit.msc，在"计算机配置→Windows 设置→安全设置→账户策略→密码策略"中，将"密码最长使用期限"设置为 0，即密码不过期，如图 2-6-65 所示。

（11）在"计算机配置→Windows 设置→安全设置→本地策略→安全选项"中，将"交互式登录：无须按 Ctrl + Alt + Del"设置为"已启用"，如图 2-6-66 所示。

图 2-6-65　密码永不过期

图 2-6-66　交互式登录

（12）在"服务器管理器"中单击"配置 IE ESC"选项，为"管理员"与"用户"禁用"Internet Explorer 增强的安全配置"，如图 2-6-67 所示。

（13）在"所有控制面板→电源选项"中选择"高性能"，如图 2-6-68 所示。"更改计划的设置"，在"关闭显示器"中选择"从不"，如图 2-6-69 所示。

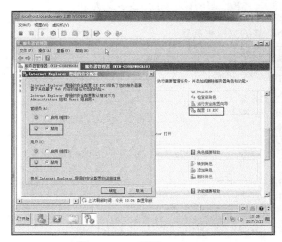

图 2-6-67　配置 IE ESC

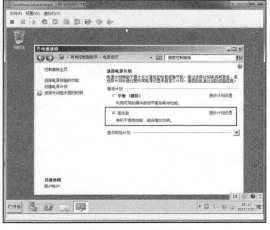

图 2-6-68　电源选项

最后在这台 Windows Server 2008 R2 的虚拟机中安装必备的软件，安装软件的方法有以下几种。

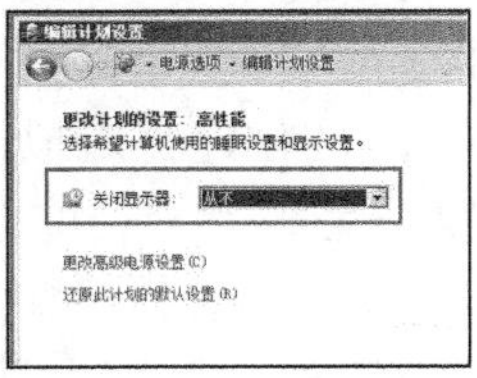

（1）在虚拟机中直接访问 Internet，从 Internet 下载安装程序。

（2）在虚拟机中，通过局域网连接到网络中的其他共享服务器获得安装程序。

（3）将软件的安装程序制作成 ISO 镜像加载到虚拟机中安装。

图 2-6-69　从不关闭显示器

（4）在 vSphere Client 使用"远程桌面连接"，将本地硬盘映射到远程桌面主机中，在远程桌面的"资源管理器"中，在本地硬盘与远程桌面系统中复制、粘贴文件。或者在登录远程桌面后，使用"复制""粘贴"功能在远程桌面主机与本地计算机之间传送文件。

（5）浏览 https://ESXi_IP/folder 地址，通过浏览存储的方式，将提前上载到 ESXi 存储的软件下载到虚拟机中，在浏览的时候需要输入管理员账户（root）及密码。

通常情况下安装输入法、压缩解压缩的程序、IE 浏览器，或为虚拟机安装最新的补丁等。由于这台虚拟机将用作模板，所以不需要安装后期所用的软件，例如备份软件、财务软件等，在后文为每个应用配置专用虚拟机之后，再在虚拟机中安装这些专用软件。

安装完所需要的软件之后，关闭虚拟机。

2.6.9　通过复制 VMDK 的方式准备其他虚拟机

在配置好"模板"虚拟机之后，接下来就配置各个业务所用的虚拟机。在无 vCenter Server 的情况下，可以使用复制 VMDK 的方式快速置备其他虚拟机。如果需要 Windows 版本的 vCenter Server，也可以使用此方法置备。

在置备虚拟机的时候，为了后期的管理方便，推荐采用如下的方式为虚拟机命名：

操作系统名称_用途_IP 地址

例如，在本示例中，将要创建财务软件虚拟机、vCenter Server 虚拟机、备份用虚拟机、即时消息虚拟机，各虚拟机的名称、规划 IP 地址、配置与用途如表 2-6-2 所列。

表 2-6-2 某单位单台 ESXi 所承载的虚拟机列表

序号	虚拟机名称	虚拟机配置	IP 地址	用途
1	WS08R2_CW_172.20.1.101	4vCPU、8GB 内存、硬盘：60GB+100GB	172.20.1.101	财务软件虚拟机
2	WS08R2_IM_172.20.1.102	2vCPU、4GB 内存、硬盘：60GB+100GB	172.20.1.102	即时消息虚拟机
3	WS08R2_vCenter_172.20.1.20	4vCPU、16GB 内存、硬盘：100GB	172.20.1.20	vCenter Server 6.5
4	WS08R2_BE2016_172.20.1.22	4vCPU、8GB 内存、硬盘：60GB，4TB 主机硬盘	172.20.1.22	安装 Veritas Backup Exec 16 备份软件

本节以准备财务软件虚拟机为例进行介绍，其他的虚拟机，例如 vCenter Server 虚拟机、备份用虚拟机、即时消息虚拟机与此类似（但会略有区别）。本示例将以 2.4 节"在 DELL 服务器安装中 ESXi 6.5.0"中用到的服务器为例，在该服务器中创建虚拟机。主要步骤如下。

（1）使用 vSphere Client 登录 ESXi，创建虚拟机。在创建虚拟机的过程中，为虚拟机分配合适的 CPU、内存，但暂时不添加硬盘。

（2）在创建完虚拟机之后，复制"模板"虚拟机硬盘（这已经安装好 Windows Server 2008 R2 操作系统）到当前虚拟机目录。

（3）修改虚拟机配置，添加上一步复制的硬盘（作为虚拟机的 C 盘，安装好操作系统），之后再添加一个新的硬盘（此硬盘将用作数据磁盘，进入操作系统之后分区为 D，以后 D 分区将用来保存数据）。

下面进行具体介绍。

（1）使用 vSphere Client，新建虚拟机，设置虚拟机的名称为 WS08R2_CW_172.20. 1.101，其中 172.20.1.101 代替将要分配给虚拟机的 IP 地址 172.20.1.101（见表 2-6-2 规划），如图 2-6-70 所示。

（2）在"存储器"中选择 Datastone 存储（这是 29TB 的存储，在该存储中保存虚拟机）。在"虚拟机版本"中选择"虚拟机版本：11"，客户机操作系统选择 Windows Server 2008 R2。然后根据需要为"财务虚拟机"分配合适的 CPU 与内存数量，这些不一一介绍。

【说明】vSphere Client 不能编辑虚拟机硬件版本为 12 及以上的虚拟机。

（3）在"选择磁盘"对话框选择"不创建磁盘"。在"即将完成"对话框，显示了当前虚拟机的配置，如图 2-6-71 所示。

（4）其他则根据需要配置。在完成虚拟机的创建之后，在"配置→存储器"中，右键单击 Datastore，选择"浏览数据存储"，如图 2-6-72 所示。

（5）在"数据存储浏览器"中，左侧选中 WS08R2-TP，右侧右键单击 WS08R2-TP.vmdk，在弹出的快捷方式中选择"复制"，如图 2-6-73 所示。

图 2-6-70　虚拟机名称

图 2-6-71　创建新虚拟机完成

图 2-6-72　浏览数据存储

图 2-6-73　复制

（6）在左侧单击 WS08R2_CW_172.20.1.101，在右侧空白位置选中"粘贴"，如图 2-6-74 所示。此时相当于复制一个安装好操作系统的虚拟机硬盘。

图 2-6-74　粘贴

（7）复制完成之后，右键单击 WS08R2_CW_172.20.1.101
虚拟机选择"编辑设置"，如图 2-6-75 所示。

（8）在虚拟机配置对话框中，单击"添加"按钮（如图 2-6-76
所示），在"设备类型"对话框中选择"硬盘"，在"选择磁盘"
对话框中，先选择"使用现有虚拟磁盘"，如图 2-6-77 所示。

（9）在"选择现有磁盘"中，浏览选择图 2-6-74 粘贴后的
硬盘，如图 2-6-78 所示。之后根据向导完成虚拟磁盘的添加，

图 2-6-75　编辑设置

返回到虚拟机配置对话框，此时可以看到添加了一个 60GB 的虚拟磁盘，如图 2-6-79 所示。

图 2-6-76　添加硬件

图 2-6-77　添加现有虚拟磁盘

图 2-6-78　选择现有磁盘

图 2-6-79　添加磁盘

（10）在添加现有磁盘之后，再次单击"添加"按钮，在图 2-6-77 的提示中选择"创
建新的虚拟磁盘"，在"创建磁盘"对话框中，设置磁盘大小。在本示例中设置为 100GB，
磁盘置备为精简置备，如图 2-6-80 所示。

（11）根据向导完成虚拟磁盘的添加，返回到虚拟机属性对话框，单击"确定"按钮完
成配置，如图 2-6-81 所示。

启动虚拟机，进入虚拟机操作系统，将新添加的磁盘分区、格式化，并分配盘符为 D，
如图 2-6-82 所示。因为重新分配了 CPU、内存，所以计算机会弹出"Microsoft Windows"
对话框，提示需要重新启动计算机才能应用更改，单击"立即重新启动"，再次进入系统之

后在该虚拟机中安装所需要的财务软件。这些不一一介绍。

图 2-6-80　新建磁盘

图 2-6-81　添加 2 个磁盘

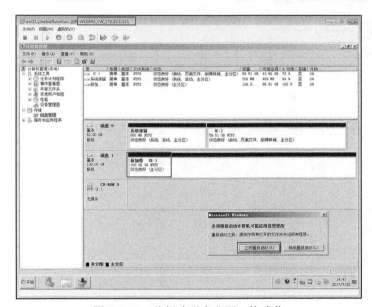

图 2-6-82　将新建磁盘分区、格式化

2.6.10　在虚拟机中使用 USB 加密狗

ESXi 虚拟机支持外接 U 盘或其他并口（LPT1）、串口（COM1、COM2）设备，这些设备既可以连接在 ESXi 所在主机，也可以连接到 vSphere Client 管理客户端。如果只是暂时使用，可以连接到 vSphere Client；如果是在某个虚拟机一直使用，则需要将这些设置安装在 ESXi 主机上。

要使用 USB 或并口、串口设备，需要修改虚拟机设置、在虚拟机中添加 USB 设备或并口、串口，然后启动虚拟机，让虚拟机连接这些设备。

大多数财务软件需要一个 USB 的加密狗。在虚拟化的环境中，管理员需要将加密狗插到服务器，然后修改虚拟机的配置，让虚拟机连接使用这个加密狗、将加密狗连接（或映射）到虚拟机中、供财务软件使用。本节将以财务软件虚拟机为例，介绍虚拟机使用 USB 加密狗的方法，主要步骤如下。

（1）在 ESXi 主机上插上一个 USB 加密盘，然后用 vSphere Client 登录 vCenter Server 或 ESXi 主机，打开 WS08R2_CW_172.20.1.101 虚拟机，在"虚拟机"菜单选择"编辑设置"，如图 2-6-83 所示。

（2）打开虚拟机属性对话框，单击"添加"按钮，如图 2-6-84 所示。

图 2-6-83　编辑设置

图 2-6-84　添加设备

（3）在"添加硬件"对话框，在"设备类型"中添加"USB 控制器"，如图 2-6-85 所示。

（4）在"USB 控制器"对话框，在"控制器类型"中选择默认值"EHCI+UHCI"，如图 2-6-86 所示。

图 2-6-85　添加 USB 控制器

图 2-6-86　选择控制器类型

（5）在"即将完成"对话框，单击"完成"按钮，如图 2-6-87 所示。

（6）返回"虚拟机属性"对话框，可以看到在当前虚拟机中已经添加了 1 台 USB 控制器，如图 2-6-88 所示。在添加了 USB 控制器之后，可以添加 USB 设备，该设备是连接到 ESXi 主机的设备。只有当主机上有设备连接时，才能选择。

（7）在"设备类型"对话框选择"USB 设备"，如图 2-6-89 所示。如果当前 ESXi 主机没有插入 USB 设备，则此选项将为灰色不可用。

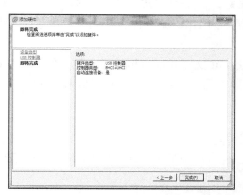

图 2-6-87　添加 USB 控制器完成

图 2-6-88　返回到虚拟机属性

（8）在"选择 USB 设备"对话框中，从列表中选择可用的 USB 设备，如图 2-6-90 所示。

【说明】同一个 USB 设备，在同一时刻只能映射给一个虚拟机，不能同时映射给多个虚拟机。设备名称为"USB CCID"的"连接"状态是"可用"，所以可以选择这个设备。

图 2-6-89　添加 USB 设备

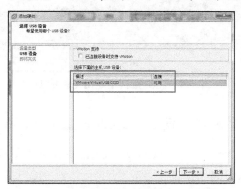

图 2-6-90　从列表选择可用的 USB 设备

（9）在"即将完成"对话框中显示了要添加的设备，单击"完成"按钮，如图 2-6-91 所示。

（10）返回虚拟机属性对话框，可以看到已经添加了 1 个 USB 设备，单击"确定"按钮，如图 2-6-92 所示。

图 2-6-91　添加 USB 设备完成

图 2-6-92　添加完成的 USB 设备

【说明】如果要使用主机上的串口或并口设备，需要关闭虚拟机的电源，再次添加。

（11）切换到虚拟机中，打开"资源管理器"，为 USB 加密狗安装驱动程序之后即可使用，如图 2-6-93 所示。

如果不再需要使用 ESXi 主机上的 USB 设备，可以打开虚拟机设置，选中不使用的 USB 设备，单击"移除"按钮，将其删除，然后单击"确定"按钮，如图 2-6-94 所示。

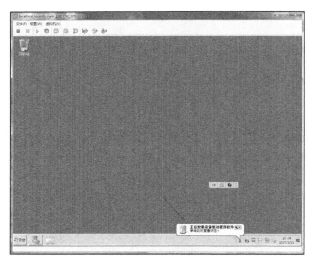

图 2-6-93　在虚拟机中使用主机的 U 盘

图 2-6-94　移除不再使用的 USB 设备

2.6.11　准备 vCenter Server 虚拟机

如果要准备 vCenter Server 的虚拟机，可以参照前面几节的内容，创建一个 2～4CPU、8～12GB 内存的 Windows Server 2008 R2 的虚拟机，然后复制"模板"虚拟机硬盘，之后再将这块硬盘添加到 vCenter Server 虚拟机中，如图 2-6-95 所示。

最后启动虚拟机，在虚拟机中安装 vCenter Server。有关 vCenter Server 的安装请看第 3 章内容，本章不做介绍。

2.6.12　查看服务器健康状况

图 2-6-95　vCenter Server 虚拟机

在企业运维中，一般情况下要定期"巡检"：查看机房中服务器、存储、网络设备、空调等设备的状况是否正常，其中存储的控制器、硬盘以及服务器的硬盘是最重要的。正常情况下，如果服务器与存储设备正常，会显示"绿色"的指示灯或不显示；如果设备有故障，则会显示"黄色"的报警灯或"红色"的故障灯。如果有警告和故障应该及时检查、维修与排除。

如果不方便定期去机房，例如服务器托管到电信机房，则可以通过软件的方法来检查。

例如，可以使用 vSphere Client 连接到 ESXi 主机，在"配置→健康状况"（vSphere 6.0 版本）或"配置→运行状况"（vSphere 6.5 版本）中查看设备的状态。设备状态正常情况下为"正常"，如图 2-6-96 所示。

图 2-6-96　运行状况

1. 新配置 RAID 后硬盘后台初始化

如果是新配置的服务器，在配置了 RAID 卡之后安装 ESXi，在 RAID 卡初始化没有完成前，查看"运行状况"或"健康状况"，会显示"警告"。如图 2-6-97 所示，是查看一台刚配置完 RAID 并安装 ESXi 6.0 后的服务器的"配置→健康状况"截图。

图 2-6-97　查看健康状况

依次展开图 2-6-97 中的"处理器""存储器""底盘"等显示前面的＋号，在"存储器"中可以看到当前硬盘发出的警告信息，当 RAID 卡在后台初始化时（刚配置完 RAID）则会显示此信息，如图 2-6-98 所示。

经过一段时间之后，RAID 初始化完成后，警报取消，状态正常，如图 2-6-99 所示。以后检查服务器"健康状况"都显示"正常"表示硬件无故障。

2. 更换硬盘后提示 Rebuild

在检查一台 ESXi 主机时发现红色的"警示"提示，如图 2-6-100 所示。

图 2-6-98　硬盘后台初始化

图 2-6-99　系统正常

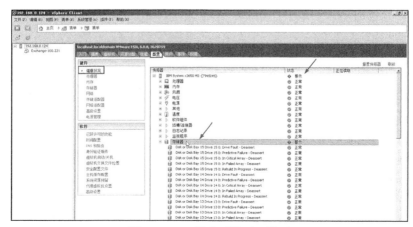

图 2-6-100　发出"警示"提示

经过检查发现第 5 块磁盘出现故障，在换上同型号、同容量的磁盘后，数据同步，在 ESXi 中可以看到该磁盘有"Rebuild"的操作，如图 2-6-101 所示。重新同步之后恢复正常。

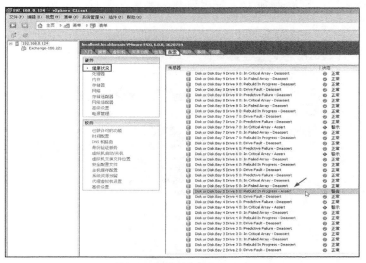

图 2-6-101　磁盘 Rebuild

【说明】只能使用 vSphere Client 直接连接到 ESXi 才能查看"健康状况"。如果使用 vSphere Client 登录到 vCenter Server 再查看 ESXi 的"健康状况"，是没有这个选项的。

3．查看"事件"

也可以在"事件"中查看 ESXi 主机发生的事件。例如，如果存储配置较低，同时运行的虚拟机数量较多时，当存储响应较慢时，在"事件"中可以看到"设备××××性能降低。I/O 滞后时间已从平均值××××微秒增加到×××××微秒"的提示，如图 2-6-102 所示。

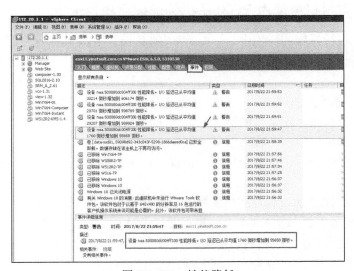

图 2-6-102　性能降低

当 ESXi 主机频繁出现这种提示，并且滞后时间越来越长时，应检查存储性能降低的原因：是由于磁盘故障，例如替换磁盘后，数据同步引发的，还是由于接口或线路问题造成的，抑或是由于同时运行的虚拟机过多造成的，对于此种问题应该尽快解决。

当问题解决之后，可以看到 I/O 延迟已从××××微秒降低为××××微秒的提示，如图 2-6-103 所示。

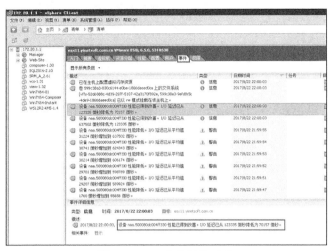

图 2-6-103　存储性能改善

2.7　进阶应用（高级应用）

上一节介绍了 ESXi 主机的基本配置，本节介绍 VMware ESXi 更深一些的应用。

2.7.1　在虚拟机中使用 ESXi 主机物理硬盘用作备份

在单台主机进行托管的环境中，还需要考虑"备份"。但是如果保存在同位置、同 RAID 是没有意义的，一个合理的方式是将备份保留到"其他位置"，这个其他位置最后是物理上与主机不同的位置。但在"单台主机"运营的情况下，将备份保存在主机以外的位置不太现实（如果主机托管到电信机房，并且机房带宽有限，将备份通过网络传输到外地不现实）。此时要为备份提供"相对安全"的位置有如下几种方法。

（1）外置硬盘法。找一个较大容量（例如 4TB、6TB、8TB）的 USB 移动硬盘，将该移动硬盘连接到服务器，用作备份位置。但移动硬盘长期供电并接在服务器上不是一个好的选择。

（2）非 RAID 磁盘法。就是在服务器剩余的磁盘槽位中，单独插一块较大容量的硬盘（例如 4TB），该硬盘不添加到 RAID 中，也不通过 ESXi 添加成 VMFS 卷，而是分配给 ESXi 中的虚拟机直接使用（裸机映射的磁盘），这个硬盘将用作备份。例如，本章中介绍的 DELL R730XD 的服务器配置了 12 块硬盘，这 12 块硬盘中的前 10 块配置成 RAID-50（如图 2-7-1 所示），第 11 块作为"全局热备磁盘"，第 12 块磁盘设置为"Non-RAID"磁盘，这 12 块磁盘就是用作数据备份的磁盘，如图 2-7-2 所示。

图 2-7-1　前 10 块磁盘组成 RAID-50 划分 2 个卷　　图 2-7-2　第 11 块为全局热备磁盘，第 12 块为 Non-RAID 磁盘

根据 2.6.9 节"通过复制 VMDK 的方式准备其他虚拟机"中表 2-6-2 的规划，创建名为"WS08R2_BE2016_172.20.1.22"的虚拟机，为该虚拟机分配 4 个 vCPU（4 个插槽，每插槽 1 个核心）、8GB 内存，如图 2-7-3 所示。

第二个硬盘则直接使用 ESXi 物理主机的最后一个硬盘（即图 2-7-2 中转换为 Non-RAID 的磁盘），如图 2-7-4 所示。

图 2-7-3　第一个硬盘　　　　　　　　　　图 2-7-4　使用物理主机硬盘

默认情况下，ESXi 的虚拟机不能直接使用物理主机硬盘，需要使用 ssh 登录到 ESXi 中，将主机硬盘映射才能使用，主要步骤如下。

（1）使用 vSphere Client 登录到 ESXi，在"配置→安全配置文件"中单击"属性"，如图 2-7-5 所示。

图 2-7-5　安全配置文件

（2）在"服务属性"中，将"SSH"服务启动，如图2-7-6所示。

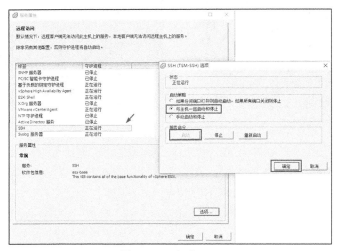

图2-7-6　启动SSH

（3）在"配置→存储器→设备"中，可以看到当前主机的设备，其中名称以DELL开头的是用RAID卡划分的2个卷，以ATA开头的是在图2-7-2中配置为Non-RAID的磁盘（相当于HBA直通）。右键单击这个设备选择"将标识符复制到剪贴板"，如图2-7-7所示。

图2-7-7　复制标识符

【说明】这个设备如果没有在ESXi添加为存储，单击"数据存储"，可以看到当前添加了3个存储，图2-7-7中的4TB磁盘没有被添加为存储，如图2-7-8所示。我们将这个4TB的硬盘"挂载"在某个现有分区中，例如图2-7-8中的Datastore分区。

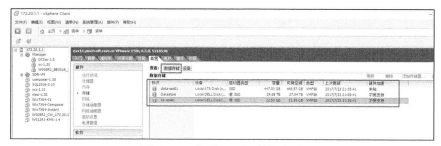

图2-7-8　查看VMFS数据存储

（4）打开"记事本"，将上一步复制的标识符粘贴到"记事本"中，并保留 naa.500 等字符，如图 2-7-9 所示，然后再次将这个字符串复制。

（5）使用 ssh 工具（例如 Xshell 5）登录到 ESXi 主机，执行

```
ls /vmfs/disks
```

命令查看当前的设备，可以看到图 2-7-9 中记录的标识符，如图 2-7-10 所示。

图 2-7-9　标识符　　　　　　　　　　图 2-7-10　查看磁盘标识符

（6）执行以下命令，将物理磁盘添加到 ESXi 存储中，标识成一个虚拟磁盘。

```
vmkfstools -z /vmfs/devices/disks/<硬盘标识符>   /vmfs/volumes/datastore1/<目标 RDM 磁盘名>.vmdk
```

在本示例中可以为

```
vmkfstools -z /vmfs/devices/disks/naa.50014ee0042fd6fd   /vmfs/volumes/Datastore/WDC4TB.vmdk
```

【注意】磁盘标识名与 vmfs 等命令参数间不能有英文的空格，其中 Datastore 是 29TB 分区名称，WDC4TB 中的字母为大写，命令及执行过程如图 2-7-11 所示。

```
[root@esx11:~] vmkfstools -z /vmfs/devices/disks/naa.50014ee0042fd6fd   /vmfs/volumes/Datastore/WDC4TB.vmdk
[root@esx11:~]
```

图 2-7-11　为物理磁盘建立 RDM 映射

登录服务器 iDRAC，可以看到映射的这个 Non-RAID 磁盘的信息，如图 2-7-12 所示。

图 2-7-12　本节映射的物理磁盘信息

（7）返回 vSphere Client，在"配置→存储器"中右键单击 Datastore 存储，选择"浏览数据存储"，如图 2-7-13 所示。

图 2-7-13　浏览数据存储

（8）在"数据存储浏览器"中可以看到图 2-7-11 映射的磁盘，如图 2-7-14 所示。

图 2-7-14　查看映射的 RDM 磁盘

（9）修改 WS08R2_BE2016_172.20.1.22 虚拟机的配置，添加硬盘设备，如图 2-7-15 所示。

（10）在"添加硬件→选择磁盘"中选择"使用现有虚拟硬盘"，如图 2-7-16 所示。

图 2-7-15　添加设备

图 2-7-16　使用现有虚拟硬盘

（11）在"浏览数据存储"中浏览 Datastore 存储根目录，选择 WDC4TB.vmdk 虚拟硬盘，如图 2-7-17 所示。

（12）其他选择默认值，在"即将完成"对话框中单击"完成"按钮，如图 2-7-18 所示。

图 2-7-17　选择 RDM 映射磁盘

图 2-7-18　即将完成

（13）返回虚拟机属性，可以看到添加的主机硬盘，如图 2-7-19 所示。

（14）打开虚拟机电源，进入设备管理器，可以看到映射的 4TB 的主机物理硬盘，如图 2-7-20 所示。

图 2-7-19　添加主机硬盘

图 2-7-20　主机物理硬盘

（15）在"磁盘管理"中将新添加的 4TB 硬盘分区、格式化，设置盘符为 D，如图 2-7-21 所示。

（16）在备份虚拟机中安装 Veritas Backup Exec 2016（原 Symantec 公司的 Backup Exec，现已改名）或其他备份软件，如图 2-7-22 所示。

图 2-7-21　格式化

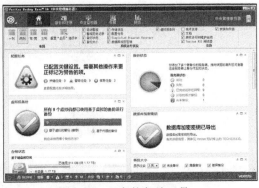

图 2-7-22　安装备份工具

（17）使用 Backup Exec 2016，将其他虚拟机备份到 D 盘。如图 2-7-23 所示是备份后的截图。

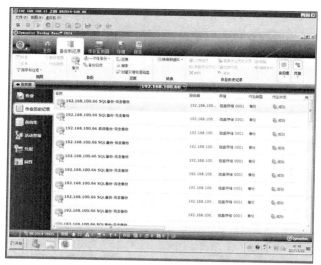

图 2-7-23　备份后的截图

关于 Veritas Backup Exec 的安装、配置本书不做过多介绍，请读者自行配置。

【说明】将备份保存在单独的 4TB 的硬盘中，如果 ESXi 主机及 RAID 存储出现问题，可以单独取下 4TB 的磁盘，并将其挂在其他安装了 Veritas Backup Exec 2016 软件的计算机中，通过导入备份的方式可以恢复数据。这是作为灾难恢复的一种方法。

2.7.2　主机关机或重新启动问题（虚拟机跟随主机启动）

在生产运维中，如果 ESXi 主机重新启动，在默认情况下，当 ESXi 主机重新启动时，其上运行的虚拟机会"强制断电"，这相当于普通的计算机直接拔下电源，这种操作对虚拟机是有一定的危险的，有可能导致虚拟机丢失数据。另外，当 ESXi 主机重新回电时，ESXi 主机上的虚拟机不会"自动启动"，需要管理员手动启动。如果要避免这个问题，需要由管理设置"虚拟机启动/关机"项。

使用 vSphere Client 登录 ESXi，在"配置→虚拟机启动/关机"中，单击"属性"，如图 2-7-24 所示。

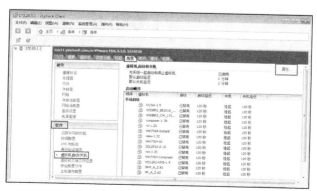

图 2-7-24　虚拟机启动

　　选中"允许虚拟机与系统一起自动启动和停止",将 vCenter、财务软件、备份软件、即时消息等虚拟机设置为"自动启动",在"关机操作"中选择"挂起",如图 2-7-25 所示。

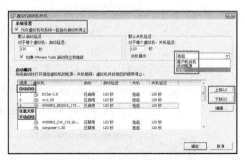

设置完成之后单击"确定"按钮。这样当 ESXi 主机关机时,虚拟机将会挂起;当 ESXi 主机打开电源时,这些"挂起"的虚拟机将会自动启动并恢复关机前的状态,以继续提供服务。

　　在"启动顺序"中有"自动启动""任意次序""手动启动" 3 项,其中在"自动启动"列表中的虚拟机将按照启用顺序启动,在"任意次序"列表中的虚拟机将会随机自动启动,而处于"手动启动"列表中的虚拟机不会跟随主机启动,需要由管理员手动启动。

图 2-7-25　虚拟机启动和关机

　　在"关机操作"中有 3 个选项,分别是"客户机关机""关闭电源""挂起",选择"客户机关机",是当 ESXi 主机正常关闭时,正在运行的虚拟机执行"客户机关机"操作,相当于Windows 操作系统选择"开始"菜单执行"关机"操作,这是一个正常的操作系统;选择"关闭电源",相当于直接按下电源开关,这是一个危险的行为,有可能导致虚拟机丢失数据;选择"挂起",相当于执行"休眠"操作,等主机再次开机时,如果启动"休眠"的虚拟机,虚拟机将会恢复,这是一个比较快速的关机、开机并保持关机前状态的操作,一般可以选择此项。

　　返回 vSphere Client,在"启动顺序"中可以看到配置后的情况,如图 2-7-26 所示。

　　小经验:一名网友说他的环境中有 2 台 ESXi 主机,这几天经常发现上面的虚拟机自动关机,但主机没事。我远程检查之后没有发现主机问题,经分析并不是虚拟机"自动关机"了,而是主机重新启动了。那怎么检测这个问题呢?答案就在图 2-7-26。每台 ESXi 主机中都有一些正在运行的虚拟机,根据图 2-7-26 设置"启动顺序",设置虚拟机跟随主机启动,但只设置其中的几台(例如正在运行 5 台虚拟机,但只设置其中的 3 台跟随主机启动),等过了两天之后,他告诉我,果然是主机的问题,因为发现设置成"自动启动"的虚拟机已经启动了,但没有设置成"自动启动"的虚拟机"关机"了,实际上是开机之后没有启动。另外,在"自动启动"的虚拟机中,查看网卡的连通时间(如图 2-7-27 所示),再根据当前的时间计算,得知服务器重新启动的时间,估计服务器重新启动是由于当时电压不稳造成的。

图 2-7-26　启动顺序

图 2-7-27　计算机(虚拟机)网络连通时间

2.7.3　ESXi 主机重新安装后将原来虚拟机添加到清单的问题

当 ESXi 主机出现问题，并且通过在控制台"重置"仍然不能解决时（如图 2-5-17 所示操作），或者 ESXi 主机所在的系统磁盘出现故障导致 ESXi 系统不能启动时（例如将 ESXi 安装在 U 盘，U 盘损坏；或者 ESXi 安装的硬盘损坏，或者误格式化、误分区导致 ESXi 不能启动），可以为 ESXi 主机更换新的引导设置（例如 U 盘或新的硬盘），重新安装 ESXi 系统。在安装的时候，应选择新的引导磁盘（如图 2-7-28 所示），并且在弹出的对话框中选择"Install ESXi，preserve VMFS datastore"，如图 2-7-29 所示。

图 2-7-28　选择引导磁盘

图 2-7-29　全新安装，保留 VMFS 数据库

（1）进入 ESXi 之后，浏览保存 ESXi 虚拟机的数据存储，如图 2-7-30 所示，右键单击存储选择"浏览数据存储"。

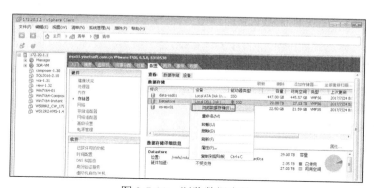

图 2-7-30　浏览数据存储

（2）打开"数据存储浏览器"之后，在左侧浏览选择虚拟机目录，在右侧浏览选择扩展名为.vmx 文件右键单击，在弹出的对话框中选择"添加到清单"，如图 2-7-31 所示。

图 2-7-31　添加到清单

（3）在弹出的"名称"对话框中输入此虚拟机的名称，一般选择默认值即可，如图 2-7-32 所示。

（4）在"资源池"对话框中选择虚拟机的放置位置，如图 2-7-33 所示。

图 2-7-32　设置虚拟机名称

图 2-7-33　资源池

（5）在"即将完成"对话框中单击"完成"按钮，完成虚拟机从存储到 ESXi 清单的添加，如图 2-7-34 所示。

（6）返回图 2-7-31 的"数据存储浏览器"，继续浏览选择.vmx 文件，直到将所有虚拟机添加到清单。这些不一一介绍。

图 2-7-34　即将完成

2.7.4　一台主机能带多少虚拟机的问题

经常有网友或学生问我，一台服务器能带多少虚拟机。碰到这个问题我很无奈：一台服务器能带多少虚拟机，除了与主机的配置（存储、内存、CPU）有关外，还要看这个主机上的虚拟机都"跑"哪些应用。换句话说，一部电梯能拉多少人，除了与电梯本身（空间、载重量）有关外，还与这次进入电梯的人的胖瘦、体重有关。

所以一台主机能带多少虚拟机的问题，最好是在实际的生产环境中进行实际的测试。但是，主机能跑多少虚拟机也与主机的配置（存储或硬盘、内存、CPU）是否搭配有关。

在虚拟化中，最先不能满足需求的可能是存储与内存。所谓存储不能满足需求，并不是说存储的空间不够，而是说存储的 IO 已经不能满足需求。在大多数的情况下，CPU 差不多都能满足需求。

一块 10000 转/分的 SAS 硬盘，能同时提供 4～6 台 Windows Server 2003 或 Windows XP 级别的虚拟机运行，大约能同时提供 3～4 台 Windows Server 2008 R2 或 Windows 7 级别的虚拟机运行。所以，服务器配置的磁盘的数量决定了能同时运行的虚拟机的数量。例如在一台配置了 4 块 SAS 硬盘的服务器中，单独从硬盘来看，可以同时运行 10～15 台左右的虚拟机。

其次是内存，在一台配置了 128GB 内存的 ESXi 主机中，单独看内存可以同时运行 30 台左右的 Windows 7 虚拟机运行。

最后是 CPU。大多数的情况下，物理机（CPU 核心）与虚拟机（vCPU）的提供比可以做到 1：10～1：30，当然具体情况下要看虚拟机运行负载。一台配置了 2 个 8 核心的 2U 机架式服务器，可以同时提供 160～400 个 vCPU，如果每个虚拟机分配 2 个 vCPU，则可以同时提供 80～200 个虚拟机。

根据上述经验算法，一台 2U、8 核心的服务器，配置 256～512GB 内存、24 块 SAS 磁盘，差不多可以达到充分发挥主机硬件性能的目的，可以同时跑 100～200 个一般应用的虚拟机（每个虚拟机 2～4 个 vCPU、2～4GB 内存、40～80GB 硬盘空间）。

2.7.5 关于 Windows 系统的 SID 问题

从同一个硬盘"克隆"的操作系统具有相同的 SID，为了避免 SID 重复，可以使用对应版本的 sysprep 程序重新生成。对于 Windows XP、Windows Server 2003 及其以前的操作系统（例如 Windows 2000），sysprep 在安装光盘中提供；从 Windows Vista 开始，sysprep 集成到了 Windows 操作系统中（默认保存在 c:\windows\system32\sysprep 文件夹）。每一个克隆的虚拟机，只需要运行一次，即可生成新的 SID，运行的"时机"主要有两种。

（1）对于"模板"虚拟机，在模板虚拟机关机之前执行 sysprep，在执行 sysprep 之后关机，不要再次开机重新进入系统。之后将 VMDK 复制到新计算机。新计算机第一次启动时会自动执行 sysprep 的后续步骤。

例如，可以在模板虚拟机中以"管理员身份"进入命令提示符，执行如下命令：

```
c:\windows\system32\sysprep\sysprep   /generalize   /shutdown
```

执行该命令后，sysprep 在第一阶段执行完成后将自动关闭虚拟机。

（2）如果"模板"虚拟机关机前没有执行 sysprep，或者执行后重新打开过电源（sysprep 执行过了后续步骤），则可以在新的虚拟机克隆完成之后，进入系统执行 sysprep。在执行 sysprep 时需要添加 generalize 的参数。

```
c:\windows\system32\sysprep\sysprep   /generalize   /reboot
```

执行该命令后虚拟机将重新启动，再次进入系统后将执行 sysprep 的后续步骤。

2.7.6 删除无用虚拟机的问题

当虚拟化使用一段时间之后，可能会造成虚拟机的"泛滥"，因为创建虚拟机很容易，但不用的虚拟机人们也都会放置让其运行，或者虽然将虚拟机关机，但不用的虚拟机一般也不会从 ESXi 中删除。这些虚拟机会占用主机 CPU 资源与存储资源。那么怎样识别并清除不用的虚拟机、释放被占用的主机磁盘（或存储）空间呢？

（1）检查 ESXi 主机的时间是否正确（如图 2-7-35 所示）。如果不正确，可参照 2.8 节"时间配置"的内容，正确调整并配置主机的时间。如果原来的 ESXi 主机时间不正确，则 ESXi 中正在运行的虚拟机时间也不会正确。

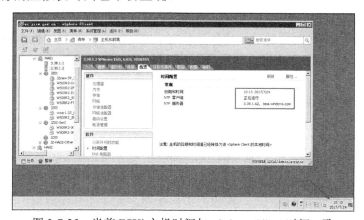

图 2-7-35   当前 ESXi 主机时间与 vSphere Client 时间一致

（2）如果 ESXi 主机时间正确，可浏览存储，检查存储中虚拟机的最后使用时间。对于超过 1 年以上不使用的，在联系相关部门确认不使用之后，可以将其删除。如果刚刚调整了 ESXi 主机时间，应至少等待 1 周以上再次执行检查。如图 2-7-36 所示，浏览存储、查看 VMDK 的最后"修改时间"，并与当前时间进行对比。

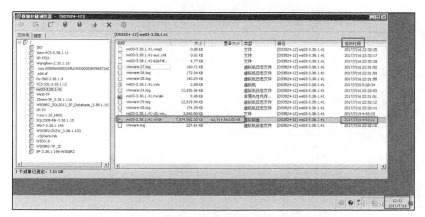

图 2-7-36　检查关机的 VMDK 的最后修改时间

（3）当 ESXi 主机有多个存储时，打开两个 vSphere Client 并连接到 ESXi 或 vCenter Server，在其中一个窗口中定位到"主页→清单→数据存储和数据存储群集"，在左侧选中某个存储，在右侧单击"虚拟机"选项卡，可以看到当前所选存储中已经注册的虚拟机（在 ESXi 或 vCenter 清单中）；然后在另一个 vSphere Client 中浏览当前查看存储，对比虚拟机文件夹，两者对比，不在"虚拟机清单"但在"存储"中存在文件夹的则是孤立的虚拟机，如图 2-7-37 所示。

图 2-7-37　使用两个 vSphere Client 以不同方式浏览数据存储

对比检查 ESXi 清单中的虚拟机以及存储中的虚拟机，对于不在 ESXi（或 vCenter Server）清单但在存储中存在的孤立虚拟机，如果已经长时间不用（超过 1 年），可以认为是不再使用或不需要的虚拟机，可以将其删除。

（4）在浏览存储时，如果发现孤立的文件夹中只有 VMDK 文件并且时间较长时，可以认为是无用的虚拟机或无用文件，可以将这个 VMDK 及所在的文件夹删除，如图 2-7-38所示。

图 2-7-38　删除孤立的 VMDK 及所在文件夹

（5）对于 ESXi 或 vCenter Server 清单中的虚拟机，应一一记录并核实使用部门。对于没有明确使用部门，进入虚拟机之后查看虚拟机桌面、C 盘、D 盘等认为没有有用数据的，可以关机一段时间，在"无人认领"后，将这些虚拟机删除。

【注意】删除虚拟机是一件非常慎重的事情，只有确认虚拟机不再使用并且虚拟机中不存在有效数据时，才可将其删除。如果虚拟机虽然不再使用，但虚拟机中有重要的、需要备份的数据，应将数据备份到安全位置之后再将其删除。

对于不再使用的虚拟机，如果在 ESXi 清单中，应将虚拟机关机后，右键单击虚拟机，在弹出的快捷菜单中选择"从磁盘中删除"，如图 2-7-39 所示，并根据提示单击"是"按钮将其删除。

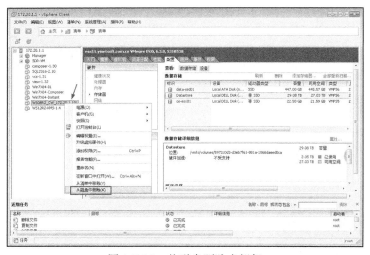

图 2-7-39　从磁盘删除虚拟机

对于孤立的虚拟机，则应在"浏览数据存储"左侧选中要删除的文件夹，然后单击工具栏上的"×"按钮将其删除，如图 2-7-40 所示。

如果存储中有其他数据，例如上传的不需要的 ISO 或其他文件，也可以一同删除。这些不再一一介绍。

图 2-7-40　删除不需要的文件夹

2.7.7　DELL 服务器安装到 5%时出错问题

两台 DELL R730XD，在安装 VMware ESXi 6.0 及 VMware ESXi 6.5 的时候，安装过程到 5%的时候出错。下面是过程回顾。

某单位采购的 DELL R730XD 的服务器，配置了 128GB 内存，12 块 4TB 的硬盘划分 2 个分区，一个 30GB 安装系统，剩余空间存放数据，准备安装 VMware ESXi 6.5.0。

（1）在这台服务器上采用 iDRAC 加载 VMware ESXi 6.5.0 安装镜像的方式，通过虚拟光驱安装 VMware ESXi，在安装到 5%的时候出错，错误信息如图 2-7-41 所示。

（2）大约在 2017 年 1 月份，安装另一台 DELL R730XD 的服务器（安装 ESXi 6.0 U2）到 5%时也出错，错误如图 2-7-42 所示。

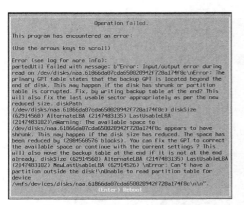

图 2-7-41　安装 ESXi 6.5 出错

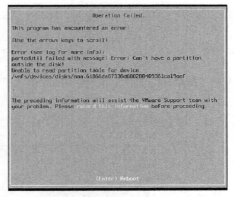

图 2-7-42　安装 ESXi 6.0 U2 出错

对于这两个类似的案例，可能是 DELL R730 服务器的"共性"问题。解决方法也很简单：将 BIOS 中引导模式改为 UEFI 并删除安装 ESXi 的分区然后重新安装即可解决问题。这个问题都可能是划分 RAID 后，磁盘分区格式不正确造成的。只要使用工具 U 盘，将分区删除即可。

（1）使用工具 U 盘启动 DELL 服务器，运行 diskgen，浏览到准备安装 ESXi 的分区时，提示分区错误，如图 2-7-43 所示。

（2）删除所有分区（有 2 个分区），一个显示为"MSR"，另一个显示为"未格式化"，删除这 2 个分区之后，保存分区，显示为"空闲"即可，如图 2-7-44 所示。

图 2-7-43　提示分区错误

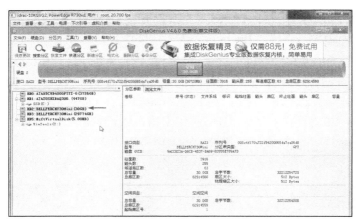

图 2-7-44　删除分区并保存

（3）重新启动，重新安装 VMware ESXi。

（4）另外一台 DELL R730XD 服务器，提示错误信息如图 2-7-45 所示。同样删除分区、保存、重新启动后，重新安装 VMware ESXi 6.0 U2 即可。

图 2-7-45　分区表错误

另外需要注意的是，在重新安装 VMware ESXi 之前，进入 BIOS 设置，在"Boot Settings"中将"Boot Mode"改为 UEFI，如图 2-7-46 所示。

如果服务器既有 RAID 划分的磁盘，也有 Non-RAID 的磁盘，要设置硬盘的引导顺序，可以在 BIOS 设置中修改。

（1）进入系统 BIOS 设置，单击"Device Settings"，如图 2-7-47 所示。

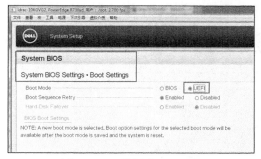

图 2-7-46　设置为 UEFI

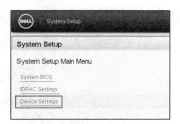

图 2-7-47　设备配置

（2）在"Device Settings"中单击"Integrated RAID Controller"，如图 2-7-48 所示。

（3）在"Main Menu"中单击"Controller Management"，如图 2-7-49 所示。

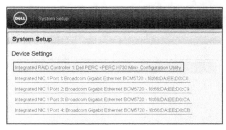

图 2-7-48　RAID 控制器

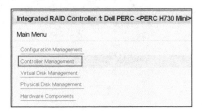

图 2-7-49　控制器管理

（4）在"Select Boot Device"下拉列表中选择最先引导的设置，然后保存退出即可。如图 2-7-50 所示。

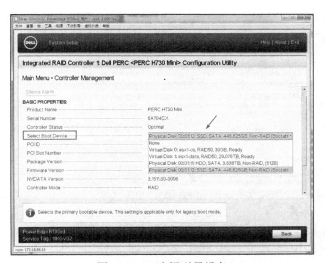

图 2-7-50　选择引导设备

2.7.8 DELL 服务器安装 ESXi 6.5 死机问题

1 台新配置的 DELL R730XD（配置有 2 个 Intel E5-2640 V4 的 CPU、128GB 内存、H730 的 RAID 卡、12 块 4TB 的 SATA 硬盘、2 个 495W 电源），在安装 VMware ESXi 6.5.0（d）版本后，部分虚拟机经常死机，表现为当虚拟机死机时，在 vSphere Client 或 vSphere Web Client 控制台中无法操作该虚拟机，重新启动该虚拟机也无响应。有时登录到 ESXi 控制台，按 F2 键或 F12 键也没有反应。在 vSphere Client 中查看死机的虚拟机的状态，CPU 使用率为 0 或很低（状态为打开电源），如图 2-7-51 和图 2-7-52 所示。

图 2-7-51 查看虚拟机 CPU 使用率之一

图 2-7-52 查看虚拟机 CPU 使用率之二

通过查看 DELL 的官方网站，此问题应该是 BIOS 的问题（BIOS 更新说明链接页 http://www.dell.com/support/home/cn/zh/cndhs1/Drivers/DriversDetails?driverId=6YDCM&fileId=3659251001&osCode=W12R2&productCode=poweredge-r730xd&languageCode=cs&categoryId=BI）。

该补丁说明如下：

Dell Server BIOS R630/R730/R730XD Version 2.4.3
R630/R730/R730XD BIOS 版本 2.4.3

补丁和增强功能

修复
- 高速非易失性存储器(NVMe)人机接口基础架构(HII)中的导出日志问题。
- 基于英特尔至强处理器 E5-2600 v4 的系统在闲置时可能出现 CPU 内部错误(iERR)和机器检查错误。
- 在极少情况下，系统可能会在引导过程中由于电源故障停止响应。
- 手动划分插槽分支的功能不起作用。

估计这个问题与 BIOS 更新中说明的"CPU 内部错误"有关。下载 BIOS 升级文件，下载链接为 https://downloads.dell.com/FOLDER04142427M/1/BIOS_6YDCM_WN64_2.4.3. EXE。

这是一个 EXE 可执行程序，应该可以在 64 位 Windows Server 中运行，但当前的计算机已经安装了 VMware ESXi 6.5，故决定采用其他的方法更新。升级有多种，下面介绍使用 iDRAC 的方式升级。

（1）重新启动服务器，检查 BIOS 版本。当前 BIOS 版本为 2.2.5，如图 2-7-53 所示。

（2）登录 iDRAC，在"iDRAC 设置→更新和回滚"中，在"固件"选项卡选择"更新"，浏览选择下载的 BIOS 升级文件（本示例中文件名为 BIOS_6YDCM_WN64_2.4.3.EXE，大小 21.7MB，戴尔更新包为原生微软 64 位格式），单击"上载"按钮，如图 2-7-54 所示。

图 2-7-53　BIOS 版本　　　　　　　图 2-7-54　浏览选择更新包并上传

（3）上传完成后，在"更新详细信息"中显示了上传的 BIOS 更新文件的状态及版本号，选中上传的更新文件，单击"安装并重新引导"，将会立即安装更新并重新引导服务器，如图 2-7-55 所示。

图 2-7-55　安装并重新引导

（4）弹出"系统警报"，单击"确定"按钮，如图 2-7-56 所示。

图 2-7-56　系统警报

（5）重新启动服务器，进入 BIOS 更新任务应用程序，如图 2-7-57 所示。

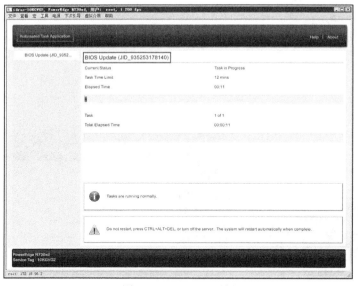

图 2-7-57　BIOS 更新

（6）在 iDRAC"概览→服务器→作业队列"中，显示 BIOS 更新的任务，如图 2-7-58 所示。

（7）更新 BIOS 完成后，系统会重新启动。此时可以看到 BIOS 版本升级到 2.4.3，如图 2-7-59 所示。

图 2-7-58　作业队列

图 2-7-59　BIOS 升级后的版本

（8）升级之后，VMware ESXi 系统不需要重新安装或升级，即可以解决"虚拟机死机"与"ESXi 控制台失去响应"等问题。之后使用良好，一切正常。

2.7.9　ESXi 服务器不能识别某些 USB 加密狗的解决方法

1 台 DELL R710 服务器，安装了 VMware ESXi 6.0 系统，创建的 Windows Server 2008 R2 的虚拟机，在该服务器上插上财务软件加密狗后，修改虚拟机配置，添加 USB 控制器、USB 设备时，找不到 ESXi 主机上的 USB 加密狗，这种情况怎么办？

对于不能被 ESXi 识别的 USB 加密狗，可以将主机的 USB 接口以"直连"方式映射到虚拟机中，供虚拟机使用。虽然 ESXi 不能识别 USB 端口上的加密狗，但直接将加密狗所在的 USB 接口以 PCI 设备的方式分配给虚拟机使用，就可以使用该 USB 接口上的加密狗。下面介绍解决方法。

（1）进入 BIOS 设置，注意"启用 I/O MMU virtualization（AMD-Vi 或 Intel VT-d）"为选中状态，否则"直通"功能将不能使用，如图 2-7-60 所示。

（2）使用 vSphere Client 连接到 ESXi 主机，在"配置→高级设置"中，单击右侧的"编辑"按钮，如图 2-7-61 所示。

图 2-7-60　直通

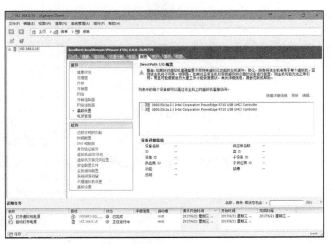

图 2-7-61　编辑

（3）在"将设备标记为可直通"对话框中，选择所有的 USB 控制器（因为我们不清楚这些 USB 端口与服务器机箱上 USB 端口的对应关系，所以开始全部选中），如图 2-7-62 所示。

（4）返回 vSphere Client，如图 2-7-63 所示。

图 2-7-62　将设备标记为可直通

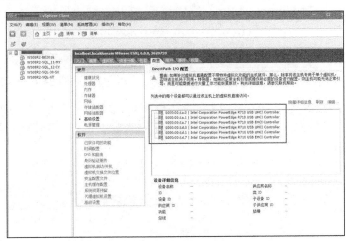

图 2-7-63　添加 USB 直通

（5）将正在运行的虚拟机关机，然后重新启动 ESXi 主机。

（6）服务器启动之后，再次进入"配置→硬件→高级设置"中，可以看到列表中每个设备可以通过该主机上的虚拟机直接访问，如图 2-7-64 所示。

（7）关闭（希望添加 USB 加密狗的）虚拟机，修改虚拟机配置，单击"添加"按钮，如图 2-7-65 所示。

图 2-7-64　DirectPath I/O 配置　　　　　　　　图 2-7-65　修改虚拟机配置

（8）在"设备类型"中选择"PCI 设备"，如图 2-7-66 所示。

（9）在"选择 PCI 设备"下拉列表中选择要连接的 PCI 设备，如图 2-7-67 所示。

图 2-7-66　添加 PCI 设备　　　　　　　　图 2-7-67　可用于添加的 PCI 设备

（10）在"即将完成"对话框中单击"完成"按钮，如图 2-7-68 所示。

（11）返回虚拟机属性对话框，从清单中可以看到已经添加了一个 PCI 设备，如图 2-7-69 所示。

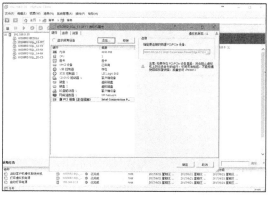

图 2-7-68　添加设备完成　　　　　　　　图 2-7-69　添加了一个 PCI 设备

（12）因为我们不清楚 PCI 设备与 USB 端口的对应关系，在图 2-7-69 中，单击"添加"按钮，参照（9）～（11）步骤，添加 3 个 PCI 设备到虚拟机配置中。如图 2-7-70 所示。

【说明】每个 PCI 设备只能添加一次，并且只能添加给一个虚拟机。同一个 PCI 设备不能添加多次，也不能分配给多个虚拟机。或者说，这些 PCI 设备是"独占"式进行分配，不是"共享"式进行分配的。添加设备完成后，单击"确定"按钮。

【说明】一共 6 个 PCI 设备，对应服务器上的 4 个 USB 接口（应该有 2 个 USB 接口在主板上，没有用数据线接出来）。为了更快区分这 6 个 PCI 设备与服务器上 4 个 USB 接口的对应关系，可以按照如下顺序：

图 2-7-70　添加所有 PCI 设备

（a）将 USB 加密狗插在服务器后面的 USB 接口上。

（b）修改虚拟机添加，添加 4 个 PCI 设备，开机，观察添加的这 4 个 PCI 设备是否包括第（1）步中的 USB 端口。

如果包括，则关闭虚拟机，删除其中的 2 个 PCI 设备，再次开机。

如果包括，则关机，删除其中 1 个设备。

如果包括，则找到对应的 PCI 设备。

如果不包括，则关闭虚拟机，删除当前的 PCI 设备，添加剩余的 1 个设备。

如果不包括，则关机，删除当前的 2 个 PCI 设备，添加原来删除的 2 个 PCI 设备中的 1 个，开机。

如果包括，则找到对应的 PCI 设备。

如果不包括，则关闭虚拟机，删除当前的 PCI 设备，添加剩余的 1 个设备。

如果不包括，则关闭虚拟机，删除这 4 个 PCI 设备，添加剩余的 1 个 PCI 设备，再次开机。

如果包括，则找到对应的 PCI 设备。

如果不包括，则关闭虚拟机，删除当前的 PCI 设备，添加剩余的 1 个设备。

（13）将 USB 加密狗插到机箱后面的一个 USB 接口，然后打开虚拟机电源，进入"设备管理器"，在"通用串行总线控制器"中可以看到添加的 PCI 设备（USB 控制器），如图 2-7-71 所示。

（14）此时系统已经检测到加密狗，管理系统可用，如图 2-7-72 所示。

当管理系统可用后，关闭虚拟机，删除 2 个 PCI 设备，再看 USB 加密狗是否可用。

如果不可用，应关闭虚拟机，删除当前的 2 个 PCI 设备，添加剩余的 1 个 PCI 设备。重新定位。

如果可用，可关闭虚拟机，删除其中 1 个 PCI 设备，检测剩余的 1 个 PCI 设备是否可用。

通过多次删除、添加，就可以找到当前 USB 加密狗对应的 PCI 设备编号，并且将其记录下来。这些不一一介绍。

图 2-7-71 添加的 USB 设备

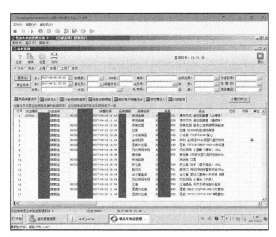

图 2-7-72 管理系统可用

2.7.10 为 ESXi 添加其他管理员账户

安装完 ESXi 之后，默认情况下管理员账户是 root，如图 2-7-73 所示。在登录的时候，需要使用 root 登录。

如果要为 ESXi 添加其他管理员账户，其操作方法如下。

（1）使用 root 账户登录 ESXi，进入 vSphere Client 界面之后，左侧选中 ESXi 主机，右侧单击"用户"选项卡，在空白位置右键单击，在弹出的快捷菜单中选择"添加"，如图 2-7-74 所示。

（2）在弹出的"新增用户"对话框中，在"用户信息"中，在"登录"与"用户名"中输入要添加的用户名，例如 admin，然后在"输入密码"中输入密码，如图 2-7-75 所示，单击"确定"按钮。

图 2-7-73 使用 SSL 账户登录

图 2-7-74 添加

图 2-7-75 新增用户

（3）添加用户之后，单击"权限"选项卡，在右侧空白位置右键单击，在弹出的快捷菜单中选择"添加权限"，如图 2-7-76 所示。

（4）打开"分配权限"对话框，在"分配的角色"下拉列表中选择"管理员"，单击左侧的"添加"按钮，如图 2-7-77 所示。

图 2-7-76 权限

图 2-7-77 添加

（5）在"选择用户和组"对话框中，在清单中选择图 2-7-75 中新增的用户，如图 2-7-78 所示，用鼠标选中双击将其添加到"用户"清单中，然后单击"确定"按钮。

（6）返回"分配权限"对话框，可以看到在"用户和组"中已经添加了 Administrator 及 Administrators，而"角色"是"管理员"，"传播"选项为"是"，确认"传播到子对象"为选中状态，单击"确定"按钮，如图 2-7-79 所示。

图 2-7-78 将本地管理员及本地管理员组添加到清单

图 2-7-79 分配权限

（7）返回 vSphere Client，在"权限"选项卡中可以看到已经将新增加的用户 admin 添加到列表中，如图 2-7-80 所示。

（8）关闭并退出 vSphere Client，再次使用 vSphere Client 登录 ESXi，此时即可以使用新增加的账户 admin 登录，如图 2-7-81 所示。

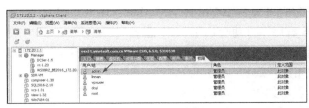

图 2-7-80 权限列表

图 2-7-81 使用 vCenter Server 本地管理员账户登录

使用新增加的用户也可以管理 ESXi。

2.8 时 间 配 置

许多 vSphere 或 ESXi 的用户会发现虚拟机及主机的时间不对，这是什么原因造成的呢？如果服务器的时间（BIOS 中的时间）是正确的，在安装完 ESXi 之后，你会发现计算机的时间与当前的时间有一定的差异，这是时区不一致造成的。另外，由于各种原因，ESXi 主机的时间在长时间运行之后也可能会有差异。要解决这个问题，一般是通过在网络中配置 NTP 服务器来解决。如果 ESXi 主机能连接到 Internet，可以使用 Internet 上的时间服务器，从 Internet 上时间同步。

【说明】（1）NTP 是 Network Time Protocol 的简称，是用来使计算机时间同步化的一种协议，它可以使计算机对其服务器或时钟源（如石英钟、GPS 等）进行同步化，从而提供高精准度的时间校正（LAN 上与标准时间差小于 1 毫秒， WAN 上与标准时间差为几十毫秒），且可由加密确认的方式来防止恶毒的协议攻击。

（2）VMware 提供的 NTP 有 0.vmware.pool.ntp.org、1.vmware.pool.ntp.org、2.vmware.pool.ntp.org、3.vmware.pool.ntp.org 共 4 个，可以在 ESXi 或 VMware 其他产品（例如 vCenter Server、VDP 等）中使用这些服务器。

2.8.1 NTP 服务器的两种模型

下面通过图 2-8-1 的拓扑，介绍 ESXi 中 NTP 时间服务器的配置。

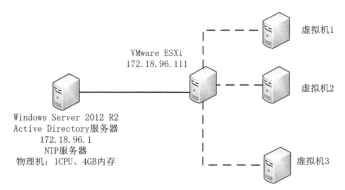

图 2-8-1　NTP 服务器是网络中的一台物理服务器

在图 2-8-1 中，作为 NTP 时间服务器的是网络中一台独立的物理机，这台物理机与 ESXi 主机属于同一个网络。NTP 用的是 Windows Server 2012 R2 的 Active Directory 服务器（在将 Windows 升级到 Active Directory 服务器后，自动会启用 NTP 服务）。在配置之后，ESXi 主机会通过 172.18.96.1 的 NTP 进行同步，而 ESXi 中的虚拟机，例如"虚拟机 1""虚拟机 2""虚拟机 3"这些运行在 ESXi 主机中的虚拟机，则会从 ESXi 主机进行同步。

但是，现在的许多机器已经虚拟化了，如果作为 NTP 服务器的 Active Directory 同时也是 ESXi 中的一台虚拟机，那么就存在一个"循环"的问题。虚拟机会从 ESXi 主机同步，而 ESXi 会从 NTP 同步，但作为 NTP 服务器的计算机又是 ESXi 中的一个虚拟机。因为同步是有周期的，如果在 ESXi 主机时间不对的情况下，作为 NTP 服务器的虚拟机从 ESXi 获得了不正确的时间，稍后 ESXi 从 NTP 同步，又会获得错误的时间，如图 2-8-2 所示。

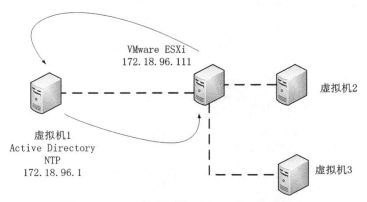

图 2-8-2　NTP 服务器是 ESXi 中的一台虚拟机

对于这种情况，就需要修改作为 NTP 服务器的虚拟机，不让虚拟机与 ESXi 主机同步时间。

2.8.2　在虚拟机与主机之间完全禁用时间同步

默认情况下，即使未打开周期性时间同步，虚拟机有时也会与主机同步时间。若要完全禁用时间同步，则必须对虚拟机配置文件中的某些属性进行设置。你需要关闭虚拟机的电源，修改虚拟机的配置文件（.vmx），为时间同步属性添加配置行，并将属性设置为 FALSE。

```
tools.syncTime = "FALSE"
time.synchronize.continue = "FALSE"
time.synchronize.restore = "FALSE"
time.synchronize.resume.disk = "FALSE"
time.synchronize.shrink = "FALSE"
time.synchronize.tools.startup = "FALSE"
```

如果虚拟机是 VMware Workstation，则可以直接用"记事本"修改虚拟机配置文件，添加以上 6 行。如果虚拟机是 VMware ESXi，则需要按照如下步骤操作。

（1）使用 vSphere Client 连接到 ESXi，关闭要禁用时间同步的虚拟机，编辑虚拟机设置，如图 2-8-3 所示。

（2）打开虚拟机属性后，在"选项→高级→常规"选项中，单击"配置参数"，如图 2-8-4 所示。

（3）单击"添加行"，会添加一个空行，在"名称"及"值"处输入配置参数（一行一个，需要添加 6 行，这些内容可以参看本节开始介绍的配置行）。添加之后如图 2-8-5 所示。

（4）添加之后单击"确定"按钮返回虚拟机配置，再次单击"确定"按钮之后完成设置，如图 2-8-6 所示。

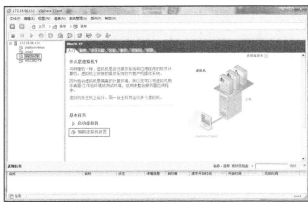

图 2-8-3　编辑虚拟机设置

图 2-8-4　配置参数

图 2-8-5　添加时间同步属性配置行

图 2-8-6　配置完成

（5）启动虚拟机，在虚拟机中调整时间，可以看到，虚拟机的时间与 ESXi 主机时间已经不一致，如图 2-8-7 所示。即使虚拟机重新启动、关机、开机，虚拟机时间会以此时间为基准，不再与主机同步。

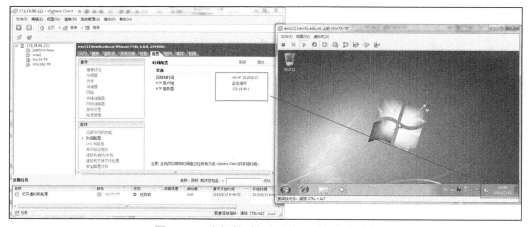

图 2-8-7　虚拟机时间与主机已经不再同步

作为 NTP 服务器的 Active Directory，可以参照本节内容操作。这样 NTP 服务器会与

Internet 时间同步，ESXi 主机与 NTP 同步，ESXi 中的其他虚拟机则与 ESXi 主机同步，这样就能保证时间的正确。

2.8.3　为 ESXi 主机指定 NTP 服务器

在 ESXi 中，管理员可以手动配置主机的时间设置，也可以使用 NTP 服务器同步主机的时间和日期。大多数情况下，在第一次配置的时候，先手机调整主机的时间，然后再使用 NTP 进行同步。

（1）在"配置→时间配置"选项中，单击右上角的"属性"按钮，在弹出的"时间配置"对话框中，调整 VMware ESXi 主机的时间与你所在时区当前时间相同，然后单击"确定"按钮，如图 2-8-8 所示。

图 2-8-8　设置主机时间

（2）如果要设置 VMware ESXi 的 NTP "时间服务器"，可以在图 2-8-8 中单击"选项"按钮，在弹出的"NTP 守护进程（ntpd）选项"对话框中选择"NTP 设置"，单击"添加"按钮，添加 NTP 服务器，NTP 服务器可以是局域网中自己设置的 NTP 服务器，也可以是 Internet 上提供的，如 Windows 的 NTP 服务器，其地址是 time.windows.com，设置之后单击"确定"按钮，如图 2-8-9 所示。在本示例中，采用网络中的 Active Directory 服务器作为时间服务器，其地址为 172.18.96.1。在此可以添加多个 NTP 服务器。

（3）添加 NTP 服务器之后，可以在"常规"选项中，选择"与主机一起启动和停止"单选按钮，如图 2-8-10 所示。设置之后单击"确定"按钮。

图 2-8-9　添加 NTP 服务器

图 2-8-10　自动启动 NTP 守护进程

2.8.4 修改配置文件

使用 SSH 客户端，登录到 ESXi 主机，修改以下配置文件。主要步骤如下：

（1）使用 SSH Secure Shell 客户端，登录到 ESXi 主机。

（2）修改配置文件。

```
vi    /etc/ntp.conf
vi /etc/likewise/lsassd.conf（ESXi 5.5 主机）
```

（3）重新启动服务。

```
./etc/init.d/lsassd restart，重启 lsassd 服务（ESXi 5.5 主机）
./etc/init.d/ntpd restart
```

下面一一介绍。

（1）使用 SSH Secure Shell 客户端，登录到 ESXi 主机，如图 2-8-11 所示。

（2）进入 ESXi 的 Shell 后，执行以下命令：

```
cd /etc
vi ntp.conf
```

如图 2-8-12 所示。

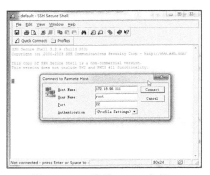
图 2-8-11   登录 ESXi 主机

图 2-8-12   执行命令

（3）用 vi 编辑器打开 ntp.conf 配置文件后，按一下 Insert 键，进入编辑模式，移动光标到最后一行最后一个字符，按回车键，新添加一行，输入以下内容（全部为小写）：

```
tos maxdist 30
```

添加之后，按 Esc 键，输入:wq 存盘退出，如图 2-8-13 所示。

（4）如果是 ESXi 5.5 的主机，还需要修改/etc/likewise/lsassd.conf 文件，去掉#sync-system-time 的注释，并设置

```
sync-system-time = yes
```

如图 2-8-14 所示。ESXi 6.0 主机则没有此项设置。

（5）执行./etc/init.d/lsassd restart，重启 lsassd 服务，如图 2-8-15 所示。如果是 ESXi 6.0 则不用执行。

（6）重启 ntpd 服务（执行 cd /etc/init.d 目录后执行 ./ntpd restart），如图 2-8-16 所示。

稍后，ESXi 主机会从指定的 NTP 服务器进行时间同步，如图 2-8-17 所示。右下角为 172.18.96.1 的 Active Directory 服务器的时间，而图中的 ESXi 的时间已经同步。

图 2-8-13 修改 ntp.conf 文件

图 2-8-14 修改/etc/likewise/lsassd.conf 文件

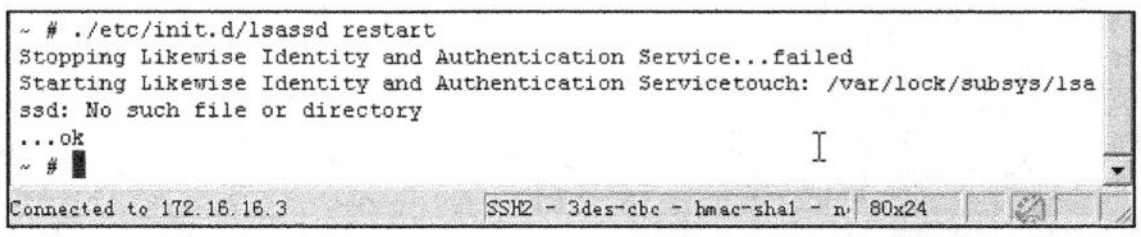

图 2-8-15 重启 lsassd 服务

图 2-8-16 重启 ntpd 服务

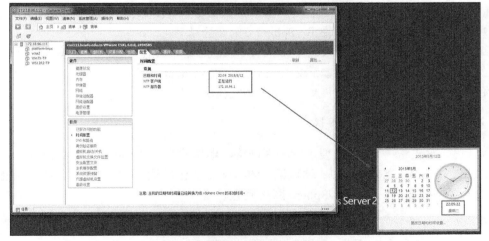

图 2-8-17 ESXi 时间已经同步

2.9 管理 ESXi 主机网络与虚拟机网络

VMware ESXi（VMware ESX Server）具有比 VMware Workstation、VMware Server 更强的网络功能。在 VMware Workstation、VMware Server 中，主机的每块物理网卡都可以分配给一个或多个虚拟机使用，但多个物理网卡不能同时分配给一个或多个虚拟机使用，即不能将多块网卡"绑定"在一起，分配给一个虚拟机使用。而在 VMware ESXi 中，可以将主机的多块网卡"绑定"成"一个"虚拟交换机分配给虚拟机使用，这既提高了虚拟网络性能，也为虚拟网络增加了容错功能。

在 VMware ESXi 中，通过"虚拟交换机"将虚拟机与物理网络连接在一起。虚拟交换机是连接虚拟机与物理网络的"桥梁"，虚拟机通过虚拟交换机与物理网络通信。每个虚拟交换机由安装在主机上的一块或多块物理网卡组成，主机物理网卡通过网线连接到物理交换机。在为虚拟机分配"虚拟网卡"时，每块虚拟网卡可以连接到虚拟交换机的一个虚拟端口。通过虚拟机虚拟网卡→虚拟交换机→主机物理网卡→物理交换机，虚拟机完成与网络中其他计算机相互通信的过程。

VMware 虚拟交换机包括 vSphere 标准交换机与 vSphere Distributed Switch 两种。vSphere Distributed Switch 翻译为中文的意思是 vSphere 分布式交换机，但在 VMware ESXi 中该产品并没有翻译，为了保持一致性，本书遵从 VMware 的官方文档。

在运行 VMware ESXi 的主机上，可以安装多块物理网卡，这些多块物理网卡可以属于同一个网络（在同一网段中），也可以属于不同的网络（不在同一网段中，或者不在同一VLAN 中，或者不在同一网络中。例如，有的属于电信线路，有的属于网通线路），还可以连接到不同的物理交换机。在实际使用中，可以将属于同一网络的物理网卡划分到同一个虚拟交换机中，当虚拟机使用此交换机时，为该虚拟机分配一块虚拟网卡，但该虚拟网卡连接到了多块物理网卡，当物理网卡中的一条线路出现问题时，虚拟交换机会自动选择其他的物理网卡而保持与主机物理网络的畅通。

【注意】本节"管理 ESXi 主机网络与虚拟机网络"和 2.10 节"管理 vSphere 标准交换机"这两节的内容主要是介绍使用 vSphere Client 登录到 ESXi 6.5.x（不包含 6.5.0 UI 及以后版本），和 vSphere Client 登录到 vCenter Server 6.0.x 这两种情况。对于纯 vSphere 6.5 的版本，需要参考本书第 4 章内容，使用 vSphere Web Client 登录 vCenter Server 6.5.x 进行管理。但这两节的理论"标准交换机""分布式交换机"可以用于 vSphere 6.5。

2.9.1 vSphere 网络概述

要理解 vSphere 网络，需要了解物理网络、虚拟网络、vSphere 标准交换机、vSphere Distributed Switch、分布式端口、端口组、VLAN 等概念，理解这些概念对透彻了解虚拟网络至关重要。表 2-9-1 显示了 vSphere 网络概念。

表 2-9-1　　　　　　　　　　　　　vSphere 网络概念

物理网络	为了使物理机之间能够收发数据，在物理机间建立的网络。VMware ESXi 运行于物理机之上
虚拟网络	在单台物理机上运行的虚拟机之间为了互相发送和接收数据而相互逻辑连接所形成的网络。虚拟机可连接到在添加网络时创建的虚拟网络
物理以太网交换机	管理物理网络上计算机之间的网络流量。一台交换机可具有多个端口，每个端口都可与网络上的一台计算机或其他交换机连接。可按某种方式对每个端口的行为进行配置，具体取决于其所连接计算机的需求。交换机将会了解到连接其端口的主机，并使用该信息向正确的物理机转发流量。交换机是物理网络的核心。可将多台交换机连接在一起，以形成较大的网络

续表

vSphere 标准交换机（VSS）	其运行方式与物理以太网交换机十分相似。它检测与其虚拟端口进行逻辑连接的虚拟机，并使用该信息向正确的虚拟机转发流量。可使用物理以太网适配器（也称为上行链路适配器）将虚拟网络连接至物理网络，以将 vSphere 标准交换机连接到物理交换机。此类型的连接类似于将物理交换机连接在一起以创建较大型的网络。即使 vSphere 标准交换机的运行方式与物理交换机十分相似，但它也不具备物理交换机所拥有的一些高级功能
标准端口组	标准端口组为每个成员端口指定了诸如带宽限制和 VLAN 标记策略之类的端口配置选项。网络服务通过端口组连接到标准交换机。端口组定义通过交换机连接网络的方式。通常，单台标准交换机与一个或多个端口组关联
vSphere Distributed Switch（VDS）	它可充当数据中心中所有关联主机的单一交换机，以提供虚拟网络的集中式置备、管理以及监控。可以在 vCenter Server 系统上配置 vSphere Distributed Switch，该配置将传播至与该交换机关联的所有主机。这使得虚拟机可在跨多个主机进行迁移时确保其网络配置保持一致
主机代理交换机	驻留在与 vSphere Distributed Switch 关联的每个主机上的隐藏标准交换机。主机代理交换机会将 vSphere Distributed Switch 上设置的网络配置复制到特定主机
分布式端口	连接到主机的 VMkernel 或虚拟机的网络适配器的 vSphere Distributed Switch 上的一个端口
分布式端口组	与 vSphere Distributed Switch 关联的一个端口组，并为每个成员端口指定端口配置选项。分布式端口组可定义通过 vSphere Distributed Switch 连接到网络的方式
网卡成组	当多个上行链路适配器与单台交换机相关联以形成小组时，就会发生网卡成组。小组将物理网络和虚拟网络之间的流量负载分摊给其所有或部分成员，或在出现硬件故障或网络中断时提供被动故障切换
VLAN	VLAN 可用于将单个物理 LAN 分段进一步分段，以便使端口组中的端口互相隔离，如同位于不同物理分段上一样。标准是 802.1Q
VMkernel TCP/IP 网络层	VMkernel 网络层提供与主机的连接，并处理 vSphere vMotion、IP 存储器、Fault Tolerance 和 Virtual SAN 的标准基础架构流量
IP 存储器	将 TCP/IP 网络通信用作其基础的任何形式的存储器。iSCSI 可用作虚拟机数据存储，NFS 可用作虚拟机数据存储并用于直接挂载 .ISO 文件，这些文件对于虚拟机显示为 CD-ROM
TCP 分段清除	TCP 分段清除（TSO）可使 TCP/IP 堆栈发出非常大的帧（达到 64 KB），即使接口的最大传输单元（MTU）较小也是如此。然后网络适配器将较大的帧分成 MTU 大小的帧，并预置一份初始 TCP/IP 标头的调整后副本

　　虚拟网络向主机和虚拟机提供了多种服务。可以在 ESXi 中启用两种类型的网络服务。

　　（1）将虚拟机连接到物理网络以及相互连接虚拟机。

　　（2）将 VMkernel 服务（如 NFS、iSCSI 或 vMotion）连接至物理网络。

　　【说明】 在本章后面的内容中，有时候对 vSphere 虚拟交换机的称呼方法不同。注意，vSphere 标准交换机、标准交换机、VSS 是指同一种设备，vSphere Distributed Switch、VDS、vSphere 分布式交换机、分布式交换机则是指另一种设备。

2.9.2　vSphere 标准交换机

　　可以创建名为 vSphere 标准交换机的抽象网络设备。使用标准交换机来提供主机和虚拟机的网络连接。标准交换机可在同一 VLAN 中的虚拟机之间进行内部流量桥接，并链接至外部网络。

要提供主机和虚拟机的网络连接，应在标准交换机上将主机的物理网卡连接到上行链路端口。虚拟机具有在标准交换机上连接到端口组的网络适配器（vNIC）。每个端口组可使用一块或多块物理网卡来处理其网络流量。如果某个端口组没有与其连接的物理网卡，则相同端口组上的虚拟机只能彼此进行通信，而无法与外部网络进行通信。vSphere 标准交换机架构如图 2-9-1 所示。

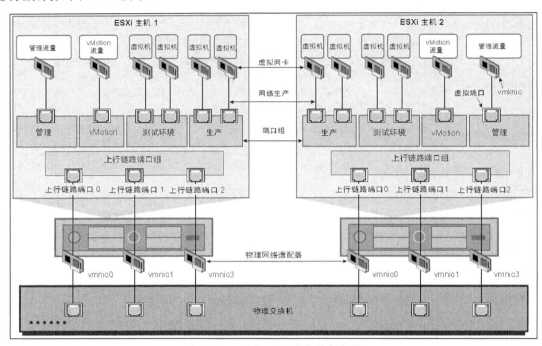

图 2-9-1　vSphere 标准交换机架构

vSphere 标准交换机与物理以太网交换机非常相似。主机上的虚拟机网络适配器和物理网卡使用交换机上的逻辑端口，每个适配器使用一个端口。标准交换机上的每个逻辑端口都是单一端口组的成员。

标准交换机上的每个标准端口组都由一个对于当前主机必须保持唯一的网络标签来标识。可以使用网络标签来使虚拟机的网络配置可在主机间移植。应为数据中心的端口组提供**相同标签**，这些端口组使用在物理网络中连接到一个广播域的物理网卡。反过来，如果两个端口组连接不同广播域中的物理网卡，则这两个端口组应具有不同的标签。

例如，可以创建**生产**和**测试环境**端口组来作为在物理网络中共享同一广播域的主机上的虚拟机网络。在创建端口组的时候，VLAN ID 是可选的，它用于将端口组流量限制在物理网络内的一个逻辑以太网网段中。要使端口组接收同一台主机可见但来自多个 VLAN 的流量，必须将 VLAN ID 设置为 VGT（VLAN 4095）。

为了确保高效使用主机资源，在运行 ESXi 5.5 及更高版本的主机上，标准交换机的端口数将按比例自动增加和减少。此主机上的标准交换机可扩展至主机上支持的最大端口数。

创建 vSphere 标准交换机，以便为主机和虚拟机提供网络连接并处理 VMkernel 流量。根据要创建的连接类型，可以使用 VMkernel 适配器创建新的 vSphere 标准交换机，仅将物理网络适配器连接到新交换机或使用虚拟机端口组创建交换机。

2.9.3　vSphere 标准交换机案例介绍

在使用 vSphere Client 直接连接并管理 VMware ESXi 时，只能在 VMware ESXi 中添加 vSphere 标准交换机。如果要使用 vSphere Distributed Switch，则需要安装 vCenter Server，并且用 vCenter Server 添加多个 VMware ESXi 时，才能创建并管理 vSphere Distributed Switch。

在 VMware ESXi 中添加 vSphere 标准交换机情况如下。

（1）每台 VMware ESXi 可以添加一台到多台 vSphere 标准交换机。

（2）每台 vSphere 标准交换机可以上联（或绑定）VMware ESXi 主机的一台或多台物理网卡。当 vSphere 标准交换机绑定多块物理网卡时，多块物理网卡可以起负载均衡与故障转移作用。

（3）vSphere 标准交换机可以不绑定物理网卡。当虚拟机选择不绑定物理网卡的 vSphere 标准交换机时，虚拟机不能访问物理网络。

（4）vSphere 标准交换机模拟物理以太网交换机，每台 vSphere 标准交换机可以有多个虚拟端口，每台标准交换机的端口上限是 4088 个。

（5）vSphere 标准交换机上的每个逻辑端口都是单一端口组的成员。还可向每台标准交换机分配一个或多个端口组。每个端口均可连接虚拟机的一块虚拟网卡。

本节介绍在 VMware ESXi 6 中添加配置 vSphere 标准交换机的方法。

为了说明虚拟机网卡、虚拟交换机、主机网卡、物理交换机之间的关系，通过一个具体的例子来说明，如图 2-9-2 所示。

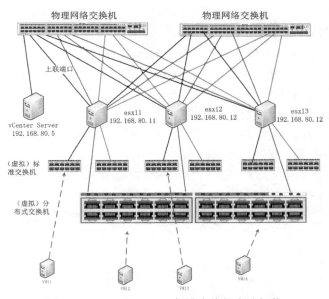

图 2-9-2　VMware ESXi 标准交换机实验拓扑

在图 2-9-2 中，有 3 台 ESXi 服务器，每台服务器有 6 块网卡，网卡连接状态规划如下。

（1）每台服务器的第一、二块网卡连接到一个 VLAN，假设是 VLAN80，其 IP 地址段为 192.168.80.0/24，网关地址是 192.168.80.1。

（2）每台服务器的第三、四块网卡连接到另一个 VLAN，假设是 VLAN10，其 IP 地址段为 192.168.10.0/24，网关地址是 192.168.10.1。

（3）每台服务器的第五、六块网卡连接到交换机的 Trunk 端口。

（4）在网络中有 2 台交换机，所以每台服务器的相同属性的网卡分别连接到每台交换机（例如第一台服务器的第一块网卡连接到交换机 1 的 VLAN80 端口，第二块网卡连接到交换机 2 的 VLAN80 端口）。

在每台 ESXi 中，创建 2 台标准交换机，每台标准交换机对应一个网段。这样当前数据中心中会有 6 台标准交换机。

将每台主机剩余的网卡（例如第五、六块网卡）配置成一个 vSphere Distributed Switch。因为第五、六块网卡上行端口连接的是物理交换机的 Trunk 端口，所以在新创建的 VDS 交换机中，可以对照物理网络，创建支持 VLAN 的虚拟端口。

这样在整个数据中心中，有 7 台交换机，分别是 6 台标准交换机（VSS）、1 台分布式交换机（VDS）。

虚拟机可以根据需要选择连接到某个 VSS 或 VDS。如果 VSS 或 VDS 有不同的端口（像物理交换机，有不同的端口，有的端口配置可能不同，例如属于不同的 VLAN），则可以根据需要选择连接到不同的端口。

【说明】在我们此次实验中，VDS 交换机上联的是物理交换机的 Trunk 端口，VSS 交换机上联的是 Access 端口（普通 VLAN 端口），但这并不是说，标准交换机不能连接 Trunk 端口。在 vSphere 网络中，无论是 VSS 交换机还是 VDS 交换机，都可以上联到物理交换机的 Trunk 或 Access 端口。

在本节我们先介绍为 vSphere 数据中心规划、配置标准交换机（VSS）的内容。在规划的时候，需要注意以下几点。

（1）在安装 VMware ESXi 的时候，安装程序会为 ESXi 主机创建一台标准交换机，在这台标准交换机上，会创建一个默认的"虚拟机端口组"和一个"VMkernel 端口"，其中端口组名称默认为"VM Network"，"VMkernel 端口"默认名称为"Management Network"。你可以使用 vSphere Client 登录到 ESXi 或登录到 vCenter Server，在"配置→网络"中查看到每台 ESXi 主机的默认标准交换机，如图 2-9-3 所示。VMware ESXi 安装过程中创建的第一台默认标准交换机用于管理，不要删除。

图 2-9-3　默认标准交换机

对于默认创建的标准交换机默认的"虚拟机端口组",可以将其改名,也可以保持默认。如果要改名,可以改为其 VLAN 的属性,例如在本示例中,将其改为 vlan80。当然,如果要修改默认标准交换机的默认端口组名称,就要将当前数据中心中所有对应的 VSS 交换机的默认端口组改成统一的名称。

(2)标准交换机绑定于 ESXi 主机,在新建标准交换机的时候,需要将有相同属性(例如,属于同一 VLAN 或 Trunk)的上联端口创建成标准交换机。不要将不同属性的上联端口创建成标准交换机。否则,由于标准交换机中上联端口的属性不同,可能会造成使用该 VSS 交换机的虚拟机网络不通(设置了某个 VLAN,但此时标准交换机由于上联端口分属于不同 VLAN,可能会造成网络通信问题)。标准交换机的上联端口主要用于冗余。

(3)在同一个 vSphere 数据中心中,对于上联到相同属性的上联端口的不同主机之间的标准交换机的"虚拟机端口组",最好设置相同的名称。例如,在当前实验环境中,有 3 台主机,每台主机有两块网卡(例如第三、四端口)连接到 VLAN10,则在每台主机新建标准交换机时,设置"虚拟机端口组"名称为 vlan10(统一大小写,或者都用大小,或者都用小写,推荐采用小写名称)。

采用相同的名称,是在实际的应用中,如果虚拟机在不同主机之间"迁移"或"移动"时,由于不同主机上相同网络属性的"虚拟机端口组"具有相同的名称,不至于导致迁移后的虚拟机会由于在目标主机上没有找到对应的虚拟机端口组而造成网络中断的问题。

(4)在图 2-9-3 中,物理适配器有块网卡状态为"待机",这是正常的。当两块网卡连接到同一交换机时,会出现这种情况。如果连接到不同的交换机(相同属性),状态可能会为"1000 全双工"或"待机"。其中 1000 是连接速度,表示 1000Mbit/s。

2.9.4　修改虚拟机端口组名称

在本节的操作中,将把当前数据中心中所有 ESXi 主机、系统默认创建的标准交换机的"虚拟机端口组"统一改名为 vmnet8。下面以其中一台主机操作为例,其他主机操作类似。

(1)使用 vSphere Client 登录到 vCenter Server 或 ESXi,在左侧选中要改名的主机,在右侧"配置→网络"中,在"标准交换机:vSwitch0"标签中单击"属性",如图 2-9-4 所示。注意,不要单击右上角"刷新 添加网络 属性"一行中的"属性"链接。在图中可以看到,当前的虚拟机端口组名称为"VM Network",这是系统创建标准交换机时设置的默认名称。

图 2-9-4　标准交换机属性

（2）在"vSwitch0 属性"对话框"端口"选项卡中，单击要修改名称的虚拟机端口组。在此选中"VM Network"，单击"编辑"按钮，如图 2-9-5 所示。

（3）在"VM Network 属性"对话框"网络标签"文本框中，删除原来的名称，输入新的名称 vmnet8，如图 2-9-6 所示，单击"确定"按钮完成修改。

图 2-9-5　编辑

图 2-9-6　修改端口组名称

（4）返回"vSwitch0 属性"对话框，单击"关闭"按钮，完成虚拟机端口组的修改，如图 2-9-7 所示。

（5）返回 vSphere Client，可以看到"虚拟机端口组"已经修改。

在修改了 ESXi 的虚拟机端口组之后，如果当前 ESXi 主机有虚拟机，需要检查修改每台虚拟机的配置，将原来使用"VM Network"端口组的网卡改为修改后的名称 vmnet8。

（1）在 vSphere Client 中右键单击虚拟机，在弹出的对话框中选择"编辑设置"，如图 2-9-8 所示。

图 2-9-7　VSS 属性

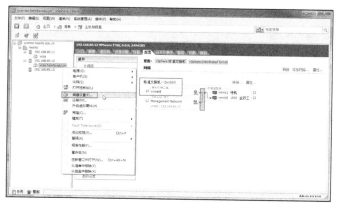

图 2-9-8　编辑设置

（2）打开局域网属性对话框，在"网络适配器 1"中可以看到，原来的设置仍然是"VM Network"，但在右侧"网络标签"中已经留空，表示这个端口组已经不存在了，如图 2-9-9 所示。

（3）在"网络标签"下拉列表中，选择修改后的虚拟机端口组。在此为 vmnet8，修改之后单击"确定"按钮，如图 2-9-10 所示。

图 2-9-9　网络标签为空　　　　　　　　　图 2-9-10　修改网络标签

如果该 ESXi 主机中还有其他虚拟机，应一一修改。这些不再介绍。

参照上面的步骤修改其他 ESXi 主机的"虚拟机端口组"，然后再修改这些主机中虚拟机的网络属性，选择修改后的网络标签。

2.9.5　添加 vSphere 标准交换机

接下来将在 VMware ESXi 中添加名为 vmnet1 的虚拟交换机，并将主机第三、四块网卡添加到该虚拟交换机中，具体步骤如下。

（1）使用 vSphere Client 登录到 VMware ESXi 主控制台，选择"配置→网络"选项，单击右侧的"添加网络"链接，如图 2-9-11 所示。

图 2-9-11　添加网络连接

（2）在"连接类型"对话框中选中"虚拟机"单选按钮，然后单击"下一步"按钮，如图 2-9-12 所示。

（3）在"虚拟机—网络访问"对话框"创建 vSphere 标准换机"列表中，选择 vmnic2 和 vmnic3，然后单击"下一步"按钮，如图 2-9-13 所示。如果当前网络中有 DHCP 服务器或者所属网络中已经有配置好的 IP 地址，则在"网络"选项中可能会显示所属 IP 地址。

图 2-9-12　添加虚拟交换机

图 2-9-13　选择主机网卡

（4）在"虚拟机—连接设置"对话框"端口组属性"组的"网络标签"文本框中，将默认的名称修改为 vmnet1，然后单击"下一步"按钮，如图 2-9-14 所示。如果使用的是 VLAN，在 VLAN ID 字段中输入一个介于 1～4094 的数字；如果使用的不是 VLAN，则将此处留空。如果输入 0 或将该选项留空，则端口组只能看到未标记的（非 VLAN）流量；如果输入 4095，端口组可检测到任何 VLAN 上的流量，而 VLAN 标记仍保持原样。

（5）在"即将完成"对话框中单击"完成"按钮，如图 2-9-15 所示。

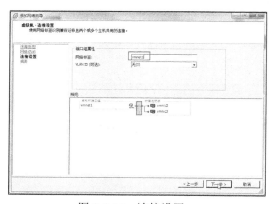

图 2-9-14　连接设置

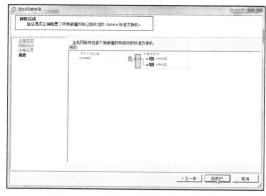

图 2-9-15　添加虚拟交换机完成

在大多数情况下，添加了标准交换机并修改了"虚拟机端口组"之后，就可以将虚拟交换机分配给虚拟机使用了。在下面的过程中，我们为虚拟交换机添加"VMkernel 端口"，该端口将用于连接 iSCSI 网络。这是遵循为共享存储使用独立于 ESXi 管理、独立于 ESXi 虚拟机网络之外的网络的原则。

当然，即使不是为了存储，为另一个虚拟交换机添加 VMkernel 端口，也可以用于管理。但是，如果多个标准交换机连接到不同网段，你只能选择在其中一个网段的 VMkernel 配置网关。如果多次配置网关，则只是最后一次配置生效。

下面将在新添加的标准虚拟机添加 VMkernel 端口，主要步骤如下。

（1）使用 vSphere Client 登录到 vCenter Server 6.0 或 ESXi，在左侧选中 ESXi 主机，

在右侧"配置→网络"选项中选中要添加端口的标准虚拟机，单击"属性"，如图 2-9-16 所示。

图 2-9-16　属性

（2）打开"vSwitch1 属性"对话框，单击"添加"按钮，如图 2-9-17 所示。

（3）在"连接类型"中选择"VMkernel"，如图 2-9-18 所示。

图 2-9-17　添加

图 2-9-18　选择连接类型为 VMkernel

（4）在"Vmkernel—连接设置"对话框的"网络标签"中，为添加的 VMkernel 添加一个标签（虚拟机端口组名称）。在此可以添加为"VMkernel-vmnet1"，如图 2-9-19 所示。

（5）在"指定 VMkernel IP 设置"对话框选择"使用以下 IP 设置"，并为 VMkernel 设置 IP 地址。由于该标准虚拟机上联端口为 vmnet1（属于 192.168.10.0/24 网段），所以需要在此设置一个 192.168.10.0 网段的地址，在此设置 192.168.10.11。至于"VMkernel 默认网关"，则不要修改。如图 2-9-20 所示。

【说明】只能为其中一个 VMkernel 设置网关。如果为多个 VMkernel 修改了网关地址，则只有最后修改的生效，即所有 VMkernel 的网关以最后一个为准。因为这个原因，所以一般只是用于管理 VMware ESXi 的 VMkernel 的端口组设置网关，这样其他 VLAN 的计算机也能登录到 ESXi 的管理地址；而在为其他交换机（VSS 或 VDS）添加 VMkernel 端口时，一般不要修改网关地址，这样只有同一网段的计算机可以访问这个 VMkernel。

图 2-9-19　网络标签　　　　　图 2-9-20　设置 VMkernel IP 地址

但是，不管是否有 VMkernel、是否修改网关，当虚拟机选择相对应的交换机时（VSS 或 VDS），在虚拟机中设置了对应网段的 IP 地址、子网掩码、网关后，是可以与其他 VLAN 互相访问的，这是没有任何问题的。

（6）在"即将完成"对话框显示了新添加的 VMkernel 端口名称及设置，检查无误之后，单击"完成"按钮，如图 2-9-21 所示。

（7）返回"vSwitch1 属性"对话框，单击"关闭"按钮，完成设置，如图 2-9-22 所示。

图 2-9-21　即将完成　　　　　图 2-9-22　添加 VMkernel 端口组完成

（8）添加 VMkernel 端口之后，如图 2-9-23 所示。

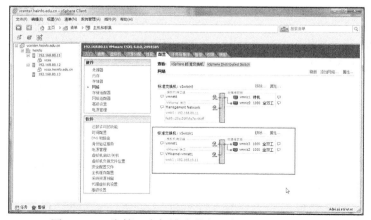

图 2-9-23　为第二台标准交换机添加 VMkernel 端口

参照上面的步骤为另外 2 台添加标准交换机添加 VMkernel 端口。例如，设置 ESXi-12 的第二个 VMkernel 端口的地址为 192.168.10.12，如图 2-9-24 所示。

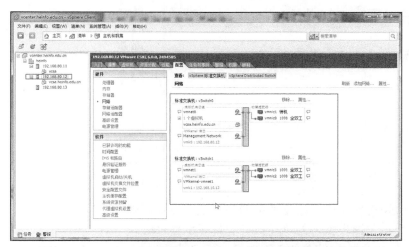

图 2-9-24　ESXi-12 主机的第二台 VSS 交换机的 VMkernel 地址

第三台 ESXi 主机 ESXi-13 的第二台标准虚拟机的 VMkernel 地址为 192.168.10.13，如图 2-9-25 所示。

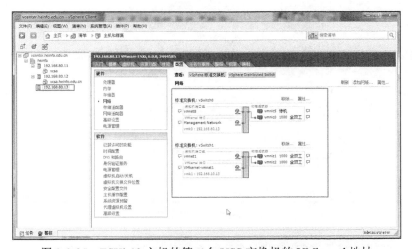

图 2-9-25　ESXi-13 主机的第二台 VSS 交换机的 VMkernel 地址

在添加了第二台标准交换机之后，再次修改虚拟机设置，可以看到虚拟机的虚拟网卡有更多选择。

（1）使用 vSphere Client 登录到 ESXi 或 vCenter Server，右键单击选择一台虚拟机，在弹出的对话框中选择"编辑设置"，如图 2-9-26 所示。

（2）在"虚拟机属性"对话框中选择"网络适配器"，在右侧"网络标签"中可以看到当前可供选择的属性有 vmnet1 和 vmnet8，这是两台标准交换机上的"虚拟机端口组"的名称，如图 2-9-27 所示。

图 2-9-26　编辑虚拟机

图 2-9-27　网络标签选择

除了修改现有虚拟机的网络适配器外，还可以在新建虚拟机的时候根据需要选择，例如以下（只介绍关键步骤，创建虚拟机的其他步骤忽略）。

（1）使用 vSphere Client 连接到 ESXi 或 vCenter Server 6.0，右键单击 ESXi 主机，在弹出的快捷菜单中选择"新建虚拟机"，如图 2-9-28 所示。

图 2-9-28　新建虚拟机

（2）在"网络"对话框的虚拟机网卡选择中，在"网络"下拉列表选择虚拟交换机，如图 2-9-29 所示。

（3）创建虚拟机的其他步骤，可参考本书第 3 章内容。直到创建虚拟机完成，如图 2-9-30 所示。

（4）在虚拟机中安装操作系统、VMware Tools，根据图 2-9-29 的选择，设置对应网段的 IP 地址、子网掩码、网关，就可以接入网络。如果后期根据需要修改了虚拟机的网络标签，也要修改虚拟机的 IP 地址、子网掩码、网关。这些不一一介绍。

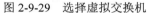

图 2-9-29　选择虚拟交换机

图 2-9-30　创建虚拟机完成

2.9.6　vSphere Distributed Switch 概述

vSphere Distributed Switch 为与交换机关联的所有主机的网络连接配置提供集中化管理和监控。管理员可以在 vCenter Server 系统上设置 Distributed Switch，这些设置将传播至与该交换机关联的所有主机。注意，vSphere Distributed Switch（VDS）需要由 vCenter Server 设置，而标准交换机（VSS）则由 ESXi 设置，这也是 VDS 与 VSS 的区别之一。vSphere Distributed Switch 架构如图 2-9-31 所示。

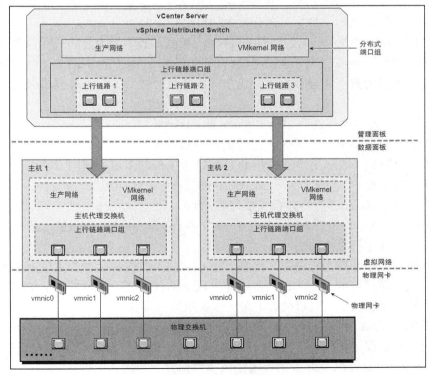

图 2-9-31　VDS 架构

vSphere 中的网络交换机由数据面板和管理面板两个逻辑部分组成。数据面板可实现软件包交换、筛选和标记等，管理面板是用于配置数据面板功能的控制结构。vSphere 标准交换机同时包含数据面板和管理面板，管理员可以单独配置和维护每台标准交换机。vSphere Distributed Switch 的数据面板和管理面板相互分离。Distributed Switch 的管理功能驻留在 vCenter Server 系统上，管理员可以在数据中心级别管理环境的网络配置。数据面板则保留在与 vSphere Distributed Switch 关联的每台主机本地。vSphere Distributed Switch 的数据面板部分称为主机代理交换机。在 vCenter Server（管理面板）上创建的网络配置将被自动向下推送至所有主机代理交换机（数据面板）。

vSphere Distributed Switch 引入的两个抽象概念可用于为物理网卡、虚拟机和 VMkernel 服务创建一致的网络配置，这两个概念称为"上行链路端口组"和"分布式端口组"。

（1）**上行链路端口组**。上行链路端口组或 dvuplink 端口组在创建 Distributed Switch 期间进行定义，可以具有一个或多个上行链路。上行链路是可用于配置主机物理连接以及故障切换和负载平衡策略的模板。管理员可以将主机的物理网卡映射到 vSphere Distributed Switch 上的上行链路。在主机级别，每块物理网卡将连接到特定 ID 的上行链路端口。管理员可以对上行链路设置故障切换和负载平衡策略，这些策略将自动传播到主机代理交换机或数据面板。因此，管理员可以为与 Distributed Switch 关联的所有主机的物理网卡应用一致的故障切换和负载平衡配置。

（2）**分布式端口组**。分布式端口组可向虚拟机提供网络连接并供 VMkernel 流量使用。管理员使用对于当前数据中心唯一的网络标签来标识每个分布式端口组，可以在分布式端口组上配置网卡成组、故障切换、负载平衡、VLAN、安全、流量调整和其他策略。连接到分布式端口组的虚拟端口具有为该分布式端口组配置的相同属性。

与上行链路端口组一样，在 vCenter Server（管理面板）上为分布式端口组设置的配置将通过其主机代理交换机（数据面板）自动传播到 vSphere Distributed Switch 上的所有主机。因此，管理员可以配置一组虚拟机以共享相同的网络配置，方法是将虚拟机与同一分布式端口组关联。

例如，假设在数据中心创建一个 vSphere Distributed Switch，然后将两台主机与其关联。管理员为上行链路端口组配置了 3 个上行链路，然后将每台主机的一块物理网卡连接到一个上行链路。通过此方法，每个上行链路可将每台主机的两块物理网卡映射到其中，例如上行链路 1 使用主机 1 和主机 2 的 vmnic0 进行配置。接下来，可以为虚拟机网络和 VMkernel 服务创建生产和 VMkernel 网络分布式端口组。此外，还会分别在主机 1 和主机 2 上创建生产和 VMkernel 网络端口组的表示。为生产和 VMkernel 网络端口组设置的所有策略都将传播到其在主机 1 和主机 2 上的表示。

为了确保有效地利用主机资源，将在运行 ESXi 5.5 及更高版本的主机上动态地按比例增加和减少代理交换机的分布式端口数。此主机上的代理交换机可扩展至主机上支持的最大端口数。端口限制基于主机可处理的最大虚拟机数来确定。

从虚拟机和 VMkernel 适配器向下传递到物理网络的数据流，取决于为分布式端口组设置的网卡成组和负载平衡策略。数据流还取决于 Distributed Switch 上的端口分配。

vSphere Distributed Switch 上的网卡成组和端口分配如图 2-9-32 所示。

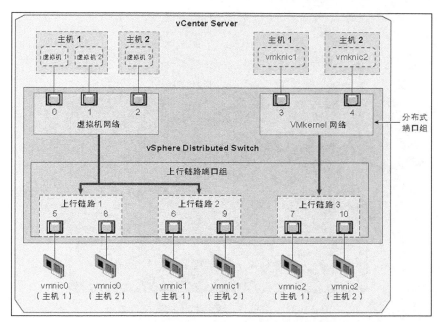

图 2-9-32　vSphere Distributed Switch 上的网卡成组和端口分配

例如，假设创建分别包含 3 个和 2 个分布式端口的虚拟机网络和 VMkernel 网络分布式端口组。vSphere Distributed Switch 会按 ID 从 0 到 4 的顺序分配端口，该顺序与创建分布式端口组的顺序相同。然后，将主机 1 和主机 2 与 Distributed Switch 关联。Distributed Switch 会为主机上的每块物理网卡分配端口，端口将按添加主机的顺序从 5 继续编号。要在每台主机上提供网络连接，应将 vmnic0 映射到上行链路 1、将 vmnic1 映射到上行链路 2、将 vmnic2 映射到上行链路 3。

【说明】通过图 2-9-32 可以了解到，作为 vSphere Distributed Switch 上行链路的主机物理网卡，可以连接到相同属性的交换机端口，也可以连接到不同属性的交换机端口，只要在创建分布式端口组后，修改端口组上行链路绑定属性，将虚拟端口组与对应属性的网卡一一对应即可。

要向虚拟机提供连接并供 VMkernel 流量使用，可以为虚拟机网络端口组和 VMkernel 网络端口组配置成组和故障切换。上行链路 1 和上行链路 2 处理虚拟机网络端口组的流量，而上行链路 3 处理 VMkernel 网络端口组的流量。

主机代理交换机上的数据包流量如图 2-9-33 所示。

在主机端，虚拟机和 VMkernel 服务的数据包流量将通过特定端口传递到物理网络。例如，从主机 1 上的虚拟机 1 发送的数据包将先到达虚拟机网络分布式端口组上的端口 0。由于上行链路 1 和上行链路 2 处理虚拟机网络端口组的流量，数据包可以通过上行链路端口 5 或上行链路端口 6 继续传递。如果数据包通过上行链路端口 5，将继续传递到 vmnic0；如果数据包通过上行链路端口 6，将继续传递到 vmnic1。

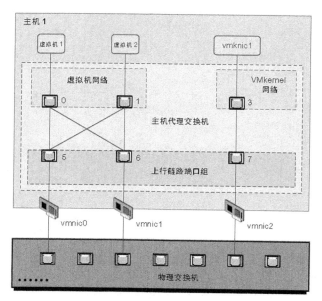

图 2-9-33　主机代理交换机上的数据包流量

2.9.7　创建 vSphere Distributed Switch

在此仍然用图 2-9-2 的实验拓扑，为现有数据中心创建 vSphere Distributed Switch，以便在一个中央位置同时处理多台主机的网络配置。

（1）使用 vSphere Client 连接到 vCenter Server，在"主页→清单"中单击"网络"图标，如图 2-9-34 所示。

图 2-9-34　网络图标

（2）打开"主页→清单→网络"，左键单击数据中心，在右侧单击"添加 vSphere Distributed Switch"，如图 2-9-35 所示。

（3）在"选择 vSphere Distributed Switch 版本"对话框选择要使用的分布式交换机版本。在此选择"vSphere Distributed Switch 版本：6.0.0"，如图 2-9-36 所示。

图 2-9-35　添加 vSphere Distributed Switch

对话框中有 4 项，分别是：

vSphere Distributed Switch 版本：5.0.0 与 VMware ESXi 5.0 及更高版本兼容。不支持与更高版本的 vSphere Distributed Switch 一起发布的功能。

vSphere Distributed Switch 版本：5.1.0 与 VMware ESXi 5.1 及更高版本兼容。不支持与更高版本的 vSphere Distributed Switch 一起发布的功能。

vSphere Distributed Switch 版本：5.5.0 与 VMware ESXi 5.5 及更高版本兼容。不支持与更高版本的 vSphere Distributed Switch 一起发布的功能。

vSphere Distributed Switch 版本：6.0.0 与 VMware ESXi 6.0 及更高版本兼容。

（4）在"常规属性"对话框，指定 vSphere Distributed Switch 属性，在"名称"文本框中设置"端口组名称"，或者接受系统生成的名称。如果系统具有自定义端口组要求，则在添加 vSphere Distributed Switch 后创建满足这些要求的分布式端口组。在"上行链路端口数"文本框中，设置上行链路端口数，此值可以在 1～32 之间设置。上行链路端口是将 vSphere Distributed Switch 连接到关联主机上的物理网卡。上行链路端口数是允许每台主机与 vSphere Distributed Switch 建立的最大物理连接数。在本实例中，一共有 3 台主机，每台主机（可用，规划）的上行链路（网卡）是 2，所以在此设置为 2，如图 2-9-37 所示。

图 2-9-36　选择分布式交换机版本

图 2-9-37　端口组名称与上行链路端口数

（5）在"添加主机和物理适配器"对话框选择添加到新的 vSphere Distributed Switch 中的主机和物理网卡。在"您希望何时向新的 vSphere Distributed Switch 中添加主机及其物理适配器"选项中单击"立即添加"，然后在"主机/物理适配器"列表中，单击"+"按钮展开要添加的主机，选中要添加到分布式交换机的主机网卡（由于原来每台主机的网卡已经分配完毕，现在每台主机剩余的网卡即是规划中用于分布式交换机的物理网卡），选中之后，单击"下一步"按钮，如图 2-9-38 所示。

（6）在"即将完成"对话框查看选择的设置，然后单击"完成"按钮，如图 2-9-39 所示。在此会默认创建一个"dvPortGroup"的虚拟机端口组。

图 2-9-38　添加主机和物理网卡

图 2-9-39　即将完成

（7）创建完 vSphere Distributed Switch 后，返回到 vSphere Client，如图 2-9-40 所示。

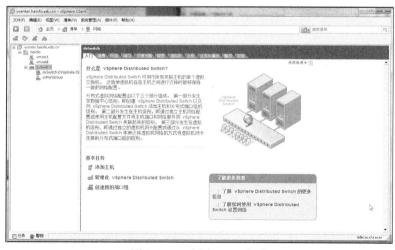

图 2-9-40　创建 VDS 完成

2.9.8　添加端口组

在"网络"选项卡可以看到有两个端口组，其中一个名为"dvPortGroup"，这是在创建 vSphere Distributed Switch 交换机时默认情况的虚拟机端口图（图 2-9-39 中，自动创建默认端口组）。另一个名为"dvSwitch-DVUplinks-52"，这是交换机上联端口组，代理物理网卡。在"端口数"选项中，端口数为 6，表示一共有 6 个上联端口（3 台主机，每台主机 2 块网卡，共 6 块），如图 2-9-41 所示。

图 2-9-41　虚拟机端口组

在虚拟机中，可以使用的网络标签（或虚拟机端口组）是"dvPortGroup"，修改虚拟机的设置，在"网络标签"中可以看到名为 dvPortGroup 的标签，如图 2-9-42 所示。

在正常的情况下，如果组成 vSphere Distributed Switch 的网卡（即上行链路）连接到交换机的 Access 端口，那么，为选择 dvPortGroup 网络标签的虚拟机，设置这个 Access 端口对应的 IP 地址，虚拟机即可通信。如果是这样，最后是在"网络"中右键单击名称，在弹出的对话框中选择"编辑设置"，打开设置对话框，修改标签名称，例如交换机连接到 vlan1018，则修改名称为 vlan1018，如图 2-9-43 所示。

图 2-9-42　网络标签

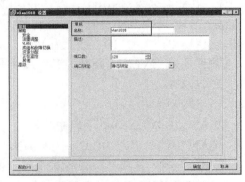

图 2-9-43　修改标签名称

在修改标签名称后，如果虚拟机已经使用原来的"网络标签"名称，则应修改虚拟机的设置，使用修改后的网络标签。

但是，在我们此次的规划中，添加到 vSphere Distributed Switch 的每台服务器的网卡连接到交换机的 Trunk 端口，而默认创建的虚拟机端口组 dvPortGroup 并没有为其分配 VLAN 属性及 VLAN ID，所以为虚拟机分配 dvPortGroup，无论设置网络中哪个 VLAN 的地址，虚拟机的网络都不会连通。

对于上联端口连接到交换机 Trunk 端口的虚拟交换机，无论是标准交换机还是 vSphere Distributed Switch，都需要添加虚拟机端口组，并且为每个端口组指定 VLAN ID，这些虚拟机端口组才能分配给虚拟机使用。

在我们此次实验中，规划了三台 ESXi 主机，为每台主机规划了 6 块网卡。其中每两块网卡对应一台虚拟交换机，其中每台主机的最后两块网卡用于配置 vSphere Distributed Switch。我们假设这两块网卡连接到交换机的 Trunk 端口，在三层交换机上有 vlan1001 及 vlan1002

两个网段。我们在下面的操作中，为 vSphere Distributed Switch 添加两个端口组，分别对应于 vlan1001 及 vlan1002。

（1）使用 vSphere Client 登录到 vCenter Server，选择"主页→清单→网络"，在左侧选中 vSphere Distributed Switch，单击"网络"选项卡，在空白窗格中用鼠标右键单击，在弹出的快捷菜单中选择"新建端口组"，如图 2-9-44 所示。

图 2-9-44　新建端口组

（2）打开"属性"对话框，在"名称"文本框中输入新建端口组名称，一般与 VLAN 名称对应，在此命名为 vlan1001，默认的端口数是 8，可以根据需要修改（每个端口可以连接一台虚拟机）。在"VLAN 类型"下拉列表中选择 VLAN，然后在"VLAN ID"处输入当前虚拟机端口组对应的 VLAN ID，在此为 1001（此数值范围为 1～4094），如图 2-9-45 所示。

【说明】在"VLAN 类型"下拉菜单中，可供选择的选项有"无"、VLAN、VLAN 中继、专用 VLAN。

无：不使用 VLAN。

VLAN：在 VLAN ID 字段中，输入一个 1～4094 之间的数字（包括和 4094）。

VLAN 中继：输入 VLAN 中继范围。在交换机中，我们常称 VLAN 中继为 Trunk。

专用 VLAN：选择专用 VLAN 条件（需要在 vSphere Distributed Switch 属性设置的"专用 VLAN"中添加）。如果未创建任何专用 VLAN，则此菜单为空。

（3）在"即将完成"对话框验证新端口组的设置，检查无误之后，单击"完成"按钮，如图 2-9-46 所示。

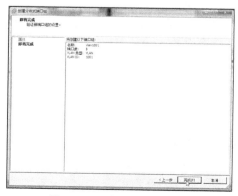

图 2-9-45　设置端口组名称、端口数、VLAN ID　　　　图 2-9-46　创建端口组完成

返回 vSphere Client，可以看到新建的端口组。在新建的端口组中，显示了端口组的 VLAN ID、使用的虚拟机数、端口数，如图 2-9-47 所示。

图 2-9-47　端口组属性

在 vSphere 6 中，新建端口组的默认端口数为 8，如果端口数不够，可以修改。也可以在创建端口时指定端口数。在 vSphere 6 中，虚拟机端口数最大为 8192。接下来创建 vlan1002 的虚拟机端口数，为其指定 128 个端口。

（1）在图 2-9-47 中，右键单击，选择新建端口组，进入"创建分布式端口组"对话框，设置端口组名称为 vlan1002、端口数为 128、VLAN 类型为 VLAN、VLAN ID 为 1002，如图 2-9-48 所示。

（2）根据向导完成端口组的创建，创建完端口组后，返回 vSphere Client，在"网络"选项卡中可以看到新建的端口组，如图 2-9-49 所示。

图 2-9-48　设置端口组属性

图 2-9-49　创建两个端口组

2.9.9　为虚拟机分配端口组

在实际的生产环境中，在创建了标准交换机或分布式交换机并添加了端口组后，为虚拟机网卡分配对应的虚拟机端口，再在虚拟机中设置对应的 IP 地址、子网掩码、网关，就可以与网络中其他计算机或虚拟机通信，如图 2-9-50 所示。

在我们当前的实验环境中，分布式交换机连接的是一个"自定义"的名为 vlan 的虚拟交换机（图 9-2 中设计的实验环境、图 9-4 中设置的虚拟机），然后我们创建了 vlan1001、vlan1002 两个虚拟机端口组。此时我们如果为虚拟机分配 vlan1001 或 vlan1002，设置的地址与其他主机上使用 vmnet1、vmnet8 端口组的虚拟机不能通信。请注意，在实际环境中，这些是可以通信的。但因为我们是用的 VMware Workstation 虚拟环境的原因。

为了演示使用 vlan1001、vlan1002，我们接下来分别在 192.168.80.11 及 192.168.80.13 上各配置一个虚拟机，为虚拟机同时分配使用 vlan1001 或 vlan1002 时，运行在这两个不同主机上的虚拟机之间是可以通信的（因为都连接到一个虚拟交换机 vlan）。在接下来的操作中，我们从 192.168.80.13 的主机中将已经安装好操作系统的虚拟机在 192.168.80.11 主机上克隆一台，然后使用这两台虚拟机进行测试。

（1）使用 vSphere Client 登录到 vCenter Server，关闭 192.168.80.13 主机上的一个名为 win7 的虚拟机（该虚拟机已经安装了 Windows 7 操作系统，也可以找一个安装其他操作系统的虚拟机），右键单击，在弹出的快捷菜单中选择"克隆"，如图 2-9-51 所示。

图 2-9-50　分配网络标签

图 2-9-51　克隆

（2）在"名称和位置"对话框设置新的虚拟机名称为"win7-11"，如图 2-9-52 所示。
（3）在"主机/群集"对话框从数据中心选择承放新虚拟机的主机。在此选择 192.168.80.11，如图 2-9-53 所示。

图 2-9-52　指定新虚拟机的名称和位置

图 2-9-53　选择目标主机

（4）在"存储器"对话框选择保存虚拟机的存储位置。在此选择 esx11-data，如图 2-9-54

所示。

（5）在"客户机自定义"对话框选择"不自定义"，如图 2-9-55 所示。也可以选中"创建后打开虚拟机的电源"。

图 2-9-54　选择存储器　　　　　　　　　　图 2-9-55　客户机自定义

（6）在"即将完成"对话框，显示克隆虚拟机的设置。检查无误之后，单击"完成"按钮，如图 2-9-56 所示。

然后等待虚拟机克隆完成，在"近期任务"中会显示任务进度。克隆完成后，可以看到在 192.168.80.11 的主机中已经有一台名为 win7-11 的虚拟机，如图 2-9-57 所示。

图 2-9-56　即将完成　　　　　　　　　　图 2-9-57　克隆虚拟机完成

启动这两台虚拟机，并为这两台虚拟机都选择 vlan1001 或 vlan1002（当然选择其他任何一个相同的网络标签也可以），然后打开虚拟机控制台，进入命令提示窗口，执行 ipconfig 查看这两台虚拟机的 IP 地址，之后使用 ping 命令，查看是否连通（在"高级安全 Windows 防火墙"选项中启用"回显请求-ICMP v4"），如图 2-9-58 所示。

在图 2-9-58 中，由于 vlan1001 与 vlan1002 中没有 DHCP 服务器，所以自动获得 169.254.0.0/16 的地址，可以直接使用这些地址进行测试。如果不使用 169.254.0.0/16 的地址，也可以为这两台虚拟机设置同一网段的地址测试，例如为其分配 111.111.111.0 的地址进行测试，如图 2-9-59 所示。

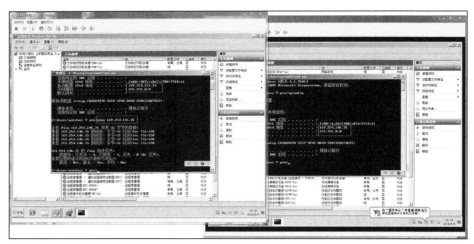

图 2-9-58　使用 ping 命令测试

图 2-9-59　使用其他地址段测试

192.168.80.13 主机上的 win7 虚拟机的网络标签设置如图 2-9-60 所示，192.168.80.11
主机上的 win7-11 虚拟机的网络标签设置如图 2-9-61 所示。

图 2-9-60　网络设置

图 2-9-61　另一虚拟机网络设置

在本次实验中，如果两台虚拟机选择的"网络标签"不同（选择 vmnet1 与 vmnet8 除外，因为 vmnet1 与 vmnet8 已经可以互通，这是由 Windows Server 2008 R2 主机的"路由和远程访问服务"实现的互通，相当于一个软路由），则两台虚拟机不能互通。因为在当前的实验环境中没有真正的三层交换机。而在实际的生产环境中，如果配置了三层交换机，只要是三层交换机中配置的 VLAN ID，并且在三层交换机没有进行限制策略时，各个网段的虚拟机是可以互通的。例如下面的实例。

（1）某数据中心有三台服务器（图 9-1 所示的环境），每台服务器配有 4 端口网卡（是有 4 个吉比特端口，服务器主板集成），其中两个端口用于管理，设置了 ESXi 的管理地址；另 2 块网卡组成分布式交换机，这些网卡连接到核心交换机的 Trunk 端口。在三层交换机中，划分有 5 个 VLAN，分别是 VLAN 1017、1018、1019、1020、1022。在创建分布式交换机之后，创建了 5 个端口组，分别对应这五个 VLAN，每个端口组有 128 个端口（当前所示生产环境中是 vSphere 5.5 的版本，并不是 vSphere 6），如图 2-9-62 所示。

（2）在数据中心的虚拟机修改网络适配器"网络标签"，选择对应的标签，如图 2-9-63 所示。

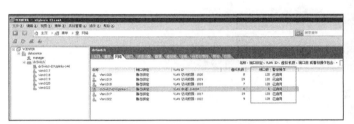

图 2-9-62   某生产环境中分布式虚拟交换机   图 2-9-63   选择网络标签

之后再在虚拟机中设置对应 VLAN 的 IP 地址、子网掩码、网关，即可以与当前整个数据中心网络互通，如图 2-9-64 所示。

图 2-9-64   获得一个网段地址，ping 另一网段地址

2.10 管理 vSphere 标准交换机

本节将介绍 vSphere 标准交换机（VSS）的一些内容，有些内容同样可以应用于 vSphere Distributed Switch（VDS，分布式交换机）。下面介绍标准交换机的一些配置。

2.10.1 vSwitch 属性

首先介绍标准交换机中的 vSwitch 属性，有些属性、设置同样可以应用于虚拟机端口组。

（1）使用 vSphere Client 登录到 ESXi 或 vCenter Server，在左侧选中某个主机，在右侧选中"配置→硬件→网络"，默认情况下，会显示"vSphere 标准交换机"视图，可以看到所选主机的标准交换机、每个标准交换机的端口组、VMkernel 端口及端口组地址，如图 2-10-1 所示。

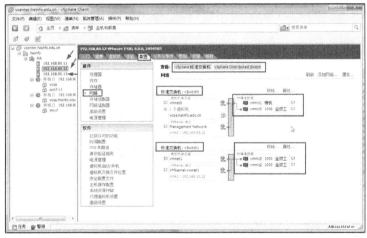

图 2-10-1 标准交换机

【说明】如果单击"vSphere Distributed Switch"切换到 vSphere Distributed Switch 视图，可以看到当前所选主机的分布式交换机视图，如图 2-10-2 所示。

图 2-10-2 分布式交换机视图

（2）在"vSphere 标准交换机"视图中，选中一个标准交换机，例如"vSwitch0"，在右侧单击"属性"（注意不要单击右上角的"属性"按钮），打开"vSwitch0 属性"对话框，在"端口"选项卡中会显示当前标准交换机的属性、虚拟机端口组等信息。选中"vSwitch"，单击"编辑"按钮，打开"vSwitch0 属性"对话框，在"常规"选项卡中可以修改标准交换机的端口数和 MTU 值，如图 2-10-3 所示。

图 2-10-3　端口数与 MTU

端口数：为了确保高效使用主机资源，在运行 ESXi 5.5 及更高版本的主机上，虚拟交换机的端口数将按比例动态增加或减少。此主机上的交换机可扩展至主机上支持的最大端口数。端口限制基于主机可处理的最大虚拟机数来确定。运行 ESXi 5.1 及更低版本的主机上的每台虚拟交换机均提供有限数量的端口，虚拟机和网络服务可以通过这些端口访问一个或多个网络。用户必须根据自己的部署要求手动增加或减少端口数。

【说明】增加交换机的端口数将导致预留和消耗主机上更多的资源。如果某些端口未被占用，则某些可能需要用于其他操作的主机资源将保持锁定和未使用状态。vSphere 虚拟机端口数可供选择的数值是 8、24、56、120、248、504、1016、2040、4088 之间选择，如果更改端口数后，ESXi 主机需要重启才能生效。

MTU：最大传输单元。更改 vSphere 标准交换机上最大传输单元（MTU）的大小，即增加使用单个数据包传输的负载数据量（也就是启用巨帧）来提高网络效率。在 vSphere 中，通过将 MTU（字节）设置为大于 1500 的数值可启用巨帧，但不能将 MTU 大小设置为大于 9000 字节。

（3）在"安全"选项卡编辑安全异常。可供选择的选项有"混杂模式""MAC 地址更改""伪传输"，每项可在"接受"与"拒绝"之间选择，如图 2-10-4 所示。

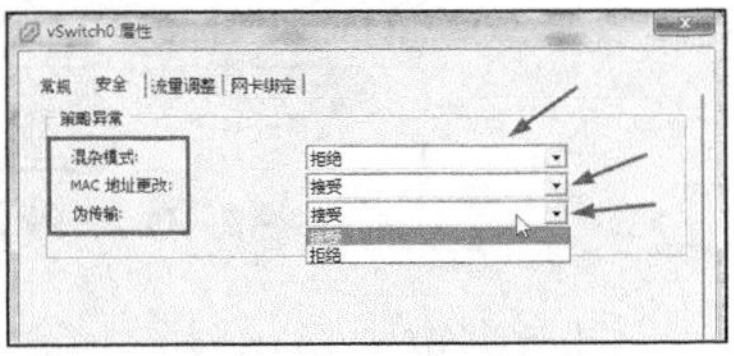

混杂模式：如果选择"拒绝"，在客户机操作系统中将适配器置于混杂模式不会导致接收其他虚拟机的帧。当选择"接受"时，如果在客户机操作系统中将适配器置于混杂模式，则交换机将允许客户机适配器按照该适配器所连接到的端口上的活动 VLAN 策略接收在交换机上传递的所有帧。

图 2-10-4　安全选项

当虚拟机中运行上网行为管理、流量控制、防火墙、端口扫描程序、入侵检测系统等时需要在混杂模式下运行。

MAC 地址更改：如果将此选项设置为"拒绝"，并且客户机操作系统将适配器的 MAC 地址更改为不同于 .vmx 配置文件中的地址，则交换机会丢弃所有到虚拟机适配器的入站帧。如果客户机操作系统恢复 MAC 地址，则虚拟机将再次收到帧。当选择"接受"时，如果客户机操作系统更改了网络适配器的 MAC 地址，则适配器会将帧接收到其新地址。

伪传输：当选择"拒绝"时，如果任何出站帧的源 MAC 地址不同于 .vmx 配置文件中的源 MAC 地址，则交换机会丢弃该出站帧。当选择"接受"时，交换机不执行筛选，允许所有出站帧通过。

（4）在"流量调整"选项卡中，启用或禁用"输入流量调整"或"输出流量调整"，如图 2-10-5 所示（该项默认为"已禁用"）。

如果在"状态"选项中启用流量调整，将为与该特定端口组关联的每个虚拟适配器设置网络连接带宽分配量的限制。如果禁用策略，则在默认情况下，服务将能够自由、顺畅地连接物理网络。在启用流量调整后，可以对"平均带宽""带宽峰值""突发大小"进行调整与设置。

平均带宽：规定某段时间内允许通过端口的平均每秒位数。这是允许的平均负载。

带宽峰值：当端口发送和接收流量突发时，每秒允许通过该端口的最大位数。此数值是端口使用额外突发时所能使用的最大带宽。

突发大小：突发中所允许的最大字节数。如果设置了此参数，则在端口没有使用为其分配的所有带宽时可能会获取额外的突发。当端口所需带宽大于平均带宽所指定的值时，如果有额外突发可用，则可能会临时以更高的速度传输数据。此参数为额外突发中可累积的最大字节数，使数据能以更高速度传输。

（5）在"网卡绑定"选项卡中，设置网卡成组和故障切换，如图 2-10-6 所示。

图 2-10-5　流量调整

图 2-10-6　网卡绑定

网卡绑定中各项设置如表 2-10-1 所列。

表 2-10-1　　　　　　　　　　　标准交换机中网卡绑定设置及选项

设置	选项及描述
负载平衡	指定如何选择上行链路。选项有： **基于源虚拟端口 ID 的路由**。根据流量进入 Distributed Switch 所经过的虚拟端口选择上行链路。 **基于 IP 哈希的路由**。根据每个数据包的源和目标 IP 地址哈希值选择上行链路。对于非 IP 数据包，偏移量中的任何值都将用于计算哈希值。 **基于源 MAC 哈希的路由**。根据源以太网哈希值选择上行链路。 **基于物理网卡负载的路由**。根据物理网卡的当前负载选择上行链路。 **使用明确故障切换顺序**。始终使用"活动适配器"列表中位于最前列的符合故障切换检测标准的上行链路。 注意：基于 IP 的绑定要求为物理交换机配置以太网通道。对于所有其他选项，禁用以太网通道
网络故障切换检测	指定用于故障切换检测的方法。 **仅链路状态**。仅依靠网络适配器提供的链路状态。该选项可检测故障（如拔掉线缆和物理交换机电源故障），但无法检测配置错误（如物理交换机端口受跨树阻止配置到了错误的 VLAN 中或者拔掉了物理交换机另一端的线缆）。 **信标探测**。发出并侦听组中所有网卡上的信标探测，使用此信息并结合链路状态来确定链接故障。该选项可检测上述许多仅通过链路状态无法检测到的故障。 注意：不要使用包含 IP 哈希负载平衡的信标探测
通知交换机	选择"是"或"否"指定发生故障切换时是否通知交换机。如果选择是，则每当虚拟网卡连接到 Distributed Switch 或虚拟网卡的流量因故障切换事件而由网卡组中的其他物理网卡路由时，都将通过网络发送通知以更新物理交换机的查看表。几乎在所有情况下，为了使出现故障切换以及通过 vMotion 迁移时的延迟最短，最好使用此过程。 注意：当使用端口组的虚拟机正在以单播模式使用 Microsoft 网络负载平衡时，不宜使用此选项。以多播模式运行网络负载平衡时不存在此问题
故障恢复	选择"是"或"否"以禁用或启用故障恢复。 此选项确定物理适配器从故障恢复后如何返回到活动的任务。如果故障恢复设置为"是"（默认值），则适配器将在恢复后立即返回到活动任务，并取代接替其位置的备用适配器（如果有）。如果故障恢复设置为"否"，那么，即使发生故障的适配器已经恢复，它仍将保持非活动状态，直到当前处于活动状态的另一个适配器发生故障并要求替换为止
故障切换顺序	指定如何分布上行链路的工作负载。要使用一部分上行链路，保留另一部分来应对使用的上行链路发生故障时的紧急情况，应通过将它们移到不同的组来设置此条件： **活动适配器**。当网卡连接正常且处于活动状态时，继续使用此上行链路。 **待机适配器**。如果其中一块活动网卡的连接中断，则使用此上行链路。 **未用的适配器**。不使用此网卡（上行链路）。 注意：当使用 IP 哈希负载平衡时，不要配置待机适配器

2.10.2　虚拟机端口组属性

在标准交换机中，虚拟机端口组属性有"常规""安全""流量调整""网卡绑定"等四个选项，其中"安全""流量调整""网卡绑定"与上一节 vSwitch 属性中介绍的相同，本节介绍端口组的"常规"选项。

（1）在标准交换机属性对话框的"配置"中选中一个虚拟机端口组，单击"编辑"按钮打开"常规"选项卡，如图 2-10-7 所示。

图 2-10-7   端口组属性

（2）在"网络标签"文本框中，可以修改虚拟机端口组名称，通常此端口组名称与网络的 VLAN 子网相关，或者与其他属性相关。例如，如果在企业网络中，端口组名称可以用 vlanxx 代表，而如果服务器用在机房托管，则可以用 wan（表示外网，连接 Internet）、dx（表示连接到电信信息）、wt（表示连接到网通线路）、lan（表示内网）等。当然，采用何种名称没有明确的规定，只要在一个数据中心中，每个标准交换机对应的端口组名称相统一并能很好地管理网络即可。

（3）在"VLAN ID（可选）"文本框中，可以设置一个 VLAN 标记。当虚拟交换机上行链路连接到"中继"（即 Trunk）端口时，可以为添加的虚拟机端口组填写对应的 VLAN ID。对于标准交换机，可以采用 0、1～4094 之间数字（包括 1、4094 本身）、4095。各个 ID 的关系如表 2-10-2 所列。

表 2-10-2   标准交换机中 VLAN 标记模式

交换机端口组上的 VLAN ID	标记模式	描　　述
0	EST	物理交换机可执行 VLAN 标记。为了访问物理交换机上的端口，会连接主机网络适配器
1～4094	VST	虚拟交换机可在数据包离开主机前执行 VLAN 标记。主机网络适配器必须连接到物理交换机上的中继端口
4095	VGT	虚拟机可执行 VLAN 标记。虚拟交换机在虚拟机网络堆栈和外部交换机之间转发数据包时，会保留 VLAN 标记。主机网络适配器必须连接到物理交换机上的中继端口。注意：对于 VGT，必须在虚拟机的客户机操作系统上安装 802.1Q VLAN 中继驱动程序

2.10.3 管理 VMkernel 端口组

在 vSphere 标准交换机上创建的 VMkernel 虚拟机端口组，可为主机提供网络连接并处理 vSphere vMotion、IP 存储器、Fault Tolerance 日志记录、Virtual SAN 等服务的系统流量。

用户还可以在源和目标 vSphere Replication 主机上创建 VMkernel 适配器，以隔离复制数据流量。如果有多种流量，可以将 VMkernel 端口组专用于一种流量类型。

VMkernel 端口组属性有"常规""IP 设置""安全""流量调整""网卡绑定"等五个选项，其中"安全""流量调整""网卡绑定"与上文 vSwitch 属性中介绍的相同，本节介绍"常规"与"IP"两个选项。

在标准交换机属性对话框的"配置"中选中一个 VMkernel 机端口组，单击"编辑"按钮打开"常规"选项卡，如图 2-10-8 所示。

图 2-10-8　VMkernel 端口组

在"常规"选项卡中，"网络标签""VLAN ID"这两项与上一节介绍的端口组名称相同，这里不再介绍。在此主要介绍 vSphere 系统流量。vSphere 流量主要有以下几项。

（1）**vMotion 流量**。允许 VMkernel 适配器向另一台主机发出声明，自己就是发送 vMotion 流量所应使用的网络连接。如果默认 TCP/IP 堆栈上的任何 VMkernel 适配器均未启用 vMotion 服务，或任何适配器均未使用 vMotion TCP/IP 堆栈，则无法使用 vMotion 迁移到所选主机。VMotion 流量容纳 vMotion。源主机和目标主机上都需要一个用于 vMotion 的 VMkernel 适配器。用于 vMotion 的 VMkernel 适配器应仅处理 vMotion 流量。为了实现更好的性能，可以配置多网卡 vMotion。要拥有多网卡 vMotion，可将两个或更多端口组专用于 vMotion 流量，每个端口组必须分别具有一个与其关联的 vMotion VMkernel 适配器。然后可以将一块或多块物理网卡连接到每个端口组。这样，有多块物理网卡用于 vMotion，从而可以增加带宽。

【注意】vMotion 网络流量未加密。应置备安全专用网络，仅供 vMotion 使用。

（2）**Fault Tolerance 日志流量**。在主机上启用 Fault Tolerance 日志记录。对每台主机的 FT 流量只能使用一个 VMkernel 适配器。处理主容错虚拟机通过 VMkernel 网络层向辅助容错虚拟机发送的数据。vSphere HA 群集中的每台主机上都需要用于 Fault Tolerance 日志记录的单独 VMkernel 适配器。

（3）**管理流量**。为主机和 vCenter Server 启用管理流量。管理流量承载着 ESXi 主机和 vCenter Server 以及主机对主机 High Availability 流量的配置和管理通信。默认情况下，在安装 ESXi 软件时，会在主机上为管理流量创建 vSphere 标准交换机以及 VMkernel 适配器。为提供冗余，可以将两块或更多块物理网卡连接到 VMkernel 适配器以进行流量管理。

（4）**iSCSI 端口绑定**。处理使用标准 TCP/IP 网络和取决于 VMkernel 网络的存储器类型的连接。此类存储器类型包括软件 iSCSI、从属硬件 iSCSI 和 NFS。如果 iSCSI 具有两块或多块物理网卡，则可以配置 iSCSI 多路径。ESXi 主机仅支持 TCP/IP 上的 NFS 版本 3。要配置软件 FCoE（以太网光纤通道）适配器，必须拥有专用的 VMkernel 适配器。软件 FCoE 使用 Cisco 发现协议（CDP）VMkernel 模块通过数据中心桥接交换（DCBX）协议传递配置信息。

使用 vSphere Web Client 管理 vCenter Server 及 ESXi，还会有以下流量选项。

（1）**置备流量**。处理为用于虚拟机冷迁移、克隆和快照创建而传输的数据。

（2）**vSphere Replication 流量**。处理源 ESXi 主机传输至 vSphere Replication 服务器的出站复制数据。在源站点上使用一个专用的 VMkernel 适配器，以隔离出站复制流量。

（3）**vSphere Replication NFC 流量**。处理目标复制站点上的入站复制数据。

（4）**Virtual SAN**。在主机上启用 Virtual SAN 流量。加入 Virtual SAN 群集的每台主机都必须有用于处理 Virtual SAN 流量的 VMkernel 适配器。

可以根据需要，为 VMkernel 启用相应的流量。但是，对于相同的流量，应在具有相同属性的 VMkernel 适配器上启用。例如，在我们当前的实验环境中，可以将每台主机，使用192.168.80.0 网段的第一、二块网卡创建的标准交换机启用 VMotion 流量、管理流量；可以将每台主机，使用192.168.10.0网段的第三、四块网卡的VMkernel适配器启用FT及VSAN流量。

不要在不同属性的 VMkernel 启用相同的流量。例如在第一台 ESXi 主机的 192.168.80.0网卡的 VMkernel 启用 VMotion，但在第二台 ESXi 主机的 192.168.10.0 的 VMkernel 适配器启用 VMotion。虽然这样启用在配置时没有问题，但是在实际使用中还是要在专用网络，启用专用的流量，并且一一对应。

（1）在"IP 设置"选项卡中，可以设置 VMkernel 端口组（或称 VMkernel 适配器）的IP 地址，如图 2-10-9 所示。可以选择"自动获得 IP 设置"，这将使用 DHCP 获取 IP 地址，此时网络中必须存在 DHCP 并且地址池中有可用的 IP 地址。大多数情况是选择"使用以下IP 设置"，通过手动设置 IP 地址、子网掩码、网关。

（2）在"DNS 配置"选项卡中，可以查看主机的名称、DNS 信息，如图 2-10-10 所示。

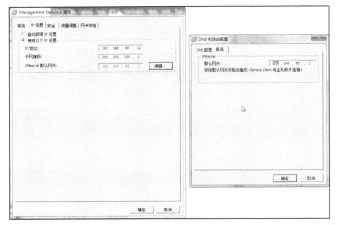

图 2-10-9　设置 VMkernel 端口组的 IP 地址、子网掩码、网关　　　图 2-10-10　DNS 信息

（3）在"网络适配器"选项卡中，可以为当前标准交换机添加或删除上行链路网卡，如图 2-10-11 所示。

（4）在"网络适配器"列表中选择一块网卡，单击"编辑"按钮，可以配置网卡的速度、双工，如图 2-10-12 所示。在大多数的情况下，选择默认值即可，网卡会自动适应所连接到的交换机的端口速率。

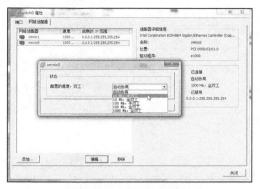

图 2-10-11　选择物理主机网卡　　　　　　图 2-10-12　网卡速度

2.10.4　添加没有上行链路的标准交换机

在前面的内容中，我们添加的交换机，无论是标准交换机还是分布式交换机，都会绑定一块或多块物理网卡。在 vSphere 中，还支持没有上行链路的标准交换机。如果创建的标准交换机不带物理网络适配器，则该交换机上的所有流量仅限于其内部。物理网络上的其他主机或其他标准交换机上的虚拟机均无法通过此标准交换机发送或接收流量。如果希望一组虚拟机互相进行通信但不与其他主机或虚拟机组之外的虚拟机进行通信，则可创建一台不带物理网络适配器的标准交换机。

（1）使用 vSphere Client 连接到 ESXi 或 vCenter Server，在左侧选中一台 ESXi 主机，在"配置→网络"选项中单击"添加网络"，如图 2-10-13 所示。

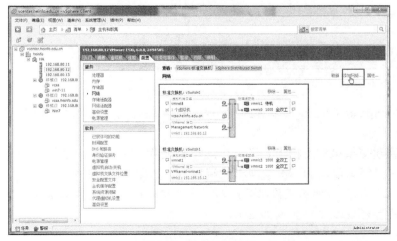

图 2-10-13　添加网络

【说明】当前主机有 vSwitch0、vSwitch1 两台标准交换机。

（2）在"连接类型"选择"虚拟机"，如图 2-10-14 所示。

（3）在"虚拟机—网络访问"对话框选择"创建 vSphere 标准交换机"，如图 2-10-15 所示。在此列表中不选择任何网卡，在"预览"中将会显示"无适配器"。

图 2-10-14　连接类型

图 2-10-15　网络访问

（4）在"端口组属性→网络标签"文本框中设置一个新的网络标签，不要与系统中已有的网络标签重复。在此设置标签为 lan，如图 2-10-16 所示。

（5）在"即将完成"对话框单击"完成"按钮，完成标准交换机创建，如图 2-10-17 所示。

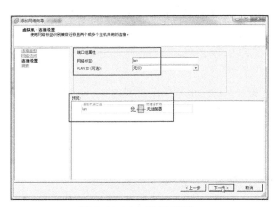

图 2-10-16　网络标签

图 2-10-17　完成

（6）返回 vSphere Client，可以看到"配置→网络"中已添加了一台标准交换机 vSwitch2，如图 2-10-18 所示。

（7）在新建交换机的主机上打开一个虚拟机配置，在"网络适配器"的"网络标签"中可以看到，已经有新建的标准交换机的端口组，如图 2-10-19 所示。

【说明】无适配器的标准交换机只能与同一主机上的其他虚拟机通信，不能与其他主机的、有类似网络标签名称的虚拟机通信。

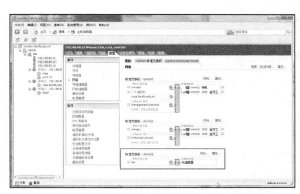　　

图 2-10-18　新建标准交换机完成　　　　　　　　图 2-10-19　网络标签

2.11　在 vSphere Client 中部署 OVF 模板

可采用开放式虚拟机格式（OVF）导出虚拟机、虚拟设备和 vApp。然后，可以在同一环境或不同环境中部署 OVF 模板。

2.11.1　导出 OVF 模板

OVF 软件包将虚拟机或 vApp 的状况捕获到独立的软件包中。磁盘文件以压缩、稀疏格式存储。

（1）使用 vSphere Client 登录 vCenter Server，在左侧清单中选择一个关闭电源的虚拟机，在"文件"菜单选择"导出→导出 OVF 模板"，如图 2-11-1 所示。

图 2-11-1　导出 OVF 模板

（2）在"导出 OVF 模板"对话框设置导出的名称、选择导出的目录，在"格式"列表中选择是导出文件夹（OVF）还是单个文件（OVA），如图 2-11-2 所示。

（3）开始导出 OVF 模板，直到导出完成，如图 2-11-3 所示。

图 2-11-2　导出 OVF 模板

图 2-11-3　导出模板

【说明】OVF 和 OVA 文件的文件夹位置。如果键入 C:\OvfLib 作为新 OVF 文件夹，设置虚拟机的名称为 MyVm，可能会创建以下文件：

- C:\OvfLib\MyVm\MyVm.ovf
- C:\OvfLib\ MyVm \MyVm.mf
- C:\OvfLib\ MyVm \MyVm-disk1.vmdk

如果键入 C:\NewFolder\OvfLib 作为新 OVF 文件夹，设置虚拟机的名称为 MyVm，则可能会创建以下文件：

- C:\NewFolder\OvfLib\MyVm\MyVm.ovf
- C:\NewFolder\OvfLib\ MyVm\MyVm.mf
- C:\NewFolder\OvfLib\ MyVm\MyVm-disk1.vmdk

如图 2-11-4 所示，是图 2-11-2 中使用 d:\esxi-ovf\ws12r2-tp 作为文件夹、ws12r2-02 作为虚拟机名称时导出的文件。

如果选择导出到 OVA 格式，并键入 MyVm，则会创建 C:\MyVm.ova 文件。如图 2-11-5 所示，是 d:\esxi-ovf 作为文件夹、ws03r2-tp 作为虚拟机名称时导出的单个 OVA 文件的截图。

图 2-11-4　导出 OVF 文件

图 2-11-5　导出 OVA 截图

2.11.2　部署 OVF 模板

当使用 vSphere Client 直接连接到主机时，可以通过 vSphere Client 计算机可访问的本地文件系统或通过 Web URL 部署 OVF 模板。

（1）使用 vSphere Client 登录到 vCenter Server，在"文件"菜单选择"部署 OVF 模板"，如图 2-11-6 所示。

（2）在"源"对话框中单击"浏览"按钮选择 OVF 或 OVA 模板，如图 2-11-7 所示。

（3）在"OVF 模板详细信息"对话框显示了要部署的模板虚拟机、占用的磁盘空间（精简磁盘占用空间和厚置备磁盘占用空间），如图 2-11-8 所示。

图 2-11-6　部署 OVF 模板

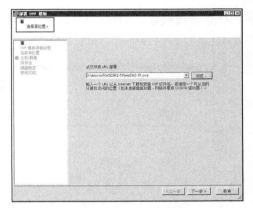

图 2-11-7　浏览选择模板

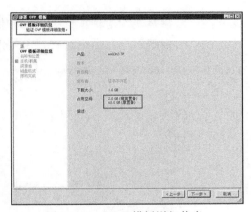

图 2-11-8　OVF 模板详细信息

（4）在"名称和位置"对话框为已部署模板指定名称和位置，如图 2-11-9 所示。

（5）在"主机/群集"选择要在哪个主机或群集上运行部署的模板，如图 2-11-10 所示。

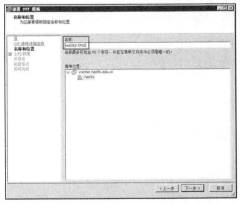

图 2-11-9　名称和位置

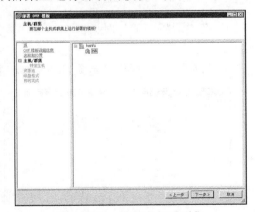

图 2-11-10　选择主机或群集

（6）在"资源池"对话框选择要在其中部署模板的资源池，如图 2-11-11 所示。

（7）在"存储器"对话框选择将虚拟机文件存储在何处，如图 2-11-12 所示。

图 2-11-11　资源池

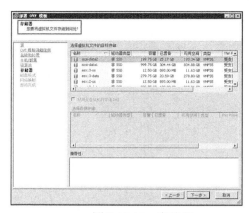

图 2-11-12　存储器

（8）在"磁盘格式"对话框选择以何种格式存储虚拟磁盘，如图 2-11-13 所示。

（9）在"网络映射"对话框选择已部署的虚拟机使用什么网络，如图 2-11-14 所示。

图 2-11-13　磁盘格式

图 2-11-14　网络映射

（10）在"即将完成"对话框显示了部署信息，检查无误之后，单击"完成"按钮，如图 2-11-15 所示。

（11）开始部署虚拟机，直到部署完成，如图 2-11-16 所示。

图 2-11-15　即将完成

图 2-11-16　部署完成

部署之后，虚拟机出现在清单中，如图 2-11-17 所示。

图 2-11-17　从模板部署虚拟机

2.12　vSphere Host Client

VMware Host Client 是一个基于 HTML5 的客户端，可以用来连接和管理各个 ESXi 主机。可以使用它来执行管理任务，以便管理包括虚拟机、网络连接和存储在内的各种主机资源。

当 vCenter Server 和 vSphere Web Client 不可用时，VMware Host Client 还可以帮助对各台虚拟机或主机进行故障排除。

VMware Host Client 1.0.0 功能包括但不仅限于以下操作：

- 支持最新版本的硬件。
- 基本虚拟化操作，例如部署、配置和编辑各种复杂情形下的虚拟机（包括通过控制台访问虚拟机）。
- 创建和管理网络及数据存储资源。
- 显示当前主机和资源设置，包括性能和使用率图表以及帮助进行故障排除的主机组件日志。
- 有助于改善性能的主机级别选项高级调整。

目前 vSphere Host Client 功能有限，不能完全代替 vSphere Client 或 vSphere Web Client，但对于 ESXi 主机的管理来看，vSphere Host Client 是一个相对"轻量"级的管理客户端，可以完成基本的操作。

2.12.1　使用 vSphere Host Client 创建虚拟机

使用 vSphere Host Client 可以完成对 ESXi 主机的基本管理，例如将 ESXi 主机置于或退出"维护模式"，ESXi 主机关机、重新启动、创建虚拟机等操作。如果用户有使用 vSphere Client 或 vSphere Web Client 的经验，使用 vSphere Host Client 没有任何问题。

使用 IE 10 或 IE 11 的浏览器，在地址栏中输入要管理的 ESXi 主机的 IP 地址，按回车键即可进入 vSphere Host Client，如图 2-12-1 所示。之后输入管理员账户 root 及密码登录。

登录之后，可以看到对当前主机的管理界面，包括关机、挂起、操作菜单，在"操作"菜单有主机的更多管理命令，如图 2-12-2 所示。

图 2-12-1　vSphere Host Client 登录界面　　　　图 2-12-2　操作菜单

下面介绍使用 vSphere Host Client 创建虚拟机的方法，步骤如下。

（1）在图 2-12-2 中单击"创建/注册虚拟机"，进入"新建虚拟机"对话框，选择"创建新虚拟机"，如图 2-12-3 所示。

（2）在"选择名称和客户机操作系统"对话框中设置新建虚拟机的名称，例如 Windows 10，之后选择虚拟机版本（兼容性）、客户机操作系统版本等，如图 2-12-4 所示。

图 2-12-3　创建新虚拟机　　　　图 2-12-4　设置虚拟机名称

（3）在"选择存储"对话框中选择虚拟机的放置位置，如图 2-12-5 所示。

（4）在"自定义设置"对话框中为虚拟机选择 CPU、内存、硬盘大小，如图 2-12-6 所示。

图 2-12-5　选择存储　　　　图 2-12-6　自定义设置

（5）如果要让虚拟机支持"嵌套"虚拟化，则单击"CPU"，选择"向客户机操作系统公开硬件辅助的虚拟化"选项。例如，在 ESXi 中创建 ESXi 的虚拟机，并且在嵌套的 ESXi 虚拟机中运行操作系统，则需要选择此项。如图 2-12-7 所示。"自定义设置"的其他项可以根据需要设置。

（6）在"即将完成"对话框显示了新建虚拟机的选择，检查无误之后单击"完成"按钮，如图 2-12-8 所示。

图 2-12-7　嵌套虚拟化

图 2-12-8　创建虚拟机完成

（7）创建虚拟机完成之后，在左侧单击"虚拟机"，在右侧列表中选中新建虚拟机，然后单击"打开电源"，等虚拟机电源打开之后，单击"控制台"，在下拉列表中选择"启动远程控制台"，使用 VMRC 打开虚拟机控制台，如图 2-12-9 所示。如果没有安装 VMRC，则单击"下载 VMRC"链接，下载 VMRC 并安装。

（8）使用 VMRC 控制台打开虚拟机之后，单击"VMRC"菜单，单击"可移动设备→CD/DVD 驱动器 1"，选择"连接磁盘映像文件"或"连接服务器上的设备"，以加载 ISO 文件，通过 ISO 文件安装 Windows，如图 2-12-10 所示。关于在虚拟机中安装操作系统这里不再介绍。安装完操作系统之后安装 VMware Tools。

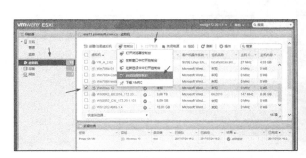

图 2-12-9　启动虚拟机并打开控制台

图 2-12-10　连接 ISO 文件

2.12.2　使用 vSphere Host Client 部署 OVF 文件

在 ESXi 6.5 主机中，如果要部署某些 OVF 文件，例如 vSAN 虚拟见证文件，当使用 vSphere Client 部署时，部署后的虚拟机不能使用，而使用 vSphere Host Client 或 vSphere Web Client 部署则不存在这个问题。本节介绍使用 vSphere Host Client 部署 OVF 文件的方法。使用 vSphere Host Client 部署 OVF 文件的主要步骤如下。

（1）在图 2-12-2 中单击"创建/注册虚拟机"，进入"从 OVF 或 OVA 文件部署虚拟机"对话框，如图 2-12-11 所示。

（2）在"选择 OVF 和 VMDK 文件"对话框中单击以选择或拖放文件，如图 2-12-12 所示。

图 2-12-11　从 OVF 或 OVA 文件部署虚拟机　　　　图 2-12-12　选择文件

（3）可以将要部署的 OVF 或 OVA 及 VMDK 等文件拖拽到图 2-12-12 的"单击以选择或拖放文件"位置，也可以单击选择文件，如图 2-12-13 所示。选择之后，为该虚拟机输入名称。

（4）根据 OVF 部署向导进行部署，如图 2-12-14 所示。

图 2-12-13　选择 OVF 文件　　　　　　　　图 2-12-14　接受许可协议

（5）在"即将完成"对话框单击"完成"按钮，如图 2-12-15 所示。

图 2-12-15　即将完成

第 3 章　vSphere 企业应用配置与管理

VMware vCenter Server 是 vSphere 虚拟化产品的管理中心，许多高级特性（例如 HA、FT、DRS、DPM、虚拟机监控、分布式网络、VMotion 等）只有在 vCenter Server 的管理（支持）下才能实现。可以说，有了 vCenter Server，vSphere 整个产品才有了灵魂，在没有 vCenter Server 的情况下，只使用 ESXi Server，发挥的功能不足 30%。从 vSphere 6.5.0 开始，vCenter Server 的管理全面转向 vSphere Web Client，传统的 vSphere Client 将不能连接 vCenter Server，也不能用来管理 vCenter Server。本章将介绍 vCenter Server 的功能、特性以及 vCenter Server 的配置、管理与使用，vSphere 企业版的高级特性以及实现的功能、优势也都会在本章进行介绍。

3.1　vSphere 企业应用概述与 vCenter Server 部署位置

在本书第 1 章已经介绍过，虚拟化环境主要有两种架构，即传统的使用共享存储的虚拟化架构以及新型的基于 vSAN 的无共享存储的架构。在传统使用共享存储的架构中（拓扑如图 3-1-1 所示），推荐至少使用 3 台主机、1 台共享存储。其中主机与存储推荐使用 FC 或 SAS 连接，如果条件不具备，也可以使用 iSCSI 网络连接。当主机与存储使用 iSCSI 网络连接时，图 3-1-1 中的光纤存储交换机可以省掉而改用图中的"接入交换机"连接存储与主机。

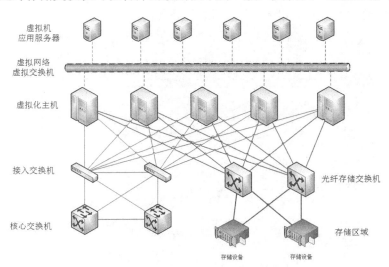

图 3-1-1　使用共享存储的虚拟化架构拓扑

在使用共享存储的虚拟化架构中，一般最少使用 3 台主机、每台主机至少 1～2 个物理 CPU、64～256GB 内存、4 端口吉比特网卡、1 块 2 端口 FC 或 SAS 的 HBA 接口卡或 1～2 块单端口的 FC 或 SAS 的 HBA 接口卡。在这种架构下，虚拟化主机、vCenter Server 的 IP 地址规划、ESXi 主机网卡分工示例如表 3-1-1 所列。

表 3-1-1　由 3 台主机使用 FC 或 SAS 连接共享存储的虚拟化环境 IP 地址规划示例

主　　机	主机第一、二块网卡（管理 IP 地址、VMotion 流量）	主机第三、四块网卡（承载虚拟机流量）	连接存储的 FC 或 SAS HBA 接口卡
ESXi 主机 1	172.16.1.1	Trunk（划分多个 VLAN）	连接到存储或存储交换机
ESXi 主机 2	172.16.1.2	Trunk（划分多个 VLAN）	连接到存储或存储交换机
ESXi 主机 3	172.16.1.3	Trunk（划分多个 VLAN）	连接到存储或存储交换机
vCenter Server	172.16.1.20		

如果存储使用 iSCSI 接口，则主机不再需要配置 FC 或 SAS HBA 接口卡，也不需要配置存储交换机。如果 iSCSI 接口是 10 吉比特端口，则图 3-1-1 中的"光纤存储交换机"可以换为 10 吉比特接口的网络交换机；如果 iSCSI 是吉比特端口，则图 3-1-1 中的"光纤存储交换机"可以省掉，而存储设备可以直接连接到图 3-1-1 中的"接入交换机"中。在此种情况下，需要为 iSCSI 单独规划一个 VLAN，示例如表 3-1-2 所列。

表 3-1-2　由 3 台主机使用 iSCSI 共享存储的虚拟化环境 IP 地址规划示例

主　　机	主机第一、二块网卡（管理 IP 地址、VMotion 流量）	主机第三、四块网卡（承载虚拟机流量）	主机第五、六块网卡（承载 iSCSI 流量，连接 iSCSI 存储）
ESXi 主机 1	172.16.1.1	Trunk（划分多个 VLAN）	172.16.2.1
ESXi 主机 2	172.16.1.2	Trunk（划分多个 VLAN）	172.16.2.2
ESXi 主机 3	172.16.1.3	Trunk（划分多个 VLAN）	172.16.2.3
vCenter Server	172.16.1.20		

如果是新型的基于 vSAN 的架构，则至少需要 4 台主机，每台主机至少 1 块 4 端口吉比特网卡、1 块 2 端口 10 吉比特网卡，网络拓扑如图 3-1-2 所示。

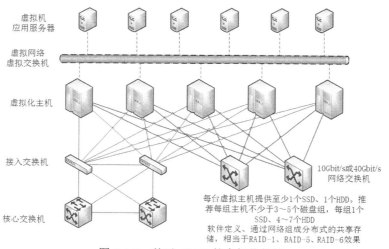

图 3-1-2　基于 vSAN 的虚拟化架构

由 4 台主机组成的 vSAN 虚拟化环境, 主机网卡分配、IP 地址规划示例如表 3-1-3 所列。

表 3-1-3　　　　　由 4 台主机组成的 vSAN 虚拟化环境 IP 地址规划示例

主　机	主机第一、二块网卡 （管理 IP 地址、VMotion 流量）	主机第三、四块网卡 （承载虚拟机流量）	2 端口 10 吉比特网卡 （vSAN 流量）
ESXi 主机 1	172.16.1.1	Trunk（划分多个 VLAN）	172.16.2.1
ESXi 主机 2	172.16.1.2	Trunk（划分多个 VLAN）	172.16.2.2
ESXi 主机 3	172.16.1.3	Trunk（划分多个 VLAN）	172.16.2.3
ESXi 主机 4	172.16.1.4		172.16.2.4
vCenter Server	172.16.1.20		

无论是图 3-1-1 所示的使用共享存储的虚拟化架构, 还是图 3-1-2 所示的 vSAN 架构, vCenter Server 都是运行在 ESXi 主机中的一台虚拟机上, 并且 vCenter Server 的虚拟机的 IP 地址与 ESXi 主机的 IP 地址在同一段, 使用的也是 ESXi 主机的"管理网段", 不要让 vCenter Server 的虚拟机使用第三、四块网卡所属的虚拟交换机的端口组。

在企业环境中, 将 vCenter Server 放置在由其管理的 ESXi 主机中是一个合理的规划, 此时 vCenter Server 可以受 vSphere HA 的保护。在一些环境中, 也有人将 vCenter Server 规划并运行在物理服务器, 但这并不是一个合适的选择。

对于 vSphere 的初学者来说, 如果没有足够的服务器及共享存储用来学习或练习 vSphere, 最少要有一台配置有 16GB 的单台 PC 机, 也可以在 PC 机中安装 ESXi, 并在 ESXi 中创建 vCenter Server 的虚拟机。关于在 PC 机上安装 ESXi 可参看本书第 2 章内容。当在 PC 机上安装 ESXi 时, 需要另有一台计算机（例如笔记本电脑）安装 vSphere Client 或使用 IE 浏览器, 管理 ESXi 主机。

如果只有一台高配置的计算机, 也可以使用 VMware Workstation 在 VMware Workstation 中创建 ESXi, 此时 vCenter Server 需要直接运行在 Workstation 中而不是嵌套的 ESXi 虚拟机中。

无论是将 vCenter Server 安装在物理服务器、单台 ESXi 的主机还是 VMware Workstation 的虚拟机中, vCenter Server 的使用与管理都是相同的。本章将就 vCenter Server 安装、配置最重要的内容进行详细介绍, 这些内容包括以下方面。

（1）vCenter Server 与 VCSA 的选择。

（2）安装部署 VCSA。

（3）规划 vSphere 网络。

（4）创建 vSphere 数据中心、群集。

（5）配置 HA 与 FT。

（6）配置 DRS、DPM、VMotion 等。

下面一一进行介绍。

3.2 vCenter Server 6.5 概述

vSphere 的两个核心组件分别是 ESXi 与 vCenter Server，从 vSphere 的 5.0 版本开始，虚拟化平台（运行于服务器裸机之上的操作系统）只有 ESXi 产品，在 4.0 版本的时候还有一个 ESX Server。而用于虚拟化管理中心则有 vCenter Server 以及 vCenter Server Appliance 两个版本，其中 vCenter Server 是一个安装包，需要安装运行在 Windows 平台之上；vCenter Server Appliance 是预配置的 Linux 虚拟机，针对在 Linux 上运行 VMware vCenter Server 及关联服务进行了优化。

从功能上来看，vCenter Server 与 vCenter Server Appliance 具有相同的功能。

从安装上来看，vCenter Server 需要管理员手动安装配置，并且需要运行在 Windows 平台，例如 Windows Server 2008 R2、Windows Server 2012 或 Windows Server 2016；而 vCenter Server Appliance 是 VMware 打包配置好的一个 Linux 虚拟机，通过部署 OVF 模板的方式安装。

在 vSphere 6.5 之前，两个产品的功能相同，使用 vCenter Server Appliance 可以省去 Windows 操作系统的许可。从 vSphere 6.5.0 版本开始，vCenter Server Appliance 支持 vCenter HA，通过配置"副本"虚拟机及"见证虚拟机"的方式，实现了 vCenter Server 的高可用。

经常有初学者问我，是选择 Windows 版本的 vCenter Server 还是 Linux 版本的 vCenter Server Appliance？还有人问，单台 vCenter Server 能支持多少台主机、多少台主虚拟机？在 vSphere 6.0.0 及其以前的版本中，我推荐采用 Windows 版本的 vCenter Server，而从 vSphere 6.5.0 开始则推荐采用 Linux 版本的 vCenter Server Appliance，并且是单台虚拟机的配置。

在 VMware 的官方文档中，vCenter Server 支持的主机与虚拟机数量取决于 vCenter Server 虚拟机的配置，在超大型的环境中，为 vCenter Server 虚拟机分配 24 个 vCPU、48GB 内存时，vCenter Server 最多可以管理 2000 台主机、35000 台虚拟机，这足以满足大型虚拟化环境的需求。在"微型"环境中，为 vCenter Server 虚拟机分配 2 个 vCPU、10GB 内存时，vCenter Server 可以管理 10 台主机、100 台虚拟机，这可以满足大多数的小型虚拟化环境或用于实验环境。

【说明】在本书的后续章节中，如无特别指定或说明，vCenter Server 既包括运行在 Windows Server 中的 vCenter Server，也包括预发行的 Linux 版本的 vCenter Server Appliance。

vCenter Server 充当连接到网络的 VMware ESXi 主机的中心管理员的服务。vCenter Server 指导虚拟机和虚拟机主机（ESXi 主机）上的操作。

vCenter Server 是一种 Windows 或 Linux 服务，安装后自动运行。vCenter Server 在后台持续运行。即使没有连接任何 vSphere Web Client，也没有用户登录到 vCenter Server 所在的计算机，vCenter Server 也可执行监控和管理活动。它必须可通过网络访问其管理的所有主机，且运行 vSphere Web Client 的计算机必须能通过网络访问此服务器。

可以将 vCenter Server 安装在 ESXi 主机上的 Windows 虚拟机中，使其能够利用 VMware HA 提供的高可用性。

从 vSphere 6.5 开始，所有 vCenter Server 服务以及部分 Platform Services Controller 服

务将作为 VMware Service Lifecycle Manager 服务的子进程运行。

自 vSphere 6.5 起，VMware 将不再提供可安装的 vSphere Client（在 vSphere 6.0 和更早版本中提供的客户端之一）。vSphere 6.5 不支持此客户端，也不在产品下载中提供。vSphere 6.5 引入了新的基于 HTML5 的 vSphere Client，它与 vSphere Web Client 一起随 vCenter Server 提供。vSphere 6.5 版本中的 vSphere Client 并未实现 vSphere Web Client 中的所有功能。

vSphere 6.0 中引入的跨 vCenter 置备不支持跨 vCenter Server 版本进行操作。不支持在不同版本的 vCenter Server 之间执行的跨 vCenter 置备操作包括 vMotion、冷迁移和克隆。例如，不支持从 vCenter Server 6.0 到 vCenter Server 6.5 的 vMotion 操作，反之亦然。

vSphere 6.5 版本不再提供 VMware vCenter Operations Foundation 5.8.x，也不再支持与其互操作或为其提供相关支持。如果要继续使用 vCenter Operations Foundation 5.8.x 产品，则只能使用 vSphere 5.5 和 vSphere 6.0。

vSphere 6.5 是支持操作系统二进制转换模式虚拟化的最终版本。将来的 vSphere 版本不再包括二进制转换模式。

vSphere 6.5 是最后一个支持基于软件的内存虚拟化的版本。将来的 vSphere 版本不再支持基于软件的内存虚拟化。

用户无法在 vCenter Server 6.5 和 ESXi 6.5 主机上新建旧版（记录和重放/单处理器）Fault Tolerance 虚拟机。如果希望继续运行旧版 Fault Tolerance 虚拟机，应继续使用 ESXi 6.0 或更低版本。现有的旧版 Fault Tolerance 虚拟机在 6.5 版本之前的 ESXi 主机上继续受支持，并且可由 vCenter Server 6.5 进行管理。

如果要将 ESXi 主机升级到 6.5，应在升级之前先关闭（而不仅仅是禁用）受保护虚拟机上的旧版 Fault Tolerance。不会在虚拟机上自动启用 SMP-FT（多处理器 Fault Tolerance）。必须在新升级的 ESXi 6.5 主机上手动为虚拟机启用 Fault Tolerance（即 SMP-FT）。

3.2.1　Platform Services Controller

vCenter Server 是 vSphere 的核心管理工具，但 vCenter Server 需要 Platform Services Controller 的支持。从 vSphere 6.0 开始，运行的 vCenter Server 和 vCenter Server 组件的所有必备服务都在 VMware Platform Services Controller 中进行捆绑。

可以部署具有嵌入式或外部 Platform Services Controller 的 vCenter Server 或 vCenter Server Appliance，或安装具有嵌入式或外部 Platform Services Controller 部署的适用于 Windows 的 vCenter Server。用户也可以将 Platform Services Controller 作为设备部署，或者将其安装在 Windows 上。如有必要，可以使用混合操作系统环境。

如果详细介绍 vCenter Server 和 Platform Services Controller 的部署类型则过于理论化，对于大多数的 vSphere 数据中心管理员来说，部署单台 vCenter Server（即集成了 Platform Services Controller 的 vCenter Server 或 vCenter Server Appliance）能够满足大多数的需要即可。

在 Windows 上运行的 vCenter Server、预置备的 vCenter Server Appliance 和 ESXi 实例的系统，必须满足特定的硬件和操作系统要求。下面简单介绍系统需求。

3.2.2 vCenter Server for Windows 要求

要在 Windows 虚拟机或物理服务器上安装 vCenter Server，系统必须满足特定的硬件和软件要求。

（1）同步计划安装 vCenter Server 和 Platform Services Controller 的虚拟机的时钟。

（2）确认虚拟机或物理服务器的 DNS 名称与实际的完整计算机名称相匹配。

（3）确认要安装或升级 vCenter Server 的虚拟机或物理服务器的主机名称符合 RFC 1123 准则（NetBIOS 名称 15 个字符，主机名每个标签 63 个字符，每个 FQDN 255 个字符，例如 abcd15.def63.a-63_255）。

（4）确认要安装 vCenter Server 的系统不是 Active Directory 域控制器。

（5）如果 vCenter Server 服务正在"本地系统"账户之外的用户账户中运行，应确认运行 vCenter Server 服务的用户账户拥有以下权限：

- 管理员组的成员；
- 作为服务登录；
- 以操作系统方式执行（如果该用户是域用户）。

（6）如果用于 vCenter Server 安装的系统属于工作组而不属于域，则并非所有功能都可用于 vCenter Server。如果系统属于工作组，则 vCenter Server 系统在使用一些功能时，将无法发现网络上可用的所有域和系统。安装后，如果希望添加 Active Directory 标识源，则主机必须连接域。

（7）验证"本地服务"账户是否对安装了 vCenter Server 的文件夹和 HKLM 注册表具有读取权限。

（8）确认虚拟机或物理服务器与域控制器之间的连接正常。

在运行 Microsoft Windows 的虚拟机或物理服务器上安装 vCenter Server 时，系统必须满足特定的硬件要求。

vCenter Server 和 Platform Services Controller 可以安装在同一台虚拟机或物理服务器上，也可以安装在不同的虚拟机或物理服务器上。在安装具有嵌入式 Platform Services Controller 的 vCenter Server 时，应将 vCenter Server 和 Platform Services Controller 安装在同一台虚拟机或物理服务器上。在安装具有外部 Platform Services Controller 的 vCenter Server 时，应首先将包含所有必要服务的 Platform Services Controller 安装到一台虚拟机或物理服务器上，然后再将 vCenter Server 和 vCenter Server 组件安装到另一台虚拟机或物理服务器上。表 3-2-1 是在 Windows 计算机上安装 vCenter Server 的建议最低硬件要求。

表 3-2-1　在 Windows 计算机上安装 vCenter Server 6.5.0 的建议最低硬件要求

	Platform Services Controller	微型环境（最多 10 台主机、100 台虚拟机）	小型环境（最多 100 台主机、1000 台虚拟机）	中型环境（最多 400 台主机、4000 台虚拟机）	大型环境（最多 1000 台主机、10000 台虚拟机）	超大型环境（最多 2000 台主机、35000 台虚拟机）
CPU 数目/个	2	2	4	8	16	24
内存/GB	4	10	16	24	32	48

vCenter Server 需要使用数据库存储和组织服务器数据。每个 vCenter Server 实例必须具有自身的数据库。对于最多使用 20 台主机、200 台虚拟机的环境，可以使用捆绑的 PostgreSQL 数据库，vCenter Server 安装程序可在 vCenter Server 安装期间安装和设置该数据库。较大规模的安装要求为环境大小提供一个受支持的外部数据库。

vCenter Server 安装过程中，需要选择安装嵌入式数据还是将 vCenter Server 系统指向任何现有的受支持数据库。vCenter Server 支持 Oracle 和 Microsoft SQL Server 数据库。

vCenter Server 6.5.0 支持的数据库及最低版本如下：

SQL Server 2008 R2 SP1、SP2、SP3
SQL Server 2012 SP1、SP2、SP3
SQL Server 2014

Oracle 11g 企业版，Release 2[11.2.0.3]

Oracle 12C, Release 1 [12.1.0.1.0]

关于 vCenter 与支持的数据库版本，可以在 "https://www.vmware.com/resources/compatibility/sim/interop_matrix.php#db&2=2132" 查询。

3.2.3　vCenter Server Appliance 需求

vCenter Server Appliance 可在运行 ESXi 5.1.x 或更高版本的主机上。在部署 vCenter Server Appliance 之前，应同步 vSphere 网络上所有虚拟机的时钟。如果时钟未同步，可能会产生验证问题，也可能会使安装失败或使 vCenter Server 服务无法启动。

在部署 vCenter Server Appliance 时，可以选择部署适合 vSphere 环境大小的 vCenter Server Appliance。选择的选项将决定 vCenter Server Appliance 所拥有的 CPU 数量和内存大小。CPU 数量和内存大小等硬件要求取决于 vSphere 清单的大小，如表 3-2-2 所列。

表 3-2-2　　　　　　VMware vCenter Server Appliance 6.5.0 的硬件要求

	Platform Services Controller	微型环境（最多 10 台主机、100 台虚拟机）	小型环境（最多 100 台主机、1000 台虚拟机）	中型环境（最多 400 台主机、4000 台虚拟机）	大型环境（最多 1000 台主机、10000 台虚拟机）	超大型环境（最多 2000 台主机、35000 台虚拟机）
CPU 数目/个	2	2	4	8	16	24
内存/GB	4	10	16	24	32	48
默认存储大小/GB	60	250	290	425	640	980
大型存储大小/GB		775	820	925	990	1030
最 大 型存储大小/GB		1650	1700	1805	1870	1910

【说明】在部署 vCenter Server Appliance 的时候，如果要考虑将来的扩展需求，可以先选择比当前应用高一级或更高一级的配置，在部署完成后，关闭 vCenter Server Appliance 虚拟机，修改虚拟机的内存与配置适合当前的环境即可，等以后 vSphere 环境扩充时，只

需要增加 vCenter Server Appliance 虚拟机的内存与 CPU 即可满足需求。例如在初始的时候只有 10 台以下主机，正常情况下选择"微型环境"即可满足需求，但在部署时可以选择"小型"或"中型"环境，等部署完成后关闭虚拟机，将虚拟机改为 2 个 vCPU、16GB 并重新启动，就能够符合当前的需求。

【注意】在部署 vCenter Server Appliance 时，需要设置 root 用户的初始密码。默认情况下，该密码在 365 天后过期。为了安全起见，可以更改 root 密码以及密码过期设置。关于密码修改，可参见第 3.4.14 节"修复 root 密码永不过期"中的内容。

另外，从 vSphere 6.5 开始，vCenter Server Appliance 支持高可用性，vCenter Server Appliance 和 Platform Services Controller 设备支持基于文件的备份和还原。

3.2.4　vCenter Server 的 DNS 要求

在部署 vCenter Server（或 vCenter Server Appliance）时，要将系统的 DNS 名称注册为"主网络标识符"，并且在部署完成之后无法更改。所以这要求在部署 vCenter Server 的时候，需要为 vCenter Server 规划 DNS 名称，并且网络中有可用的 DNS 服务器同时将 DNS 名称解析为当前 vCenter Server 的 IP 地址。例如，在我的网络中：

（1）DNS 域名为 heinfo.edu.cn，DNS 服务器的 IP 地址为 172.18.96.1。

（2）为 vCenter Server 规划的名称为 vcsa，为 vCenter Server 规划的 IP 地址为 172.18.96.222。

（3）在 172.18.96.1 的 heinfo.edu.cn 的 DNS 管理中，创建名为 vcsa 的 A 记录，使其指向 172.18.96.222。同时创建 PTR 记录。

（4）在部署 Windows 版本的 vCenter Server 时，将计算机的名称设置为 vcsa 并添加域名后缀为 heinfo.edu.cn，设置 IP 地址为 172.18.96.222，设置 DNS 为 172.18.96.1。在部署 vCenter Server Appliance 时，设置 vCenter 的名称为 vcsa.heinfo.edu.cn，设置 IP 地址为 172.18.96.222。

（5）在部署完成后，通过 https://vcsa.heinfo.edu.cn/vsphere-client 进行管理。

在上述正常的部署情况下，以后如果要更改 vCenter Server 的 IP 地址，在 vCenter Server 的计算机中或 vCenter Server Appliance 的管理控制台中，为 vCenter Server 设置新的 IP 地址、子网掩码、DNS 即可。

但是，如果网络中没有 DNS 服务器，在无法为 vCenter 分配 DNS 名称时，可以用 IP 地址注册"主网络标识符"。在使用 IP 地址用作主网络标识符后，无法更改 vCenter Server 的 IP 地址。

如果要验证 vCenter Server 的 FQDN 是否可解析，可在 Windows 命令提示符中，运行 nslookup 命令。

```
nslookup -nosearch -nodefname your_vCenter_Server_FQDN
```

如果 FQDN 可解析，则 nslookup 命令会返回 vCenter Server 虚拟机或物理服务器的 IP 地址和名称。如图 3-2-1 所示。

```
C:\Users\WangChunHai>nslookup -nosearch -nodefname 172.18.96.222 172.18.96.1
服务器:  SERVER.heinfo.edu.cn
Address:  172.18.96.1

名称:    vcsa.heinfo.edu.cn
Address:  172.18.96.222

C:\Users\WangChunHai>nslookup -nosearch -nodefname vcsa.heinfo.edu.cn 172.18.96.1
服务器:  SERVER.heinfo.edu.cn
Address:  172.18.96.1

名称:    vcsa.heinfo.edu.cn
Address:  172.18.96.222
```

图 3-2-1　验证 FQDN 或 IP 地址

3.3　安装和部署 vCenter Server 6.5

本节分别介绍 Windows 版本 vCenter Server 与 Linux 版本 vCenter Server Appliance 的内容。

本节使用 vSphere vCenter 6.5.0 U1 版本，版本号为 6.5.0-5973321。其中，Windows 版本的文件名为 VMware-VIM-all-6.5.0-5973321.iso，大小为 2.38GB；Linux 版本的文件名为 VMware-VCSA-all-6.5.0-5973321.iso，大小为 3.44GB。

3.3.1　安装 vCenter Server 6.5

对于 Windows 版本的 vCenter Server，可以安装在物理服务器或虚拟机中，但是在大多数的情况下，vCenter Server 安装在受其管理的 ESXi 虚拟机中。只有在 ESXi 主机配置较低的情况下，才会将 vCenter Server 安装在物理服务器。但在 vSphere 6.5 的时代，每台 ESXi 主机的配置都不会太低，所以在现在以及将来的应用中，vCenter Server 6.5 主要是安装在虚拟机中。但无论是安装在物理机还是虚拟机，安装的步骤、顺序都是相同的。

（1）在物理机或虚拟机安装宿主 Windows Server 操作系统，例如 Windows Server 2008 R2、Windows Server 2012 或 Windows Server 2012 R2、Windows Server 2016。这台物理机或虚拟机要求是"纯净"的版本，安装系统后，将 IE（对于 Windows Server 2008 R2 来说）升级到版本 11，并安装 flash 插件。其他的软件，例如 Windows Server 自带的 IIS 以及第三方的软件，例如杀毒软件、安全卫士等，都不要安装。只安装基本的软件，例如 WinRAR、虚拟光驱软件、常用的输入法即可。

（2）规划 vCenter Server 是使用 SQL Server 还是 Oracle 数据库，还是使用 vCenter 集成的数据库（PostgreSQL 数据库）。在大多数的情况下，使用 vCenter Server 6.5 安装程序中集成的数据库即可满足需求。

（3）加载 vCenter Server 6.5 的安装光盘，安装 vCenter Server。

在安装 vCenter Server 之后，只有用户 administrator@vsphere.local 具有登录到 vCenter Server 系统的特权。administrator@vsphere.local 用户可以执行以下任务：

- 将在其中定义了其他用户和组的标识源添加到 vCenter Single Sign-On 中。
- 将角色分配给用户和组以授予其特权。

【说明】在 vSphere 5.5 中，此用户为 administrator@vsphere.local。

在 vSphere 5.5 中，vsphere.local 是安装 vCenter Server 时指定的域名。在 vSphere 6.0 中，安装 vCenter Server 或使用新的 Platform Services Controller 部署 vCenter Server Appliance 时，

可以更改 vSphere 域，但大多数管理员习惯沿用这个域名。如果在安装的过程中可以设置其他域名，不要使用与 Microsoft Active Directory 域名（例如我的网络中的 Active Directory 域名是 heinfo.edu.cn），也不要用 vCenter 能访问到的真实存在的域名。例如 heuet.com 是我经常实验所用的域名，该域名在 Internet 上有效并且可以访问。这些域名都不能使用。

本节将介绍在 Windows Server 服务器（虚拟机或物理机）安装 vCenter Server 的内容。在本节的内容中，将使用 vCenter Server 安装程序集成的数据库，并且安装"具有嵌入式 Platform Services Controller 的 vCenter Server"，即在一台物理机（或虚拟机）中安装 vCenter Server。

在实际的生产环境中，安装 vCenter Server 需要规划 vCenter 的域名、IP 地址。在本示例中，将使用图 3-3-1 所示的拓扑。

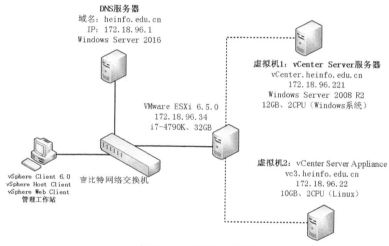

图 3-3-1   实验拓扑图

当前网络拓扑共有 3 台主机：

1 台 172.18.96.1 的物理服务器，这是 Active Directory 域控制器，充当 DNS 角色。

1 台 ESXi 主机，在本示例中将分别用来安装 Windows 版本的 vCenter Server 及 Linux 版本的 vCenter Server Appliance。这 2 个 vCenter Server 的域名分别规划为 vCenter 及 vc3，对应的 IP 地址分别为 172.18.96.221 与 172.18.96.22。

1 台管理工作站，用于管理 ESXi、在 ESXi 中部署 vCenter Server。

图 3-3-1 中各服务器的 IP 地址、域名如表 3-3-1 所列。

表 3-3-1   实验拓扑中各服务器的名称、作用等相关信息

用　　途	域　　名	IP 地址	描　　述
DNS 服务器	heinfo.edu.cn	172.18.96.1	物理机，Windows Server 2016 操作系统，DNS 服务器，域控制器
vCenter	vCenter.heinfo.edu.cn	172.18.96.221	虚拟机 1，Windows Server 2008 R2，安装具有嵌入式 Platform Services Controller 的 vCenter Server
vc3	vcsa.heinfo.edu.cn	172.18.96.22	虚拟机 2，部署基于 Linux 的 vCenter Server Appliance

在实验之前，配置 DNS 服务器，在 DNS 服务器中各 A 记录创建情况如图 3-3-2 所示。各个 A 记录的信息如表 3-3-2 所列。

图 3-3-2　DNS 服务器设置

表 3-3-2　　　　　　　　　　本次实验中各 A 记录的名称与对应的 IP 地址

计算机名称	IP 地址	用　　途
vCenter	172.18.96.221	Platform Services Controller
vc3	172.18.96.22	Linux 的 vCenter Server

（1）使用 vSphere Client 登录到 ESXi，创建一台名为 vCenter-172.18.96.221 的虚拟机，为虚拟机分配 2 个 CPU、12GB 内存、60～120GB 的硬盘空间（如图 3-3-3 所示），在虚拟机中安装 Windows Server 2008 R2 企业版，将浏览器升级到 IE11，并安装版本为 16～23 的 Adobe Flash Player 插件。

（2）登录进入 vCenter Server 虚拟机，打开"系统属性"，更改计算机名称为 vCenter 后，单击"其他"按钮，在弹出的对话框，在"此计算机的主 DNS 后缀"中输入域名后缀。在此为 heinfo.edu.cn，如图 3-3-4 所示。

图 3-3-3　vCenter 虚拟机配置

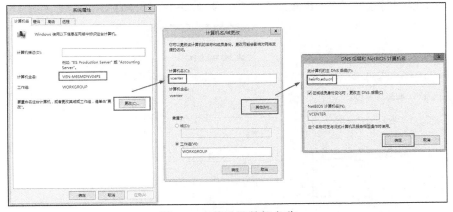

图 3-3-4　修改计算机名称

注意，在安装 vCenter Server 之前应规划好计算机名称和 IP 地址，在安装 vCenter Server 之后不要更改计算机名称和 IP 地址，否则 vCenter Server 将不能使用。

（3）修改计算机名称之后重新启动，让设置生效。再次进入系统，检查计算机名称是否更改，如图 3-3-5 所示。

【说明】安装 vCenter Server 的计算机，可以加入到 Active Directory 作为成员服务器，这样这台计算机将自动拥有 FQDN 名称。也可以不加入域，更改名称加入域后缀，实现 FQDN 名称。这也是通常推荐的方法（后文介绍这一方法）。如果没有 DNS 服务器，不使用 FQDN 而是使用 NetBIOS 名称也可以安装 vCenter Server，并且也可以使用。但需要使用 IP 地址访问 vCenter Server，所以在实际应用中并不推荐这种方法。

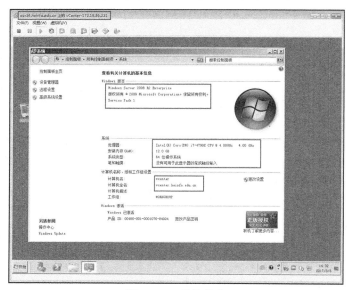

图 3-3-5　系统信息

（4）检查计算机名称之后，根据规划，设置 IP 地址为 172.18.96.221，DNS 为 172.18.96.1，如图 3-3-6 所示。如果你的配置信息与此不同，应根据你的实际情况配置。另外，在安装 vCenter Server 6.5.x 之前，应打开"服务器管理器→功能→添加功能"，选择".Net Framework 3.5.1"，但不要同时选择"WCF 激活"选项，如图 3-3-7 所示。

图 3-3-6　设置 IP 地址及 DNS

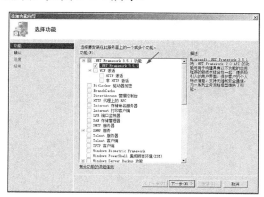

图 3-3-7　安装.Net Framework 3.5.1

（5）使用 vSphere Client 加载 vCenter Server 6.5.0 的安装 ISO，在虚拟机中运行 vCenter Server 安装程序，选择"适用于 Windows 的 vCenter Server"，单击"安装"按钮（如图 3-3-8 所示），进入 vCenter Server 安装程序向导，在"欢迎使用 VMware vCenter Server 6.5.0 安装程序"对话框单击"下一步"按钮，如图 3-3-9 所示。

（6）在"最终用户许可协议"对话框单击"我接受许可协议条款"单选按钮，单击"下一步"按钮，如图 3-3-10 所示。

（7）在"选择部署类型"对话框选择"vCenter Server 和嵌入式 Platform Services Controller"，如图 3-3-11 所示。

图 3-3-8　vCenter Server 安装程序

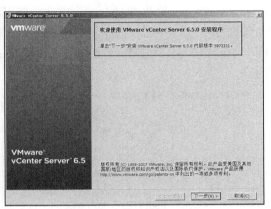

图 3-3-9　安装向导

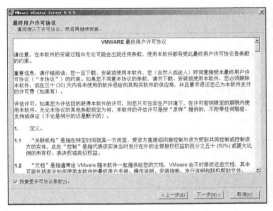

图 3-3-10　接受许可协议

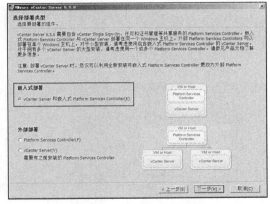

图 3-3-11　嵌入式部署

（8）在"系统网络名称"对话框输入安装 vCenter Server 计算机的 FQDN 名称，如果 FQDN 名称不可用，则需要输入 IP 地址。在此选择默认值 vCenter.heinfo.edu.cn，如图 3-3-12 所示。如果弹出"指定的名称可以解析为 IPv6，但是该名称无法在 DNS 找到……"的提示，单击"确定"即可。

（9）在"vCenter Single Sign-On 配置"对话框的"vCenter Single Sign-On 域名"文本框中为系统默认的域名 vsphere.local，在 vCenter Server 6.x 版本中，此名称可以由管理员设定。在此我们仍然使用 vsphere.local。之后在"vCenter Single Sign-On 密码"中输入管理员密码。在设置密码时，需要同时包括大写字母、小写字母、数字和特殊字符，长度最小 8

位。如图 3-3-13 所示。

（10）在"vCenter Server 服务账户"对话框，选择 vCenter Server 服务账户。如果选择"使用 Windows 本地系统账户"，则 vCenter Server 服务通过 Windows 本地系统账户运行，此选项可防止使用 Windows 集成身份验证连接到外部数据库。在此选择这一默认值，如图 3-3-14 所示。如果选择"指定用户服务账户"，则 vCenter Server 服务使用用户提供的用户名和密码在管理用户账户中运行，但用户提供的用户凭据必须是本地管理员组中具有"作为服务登录"特权的用户的凭据（后文有详细案例）。

（11）在"数据库设置"对话框配置此部署的数据库。如果选择"使用嵌入式数据库（VMware Postgres）"，则 vCenter Server 使用嵌入式 PostgreSQL 数据库，如图 3-3-15 所示。如果选择"使用外部数据库 vCenter Server 使用现有的外部数据库"，则需要提前在"数据源"中创建 DSN 连接到网络中已有的数据库，并从"DSN 名称"列表中刷新选择该 DSN 连接。

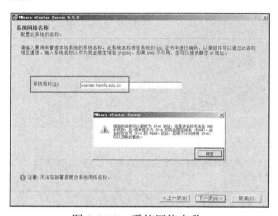

图 3-3-12　系统网络名称

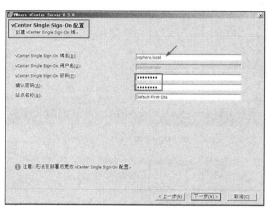

图 3-3-13　vCenter Single Sign-On 配置

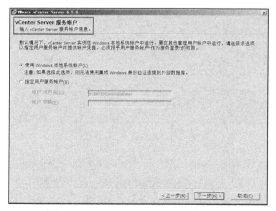

图 3-3-14　vCenter Server 服务账户

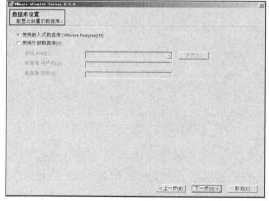

图 3-3-15　数据库设置

（12）在"配置端口"对话框中配置此部署的网络设置和端口，如图 3-3-16 所示。对于每个组件，接受默认端口号；如果其他服务使用默认值，则输入备用端口，但要确保端口 80 和 443 可用且为专用端口，以便 vCenter Single Sign-On 可以使用这些端口。否则，将在安装过程中使用自定义端口。

【说明】由于安装 vCenter Server 的是"专用"计算机，一般不会在该计算机上安装 IIS 或 Apache、Tomcat 等 Web Server 服务。如果安装了这些服务，应卸载这些服务，以免引起冲突。

（13）在"目标目录"选择安装 vCenter Server 和 Platform Services Controller 的安装位置。在此选择默认值即可，如图 3-3-17 所示。如果要更改默认目标文件夹，不要使用以感叹号（！）结尾的文件夹。

图 3-3-16　配置端口

图 3-3-17　安装文件夹

（14）在"准备安装"对话框检查安装设置摘要，无误之后单击"安装"按钮，开始安装，如图 3-3-18 所示。

（15）开始安装 vCenter Server，直到安装完成，如图 3-3-19 所示。可以单击"完成"按钮完成安装，也可以单击"启动 vSphere Web Client"启动 vSphere Web 客户端，以连接到 vCenter Server，这些稍后将进行介绍。

图 3-3-18　准备安装

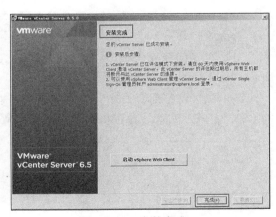

图 3-3-19　安装完成

如果未在 vCenter Server 6.x Windows 主机上安装.Net Framework 3.5，则在安装 vCenter Server 6.5.0 的时候将出现"安装组件 VCSServiceManager 失败并显示错误代码'1603'"的提示，如图 3-3-20 所示。此时应先安装.Net Framework 3.5，

图 3-3-20　错误代码 1603

并重新启动安装程序。

3.3.2　部署 vCenter Server Appliance 6.5

选择部署具有嵌入式 Platform Services Controller 的 vCenter Server Appliance 时，可以将 Platform Services Controller 和 vCenter Server 作为一个设备进行部署。

在本节中，我们将在一台 Windows 计算机中，通过网络连接到 VMware ESXi 6，部署具有嵌入式 Platform Services Controller 的 vCenter Server Appliance（即在一台虚拟机中，同时部署 Platform Services Controller 和 vCenter Server Appliance），实验拓扑如图 3-3-1 所示。

（1）在网络中的一台 Windows 7 计算机中，加载 VMware-VCSA-all-6.5.0-5973321.iso 的镜像，执行光盘\vcsa-ui-installer\win32\目录中的 installer.exe 程序，进入安装界面，在右上角选择"简体中文"，然后单击"安装"链接开始安装，如图 3-3-21 所示。

图 3-3-21　安装 vCenter Server Appliance

（2）在"选择部署类型"中选择"嵌入式 Platform Services Controller"，如图 3-3-22 所示。

（3）在"设备部署目标"对话框输入要承载的 ESXi 主机。在本示例中为 172.18.96.34 的 ESXi 主机，输入这台主机的用户名及密码，如图 3-3-23 所示。

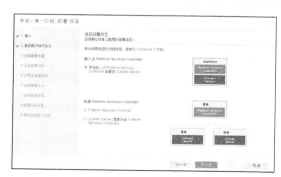

图 3-3-22　部署类型

图 3-3-23　设备部署目标

（4）在"设置设备虚拟机"对话框设置要部署设备的虚拟机名称、root 密码，如图 3-3-24 所示。

（5）在"选择部署大小"中为此具有嵌入式 Platform Services Controller 部署的 vCenter Server 选择部署大小。以前有读者问我，使用 vCenter Server Appliance 能管理多少台虚拟机、能管理多大的环境。在此部署大小中可以看到，

图 3-3-24　设置设备虚拟机

如果选择"超大型"部署，则最多支持 2000 台主机、3.5 万台虚拟机。这一部署足以满足大多数企业的需求。在本示例中选择"微型"部署，此部署支持 10 台主机、100 台虚拟机，可以满足实验需求。如图 3-3-25 所示。如果以后 vCenter Server Appliance 要管理更多的主机，但初期管理的主机、虚拟机数较少，可以选择中型、大型或超大型部署，在部署完 vCenter 关闭虚拟机后，修改虚拟机的内存与 CPU 到小型或微型，以后如果需要管理更多的 vSphere 环境，加大 vCenter Server Appliance 虚拟机的内存与 CPU 即可。

（6）在"选择数据存储"对话框为此 vCenter 选择存储位置，如图 3-3-26 所示。

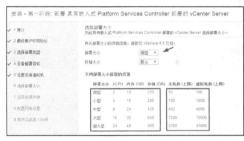

图 3-3-25　选择部署大小

图 3-3-26　选择数据存储

【说明】在新版本的 vCenter Server Appliance 6.5 中，可以将 vCenter Server Appliance 安装在包含目标主机的新 vSAN 群集上。在部署 vCenter Server Appliance 时可以创建一个 vSAN 群集，然后将该设备托管到群集上。vCenter Server Appliance 安装程序可以创建一个从主机声明磁盘的单主机 vSAN 群集。vCenter Server Appliance 部署在该 vSAN 群集上。

（7）在"配置网络设置"对话框中为将要部署的 vCenter 配置网络参数，这包括系统名称、IP 地址、子网掩码、网关与 DNS。vCenter Server 需要采用 DNS 名称，所以在网络中需要有 DNS 服务器，并为 vCenter Server 规划一个 DNS 名称，同时将此名称在 DNS 中进行解析。在当前示例中，在 heinfo.edu.cn 的 DNS 中创建一个 vc3 的 A 记录，指向 172.18.96.22（如图 3-3-27 所示）。在配置好 DNS 解析之后，设置系统名称等参数，如图 3-3-28 所示。在本示例中，系统名称为 vc3.heinfo.edu.cn，IP 地址为 172.18.96.22。

（8）在"即将完成第 1 阶段"对话框中显示了部署详细信息，检查无误之后单击"完成"按钮，如图 3-3-29 所示。

（9）开始部署 vCenter Server Appliance，直到部署完成，如图 3-3-30 所示。单击"继续"按钮开始第二阶段部署。

图 3-3-27　创建 A 记录

图 3-3-28　配置网络设置

图 3-3-29　即将完成第一阶段部署

图 3-3-30　第一阶段部署完成

（10）开始第二阶段的部署，如图 3-3-31 所示。

（11）在"设备配置"对话框中设置时间同步模式以及是否启用 SSH 访问，如图 3-3-32 所示。在本示例中选择"与 ESXi 主机同步时间"。

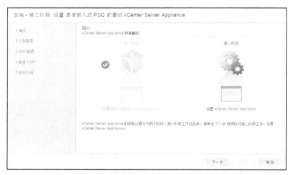

图 3-3-31　第二阶段部署

图 3-3-32　设备配置

（12）在"SSO 配置"对话框设置 SSO 域名（在此设置为 vsphere.local）、用户名（默认为 administrator）和密码（需要至少设置 1 个大写字母、1 个小写字母、1 个数字、1 个特殊字符并且长度在 8 个字符），如图 3-3-33 所示。

（13）在"即将完成"中显示第二阶段的设置，检查无误之后单击"完成"按钮，如图 3-3-34 所示。

图 3-3-33 SSO 配置

图 3-3-34 即将完成第二阶段部署

（14）单击"完成"按钮之后开始设置 vCenter Server Appliance，设置完成之后显示 vSphere Web Client 登录页面、设备入门页面，如图 3-3-35 所示。至此 vCenter Server Appliance 部署完成。

之后登录 vSphere Web Client 页面，第一次登录时需要添加 vCenter Server、ESXi，添加 vCenter 与 ESXi 许可证等，并创建数据中心、创建群集。这些将在后文介绍。

图 3-3-35 部署 vCenter Server Appliance 完成

3.4 vSphere Web Client 基础操作

在安装好 vCenter Server 6.5.x 版本之后，接下来的主要工作有：

（1）添加 vSphere 许可（包括 vCenter Server 与 ESXi 许可，并为 vCenter 分配许可）；

（2）创建数据中心；

（3）将当前网络中的 ESXi 添加到 vCenter Server，并记下每台主机 CPU 支持的 EVC 模式；

（4）创建群集（HA），并根据所有主机支持的 EVC，选择合适的 EVC；

（5）将主机移入群集（HA）；

（6）配置 vSphere 网络、统一命名存储、添加共享存储；

（7）管理 vSphere 网络。

在开始 vCenter Server 的具体操作之前，先简单介绍 vSphere 数据中心的物理拓扑、逻辑拓扑以及 vSphere 清单对象，之后通过具体的实例进行介绍。

3.4.1 vSphere 数据中心的物理拓扑

典型的 VMware vSphere 数据中心由服务器、存储设备、网络设备组建而成，例如，X86 虚拟化服务器、存储网络和阵列、IP 网络、管理服务器和桌面客户端。vSphere 数据中心拓扑一般包括下列组件。

（1）计算服务器。在裸机上运行 ESXi 的业界标准 X86 服务器。ESXi 软件为虚拟机提供资源，并运行虚拟机。每台计算服务器在虚拟环境中均称为独立主机。可以将许多配置相似的 X86 服务器组合在一起，并与相同的网络和存储子系统连接，以便提供虚拟环境中的资源集合（称为群集）。

（2）存储网络和阵列。光纤通道 SAN 阵列、iSCSI SAN 阵列和 NAS 阵列是广泛应用的存储技术，VMware vSphere 支持这些技术以满足不同数据中心的存储需求。存储阵列通过存储区域网络连接到服务器组并在服务器组之间共享。此安排可实现存储资源的聚合，并在将这些资源置备给虚拟机时使资源存储更具灵活性。传统的数据中心需要这些共享存储，而在"超融合"架构中，由 X86 服务器本地硬盘（SSD 及 HDD 组成的磁盘组）以及 vSAN 网络组成的"vSAN 群集"提供了共享存储，所以在"超融合"架构中，不再需要共享存储设备。

（3）IP 网络。每台计算服务器都可以有多个物理网络适配器，为整个 VMware vSphere 数据中心提供高带宽和可靠的网络连接。在 vSphere 数据中心中，管理网络（管理 ESXi 主机）、生产网络（承载虚拟机网络流量）、存储网络（vSAN 网络、FC 或 iSCSI 连接）需要互相分开。

（4）vCenter Server。vCenter Server 为数据中心提供单一控制点，它提供基本的数据中心服务，如访问控制、性能监控以及配置。它将各台计算服务器的资源统一在一起，使这些资源在整个数据中心中的虚拟机之间共享。其原理是：根据系统管理员设置的策略，管理虚拟机到计算服务器的分配，以及资源到给定计算服务器内虚拟机的分配。

在 vCenter Server 无法访问（例如，网络断开）的情况下（这种情况极少出现），计算服务器仍能继续工作。ESXi 服务器可单独进行管理，并根据上次设置的资源分配继续运行分配给它们的虚拟机。当 ESXi 服务器恢复与 vCenter Server 的连接后，可以再次将数据中心作为一个整体进行管理。

（5）管理客户端。VMware vSphere 为数据中心管理和虚拟机访问提供多种界面，这些界面包括 vSphere Web Client（用于通过 Web 浏览器访问）或 vSphere 命令行界面（vSphere CLI）。在 vSphere 6.5.0 之前的版本，还有传统的 C#客户端，称为 vSphere Client。但从 vSphere 6.5.0 开始，VMware 不再提供 vSphere Client 6.5.0，原来的 vSphere Client 6.0.0 将不能连接 vCenter Server 6.5.0，但可以使用 vSphere Client 6.0.0 连接 ESXi 6.5.0 并对其进行基本的管理。

3.4.2　vSphere 数据中心的逻辑拓扑

在开始学习 vCenter Server 的管理与配置之前，先介绍 vSphere 数据中心的"逻辑拓扑"。vSphere 数据中心的逻辑拓扑或逻辑架构如图 3-4-1 所示。

（1）在一个物理 vSphere 数据中心（例如某单位数据中心机房），可以有多个 vCenter Server。

（2）每个 vCenter Server 可以创建一到多个"逻辑"的"数据中心"。例如图 3-4-1 中的"vCenter Server 1"创建了"数据中心 11"和"数据中心 12"共 2 个数据中心。

（3）在"数据中心"这个逻辑架构下可以创建一到多个"群集"，也可以不创建"群集"，直接将 ESXi 主机添加到"数据中心"，例如图 3-4-1 中的"ESXi 主机 01"。例如"数据中心 11"创建了"群集 111"和"群集 112"共 2 个群集，"数据中心 12"创建了"群集 121"和添加了"ESXi 主机 01"。

（4）每个群集中可以添加一到多台 ESXi 主机（当然也可以不添加主机，但这时的群集无意义）。例如"群集 111"添加了"ESXi 主机 11"和"ESXi 主机 12"，"群集 112"添加了"ESXi 主机 13"和"ESXi 主机 14"。

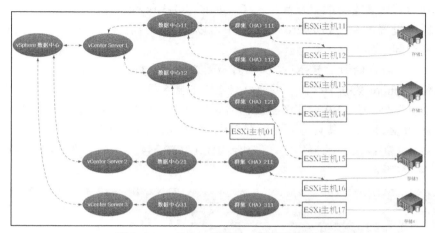

图 3-4-1　vSphere 数据中心的逻辑拓扑

（5）在启用 EVC 模式下，一般只有 CPU 相同的 ESXi 主机才添加进同一群集。或者说，添加到群集的 ESXi 主机，其 CPU 支持的 EVC 模式要"高于"群集配置的 EVC 模式。

（6）通常情况下，连接到同一共享存储的 ESXi 主机并且 EVC 相同的主机，添加到同一群集；当连接到同一存储的多台 ESXi 主机支持的 EVC 差距较大时，可以根据 EVC 支持模式不同，将其添加到不同的群集。

示例 1：一个群集一个主机的示例

在大多数情况下，一个 vSphere 数据中心会配置 1 个 vCenter Server，并且在 vCenter Server 中创建 1 个数据中心，在数据中心中添加多个 ESXi 主机，这些 ESXi 主机具有相同的 CPU、相同或相近的内存。如图 3-4-2 所示。

图 3-4-2　某 vSphere 数据中心逻辑拓扑

图 3-4-2 中，在 vCenter Server 中创建了一个名为"HP"的数据中心，在 HP 的数据中心中有一个名为 HA 的群集、1 台 IP 地址为 172.30.5.238 的 ESXi 主机。其中在名为 HA 的群集中有 3 台主机，IP 地址分别为 172.30.5.231、172.30.5.232、172.30.5.233。

如果要查看某台主机所支持的 EVC 模式，可在左侧选中主机，在"摘要"中单击"VMware EVC 模式"右侧的"🖵"图标，在弹出的对话框中依次记下其支持的 EVC 模式，以最后一列为其所能支持的"最高"EVC，如图 3-4-3 所示。

进入群集设置，在"VMware EVC"中可以看到，当前 VMware EVC 模式与图 3-4-3 中最后一列相同，如图 3-4-4 所示。

示例 2：相同存储由于 ESXi 主机不同而划分到 2 个群集的示例

某单位 vSphere 数据中心，一共有 9 台 ESXi 服务器、2 台存储，这 9 台服务器都能连接访问这 2 台存储。但这 9 台服务器的型号不同（4 台 IBM 3650 M2、1 台 IBM 3650 M3、4 台 IBM 3650 M4），故将其划分到 2 个群集中。其中 4 台 IBM 3650 M2 与 1 台 IBM 3650 M3 划分到名为"HA01-M2"的群集中，另 4 台 IBM 3650 M4 划分到名为"HA02-M4"的群集中。如图 3-4-5 所示。

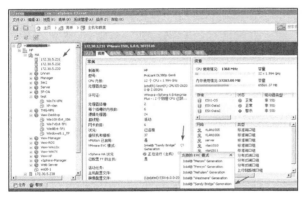

图 3-4-3　查看 ESXi 主机支持的 EVC 模式

图 3-4-4　查看群集设置→VMware EVC

那么，这两个群集是怎么划分的呢？我们简单介绍一下。

（1）使用 vSphere Client 连接到 vCenter Server，创建"数据中心"，并将每个 ESXi 主机添加到数据中心，如图 3-4-6 所示。

（2）在将所有主机添加到"数据中心"后，查看并记录每台主机所能支持的最高 EVC 模式。先在左侧单击某个主机，在"摘要"中单击"VMware EVC 模式"右侧的"🖵"图标，在弹出的对话框中，依次记下其支持的 EVC 模式，以最后一列为其所能支持的"最高"EVC，如图 3-4-7 所示。此时其"VMware EVC 模式"为"已禁用"状态。

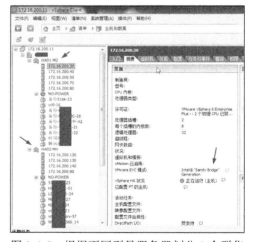

图 3-4-5　根据不同型号服务器划分 2 个群集

（3）根据记录，其中 4 台 IBM 3650 M2 最高支持到"Nehalem"，1 台 IBM 3650 M3 最高支持到"Westmere"模式，4 台 IBM 3650 M4 最高支持到"Sandy Bridge"模式。决定创建两个群集，其中将 M2 与 M3 放到一个名为"HA01-M2"的群集，其 EVC 选择"Intel Nehalem Generation"，创建名为"HA02-M4"的群集，其 EVC 选择"Intel Sandy Bridge Generation"，

如图 3-4-8 所示。

图 3-4-6　将 ESXi 主机添加到数据中心

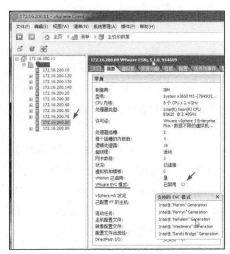

图 3-4-7　查看并记录每台主机的 EVC 模式

（4）创建之后，将对应的主机"拖拽"到对应的群集中，如图 3-4-9 所示。

图 3-4-8　选择 VMware EVC 模式

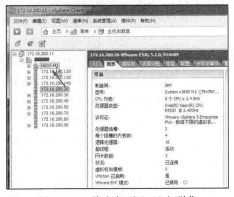

图 3-4-9　将主机移入对应群集

配置之后效果如图 3-4-5 所示，这些不一一介绍。关于群集、数据中心的操作，在后文将会有详细的介绍。

3.4.3　vSphere 受管清单对象

在 vSphere 中，清单是可对其设置权限、监控任务与事件并设置警报的虚拟和物理对象的集合。使用文件夹可以对大部分清单对象进行分组，从而更轻松地进行管理。

可以按用途重命名除主机之外的所有清单对象。例如，可按公司部门、位置或功能对它们进行命名。vCenter Server 监控和管理以下虚拟和物理基础架构组件。

（1）数据中心。与用于组织特定对象类型的文件夹不同，数据中心集合了在虚拟基础架构中开展工作所需的主机、虚拟机、网络和数据存储等所有不同类型的对象。在数据中心内，有 4 种独立的层次结构：

- 虚拟机（和模板）；
- 主机（和群集）；
- 网络；
- 数据存储。

数据中心定义网络和数据存储的命名空间。这些对象的名称在数据中心内必须唯一。例如，同一数据中心内不得有两个名称相同的数据存储，但两个不同的数据中心内可以有两个名称相同的数据存储。虚拟机、模板和群集在数据中心内不一定是唯一的，但在所在文件夹内必须唯一。

两个不同数据中心内具有相同名称的对象不一定是同一个对象。正因如此，在数据中心之间移动对象可能会出现不可预知的结果。例如，data_centerA 中名为 networkA 的网络可能与 data_centerB 中名为 networkA 的网络不是同一个网络。将连接至 networkA 的虚拟机从 data_centerA 移至 data_centerB 会导致虚拟机更改与其连接的网络。

受管对象也不能超过 214 个字节（UTF-8 编码）。

（2）群集。要作为一个整体运作的 ESXi 主机及关联虚拟机的集合。为群集添加主机时，主机的资源将成为群集资源的一部分。群集管理所有主机的资源。

如果在群集上启用 VMware EVC，则可以确保通过 vMotion 迁移不会因为 CPU 兼容性错误而失败。如果针对群集启用 vSphere DRS，则会合并群集内主机的资源，以允许实现群集内主机的资源平衡。如果针对群集启用 vSphere HA，则会将群集的资源作为容量池进行管理，以允许快速从主机硬盘故障中恢复。

（3）数据存储。数据中心中的基础物理存储资源的虚拟表示。数据存储是虚拟机文件的存储位置。这些物理存储资源可能来自 ESXi 主机的本地 SCSI 磁盘、光纤通道 SAN 磁盘阵列、iSCSI SAN 磁盘阵列或网络附加存储（NAS）阵列。数据存储隐藏了基础物理存储的特性，为虚拟机所需的存储资源呈现一个统一模式。

（4）文件夹。文件夹允许对相同类型的对象进行分组，从而轻松地对这些对象进行管理。例如，可以使用文件夹跨对象设置权限和警报并以有意义的方式组织对象。

文件夹可以包含其他文件夹或一组相同类型的对象，如数据中心、群集、数据存储、网络、虚拟机、模板或主机。例如，文件夹可以包含主机和含有主机的文件夹，但它不能包含主机和含有虚拟机的文件夹。

数据中心文件夹可以直接在 root vCenter Server 下形成层次结构，这使得用户可以采用任何便捷的方式对数据中心进行分组。每个数据中心内都包含一个虚拟机和模板文件夹层次结构、一个主机和群集文件夹层次结构、一个数据存储文件夹层次结构以及一个网络文件夹层次结构。

（5）主机。安装有 ESXi 的物理机。所有虚拟机都在主机上运行。

（6）网络。一组虚拟网络接口卡（虚拟网卡）、分布式交换机或 vSphere Distributed Switch 以及端口组或分布式端口组，将虚拟机相互连接或连接到虚拟数据中心之外的物理网络。连接同一端口组的所有虚拟机均属于虚拟环境内的同一网络，即使它属于不同的物理服务器。用户可以监控网络，并针对端口组和分布式端口组设置权限和警报。

（7）资源池。资源池用于划分主机或群集的 CPU 和内存资源。虚拟机在资源池中执行并利用其中的资源。可以创建多个资源池，作为独立主机或群集的直接子级，然后将其控制权委派给其他个人或组织。

vCenter Server 通过 DRS 组件，提供各种选项来监控资源状态并对使用这些资源的虚拟机进行调整或给出调整建议。用户可以监控资源，并针对它们设置警报。

（8）模板。虚拟机的主副本，可用于创建和置备新虚拟机。模板可以安装客户机操作系统和应用程序软件，并可在部署过程中自定义以确保新的虚拟机有唯一的名称和网络设置。

（9）虚拟机。虚拟化的计算机环境，可在其中运行客户机操作系统及其相关的应用程序软件。同一台受管主机上可同时运行多台虚拟机。

（10）vApp。vSphere vApp 是用于对应用程序进行打包和管理的格式。一个 vApp 可包含多台虚拟机。

3.4.4　学习环境介绍与信任根证书

为了简化学习环境，我们将在只有一台主机的 ESXi 的环境介绍 vCenter Server 的基本配置，对于更多 ESXi 主机的操作，与此类似。本节实验环境拓扑如图 3-4-10 所示。

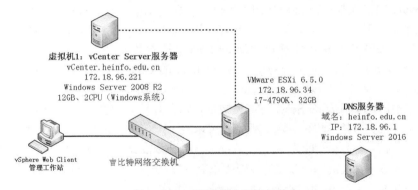

图 3-4-10　示例实验环境拓扑

首先使用 vSphere Client 登录 172.18.96.34 ESXi 主机，启动 vCenter Server 的虚拟机。等 vCenter Server 启动之后，使用 vSphere Web Client 登录 vCenter Server。

从 vSphere 6.5 开始，将使用 vSphere Web Client 连接到 vCenter Server 系统并管理 vSphere 清单对象。

vCenter Server 6.5 需要使用 vSphere Web Client 管理，所以要确保浏览器支持 vSphere Web Client。vSphere Web Client 支持的浏览器如表 3-4-1 所列。

表 3-4-1　　vSphere Web Client 支持的客户机操作系统和最低浏览器版本

操 作 系 统	浏 览 器
Windows	Microsoft Internet Explorer 版本 10.0.19 至 11.0.9600 Mozilla Firefox 版本 34 至 49 Google Chrome 版本 39 至 53
Mac OS	Mozilla Firefox 版本 34 至 49 Google Chrome 版本 39 至 53

vSphere Web Client 要求为浏览器安装 Adobe Flash Player 16 至 23 的版本。为获得最佳性能和安全修复，建议使用 Adobe Flash Player 23。在 Windows 8 及以上操作系统中已经集成 Flash，但在服务器版本例如 Windows Server 2012、Windows Server 2012 R2 中，默认并没有启用 Flash 插件，需要启用"桌面体验"功能才能启用 Flash 功能。

vSphere Web Client 支持中文、英文、日文等多语言并自适应浏览器客户端。但在某些时候，vSphere Web Client 侦测失败时会显示英文。例如在中文 Windows 10 中，使用 Chrome 浏览器时，显示为英文界面。

如果希望进行中英文切换，修改方法和 vSphere Client 端修改的方法相似，只需要在登录地址后面加入一个参数（需要全英文、半角输入）/? locale=en_US 或者/? locale=zh_CN 即可。例如 https://vcenter_name/vsphere-client/?locale=en_US 即可将本来是中文的登录界面改为英文。

基于 Web 方式的 vSphere Web Client，因为是基于 Web 的方式，所以在 Web 管理界面中，对于一些关键词、术语与功能可以添加"超链接"，管理员通过单击这些"超链接"就可以快速跳转到对应的功能或配置界面。这是基于 Web 管理方式最大的特点。另外，从 vSphere 5.5 开始，VMware 重点发展 vSphere Web Client，传统的 vSphere Client 不再发展。在 vSphere 的一些新功能、新特点，也只能通过 Web 客户端（vSphere Web Client）进行管理。

使用 vSphere Web Client 登录到 vCenter Server 的步骤如下。

（1）打开 Web 浏览器，输入 vSphere Web Client 的 URL 地址，该地址是 https://（vCenter Server 的 IP 地址或名称）/vsphere-client。如果不能记住后面的"vSphere-client"，可以直接在 Web 浏览器中输入 vCenter Server 的 IP 地址，则会弹出导航页，在此页面中单击"登录到 vSphere Web Client"链接（如图 3-4-11 所示），可以打开 vSphere Web Client 登录页，如图 3-4-12 所示。在本示例中，登录地址为 https://vcenter.heinfo.edu.cn/vsphere-client。你当前的计算机应该能将 vcener.heinfo.edu.cn 的域名解析成正确的 IP 地址 172.18.96.221。如果你当前计算机配置的 DNS 不能解析这个 IP 地址，则应用"记事本"打开"c:\windows\system32\drivers\etc\hosts"文件，添加如下一行：

```
172.18.96.221   vcenter.heinfo.edu.cn
```

【说明】在 vSphere 5.5 版本中，vSphere Web Client 的默认端口是 9443，而在 vSphere 6 中，该端口采用了默认的 SSL 的 443 端口。

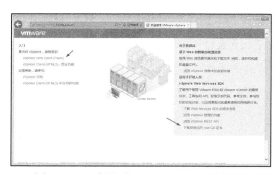

图 3-4-11　登录到 vCenter Server 导航页

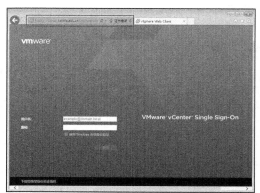

图 3-4-12　登录 vCenter Server

（2）在图 3-4-11 与图 3-4-12 中，可以看到"地址栏"都是红色的并且提示"证书错误"，这是因为没有信任"根证书"。在图 3-4-11 中，单击右侧的"下载受信任的 root CA 证书"链接，下载并保存一个名为 download.zip 的文件，将此文件解压缩展开，依次展开查看"download\certs\win"文件，里面有类似 5a6f5809.0.crt 与 crl 的文件（下载的文件名可能与此不同），如图 3-4-13 所示。

图 3-4-13　下载的根证书文件

我们需要将此根证书文件导入到"受信任的证书颁发机构"中。

（3）运行 mmc，添加"证书→计算机账户→本地计算机"，定位到"受信任的根证书颁发机构→证书"，右键单击"证书"，选择"所有任务→导入"，如图 3-4-14 所示。

（4）在"证书导入向导"中，浏览选择图 3-4-13 中的"5a6f5809.0.crt"文件（如图 3-4-15 所示）并导入。

图 3-4-14　导入

图 3-4-15　导入根证书

（5）关闭 IE 浏览器，重新输入 https://vcenter.heinfo.edu.cn/vsphere-client，此时地址栏中将不再出现"证书错误"的警告。在第一次登录时，应该使用安装"vCenter Single Sign-On"时设置的账户和密码，该账户默认为 administrator@vspherer.local，而该账户的密码是一个同时包括了大写字母、小写字母、数字、特殊字符并且长度至少为 8 位的复杂密码。如图 3-4-16 所示。

（6）当 vSphere 管理员不再使用 vCenter Server 或不再管理 vCenter Server 及 ESXi 时，为了安全，应注销当前与 vCenter Server 的连接。在 vSphere Web Client 会话的右上侧区域，显示的是当前登录的用户名，单击该用户名区域，在弹出的快捷菜单中选择"注销"命令，即可注销当前会话，如图 3-4-17 所示。

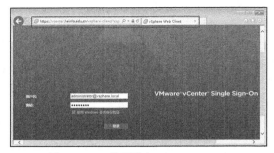

图 3-4-16　登录进入 vCenter Server　　　　图 3-4-17　注销

3.4.5　管理 vSphere 许可

在接下来的操作中，使用 vSphere Web Client 登录到 vCenter Server 管理 vSphere 许可，添加 vCenter Server 许可、VMware ESXi 许可。如果有其他需要添加的许可，例如 VSAN 许可，也可以一同添加。

（1）在第一次登录 vCenter Server 的时候，在最上页会有提示"清单中包含许可证已过期或即将过期的 vCenter Server 系统"，单击"×"关闭这条提示。之后单击" "选择"系统管理"，如图 3-4-18 所示。

（2）在左侧导航器中单击"许可证"，之后在右侧"许可证"选项卡中单击"+"链接，如图 3-4-19 所示。

图 3-4-18　系统管理　　　　图 3-4-19　许可证

【说明】在当前"许可证"列表为空，表示还没有添加 vSphere 许可证。添加许可证之后会在列表中显示。

（3）在"新许可证→输入许可证密钥"对话框的"许可证密钥"文本框中，输入要添加的许可证，例如 vCenter Server 及 vSphere ESXi 的许可证，每个许可证一行，如图 3-4-20 所示。可以一次添加多种 vSphere 产品的许可证。

（4）在添加了正确的许可证之后，单击"下一步"按钮进入"编辑许可证名称"对话框，会解码许可证的密钥，显示许可证产品名称，可以编辑许可证的名称或者使用默认值，如图 3-4-21 所示。从图中可以看出，当前添加的是 vCenter Server 6 标准版及 vSphere 6 企业增加版的许可证。

图 3-4-20　添加许可证

图 3-4-21　编辑许可证名称

（5）在"即将完成"对话框显示了要添加的许可证的信息，单击"完成"按钮，完成添加，如图 3-4-22 所示。

（6）添加之后，返回到 vSphere Web Client，在"许可证"选项卡中，可以看到添加的许可证，如图 3-4-23 所示。对于不需要的许可证，可以选中之后单击"×"删除，也可以单击" ✐ "进行编辑。

图 3-4-22　添加许可证完成

图 3-4-23　许可证清单

（7）在添加了许可证之后，将添加的许可证分配给当前的 vCenter Server。在"资产→vCenter Server 系统"选项卡中，右键单击当前的 vCenter Server 系统，在弹出的快捷菜单中选择"分配许可证"，如图 3-4-24 所示。

【说明】在分配之前，当前 vCenter Server 的许可证状态为"Evaluation Mode（试用模式）"。

（8）在"分配许可证"对话框中显示可用的许可证，选中"许可证 1"（或其他名称），为 vCenter Server 分配许可证，如图 3-4-25 所示。单击"确定"按钮完成分配。

图 3-4-24　分配许可证

图 3-4-25　选择许可证

（9）分配之后，在"产品"信息中可以看到，当前 vCenter Server 已经分配"VMware vCenter Server 6 Standard（实例）"许可证，如图 3-4-26 所示。

图 3-4-26   分配许可证完成

【说明】安装 ESXi 时，默认许可证处于评估模式。评估模式许可证在 60 天后到期。评估模式许可证具有与 vSphere 产品最高版本相同的功能。

如果在评估期到期前将许可证分配给 ESXi 主机，则评估期剩余时间等于评估期时间减去已用时间。要体验主机可用的全套功能，可将其设置回评估模式，在剩余评估期内使用主机。

例如，如果使用了处于评估模式的 ESXi 主机 20 天，然后将 vSphere Standard 许可证分配给了该主机，在将主机设置回评估模式后，可以在评估期剩余的 40 天内体验主机可用的全套功能。

3.4.6   创建数据中心

虚拟数据中心是一种容器，其中包含用于操作虚拟机的完整功能环境所需的全部清单对象。可以创建多个数据中心以组织各组环境。例如，可以为企业中的每个组织单位创建一个数据中心，也可以为高性能环境创建某些数据中心，而为要求相对不高的虚拟机创建其他数据中心。

【注意】清单对象可在数据中心内进行交互，但限制跨数据中心的交互。例如，可以在同一数据中心内将虚拟机从一个主机热迁移到另一个主机，但无法将虚拟机从一个数据中心的主机热迁移到其他数据中心的主机。

在接下来的操作中，使用 vSphere Web Client 管理 vCenter Server，并创建数据中心，步骤如下。

（1）使用具有管理员权限的账户登录 vSphere Web Client，在"主页"中选择"全局清单列表"，如图 3-4-27 所示。

（2）在"导航器"中选择"资源→vCenter Server"，如图 3-4-28 所示。

图 3-4-27   vCenter 清单列表

图 3-4-28   选择 vCenter Server 系统

（3）在"vCenter 清单列表"中，单击选中 vCenter Server 的系统名称，在本示例中为 vcenter.heinfo.edu.cn，之后在右侧窗格单击"入门"选项卡，在底层窗格中单击"创建数据中心"链接，如图 3-4-29 所示。

（4）在"创建数据中心"对话框的"数据中心名称"文本框中，输入新建数据中心的名称，例如 Datacenter，如图 3-4-30 所示。可以根据规划设置数据中心的名称，如果不合适后期可根据需要修改。

图 3-4-29　创建数据中心　　　　　图 3-4-30　设置数据中心名称

（5）添加数据中心之后，左侧导航器中会定位到"Datacenter"数据中心名称，此时在"入门"选项卡中，会有"添加主机"或"创建群集"的选项，如图 3-4-31 所示。

在创建数据中心之后，下一步是根据需要将主机、群集、资源池、vApp、网络、数据存储和虚拟机添加到数据中心。

图 3-4-31　数据中心

3.4.7　向数据中心中添加主机

在 vSphere 管理结构中，应该是"vCenter Server→数据中心→群集→主机"，从这个结构来看，主机是在"群集"之后，但因为创建"群集"的时候，需要根据要添加到群集的主机的 CPU 配置 EVC 参数，所以可以在创建数据中心之后，先添加主机，在了解并记录了每台主机的 EVC 参数之后，再创建群集（此时已经知道 EVC 参数），将主机"拖拽"或"移动"到指定群集即可。所以配置 vCenter Server 的顺序是创建数据中心、向数据中心添加主机、创建群集、将主机移入群集。

可以在数据中心对象、文件夹对象或群集对象下添加主机。如果主机包含虚拟机，则这些虚拟机将与主机一起添加到清单。

（1）在 vSphere Web Client 中，导航到数据中心、群集或数据中心中的文件夹。在本示例中，导航到"vCenter.heinfo.edu.cn（vCenter Server）→Datacenter（数据中心）"，在中间窗格中单击"添加主机"链接，在"添加主机"对话框中键入主机的 IP 地址或名称。在本示例中，要添加的主机 IP 地址为 172.18.96.34，然后单击"下一步"按钮，如图 3-4-32 所示。

（2）在"连接设置"中，键入 ESXi 主机管理员账户 root 及密码，如图 3-4-33 所示。

图 3-4-32　添加主机名称或 IP 地址

图 3-4-33　连接设置

（3）在"安全警示"对话框中，显示"vCenter Server 的证书存储无法验证该主机"，单击"是"按钮，添加并替换此主机的证书然后继续工作，如图 3-4-34 所示。

（4）在"主机摘要"对话框显示了要添加主机的信息、供应商、型号及 ESXi 版本以及当前主机中的创建或加载的虚拟机。因为当前是一台新安装的 ESXi，所以虚拟机列表为空。如图 3-4-35 所示。

图 3-4-34　安全警示

图 3-4-35　主机摘要

（5）在"分配许可证"对话框，从"许可证"列表中为当前添加的主机选择许可。如图 3-4-36 所示。如果列表中没有可用许可，可以单击"+"链接，在"正在进行的工作"中，"添加主机"向导最小化，并显示"新建许可证"向导。

（6）在"锁定模式"中，可选择锁定模式选项以禁用管理员账户的远程访问，如图 3-4-37 所示。一般情况下，要"禁用"这一选项。

图 3-4-36　分配许可证

图 3-4-37　锁定模式

（7）在"虚拟机位置"对话框单击"下一步"按钮，如图 3-4-38 所示。

（8）在"即将完成"对话框显示了新添加主机的信息，如图 3-4-39 所示。单击"完成"按钮。

图 3-4-38　资源池

图 3-4-39　即将完成

用于添加主机的新任务便会显示在"近期任务"窗格中，如图 3-4-40 所示。完成该任务可能需要几分钟时间。

之后参照上面的步骤，向群集中添加其他主机，直到所有主机添加完成。在本次示例中，当前只有一台主机。

在将所有主机添加到数据中心之后，在"导航器"中单击主机，在"摘要"选项卡中单击"配置"选项，展开"EVC 模式"，在"支持的 EVC 模式"中记录主机所能支持的 EVC 模式，并以最后一个为准，如图 3-4-41 所示。

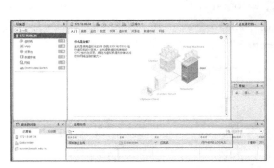

图 3-4-40　近期任务

图 3-4-41　查看主机支持的 EVC 模式

在记录每台主机能支持的 EVC 模式中，越后的需要的 CPU"越新"。当群集中有多个不同 CPU 的主机时，其 EVC 模式以最后一个相同的为准。

3.4.8　创建群集

群集是一组主机。将主机添加到群集时，主机的资源将成为群集资源的一部分。群集管理其中所有主机的资源。群集启用 vSphere High Availability(HA)、vSphere Distributed Resource Scheduler(DRS)和 VMware Virtual SAN 功能。

（1）在 vSphere Web Client 导航器中，浏览到数据中心，在中间窗格中单击"创建群集"，如图 3-4-42 所示。

（2）在"名称"文本框中，设置新建群集的名称，例如设置名称为 HA01。之后根据需要启用群集的名称，例如，如果要启用 DRS，在"DRS"后面的方框单击并选中。如果要启用"vSphere HA"，应在其后选中，如图 3-4-43 所示。大多数的情况下，DRS 与 vSphere HA 是必选项。

在启用 DRS 时，选择一个自动化级别和迁移阈值。在启用 HA 时，选择是否启用"主机监控"和"接入控制"。如果启用接入控制，应指定策略。

在"虚拟机监控"选项中，选择一个虚拟机监控选项并指定虚拟机监控敏感度，在此设置为"低"。

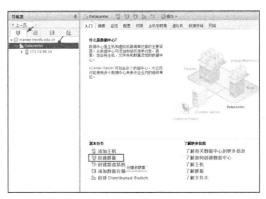

图 3-4-42　创建群集

【说明】在"vSphere HA"功能中，"启用主机监控"，当有 HA 中的主机死机或其他故障导致主机不能使用时，原来主机上运行的虚拟机会在其他主机注册并重新启动。如果 HA 中的主机没有故障，但某个虚拟机出现问题，例如某虚拟机"蓝屏"死机，如果要检测这种故障并将"蓝屏"的虚拟机重新启动，则在"虚拟机监控状态"中选择"仅虚拟机监控"，并在"监控敏感度"选项中选择"低""中""高"，一般选择"低"即可。

（3）在"EVC 模式"中，选择增强型 vMotion 兼容性（EVC）设置。EVC 可以确保群集内的所有主机向虚拟机提供相同的 CPU 功能集，即使这些主机上的实际 CPU 不同也是如此。这样可以避免因 CPU 不兼容而导致通过 vMotion 迁移失败。在右侧的下拉列表中，根据主机的 CPU 型号、支持功能选择 EVC 模式，如图 3-4-43 所示。根据图 3-4-41 的检查，在本示例中选择 EVC 为"Intel "Haswell" Generation"，如图 3-4-44 所示。

图 3-4-43　启用 DRS 及 HA 功能

图 3-4-44　EVC 模式

在"vSAN"功能处，选择是否启用"vSAN" 群集功能。关于"虚拟 SAN"，本章暂时不进行介绍。之后单击"确定"按钮，完成群集的创建。

【说明】在不同版本的 ESXi 中，EVC 模式不同。在 ESXi 6.5 中，Intel CPU 支持的选项包括以下：

Intel Merom Generation
Intel Penryn Generation
Intel Nehalen Generation
Intel Westmere Generation

Intel Sandy Bridge Generation

Intel ivy Bridge Generation

Intel Haswell Generation

Intel Broadwell Generation

AMD CPU 支持的选项包括以下：

AMD Opteron Generation 1（"Rev. E"）

AMD Opteron Generation 2（"Rev. F"）

AMD Opteron Generation 3（"Greyhound"）（不支持 3DNow）

AMD Opteron Generation 3（"Greyhound"）

AMD Opteron Generation 4（"Bulldozer"）

AMD Opteron "Piledriver" Generation

AMD Opteron "Steamroller" Generation

当网络中有多台不同型号的 ESXi 主机时，如果主机相同，则记下"支持的 EVC 模式"列表中最后一项。当具有不同 EVC 模式支持的主机创建成同一个群集时，其 EVC 选项支持以最少的一台主机的最后一项为准。

3.4.9　将主机添加到群集

在记录每台主机的 EVC 并根据记录的 EVC 创建群集之后，接下来的操作是将主机"移入"群集，或者向群集中添加其他未添加到 vCenter Server 中的主机（这些主机与已经添加到 vCenter Server 中的部分主机具有相同的 CPU，所以无需事先全部添加，而是可以在等待创建群集之后再添加）。将主机移入群集或向群集中添加主机的操作比较简单，管理员既可以用鼠标选中主机，将其"拖拽"并移动到群集，也可以右键单击 ESXi 主机，选择"移至"（如图 3-4-45 所示），并在随后"移至"对话框中选择移入的群集（本示例为 HA01），然后单击"OK"按钮，如图 3-4-46 所示。

图 3-4-45　移至

图 3-4-46　选择目标群集

在弹出的"将主机移入此群集"对话框中，提示希望如何处理当前要加入群集的主机上的虚拟机和资源池。有两种方法，一种是将主机所有虚拟机置于群集根目录中，另一种是为当前主机原有的虚拟机和资源池创建一个资源池，如图 3-4-47 所示。当要添加到 vCenter Server 群集中有多台主机，并且每台主机有多个虚拟机时，可以选择第二项。如果添加的主机较少，或者添加的每台主机中没有虚拟机，则选择第一项。

添加之后如图 3-4-48 所示。可以将其他 ESXi 主机"移入"此群集，也可以在"导航器"中选中群集，在右侧单击"添加主机"链接，向群集中添加其他 ESXi 主机（没有添加到 vCenter Server 清单中的 ESXi 主机）。这些不一一介绍。

图 3-4-47　如何处理主机上的虚拟机和资源池　　　图 3-4-48　继续添加主机或移入主机

在将 ESXi 主机移入群集时，主机会配置"vSphere HA"代理。此时主机前面会有一个"黄色"的感叹号，等配置 vSphere HA 完成后，状态正常。之后在"导航器"中选中某个主机，在"摘要→配置→EVC 模式"中可以看到当前 EVC 模式及支持的 EVC 模式，如图 3-4-49 所示。

图 3-4-49　查看 EVC 模式

3.4.10　统一命名 vSphere 存储

在管理 vSphere 数据中心时，为了后期的管理与使用方便，需要对数据中心的存储进行统一的命名。命名的方式有多种，可以根据管理员的统一规划进行命名，这样在后期使用时，根据存储的名称，可以容易分辨存储是位于 ESXi 主机，还是位于共享存储设置。当主机有多个存储时，需要将安装 ESXi 系统的存储（通常空间较小）、保存虚拟机数据的存储（通常空间较大）分开命名。例如，对于 ESXi 本机安装操作系统的存储，可以命名为 esxXX-os，保存虚拟机的存储可以命名为 esxXX-Data1、esxXX-Data2 等，其中 XX 是

ESXi 主机的序号或标识。如果有共享存储，可以根据共享存储的结口类型或连接方式命名，例如第一个 fc 光纤连接的共享存储，可以命名为 fc-data1，之后可以命名为 fc-data2 之类。当然，具体怎样命名，每名管理员都有一个"规则"，但只要在一个数据中心中统一就可以。

关于存储命名与管理，在第 2.6.4 节"管理 ESXi 本地存储器"中有过介绍，所以本节仅简单介绍命名的方法。

（1）使用 vSphere Web Client 登录 vCenter Server，在导航器中定位到某台 ESXi 主机，在中间窗格中单击"数据存储"，在"名称"中可以看到，当前数据存储名称。

（2）如果要重命名存储，右键单击选中的数据存储名称，在弹出的对话框中选择"重命名"，如图 3-4-50 所示。

（3）在"重命名"对话框的"输入新名称"文本框中，输入新名称，如图 3-4-51 所示。

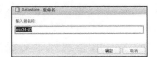

图 3-4-50　重命名　　　　　　　　　　　　　　图 3-4-51　重命名存储

3.4.11　自定义用户界面

可以重新排列 vSphere Web Client 用户界面中的侧栏。通过自定义 vSphere Web Client 用户界面，可以在内容区域中移动侧栏和导航器窗格以增强用户个人体验。

（1）更改的方法也比较简单，将鼠标悬停在侧栏上时，会显示两种类型的箭头。当鼠标从 UI 的一部分悬停到另一部分时，按下左键左右调整窗口的大小，如图 3-4-52 所示。

（2）如果要调整窗口的位置，可以用鼠标左键拖动一个窗格到其他位置，再松开鼠标左键即可，如图 3-4-53 所示。

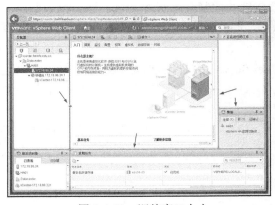
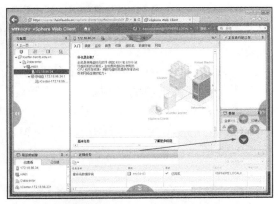

图 3-4-52　调整窗口大小　　　　　　　　　　　图 3-4-53　选中一个窗口移动

（3）移动之后如图 3-4-54 所示，可以继续调整，将"最近的对象"也移动到右侧，如图 3-4-55 所示。

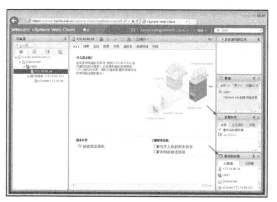

图 3-4-54　移动一个窗口后　　　　　　　　图 3-4-55　移动"最近的对象"后

如果要恢复默认设置，可在 vSphere Web Client 中单击右上角的"Administrator@vsphere.local"用户名右侧的下拉按钮，选择"重置为出厂默认设置"，如图 3-4-56 所示。

在图 3-4-56 中还有"更改密码"选项。如果选择此项，将弹出更改当前登录用户密码的对话框，如图 3-4-57 所示。

在图 3-4-56 中选择"布局设置"，可以选择要显示的窗格，如图 3-4-58 所示。

图 3-4-56　重置为出厂默认设置　　　　　图 3-4-57　更改密码　　　图 3-4-58　布局设置

3.4.12　使用 Remote Console

在 vSphere Web Client 中，如果要启动虚拟机的控制台有两种方法。第一种是直接在 Web 浏览器中启动，另一种是安装"Remote Console"（远程控制台），在非 Web 浏览器中启动。

（1）使用 vSphere Web Client 登录到 vCenter Server，在"清单树"或"导航器"中选中一个已经打开电源的虚拟机，在"摘要"选项卡可以看到虚拟机的"预览"界面，如图 3-4-59 所示。

（2）在图 3-4-59 中，单击这个预览窗口，会新弹出"选择默认控制台"的对话框，如图 3-4-60 所示。

图 3-4-59　虚拟机预览窗口

图 3-4-60　选择默认控制台

（3）如果选择"Web 控制台"，单击"继续"按钮，将会在一个新的窗口中打开虚拟机的控制台界面，如图 3-4-61 所示。在这个窗口中，右上角有进入全屏的按钮以及发送"Ctrl+Alt+Del"按键的命令。

图 3-4-61　浏览器中打开控制台界面

（4）在图 3-4-59 中单击"<span></span>"快捷按钮，在弹出的快捷菜单中选择"安装 Remote Console"链接（如图 3-4-62 所示），或者在图 3-4-60 中选择"VMware Remote Console"，将会开始下载 VMware Remote Console 程序，其下载链接为 https://vcenter.heinfo.edu.cn/vmrc/VMware-VMRC.msi。下载完成后，运行安装程序，如图 3-4-63 所示。

图 3-4-62　安装远程控制台

图 3-4-63　运行安装程序

（5）安装比较简单，按照向导选择默认值即可完成安装，如图 3-4-64、图 3-4-65 所示。

图 3-4-64　接受许可协议

图 3-4-65　安装完成

（6）安装完成后，在图 3-4-62 中选择"更改默认控制台"，在弹出的"选择默认控制台"对话框中选择"VMware Remote Console"，单击"继续"按钮（参考图 3-4-60）。

（7）在图 3-4-59 中单击"预览"窗口，会弹出"VMware Remote Console"的对话框，第一次使用时，会弹出"无效的安全证书"提示，选中"总是信任具有此证书的主机"，单击"仍然连接"按钮（如图 3-4-66 所示），在 VMware 远程控制台中打开虚拟机的窗口，如图 3-4-67 所示。

图 3-4-66　仍然连接

图 3-4-67　打开控制台窗口

（8）在使用 VMware 远程控制台的时候，如果弹出"软件更新"的对话框，如图 3-4-68 所示，可以根据需要下载新的远程控制台版本。相关的下载、安装方法这里不再介绍。

（9）如果当前的计算机没有安装"VMware Remote Console"，但安装了 VMware Workstation，则会用 VMware Workstation 打开虚拟机的窗口，这是正常的。另外，在先安装"VMware Remote Console"后安装 VMware Workstation 的情况下，也会使用 VMware Workstation 打开虚拟机控制台。如果希望重新用"VMware Remote Console"打开虚拟机控制台，可运行 "VMware Remote Console"安装程序，选择"删除"（如图 3-4-69 所示），等卸载完成后，重新安装"VMware Remote Console"即可。

图 3-4-68　软件更新

（10）在 VMware 远程控制台中，可以修改虚拟机设置、重新启动虚拟机、连接可移动设备等操作，如图 3-4-70 所示。由于相关的操作比较简单，这里不详细介绍。

图 3-4-69　删除 VMware 远程控制台

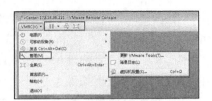

图 3-4-70　VMRC 菜单

3.4.13　更改 vCenter SSO 的密码策略

在默认情况下，自 vCenter Server Appliance 5.5 Update 1 开始，vCSA 5.5 版强制执行本地账户（root）密码策略，该策略会导致 root 账户密码在 90 天后过期。密码到期后会将 root 账户锁定。关于这一问题，VMware 在 KB2099752 中有过介绍，详细链接可见 https://kb.vmware.com/selfservice/microsites/search.do?language=en_US&cmd=displayKC&externalId=2099752。

但是，如果使用 Windows 的 vCenter Server，在使用默认的 administrator@vsphere.local 登录 vSphere Web Client 的时候，如果安装已经接近 90 天，则有可能会发出提示"您的密码将在×天后过期"，如图 3-4-71 所示。无论是预置备的 Linux 版本的 vCenter Server（VCSA），还是安装在 Windows Server 上的 vCenter Server，都会有这个提示。

对于图 3-4-71 中的"您的密钥将在×天后过期"的提示，是 vCenter Server 的 SSO 的密码策略的生命周期设置为 90 天的原因，vSphere 管理员可以通过修改密码策略，去掉这一提示并设置密码永不过期。

图 3-4-71　密码将要过期

（1）使用 IE 浏览器登录到 vSphere Web Client，在导航器中单击"系统管理"，在"系统管理→Single Sign-On→配置"的当中窗格单击"策略→密码策略"选项卡，然后单击"编

辑"按钮，如图 3-4-72 所示。在此可以看到
"最长生命周期"为"密码必须每 90 天更改
一次"。

（2）在"编辑密码策略"对话框将"最
长生命周期"修改为 0 天，表示"密码永不
过期"，如图 3-4-73 所示，然后单击"确定"
按钮。在"密码格式要求"选项中，还可以
修改密码的最大长度、最小长度、字符要求
等条件。这些要求比较简单，每名管理员都
能理解其字面意思，在此不再介绍。

图 3-4-72　密码策略

（3）设置完成之后，返回到"策略→密码策略"页，在"最长生命周期"中可以看到
当前策略为"密码永不过期"，如图 3-4-74 所示。

图 3-4-73　编辑密码策略

图 3-4-74　密码永不过期

3.4.14　修改 root 密码永不过期

如果 vCenter Server 是预发行的 vCenter Server Appliance，默认情况下 vCenter Server
Appliance 的 root 密码会在 365 天之后过期。如果要设置为"密码永不过期"，可登录 vCenter
配置界面进行更改。

（1）使用浏览器登录 vCenter Server Appliance 管理界面，其登录地址为 https://vcenter_IP
或域名:5480，使用用户名 root 及密码登录，如图 3-4-75 所示。

（2）登录进入管理界面之后，在"系统管理"中，在右侧的"密码过期设置→Root 密
码过期"中，选择"否"，然后单击"提交"按钮，如图 3-4-76 所示。

（3）如果要更新 vCenter Server Appliance，可以在 vCenter Server Appliance 虚拟机中
加载升级的 ISO 镜像，在"更新"选项卡中，单击右个角的"检查更换"菜单，选择"检
查 CDROM"命令进行更新，如图 3-4-77 所示。关于 vCenter Server Appliance 的升级本
文不做过多介绍。注意，如果要加载 vCenter Server Appliance 升级的 ISO 文件，应将 ISO
上传到 ESXi 所在的共享存储中，而不是使用 vSphere Web Client 加载本地的 ISO 升级镜
像，因为在升级的过程中，vSphere Web Client 可能会断开连接导致 ISO 断开，从而导致
升级失败。

图 3-4-75　登录 vCenter Server Appliance

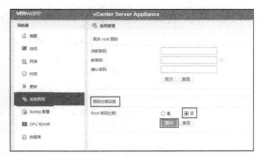

图 3-4-76　密码过期设置

图 3-4-77　检查更新

【提示】vCenter Server Appliance 升级文件是类似于 "VMware-vCenter-Server-Appliance-6.5.0.5600-5705665- patch-FP.iso" 的文件，而 "VMware-VCSA-all-6.5.0-5705665.iso" 则是安装程序。

3.5　使用 vSphere Web Client 配置虚拟机

从 vSphere 6.5 开始，VMware 全面舍弃了传统的 C#客户端 vSphere Client，取而代之以全新的 vSphere Web Client。本节介绍使用 vSphere Web Client 在 ESXi 中配置虚拟机的内容。

3.5.1　上传数据到 ESXi 存储

无论是在虚拟机中安装操作系统，还是在虚拟机中安装应用程序，都需要与虚拟机传输数据。向虚拟机传输数据有多种方式，最简单的方式是将常用的操作系统、应用程序的光盘镜像（ISO 格式）上传到 vSphere 数据中心中可共享的数据存储。如果 vSphere 数据中心有多个主机，推荐将镜像上传到共享存储，这样可以方便每台主机直接调用。通常情况下，需要上传当前数据中心需要的操作系统与数据库的 ISO 镜像，例如 Windows Server 2008 R2、Windows Server 2016、Windows 7、Windows 10、SQL Server 2008 R2、SQL Server 2016 的 ISO 镜像。为了管理方便，管理员还可以将自己打包制作的 ISO 镜像或工具光盘 ISO 镜像上传。使用 vSphere Web Client 上传数据的方法如下。

（1）使用 vSphere Web Client 登录到数据中心，在导航器中选中一个主机，在右侧 "数据存储" 中选择存储右键单击，在弹出的快捷方式中选择 "浏览文件"，如图 3-5-1 所示。

（2）打开 "数据存储" 存储对话框，单击 "🖾" 按钮（创建新的文件夹），弹出一个 "创建新的文件夹"对话框，在此设置一个名称例如 ISO，创建一个新的文件夹，单击"创建"按钮，如图 3-5-2 所示。在 vSphere Web Client 中，单击" 🗒 "浏览选择存储也能进入此对话框。

图 3-5-1　浏览存储文件

图 3-5-2　创建文件夹

（3）选中创建的文件夹，本例中是 ISO，单击" 🗒 "按钮，将文件上传到数据存储，如图 3-5-3 所示。

（4）打开"选择要加载的文件"对话框，在此选择上传的文件，单击"打开"按钮，如图 3-5-4 所示。在本示例中，我上传了 Windows Server 2008 R2 的 ISO 文件，这是从 MSDN 网站下载的名为" cn_windows_server_2008_r2_standard_enterprise_datacenter_and_web_with_sp1_x64_dvd_617598.iso"、大小为 3.13GB 的文件，如图 3-5-4 所示。

图 3-5-3　将文件上传到数据存储

图 3-5-4　选择上传的 ISO 文件

【说明】上传文件不仅仅限于 ISO 文件，可以根据需要，上传所需要的任何文件，还可以根据需要再创建其他文件夹以及在文件夹中创建子文件夹。

（5）选择之后开始上传，在上传的时候，会有进度显示，上传完成后，显示进度为 100%，如图 3-5-5 所示。

（6）在上传的时候，如果上传的文件超过 4GB（4194304KB），上传将会出错，并且上传的文件只有 4194304KB，如图 3-5-6 所示。在错误提示中，显示了上传失败可能的原因，其中一个主要原因是没有"信任"vCenter 的根证书导致，但在当前的环境中，vCenter Server 的根证书已经信任。

图 3-5-5　上传文件完成

图 3-5-6　上传失败

【**说明**】Internet Explorer 不支持大于 4GB 的文件。当文件大于 4GB 时，在 Internet Explorer 上使用数据存储浏览器上载文件失败。

解决办法：使用 Chrome 或 Firefox 浏览器通过数据存储浏览器上载文件，或者使用 vSphere Client 上传。

如果上传小文件失败，可参考第 3.4.4 节"学习环境介绍与信任根证书"中的内容，信任 vCenter Server 的根证书并重新登录后，重新上传即可。

（7）对于上传失败的文件应予以删除。对于不需要的上传文件，也可以进行删除操作。还可以将上传的文件下载到本地。这些操作比较简单，这里不一一介绍。

（8）如果需要上传超过 4GB 的文件，应使用 vSphere Client 直接连接 ESXi 进行上传，或使用 Chrome 浏览器上传，Internet Explorer 不能上传超过 4GB 的文件。图 3-5-7 是使用 vSphere Client 上传超过 4GB 的 ISO 文件的截图，其中一个是自己定制、打包的 ISO 文件，这个文件集成了 Windows 7、Windows 10、Windows 2008、Windows 2008 R2、Windows 2012 R2、Windows 2016 的安装程序，大小有 14.5GB 左右，另一个集成了 SQL Server 2008 R2 的各个版本，大小有 4.35GB。

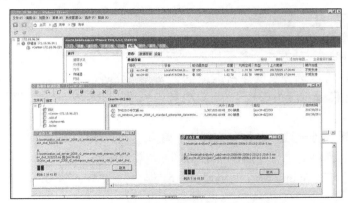

图 3-5-7　同时上传多个超过 4GB 的文件

（9）vSphere Client 上传完成之后，在 vSphere Web Client 浏览存储看到的文件如图 3-5-8 所示。

图 3-5-8　超过 4GB 的 ISO 文件

3.5.2　新建虚拟机

可以在导航器中选择数据中心、群集、主机，在这些目标中新建虚拟机，并且在新建虚拟机的时候，可以选择虚拟机的保存位置。下面介绍使用 vSphere Web Client 创建虚拟机的方法。

（1）在导航器中选择数据中心、群集、主机或这些目标中的文件夹，用鼠标右键单击，在弹出的快捷菜单中选择"新建虚拟机→新建虚拟机"，如图 3-5-9 所示，可以进入新建虚拟机向导。

（2）也可以在导航器中选择一个目标，在中间窗格的"入门"选项卡中，选择"创建新虚拟机"链接，如图 3-5-10 所示。注意，根据导航器中选择的目标不同，"基本任务"列表中显示也会不同。

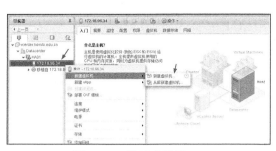

图 3-5-9　新建虚拟机

图 3-5-10　创建新虚拟机

（3）无论上述哪一种方法，都会进入"新建虚拟机（已调度）"向导，如图 3-5-11 所示。在此向导中，可以选择"创建新虚拟机""从模板部署""克隆现有虚拟机""将虚拟机克隆为模板""将模板克隆为模板""将模板转换成虚拟机"共 6 项。这里选择"创建新虚拟机"选项。

（4）在"编辑设置→选择名称和文件夹"选项的"为该虚拟机输入名称"文本框中，设置新建虚拟机的名称。对于一个新配置的 vSphere 数据中心，同样是要创建一些"模板"虚拟机。在此先创建一个 Windows 7 的虚拟机，设置名称为"Win7X_X86_Ent_TP，如图 3-5-12 所示。

图 3-5-11　选择创建类型

图 3-5-12　设置虚拟机名称

（5）在"选择计算资源"选项中，为此虚拟机选择目标计算资源，可以选择群集、主机等项，如图 3-5-13 所示。

（6）在"选择存储器"选项中，选择要存储配置和磁盘文件的数据存储。在此选择名为 esx34-d2 的存储，如图 3-5-14 所示。在生产环境或实验环境中，应根据规划及实际情况进行选择。

图 3-5-13　选择计算资源

图 3-5-14　选择存储

（7）在"选择兼容性"选项中，为此虚拟机选择兼容性，如图 3-5-15 所示。如果虚拟机保存在共享存储中，虚拟机的兼容性要与连接此存储的最低的 ESXi 主机版本相同才可以。否则低版本的 ESXi 主机不能使用高版本的虚拟机。

（8）在"选择客户机操作系统"选项中，选择客户机操作系统系列（Windows、Linux、其他）及版本，如图 3-5-16 所示。在此选择 Windows 7（32 位）。

图 3-5-15　选择兼容性

图 3-5-16　选择客户机操作系统

（9）在"自定义硬件"选项中，选择虚拟机的配置，包括 CPU 数量、内存大小、硬盘大小及格式。当前创建的虚拟机准备安装 32 位的 Windows 7，一般为虚拟机分配 2 个 CPU、3GB 内存、60GB 硬盘空间即可，如图 3-5-17 所示。单击"CPU"前面的"▾"，可以根据需要决定是否选中"启用 CPU 热添加"选项，如果选中该项，在虚拟机运行的过程中（Windows 7、Windows Server 2008 及其以后的操作系统支持），可以添加 CPU 的数量（插槽）；在"硬件虚拟化"选项中，可以根据需要决定是否选中"向客户机操作系统公开硬件辅助的虚拟化"，如果选中，则可以在虚拟机中运行虚拟机（即嵌套的虚拟机），如果要在 ESXi 中创建 Hyper-V Server 或 ESXi 的虚拟机，并且希望在 Hyper-V 或 ESXi 的虚拟机中运行虚拟机时，其 CPU 应该选中此项，如图 3-5-18 所示。

（10）单击"内存"前面的"▾"，可以根据需要选择是否启用"内存热插拔"选项。选中此项之后，在虚拟机运行的时候（进入 Windows 或 Linux 操作系统后），在不关闭虚拟机时为虚拟机添加内存，如图 3-5-19 所示。

（11）在此还可以为软驱、CD/DVD 驱动器选择"客户端设备、主机设备或数据存储 ISO 文件"，如图 3-5-20 所示，为"新 CD/DVD 驱动器"选择"数据存储 ISO 文件"，因为在上一节已经上传了操作系统的镜像到数据存储中。

（12）在图 3-5-20 中选择"数据存储 ISO 文件"后，打开"选择文件"对话框，浏览选择一个 ISO 文件，在此选择上一节上传的包括 Windows 7 操作系统的 ISO 镜像文件，如

图 3-5-21 所示。选择之后回到图 3-5-20 对话框，确认"CD/DVD"后面的"连接"选项为选中状态。

图 3-5-17　设置 CPU、内存、硬盘大小

图 3-5-18　CPU 选项

图 3-5-19　内存选项

图 3-5-20　光驱选项

（13）在"即将完成"对话框显示了创建新虚拟机的选项，检查无误之后单击"完成"按钮，如图 3-5-22 所示。

图 3-5-21　选择 ISO 文件

图 3-5-22　即将完成

3.5.3　在虚拟机中安装操作系统

在创建虚拟机之后，接下来在虚拟机中安装操作系统，步骤如下。

（1）在导航器中，选中新建的虚拟机，右键单击，在弹出的快捷菜单中选择"启动→打开电源"，如图 3-5-23 所示。

（2）因为当前的实验环境只有一台主机，并且已经配置了"群集"，所以在打开虚拟机电源时将会出现"资源不足，无法满足 vSphere HA 故障切换级别"的提示，如图 3-5-24 所示。

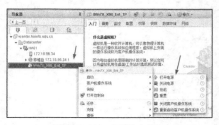

图 3-5-23　打开电源

图 3-5-24　资源不足

（3）对于这种故障，修改群集配置并禁用"接入控制"即可。在 vSphere 导航器中单击群集名称，在本示例中为 HA01，然后在中间窗格单击"配置"选项卡，在"服务→ vSphere DRS"中单击"编辑"按钮，如图 3-5-25 所示。

（4）在"vSphere 可用性→准入控制"的"主机故障切换容量的定义依据"中，默认为"群集资源百分比"，在下拉菜单中选择"已禁用"，如图 3-5-26 所示。

图 3-5-25　编辑群集

图 3-5-26　准入控制选项

（5）选择之后单击"确定"按钮，如图 3-5-27 所示。当一个群集中小于 3 台主机时，一般要"禁用"接入控制；当群集中的主机大于或等于 3 台时，再启用接入控制。

图 3-5-27　禁用准入控制

（6）按照图 3-5-23 所示，重新打开虚拟机的电源。然后单击"摘要"选项卡，单击"预览"按钮，如图 3-5-28 所示，打开虚拟机控制台，开始 Windows 操作系统的安装，如图 3-5-29 所示。

（7）根据提示，安装 Windows 7。在本示例中安装 Windows 7 企业版，如图 3-5-30 所示。

（8）等待 20 分钟左右，安装完成，设置用户名与计算机名，如图 3-5-31 所示，系统安装完成。

图 3-5-28　启动虚拟机

图 3-5-29　打开虚拟机控制台

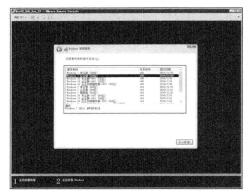

图 3-5-30　安装 Windows 7

图 3-5-31　安装完成

【说明】当鼠标、键盘控制在虚拟机中时，如果要从虚拟机中切换过来，可按 Ctrl+Alt 组合键。在安装 VMware Tools 之后，鼠标可以直接在虚拟机与主机之间切换。

（9）进入系统界面后，在"VMRC"菜单中选择"管理→安装 VMware Tools"，如图 3-5-32 所示。

（10）根据提示安装 VMware Tools，如图 3-5-33 所示。安装完成之后根据提示重新启动虚拟机。

图 3-5-32　安装 VMware Tools

图 3-5-33　安装完成

再次进入虚拟机操作系统，在虚拟机中可以安装软件、进行设置等。关于虚拟机的设置，如果是 Windows Server 操作系统，可以参考第 2.6.8 节 "在虚拟机中安装操作系统" 中的设置。如果是 Windows 7、Windows 10 操作系统，则主要有以下几种设置。

（1）在 "电源造型" 中，选择 "高性能"（如图 3-5-34 所示）并单击 "更改计划设置" 链接，将 "关闭显示器" "使计算机进入睡眠状态" 选择 "从不"，如图 3-5-35 所示。

图 3-5-34　电源选项

图 3-5-35　更改计划设置

（2）在 "用户账户控制设置" 中选择 "从不通知"，如图 3-5-36 所示。

（3）在 "系统属性→系统保护" 中关闭 "系统还原"，如图 3-5-37 所示。

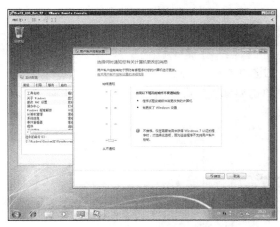

图 3-5-36　用户账户设置

图 3-5-37　关闭系统保护

（4）在 "系统属性→高级→性能选型" 的 "视觉效果" 选项卡中选择 "调整为最佳性能"，如图 3-5-38 所示。

（5）在 "控制面板→所有控制面板选型→操作中心→更改操作中心设置" 中，取消所有安全消息、维护消息，如图 3-5-39 所示。

图 3-5-38　性能选型　　　　　　　　　　　图 3-5-39　更改操作中心设置

3.5.4　修改虚拟机的配置

在创建虚拟机之后，可以根据需要修改虚拟机的配置（例如内存大小、CPU 数量），也可以根据需要添加或移除新的虚拟硬件（例如网卡、硬盘等），或者为虚拟磁盘扩充容量（只能增加，不能减少）。在默认情况下，CPU 与内存只能在"虚拟机关机"的情况下进行修改。当虚拟机运行时，这些参数不能调整。

有些操作系统是支持 CPU 及内存的热添加（只能增加配置，不能减少，例如可以将内存从 2GB 增加到 3GB，将 CPU 从 1 个改为 2 个，但不能将内存从 2GB 减少到 1GB。如果要降低虚拟机的配置，只能在关闭虚拟机电源后进行）技术的。如果要启用这个功能，需要先关闭虚拟机，在虚拟机设置中，启用内存与 CPU 的"热添加"支持。

可以使用 VMRC（VMware 远程控制台）修改虚拟机配置，添加、删除虚拟机的硬件，也可以在 vSphere Web Client 进行修改。这些设置与 vSphere Client 类似，这里不再一一介绍。

除了修改虚拟机的内存、CPU 外，还可以在虚拟机运行的过程中添加硬盘或者"扩展"虚拟机硬盘。在本示例中，将把示例（Windows 7）虚拟机的硬盘从 60GB 扩展到 80GB，步骤如下。

（1）打开虚拟机控制台，在"计算机管理→存储→磁盘管理"中可以看到当前硬盘大小为 60GB、C 分区大小为 59.51GB。如图 3-5-40 所示。

（2）在 vSphere Web Client 中右键单击要修改的虚拟机，选择"编辑设置"，如图 3-5-41 所示。

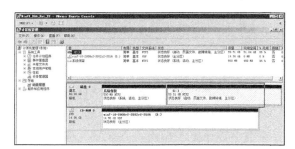

图 3-5-40　查看虚拟机硬盘大小　　　　　　　图 3-5-41　编辑设置

（3）在"编辑设置"对话框的"虚拟硬件→硬盘 1"中，设置新的硬盘大小，将 60 改为 80，然后单击"确定"按钮，如图 3-5-42 所示。

（4）返回虚拟机控制台，在"计算机管理"中右键单击"磁盘管理"，在弹出的快捷菜单中选择"重新扫描磁盘"，如图 3-5-43 所示。

图 3-5-42　修改硬盘大小

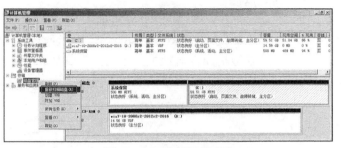

图 3-5-43　重新扫描磁盘

（5）扫描完成后，磁盘调整为正确的大小（从原来的 60GB 显示变为 80GB），右键单击 C 分区，在弹出的快捷菜单中选择"扩展卷"，如图 3-5-44 所示。

（6）在"扩展卷向导"中，选择磁盘并单击"下一步"按钮，如图 3-5-45 所示。

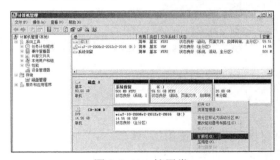

图 3-5-44　扩展卷

图 3-5-45　选择磁盘进行扩展

（7）扩展完成后，磁盘分区由原来的 59.51GB 扩展为 79.51GB，如图 3-5-46 所示。在此过程中应用不变、系统不变、业务不中断。Windows 7、Windows 2008 及其以后的操作系统都支持这种扩展。Windows 支持包括系统分区的动态扩展。因为这个原因，在虚拟化项目中，一般每块磁盘只划分一个分区，就是为了方便扩展。如果一块磁盘划分

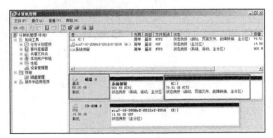

图 3-5-46　磁盘扩展后

了多个分区，则在扩展前面的分区时，还需要压缩后面的分区，这样效率低、速度慢。

3.5.5　在虚拟机中使用 vSphere Web 客户端外设

本节介绍虚拟机使用外设的功能，包括使用 vSphere Web Client 的外设，或者 vSphere

ESXi 主机的外设。对于大多数的 USB 设备，无论是在 ESXi 主机还是 vSphere Web Client，差不多都能映射（或加载）给某台虚拟机使用。如果是并口（LPT）、串口（COM）设备，一般是将这些设备连接到 ESXi 主机上。

在虚拟机中使用外设，有两种方法。对于 vSphere Web Client 的设备，可以在 VMRC 控制台中，映射 vSphere Web Client 设备到主机中，这些映射并不是永久的，一旦 vSphere Web Client 关闭，则映射也一同断开。对于 ESXi 主机的设备，可以通过修改虚拟机的设置，一直映射到虚拟机中。

（1）在 vSphere Web Client 计算机插入一个 U 盘，登录 vSphere Web Client，打开虚拟机的远程控制台，在"VMRC"菜单选择"管理→虚拟机设置"，如图 3-5-47 所示。

（2）打开虚拟机属性对话框，单击"添加"按钮，如图 3-5-48 所示。

图 3-5-47　虚拟机设置

图 3-5-48　添加设备

（3）在"添加硬件向导"对话框的"硬件类型"中添加"USB 控制器"，如图 3-5-49 所示。

（4）在"USB"对话框的"USB 兼容性"选择默认值 USB 版本，可以根据需要连接设备的状态在 USB1.1、2.0、3.0 之间进行选择。在此选择"USB 2.0"，如图 3-5-50 所示。

图 3-5-49　添加 USB 控制器

图 3-5-50　选择控制器版本

（5）返回"虚拟机属性"对话框，可以看到在当前虚拟机中已经添加了一个 USB 控制器，如图 3-5-51 所示，单击"确定"按钮返回。

（6）返回 VMware 远程控制台，在"VMRC"菜单中选择"可移动设备"，在弹出的快捷菜单中，选择 vSphere Web Client 计算机中所连接的 USB 设备，选中"连接（与主机断开连接）"，如图 3-5-52 所示。

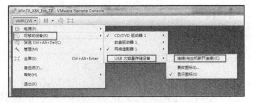

图 3-5-51　添加 USB 控制器　　　　　图 3-5-52　从主机断开连接，连接到虚拟机

【说明】如果要断开 U 盘的映射，也是在此菜单中进行选择。

（7）在虚拟机控制台中打开"资源管理器"，可以看到 U 盘中的数据，如图 3-5-53 所示。

（8）如果要在虚拟机中断开 U 盘，应单击"VMRC"菜单，选择"可移动设备→USB 大容量存储设备"选择"断开连接（连接主机）"即可。如图 3-5-54 所示。

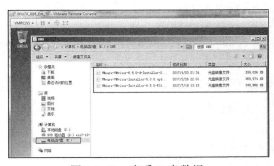

图 3-5-53　查看 U 盘数据　　　　　　图 3-5-54　断开 U 盘连接

VMware ESXi 的虚拟机支持 USB 3.0 的设备。

（1）修改虚拟机的配置（或者在添加 USB 控制器的时候选择 USB 3.0），在"USB 控制器→USB 兼容性"中选择"USB 3.0"，如图 3-5-55 所示。在选择 USB 3.0 时，提示需要在虚拟机中安装 USB 3.0 的驱动程序，并提供了 USB 3.0 驱动程序的下载链接。该下载链接为 https://downloadcenter.intel.com/download/22824/USB-3-0-Driver-Intel-USB-3-0-eXtensible-Host-Controller-Driver-for-Intel-8-9-100-Series-and-C220-C610-Chipset-Family。

（2）下载 USB 3.0 的驱动程序之后，将其复制到虚拟机中，在虚拟机中安装 USB 3.0 驱动程序，如图 3-5-56 所示。安装完成后，根据提示重新启动虚拟机。

图 3-5-55　USB 兼容性

图 3-5-56　安装 USB 3.0 驱动程序

（3）再次连接 USB 设备，即可支持 USB 3.0。这些不一一介绍。

【说明】对于有些 USB 的外设，例如某些银行转账用的"U 盾""智能卡"等，如果选择 USB 3.0 或 USB 2.0 兼容性，在连接 USB 外设不能使用时，可以在"USB 兼容性"中更改为"USB 1.0"或"USB 2.0"，并重新插拔、重新连接 USB 外设。

3.5.6　使用 ESXi 主机外设

除了可以在 VMRC 控制台添加 USB 控制器、连接 USB 设备外，还可以在 vSphere Web Client 中进行。在接下来的演示中，将在某台 ESXi 主机插上一个 U 盘，然后将该 U 盘映射到运行在当前主机的一台虚拟机中。本节使用 vSphere Web Client 进行操作。

（1）在 vSphere Web Client 中，右键单击需要连接 USB 控制器的虚拟机，选择"编辑设置"，如图 3-5-57 所示。

（2）在打开的虚拟机设置对话框的"新设备"列表中选择"主机 USB 设备"，然后单击"添加"按钮，如图 3-5-58 所示。如果当前虚拟机还没有添加"USB 控制器"，应先添加 USB 控制器，再添加 USB 设备。

图 3-5-57　编辑设置

图 3-5-58　添加主机 USB 设备

（3）添加之后，在"新主机 USB 设备"列表中选择主机中已有的设备，如图 3-5-59

所示。之后单击"确定"按钮，完成 USB 设备的映射。

（4）再次打开当前虚拟机的 **VMware** 远程控制台，在"资源管理器"中可以看到当前虚拟机已经映射并加载了主机的 U 盘，如图 3-5-60 所示。如果打开"计算机管理→设备管理器"，可看到上一节安装的 USB 3.0 控制器。

图 3-5-59　选择主机设备

图 3-5-60　打开映射的主机 U 盘

（5）如果不再需要使用 ESXi 主机上的 USB 设备，在"摘要→虚拟机硬件"选项中选中不再使用的 USB 设备，单击右侧的" "按钮，在弹出的快捷菜单中选择"断开连接"，如图 3-5-61 所示。也可以修改虚拟机设置，在"USB 1"后面单击"×"按钮，将连接的 USB 设备移除，如图 3-5-62 所示。

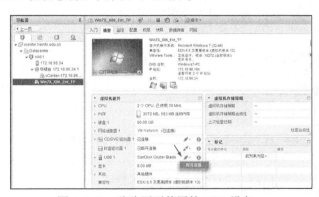

图 3-5-61　移除不再使用的 USB 设备

图 3-5-62　移除 USB 设备

（6）对于不再使用的 USB 控制器，也可以在虚拟机设置中予以移除，如图 3-5-63 所示。

（7）对于不再使用的光驱文件，例如加载 ISO 安装系统完成之后修改虚拟机设置，在"CD/DVD 驱动器"中选择"客户端设备"并单击"确定"按钮即可，如图 3-5-64 所示。

图 3-5-63　移除 USB 控制器

图 3-5-64　使用客户端设置

3.5.7　快照管理

在 vSphere Web Client 中，也可以管理虚拟机的快照，主要内容如下。

（1）当虚拟机运行时，在导航器中选中虚拟机，在"操作"菜单中选择"快照"，可以执行"生成快照""管理快照"等操作，如图 3-5-65 所示。

（2）如果执行"生成快照"命令，在弹出的对话框中设置快照的名称及描述信息，如图 3-5-66 所示。如果执行"生成快照"命令时，虚拟机正在运行，则"生成虚拟机的内存快照"为可选。如果虚拟机已经关闭，则该选项为虚不能使用。

图 3-5-65　快照管理

图 3-5-66　生成快照对话框

（3）当然，在大多数的情况下是会关闭虚拟机创建快照，如图 3-5-67 所示。

（4）在虚拟机创建快照之后，在"快照"菜单中可以选择"恢复为最新快照"，如图 3-5-68 所示。如果当前虚拟机没有创建快照，则此命令为灰不能使用。

图 3-5-67　关闭虚拟机后创建快照

图 3-5-68　快照菜单

（5）选择"管理快照"命令，打开"虚拟机快照"管理，在此可以选中某个快照并恢复到此状态，也可以删除不用的快照，或者在右侧单击"编辑"按钮编辑快照信息，如图 3-5-69 所示。

图 3-5-69   快照管理器

总之，在 vSphere Web Client 界面中，创建快照、管理快照与使用 vSphere Client 时类似，只是操作界面不同而已。

3.6   虚拟机模板

"模板"是 VMware 为虚拟机提供的一项功能，可以让用户在其中一台安装好操作系统、应用软件并进行了适当配置的虚拟机的基础上，很方便地"克隆"出多台虚拟机，这减轻了管理员的负担。在大多数的情况下，尤其是在有多台 VMware ESXi 主机的时候，通常将"模板"保存在共享存储中，以方便管理员使用。

3.6.1   规划模板虚拟机

在使用模板之前，需要安装一台"样板"虚拟机，并且将该虚拟机转化（或克隆）成"模板"，以后再需要此类虚拟机时，可以以此为模板派生或克隆出多台虚拟机。

VMware ESXi 支持安装了 VMware Tools 的 Windows Server 2003、Windows XP 及其以后的 Windows 操作系统以及 Linux 等其他操作系统作为模板。

管理员可以为常用的操作系统创建一个模板备用。对于管理员来说，并且同一类系统创建一个模板即可通用。对于大多数情况下，创建如下的模板即可：

（1）WS03R2 模板，安装 32 位的 Windows Server 2003 R2 企业版，该模板可以满足需要 Windows Server 2003 标准版、企业版，Windows Server 2003 R2 标准版、企业版与 Web 版的需求。

（2）WS08X86 模板，安装 32 位的 Windows Server 2008 企业版，该模板可满足 32 位 Windows Server 2008 标准版、企业版的需求。

（3）WS08R2 模板，安装 Windows Server 2008 R2 企业版（只有 64 位版本），该模板可以满足 64 位 Windows Server 2008 与 Windows Server 2008 R2 的需求。

（4）WS12R2 模板，安装 Windows Server 2012 R2 数据中心版，该模板可以满足 64 位 Windows Server 2012、Windows Server 2012 R2 的需求。

（5）WS16 模板，安装 Windows Server 2016 数据中心版，该模板可以满足 64 位 Windows Server 2016 的需求。

（6）WXPPro 模板，安装 32 位的 Windows XP 专业版。

（7）Win7X-x86-ent、Win7X-x64-ent 模板，分别安装 32 位与 64 位的 Windows 7 企业版，可以满足 Windows 7 虚拟机的需求。

（8）Win8X-x86-ent、Win8X-x64-ent 模板，分别安装 32 位与 64 位的 Windows 8.1 企业版，可以满足 Windows 8、Windows 8.1 虚拟机的需求。

（9）Win10X-x86-ent、Win10X-X64-ent 模板，分别安装 32 位与 64 位的 Windows 10 企业版。

（10）Linux 模板，安装符合企业需要的 Linux 操作系统，例如 CentOS、Ubuntu 等。

在创建模板虚拟机时，要考虑所创建的虚拟机的用途，并考虑将来虚拟机的扩展性。例如，如果创建的模板虚拟机的 C 盘空间太小，在许多时候可能不能满足需要。由于 Windows Server 2003 与 Windows Server 2008 架构不同，在使用模板的时候也不同，所以本章将分别以 Windows Server 2003 R2 与 Windows Server 2008 R2 为例，创建两台虚拟机并将该虚拟机转化为模板、从模板部署虚拟机。本节首先介绍 Windows Server 2003 的虚拟机。

【说明】Windows Server 2003 与 Windows XP 属于相同的架构，参照 Windows Server 2003 R2 的方法也可以创建 Windows Server 2003、Windows XP 的模板。而 Windows Server 2008 R2 与 Windows 7、Windows Server 2012 R2、Windows Server 2016 等属于相同的架构。

3.6.2 创建 Windows 2003 R2 模板虚拟机

通常情况下，在创建 Windows Server 2003 R2 的模板虚拟机时，使用下面的参数能满足大多数的要求，主要步骤如下。

（1）使用 vSphere Web Client 登录到 vCenter Server，创建 Windows Server 2003 R2 的虚拟机，设置虚拟机名称为 ws03r2-TP，如图 3-6-1 所示。

（2）在实际的生产环境中，将虚拟机保存在共享存储（例如 FC 或 SAN 直连存储或 iSCSI 存储）。在本示例中保存在本地存储 esx34-d3 中，如图 3-6-2 所示。

图 3-6-1　创建虚拟机

图 3-6-2　选择网络存储器保存虚拟机

（3）为虚拟机选择最新的版本。在 VMware ESXi 6.5 中，选择"ESXi 6.5 及更高版本"。

（4）客户机操作系统选择"Microsoft Windows Server 2003（32 位）"。

（5）为虚拟机分配 1 个 CPU、1GB 内存，设置硬盘为 60GB，"磁盘置备"为"精简置备"，如图 3-6-3 所示。

（6）展开"内存"选项，在"内存热插拔"处选择"启用"，如图 3-6-4 所示。

图 3-6-3　指定虚拟硬盘大小

图 3-6-4　启用内存热添加

（7）展开"显卡"选项，选择"自动检测设置"，如图 3-6-5 所示。

（8）在"即将完成"对话框中可以查看创建的虚拟机的设置，如图 3-6-6 所示。如果设置有误，应单击"上一步"按钮返回修改，检查无误之后，选中"完成前编辑虚拟机设置"，然后单击"完成"按钮。

图 3-6-5　显卡设置

图 3-6-6　创建虚拟机完成

（9）创建虚拟机完成后，启动虚拟机，打开 VMRC 控制台，在"VMRC"菜单中选择"可移动设备→CD/DVD 驱动器→连接磁盘映像文件"（如图 3-6-7 所示），在打开的"选择映像"对话框中选择 Windows Server 2003 R2 的 ISO 安装镜像，如图 3-6-8 所示。

图 3-6-7　连接 ISO

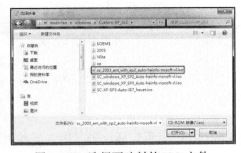

图 3-6-8　选择要映射的 ISO 文件

（10）加载 Windows Server 2003 安装镜像之后，在虚拟控制台窗口中按一下空格键或回车键，开始操作系统的安装。在安装的时候，将所有硬盘划分为一个分区（如图 3-6-9

所示），并用 NTFS 文件系统格式化。

（11）开始 Windows Server 2003 的安装，如图 3-6-10 所示。

图 3-6-9　划分一个分区　　　　　　　图 3-6-10　安装 Windows Server 2003

（12）安装完成后，安装 VMware Tools，安装常用软件，如输入法、WinRAR 等，并在"显示 属性"中启用硬件加速功能。一般情况下，不要在模板虚拟机中安装杀毒软件。

（13）运行 gpedit.msc，修改"计算机配置→安全设置→本地策略→安全选项"，将"交互式登录：不需要按 Ctrl+Alt+Del"设置为"已启用"，如图 3-6-11 所示。

（14）在"计算机配置→Windows 配置→安全设置→账户策略→密码选项"中，双击"密码最长使用期限"，设置为 0 即设置"密码永不过期"，如图 3-6-12 所示。

图 3-6-11　不需要按"Ctrl+Alt+Del"　　　图 3-6-12　设置密码永不过期

（15）根据需要进行其他设置。例如，在"管理模板→系统"中，禁用"显示'关闭事件跟踪程序'属性"、禁用"激活'关闭事件跟踪程序系统状态数据'功能"、启用"在登录时不显示'管理您的服务器'对话框"等，如图 3-6-13 所示。

（16）在"显示"属性中禁用"屏幕保护程序"，并将"电源选项"中的"电源使用方案"设置为"一直开着"，同时将"关闭监视器""关闭硬盘""系统待机"设置为"从不"，如图 3-6-14 所示。

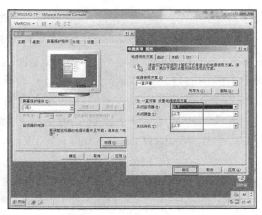

图 3-6-13　系统选项　　　　　　　　　　　图 3-6-14　屏幕保护与电源选项

【重要提示】在 VMware ESXi 中的虚拟机中，如果使用 WSUS 用于自动更新补丁，最好选中 "2-通知下载并通知安装"（如图 3-6-15 所示），不要选择 "自动下载并计划安装" 选项，如图 3-6-16 所示。

在 VMware 所有的虚拟机中有个问题：在配置了自动更新之后，如果没有控制虚拟机控制台界面（类似于图 3-6-13、图 3-6-12 等这些界面），那么，如果计算机自动安装了补丁，并需要重新启动计算机时，虚拟机有可能一直停留在 "正在关机" 界面（如图 3-6-17 所示），并且在没有管理员打开控制台界面之后，会一直处于这个界面。只有管理员打开这台虚拟机时，虚拟机才会在 "正在关机" 界面继续关机并重新启动。

图 3-6-15　通知下载并通知安装　　图 3-6-16　自动下载并　　图 3-6-17　在后台运行的虚拟机在打
　　　　　　　　　　　　　　　　　　　　　　计划安装　　　　　　　补丁自动重启后会一直停留在
　　　　　　　　　　　　　　　　　　　　　　　　　　　　　　　　　"正在关机" 界面

3.6.3　创建其他模板虚拟机

为 Windows Server 2008 R2、Windows Server 2008、Windows 7、Windows 8 等操作系统创建模板，与为 Windows Server 2003 虚拟机创建模板类似，但需要注意以下几点。

（1）推荐虚拟机内存 1GB、2 个 CPU、40～80GB 的虚拟硬盘（精简配置）、启用 CPU 与内存的热添加功能，显卡配置为 "自动检测设置"。

（2）在为虚拟机安装操作系统时，将整个硬盘划分为一个分区，用来安装操作系统。

（3）安装系统之后，安装 VMware Tools、常用软件，配置系统选项、关闭屏幕保护等。

这些与 Windows Server 2003 相同，不一一介绍。

（4）由于 Windows Server 2008 等系统的激活方式与 Windows Server 2003 不同，如果是批量使用 Windows Server 2008 等虚拟机，推荐采用 KMS 的方式激活，而不是采用 MAK 或静态密钥的方式，因为在使用虚拟机的时候，经常会由于创建、删除虚拟机过于频繁而导致这些密钥的激活次数很快耗尽。而采用 KMS 则不存在这个问题。

有关创建 Windows Server 2008 R2、在虚拟机中安装操作系统这些不再一一介绍。读者可自行创建 Windows Server 2008 R2、Windows Server 2012 R2 的虚拟机，并参照上面的要求配置。

【说明】Windows Server 2012 R2 可以看作 Windows Server 2012 的"升级版"，在需要 Windows Server 2012 的时候，用 Windows Server 2012 R2 代替没有任何的问题。所以不需要配置 Windows Server 2012 的模板。

3.6.4　将虚拟机转换为模板

在本节操作中，将把前文创建的 Windows 7 的虚拟机、WS03R2-TP 等的虚拟机转换为模板。整个操作比较"简单"，步骤如下。

（1）关闭要转换成模板的虚拟机，在导航器中，左侧选中主机，右侧单击"虚拟机→ 虚拟机"选项卡，在清单中选中一个要转换为模板的虚拟机，例如 WS08R2-TP 右键单击，在弹出的快捷菜单中选择"模板→转换成模板"（如图 3-6-18 所示），在弹出的"确认转换"对话框中，单击"是"按钮完成转换。

（2）将其他虚拟机转换成模板。转换成模板后，在"虚拟机→文件夹中的虚拟机模板"选项卡中，可以查看所有可用的虚拟机模板，如图 3-6-19 所示。

图 3-6-18　转换为模板

图 3-6-19　查看清单中的模板

3.6.5　为自定义客户机操作系统创建规范

自定义客户机操作系统可以防止在部署具有相同设置的虚拟机时可能产生的冲突，例如，由于计算机名称重复而产生的冲突。可以更改计算机名称、网络设置和许可证设置。克隆虚拟机或从模板部署虚拟机时，可以自定义客户机操作系统。

在自定义虚拟机的 Windows 客户机操作系统之前，应确认 vCenter Server 符合以下要求：

（1）安装 Microsoft Sysprep 工具。Microsoft 包括 Windows 2000、Windows XP 和 Windows 2003 的安装 CD-ROM 光盘上的系统工具集。Sysprep 工具已嵌入到 Windows Vista 和 Windows 2008 操作系统中。

（2）为要自定义的每台客户机操作系统安装正确版本的 Sysprep 工具。

vCenter Server 有两个版本，一个是用于 Windows 的，一个是用于 Linux 的 vCenter Server

Appliance。对于 Windows 版本的 vCenter Server 来说，sysprep 文件夹位于以下目录：

C:\ProgramData\VMware\VMware VirtualCenter

对于 Linux 的 vCenter Server Appliance 来说，sysprep 位于"/etc/vmware-vpx/sysprep"中。

对于 Windows 来说，应从 C:\ProgramData\VMware\vCenterServer\cfg\vmware-vpx\ 复制里面的 sysprep 到"C:\ProgramData\VMware\VMware VirtualCenter"文件夹中。

【说明】在 vCenter Server 6 中，存在一个 bug，在默认安装 vCenter Server 6 的时候，vCenter Server 6 配置文件保存在 C:\ProgramData\VMware\vCenterServer 文件夹中，所以在 C:\ProgramData\VMware\vCenterServer 找不到 sysprep 这个文件夹。可以在 C:\ProgramData\VMware 文件夹中创建一个"VMware VirtualCenter"文件夹。

在 vCenter Server 6.5 中，有 C:\ProgramData\VMware\VMware VirtualCenter 这个文件夹。

在该文件夹中，有 2k（对应 Windows 2000）、svr2003（对应 Windows Server 2003 的 32 位版本）、svr2003-64（对应 Windows Server 2003 的 64 位版本）、xp（对应 Windows XP Professional SP2、SP3 的 32 位版本）、xp-64（对应 Windows XP Professional 的 64 位版本）子文件夹，如图 3-6-20 所示。

然后复制对应版本的 sysprep 文件到 C:\ProgramData\VMware\VMware VirtualCenter\ sysprep 文件夹。

Windows Server 2003 安装光盘中 support\tools 文件夹中的 deploy.cab 展开后，复制到 C:\ProgramData\VMware\VMware VirtualCenter\sysprep\svr2003 文件夹，如图 3-6-21 所示。

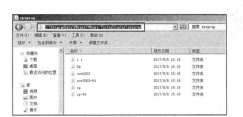

图 3-6-20　sysprep 文件夹位置

图 3-6-21　sysprep 相关文件

如果需要定制其他的 sysprep，如 XP 或 Windows Server 2003 X64，则需要将 Windows XP Professional、Windows Server 2003 X64 安装光盘中的 deploy.cab 分别展开到对应的目录中，这些不一一介绍。

在准备了 sysprep.exe 程序之后，需要为不同的操作系统创建"规范"。通常情况下，为 Windows Server 2003 创建一个规范，为 Windows Server 2008、Windows 7 及其以后的操作系统创建一个"通用"的规范即可。为 Windows Server 2003、Windows XP 创建规范时，一般需要在规范中指定产品的序列号。例如在为 Windows Server 2003 创建规范时，需要指定 Windows Server 2003 对应版本的序列号（企业版或标准版）。而在为 Windows 7、Windows Server 2008 及其以后的操作系统创建规范时，在规范中不需要输入序列号，取而代之以对应模板中安装好操作系统已经应用的序列号。另外再创建一个将计算机加入到域的规范。所以对于一个 vSphere 数据中心，如果模板中有 Windows Server 2003、Windows 7、Windows 10、Windows Server 2008 R2、Windows Server 2012 R2、Windows Server 2016、Linux 等，则需要创建如下几个规范。规范名称、用途示例如表 3-6-1 所列。

表 3-6-1　　　　　　　　　　　规范名称、用途示例

规范示例名称	用于的操作系统
WS03R2	用于 Windows Server 2003 R2 企业版，在规范中指定 Windows Server 2003 R2 企业版 VL 版本的序列号
Windows	用于 Windows 7、Windows Server 2008 及其以后的操作系统，在规范中不指定产品序列号
Windows-heinfo	用于 Windows 7、Windows Server 2008 及其以后的操作系统，在规范中不指定产品序列号，而是指定域名、域管理员账户（或者具有"将计算机加入到域"权限的账户），在应用规范后，虚拟机加入到指定的域
Linux	用于 Linux 操作系统

在创建规范时，可以创建新的规范，也可以从一个已有的规范进行"复制"，并且修改复制后的规范用作新的规范。在下面的示例中，将创建名为"Windows"的规范。

（1）打开 vSphere Web Client，在"主页→监控"中单击"自定义规范管理器"，如图 3-6-22所示。

（2）打开"自定义规范管理器"，单击" 🗋 "创建新规范，如图 3-6-23 所示。可以看到，当前规范为空。

图 3-6-22　自定义规范管理器

图 3-6-23　创建新规范

之后将进入"新建虚拟机客户机自定义规范"向导，该操作与使用 vSphere Client 时创建规范的步骤、过程类似。下面以定制用于 Windows Server 2003 的规范为例进行介绍。

（3）在"目标虚拟机操作系统"下拉列表中选择"Windows"或"Linux"，在此选择Windows，在"名称"文本框中输入"Windows"，在"描述"文本框中输入该定制规范的相关信息，如"用于 Windows 7、Windows Server 2008 R2 及其以后的操作系统……"等，如图 3-6-24 所示。

（4）在"注册信息"对话框的"注册信息"中输入用户名称与单位信息，如图 3-6-25所示。

图 3-6-24　新建定制规范相关信息

图 3-6-25　用户注册信息

（5）在"计算机名称"对话框设置计算机名称，推荐选择"使用虚拟机名称"或"在克隆/部署向导中输入名称"。如果"使用虚拟机名称"，则在使用该规范时虚拟机的名称将是虚拟机中操作系统的计算机名称；如果"在克隆/部署向导中输入名称"，则在使用此规范向导时会提示用户指定计算机名称。如图 3-6-26 所示。如果选择"输入名称"，应输入统一命名的计算机"前缀"，例如 PCWS，并选中"附加数值以确保唯一性"选项。如果当前的规范是用于 Horizon 虚拟桌面，则应选择"使用虚拟机名称"的选项。

（6）在"Windows 许可证"对话框中，如果定制的规范是用于 Windows Server 2008、Windows Server 2012、Windows 7、Windows 8/8.1、Windows 10，可以不输入产品序列号。如果企业中的 Vista 及其以后的系统是采用 KMS 服务器激活，也不需要输入产品序列号（在配置模板的时候，已经为操作系统输入了对应的用于 KMS 激活的序列号）。如果定制的规范用于 Windows Server 2003、Windows XP，则需要输入对应产品、对应版本的序列号（需要与模板所用的虚拟机序列号一致，但不要求相同。注意，OEM 版本、零售版本或 VL 版本的序列号不能混用，如 VL 的序列号不能用于 OEM 版本模板）。并且在"服务器许可证模式"中选择"按服务器"方式或"按客户"方式，推荐为"按服务器"，并且设置"最大连接数"，如图 3-6-27 所示。

图 3-6-26　指定计算机名称　　　　　　图 3-6-27　Windows 许可证信息

（7）在"管理员密码"对话框中设置管理员密码，并且设置是否自动以管理员身份登录以及自动登录的次数，如图 3-6-28 所示。

（8）在"时区"对话框中，选择"北京时间"，如图 3-6-29 所示。

图 3-6-28　管理员密码　　　　　　　　图 3-6-29　时区选择

（9）在"运行一次"对话框中指定用户首次登录时要运行的命令，在此直接单击"下一步"按钮，如图 3-6-30 所示。

（10）在"网络"对话框中设置 IP 地址获得方式。如果网络中（包括虚拟机网络中）有 DHCP 服务器，则选择"对客户机操作系统使用标准网络设置，包括在所有网络接口上启用 DHCP"；如果网络中没有 DHCP 服务器，则选择"手动选择自定义设置"（如图 3-6-31 所示），并在弹出的"网络接口设置"中单击"✏"按钮，再在弹出的对话框中设置子网掩码、网关地址（如图 3-6-32 所示）、DNS（如图 3-6-33 所示）与 WINS 服务器地址，而 IP 地址则在定制虚拟机时由管理员指定。本示例中选择"对客户机操作系统使用标准网络设置"，因为在当前的实验环境中已经配置好 DHCP 服务器。

图 3-6-30　运行一次

图 3-6-31　网络接口设置

图 3-6-32　定制

图 3-6-33　设置子网掩码、网关地址与 DNS 地址

（11）在"工作组或域"对话框中选择计算机是否加入域。在此选择"工作组"，如图 3-6-34 所示。如果选择"Windows 服务器域"，输入要加入到的 Active Directory 域名（示例 heinfo.edu.cn），并且在指定"用户名"文本框后面输入"具有将计算机加入到域"的权限的域用户名及密码（例如管理员账户，应用 heinfo\administrator 格式），如图 3-6-35 所示。在本示例中选择"工作组"。

图 3-6-34　加入工作组

图 3-6-35　加入域

（12）在"操作系统选项"对话框中选中"生成新的安全 ID（SID）"复选框，即重新生成 SID，如图 3-6-36 所示。

（13）在"即将完成"对话框中单击"完成"按钮，如图 3-6-37 所示。

创建规范完成后，返回到 vSphere Web Client，选中创建的规范，即会在中间靠下窗格，显示当前规范的详细信息，如图 3-6-38 所示。

选中规范后，与此相关的操作有 6 个，如图 3-6-39 所示。

图 3-6-36　重新生成 SID

图 3-6-37　定制规范完成

图 3-6-38　规范信息

图 3-6-39　功能按钮或选择

""，创建新规范；""，从文件导入规范，可以将""导出的 xml 文件导入到当前系统中；""为"编辑规范"功能，单击此项将会进入编辑、修改规范功能；""为删除选中规范；""为复制规范；""将规范导出为 xml 文件。

接下来将名为"Windows"的规范复制出一个名为"Windows-heinfo"的规范，并修改该规范，将 Windows 加入到网络中的 heinfo.edu.cn 域中。

（1）在"自定义规范管理器"中右键单击"Windows"的规范名选择"复制"，如图 3-6-40 所示。

（2）复制出一个新的名为"Windows 的副本"的规范名称，右键单击该名称选择"编辑"，如图 3-6-41 所示。

图 3-6-40　复制

图 3-6-41　编辑

（3）进入"Windows 的副本-编辑"对话框，在"自定义规范名称"文本框中输入新的规范名称。在本示例中为 Windows-heinfo，如图 3-6-42 所示。

（4）单击"工作组或域"，选择"Windows 服务器域"，输入域名，本示例为 heinfo.edu.cn，并在"用户名"及"密码"处输入具有将计算机添加到域中权限的用户账户，推荐使用域管理员账户，本示例为 heinfo\administrator，如图 3-6-43 所示。然后单击"完成"按钮，完成修改。

图 3-6-42　修改规范名　　　　　　　　　　图 3-6-43　Windows 服务器域

（5）返回"自定义规范管理器"，可以看到修改后的规范，如图 3-6-44 所示。

图 3-6-44　自定义规范管理器

另外，可以根据需要，创建用于 Windows Server 2003、Windows XP 的规范以及用于 Linux 的规范。这些与使用 vSphere Client 创建规范时要求相同，不一一介绍。

3.6.6　从模板部署虚拟机

在下面的操作中，将选择使用 Windows 7 的模板，从模板部署新的 Windows 7，并将 Windows 7 加入到域，同时为 Windows 7 虚拟机命名的操作。

（1）在 vSphere Web Client 的"主页"中选择"虚拟机和模板"，如图 3-6-45 所示。

（2）在"虚拟机→文件夹中的虚拟机模板"中选择 Windows 7 的模板，在右键菜单中选择"从此模板新建虚拟机"，如图 3-6-46 所示。

图 3-6-45　虚拟机和模板　　　　　　　图 3-6-46　从模板部署虚拟机

（3）在"选择名称和文件夹"对话框中设置部署后的虚拟机的名称，如"Win7X01-test"，并且在"为该虚拟机选择位置"处选择数据中心，如图 3-6-47 所示。注意，这是虚拟机在 vCenter 清单中的名称，不是虚拟机中操作系统的名称。

（4）在"选择计算资源"对话框中选择要在哪个主机或群集上运行此虚拟机，如图 3-6-48 所示。当有多个主机或群集时，可以选任意一台。

图 3-6-47　设置虚拟机名称与位置

图 3-6-48　选择主机或群集

（5）在"选择存储器"对话框中选择虚拟磁盘格式（与源格式相同、厚置备延迟置零、厚置备置零、精简置备）以及保存虚拟机的数据存储（当目标主机有多个存储时，可以选择本地存储或网络存储），如图 3-6-49 所示。

（6）在"选择克隆选项"对话框中选择其他克隆选项，包括"自定义操作系统""自定义此虚拟机的硬件""创建后打开虚拟机电源"，可以根据需要选择其中一项或多项，如图 3-6-50 所示。

图 3-6-49　选择将虚拟机保存的位置及磁盘格式

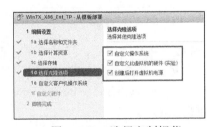

图 3-6-50　选择定制规范

（7）在"自定义客户机操作系统"对话框选择用于此模板的规范，本示例为 Windows-heinfo，如图 3-6-51 所示。

（8）在"用户设置"对话框中为新部署的虚拟机设置名称，如图 3-6-52 所示。在此设置计算机名称为 Win7X001。注意，这是虚拟机操作系统中的"计算机名称"。

（9）在"自定义硬件"对话框设置部署的虚拟机的内存大小、CPU 数量、硬盘大小，

图 3-6-51　选择规范

如图 3-6-53 所示。在此"自定义硬件"中，可以修改 CPU、内存的大小，不要添加网卡，也不要修改虚拟机硬盘大小。如果要修改硬盘大小或添加网卡，应在虚拟机完成部署之后再进行。如果在此添加网卡或修改硬盘大小，有可能部署出错。

（10）在"即将完成"对话框中显示了新建虚拟机的设置，检查无误之后单击"完成"按钮，如图 3-6-54 所示。

（11）开始从模板克隆出一个新的虚拟机，并且在"任务"列表中显示部署的进度，如图 3-6-55 所示。

图 3-6-52　用户设置

图 3-6-53　自定义硬件

图 3-6-54　即将完成

图 3-6-55　克隆虚拟机任务提示

（12）部署完成后，打开控制台查看部署后的虚拟机。Windows 的部署首先会重新启动两次，第一次启动时不进入桌面，显示"正在关机"（如图 3-6-56 所示），第二次进入系统会出现"VMware image customization is in progress…"的提示（如图 3-6-57 所示），之后再次重新启动。

图 3-6-56　第一次重启

图 3-6-57　第二次重启

（13）部署完成之后，出现 Windows 登录界面，此时计算机已经加入到域，并且有"登录到：heinfo"的提示，以域名\域账户（示例 heinfo\linnan）格式输入并登录，如图 3-6-58 所示。

（14）登录进入系统后，打开"系统"对话框，可以查看计算机的名称、左上角显示的虚拟机的名称，都是部署时所指定的名称，如图 3-6-59 所示。

图 3-6-58　域用户登录

图 3-6-59　计算机名称与虚拟机名称

3.6.7　导出与导入 OVF 模板

除了使用模板部署虚拟机外，还可以将 VMware ESXi 的虚拟机导出成 OVF 模板，导出的 OVF 模板可以通过网络、活动硬盘等介质传输（或分享）给其他 VMware ESXi、VMware Workstation 的虚拟机。以下介绍使用 vSphere Web Client 导出 OVF 模板以及从 OVF 模板向 ESXi 主机部署虚拟机。

（1）使用 vSphere Web Client 登录，选中上一节创建的 Win7x01-test 的虚拟机，右键单击，在快捷菜单中选择"启动→关闭客户机操作系统"，如图 3-6-60 所示。

（2）等虚拟机关闭后，右键单击要导出的虚拟机，在弹出的快捷菜单中选择"模板→导出 OVF 模板"，如图 3-6-61 所示。

图 3-6-60　关闭要导出的虚拟机

图 3-6-61　导出 OVF 模板

（3）在"导出 OVF 模板"对话框设置导出的名称，在"注释"文本框中根据需要写上注释等相关信息，单击"高级"选项，可以设置在导出时是否包括 BIOS UUID、MAC 地址、额外配置等一系列消息，如图 3-6-62 所示，管理员可以根据需要设置。然后单击"确定"按钮，此时在"近期任务"中会有"导出 OVF 模板"的提示，如图 3-6-63 所示。

（4）在 vSphere 6.0.x 中，使用 vSphere Web Client 导出 OVF 模板时可以指定导出路径。在 vSphere 6.5.x 版本中，导出 OVF，会新建浏览器窗口或在底部窗口弹出"保存"对话框（如图 3-6-64 所示），单击"保存"按钮或者单击"保存"按钮右侧的下拉按钮，可以选择"另存为"指定保存位置。

图 3-6-62　导出 OVF 配置

图 3-6-63　导出 OVF 模板任务

图 3-6-64　保存对话框

（5）如果没有弹出"保存"对话框，在 IE 浏览器中按"Ctrl + J"组合键，打开"查看下载"对话框，在此对话框中单击"保存"按钮即可，如图 3-6-65 所示。

图 3-6-65　保存

（6）vSphere Web Client 导出 OVF，此时会显示下载的速度，如图 3-6-66 所示。

图 3-6-66　下载导出的 OVF 模板

（7）下载完成后，右键单击下载的文件选择"打开所在文件夹"（如图 3-6-67 所示），可以查看导出的 OVF 模板（一个 OVF 文件，一个或多个 VMDK 文件），如图 3-6-68 所示。

图 3-6-67　打开所在文件夹

图 3-6-68　导出的 OVF 模板

当导出为 OVF 模板之后，可以将模板保存备用。以后如果需要该操作系统的虚拟机时，可以从 OVF 模板部署、导入虚拟机。

（1）在 vSphere Web Client 中右键单击数据中心、群集或 ESXi 主机，在弹出的快捷菜单中选择"部署 OVF 模板"，如图 3-6-69 所示。

（2）在"选择源"对话框中选择导入的 OVF 模板的源位置。在此选择"本地文件"，并单击"浏览"按钮选择要导入的 OVF 模板，如图 3-6-70 所示。

图 3-6-69　部署 OVF 模板

图 3-6-70　选择要导入的 OVF 模板

（3）在弹出的"选择要加载的文件"对话框中，用鼠标同时选择要导出的 OVF 模板中的所有文件（本示例为一个 OVF、一个 VMDK 文件），然后单击"打开"按钮，如图 3-6-71 所示。在 vSphere 6.0.x 及 5.x 版本中，使用 vSphere Web Client 部署 OVF 模板只需要选择 OVF 或 OVA 文件即可，但在 vSphere 6.5.x 中需要选择所有的文件。

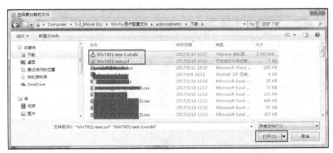

图 3-6-71　选择 OVF 模板中所有文件

（4）返回"选择模板"对话框，此时提示已选择 2 个文件，如图 3-6-72 所示。

（5）在"选择名称和文件夹"对话框设置要部署的虚拟机的名称（本示例为 Win7X01-test02）、部署位置，如图 3-6-73 所示。

（6）在"选择资源"对话框选择要运行已部署模板的位置，可以在群集或 ESXi 主机中选择，如图 3-6-74 所示。

图 3-6-72　选择文件

图 3-6-73　选择名称和文件夹

图 3-6-74　选择资源

（7）在"选择存储器"中选择"虚拟磁盘格式"以及保存的目标数据存储，如图 3-6-75 所示。

（8）在"设置网络"对话框选择网络，如图 3-6-76 所示。

图 3-6-75　选择存储器

图 3-6-76　设置网络

（9）在"即将完成"对话框显示部署信息，无误之后单击"完成"按钮，如图 3-6-77 所示。

（10）显示部署进度，直到部署完成，最后打开部署成功的虚拟机，查看系统属性（如图 3-6-78 所示）。在此可以发现部署的虚拟机与导出 OVF 模板的虚拟机具有相同的计算机名称，如果导出模板的虚拟机还在当前虚拟化环境中使用，则需要为新部署的虚拟机重新命名。这些操作不再介绍。

图 3-6-77　即将完成

图 3-6-78　部署完成

3.7　高可用群集

在前面介绍的内容中，虚拟机是在不同的主机运行的，并且在需要的时候，可以从一个主机"迁移"到另一个主机，尤其在虚拟机保存在共享的存储时，使用 vMotion 功能，可以快速地将一台正在运行（或不运行）的主机迁移到另一个主机。但是，这都是由管理员手动完成的。在一个大型的数据中心中，当管理的虚拟机及虚拟化主机比较多时，就需要一种"自动"的机制，根据主机的资源情况及虚拟机的需求，根据规则自动地在不同的主机之间迁移虚拟机。另外，对于"重要"的虚拟机，要监控其运行状况，所设虚拟机所在的主机由于断电、网络以及其他问题或意外，导致主机当机或网络中断，监控程序要能在其他主机上"注册"该虚拟机并在其他主机重新启动该虚拟机。对于"更加重要"的虚拟机，则需要实时监控，当所在主机出问题时，应该"立刻"在另一主机启动该虚拟机的"副本"并且保证数据的一致性。在 vSphere 中，已经实现了这些功能，针对用户所要求的级别不同，可以实现对应的功能（是在其他主机重新启动虚拟机还是立刻启用"备用"的虚拟机）。在 vSphere 中，这两种功能称为"HA-高可用群集"与"FT-容错"。群集与容错的区别如下。

（1）群集与容错都能检测到系统的故障，是为了实现系统的"高可用性"来设计的。但群集中的虚拟机同一时间只能在 A 或 B（或其他主机）上运行，并且在出现故障时在其他主机上启动，这有一个系统重新启动的时间，大约几十秒到几分钟的时间。

（2）而容错功能，容错中的虚拟机是在另一个主机上启动一个"副本"，主虚拟机与副本虚拟机同时启动，并且是在不同的主机启动，主机的操作系统会反映到副本中，两个主机执行相同的运作与行为。在工作时，副本虚拟机是"只读"的，不能修改。当主虚拟机出现问题时，副本虚拟机会被设置为"主要"，并且对外提供服务。当原来的主虚拟机恢复后，原来的主虚拟机会被成为新的"副本"。

（3）群集中的虚拟机，对虚拟 CPU 数量没有限制（受限于 vSphere 虚拟硬件规格）。而容错，在 vSphere 目前 5.x 系列只支持 1 个虚拟 CPU；在 vSphere 6.0 中则支持 4 个 CPU，这足以满足大多数的需求。

【注意】只有使用 vSphere Web Client 管理并启用 FT 时，才支持 4 个 CPU。使用传统的 vSphere Client 只能创建 1 个 CPU 的 FT。

3.7.1　vSphere 高可用描述

在我为客户讲述 VMware vSphere 的特点时，经常描述的一个场景是：

vSphere 数据中心可以节省能源。假设有 3 台主机+1 台共享存储组成 VMware 虚拟化群集。在配置好后，业务虚拟机会分布在这 3 台主机上运行。假设其中有一台主机因为各种原因造成网络中断或服务器死机，那么这台主机上正在运行的虚拟机会"自动"在其他主机重新启动。这是第一个级别，HA 的级别。此时由于虚拟机需要在其他主机重新启动，根据虚拟机的启动时间，业务会有几分钟的中断，但一般会在 3～5 分钟之内。

对于特别重要的不能中断的业务，则可以启用 FT（虚拟机容错）级别，配置为 FT 的虚拟机有一个完全同步的"副本"虚拟机，FT 的主虚拟机与副本虚拟机会在这 3 台主机的 2 台上运行（不会运行在同一台主机上），假设这 2 台中的主机有一台死机，由于 FT 有 2 份完全相同的虚拟机，所以业务不会中断。这是"FT"的级别。

在工作时间，虚拟机中应用较多、负载较重时，有的业务虚拟机可能在不同的时刻占用的资源不同。如果以前在传统的数据中心，需要为每个应用规划硬件时，都要按照最高的应用场景来规划。而在 VMware 数据中心，则是由主机动态地调整、配置，只需要为虚拟机分配较为合理的配置即可。VMware 会自动平衡 ESXi 主机，让每台主机的负载近可能地平衡、一致。这是 DRS 功能。

在非工作时间，虚拟机应用较少、负载较轻时，虚拟机会向其中的某两台主机"集中"，而其他不运行虚拟机的主机则会自动休眠，进入待机模式，以节省能源。当负载开始变重时，会自动打开处于待机模式的主机，虚拟机会再次迁移到这些主机中来。这是 DPM 功能。

在没有虚拟化之前，如果某台物理服务器死机，例如"蓝屏"，这时候这台物理服务器上提供的应用都会中断，只能是管理员发现之后，去机房重新启动服务器才能恢复。但如果是在虚拟化环境中，vSphere 会自动监测虚拟机的工作是否正常，如果虚拟机死机或虚拟机中的操作系统"蓝屏"，虚拟机监控程序会自动重新启动死机的虚拟机。这是虚拟机的监控功能。

而且这一切，都是自动的。

在上述的描述中，就是用的 vSphere 的群集（HA）、分布式资源调度（DRS）、分布式电源管理（DPM）三个功能。HA、DRS、DPM 等关键字介绍如下。

HA，High Availability，高可用群集。

DRS，Distributed Resource Scheduler，VMware 的分布式资源调度。

DPM，Distributed Power Management，分布式能源管理。

启用 DRS 之后，虚拟机会根据主机的负载情况，动态迁移、调整，让主机的负载较为均衡。用户能配置 DRS，使用手动或自动控制。如果一个工作负载的需求急剧降低，VMware DRS 能临时关闭不需要的物理服务器。

在启用 DRS 的集群环境中，VMware DPM 通过跨物理主机整合虚拟机来降低服务器能源消耗。DRS 和 DPM 使用 vMotion 功能在物理服务器之间迁移虚拟机。结合 VMware High Availability（HA），这些功能也能帮助预防服务器宕机。

3.7.2 某 vSphere 数据中心 HA 实例

某单位数据中心共有 9 台 ESXi 服务器，组成 HA01、HA02 两个群集，其中 HA01 有 4 台 IBM 3650 M2 服务器、1 台 IBM 3650 M3 服务器，HA02 有 4 台 IBM 3650 M4 服务器。

在为 vSphere 数据中心中配置 HA、DRS、DPM 后，如果负载较轻时（例如晚上，虚拟机负载较轻时），某些主机会进入"待机状态"。如图 3-7-1 所示，是一个有 2 个群集、9 台主机的 vSphere 数据中心，当系统负载较轻时，每个群集只需要使用 2 台主机，其他主机则进入"待机模式"。

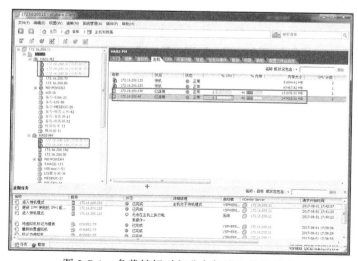

图 3-7-1   负载较轻时部分主机进入待机模式

如果要启用 DPM，需要虚拟化主机支持 IPMI 的电源管理功能。通常情况下，HP、IBM、DELL 服务器都支持这项功能。用户需要为每台主机配置 IPMI 功能，如图 3-7-2 所示。

图 3-7-2　为每台主机配置电源管理

要启用 DPM，每台主机需要先正常进入"待机模式"，并从"待机模式"开机一次。只有经过这样的检查、测试之后，启用 DRS 及 DPM 功能的群集，才会在有资源闲置的主机时，将这些主机进入"待机模式"。如果要测试主机，可以右键单击主机（先进入"维护模式"），在弹出的快捷菜单中选择"进入待机模式"。等服务器进入待机模式之后，再在菜单中右键单击服务器选择"打开电源"，打开服务器电源，每台主机都要进行这样的操作，如图 3-7-3 所示。

图 3-7-3　进入待机模式再打开电源

在所有主机也完成"进入维护模式→进入待机模式→打开电源→退出维护模式"的测试后，打开群集设置，在"vSphere DRS→电源管理→主机选项"中可以看到，是否所有主机"退出待机模式"测试成功。如果成功，则有测试成功的时间及标志，如图 3-7-4 所示。

另外，在群集设置中，在"电源管理→主机选项"中将"电源管理"设置为"自动"即可，如图 3-7-5 所示。

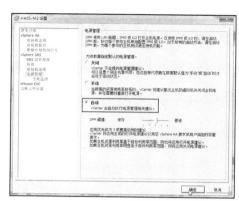

图 3-7-4　查看退出待机模式的成功时间　　　　图 3-7-5　启用电源管理

3.7.3　高可用群集实验拓扑概述

要完成 HA、FT、DRS、DPM 的全部实验，需要有至少 2 个主机组成群集、1 个共享存储，并且受保护的虚拟机要保存在共享存储中，要为 ESXi 主机配置 VMotion 功能。为了演示这些功能，我们准备了如图 3-7-6 所示的实验环境。

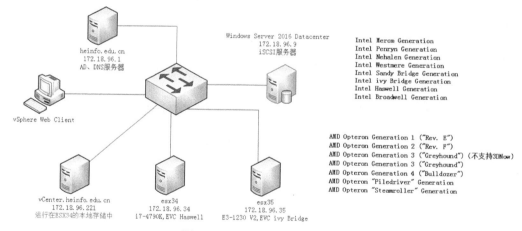

图 3-7-6　vSphere HA 实验环境

为了充分体验 VMotion 的功能以及为了解决实际中碰到的困难，我们设计如下的实验环境。

（1）2 台 ESXi 主机，这 2 台主机的 CPU 不同，所支持的 EVC 功能也不一致。其中支持较高 EVC 功能的主机（172.18.96.34，i7-4790K，支持 Haswell）已经加入了群集，需要将另一台支持较低 EVC 功能的 ESXi 主机（172.18.96.35，E3-1230 V2，支持 ivy Bridge）加入群集。但如果直接将主机加入群集，则会弹出图 3-7-7 所示的错误提示。

（2）所以低 EVC 支持的 ESXi 主机要加入高 EVC 支持的群集，需要修改群集设置将 EVC "降级"。如果要将群集支持的 EVC 降级，降级之前当前群集中的主机如果存在运行的虚拟机，则将不能降级。此时错误提示如图 3-7-8 所示。

图 3-7-7　低 EVC 支持的主机加入高 EVC 配置的群集的错误提示　图 3-7-8　尝试降低 EVC 时的错误提示

（3）由于 172.18.96.34 已经运行了虚拟机，并且是 vCenter Server 的虚拟机，所以当前 vCenter Server 不能关机，因为关机之后，vSphere Web Client 将不能工作（群集功能是 vCenter Server 所支持的）。

1. vCenter 保存在共享存储中

对于此类问题，如果 vCenter Server 保存在共享存储中，解决思路如下。

（1）使用 vSphere Client 或 vSphere Host Client 登录（EVC 支持高的）172.18.96.34，将 vCenter Server 关机，并将 vCenter Server 虚拟机从 ESXi 清单中"移除"。

（2）使用 vSphere Client 或 vSphere Host Client 登录（EVC 支持低的）172.18.96.35，浏览存储，将 vCenter Server 添加到清单。之后打开 vCenter Server 虚拟机的电源。

（3）等 vCenter Server 启动之后，使用 vSphere Web Client 登录 vCenter Server，关闭（EVC 支持高的）172.18.96.34 主机上所有正在运行的虚拟机，如果有"休眠"的虚拟机，应将休眠的虚拟机"打开电源"，之后再关闭这些虚拟机的电源。否则，如果高 EVC 支持的主机上有正在运行的虚拟机或者休眠的虚拟机，在尝试加入更低 EVC 配置的群集时，会弹出"无法允许主机进入群集当前的增强型 VMotion 兼容模式。主机上已打开电源或已挂起的虚拟机正在使用该模式所隐藏的 CPU 功能"的对话框，如图 3-7-9 所示。

图 3-7-9　高 EVC 支持的主机上有运行或休眠的虚拟机不能加入低 EVC 配置的群集

等所有虚拟机关闭并且没有休息的虚拟机时，修改群集中 EVC 设置，从原来支持 Haswell 改为 ivy Bridge，并将 172.18.96.35 加入到群集。

2. vCenter 保存在本地存储中，无共享存储

如果 vCenter Server 保存在本地存储中，并且当前环境中没有共享存储，解决思路如下。

（1）使用 vSphere Web Client 将（EVC 支持低的）172.18.96.35 添加到"数据中心"根目录，但不要将 172.18.96.35 加入到群集，此时也不能加入。

（2）右键单击正在运行的 vCenter Server 虚拟机（本示例为 vCenter-172.18.96.221），选择"克隆到虚拟机"（图 3-7-10 所示），设置克隆后虚拟机的名称为其他名称，本示例为

vcenter_91.221（如图 3-7-11 所示），目标选择 172.18.96.35 主机（如图 3-7-12 所示），存储选择 172.18.96.35 的本地存储（如图 3-7-13 所示）。

图 3-7-10　克隆到虚拟机

图 3-7-11　设置克隆后虚拟机名称

图 3-7-12　选择 172.18.96.35 为目标主机　　图 3-7-13　选择 172.18.96.35 的本地存储为目标存储

（3）等虚拟机克隆完成之后，在清单中可以看到克隆前正在运行的 vCenter 虚拟机（名称为 vCenter-172.18.96.221）、克隆成功后状态为关闭的虚拟机（名称为 vCenter_96.221），

如图 3-7-14 所示，关闭在 172.18.96.34 主机上运行的 vCenter Server 虚拟机 vCenter-172. 18.96.221。等（EVC 支持高的）172.18.96.34 主机上的 vCenter Server 虚拟机关闭后，使用 vSphere Client 或 vSphere Host Client 登录（EVC 支持低的）172.18.96.35，打开克隆后的 vCenter Server 虚拟机（名称为 vCenter_96.221）的电源。

图 3-7-14　克隆完成

（4）等 vCenter Server 启动之后，使用 vSphere Web Client 登录 vCenter Server，关闭（EVC 支持高的）172.18.96.34 主机上所有正在运行的虚拟机，如果有"休眠"的虚拟机，应将休眠的虚拟机"打开电源"，之后再关闭这些虚拟机的电源。然后修改群集中 EVC 设置，从原来支持 Haswell 改为 ivy Bridge（如图 3-7-15 所示），并将 172.18.96.35 加入到群集，如图 3-7-16 所示。

3．vCenter 保存在本地存储，有共享存储

如果 vCenter Server 保存在本地存储中，当前环境中有共享存储，此时 vCenter Server 运行在（EVC 支持高的）172.18.96.34 主机上，解决思路如下。

（1）使用 vSphere Web Client 登录 vCenter Server，选中正在运行的 vCenter Server 虚拟机，右键单击选择"迁移"，选择"更改存储"，将 vCenter Server 的存储从 172.18.96.34 更

改到连接到 172.18.96.34 的共享存储。

图 3-7-15　更改 EVC 模式

图 3-7-16　将另一台主机加入到群集

（2）等更改存储完成后，再参照前文介绍的步骤操作（vCenter Server 关机、从高 EVC 支持的 ESXi 清单移除、添加到低 EVC 支持的 ESXi、重新打开 vCenter Server 电源、重新连接 vCenter Server、重新配置群集、将低 EVC 支持的 ESXi 主机加入到群集），这些不一一介绍。

下面根据图 3-7-6 所示拓扑环境一一进行介绍。

3.7.4　为 ESXi 主机分配 iSCSI 磁盘

根据图 3-7-6 的实验环境，登录 172.18.96.9 的 Windows Server 2016 的计算机，安装"文件服务器"，将 Windows Server 2016 配置为 iSCSI 服务器，为 172.18.96.34、172.18.96.35 创建 2 个 LUN，其中第一个大小为 500GB，第二个大小为 200GB，主要步骤如下。

（1）使用管理员账户登录 Windows Server 2016 Datacenter，在"系统"中查看当前信息，如图 3-7-17 所示。

（2）打开"服务器管理器"，选择"添加角色和功能→选择服务器角色"，选择"文件服务器、iSCSI 目标服务器、iSCSI 目标存储提供程序、文件服务器资源管理器"等角色，如图 3-7-18 所示。

图 3-7-17　查看当前信息

图 3-7-18　添加 iSCSI 目标服务器

安装完 iSCSI 目标服务器之后，就可以为其他服务器分配磁盘空间了。

（1）在"服务器管理器"中单击"文件和存储服务"，如图 3-7-19 所示。

（2）在"文件和存储服务→iSCSI"中，单击右侧的"要创建 iSCSI 磁盘，请启动新建 iSCSI 磁盘向导"链接，如图 3-7-20 所示。

图 3-7-19　文件和存储服务

图 3-7-20　新建 iSCSI 磁盘向导

（3）在"选择 iSCSI 虚拟磁盘位置"对话框中选择要将 iSCSI 虚拟磁盘保存的位置，可以按卷选择，也可以单击"浏览"按钮选择，如图 3-7-21 所示。在此选择 E 盘。

（4）在"指定 iSCSI 虚拟磁盘名称"对话框的"名称"文本框中，为新建的虚拟磁盘设置一个名称，在此设置为 vmware-esxi-500，如图 3-7-22 所示。

图 3-7-21　选择 iSCSI 虚拟磁盘位置

图 3-7-22　指定 iSCSI 虚拟磁盘名称

（5）在"指定 iSCSI 虚拟磁盘大小"对话框中指定新建虚拟磁盘大小，如图 3-7-23 所示。在此先为虚拟磁盘指定 500GB 的大小，选择"动态扩展"，以后可以根据需要进行扩充。

（6）在"分配 iSCSI 目标"对话框中单击"新建 iSCSI 目标"单选按钮，如图 3-7-24 所示，为上一步创建的虚拟磁盘分配目标。

（7）在"指定目标名称"对话框中设置一个名称，如 esx34-35，如图 3-7-25 所示。

（8）在"指定访问服务器"对话框中单击"添加"按钮以指定将访问此 iSCSI 虚拟磁盘的 iSCSI 发起程序，如图 3-7-26 所示。

图 3-7-23　虚拟磁盘大小

图 3-7-24　分配 iSCSI 目标

图 3-7-25　指定目标名称

图 3-7-26　指定访问服务器

（9）在"选择用于标识发起程序的方法"对话框中选择"输入选定类型的值"，在此可以从"IQN""DNS 名称""IP 地址""MAC 地址"之间选择，如图 3-7-27 所示。如果 iSCSI 发起程序向本服务器（172.18.96.9）发起过连接请求，则在"从目标服务器上的发起程序缓存中选择"列表中会有相关的信息。

（10）选择"IP 地址"，然后输入目标服务器的 IP 地址，在此添加 VMware ESXi 服务器的 IP 地址 172.18.96.34、172.18.96.35，如图 3-7-28 所示。

图 3-7-27　选择用于标识发起程序的方法

图 3-7-28　输入选定类型的值

（11）返回"指定访问服务器"对话框，在列表中显示了添加的将要访问此 iSCSI 磁盘的发起程序。也可以单击"添加"按钮，再次添加服务器 IP 地址，例如添加 172.18.96.35 的服务器，添加后如图 3-7-29 所示。

（12）在"启用身份验证"对话框中，可以选择启动 CHAP 协议对发起程序进行身份验证，或者启用反射 CHAP 以允许发起程序对 iSCSI 目标进行身份验证，如图 3-7-30 所示。

图 3-7-29　指定访问服务器　　　　　　　　　　图 3-7-30　启用身份验证

（13）在"确认选择"对话框中显示了创建的虚拟磁盘名称、大小，新建的 iSCSI 目标程序及名称，检查无误之后单击"创建"按钮，如图 3-7-31 所示。

（14）在"查看结果"对话框中显示任务的结果，单击"关闭"按钮，如图 3-7-32 所示。

图 3-7-31　确认选择　　　　　　　　　　　　图 3-7-32　查看结果

（15）返回到"文件和存储服务.iSCSI"中，查看右侧列表中已经创建了 iSCSI 虚拟磁盘并分配给了对应的目标服务器，如图 3-7-33 所示。但当前"目标状态"为"未连接"。

在第（1）至（15）步的操作中，创建 iSCSI 目标并为 iSCSI 目标分配了一个新建的 500GB 的磁盘，接下来新建一个 200GB 的磁盘并将其分配到第（6）步创建的目标中。主要步骤如下。

（1）在空白位置右键单击选择"新建 iSCSI 虚拟磁盘"，如图 3-7-34 所示。

图 3-7-33　创建 iSCSI 虚拟磁盘及分配目标完成　　　　图 3-7-34　新建 iSCSI 磁盘

（2）在"指定 iSCSI 虚拟磁盘名称"处设置新创建的磁盘名称为 esxi-200G，如图 3-7-35 所示。

（3）在"指定 iSCSI 磁盘大小"处创建"动态扩展"的磁盘，并设置大小为 200GB，如图 3-7-36 所示。

图 3-7-35　指定 iSCSI 虚拟磁盘名称　　　　　图 3-7-36　指定 iSCSI 磁盘大小

（4）在"分配 iSCSI 目标"对话框中选择"现有 iSCSI 目标"，并选择图 3-7-25 设置的名称，如图 3-7-37 所示。

（5）在"确认选择"对话框显示了新创建的 iSCSI 磁盘、分配的目标，如图 3-7-38 所示。

图 3-7-37　分配 iSCSI 目标　　　　　　　图 3-7-38　确认选择

（6）返回到"服务器管理器→文件和存储服务→iSCSI"，如图 3-7-39 所示。当前"目标状态"为"未连接"。

（7）如果 iSCSI 客户端连接到 iSCSI 服务器，则"目标状态"变更为"已连接"，如图 3-7-40 所示。这是在执行了第 3.7.6 节"在 ESXi 主机添加 iSCSI 存储"中图 3-7-51 之后，再返回到服务器管理器，刷新之后看到的截图。

图 3-7-39　iSCSI 目标状态　　　　　　　　　图 3-7-40　已经连接

3.7.5　在 ESXi 主机启用 VMotion

登录 vSphere Web Client，根据图 3-7-6 所示的实验环境，将 172.18.96.35 添加到名为 "Datacenter" 的数据中心，暂时不将该主机加入到 HA01，因为 172.18.96.35 所支持的 EVC 与 HA01 的设置不符。如图 3-7-41 所示，是新添加到数据中心中的 ESXi 主机（172.18.96.35）所支持的 EVC。从图中可以看到，该主机 CPU 支持的 EVC 为 Intel Ivy Bridge。而群集中现有主机及群集所支持的 EVC 为 Intel Haswell，如图 3-7-42 所示。

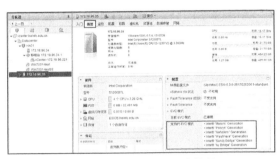

图 3-7-41　172.18.96.35 所支持的 EVC　　　　图 3-7-42　查看 EVC

之后为每台主机启用 VMotion 流量，以 172.18.96.34 主机为例。

（1）在 vSphere Web Client 中导航器中选中 172.18.96.34，单击 "配置→网络→VMkernel 适配器"，在右侧选中 vmk0，单击 "✎"，如图 3-7-43 所示。

（2）在 "VMkernel 端口设置" 的 "已启用的服务" 中选中 "VMotion"，如图 3-7-44 所示。然后单击 "确定" 按钮。

图 3-7-43　编辑 VMkernel 适配器　　　　　图 3-7-44　启用 VMotion 流量

网络中其他主机（172.18.96.35）也要在 VMkernel 适配器启用 VMotion 流量。

3.7.6　在 ESXi 主机添加 iSCSI 存储

在为 ESXi 配置共享存储时，如果 ESXi 主机是使用 SAS HAB 或 FC HBA 卡连接的存储，则在存储管理界面，扫描并添加了 ESXi 主机所连接的 FC 或 SAS HBA 接口卡的硬件地址并映射 LUN 之后，在 ESXi 主机就能通过"数据存储→添加存储器"进行添加。如果 ESXi 主机通过网络使用 iSCSI 协议连接 iSCSI 存储，则还需要在 ESXi 主机中添加"iSCSI 软件适配器"，并配置添加 iSCSI 服务器的地址之后，才能添加。下面介绍步骤。

（1）使用 vSphere Web Client 登录 vCenter，在左侧导航器中选中一台主机，例如 172.18.96.34，单击"配置→存储适配器"，单击" ✚ "按钮，在弹出的对话框中选中"添加软件 iSCSI 适配器"，然后单击"确定"按钮，如图 3-7-45 所示。

（2）添加之后，在"存储适配器"列表的"iSCSI Software Adapter"清单中单击"vmhba64"，然后在"适配器详细信息→目录→动态发现"选项卡中单击"添加"链接，如图 3-7-46 所示。

图 3-7-45　添加 iSCSI 软件适配器　　　　　图 3-7-46　iSCSI 软件适配器属性

（3）在打开的"添加发送目标服务器"对话框的"iSCSI 服务器"文本框中添加当前环境中 iSCSI 服务器的 IP 地址，本示例为 172.18.96.3，然后单击"确定"按钮，如图 3-7-47 所示。

（4）添加完成后返回到 vSphere Web Client，此时提示"由于最近更改了配置，建议重新扫描存储适配器"，同时在清单中也显示了添加成功的 iSCSI 服务器 172.18.96.9 的地址及端口 3260，如图 3-7-48 所示。

图 3-7-47　添加 iSCSI 服务器　　　　　　图 3-7-48　添加的 iSCSI 服务器

（5）参照（1）至（4）的步骤，为 172.18.96.35 添加 iSCSI 服务器，添加之后如图 3-7-49 所示。

（6）添加完成后，在左侧选中数据中心或群集右键单击，在弹出的菜单中选择"存储 →重新扫描存储"，如图 3-7-50 所示。

图 3-7-49　为另一台 ESXi 添加 iSCSI 服务器　　　　图 3-7-50　重新扫描存储

（7）在弹出的"重新扫描存储"对话框中单击"确定"按钮，如图 3-7-51 所示。

（8）扫描完成之后，在导航器中选中每台主机，然后定位到"配置→存储适配器→iSCSI Software Adapter→vmhba64"，在"设备"选项卡中可以看到扫描后加载的 iSCSI 存储，如图 3-7-52 所示，从图中可以看到，当前挂载了 2 个 LUN，分别是 500GB 与 200GB。

图 3-7-51　重新扫描存储　　　　　　　　图 3-7-52　扫描到的 Iscsi 设备

【说明】如果此时打开 iSCSI 存储服务器（本示例为 Windows Server 2016 服务器），其 iSCSI 状态为"已连接"，如图 3-7-40 所示。

当每台 ESXi 主机都能"发现"172.18.96.9 的 iSCSI 服务器分配的虚拟磁盘后，在任意 一台 ESXi 主机将这两块虚拟磁盘添加为存储，其他主机即可看到。

（1）在导航器中选中任意一台 ESXi 主机，在"配置→数据存储"中单击" 📄 "创建 新的数据存储，如图 3-7-53 所示。

（2）在"新建数据存储"对话框的"类型"中选择"VMFS"，如图 3-7-54 所示。

（3）在"名称和设备选型"对话框的"数据存储名称"文本框中输入存储名称，在本示例 中设置为 iscsi-01，然后在设备清单中选择名称为"MSFT Iscsi Disk 开头的存储（Windows Server 提供的 iSCSI 存储名称示例），首选容量大小为 500GB 的设备，如图 3-7-55 所示。

（4）在"VMFS 版本"对话框中为数据存储指定 VMFS 版本，在本示例中选择"VMFS 6"，如图 3-7-56 所示。

图 3-7-53　创建新的数据存储

图 3-7-54　指定数据类型

图 3-7-55　选择 iSCSI 虚拟磁盘

图 3-7-56　指定 VMFS 版本

（5）在"分区配置"中直接单击"下一步"按钮，如图 3-7-57 所示。

（6）在"即将完成"对话框显示创建数据存储的信息，如图 3-7-58 所示。单击"完成"按钮。

图 3-7-57　分区配置

图 3-7-58　即将完成

参照（1）至（6）的步骤，将大小为 200GB 的 iSCSI 存储添加到"数据存储"中，并指定名称为 iscsi-02，添加之后如图 3-7-59 所示。这是在 172.18.96.35 主机的"配置→数据存储"中看到的存储清单。

图 3-7-59　添加 2 个共享存储数据存储

如果单击 172.18.96.34 主机的"配置→数据存储",也能看到名称为 iscsi-01 与 iscsi-02 的共享存储,如图 3-7-60 所示。如果另一主机没有发现共享存储,单击""按钮刷新即可。

图 3-7-60　从另一主机浏览存储

3.7.7　Storage VMotion(存储迁移)

接下来介绍,将保存在 172.18.96.34 主机本地存储中的、正在运行的 vCenter Server 虚拟机,使用 Storage VMotion(存储迁移)技术,迁移到 172.18.96.34 所连接的共享存储。在迁移的过程中,数据不会丢失,业务不会中断。使用 Storage VMotion 技术,可以将正在运行的虚拟机的存储"更改"到"共享存储"后,保存在共享存储的虚拟机即可在不同主机之间使用 VMotion 技术进行"自由"的迁移。Storage VMotion 与"热克隆"正在运行的虚拟机的区别如下。

(1)热克隆正在运行的虚拟机,克隆后的虚拟机与"源"虚拟机数据可能有差异。热克隆的虚拟机,克隆的只是"克隆"开始时这个时间点状态所有的数据。如果在"克隆"开始后,源虚拟机数据有变动,则数据变动不会反映到克隆后的新虚拟机中。另外,克隆成功的虚拟机是一个"非正常关机"状态,并且克隆后的虚拟机默认是关机的,而克隆期间,源虚拟机一直运行,在此期间一直有新的数据产生。

(2)Storage VMotion 技术虽然也用到"克隆"技术,但克隆成功完成后,Storage VMotion 会将克隆开始后的差异数据同步到新的克隆后的虚拟机中,并且将运行状态"同步"到克隆完成的虚拟机并保持虚拟机的运行,源虚拟机即删除。可以说,在存储"迁移"的过程中,虽然有新的数据产生,但其间不会丢失数据,迁移过程中虚拟机保持运行状态不变,业务、服务不中断。

下面演示 Storage VMotion 技术。

(1)在导航器中,查看当前正在运行的 vCenter Server 虚拟机,当前使用的 vCenter Server 虚拟机名称为"vCenter_96.221",如图 3-7-61 所示。

(2)编辑该虚拟机设置,在"硬盘 1→磁盘文件"中可以看到当前虚拟机保存在 esx35-data 的本地存储中,如图 3-7-62 所示。

(3)右键单击正在运行的 vCenter Server 虚拟机,在弹出的快捷菜单中选择"迁移",如图 3-7-63 所示。

(4)在"选择迁移类型"对话框中选择"仅更改存储",如图 3-7-64 所示。

图 3-7-61　查看 vCenter Server 虚拟机

图 3-7-62　查看磁盘文件位置

图 3-7-63　迁移

图 3-7-64　仅更改存储

　　【说明】如果选择"仅更改计算资源",可以将虚拟机迁移到另一台主机或群集上,此时正在运行的虚拟机需要保存在"共享存储"中。如果选择"更改计算资源和存储",只能针对已经关闭电源的虚拟机有效。

　　(5)在"选择存储"的"选择虚拟磁盘模式"中选择迁移后的磁盘格式,在此选择"精简置备",在"兼容"清单中选择共享存储,在此选择名为 iscsi-02 的共享存储,在"兼容性"中提示"兼容性检查成功",表示当前操作可以进行,如图 3-7-65 所示。

　　(6)在"即将完成"对话框显示了当前的操作内容,单击"完成"按钮,如图 3-7-66 所示。

图 3-7-65　选择存储

图 3-7-66　即将完成

　　(7)进行存储迁移的操作,在"近期任务"中会显示操作进度,如图 3-7-67 所示。

图 3-7-67　近期任务

（8）迁移完成后，查看虚拟机配置，此时可以看到虚拟硬盘保存在 iscsi-02 共享存储中，如图 3-7-68 所示。

3.7.8　配置 IPMI 电源管理功能

在 vSphere HA 中如果要配置并启用 DPM 功能，需要记录服务器远程管理接口的 IP 地址（不是 ESXi 的 IP 地址，而是另一个独立的 IP 地址，是与 ESXi 服务器同一网段的另一个 IP 地址）与 MAC 地址、远程管理控制台管理员账户与密码。下面分别简要介绍 DELL、IBM、HP 等服务器远程管理登录界面、远程管理 IP 地址与 MAC 地址，最后介绍群集中电源管理配置界面。

图 3-7-68　查看虚拟磁盘保存位置

1. DELL 服务器 iDRAC 配置页

在本示例中，一台 DELL R730 XD 服务器安装了 ESXi 6.0，ESXi 的 IP 地址是192.168.100.11，这台 DELL 服务器 iDRAC 控制台的 IP 地址是 192.168.100.12。下面简单了解 iDRAC 的登录以及 iDRAC 的配置。

（1）使用 IE 浏览器登录 iDRAC 远程控制台地址，输入管理员账户 root 与密码登录，如图 3-7-69 所示。

（2）登录之后，在"概览→iDRAC 设置→网络"中，可以查看 iDRAC 配置的 IP 地址、子网掩码、网关，如图 3-7-70 所示。

图 3-7-69　登录 iDRAC

图 3-7-70　查看 iDRAC 网络设置

（3）在"iDRAC 设置→网络"中，可以查看用于 iDRAC 网卡的 MAC 地址，如图 3-7-71所示。

（4）实际上还有一个更简单的办法查看网卡的 MAC 地址。在同一网段的一台计算机中，在命令提示窗口使用 ping 命令，ping 192.168.100.12，之后执行 arp –a 就可以列出并查看 192.168.100.12 的 MAC 地址，如图 3-7-72 所示。

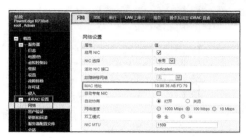 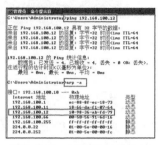

图 3-7-71　查看 MAC 地址　　　　　　　　图 3-7-72　查看 MAC 地址

（5）在"概览→服务器→属性→摘要→虚拟控制台预览"中，单击右侧的"启动"（如图 3-7-73 所示），打开虚拟控制台，可以看到 ESXi 设置的 IP 地址，如图 3-7-74 所示。

图 3-7-73　虚拟控制台　　　　　　　　　　图 3-7-74　打开虚拟控制台

【说明】在（1）至（5）步骤显示并分别查看了 iDRAC 的 IP 地址、子网掩码、网关和 ESXi 的控制台以及 ESXi 的 IP 地址，这些地址都是管理员规划并配置的，在本节只是简单演示一下 iDRAC 控制台。如果要为 ESXi 配置 DPM 电源选项，需要记录 ESXi 的 IP 地址及对应的远程管理的 IP 地址、MAC 地址。

2. IBM 服务器 iMM 登录配置页

在本示例的网络中有 3 台 IBM 服务器，安装了 ESXi 6.0，这 3 台 ESXi 的 IP 地址依次是 172.16.16.1、172.16.16.2、172.16.16.3，这 3 台 IBM 服务器 iLO 的地址依次是 172.16.16.201、172.16.16.202、172.16.16.203。

（1）使用 vSphere Client 登录 vCenter Server，在左侧选中一台 ESXi 服务器，在本示例中选择 172.16.16.3，在右侧"配置→软件→电源管理"中单击"属性"按钮即可配置该服务器的电源管理设置，在此已经设置好，其 BMC IP 地址为 172.16.16.203，MAC 地址为 40:f2:e9:2c:76:ee，用户名为 USERID，如图 3-7-75 所示。在配置"电源管理"时，MAC 地址大小写都可以，但用户名与密码对大小写敏感。

（2）使用 IE 浏览器登录 https://172.16.16.203，使用管理员账户 USERID 及管理员密码登录，如图 3-7-76 所示。

图 3-7-75　ESXi 服务器中电源管理配置页

图 3-7-76　登录 iMM 管理地址

（3）登录 iMM 之后，在"IMM Management→IMM Configuration"进入 IMM 配置页，如图 3-7-77 所示。

（4）在 IMM Configuratin 配置页的"Network Settings→Ethernet Settings"中可以看到 IP 地址、对应的 MAC 地址，如图 3-7-78 所示。

图 3-7-77　IMM 配置

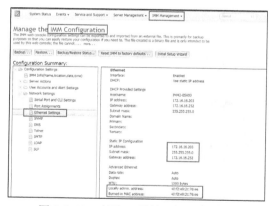

图 3-7-78　查看 IP 地址及 MAC 地址

记录下的 IP 地址、MAC 地址将用于 DPM 电源管理配置选项。

3．HP 服务器 iLO 登录配置页

在本示例中，3 台 HP 服务器组成群集，这 3 台 ESXi 的 IP 地址分别是 172.30.5.231、172.30.5.232、172.30.5.233，iLO 的管理 IP 地址分别是 172.30.5.241、172.30.5.242、172.30.5.243。

（1）使用 vSphere Client 登录 vCenter Server，在左侧选中一台 ESXi 服务器，在本示例中选择 172.30.5.233，在右侧"配置→软件→电源管理"中单击"属性"按钮即可配置该服务器的电源管理设置，在此已经设置好，其 BMC IP 地址为 172.30.5.243，MAC 地址为 EC:B1:D7:8E:A5:46，用户名为 admin，如图 3-7-79 所示。

（2）在 IE 浏览器，例如 172.30.5.243，登录 iLO 管理界面，如图 3-7-80 所示。

（3）登录 iLO 管理界面后，在"Network→iLO Dedicated Network Port→Summary"选项中，可以看到 MAC 地址与 IP 地址，如图 3-7-81 所示。

需要登录当前环境中每台 ESXi 服务器的 iLO 控制台，记录下 IP 地址与 MAC 地址。

图 3-7-79　ESXi 服务器中电源管理配置页

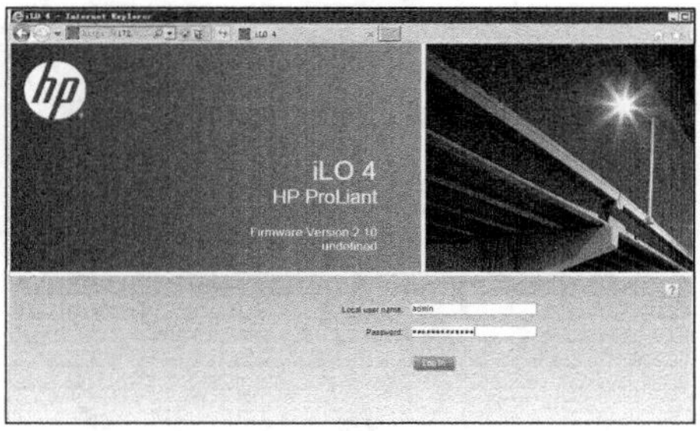

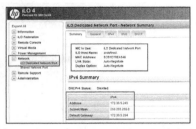

图 3-7-80　登录 iLO

4. Intel BMC 登录配置页

在前面 DELL、IBM、HP 服务器的介绍中，简要展示了不同管理控制台界面。在本节以我们实验环境中的一台 Intel 主板的服务器为例，介绍在 vSphere 6.5 的 HA 中，为 ESXi 配置电源管理的方法，主要步骤如下。在当前的实验环境中，Intel 主板的服务器安装了 ESXi 6.5.0，其 IP 地址是 172.18.96.35，这台服务器集成的 BMC Web 控制台管理地址是 172.18.96.121。

图 3-7-81　查看 IP 地址与 MAC 地址

（1）使用 IE 浏览器登录 BMC Web 控制台，如图 3-7-82 所示。

（2）登录之后，在"Configuration→Network"选项中，可以配置 IP 地址并查看 BMC 网卡的 MAC 地址，如图 3-7-83 所示。本示例中查看到的 MAC 地址是 00:1E:67:B7:C1:56，记录下这个 MAC 地址备用。

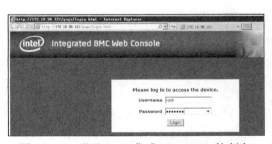

图 3-7-82　登录 Intel 集成 BMC Web 控制台

图 3-7-83　查看 IP 与 MAC 地址

（3）在命令提示窗口中使用 arp –a 也能查看 172.18.96.121 对应的 MAC 地址，如图 3-7-84 所示。

（4）在 BMC 中打开虚拟控制台，可以看到 ESXi 的信息，包括服务器信息（Intel Corportation S1200BTL）、CPU 信息（E3-1230 V2）、ESXi 的 IP 地址（172.18.96.35），如图 3-7-85 所示。

接下来介绍在 vSphere 6.5 的 HA 中为 ESXi 主机配置电源管理的操作步骤。

（1）使用 vSphere Web Client 登录 vCenter，在导航器中选中 172.18.96.35 的主机，在"配置"选项卡中单击"系统→电源管理→编辑"按钮，如图 3-7-86 所示。

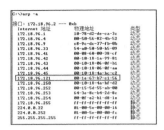

图 3-7-84 查看 MAC 地址

图 3-7-85 虚拟控制台

图 3-7-86 电源管理

（2）在"电源管理的 IPM/iLO 设置"对话框中输入用户名、密码、BMC IP 地址、BMC MAC 地址。注意，MAC 地址的格式，在 vSphere Web Client 中应该用英文的冒号（:）分隔，而不能用短横线（-）分隔。输入之后单击"确定"按钮，如图 3-7-87 所示。如果使用错误的格式，会显示错误提示，如图 3-7-88 所示。

图 3-7-87 IPM/iLO 设置

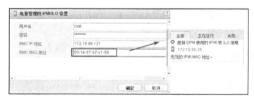

图 3-7-88 错误的 MAC 地址

（3）设置完成后，返回"电源管理"页，如图 3-7-89 所示。BMC 相关信息会显示在右侧。

配置"电源管理"之后，还需要将 ESXi 主机执行一次"进入待机模式"，并"打开电源"从待机模式恢复的正常操作之后，此项配置才算完成。

（1）在 vSphere Web Client 中右键单击 172.18.96.35，在弹出的快捷菜单中选择"电源→进入待机模式"，如图 3-7-90 所示。

（2）当 ESXi 主机执行"进入待机模式"命令后，当前主机中正在运行的虚拟机会使用 VMotion 技术迁移到其他主机，这就要求所有正在运行的虚拟机要保存在"共享存储"中。对于"已关闭电源"或"挂起"的虚拟机，如果保存在共享存储中，也可以将其迁移到其他主机，这样可以保证主机是一个"空"的无负载的主机。如图 3-7-91 所示，默认情况下会选中"将关闭电源和挂起的虚拟机移动到群集中的其他主机上"。如果当前主机上已关闭电源或挂起的虚拟机保存在本地存储，或者进入待机模式只是"暂时"的，例如用于本节类似操作的测试，则可以取消选择"将关闭电源和挂起的虚拟机移动到群集中的其他主机上"，如图 3-7-92 所示。

图 3-7-89　设置完成

图 3-7-90　进入待机模式

图 3-7-91　迁移关闭虚拟机

图 3-7-92　不迁移关闭或挂起的虚拟机

（3）vCenter Server 将把当前 ESXi 正在运行的虚拟机迁移到群集其他主机，之后将 ESXi 主机进入待机模式，此时 ESXi 主机前面会有一个"月亮"的图标，同时加入"（standby）"的标识，如图 3-7-93 所示。此时主机已经进入休眠状态，如果打开虚拟控制台，或者在服务器前，看到服务器是"无显示"状态，这与笔记本、台式机进入待机状态类似。

图 3-7-93　ESXi 主机进入待机模式

（4）在 ESXi 主机进入待机模式之后，需要手动执行"打开电源"看当前 ESXi 主机能否打开电源并重新连接到群集中。右键单击进入待机模式的主机，在弹出的快捷菜单中选择"电源→打开电源"，如图 3-7-94 所示。

（5）执行"打开电源"操作之后，在"近期任务"中显示"退出待机模式"，如图 3-7-95 所示。

图 3-7-94　打开电源

图 3-7-95　退出待机模式

（6）打开 BMC 虚拟控制台或者在服务器前，可以看到服务器电源打开，出现服务器开机界面（如图 3-7-96 所示），等自检之后，进入 ESXi 启动界面，如图 3-7-97 所示。

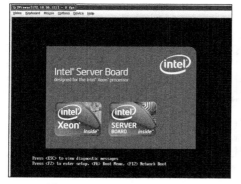

图 3-7-96　服务器开机自检

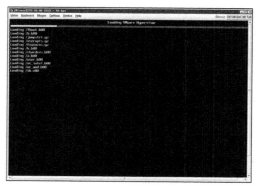

图 3-7-97　ESXi 重新引导

（7）等 ESXi 启动完成后，看到 ESXi 信息显示正常，如图 3-7-98 所示。

（8）在 vSphere Web Client 中可以看到 172.18.96.35 的状态已经恢复正常，在右侧"近期任务"中"退出待机模式"操作完成，如图 3-7-99 所示。

图 3-7-98　ESXi 启动完成

图 3-7-99　退出待机模式

当前群集中的其他主机也应该执行这样的操作：配置电源管理，进入待机模式，打开电源退出待机模式。

5. 支持网卡唤醒的 ESXi 主机

在上述内容中，为 ESXi 主机配置"电源管理"功能都是使用的带"远程管理"的服务器，那么，如果服务器不带远程管理功能，能否使用"电源管理"功能呢？实际上，只要是支持网卡唤醒功能的服务器，都是可以使用"电源管理"功能的，只是不需要配置 IPM/iLO 设置，但要注意以下几点。

（1）ESXi 服务器管理 IP 地址的网卡必须支持网卡唤醒功能。

（2）如果使用的是 2 端口网卡用于 ESXi 管理，不应忽视，有的 2 端口网卡只有第一个端口才支持网卡唤醒。

下面的操作中，为当前实验环境中的另一台 ESXi 主机测试电源管理功能。这台主机是一台华硕主板的 PC 机，为了测试与使用 ESXi 主机，这台组装的 PC 机安装了 3 块 2 端口网卡、1 块单口网卡，如图 3-7-100 所示。

在图 3-7-100 中，vmnic0 是 Intel 82576 网卡的第一个端口，vmnic4 是单端口的 Broadcom

BCM 5721 网卡。这两个端口组成 vSwitch0（即 ESXi 管理使用虚拟交换机），如图 3-7-101 所示。

图 3-7-100　群集中另一台主机所安装的物理网卡

图 3-7-101　查看虚拟交换机

在华硕的"BIOS 设置→电源管理"中启用网卡唤醒功能，如图 3-7-102 所示。

在做到这几项之后，在 172.18.96.34 这台主机的"配置→电源管理"中留空，即不需要配置，如图 3-7-103 所示。

图 3-7-102　允许网卡唤醒

图 3-7-103　电源管理不需要配置

接下来测试将主机进入待机模式并打开电源，主要步骤如下。

（1）右键单击 172.18.96.34 的主机，在弹出的菜单中选择"电源→进入待机模式"，如图 3-7-104 所示。

（2）等主机进行待机模式之后，右键单击 172.18.96.34，选择"电源→打开电源"，如图 3-7-105 所示。

图 3-7-104　进入待机模式

图 3-7-105　打开电源

（3）此时我们可以使用 ping 172.18.96.34 –t 的命令及参数查看 ESXi 主机的恢复，在"近期任务"中也有退出待机模式的进度，如图 3-7-106 所示。

（4）打开电源的 ESXi 主机连接正常，如图 3-7-107 所示，在"近期任务"中显示进度完成。

图 3-7-106　打开电源成功

图 3-7-107　退出待机模式完成

6. 为群集启用 DPM 功能

当群集中每台主机完成电源管理配置并且从待机模式退出操作之后，才能启用 DPM 功能。

（1）在 vSphere Web Client 导航器中选中群集，本示例名称为 HA01，在"配置→服务→vSphere DRS"选项卡中单击"编辑"按钮，如图 3-7-108 所示。

（2）在"vSphere DRS"中确认"打开 vSphere DRS"为选中状态，单击"电源管理"（默认为"关闭"），如图 3-7-109 所示。

图 3-7-108　编辑

图 3-7-109　电源管理

（3）在"电源管理→自动化级别"中，选择"自动"，然后在"DPM 阈值"中选择应用优先级，如图 3-7-110 所示。配置之后单击"确定"按钮，完成设置。

（4）设置完成之后返回 vSphere Web Client，在"vSphere DRS"中可以看到配置的结果，如图 3-7-111 所示。

图 3-7-110　启用电源管理

图 3-7-111　配置完成

（5）如果群集中有一个或多个主机未执行"退出待机状态"，则会弹出"打开 DPM"的警告，如图 3-7-112 所示。此时应单击"取消"按钮，检查没有进入待机状态的主机。这些不一一介绍。

图 3-7-112　不符合启用 DPM 条件的警告

3.7.9　检查群集

配置完 DPM 之后，接下来查看群集其他配置参数。

（1）在 vSphere Web Client 导航器中，左侧单击选中 HA01 的群集，在"配置→vSphere 可用性"中单击"编辑"按钮，如图 3-7-113 所示。

（2）在"vSphere 可用性→检测信号与数据存储"中可以看到，当前已经有两个共享数据存储用于信号检测，如图 3-7-114 所示。

图 3-7-113　编辑

图 3-7-114　检测信号数据存储

（3）由于当前有两台主机，所以在"准入控制→主机故障切换容量的定义依据"中配置为"已禁用"，如图 3-7-115 所示。

（4）在"故障和响应"选项的"启用主机监控"中，"主机故障响应"为"重新启动虚拟机"，"虚拟机监控"为"仅虚拟机监控"，如图 3-7-116 所示。

图 3-7-115　准入控制

图 3-7-116　故障和响应

3.7.10　群集功能测试

配置并启用"群集"功能之后，如果虚拟机运行在受群集保护的主机中，当主机由于网络中断、存储中断、主机死机或关机或重启时，虚拟机会在其他主机重新启动。本节将验证这一内容。

经常有读者问我这么一个问题：vSphere HA 可以保护虚拟机，但如果 vCenter Server 出问题，甚至 vCenter Server 所在的主机也出问题导致 vCenter Server 不能运行或不能访问时，那么 vSphere HA 还能保护虚拟机吗？另外，vCenter Server 是否受 vSphere HA 的保护？

答案当然是肯定的。vSphere HA 会保护虚拟机包括 vCenter Server 本身，不受 vCenter Server 是否在线、是否正在运行的影响。没有 vCenter Server 的运行，只是不能修改群集的配置，但已经配置好的群集是可以正常工作的。

本节将演示 vCenter Server 虚拟机所在主机断电后，vCenter Server 在其他主机重新注册、重新启动并再次工作的内容。

（1）登录 vSphere Web Client，当前 vCenter Server 运行在 172.18.96.34 的主机上。该主机有两台 Windows 7 的虚拟机（前文做实验时测试创建），虚拟机名称分别是 Win7X01-test 和 Win7X01-test02，这两台虚拟机保存在 172.18.96.34 的本地存储中，将这两台虚拟机"迁移"到 iSCSI 存储。现在这两台虚拟机是"关机"状态，同时选中这两台虚拟机右键单击，在弹出的快捷菜单中选择"迁移"，如图 3-7-117 所示。

（2）在"选择存储"对话框中选择 iSCSI-01 或 iSCSI-02 存储，如图 3-7-118 所示。

图 3-7-117　迁移

图 3-7-118　更改存储→选择 iSCSI 存储

（3）等虚拟机存储迁移完成后，打开这两台虚拟机的电源，在导航器中单击 HA01，在右侧单击"虚拟机→虚拟机"选项卡，查看已经运行的虚拟机，如图 3-7-119 所示。

图 3-7-119　查看虚拟机列表

（4）但在当前列表显示中，没有显示虚拟机运行在哪一台 ESXi 主机中。这可以通过添加显示列的方式达到目标。右键单击状态条在弹出的快捷菜单中选择"显示/隐藏列"，如图 3-7-120 所示。

（5）在弹出列表中选中"主机"，然后单击"确定"按钮，如图 3-7-121 所示。

图 3-7-120　显示/隐藏列

图 3-7-121　显示主机列

（6）可以看到 Win7X01-test 与 vCenter_96.221 两台虚拟机运行在 172.18.96.34 的 ESXi 主机上，Win7X01-test02 运行在 172.18.96.35 的 ESXi 主机上，如图 3-7-122 所示。

图 3-7-122　查看虚拟机及所在主机

（7）打开 Win7X01-test01 运行在 172.18.96.35 虚拟机控制台，并查看 Win7X01-test02 的 IP 地址，在管理工作站上使用 ping 命令加-t 参数，ping vCenter 与 Win7x01-test01 两台虚拟机，如图 3-7-123、图 3-7-124 所示。

图 3-7-123　ping Windows 7 虚拟机

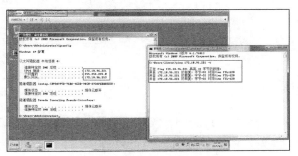

图 3-7-124　ping vCenter Server 虚拟机

（8）到计算机前，关闭 172.18.96.34 主机的电源（可以正常关机也可以直接断电），此时可以看到两个 ping 的窗口，已经 ping 不通 Windows 7 与 vCenter Server 的虚拟机，如图 3-7-125 所示。

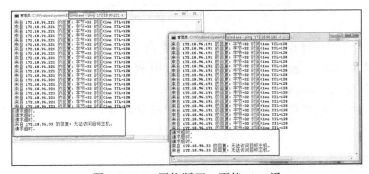

图 3-7-125　网络断开，不能 ping 通

（9）Windows 7 与 vCenter Server 的虚拟机是"正在等待连接"的提示，如图 3-7-126 所示。

（10）等待几分钟后，发现两个 ping 的窗口中，Windows 7 虚拟机 IP 地址首先可以 ping 通，之后 vCenter Server 的 IP 地址也被 ping 通，如图 3-7-127 所示。表示这两台虚拟机已经打开电源并开始恢复。

图 3-7-126　正在等待连接

图 3-7-127　两台受保护的虚拟机重新启动

因为 vCenter Server 启动时间略微长一些，所以把当前 vSphere Web Client 浏览器窗口关闭，大约再等几分钟之后登录 vCenter Server，如图 3-7-128 所示。此时可以看到172.18.96.34 已经离线，所有虚拟机运行在 172.18.96.35 主机上。

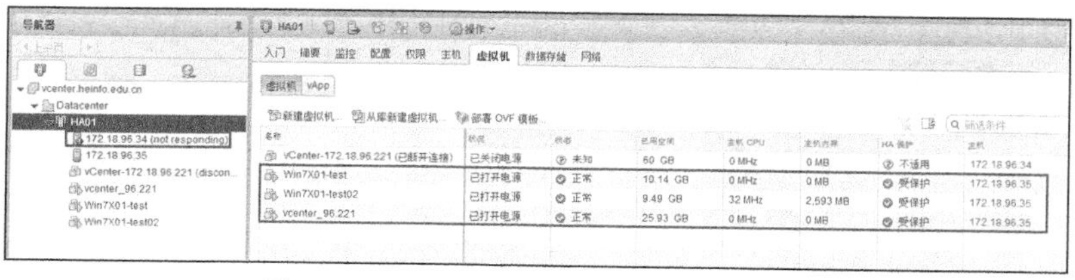

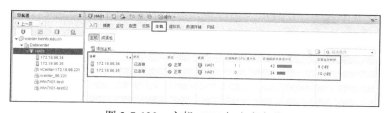

图 3-7-128　172.18.96.34 主机没有响应

等 172.18.96.34 恢复正常后，DRS 会使用 VMotion 在不同主机之间迁移虚拟机以使主机负载平衡，如图 3-7-129 所示。

图 3-7-129　主机 CPU 与内存负载

【说明】当前演示环境中主机与正在运行的虚拟机数量较少，因为一共只有 3 台运行的虚拟机，一台虚拟机是 vCenter Server 分配了 12GB 内存，另两台 Windows 7 虚拟机各分配了 3GB 内存，2 个 Windows 7 运行在一台主机上，一个 vCenter Server 运行在另一台主机上，所以在图 3-7-129 中效果不明显。当群集中主机较多、运行的虚拟机较多时，负载会接近一致。

3.7.11　主机维护模式

当主机"非正常"关闭或退出时，运行在该主机上的虚拟机会在其他主机上"重启"。如果是正常的维护，需要关闭主机或需要重新启动主机呢？正确的操作步骤如下。

（1）将正在运行的虚拟机"迁移"到其他主机。

（2）将主机进入"维护模式"，vCenter 会迁移当前正在运行的虚拟机到其他主机。

（3）等主机进入"维护模式"后，再关闭 ESXi 主机电源（从图形界面通过命令关机，不要直接断电）。

（4）等电源关闭后，将主机断电（拔下电源线），对主机进行维护，例如更换内存、添加板卡等。如果是更换硬盘，则不需要断电。等配件更换完成后，插上电源线，打开电源。

（5）等主机进入系统之后，退出"维护模式"。

在下面的演示中，将把 172.18.96.35 主机"进入维护模式"。此时在 172.18.96.35 上运行的虚拟机会迁移到其他主机，主要步骤如下。

（1）使用 vSphere Web Client 登录到 vCenter Server，右键单击某台主机，在弹出的快捷菜单中选择"进入维护模式"，如图 3-7-130 所示。

图 3-7-130　进入维护模式

（2）在"确认维护模式"对话框确定是否将选定的主机置于维护模式。在此要注意，"将关闭电源和挂起的虚拟机移动到群集中的其他主机上"是否需要选中，或者需要在什么时候选中。如果当前主机中，所有的虚拟机都保存在共享存储中，则可以选中"将关闭电源和挂起的虚拟机移动到群集中的其他主机上"。如果当前主机中，有的虚拟机保存在本地硬盘，则不要选中此项。如图 3-7-131 所示。

（3）在弹出的"警告"对话框，提示可能需要将一台或多台虚拟机迁移到群集中的其他主机，单击"确定"按钮，如图 3-7-132 所示。

图 3-7-131　确认维护模式　　　　　　图 3-7-132　警告

（4）开始迁移主机上正在运行的虚拟机，如果虚拟机保存在"共享存储"，则 vCenter Server 会将虚拟机迁移到其他主机，等该主机上所有虚拟机迁移完成后，虚拟机进入"维护模式"。进入维护模式后，定位到该主机，在"虚拟机"选项卡中可以看到，当前主机上将不会再有打开电源的虚拟机，如图 3-7-133 所示。

（5）等主机进入"维护模式"后，可以根据实际情况进行下一步的操作。如果要为主机添加内存、CPU、板卡等配件，可选择"电源→关机"命令，等主机关闭后断电添加内存、CPU 等配件；如果是更换硬盘，可以选择"电源→重新引导"命令，在服务器重新引导后，进入 RAID 卡配置界面，此时在 RAID 配置界面中更新硬盘并重新配置。相关操作如图 3-7-134 所示。

图 3-7-133　迁移完成，进入维护模式　　　　　　图 3-7-134　电源命令

（6）等主机完成相关的操作或检查后，打开服务器电源，等主机再次上线之后，退出维护模式，如图 3-7-135 所示。

图 3-7-135　退出维护模式

3.8　为虚拟机提供 Fault Tolerance

如果要获得比 VMware HA 所提供的级别更高的可用性和数据保护，从而确保业务连续性，可以为虚拟机启用 "Fault Tolerance"（容错，简称 FT）功能。

3.8.1　Fault Tolerance 的工作方式

可以为大多数任务关键虚拟机使用 vSphere Fault Tolerance（FT）。FT 通过创建和维护与此类虚拟机相同且可在发生故障切换时随时替换此类虚拟机的其他虚拟机，来确保此类虚拟机的连续可用性。

受保护的虚拟机称为主虚拟机。重复虚拟机，即辅助虚拟机，在其他主机上创建和运行。由于辅助虚拟机与主虚拟机的执行方式相同，并且辅助虚拟机可以无中断地接管任何点处的执行，因此可以提供容错保护。

主虚拟机和辅助虚拟机会持续监控彼此的状态以确保维护 Fault Tolerance。如果运行主虚拟机的主机发生故障，系统将会执行透明故障切换，此时会立即启用辅助虚拟机以替换主虚拟机，启动新的辅助虚拟机，并自动重新建立 Fault Tolerance 冗余。如果运行辅助虚拟机的主机发生故障，则该主机也会立即被替换。在任一情况下，用户都不会遭遇服务中断和数据丢失的情况。

容错虚拟机及其辅助副本不允许在相同主机上运行。此限制可确保主机故障不会导致两台虚拟机都丢失。

vSphere 6 版本中的 Fault Tolerance 可容纳最多具有 4 个 vCPU 的对称多处理器（SMP）虚拟机。早期版本的 vSphere 使用不同的 Fault Tolerance 技术（现称为旧版 FT），该技术具有不同要求和特性（包括旧版 FT 虚拟机的单个 vCPU 的限制）。

为虚拟机启用 FT 的要求如下。

（1）启用 FT，除了需要配置 HA、VMotion 流量的 VMkernel 之外，还需要配置启用 Fault Tolerance 日志记录的 VMkernel。

（2）启用 FT 的虚拟机，不能启用 CPU 与内存的"热插拔"功能。虚拟机不能加载光驱或 ISO 文件。

（3）启用 FT 的虚拟机，CPU 不能超过 4 个，即可以分配 1、2、3、4 个。

3.8.2　为 VMware ESXi 主机配置网络

在生产环境中，如果要启用 FT，需要为 FT 流量配置专门的虚拟交换机，为承载 FT 流量的虚拟交换机分配专门的上行链路（即主机物理网卡）。关于虚拟机网络将在下一章介绍。本节将在"管理网络"中启动 FT 流量。

（1）使用 vSphere Web Client 登录到 vCenter Server，从左侧选中一个主机例如 172.18.96.34，在右侧定位到"配置→网络→VMkernel 适配器"，选择 vmk0，单击" ✎ "，如图 3-8-1 所示。

（2）在"vmk0 编辑设置"对话框的"端口属性"中单击选中"Fault Tolerance 日志记录"，然后单击"确定"按钮，如图 3-8-2 所示。

图 3-8-1　VMkernel 交换机属性　　　　　　　　图 3-8-2　启用 FT 日志记录

之后参照（1）至（2）步骤，为群集中其他主机启用 FT 日志记录。在另一台主机 172.18.96.35 启用 FT 日志记录之后的截图如图 3-8-3 所示。

图 3-8-3　启用 FT 日志记录

3.8.3 使用 vSphere Web Client 为虚拟机启用容错

在新版（vSphere 6）中，容错虚拟机支持 4 个 CPU，并且容错虚拟机会在另一个共享存储创建一台相同的虚拟机，以提高可靠性及安全性。但这一功能需要使用 vSphere Web Client 配置。本节将简要演示。在下面的操作中，将会从 Windows 2008 R2 模板创建一个名为 WS08R2-FT-Test 的虚拟机并保存在 iSCSI-01 存储，之后为虚拟机启用 FT。

（1）在 vSphere Web Client 中选中 WS08R2-TP 模板，右键单击从快捷菜单中选择"从此模板新建虚拟机"，如图 3-8-4 所示。

（2）在"选择名称和文件夹"对话框中为新建虚拟机设置 WS08R2-FT-Test 的名称，如图 3-8-5 所示。

图 3-8-4　从模板部署虚拟机

图 3-8-5　设置虚拟机名称

（3）在"选择存储"中为虚拟机选择 iSCSI-01 存储，如图 3-8-6 所示。

（4）在"自定义硬件"对话框为虚拟机分配 2 个 CPU、1GB 内存，如图 3-8-7 所示。

图 3-8-6　选择存储

图 3-8-7　自定义硬件

（5）其他选择默认值，如图 3-8-8 所示。

在虚拟机部署完成之后，关闭虚拟机电源，修改虚拟机配置，在 CPU 与内存选项中，确认 CPU 热插拔与内存热插拔未启用，如图 3-8-9 所示。

图 3-8-8　即将完成

图 3-8-9　取消 CPU 与内存热插拔

之后即可以为新部署的 Windows 2008 R2 虚拟机启用 FT 功能。

（1）右键单击 WS08R2-FT-Test 虚拟机，在弹出的快捷菜单中选择"Fault Tolerance→打开 Fault Tolerance"，如图 3-8-10 所示。

（2）由于我们是在虚拟机中进行这个测试，所以在打开 FT 时会有个故障提示"与主机关联的虚拟网卡宽带不足，无法用于 FT 日志记录"，如图 3-8-11 所示。实际上这个提示不影响后期的测试。

图 3-8-10 打开 FT

（3）在"选择数据存储"对话框为辅助虚拟机选择数据存储。在新版本的 FT 中，主虚拟机与辅助虚拟机可以放置在不同的数据存储中，这进一步提高了"容错"的安全性，如图 3-8-12 所示。在此为辅助虚拟机选择另一个共享存储。

图 3-8-11 故障详细信息

图 3-8-12 为辅助虚拟机选择数据存储

（4）在"选择主机"对话框为辅助虚拟机选择主机，如图 3-8-13 所示。辅助虚拟机、主机要运行在不同的主机上。如果主机与辅助虚拟机选择同一台主机，会在"兼容性"列表提示。

（5）在"即将完成"对话框显示辅助虚拟机详细信息，包括辅助虚拟机所在主机、配置文件位置、硬盘位置等，如图 3-8-14 所示。

图 3-8-13 为辅助虚拟机选择主机

图 3-8-14 完成

（6）为虚拟机打开容错之后，右键单击虚拟机名称，在 FT 中可以看到关闭 FT、迁移辅助虚拟机等选项，如图 3-8-15 所示。

配置好容错虚拟机之后，可以启动容错虚拟机，查看效果，主要步骤如下。

（1）右键单击容错虚拟机，在弹出的对话框中选择"启动→打开电源"，之后提示"虚拟机 Fault Tolerance 状况更改"，如图 3-8-16 所示。

图 3-8-15　FT 界面　　　　　　　　　图 3-8-16　启动容错虚拟机

（2）在第一次启动启用 FT 功能的虚拟机时，在"近期任务"中会有"启动 Fault Tolerance 辅助虚拟机"的进度，第一次启动需要一段时间，如图 3-8-17 所示。此时在"虚拟机"列表中也可以看到，只有"主"虚拟机启动，而"辅助"虚拟机暂时还没有启动。

图 3-8-17　近期任务

（3）等辅助虚拟机启动完成后，在"虚拟机"清单中可以看到主、辅助虚拟机已经运行并且是在不同主机运行，如图 3-8-18 所示。

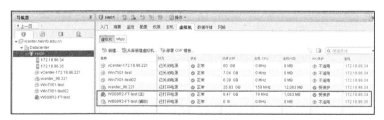

图 3-8-18　FT 虚拟机启动成功

在虚拟机启用 FT 功能后，不能修改 CPU、内存与硬盘的大小，如果要修改其大小，应关闭虚拟机并关闭 FT 功能，修改为所需要的大小之后，再重新打开 FT、重新启动 FT 的虚拟机，这也是目前 FT 虚拟机不太"灵活"的一个问题。关于 FT 虚拟机的测试，本书不再介绍。

第4章 管理 vSphere 网络

计算、存储、网络是虚拟化的三要素，前面的章节介绍了计算、存储两个方面的内容，第 2 章简单介绍过 vSphere 标准交换机的一些内容，本章只将通过具体的案例，介绍 vSphere 分布式交换机、vSphere 标准交换机等 vSphere 网络的内容。

4.1 规划 vSphere 网络

在介绍使用 vSphere Web Client 配置 vSphere 网络之前，我们再次简单地介绍 vSphere 网络中的规划。为了让读者有直观的印象，我们通过案例的方式介绍。

4.1.1 单台 ESXi 主机单网络的规划

在使用 vSphere 技术时，多台主机组成的 vSphere 数据中心无疑有更多的优势，也能发现虚拟化的更大价值，但如果只有一台 ESXi 主机，在规划得当的情况下，也会有非常好的效果。图 4-1-1 是一个单台 ESXi 主机只连接一个外部网络的应用案例。

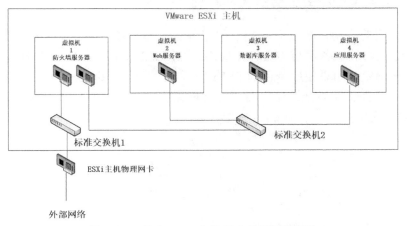

图 4-1-1　单台 ESXi 主机单个外部网络拓扑

在图 4-1-1 中，只有一台 ESXi 主机，这台主机上运行了多台虚拟机，但通过 vSphere "标准交换机"将这多台虚拟机分隔在多个网络，并且让多台虚拟机处于防火墙之后。从物理上来看，这台主机有 1 个（或多块物理网卡）连接到外部的网络。从逻辑拓扑上来看，"虚拟机 1"属于边缘防火墙，这台虚拟机有两块网卡，一块通过"标准交换机 1"连接到外部网络，另一块通过"标准交换机 2"连接到内部网络。"虚拟机 2""虚拟机 3""虚拟机 4"则连接到"标准交换机 2"，属于"内部网络"，连接到"标准交换机 2"中的虚拟机（2、3、4）受当前网络中作为防火墙的服务器"虚拟机 1"的保护。

在实际的配置中，"标准交换机 1"属于安装 ESXi 时系统自动创建的默认标准交换机，这台标准交换机可以绑定物理主机的 1 块或多块网卡（多块网卡用于冗余）连接到"外部网络"。"标准交换机 2"则是安装完 VMware ESXi 之后，由 vSphere Client 管理，新添加的"标准交换机"，此标准交换机没有外部网络适配器。图 4-1-2 所示是某台托管服务器的网络配置截图。

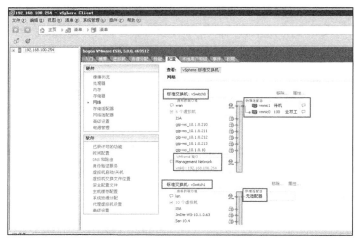

图 4-1-2　ESXi 主机网络配置

4.1.2　单台 ESXi 主机多网络的规划

上一节介绍的应用，主要面向托管的服务器。但许多时候，服务器也直接放置在单位的机房，这个时候服务器会连接两个网络：连接到 Internet 的外部网络以及连接到单位局域网的内部网络。如果使用单台的 ESXi 服务器，在配置多台虚拟机的时候，对于重要的虚拟机，则要处于"内部网络"与"外部网络"的中间进行保护，此时该服务器的拓扑如图 4-1-3 所示。

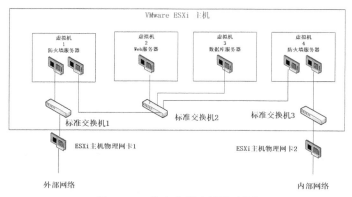

图 4-1-3　单台主机多网络配置

在图 4-1-3 中，ESXi 主机创建了三台标准交换机。其中，"标准交换机 1"连接到"外部网络"；"标准交换机 3"连接到"内部网络"；"标准交换机 2"则没有连接到物理网络，而是没有绑定网络适配器（网卡），相当于一个"虚拟"的网络。当外部网络需要访问"虚拟机 2"及"虚拟机 3"时，通过"虚拟机 1"的外部网络防火墙进行"转发"；当内部网络需要访问"虚拟机 2"及"虚拟机 3"时，通过"虚拟机 4"的内部网络防火墙进行"转发"。图 4-1-4 所示是某台具有两个物理网络、1 个虚拟网络连接的 ESXi 主机的网络配置截图。

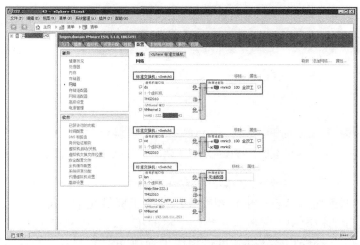

图 4-1-4　单台主机多个不同物理网络及虚拟网络配置

4.1.3　多台主机网络配置案例 1

在大多数的数据中心中，还是多台 ESXi 主机为主。在规划有多台 ESXi 主机的数据中心时，vSphere 网络的规划就至关重要。下面介绍一些被认可的原则。

（1）管理与生产分离：即用于管理 ESXi 主机的网络以及用于生产环境中负责虚拟机对外流量的网络要分离。一般用于管理的网段与用于虚拟机的流量的网段是分开的，即用于管理的是一个单独的网段（VLAN）（例如 192.168.1.0/24），用于生产的虚拟机网络是另一个或其他多个单独的网段（VLAN）（例如 192.168.2.0/24、192.168.3.0/24、192.168.4.0/24）。

（2）冗余的原则：无论是管理还是生产，每个物理网络连接（即上行链路适配器）必须是冗余的。一般是 2 块网卡，多了也无意义。

（3）负载平衡：不可否认，在虚拟化的数据中心中，由于同时有多台虚拟机的存在，主机的物理网卡要承担比普通、不采用虚拟化的物理服务器更多的网络流量。如果这些网络流量加在一起，超过了单块网卡的负载能力，那网络的性能会下降。所以，在使用多块网卡时，除了有冗余功能外，还可以起到负载平衡能力。

（4）链路聚合：为了提供比单块物理网卡更高的带宽，可以将多台主机网卡进行聚合，以提供更高的带宽，但这需要物理交换机的支持（链路聚合只是增加总的带宽，但不会对单台虚拟机的带宽有用。例如，采用 4 个吉比特网络组成链路聚合，使用这个链路聚合的所有虚拟机可用的总带宽是 4Gbit/s，但单台虚拟机的最大带宽仍然是 1Gbit/s）。

vSphere 的网络功能较多，如果展开介绍，可能需要很多的章节，而在我们这本书中只用短短一章内容介绍，无疑不能全面介绍 vSphere 网络的每个特点。我将会通过一些网络拓扑、示例及案例的方式进行介绍，希望对读者有所帮助。在本小节中，将以一个具有 3 台主机、每台主机有 4 块网卡的最小 vSphere 群集为例进行介绍，如图 4-1-5 所示。这是 3 台主机、4 块网卡的 vSphere 群集的一种网络规划。

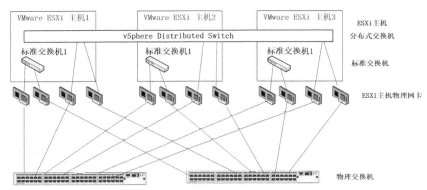

图 4-1-5　具有 3 台主机、每台主机有 4 块网卡的 vSphere 群集的一种网络规划

在图 4-1-5 中，整个 vSphere 群集，每台主机都有一台"标准交换机"，这台标准交换机是安装 ESXi 时系统默认创建的虚拟交换机，为了提供冗余，每台标准交换机绑定两块物理网卡，在实际的情况中，一般绑定物理主机的第一、二块网卡（在 VMware ESXi 中会被识别为 vmnic0、vmnic1），这两块网卡将用于管理 ESXi 主机（会在标准交换机上创建 VMkernel 端口组，有管理流量）。同时为了提供物理交换机一端的冗余，这两块网卡分别连接到两台物理交换机，而这两台物理交换机再上联到数据中心的两台核心交换机（核心交换机互联）。每台主机剩余的两块网卡（在 VMware ESXi 中会被识别为 vmnic2、vmnic3）会组成 vSphere Distributed Switch 的上行链路。这样当前的 vSphere 数据中心会有 3 台标准交换机、1 台分布式交换机。

当然还有另一种规划，就是每台主机剩余的两块网卡，再创建一台标准交换机，这样整个数据中心会有 6 台标准交换机（每台主机 2 台）。这两种规划，没有谁好谁坏之分，只要满足数据中心的需求即可。

在图 4-1-5 的基础上，如果有更多的物理主机，也可以将其他物理主机"加入"到这个拓扑：每台主机 2 块网卡创建标准交换机用于管理，剩余的网卡加入到分布式交换机，用于虚拟机的流量。

同样，在图 4-1-5 的基础上，如果主机有更多的网卡，例如每台主机有 6 块网卡，可以同样参考这个拓扑：每台主机第一、二块网卡用于 ESXi 系统安装时默认创建的标准交换机，每台主机剩余的 4 块网卡加入到同一个分布式交换机。而对于 2 块以上的网卡，作为分布式交换机的上行链路，这些网卡可以根据需要进行链路聚合，或者根据进一步的规划，分担不同虚拟机的流量。这些内容会在后文展开介绍。

4.1.4　多台主机网络配置案例 2

上一节介绍了一个有 3 台主机、每台主机有 4 块网卡的 vSphere 群集的网络配置，这个配置中包括每台主机有一台"标准交换机"、一台"分布式交换机"，那么，这台标准交换机是不是必需的呢？单独为标准交换机配置两块网卡是否浪费呢？我们先回答第一个问题。标准交换机并不是必需的，在安装 vCenter Server 并由 vCenter Server 管理 vSphere 数据中心后，创建 vSphere Distributed Switch，可以将标准交换机及标准交换机的 VMkernel 端口迁移到 vSphere 分布式交换机，在创建分布式交换机之后，可以将原来标准交换机的端口组（及上行链路即绑定交换机的物理网卡）迁移到分布式交换机，之后删除没有端口组的标准交换机，这样图 4-1-5 的网络拓扑就可以改为图 4-1-6 所示。

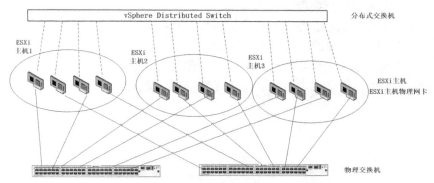

图 4-1-6　将标准交换机端口组迁移到分布式交换机

现在接下来回答第二个问题"单独为标准交换机配置两块网卡是否浪费呢？"当网络规划升级为图 4-1-6 时，标准交换机已经不存在，而原来绑定标准交换机用于管理的物理网卡，已经绑定了迁移之后的虚拟机端口组，这些端口组会有原来用于 ESXi 主机管理的 VMkernel 端口组以及原来系统默认创建的名为"vm network"的端口组。虽然这时标准交换机不存在，但同样是两块物理网卡用于 ESXi 主机的管理，这样是否仍然存在浪费呢？此时，就涉及交换机端口组与物理网卡绑定（即交换机的上行链路）的分配问题。

4.1.5　使用负载平衡方式的虚拟机端口组与物理网卡的连接

vSphere 中的虚拟交换机，无论是"标准交换机"还是"vSphere Distributed Switch（分布式交换机）"，逻辑和功能上与现实中的物理交换机类似。物理交换机有端口及端口的数量，而虚拟交换机也有"端口"及端口的数量。虚拟交换机作为虚拟机与物理网络连接的一个设备，是通过虚拟交换机的"虚拟端口"→虚拟交换机→ESXi 主机物理网卡→物理交换机端口→物理网络这一途径连接的。在 vSphere 网络中，虚拟机端口组的设置中，可以选择使用（绑定）主机物理网卡，通过这一设置，可以根据规划、虚拟机所需要的网络流量，让不同的端口组选择绑定不同的物理网卡，从而达到网络负载均衡、分流、网络冗余的目的。在大多数的情况下，主机单一物理网卡所提供的带宽足以满足大多数虚拟机的单一需求，这是指某台虚拟机所需要的网络流量不会超过单一物理网卡（即一块网卡）所提供的带宽。而当虚拟机的数量较多，单一物理网卡不能满足需求时，就需要将虚拟机的流量在不同的物理网卡进行分流（同时要冗余）。所以，在为同一台标准交换机（或分布式交换机）提供多块网卡时，既有冗余的功能，也有"负载平衡"的功能。可以在"成组和故障切换"中找到这一设置，如图 4-1-7 所示。

例如，在选择"基于物理网卡负载的路由"时，当连接到端口组或端口的物理网络适配器的当前负载达到 75%或更高持续 30 秒保持忙碌状态，主机代理交换机会将一部分虚拟机流量移至具有可用容量的物理适配器。当选择其他选项（选择"使用明确故障切换顺序"时除外）时，也会根据选项进行负载平衡。

所以，在配置了标准交换机或分布式交换机并且绑定了多个上行链路（即物理主机网卡）时，vSphere 管理员可以根据需求（或规划）将虚拟交换机的端口组绑定到不同的主机物理网卡，网络拓扑示意如图 4-1-8 所示。

图 4-1-7　成组和故障切换

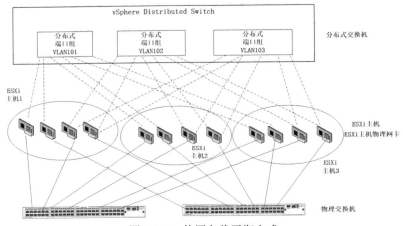

图 4-1-8　使用负载平衡方式

在图 4-1-8 中，每台主机有 4 块物理网卡都绑定到同一台分布式交换机，在分布式交换机上根据需求创建了多个端口组，这些端口组根据规划选择绑定不同的物理网卡，每个端口组至少与每台主机的两块网卡连接。物理网卡可以进行多次绑定，但是在这种规划中，物理网卡连接到物理交换机的 Trunk 端口，而在虚拟交换机的端口组中可以通过指定不同的 vlan 端口，以连接到主机不同的 VLAN 网络。

【说明】在图 4-1-8 中，没有画出 VMkernel 端口。在实际的环境中，至少要有一个 VMkernel 用于管理。如果有其他的流量需求，可以根据需要添加不同的 VMkernel 端口。

4.1.6　使用主备方式的虚拟机端口组与物理网卡的连接

上一节介绍的是使用"负载平衡"的方式，规划绑定到相同端口组的多个网卡。在实际的应用中，还有另一种"主备"方式的规划，网络拓扑如图 4-1-9 所示。

在图 4-1-9 中，每个端口组都连接到每台主机的至少两块网卡，但这两块网卡只有一块是"激活"的链接（图中有实线表示），而另一块则处于"备用"状态（图中用虚线表示）。如图 4-1-10 所示是某个端口组的配置。

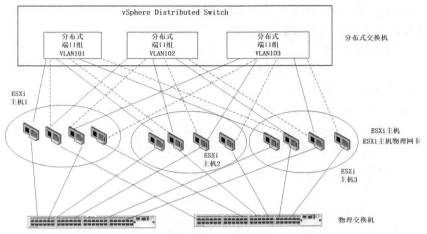

图 4-1-9　使用主备方式

在图 4-1-9 的配置中，假设每台主机有 4 块网卡，有 3 个端口组（可以有更多的端口组）：

第一个端口组使用主机第一、二块网卡，在图 4-1-10 的配置中，第一块网卡为"活动"，第二块则为"备用"，其他网卡为"未使用"。

第二个端口组使用第二、三块网卡，第二块网卡为"活动"，第三块网卡为"备用"，其他网卡为"未使用"。

第三个端口组使用第三、四块网卡，第三块网卡为"活动"，第四块网卡为"备用"，其他网卡为"未使用"；

图 4-1-10　一个活动上行链路，一个备用上行链路

如果还有第四、五个端口组，可以进行类似的分配。例如：

第四个端口组使用第四、一块网卡，第四块网卡为"活动"，第一块网卡为"备用"，其他网卡为"未使用"；

当然，网络不一定"连续"使用，例如：

第五块端口组使用第二、四块网卡，第二块网卡为"活动"，第四块网卡为"备用"，其他网卡为"未使用"。

4.1.7　虚拟机在不同主机之间迁移的条件

在 vSphere 环境中，当配置了 HA（群集）及 DRS、DPM 之后，HA 在平衡不同主机之间的资源而需要使用 VMotion 技术在不同主机之间迁移虚拟机时，或者管理员手动使用 VMotion 技术将虚拟机从一台主机迁移到其他主机时，需要满足以下两个条件。

（1）共享存储：迁移的源主机、目标主机都能访问预迁移虚拟机所在的共享存储。

（2）虚拟网络端口组：迁移的源主机、目标主机具有预迁移虚拟机所使用的"端口组"。

在虚拟化项目中，同一个 HA（群集）中所有 ESXi 主机应该具有相同配置的虚拟交换机，并且虚拟交换机的虚拟端口组也应该相同（每台主机一一对应），所有 ESXi 主机应该都能访问相同的共享存储。如果某台 ESXi 主机不能访问某个共享存储或者没有配置某个端口组，那么其他主机上的虚拟机就不能正常迁移到这台虚拟机。下面看几个具体的实例。

1. 五节点 vSAN 环境

在本示例中，有 5 台 ESXi 主机组成 vSAN 群集，使用 vSphere Web Client 登录到 vCenter Server，在导航器中选择中一台主机，在"数据存储"中查看，当前只有一个名为"vsanDatastore"的共享存储，当前容量为 11.23TB，如图 4-1-11 所示。

当前环境有两台虚拟交换机：一台标准交换机 vSwitch0，一台分布式交换机 DSwitch，其中 DSwitch 有 7 个端口组（2 块网卡连接到物理交换机），名称依次为 vlan2001、vlan2002、vlan2003、vlan2005、vlan2006、vlan6、vlan970，如图 4-1-12 所示。

图 4-1-11　共享存储　　　　　　　　　图 4-1-12　分布式交换机及端口组

标准交换机 vSwitch0 只有一个"VM Network"的端口组，如图 4-1-13 所示。该虚拟交换机有一块网卡连接到物理交换机。

在当前环境中选择一台虚拟机，修改虚拟机配置，在"网络适配器 1"中可以选择标准交换机上的端口组，也可以单击"显示更多网络"，在弹出的对话框中选择分布式交换机与标准交换机上的端口组，如图 4-1-14 所示。

图 4-1-13　标准交换机及端口组　　　　　图 4-1-14　虚拟网卡选择端口组

【注意】在 vSphere 网络中，端口组的名称对字母大小写不进行区分，例如端口组名称叫 VLAN2001 与 vlan2001，vSphere 都会识别成同一个端口组。但为了规范，在同一个群集中最好都用统一的名称及统一的大小写。另外，端口组名称对空格进行识别，例如图 4-1-15 中

的 "VM Network 2" 与 "VM Network 2" 是两个不同的端口组，因为后者比前面多一个英文的空格。

2. 三节点共享存储环境

某单位有 3 台 HP 服务器、1 台 IBM 3512 存储组成 vSphere HA 群集，存储划分了 2 个 LUN 分配给 3 台 HP 服务器使用，如图 4-1-16 所示。

图 4-1-15　端口组

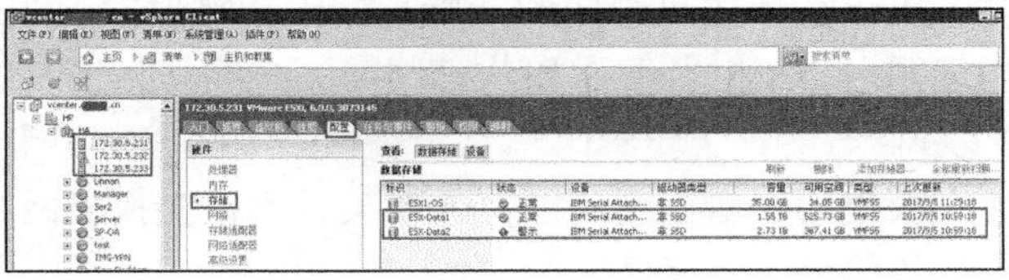

图 4-1-16　共享存储

（1）当前群集有 2 台标准交换机，每台标准交换机都有 2 块网卡连接到物理交换机，如图 4-1-17 所示。

（2）当前群集有 1 台分布式交换机，上行链路有 2 块网卡，划分了 3 个端口组，如图 4-1-18 所示。

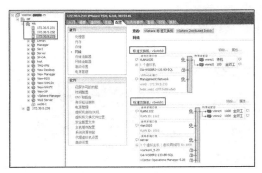

图 4-1-17　标准交换机及端口组

图 4-1-18　分布式交换机

（3）在当前环境中选中一台虚拟机，修改虚拟机配置，在"网络适配器 1"的"网络连接"中可以选择端口组，如图 4-1-19 所示。

4.1.8　虚拟交换机、端口组、物理网卡、网络交换机的连接方式

本节介绍 ESXi 物理主机物理网卡与物理交换机的连接方式，以及虚拟交换机、虚拟交换机端口组与物理网卡、物理交换机的拓扑关系。

如果 ESXi 主机网卡都是主板集成的，例如 DELL R730、IBM 3650 M5 等服务器，标准配置集

图 4-1-19　选择端口组

成 4 端口吉比特网卡。本质上这属于"一块网卡",只是这"一块网卡"上有 4 个不同的 RJ45 端口。

除了主板集成的网卡外,还有插在 PCI-E 接口的网卡,这属于"后加"的网卡。这些网卡有单口、双口、4 端口吉比特网卡,或单端口或双端口 10 吉比特网卡。

在 vSphere 中,为建标准交换机或分布式交换机选择上行链路(主机物理网卡)时,不要选择同一物理网卡的 2 个端口组,而是不同物理网卡的各选其中一个端口。例如某个 ESXi 主机标配有 4 端口吉比特网卡,同时安装了 2 块 2 端口的吉比特网卡,主机共有 8 个

吉比特端口,则在为虚拟交换机选择 2 个吉比特端口时,应该在 4 主机集成的 4 端口网卡、物理网卡 1、物理网卡 2(相当于 3 块物理网卡)之间,任选其中 2 块网卡,并各选一个端口,这样由于某块物理网卡或主板集成网卡出现问题,导致某台虚拟交换机网络断开的概率大大降低。

图 4-1-20　2 端口 10 吉比特网卡及 2U 档板

在 vSphere 环境中,每台服务器都配有 4 端口的吉比特网卡即可满足需求,但在某些情况下,如环境中网络比较复杂时,就需要更多的物理网卡,在这种情况下,优先推荐为服务器安装 2 端口 10 吉比特网卡(如图 4-1-20 所示),其次推荐 4 端口吉比特网卡(如图 4-1-21 所示),再次推荐 2 端口吉比特网卡(如图 4-1-22 所示)。

图 4-1-21　4 端口吉比特网卡及 2U 档板

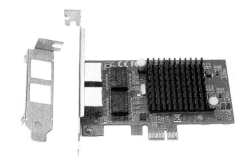

图 4-1-22　2 端口吉比特网卡及 2U 档板

4.2　vSphere 分布式交换机

本节以案例的方式介绍 vSphere 分布式交换机。

4.2.1　实验环境介绍

因为在第 2 章学习过 vSphere 网络的知识,同时在第 2 章介绍了使用 vSphere Client 管理 vSphere 网络的内容,所以在本章内容中相同的内容不再重复介绍。本节将以一个案例的方式,介绍使用 vSphere Web Client 管理界面,创建标准交换机、分布式交换机,将标准交换机迁移到分布式交换机的操作,同时介绍分布式交换机中链路聚合的内容。在本节中,

将以图 4-2-1 的拓扑为例，介绍在 ESXi 主机中添加标准交换机的内容。

在安装 VMware ESXi 的时候，安装程序会创建一台默认的标准交换机，该标准交换机会绑定一块网卡。在安装完 ESXi 之后，管理员做的第一件事就是为 ESXi 主机统一命名、设置管理地址、选择管理网卡（绑定 2 块以提供冗余）。对于主机剩余的网卡，可以根据规划添加新的交换机，以绑定剩余的网卡，也可以将剩余的网卡添加到系统中已有的标准交换机中。

在大多数虚拟化环境中，采用传统共享存储的环境，主机一般配置 4 台主机就可以（2 台管理，2 台跑虚拟机流量）；如果是 vSAN 环境，主机一般配置 4 块吉比特网卡、2 台 10 吉比特网卡，其中 2 块 10 吉比特网卡用于 vSAN 流量。

在更复杂的网络中，可能需要为主机配置更多的网卡，为了全面介绍 vSphere 网络，本文准备了 2 台主机，每台主机安装了多块网卡（每台主机 10 个吉比特端口），并上联到两台接入交换机，其中两台接入交换机再以"链路聚合"方式上联到核心交换机，如图 4-2-1 所示。

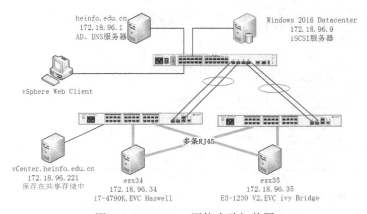

图 4-2-1　vSphere 网络实验拓扑图

图 4-2-1 中 2 台 ESXi 主机每台主机配置了 10 个吉比特端口，用这 10 个吉比特端口做 vSphere 网络实验。为了更加具体，将图 4-2-1 的网络部分画成图 4-2-2 所示的方式。

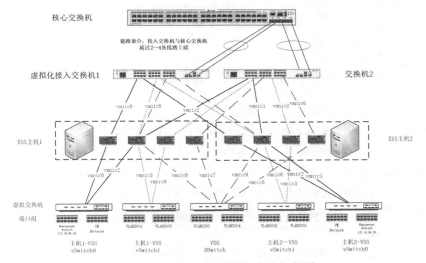

图 4-2-2　vSphere 虚拟网络实验拓扑图

在图 4-2-2 中，ESXi 主机 1 安装了 3 块 2 端口的吉比特网卡、1 块 4 端口的吉比特网卡；ESXi 主机 2 安装了 2 块 2 端口的吉比特网卡、1 块 4 端口的吉比特网卡，主机集成 2 块网卡。这样每台主机就有 10 个吉比特端口，这 10 个吉比特端口在 ESXi 的设备名称依次为 vmnic0～vmnic9。因为印刷是黑白的原因，本文用实线、（间隔长短不同）不同的虚线表示不同的连接关系。例如，对于 ESX 主机 1 来说，vmnic0 与 vmnic2 网卡各连接到不同的接入交换机，另外 vmnic0 与 vmnic2 绑定到（虚拟）标准交换机 vSwitch0，这台标准交换机有两个端口组，其中一个端口组名称为"VM Network"，这台端口组可以连接虚拟机；另一个端口组是 VMkernel（名称为 Management Network），这是管理主机用的，不能用于虚拟机。图 4-2-2 所示规划拓扑中 ESXi 主机的物理网卡、虚拟交换机、端口组名称如表 4-2-1、表 4-2-2 所列。

表 4-2-1　　实验环境中 ESXi 主机 1（172.18.96.34）的网卡、虚拟交换机、端口组名称

虚拟交换机名称	端口组名称	VLAN	连接主机网卡	用途	虚拟机工作网段
（标准交换机）vSwitch0	Management Network	无	vmnic0 vmnic2	VMkernel，管理用，172.18.96.34	无
	VM Network	无		用于虚拟机	172.18.96.0/24
（标准交换机）vSwitch1	VLAN2001	2001	vmnic3	用于虚拟机	172.18.91.0/24
	VLAN2002	2002	vmnic9	用于虚拟机	172.18.92.0/24
（分布式交换机）DSwitch	VLAN2003	2003	vmnic6	用于虚拟机	172.18.93.0/24
	VLAN2004	2004	vmnic7	用于虚拟机	172.18.94.0/24

表 4-2-2　　实验环境中 ESXi 主机 2（172.18.96.35）的网卡、虚拟交换机、端口组名称

虚拟交换机名称	端口组名称	VLAN	连接主机网卡	用途	虚拟机工作网段
（标准交换机）vSwitch0	Management Network	无	vmnic1 vmnic2	VMkernel，管理用，172.18.96.34	无
	VM Network	无		用于虚拟机	172.18.96.0/24
（标准交换机）vSwitch1	VLAN2001	2001	vmnic3	用于虚拟机	172.18.91.0/24
	VLAN2002	2002	vmnic8	用于虚拟机	172.18.92.0/24
（分布式交换机）DSwitch	VLAN2003	2003	vmnic6	用于虚拟机	172.18.93.0/24
	VLAN2004	2004	vmnic9	用于虚拟机	172.18.94.0/24

每台主机上的 10 个吉比特端口的规划如下。

（1）虚拟化接入交换机 1 与交换机 2 采用华为 S1728GWR（这是一个吉比特的可 Web 网管的交换机），核心交换机采用华为 S5700 系列。其中交换机 1 与交换机 2 的最后 2 个吉比特端口组成链路聚合，连接到核心交换机，这样每台接入交换机与核心交换机就有 2 条线路。在核心交换机（S5700-24 端口）查看链路聚合的部分配置如图 4-2-3 至图 4-2-6 所示。

（2）接入交换机 1 与接入交换机 2 的第 1～8 端口，划分为 VLAN2006（属于 172.18.96.0/24 网段）；第 9～18 端口划分为 Trunk 端口，允许所有 VLAN 通过；其中交换机 1 的第 23 与第 24 端口配置为链路聚合通过 2 条 RJ45 网线连接到核心交换机的 19、20（组成链路聚合 1）；交换机 2 的 23 与第 24 端口配置为链路聚合通过 2 条 RJ45 网线连接到

核心交换机的 21、22（组成链路聚合 2）。如图 4-2-7 所示是接入交换机 1 的链路聚合配置截图，从图中可以看到当前端口已经激活。

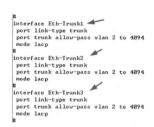

```
#
interface Eth-Trunk1
 port link-type trunk
 port trunk allow-pass vlan 2 to 4094
 mode lacp
#
interface Eth-Trunk2
 port link-type trunk
 port trunk allow-pass vlan 2 to 4094
 mode lacp
#
interface Eth-Trunk3
 port link-type trunk
 port trunk allow-pass vlan 2 to 4094
 mode lacp
#
```

图 4-2-3 配置 3 个链路聚合

```
interface GigabitEthernet0/0/19
 eth-trunk 2
#
interface GigabitEthernet0/0/20
 eth-trunk 2
#
interface GigabitEthernet0/0/21
 combo-port copper
 eth-trunk 3
#
interface GigabitEthernet0/0/22
 combo-port copper
 eth-trunk 3
#
interface GigabitEthernet0/0/23
 combo-port fiber
 eth-trunk 1
#
interface GigabitEthernet0/0/24
 combo-port fiber
 eth-trunk 1
#
```

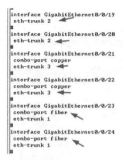

图 4-2-4 端口配置

```
PortName                      Status      Weight
GigabitEthernet0/0/19         UP          1
GigabitEthernet0/0/20         UP          1
The Number of Ports in Trunk : 2
The Number of UP Ports in Trunk : 2
```

图 4-2-5 19 与 20 端口组成的链路聚合

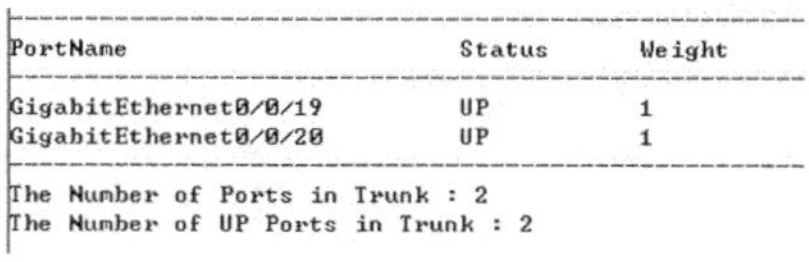

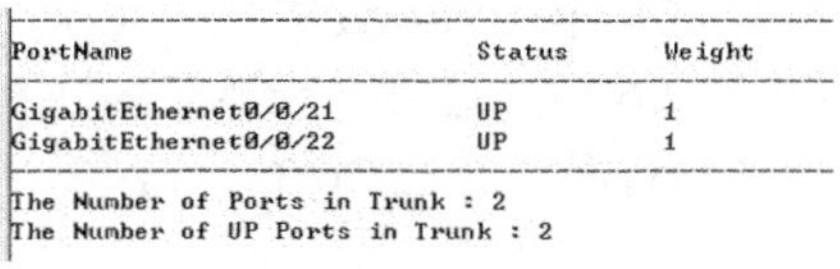

```
PortName                      Status      Weight
GigabitEthernet0/0/21         UP          1
GigabitEthernet0/0/22         UP          1
The Number of Ports in Trunk : 2
The Number of UP Ports in Trunk : 2
```

图 4-2-6 21 与 22 端口组成的链路聚合

（3）每台主机第一个 2 端口吉比特网卡的端口 1 与 4 端口吉比特网卡的端口 1 组成管理用标准交换机，这两块网卡（图 4-2-2 中的实线）各连接到一台交换机的第 1～8 端口中的一个。这两台标准交换机在图 4-2-2 中最左边（属于 ESXi 主机 1）、最右边的标准交换机（属于主机 2）。

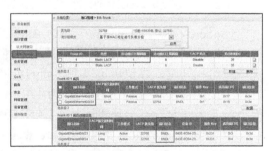

图 4-2-7 23 与 24 端口组成链路聚合，端口已经激活并生效

（4）每台主机 4 端口网卡的端口 2 与第 2 个 2 端口吉比特网卡的端口 1 创建第二个标准交换机，这两个端口分别连接到每台接入交换机的 9～17 端口（属于 Trunk），在端口组中划分多个 VLAN。新添加的第二台标准交换机在图 4-2-2 中左数第 2 个（属于 ESXi 主机 1）、右数第 2 个（属于主机 ESXi2）。

（5）每台主机的 4 端口网卡的端口 3、第三个 2 端口网卡的端口 1 组成第一个分布式交换机（图 4-2-2 中的当中的虚拟交换机），网络分别连接到交换机 1 与交换机 2 的 Trunk 端口，这台分布式交换机属于主机 1、主机 2。

（6）在图 4-2-2 中，每块网卡还剩下一个端口没连线，一共剩余 4 个吉比特端口（如图 4-2-8 所示，这时 ESXi 主机 1 共 4 个端口线路是“断开”的状态）。从图中“支持 LAN 唤醒”可以看到，并不是每个端口都支持主机唤醒。

在本示例的规划中，4 个吉比特端口添加到分布式交换机组成链路聚合，每台主机的 4 个吉比特端口只连接到同一台交换机，例如主机 1 的剩余 4 个端口连接到交换机 1 的 18～22 端口，这 4 个端口组成链路聚合 2。如图 4-2-2 中两台接入交换机支持“堆叠”，支持跨交换机的链路聚合，则需要跨交换机进行链路聚合，每台主机 4 个端口分别接到两台交换机（配置的链路聚合组中）。现在这 4 条网线还没有连接，如图 4-2-9 所示是接入交换机 1

的"链路聚合 2"的截图, 当前链路状态为"DOWN"。

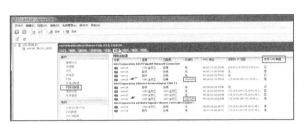

图 4-2-8　ESXi 主机 1 的物理网卡

图 4-2-9　Eth-Trunk 2 状态为 DOWN

在本示例中, 两台 ESXi 主机仍然采用第 3 章中用到实验环境, 其中 ESXi 主机 1 的 IP 地址是 172.18.96.34, 这是一个 ASUS 主板、Intel I7-4790K 的 CPU、32GB 的内存; ESXi 主机 2 的 IP 地址是 172.18.96.35, 这是一个 Intel 主板、Intel E3-1230 V2 的 CPU、32GB 的内存。

4.2.2　添加 vSphere 标准交换机及端口组

vSphere 标准交换机绑定于每台 ESXi 主机。如果在一个 vSphere 环境中要使用标准交换机, 则需要依次在每台主机添加标准交换机, 并且要在每台标准交换机上添加端口组。当端口组相同时, 虚拟机可以在不同的主机之间迁移。

下面的演示将分别在 IP 地址为 172.18.96.34、172.18.96.35 的 ESXi 主机上新建标准交换机, 并为每台标准交换机添加 VLAN2001、VLAN2002 的端口组。

（1）使用 IE 浏览器登录 vSphere Web Client 界面, 在左侧导航器中选择某台主机, 例如 IP 地址为 172.18.96.34 的主机。在右侧"配置"选项卡中单击"网络→虚拟交换机"选项卡, 在"虚拟交换机"中可以看到当前主机已有的虚拟交换机, 这是系统安装时默认创建的标准交换机, 其交换机的名称为 vSwitch0, 其默认的虚拟机端口组名称为"VM Network", 其默认的 VMkernel 的端口组名称为"Management Network", 如图 4-2-10 所示。该交换机绑定的网卡名称分别为 vmnic0、vmnic2。另外, 在此视图中, 单击端口组可以看端口组与主机物理网卡的绑定关系。

（2）在 ESXi 主机 172.18.96.34 上添加一台标准交换机之前, 单击"物理适配器", 查看当前物理网卡、端口与连接与分配情况, 如图 4-2-11 所示。在图中:

"设备"名是显示在 ESXi 主机中的网卡名称, "实际速度"是当前网卡所连接的速度, 一般是 1000Mbit/s 或 10000Mbit/s。如果显示为 100Mbit/s 或 10Mbit/s, 则应检查网线或交换机端口, 一般是网线问题。

"实际速度"如果为"向下"或"Down", 表示当前端口没有插网线或没有连接到交换机。

在"交换机"列表中显示了"设备"属于哪台虚拟交换机, 当显示为"-"时表示当前网卡还没有分配给虚拟交换机。在"观察的 IP 范围", 显示当前网卡检测到的 IP 地址, 如果检测到多个网段(显示有 VLAN……)等字段时, 表示当前网卡连接到的物理交换机 Trunk

端口或者检测到一个网段。

图 4-2-10　系统已有的默认标准交换机

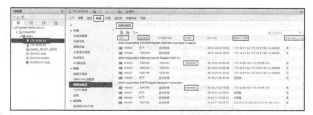
图 4-2-11　查看物理适配器

在图中，可以看到当前一块 4 端口吉比特网卡，名称为"Intel Corporation Ethernet Server Adapter i340-T4），其中 vmnic2 分配给 vSwitch0，vmnic3、vmnic7 未分配，vmnic8 未插网线（准备分配给 LACP 使用）。一块 Intel 82546EB 网卡 vmnic6 端口未分配，这是一块 2 端口网卡。另外，本机配了 2 块 Intel 82576 吉比特网卡，其中一块 Intel 82576 的两个端口设备名称为 vmnic0、vmnic，另一块 Intel 82576 两个端口名称为 vmnic4、vmnic9。根据前文的规划，选择 vmnic3、vmnic9 分配给本节创建的标准交换机，选择 vmnic6、vmnic7 分配给后文中的分布式交换机。

（3）单击"虚拟交换机"选项卡，然后在工具栏上单击"🌐"链接（查看图 4-2-10），进入添加主机网络对话框，在"选择连接类型"中选择"标准交换机的虚拟机端口组"，如图 4-2-12 所示。

图 4-2-12　选择连接类型

（4）在"选择目标设备"选项中选择"新建标准交换机"，如图 4-2-13 所示。

（5）在"创建标准交换机"选项中单击"+"按钮，在弹出的"将物理适配器添加到交换机"对话框中选中 vmnic3 及 vmnic9 网卡，然后单击"确定"按钮将其添加到列表中，如图 4-2-14 所示。

图 4-2-13　新建标准交换机

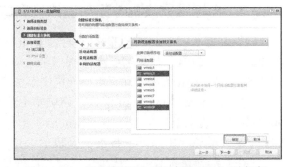
图 4-2-14　添加网卡到"活动适配器"列表中

（6）添加之后如图 4-2-15 所示。也可以选中网卡，将其在"活动适配器""备用适配器""未用的适配器"之间调整（单击↑、↓箭头调整）。

（7）在"连接"选项的"网络标签"文本框中，输入新创建的端口组名称，本示例先创建第一个端口组 VLAN2001，在"VLAN ID"文本框中输入当前端口组的 VLAN，本示例为 2001，如图 4-2-16 所示。

（8）在"即将完成"选项中查看新建标准交换机及 VMkernel 端口组的设置，检查无误之后，单击"完成"按钮完成设置，如图 4-2-17 所示。

（9）创建完标准交换机之后，在"管理→网络"选项卡的"交换机"列表中，可以看到新建的标准交换机，名称为 vSwitch1，单击这台新建的虚拟机，可以看到当前交换机有一个名为 VLAN2001 的端口组，如图 4-2-18 所示。

图 4-2-15　分配的适配器

图 4-2-16　设置端口组名称与属性

图 4-2-17　即将完成

图 4-2-18　创建标准交换机及端口组完成

如果要修改端口组，可在图 4-2-18 中单击"VLAN2001"，然后在"标准交换机：vSwitch1（VLAN2001）"中单击" ✎ "图标修改。如果要删除这个端口组，可单击" ✖ "按钮删除。如果要删除新创建的标准交换机 vSwitch1，可选中 vSwitch1 后单击"虚拟交换机"一栏中的" ✖ "按钮删除。

4.2.3　向标准交换机中添加虚拟机端口组

上一节使用 vSphere Web Client 创建了标准交换机，并同时向标准交换机中添加了一个 VLAN2001 的端口组。如果需要多个端口组，可以继续向标准交换机中添加。

【说明】可以根据需要，向标准交换机中添加多个虚拟机端口组或多个 VMkernel 端口组。

（1）在 vSphere Web Client 中，在导航器中选择主机，在右侧"配置→网络"选项卡的"虚拟交换机"选项中先单击选中 vSwitch1，单击" ⛭ "链接，进入添加主机网络对话框，在"选择连接类型"中选择"标准交换机的虚拟机端口组"，如图 4-2-19 所示。

（2）在"选择目标设备"选项中选择"选择现有标准交换机"，如果当前标准交换机不是 vSwitch1，则单击 "浏览"按钮，在弹出的"选择交换机"对话框中选择要创建虚拟机网络的标准交换机。在此选择新建的标准交换机 vSwitch1，如图 4-2-20 所示，单击"确定"按钮完成选择。

（3）在"连接设置"选项的"网络标签"文本框中，为新建的虚拟交换机端口组设置一个名称，本示例为 VLAN2002，如图 4-2-21 所示。

（4）在"即将完成"对话框显示了新建标准虚拟交换机端口组的设置，检查无误之后，单击"完成"按钮，如图 4-2-22 所示。

图 4-2-19 选择连接类型

图 4-2-20 选择目标设备

图 4-2-21 连接设置

图 4-2-22 新建标准虚拟交换机端口组完成

（5）返回 vSphere Web Client 界面，选中"vSwitch1"标准虚拟机，可以看到名为 "VLAN2002"的虚拟端口组创建完成，如图 4-2-23 所示。当前虚拟端口组还没有分配虚拟 机（即虚拟机的网卡没有使用此端口组）。

因为当前创建的虚拟交换机是在 IP 地址为 172.18.96.34 的 ESXi 主机上创建的，打开 该主机上的一台虚拟机，在"网络适配器"选择列表中可以看到，在网络列表中已经有新 建的 VLAN2001、VLAN2002 的网络标签选项，如图 4-2-24 所示。

图 4-2-23 新建端口组完成

图 4-2-24 检查虚拟网络标签项

对于另一台主机 172.18.96.35，可参照本节及上一节的内容添加标准交换机 vSwitch1， 并添加 VLAN2001、VLAN2002 的端口组。

4.2.4 添加 vSphere Distributed Switch

在本节，将根据图 4-2-2 及表 4-2-1 与表 4-2-2 创建分布式交换机 DSwitch，该分布式交 换机使用主机 1 的 vmnic6、vmnic7 与主机 2 的 vmnic6、vmnic9 网卡端口。操作步骤如下。

【说明】在一个 vSphere 数据中心中，只需要创建一个"分布式交换机"即可。如果分 布式交换机需要多个不同的端口组，并且端口组上行链路（绑定的主机物理网卡）即使连接到不同的网络（不是指由 TRUNK 连接而划分的不同 VLAN），也可以很好地进行配置。在实际的环境中，是可以创建多个不同的分布式交换机的。

（1）在 IE 浏览器中登录 vSphere Web Client，在左侧导航器中选择数据中心，在此示例中数据中心的名称为"Datacenter"，在中间窗格的"入门"选项卡中，单击"创建 Distributed Switch"链接，如图 4-2-25 所示。

（2）在"名称和位置"选项的"名称"文本框中，为新建的分布式交换机设置一个名称，在此采用默认名称 DSwitch，如图 4-2-26 所示。

图 4-2-25　创建分布式交换机

图 4-2-26　设置分布式交换机名称

（3）在"选择版本"选项中，指定新建的分布式交换机的版本，在此选择默认的"Distributed Switch 6.5.0"，如图 4-2-27 所示。

（4）在"编辑设置"选项中，指定上行链路端口数、资源分配和是否创建默认端口组，其中上行链路可以在 1～32 之间（包括 1 及 32）选择，因为每台主机剩余网卡是 2，故在此设置上行链路路为 2，取消"创建默认端口组"的选项，如图 4-2-28 所示。

图 4-2-27　选择分布式交换机版本

图 4-2-28　编辑设置

（5）在"即将完成"对话框显示了新建分布式交换机的配置，检查无误之后，单击"完成"按钮完成设置，如图 4-2-29 所示。

4.2.5　向分布式交换机添加上行链路

新创建的分布式交换机没有绑定任何上行链路，需要向新建的交换机中添加主机并绑定上行链路，操作步骤如下。

图 4-2-29　即将完成

（1）在导航器中先单击"👤"图标，然后选中新建的分布式交换机 DSwitch 用鼠标右键单击，在弹出的快捷菜单中选择"添加和管理主机"，也可以在中间窗格中单击"入门"选项卡，在"基本任务"中单击"添加和管理主机"链接，如图 4-2-30 所示。

（2）在"选择任务"选项中选择要对此分布式交换机招待的任务，在此选择"添加主机"，如图 4-2-31 所示。

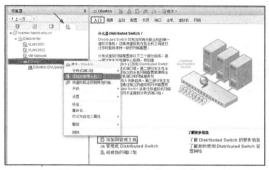
图 4-2-30　添加和管理主机

图 4-2-31　添加主机

（3）在"选择主机"选项中单击"+"链接，在弹出的"选择新主机"对话框中，选中要添加的主机 172.18.96.34 与 172.18.96.35，将其添加到列表中，如图 4-2-32 所示。

（4）如果要使此分布式交换机上的物理网卡和 VMkernel 网络适配器的网络配置在所选主机上都相同，应选中"在多个主机上配置相同的网络设置"复选框。因为实验环境中两台主机具有不一样的网络配置（主要是需要创建的分布式交换机的上行链路设备名称，两台主机不一致。主机 1 选择的是 vmnic6、vmnic7，主机 2 选择的是 vmnic6、vmnic9，如果两台主机选择一致，可以选中此项）。在此不要选中"在多个主机上配置相同的网络设置"复选框，如图 4-2-33 所示。

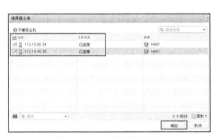
图 4-2-32　选择主机

图 4-2-33　选择主机

（5）在"选择网络适配器任务"选项中，选择要执行的网络适配器任务，在此选择"管理物理适配器"，如图 4-2-34 所示。

（6）在"管理物理网络适配器"选项的 172.18.96.34 主机上，选择预先分配的空闲的网卡（本示例中为 vmnic6 及 vmnic7），先选中 vmnic6，然后单击"分配上行链路"链接，将其分配给分布式交换机的上行链路，如图 4-2-35 所示。

（7）在弹出的"为 vmnic6 选择上行链路"对话框中选择 Uplink1，然后"确定"按钮，如图 4-2-36 所示。

（8）返回"管理物理网络适配器"对话框，选中 vmnic7，然后单击"分配上行链路"链接，将其分配给 Uplink2，分配之后返回到"管理物理网络适配器"，如图 4-2-37 所示。在"正在由交换机使用"列表中显示了已经分配给虚拟交换机的设备，例如图中的 vmnic0 与 vmnic2分配给了 vSwitch0，vmnic3、vmnic9 分配给了 vSwitch1，而 vmnic1、4、5、8 暂时未分配。

图 4-2-34　选择网络适配器任务

图 4-2-35　分配上行链路

图 4-2-36　选择上行链路

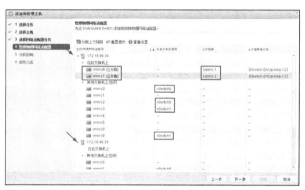

图 4-2-37　vmnic6 与 vmnic7 分配给上行链路

（9）选中 172.18.96.35 将 vmnic6 与 vmnic9 分配给上行链路 Uplink 1 与 Uplink 2，如图 4-2-38 所示。

（10）在"分析影响"查看此配置更改是否对某些网络产生影响，如图 4-2-39 所示。当前列表中可以看到，本次操作对网络无影响。

图 4-2-38　为 172.18.96.35 分配上行链路

图 4-2-39　分析影响

（11）在"即将完成"选项中查看添加托管主机的配置，检查无误之后，单击"完成"按钮完成设置，如图 4-2-40 所示。

（12）返回 vSphere Web Client，在"主机"选项卡中看到已经添加两台主机，如图 4-2-41所示。

图 4-2-40　即将完成

图 4-2-41　添加主机完成

4.2.6　添加分布式端口组

当前新建的分布式交换机还没有端口组，在接下来的操作中，我们将创建两个端口组用于虚拟机流量。如果在实际的生产环境中，这台分布式交换机的两块网卡连接到物理交换机的 Trunk 端口，则创建分布式端口组时，需要指定 VLAN ID；如果物理网卡连接到交换机的 Access 端口，则不需要指定 VLAN ID。在我们当前的演示环境中，当前分布式交换机的两块物理网卡，连接到交换机的 Trunk 端口，接下来我们创建 VLAN2003、VLAN2004的端口组。

（1）在 vSphere Web Client 中，导航到分布式交换机，在导航器中选择新建的分布式交换机，右键单击，在弹出的菜单中选择"分布式端口组→新建分布式端口组"，如图 4-2-42所示。或者在"基本任务"中单击"创建新的端口组"选项。

（2）在"新建分布式端口组"对话框的"选择名称和位置"选项中，在"名称"文本框中输入新建的端口组名称，根据规划设置此名称为 VLAN2003，如图 4-2-43 所示。

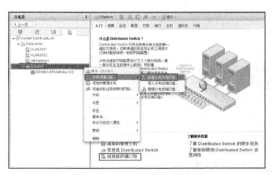

图 4-2-42　新建分布式端口组

图 4-2-43　设置端口组名称

（3）在"配置设置"选项组的"VLAN 类型"下拉列表中选择"VLAN"（可选项为"无""VLAN""VLAN 中继""专用 VLAN"，这些内容后文专门介绍），在 VLAN ID 中输入当前端口组属 VLAN，本示例为 2003，如图 4-2-44 所示。

（4）在"即将完成"选项中显示了新建端口组的设置，检查无误之后，单击"完成"按钮完成设置，如图 4-2-45 所示。

图 4-2-44 常规属性　　　　　　　　　　　图 4-2-45 即将完成

（5）返回 vSphere Web Client 界面，可以看到名为 vlan10 的端口组已经添加完成，单击"创建新的端口组"，继续创建一个新的端口组，如图 4-2-46 所示。

（6）创建第 2 个端口组，该端口组名称为 VLAN2004，并设置"VLAN ID"为 2004，如图 4-2-47 所示。

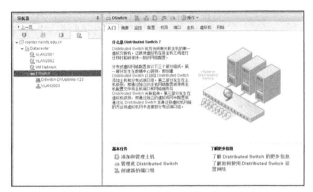 

图 4-2-46 创建新的端口组　　　　　　　　图 4-2-47 配置属性

（7）其他的步骤不再介绍，创建端口组之后，返回 vSphere Web Client，可以看到已经创建了两个端口组，如图 4-2-48 所示。

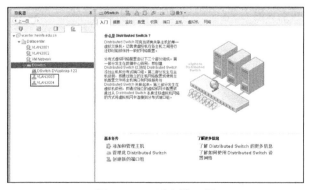

图 4-2-48 两个端口组

4.2.7 修改分布式端口组

管理员可以编辑常规分布式端口组设置，例如分布式端口组名称、端口设置和网络资源池。

（1）在 vSphere Web Client 中找到分布式端口组，例如上一节创建的名为 vlan11 的端口组，在"入门"选项卡的"基本任务"中单击"编辑分布式端口组设置"，如图 4-2-49 所示，进入端口组设置向导。

（2）打开端口组设置对话框，首先看到的是"常规"选项，如图 4-2-50 所示。

图 4-2-49　编辑分布式端口组设置

图 4-2-50　常规

关于端口组常规设置各项意义如表 4-2-3 所列。

表 4-2-3　　　　　　vSphere Distributed Switch 分布式端口组常规属性

设　置	描　述
端口绑定	选择将端口分配到与该分布式端口组相连的虚拟机的时间。 （1）静态绑定：虚拟机连接到分布式端口组后，为该虚拟机分配一个端口。 （2）动态绑定：在虚拟机连接到分布式端口组后首次打开该虚拟机的电源时，为该虚拟机分配一个端口。自 ESXi 5.0 开始，已弃用动态绑定。 （3）临时—无绑定：无端口绑定。此外，连接到主机时，还可以将虚拟机分配给带有极短端口绑定的分布式端口组
端口分配	弹性：默认端口数为 8 个。分配了所有端口后，将创建一组新的 8 个端口。这是默认行为。 固定：默认端口数设置为 8 个。分配了所有端口后，不会创建额外端口
端口数	输入分布式端口组上的端口数。端口数的上限是 8192
网络资源池	使用下拉菜单将新的分布式端口组分配给用户定义的网络资源池。如果尚未创建网络资源池，则此菜单为空
VLAN	使用类型下拉菜单选择 VLAN 选项： （1）无：不使用 VLAN。 （2）VLAN：在 VLAN ID 字段中，输入一个介于 1 和 4094 之间的数字。 （3）VLAN 中继：输入 VLAN 中继范围。 （4）专用 VLAN：选择专用 VLAN 条目。如果未创建任何专用 VLAN，则此菜单为空
高级	选中该复选框可为新的分布式端口组自定义策略配置

（3）在"高级"选项的"断开连接时配置重置"下拉菜单中启用或禁用断开连接时重置。当分布式端口与虚拟机断开连接时，分布式端口的配置重置为分布式端口组设置。每个端口的替代都会被丢弃。在"替代端口策略"选择要在每个端口级别替代的分布式端口组策略，如图 4-2-51 所示。

（4）在"安全"选项中编辑安全异常，每项可在"拒绝"与"接受"之间选择，如图 4-2-52

所示。

图 4-2-51 高级设置

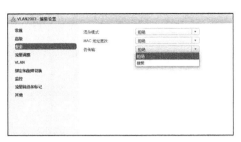

图 4-2-52 安全异常

关于安全异常如表 4-2-4 所列。

表 4-2-4 安全异常设置

设 置	描 述
混杂模式	如果选择"拒绝",则在客户机操作系统中将适配器置于混杂模式不会导致接收其他虚拟机的帧。 选择"接受",如果在客户机操作系统中将适配器置于混杂模式,则交换机将允许客户机适配器按照该适配器所连接到的端口上的活动 VLAN 策略接收在交换机上传递的所有帧。防火墙、端口扫描程序、入侵检测系统等需要在混杂模式下运行
MAC 地址更改	如果将此选项设置为"拒绝",并且客户机操作系统将适配器的 MAC 地址更改为不同于 .vmx 配置文件中的地址,则交换机会丢弃所有到虚拟机适配器的入站帧。如果客户机操作系统恢复 MAC 地址,则虚拟机将再次收到帧。 如果此项设置为"接受",并且客户机操作系统更改了网络适配器的 MAC 地址,则适配器会将帧接收到其新地址
伪信号	选择"拒绝",如果任何出站帧的源 MAC 地址不同于 .vmx 配置文件中的源 MAC 地址,则交换机会丢弃该出站帧。 选择"接受",交换机不执行筛选,允许所有出站帧通过

（5）在"流量调整"选项中，可以对输入流量与输出流量进行调整，如图 4-2-53 所示。流量调整具体内容如表 4-2-5 所列。

图 4-2-53 流量调整

表 4-2-5 流量调整介绍

设 置	描 述
状态	如果启用输入流量调整或输出流量调整,将为与该特定端口组关联的每个虚拟适配器设置网络连接带宽分配量的限制。如果禁用策略,则在默认情况下,服务将能够自由、顺畅地连接物理网络

续表

设　置	描　述
平均带宽	规定某段时间内允许通过端口的平均每秒位数。这是允许的平均负载
带宽峰值	当端口发送和接收流量突发时，每秒钟允许通过该端口的最大位数。此数值是端口使用额外突发时所能使用的最大带宽
突发大小	突发中所允许的最大字节数。如果设置了此参数，则在端口没有使用为其分配的所有带宽时可能会获取额外的突发。当端口所需带宽大于平均带宽所指定的值时，如果有额外突发可用，则可能临时以更高的速度传输数据。此参数为额外突发中可累积的最大字节数，使数据能以更高速度传输

（6）在"成组和故障切换"选项中，配置负载平衡、故障检测等项，如图 4-2-54 所示。各项具体配置如表 4-2-6 所列。注意，当有多个 Uplink 时，在此调整多个不同的 Uplink 到"活动上行链路""备用上行链路"或"未使用的上行链路"，可以为端口组选择不同的主机网卡从而选择不同的网络。例如，如果某台分布式交换机有 4 个上行链路，其中 Uplink1、Uplink2 连接到"内网交换机"交换机的 TRUNK 端口，该内网交换机有 VLAN1001、VLAN1002、VLAN1003（分别属于内网的 VLAN 的 1001、1002、1003），Uplink3、Uplink4 连接到"外网交换机"交换机的 TRUNK 端口，该内网交换机有 VLAN2001、VLAN2002、

图 4-2-54　成组和故障切换

VLAN2003（分别属于内网的 VLAN 的 2001、2002、2003），在分布式交换机创建的 VLAN1001 时，在"活动上行链路"中选择 Uplink1 与 Uplink2，而将 Uplink3 与 Uplink4 移动到"未使用的上行链路"中。同样，对于 VLAN2001、VLAN2002、VLAN2003 等端口组，在"活动上行链路"中选择 Uplink3 与 Uplink4，而将 Uplink1 与 Uplink2 移动到"未使用的上行链路"中。

表 4-2-6　　　　　　　　　　　　成组和故障切换设置

设　置	描　述
负载平衡	指定如何选择上行链路。 基于源虚拟端口的路由。根据流量进入 Distributed Switch 所经过的虚拟端口选择上行链路。 基于 IP 哈希的路由。根据每个数据包的源和目标 IP 地址哈希值选择上行链路。对于非 IP 数据包，偏移量中的任何值都将用于计算哈希值。 基于源 MAC 哈希的路由。根据源以太网哈希值选择上行链路。 基于物理网卡负载的路由。根据物理网卡的当前负载选择上行链路。 使用明确故障切换顺序。始终使用"活动适配器"列表中位于最前列的符合故障切换检测标准的上行链路。 注意，基于 IP 的绑定要求为物理交换机配置以太通道。对于所有其他选项，禁用以太通道

续表

设 置	描 述
网络故障切换检测	指定用于故障切换检测的方法。 仅链路状态。仅依靠网络适配器提供的链路状态。该选项可检测故障（如拔掉线缆和物理交换机电源故障），但无法检测配置错误（如物理交换机端口受跨树阻止、配置到了错误的 VLAN 中或者拔掉了物理交换机另一端的线缆）。 信标探测。发出并侦听组中所有网卡上的信标探测，使用此信息并结合链路状态来确定链接故障。该选项可检测上述许多仅通过链路状态无法检测到的故障。 注意，不要使用包含 IP 哈希负载平衡的信标探测
通知交换机	选择是或否指定发生故障切换时是否通知交换机。如果选择是，则每当虚拟网卡连接到 Distributed Switch 或虚拟网卡的流量因故障切换事件而由网卡组中的其他物理网卡路由时，都将通过网络发送通知以更新物理交换机的查看表。几乎在所有情况下，为了使出现故障切换以及通过 vMotion 迁移时的延迟最短，最好使用此过程。 注意，当使用端口组的虚拟机正在以单播模式使用 Microsoft 网络负载平衡时，不要使用此选项。以多播模式运行网络负载平衡时不存在此问题
故障恢复	选择是或否以禁用或启用故障恢复。 此选项确定物理适配器从故障恢复后如何返回到活动的任务。如果故障恢复设置为是（默认值），则适配器将在恢复后立即返回到活动任务，并取代接替其位置的备用适配器（如果有）。如果故障恢复设置为否，那么即使发生故障的适配器已经恢复，它仍将保持非活动状态，直到当前处于活动状态的另一个适配器发生故障并要求替换为止
故障切换顺序	指定如何分布上行链路的工作负载。要使用一部分上行链路，保留另一部分来应对使用的上行链路发生故障时的紧急情况，应通过将它们移到不同的组来设置此条件： 活动上行链路。当网络适配器连接正常且处于活动状态时，继续使用此上行链路。 备用上行链路。如果其中一个活动适配器的连接中断，则使用此上行链路。 未使用的上行链路。不使用此上行链路。 注意，当使用 IP 哈希负载平衡时，不要配置待机上行链路

（7）在监控部分中，启用或禁用 NetFlow，可以在 vSphere Distributed Switch 级别配置 NetFlow 设置。如图 4-2-55 所示。

（8）在"流量筛选和标记"选项中，配置网络流量规则，如图 4-2-56 所示。在分布式端口组级别或上行链路端口组级别设置流量规则，从而引入对通过虚拟机、VMkernel 适配器或物理适配器的流量访问的筛选和优先级标记功能。

图 4-2-55　监控

图 4-2-56　流量筛选和标记

【说明】在 vSphere Distributed Switch 5.5 及更高版本中，通过使用流量筛选和标记策略，可以避免虚拟网络进入有害的流量和遭受安全攻击，或将 QoS 标记应用于某种类型的流量。

流量筛选和标记策略表示一组有序的网络流量规则，用于对通过 Distributed Switch 端口的数据流实施安全保护和应用 QoS 标记。一般而言，规则包括流量限定符以及限制或设置匹配流量优先级的操作。

vSphere Distributed Switch 将规则应用于数据流中不同位置的流量。Distributed Switch 将流量筛选规则应用于虚拟机网络适配器与分布式端口之间的数据路径，或将上行链路规则应用于上行链路端口与物理网络适配器之间的数据路径。

（9）在"其他"选项中配置是否阻止所有端口，默认为"否"，如果选择"是"将关闭端口组中的所有端口，这会中断正在使用这些端口中的主机或虚拟机的正常网络操作，如图 4-2-57 所示。配置完成后单击"确定"按钮。

图 4-2-57　其他

4.2.8　迁移标准交换机到分布式交换机

现在的网络环境已经达到图 4-2-2 的效果：分别在 ESXi 主机 1、ESXi 主机 2 各创建了一台标准交换机，在 ESXi 主机 1、ESXi 主机 2 创建了一台分布式交换机。接下来学习的内容是将主机 1、主机 2 上的标准交换机 2 迁移到分布式交换机，以方便管理。迁移之后实验环境中 ESXi 主机网关、虚拟交换机、端口组名称如表 4-2-7、表 4-2-8 所列。

表 4-2-7　迁移后 ESX 主机 1（172.18.96.34）的网卡、虚拟交换机、端口组名称

虚拟交换机名称	端口组名称	VLAN	连接主机网卡	用途	虚拟机工作网段
（标准交换机）vSwitch0	Management Network	无	vmnic0 vmnic2	VMkernel，管理用，172.18.96.34	无
	VM Network	无		用于虚拟机	172.18.96.0/24
（分布式交换机）DSwitch	VLAN2001	2001	vmnic3 vmnic9 vmnic6 vmnic7	用于虚拟机	172.18.91.0/24
	VLAN2002	2002		用于虚拟机	172.18.92.0/24
	VLAN2003	2003		用于虚拟机	172.18.93.0/24
	VLAN2004	2004		用于虚拟机	172.18.94.0/24

表 4-2-8　迁移后 ESX 主机 2（172.18.96.35）的网卡、虚拟交换机、端口组名称

虚拟交换机名称	端口组名称	VLAN	连接主机网卡	用途	虚拟机工作网段
（标准交换机）vSwitch0	Management Network	无	vmnic1 vmnic2	VMkernel，管理用，172.18.96.34	无
	VM Network	无		用于虚拟机	172.18.96.0/24
（分布式交换机）DSwitch	VLAN2001	2001	vmnic3 vmnic8 vmnic6 vmnic9	用于虚拟机	172.18.91.0/24
	VLAN2002	2002		用于虚拟机	172.18.92.0/24
	VLAN2003	2003		用于虚拟机	172.18.93.0/24
	VLAN2004	2004		用于虚拟机	172.18.94.0/24

首先查看迁移之前每台 ESXi 主机的标准交换机与分布式交换机及端口组。

（1）在 vSphere Web Client 中，在导航器中选中一台主机，例如 172.18.96.35，在"配置→网络→虚拟交换机"中，看到有两台标准交换机（图标为"▦"）、一台分布式交换机

（图标为"▦"），单击 vSwitch0，看到这台标准交换机有两条上行链路，端口组为"VM Network"，如图 4-2-58 所示。

（2）单击 vSwitch1，查看到该交换机有两个端口组分别为 VLAN2001 与 VLAN2002，对应的还有 VLAN ID，如图 4-2-59 所示。

图 4-2-58　查看标准交换机 vSwitch0

（3）单击分布式交换机 DSwitch，单击"拓扑精简"，看到当前分布式交换机有 2 个端口组 VLAN2003、VLAN2004，如图 4-2-60 所示。

图 4-2-59　查看标准交换机 vSwitch1

图 4-2-60　查看分布式交换机 DSwitch

在本节的实验中，学习迁移标准交换机（及端口组）到分布式交换机（及端口组）的内容，在迁移过程中涉及的虚拟机业务不中断。为了完成这个实验，在当前环境中启动一台虚拟机（例如图 4-2-60 中的名为 Win7X01-test）的虚拟机，同时将该虚拟机的网络改为"VLAN2001"，如图 4-2-61 所示。在虚拟机启动后，打开虚拟机控制台查看虚拟机 IP 地址，然后在管理员计算机上使用 ping 命令，ping 虚拟机的 IP 地址，如图 4-2-62 所示。

图 4-2-61　修改网卡

图 4-2-62　PING 测试虚拟机

在迁移之后，原来绑定到标准交换机的网卡（ESXi 主机 1 的设备名称分别是 vmnic3、vmnic9，ESXi 主机 2 的设备名称分别是 vmnic3、vmnic8）也会分配给分布式的交换机，最终分布式交换机的上行链路变为 4 条，此时拓扑改为如图 4-2-63 所示。

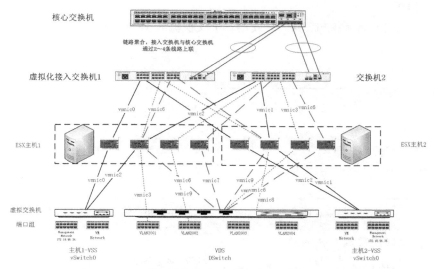

图 4-2-63　迁移标准交换机到分布式交换机之后的拓扑

在本节的操作中，将把每台 ESXi 主机的标准交换机 vSwitch1 迁移到分布式交换机
DSwitch。在迁移的过程中，需要将标准交换机的端口组及对应的物理网卡一一对应迁移，即：

（1）在分布式交换机上添加两个分布式端口组 VLAN2001、VLAN2002，这两个端口
组用来代替原来标准交换机 vSwitch1 的 VLAN2001、VLAN2002 端口组。因为分布式交换
机也有标准交换机 vSwitch1 所属的 VLAN，所以直接修改虚拟机的网卡为分布式交换机对
应的端口组即可。

（2）在迁移端口组之后，确认没有虚拟机使用端口组之后，删除标准交换机，迁移上
行链路。

（3）因为分布式交换机 DSwitch 只有 2 条上行链路（对应 vmnic2、vmnic3），在迁移
之后，有 4 条上行链路（新增 2 条上行链路）。所以需要添加 2 条链路，再添加网卡。

下面分步骤一一介绍。

1．在分布式交换机上添加端口组

如果要将标准交换机的端口组迁移到分布式交换机，应该在分布式交换机上创建相对
应的分布式端口组。在本示例中，在分布式交换机上创建 VLAN2001、VLAN2002 的端口
组，此端口组将用于迁移标准交换机的 VLAN2001、VLAN2002。

（1）使用 vSphere Web Client 登录
vCenter Server，在导航器中单击"　"
网络图标，可以看到当前网络中名为
DSwitch 的分布式交换机有 VLAN2003、
VLAN2004 两个端口组，如图 4-2-64
所示。

（2）参照第 4.2.6 节"添加分布式端

图 4-2-64　现有分布式交换机及端口组

口组"中的内容，为 DSwitch 添加 VLAN2001、VLAN2002 两个端口组，创建后如图 4-2-65
所示。这两个端口组分别使用 VLAN2001 与 VLAN2002，其网络关系与要迁移的标准交换

机的两个端口组一一对应。

（3）再修改另一台虚拟机，其网络使用标准交换机的 VLAN2002 端口，如图 4-2-66 所示。

图 4-2-65　添加两个端口组　　　　　图 4-2-66　修改虚拟机使用 VLAN2002 端口组

2. 将虚拟机迁移到其他网络

在分布式交换机创建了对应的端口组后，接下来就可以将标准交换机迁移到分布式交换机了。

（1）在 vSphere Web Client 中，右键单击分布式交换机 DSwitch，在弹出的快捷菜单中选择"将虚拟机迁移到其他网络"，如图 4-2-67 所示。

（2）在"选择源网络和目标网络"中选择源网络和目标网络，在本示例中，在"源网络"中选择标准交换机的 VLAN2001，在"目标网络"选择分布式交换机的 VLAN2001。首先在"源网络"中单击"浏览"按钮，如图 4-2-68 所示。

图 4-2-67　将虚拟机迁移到其他网络　　　　图 4-2-68　选择源网络

（3）在"选择网络"中，源网络选择标准交换机的"VLAN2001"，标准交换机的端口组第二列对应的是-号。而分布式交换机的端口组第二列对应的是分布式交换机的名称。如图 4-2-69 所示。选择之后返回到图 4-2-68，在"目标网络"中单击"浏览"按钮，弹出"选择网络对话框"，选择 DSwitch 交换机的 VLAN2001，如图 4-2-70 所示。

（4）选择之后返回到"选择源网络和目标网络"对话框，如图 4-2-71 所示是选择好之后的配置截图。

（5）在"选择要从 VLAN2001 迁移到 VLAN2001 的虚拟机"中列出了所有使用"源网络"的虚拟机，单击"所有虚拟机"选择涉及的虚拟机，如图 4-2-72 所示。

图 4-2-69　选择源网络

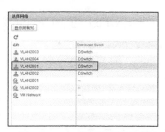

图 4-2-70　选择目标网络

图 4-2-71　选择源网络和目标网络

图 4-2-72　迁移涉及的虚拟机

（6）在"即将完成"对话框中单击"完成"按钮，如图 4-2-73 所示。

（7）在迁移的过程中，原来 ping 的测试一直没有中断，但在虚拟机右下角会有网络变动的提示，如图 4-2-74 所示。

图 4-2-73　迁移 VLAN2001

图 4-2-74　网络迁移虚拟机网络不受影响

（8）迁移完成后，在 vSphere Web Client 的"网络"中选择标准交换机的 VLAN2001 端口，可以看到在"虚拟机"列表中已经没有使用该端口的虚拟机，如图 4-2-75 所示。

图 4-2-75　查看使用标准交换机 vSwitch1 的 VLAN2001 端口的虚拟机

（9）参照（1）至（8）步骤的操作，将标准交换机的 vSwitch1 的 VLAN2002 端口迁移到分布式交换机 DSwitch 的 VLAN2002 端口，其中涉及的虚拟机是 Win7X01-test02，如图 4-2-76 所示。

（10）迁移之后，查看标准交换机 VLAN2002 端口，已经没有使用该端口的虚拟机，如图 4-2-77 所示。

图 4-2-76　涉及的虚拟机　　　　　图 4-2-77　查看使用标准交换机 vSwitch1 的 VLAN2002 端口的虚拟机

3．删除标准交换机

当使用标准交换机 vSwitch1 的所有端口组的虚拟机都迁移到分布式交换机后，原来两台主机上的标准交换机 vSwitch1 即可删除。

（1）在 vSphere Web Client 导航器的"主机和群集"中选中其中一台主机例如 172.18.96.35，在"配置→网络→虚拟交换机"中，选中 vSwitch1，单击"×"按钮，在弹出的"移除标准交换机"对话框中，单击"是"按钮，删除标准交换机，如图 4-2-78 所示。

（2）删除之后，172.18.96.35 只剩下标准交换机 vSwitch0 和分布式交换机 DSwitch，如图 4-2-79 所示。

图 4-2-78　移除标准交换机 vSwitch1　　　　　图 4-2-79　删除之后

（3）选中网络中另外一台 ESXi 主机 172.18.96.34，同样删除名为 vSwitch1 的标准交换机，如图 4-2-80 所示。

（4）现在分布式交换机有 2 条上行链路，每条上行链路绑定一块网卡，如图 4-2-81 所示。

图 4-2-80　删除其他主机的标准交换机 vSwitch1　　　　　图 4-2-81　查看分布式交换机上行链路

4. 修改上行链路数

因为要将标准交换机迁移到分布式交换机，而分布式交换机原来设置的是 2 条上行链路，标准交换机是 2 条上行链路，这样迁移之后，分布式交换机会有 4 条上行链路，所以需要修改分布式虚拟机的设置，将上行链路数从 2 改为 4，主要步骤如下。

（1）在 vSphere Web Client 导航到分布式交换机，在"网络"中右键单击分布式交换机 DSwitch，在弹出的快捷菜单中选择"设置→编辑设置"，如图 4-2-82 所示。

（2）在"常规"选项中将"上行链路数"改为 4，然后单击"确定"按钮，如图 4-2-83 所示。

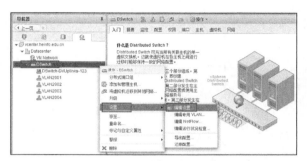

图 4-2-82 管理此 VDS

图 4-2-83 常规

5. 为分布式交换机绑定上行链路

在本节操作中，将原来绑定标准交换机 vSwitch1 的两块网卡，添加到分布式交换机上行链路 3 与上行链路 4。

（1）在 vSphere Web Client 中导航到"网络"，右键单击分布式交换机 DSwitch，选择"添加和管理主机"，如图 4-2-84 所示。

（2）在"选择任务"对话框选择"管理主机网络"，如图 4-2-85 所示。

图 4-2-84 添加和管理主机

图 4-2-85 管理主机网络

（3）在"选择主机"对话框，添加当前环境中的两台主机 172.18.96.34 与 172.18.96.35，如图 4-2-86 所示。

（4）在"选择网络适配器任务"选项中选择"管理物理适配器"，如图 4-2-87 所示。

（5）在"管理物理网络适配器"中将 172.18.96.34 的 vmnic3（如图 4-2-88 所示）分配给上行链路 3（Uplink3），如图 4-2-89 所示。

图 4-2-86　添加主机

图 4-2-87　管理物理适配器

图 4-2-88　选中 vmnic3

图 4-2-89　分配给 Uplink3

（6）将 vmnic9 分配给 Uplink4，如图 4-2-90 所示。

（7）将 172.18.96.35 的 vmnic3、vmnic8 分别分配给 Uplink3、Uplink4，如图 4-2-91 所示。

图 4-2-90　分配 172.18.96.34 的网卡

图 4-2-91　分配 172.18.96.35 的网卡

（8）其他选择默认值，在"即将完成"对话框显示了管理的主机数、更新的网卡数量，如图 4-2-92 所示。

最后再查看每台主机分布式交换机的上行链路及绑定的网卡。在 vSphere Web Client 导航器中，选中 172.18.96.34，在"配置→网络→虚拟交换机"中选中分布式交换机 DSwitch，选中"拓扑精简"，展开 Uplink1～4，可以看到当前主机共有 4 条上行链路，每条上行链路各绑定一块网卡，如图 4-2-93 所示。

然后在导航器中选中另一台主机 172.18.96.35，查看分布式交换机的上行链路及绑定的网卡，如图 4-2-94 所示。

图 4-2-92　即将完成

图 4-2-93　查看 ESXi 主机 1 的分布式交换机

图 4-2-94　查看 ESXi 主机 2 的分布式交换机

4.2.9　设置 VMkernel 网络

VMkernel 网络层提供与主机的连接，并处理 vSphere vMotion、IP 存储、Fault Tolerance、vSAN 等其他服务的标准系统流量。还可以在源和目标 vSphere Replication 主机上创建 VMkernel 适配器，以隔离复制数据流量。

在 vSphere 网络规划中，应该将 VMkernel 适配器专用于一种流量类型，或者将流量较少的类型进行合并，使用某个 VMkernel 适配器。另外，有些 VMkernel 流量未经加密，应该为 VMkernel 流量规划单独的 VLAN。

在与 Distributed Switch 关联的主机上创建 VMkernel 适配器，可向主机提供网络连接并处理 vSphere vMotion、IP 存储、Fault Tolerance 日志记录、vSAN 等服务的流量。用户可为 vSphere 标准交换机和 vSphere Distributed Switch 上的标准系统流量设置 VMkernel 适配器。

有些 VMkernel 流量在极端情况下会占用大量带宽甚至占用所有带宽，应该为这些流量使用单独的物理网卡。例如 VMotion 流量的特性是"爆发性的"，在对虚拟机进行实时迁移时会尝试占用一个网卡端口上所有的可用带宽，如果这块网卡上还有其他的 VMkernel 端口（用于其他流量），则会受到影响。如果不能为 VMotion 或需要较高优先级的流量（例如 VSAN）分配单独的网卡，则可以使用下一节的 NIOC（vSphere Network I/O Control）介绍的"份额"进行限制。

在 vSphere 网络中，VMkernel 端口处理的流量如表 4-2-9 所列。

表 4-2-9   VMkernel 适配器处理的流量列表

流 量 名 称	描　　述
管理流量	承载着 ESXi 主机和 vCenter Server 以及主机对主机 High Availability 流量的配置和管理通信。默认情况下，在安装 ESXi 软件时，会在主机上为管理流量创建 vSphere 标准交换机以及 VMkernel 适配器。为提供冗余，可以将两块或更多块物理网卡连接到 VMkernel 适配器以进行流量管理
VMotion 流量	容纳 vMotion。源主机和目标主机上都需要一个用于 vMotion 的 VMkernel 适配器。用于 vMotion 的 VMkernel 适配器应仅处理 vMotion 流量。为了实现更好的性能，可以配置多网卡 vMotion。要拥有多网卡 vMotion，可将两个或更多端口组专用于 vMotion 流量，每个端口组必须分别具有一个与其关联的 vMotion VMkernel 适配器。然后可以将一块或多块物理网卡连接到每个端口组。这样，有多块物理网卡用于 vMotion，从而可以增加带宽。 注意，vMotion 网络流量未加密。应置备安全专用网络，仅供 vMotion 使用
置备流量	处理虚拟机冷迁移、克隆和快照生成传输的数据
IP 存储器流量和发现	处理使用标准 TCP/IP 网络和取决于 VMkernel 网络的存储器类型的连接。此类存储器类型包括软件 iSCSI、从属硬件 iSCSI 和 NFS。如果 iSCSI 具有两块或多块物理网卡，则可以配置 iSCSI 多路径。ESXi 主机仅支持 TCP/IP 上的 NFS 版本 3。要配置软件 FCoE（以太网光纤通道）适配器，必须拥有专用的 VMkernel 适配器。软件 FCoE 使用 Cisco 发现协议（CDP）VMkernel 模块通过数据中心桥接交换（DCBX）协议传递配置信息
Fault Tolerance 日志记录	处理主容错虚拟机通过 VMkernel 网络层向辅助容错虚拟机发送的数据。vSphere HA 群集中的每台主机上都需要用于 Fault Tolerance 日志记录的单独 VMkernel 适配器
vSphere Replication 流量	处理源 ESXi 主机传输至 vSphere Replication 服务器的出站复制数据。在源站点上使用一个专用的 VMkernel 适配器，以隔离出站复制流量
vSphere ReplicationNFC 流量	处理目标复制站点上的入站复制数据
vSAN 流量	加入 vSAN 群集的每台主机都必须有用于处理 vSAN 流量的 VMkernel 适配器

　　在我们当前的实验环境中，目前 2 台 ESXi 主机（每台主机 10 块物理网卡），每台主机有一台管理用的标准交换机（系统安装时创建的）、一台分布式交换机（有 4 个端口组）。在标准交换机上有管理用的 VMkernel（即设置 ESXi 主机管理 IP 地址）。在大多数的情况下，用于管理 ESXi 主机的 VMkernel 也可以启用 VMotion 流量，而其他的流量，例如虚拟机容错的 FT 日志记录、用于 vSAN 的 vSAN 流量，都需要配置专门的 VMkernel。而对于其他的流量，例如"置备流量"，可以与"管理流量"使用同一个 VMkernel 端口，也可以与 VMotion 流量使用同一个端口组，或者也可以再创建第三个端口组，用于处理置备流量。在生产环境中根据实际需求进行规划设计。

　　如果要使用 VSAN，则一定要为 VSAN 单独配置一个 VMkernel 端口，在"混合架构"的 vSAN 环境中，vSAN 流量可以使用吉比特网卡；但对于节点数较多、磁盘组中磁盘数较多或多个磁盘组的"混合架构"的 vSAN 环境，或"全闪存架构"的 vSAN 环境，建议为 VSAN 使用 10Gbit/s 网卡。

　　在下面的操作中，将会进行如下的演示：

（1）在 VLAN2001 端口添加 VMkernel 端口组，该端口组处理 VMotion 等流量。

（2）在 VLAN2002 端口添加 VMkernel 端口组，该端口组处理 VSAN 流量。

当前配置如表 4-2-10 所列。

表 4-2-10　　当前 vSphere 网络各 VMkernel 端口名称、所属 VLAN、IP 地址一览表

主机 IP	vmk1：管理流量	vmk2：VMotion	vmk3:VSAN 流量
172.18.96.34	172.18.96.34	172.18.91.34	172.18.92.34
172.18.96.35	172.18.96.35	172.18.91.35	172.18.92.35

需要注意，在多台主机之间处理相同流量的 VMkernel 的 IP 地址需要在同一个 VLAN，如果两台主机，处理 VMotion 流量的 VMkernel，一台主机是 172.18.96.0/24 网段，另一台主机是 172.18.91.0/24 的网段，则可能会引发问题，因为在默认情况下，VMware ESXi 的多个 VMkernel 默认情况下只能设置使用一个默认网关地址。例如，ESXi 主机 172.18.96.34，其管理 VMkernel 的 IP 地址是 172.18.96.34，子网掩码是 255.255.255.0，其默认网关地址是 172.18.96.254；而在为这台主机添加第二个 VMkernel 时（例如本节中的 172.18.91.34），在设置时其默认网关地址保持为 172.18.96.254，很显然 172.18.91.34 不能通过 172.18.96.254 访问其他网段。如果另一台主机 172.18.96.35 的第二个 VMkernel 设置为 172.18.92.35，其默认的网关地址也是 172.18.96.254。如果这两台主机只将第二个 VMkernel 启用 VMotion 流量，那么 172.18.91.34 与 172.18.92.35 将不能通信，VMotion 也就不能成功。

同样在上述的案例中，如果必须要让某两个不同网段的 VMkernel 通信，但又不改变 ESXi 管理 IP 地址的默认网关时，可以在通过命令行的方式来添加。有关这个问题，可参考笔者视频"使用 VSAN 6.5 延伸群集组建双活数据中心视频课程"，其链接地址为 "http://edu.51cto.com/course/7798.html"，在这个课程中有详细的介绍。

在下面的操作中，将分配在每台主机的 VLAN2001、VLAN2002 端口组添加 VMkernel 端口，并分配该端口处理 VMotion 流量。

（1）在 vSphere Web Client，在导航器中单击"🖳"网络图标，右键单击分布式交换机 DSwitch，在弹出的快捷菜单中选择"添加和管理主机"，如图 4-2-95 所示。

（2）在"选择任务"对话框选择"管理主机网络"，如图 4-2-96 所示。

图 4-2-95　添加和管理主机

图 4-2-96　管理主机网络

（3）在"连接主机"对话框添加 172.18.96.34 与 172.18.96.35 两台主机，如图 4-2-97 所示。

（4）在"选择网络适配器任务"对话框选择"管理 VMkernel 适配器"，如图 4-2-98 所示。

图 4-2-97   连接主机

图 4-2-98   管理 VMkernel 适配器

（5）在"管理 VMkernel 网络适配器"对话框中，先单击 172.18.96.34 主机，单击"新建适配器"，如图 4-2-99 所示。

（6）在"选择目标设备"对话框，选择"选择现有网络"并单击"浏览"按钮，在弹出的"选择网络"对话框中选择 VLAN2001，如图 4-2-100 所示。

图 4-2-99   新建适配器

图 4-2-100   选择网络

（7）在"端口属性"对话框中选择"VMotion"，如图 4-2-101 所示。

（8）在"IPv4 设置"对话框单击"使用静态 IPv4 地址"，并根据表 4-3-2 的规划，设置 IP 地址为 172.18.91.34，子网掩码为 255.255.255.0，如图 4-2-102 所示。此时可以看到默认网关地址为 172.18.96.253，这个 IP 地址不要更改。说明，作者当前实验环境有多个网关地址，172.18.96.253 与 172.18.96.254 都是网关地址，只是这两个网关地址连接到不同的 Internet 出口。

图 4-2-101   端口属性

图 4-2-102   设置 VMkernel IP 地址

（9）在"即将完成"对话框显示了新建 VMkernel 的信息，包括 VMkernel 所在的分布式端口组、新添加的 VMkernel 的管理地址，检查无误之后单击"完成"按钮，如图 4-2-103 所示。

（10）返回"管理 VMkernel 网络适配器"对话框中，可以看到在 172.18.96.34 上添加了一个"目标端口组"为 VLAN2001 的、名为 vmk1 的新 VMkernel，如图 4-2-104 所示。

（11）在图 4-2-104 中，选中 172.18.96.34，单击"新建适配器"，参照（6）至（10）的步骤，在 VLAN2002 端口创建 VMkernel（如图 4-2-105 所示）、端口属性为"vSAN"（如图 4-2-106 所示）、IP 地址为 172.18.92.34 的 VMkernel，如图 4-2-107 所示。

图 4-2-103　完成 VMkernel 创建

图 4-2-104　已经添加名为 vmk1 的 VMkernel

图 4-2-105　选择目标设置

图 4-2-106　端口属性

图 4-2-107　VMkernel 的 IP 地址

（12）在 172.18.96.34 上创建的两个 VMkernel 如图 4-2-108 所示。

（13）参照（5）至（12）的步骤，在图 4-2-108 中单击选中另一台 ESXi 主机 172.18.96.35，单击"新建适配器"，为 172.18.96.35 创建两个 VMkernel，其 IP 地址分别是 172.18.91.35、172.18.92.35，创建完成之后如图 4-2-109 所示。

（14）在"分析影响"对话框查看当前配置是否会对某些网络造成影响，如图 4-2-110 所示。正常情况下，本次操作不会对当前网络造成影响。

（15）在"即将完成"对话框显示了当前操作要更新的网络适配器的数量，当前是 4 个（每台主机 2 个），检查无误之后单击"完成"按钮，完成 VMkernel 的添加。如图 4-2-111 所示。

图 4-2-108　创建了名为 vmk1、vmk2 的 VMkernel

图 4-2-109　在另一个主机创建两个 VMkernel

图 4-2-110　分析影响

图 4-2-111　即将完成

使用 vSphere Client 登录到 vCenter Server，在左侧选择一台主机例如 172.18.96.34，在"配置→网络自己 vSphere Distributed Switch"可以看到各个端口组下面的 VMkernel 端口及对应的 IP 地址，如图 4-2-112 所示。

图 4-2-112　查看端口组及 VMkernel 端口

4.2.10　无多余网卡时的迁移方法

当主机没有多余网卡用于迁移时，例如在一个 vSphere 环境中，群集中每台主机只有 4 块物理网卡，其中 2 块用于管理，另 2 块用于虚拟机流量，并且配置了 2 台标准交换机。

管理员如果要实现一台标准交换机（2 网卡，用于管理 ESXi 主机）、一台分布式交换机（2 网卡）用于虚拟机流量，则需要新建分布式交换机，并迁移第二台标准交换机到这台新建的分布式交换机中，则解决的方法如下。

（1）创建分布式交换机，有两条上行链路。

（2）修改分布式交换机配置，先为分布式交换机添加一条上行链路，而上行链路则是要迁移的第二台标准交换机中的其中一块网卡（因为第 2 台标准交换机有 2 块网卡，从 2 块网卡暂时变为一块网卡不会影响网络通信）。在本步操作中，将每台主机的第 2 台标准交换机的"移除"一块网卡添加到分布式交换机。

（3）迁移标准交换机端口组，将使用第二个标准交换机虚拟端口组的所有虚拟机迁移到分布式交换机（在分布式交换机上添加、配置对应的端口组）。迁移完成后，删除标准交换机。

（4）将删除标准交换机后剩余的网卡添加到分布式交换机。

4.3　验证 vSphere Distributed Switch 上的 LACP 支持

vSphere 分布式交换机具有较强的功能，基本上大多数物理交换机支持的功能，vSphere 分布式交换机都支持。在物理交换机"级联"时，如果单个端口带宽不够，可以将多个链路绑定在一起以"链路聚合"的方式将交换机连接在一起。一般情况下，华为交换机支持最多 8 条链路进行绑定、聚合。

同样，作为一端连接虚拟机、另一端通过主机物理网卡连接到物理交换机的 vSphere 分布式交换机（端口组），如果某个端口组连接的虚拟机众多，单个链路带宽不够时，也可以采用类似物理交换机"链路聚合"的方式，在 Distributed Switch 上创建多个链路聚合组（LAG），以汇总连接到 LACP 端口通道的 ESXi 主机上的物理网卡带宽。vSphere 虚拟交换机最多支持 28 块网卡组成链路聚合。

4.3.1　vSphere Distributed Switch 上的 LACP 支持

通过 vSphere Distributed Switch 上的 LACP 支持，可以使用动态链路聚合将 ESXi 主机连接到物理交换机。可以在 Distributed Switch 上创建多个链路聚合组（LAG），以汇总连接到 LACP 端口通道的 ESXi 主机上的物理网卡带宽。vSphere 6 中 vSphere Distributed Switch 上的 LACP 支持示意如图 4-3-1 所示。

4.3.2　Distributed Switch 上的 LACP 配置

管理员可以配置一个具有两个或多个端口的 LAG，然后将物理网卡连接到这些端口。LAG 的端口在 LAG 中以成组形式存在，网络流量通过 LACP 哈希算法在这些端口之间实现负载平衡。管理员可以使用 LAG 处理分布式端口组的流量，以便为端口组提供增强型网络带宽、冗余和负载平衡。

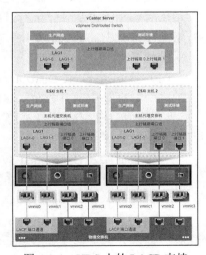

图 4-3-1　VDS 上的 LACP 支持

在 Distributed Switch 上创建 LAG 时，同时会在与 Distributed Switch 相连的每台主机的

代理交换机上创建 LAG 对象。例如，如果创建包含两个端口的 LAG1，则将在连接到 Distributed Switch 的每台主机上创建具有相同端口数的 LAG1。

在主机代理交换机上，一块物理网卡只能连接到一个 LAG 端口。在 Distributed Switch 上，一个 LAG 端口可能具有来自所连接的不同主机的多块物理网卡。必须将连接到 LAG 端口的主机上的物理网卡连接到加入物理交换机上的 LACP 端口通道的链路。

最多可以在一个 Distributed Switch 上创建 64 个 LAG。一台主机最多可支持 32 个 LAG。但是，实际可以使用的 LAG 数量取决于基础物理环境的功能和虚拟网络的拓扑。例如，如果物理交换机在 LACP 端口通道中最多支持四个端口，则最多可将每台主机的 4 块物理网卡连接到 LAG。

4.3.3　物理交换机上的端口通道配置

对于每台要使用 LACP 的主机，必须在物理交换机上为其创建一个单独的 LACP 端口通道。在物理交换机上配置 LACP 时，必须考虑以下要求。

- LACP 端口通道中的端口数量必须等于要在主机上建组的物理网卡数量。例如，如果要在主机上聚合两个物理网卡的带宽，必须在物理交换机上创建一个具有两个端口的 LACP 端口通道。Distributed Switch 上的 LAG 必须至少配置两个端口。
- 物理交换机上的 LACP 端口通道的哈希算法必须与 Distributed Switch 上为 LAG 配置的哈希算法相同。
- 所有要连接到 LACP 端口通道的物理网卡必须采用相同的速度和双工配置。

4.3.4　转换为 vSphere Distributed Switch 上的增强型 LACP 支持

在将 vSphere Distributed Switch 从版本 5.1 升级到版本 5.5 或 6.0 或 6.5 之后，可以转换为增强型 LACP 支持，以便在 Distributed Switch 上创建多个 LAG。

如果 Distributed Switch 上已存在 LACP 配置，增强 LACP 支持将创建一个新的 LAG，并将所有物理网卡从独立上行链路迁移到 LAG 端口。要创建不同的 LACP 配置，应禁用上行链路端口组上的 LACP 支持，然后再启动转换。

前提条件

（1）验证 vSphere Distributed Switch 的版本是 5.5、6.0 或 6.5。

（2）验证是否所有分布式端口组都不允许替代单个端口上的上行链路成组策略。

（3）如果从现有 LACP 配置进行转换，应验证 Distributed Switch 上是否只存在一个上行链路端口组。

（4）验证加入 Distributed Switch 的主机已连接并有响应。

（5）验证对交换机上的分布式端口组是否具有 dvPort 组修改特权。

（6）验证对 Distributed Switch 上的主机是否具有主机配置及修改特权。

【说明】在将 vSphere Distributed Switch 从版本 5.1 升级到版本 6.5 时，将自动增强 LACP 支持。如果升级前已经在 Distributed Switch 上启用 LACP 支持，则手动增强 LACP 支持。

4.3.5　vSphere Distributed Switch 的 LACP 支持限制

vSphere Distributed Switch 上的 LACP 支持允许网络设备通过向对等设备发送 LACP 数

据包来协商链路的自动绑定。但是，vSphere Distributed Switch 上的 LACP 支持具有限制。

（1）LACP 支持与软件 iSCSI 多路径不兼容。

（2）LACP 支持设置在主机配置文件中不可用。

（3）无法在两个嵌套的 ESXi 主机之间使用 LACP 支持。

（4）LACP 支持无法与 ESXi Dump Collector 一起使用。

（5）LACP 支持无法与端口镜像一起使用。

（6）成组和故障切换健康状况检查不适用于 LAG 端口。LACP 检查 LAG 端口的连接性。

（7）当只有一个 LAG 处理每个分布式端口或端口组的流量时，增强型 LACP 支持可以正常运行。

（8）LACP 5.1 支持只能与 IP 哈希负载平衡和链路状态网络故障切换检测一起使用。

（9）LACP 5.1 支持只为每个 Distributed Switch 和每台主机提供一个 LAG。

4.3.6　LACP 实验环境与交换机配置

在图 4-2-1 的实验环境基础上，每台主机还剩余 4 个吉比特端口，在本节实验中，将每台主机的剩余端口连接到网络交换机，并在对应交换机上配置"链路聚合"，之后在分布式交换机中创建 LAG 并配置 LACP。最后调整上行链路，使分布式交换机的端口组都绑定LAG。迁移之后的关系如表 4-3-1（配置之后如图 4-3-2 所示）、表 4-3-2（配置之后如图 4-3-3所示）所列。

表 4-3-1　　迁移后 ESXi 主机 1（172.18.96.34）的网卡、虚拟交换机、端口组名称

虚拟交换机名称	端口组名称	活动上行链路	未使用的上行链路
（标准交换机） vSwitch0	Management Network	vmnic0 vmnic2	
	VM Network		
（分布式交换机）DSwitch	VLAN2001	LAG1 vmnic1(lag1-0) vmnic4(lag1-1) vmnic5(lag1-2) vmnic8(lag1-3)	Uplink1（vmnic6） Uplink2（vmnic7） Uplink3（vmnic3） Uplink4（vmnic9）
	VLAN2002		
	VLAN2003		
	VLAN2004		

表 4-3-2　　迁移后 ESXi 主机 2（172.18.96.35）的网卡、虚拟交换机、端口组名称

虚拟交换机名称	端口组名称	活动上行链路	未使用的上行链路
（标准交换机） vSwitch0	Management Network	vmnic1 vmnic2	
	VM Network		
（分布式交换机） DSwitch	VLAN2001	LAG1 vmnic0(lag1-0) vmnic4(lag1-1) vmnic5(lag1-2) vmnic7(lag1-3)	Uplink1（vmnic6） Uplink2（vmnic9） Uplink3（vmnic4） Uplink4（vmnic8）
	VLAN2002		
	VLAN2003		
	VLAN2004		

图 4-3-2 ESXi 主机 1 配置之后截图

图 4-3-3 ESXi 主机 2 配置之后截图

其中 ESXi 主机 1（172.18.96.34）的剩余网卡端口（vmnic1、vmnic4、vmnic5、vmnic8）连接到接入交换机（交换机型号为华为 S1700-28GFR-4P-AC）的 19、20、21、22 端口，如图 4-3-4 所示。

在"接管管理→Eth-Trunk"中，将 19、20、21、22 配置为 Eth-Trunk2（类型为"Static LACP"，工作模式配置为"被动模式"，当前线路已经连通，但"链路聚合"还未生效，如图 4-3-5 所示。

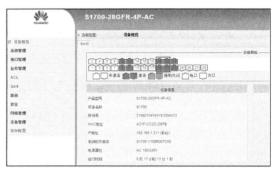

图 4-3-4 交换机对应端口已经连通

在"业务管理→VLAN→接口"中，将 Eth-Trunk2 划分为 Trunk，并且允许所有 VLAN 通过，如图 4-3-6 所示。

图 4-3-5 链路聚合已经配置但未生效

图 4-3-6 配置 Eth-Trunk2 为 Trunk 端口

如果交换机是华为 S5700、华为 S5720、华为 S9700 等系列更为高端的交换机，需要使用命令行界面配置时，可参照下面的示例进行。

在下面的操作中，为交换机创建三个"聚合组"，将 G0/0/23 与 G0/0/24 端口添加到聚合组 1（说明，这两个端口采用光纤连接，其他端口采用 RJ45 网线连接），将 G0/0/19 与 G0/0/20 端口添加到聚合组 2，将 G0/0/21 与 G0/0/22 端口添加到聚合组 3。

在将端口添加到聚合组前，需要清除这些端口的配置，可以使用 clear configuration 命令清除。

使用 telnet 登录进入交换机，进入配置模式，执行以下命令，清除这几个端口组的配置。

clear configuration	interface	GigabitEthernet0/0/19
clear configuration	interface	GigabitEthernet0/0/20
clear configuration	interface	GigabitEthernet0/0/21

```
clear configuration      interface      GigabitEthernet0/0/22
clear configuration      interface      GigabitEthernet0/0/23
clear configuration      interface      GigabitEthernet0/0/24
```

之后执行如下命令，创建并添加 Eth-Trunk1 端口，设置模式为 lacp，在 Eth-Trunk1 中加入 GigabitEthernet1/0/23 到 GigabitEthernet1/0/24 两个成员接口（这两个端口连接到是第一台 ESXi 服务器的两块网卡），并将模式设置为 active（主动模式）。

```
interface Eth-Trunk1
mode lacp
trunkport   GigabitEthernet0/0/23   mode   active
trunkport   GigabitEthernet0/0/24   mode   active
```

之后执行如下命令，创建并添加 Eth-Trunk2 端口，设置模式为 lacp，在 Eth-Trunk2 中加入 GigabitEthernet1/0/19 到 GigabitEthernet1/0/20 两个成员接口（这两个端口连接到是第二台 ESXi 服务器的两块网卡）。

```
interface   Eth-Trunk2
mode lacp
trunkport   GigabitEthernet0/0/19   mode   active
trunkport   GigabitEthernet0/0/20   mode   active
```

之后执行如下命令，创建并添加 Eth-Trunk2 端口，设置模式为 lacp，在 Eth-Trunk3 中加入 GigabitEthernet1/0/21 到 GigabitEthernet1/0/22 两个成员接口（这两个端口连接到是第二台 ESXi 服务器的两块网卡）。

```
interface   Eth-Trunk3
mode lacp
trunkport   GigabitEthernet0/0/21   mode   active
trunkport   GigabitEthernet0/0/22   mode   active
```

之后分别将聚合组 eth-trunk 1、eth-trunk 2、eth-trunk3 配置为 Trunk 并允许所有 VLAN 通过。

```
interface   Eth-Trunk1
port    link-type    trunk
port  trunk  allow-pass    vlan   2    to   4094
interface Eth-Trunk2
port    link-type    trunk
port  trunk  allow-pass    vlan   2    to   4094
interface   Eth-Trunk3
port    link-type    trunk
port  trunk  allow-pass    vlan   2    to   4094
```

最后查看交换机的配置，主要配置如下：

```
<HW5700>disp curr
dhcp enable
#
dhcp snooping enable ipv4
dhcp server detect
vlan 2001
vlan 2002
vlan 2003
```

```
vlan 2004
vlan 2005
 vlan 2006
 #
interface Vlanif2001
ip address 172.18.91.254 255.255.255.0
 dhcp select global
#
interface Vlanif2002
ip address 172.18.92.254 255.255.255.0
 dhcp select global
#
interface Vlanif2003
ip address 172.18.93.254 255.255.255.0
 dhcp select global
#
interface Vlanif2004
ip address 172.18.94.254 255.255.255.0
 dhcp select global
#
interface Vlanif2005
ip address 172.18.95.254 255.255.255.0
 dhcp select global
#
interface Vlanif2006
 description Server
 ip address 172.18.96.254 255.255.255.0
 dhcp select global
#
interface MEth0/0/1
#
interface Eth-Trunk1
 port link-type trunk
 port trunk allow-pass vlan 2 to 4094
 mode lacp
#
interface Eth-Trunk2
 port link-type trunk
 port trunk allow-pass vlan 2 to 4094
 mode lacp
#
interface Eth-Trunk3
 port link-type trunk
 port trunk allow-pass vlan 2 to 4094
 mode lacp
#
```

```
interface GigabitEthernet0/0/19
  eth-trunk 2
#
interface GigabitEthernet0/0/20
  eth-trunk 2
#
interface GigabitEthernet0/0/21
eth-trunk 3
#
interface GigabitEthernet0/0/22
eth-trunk 3
#
interface GigabitEthernet0/0/23
  combo-port fiber
  eth-trunk 1
#
interface GigabitEthernet0/0/24
  combo-port fiber
  eth-trunk 1
#
```

4.3.7　创建链路聚合组

要使用链路聚合组（LAG），需要使用如下的步骤。

（1）创建 vSphere Distributed Switch，创建分布式端口组，将端口组绑定到上行链路。

（2）创建链路聚合组，在分布式端口组的成组和故障切换顺序中将链路聚合组设置为备用状态。

（3）将物理网卡分配给链路聚合组的端口。

（4）在分布式端口组的成组和故障切换顺序中将链路聚合组设置为活动状态。

要将分布式端口组的网络流量迁移到链路聚合组（LAG），应在 Distributed Switch 上创建新的 LAG，步骤如下。

（1）在 vSphere Web Client 的"导航器"中单击"🖥"网络图标，选中分布式交换机 DSwitch，在"配置"选项卡的"LACP"中单击"+"新建链路聚合组，如图 4-3-7 所示。

（2）在"编辑链路聚合组"对话框的"名称"文本框中命名新的 LAG，在此设置名称为 lag1，设置 LAG 的端口数，在此请将为 LAG 设置与物理交换机上的 LACP 端口通道中相同的端口数。LAG 端口具有与 Distributed Switch 上的上行链路相同的功能。所有 LAG 端口将构成 LAG 上下文中的网卡组。在本示例中，规划的每台主机的 LAG 是 4 块网卡，设置端口数为 4（最大为 28）。在"模式"下拉列表中选择 LAG 的 LACP 协商模式（两种模式如表 4-3-3 所列），可以有"活动、被动"两种，在此项的设置要与网卡所连接的交换机端口设置相反才行，例如如果物理交换机上启用 LACP 的端口处于被动协商模式，则可以将 LAG 端口置于主动模式（在本示例实验环境中，需要配置为"活动"），反之亦然。因为在前面交换机的设置中，我们将交换机的模式设置为了 active，所以在此应该选择"被动"，如图 4-3-8 所示。

图 4-3-7　新建 LAG　　　　　　　　图 4-3-8　LAG 名称、端口数、模式选择

表 4-3-3　　　　　　　　　　　　　LAG 的 LACP 协商模式

选　项	描　述
主动（active）	所有 LAG 端口都处于主动协商模式。LAG 端口通过发送 LACP 数据包启动与物理交换机上的 LACP 端口通道的协商
被动（passive）	LAG 端口处于被动协商模式。端口对接收的 LACP 数据包做出响应，但是不会启动 LACP 协商

（3）在"负载平衡模式"列表中，选择负载平衡模式，在此选择默认值"源和目标 IP 地址、TCP/UDP 端口及 VLAN"，如图 4-3-9 所示。

（4）设置之后，单击"确定"按钮，完成 LAG 的创建。注意，当前新创建的 LAG 未包含在分布式端口组的成组和故障切换顺序中，未向 LAG 端口分配任何物理网卡。创建后 LACP 截图如图 4-3-10 所示。

图 4-3-9　负载平衡模式　　　　　　图 4-3-10　配置 LAG1 端口

与独立上行链路一样，LAG 在每个与 Distributed Switch 关联的主机上都有表示形式。例如，如果在 Distributed Switch 上创建包含两个端口的 LAG1，将在每台与该 Distributed Switch 关联的主机上创建一个具有两个端口的 LAG1。

4.3.8　在分布式端口组的成组和故障切换顺序中将链路聚合组设置为备用状态

默认情况下，新的链路聚合组（LAG）未包含在分布式端口组的成组和故障切换顺序中。对于分布式端口组，由于只有一个 LAG 或独立上行链路可以处于活动状态，因此必须创建一个中间成组和故障切换配置，其中 LAG 为备用状态。在保持网络连接正常的情况下，可以通过此配置将物理网卡迁移到 LAG 端口。

在分布式端口组的成组和故障切换配置中将 LAG 设置为备用状态。通过这一方式可以创建中间配置，从而将网络流量迁移到 LAG 而不会断开网络连接。

（1）在 vSphere Web Client 的"导航器"中单击""网络图标，选中分布式交换机 DSwitch 右键单击，在快捷菜单中选择"分布式端口组→管理分布式端口组"，如图 4-3-11 所示。

（2）在"管理分布式端口组"对话框选择"成组和故障切换"，如图 4-3-12 所示。

图 4-3-11　管理分布式端口组

图 4-3-12　成组和故障切换

（3）在"选择端口组"中选择要在其中使用 LAG 的端口组，在此添加 VLAN2001、VLAN2002、VLAN2003、VLAN2004 等所有可用端口组，当然在实际的工作中也可以选择一个或多个端口组，如图 4-3-13 所示。

（4）在"故障切换顺序"中选择 LAG1 并使用向上箭头将其移至备用上行链路列表中，如图 4-3-14 所示。

图 4-3-13　选择端口组

图 4-3-14　成组和故障切换

（5）单击"下一步"，查看有关中间成组和故障切换配置使用情况的消息通知，然后单击"确定"按钮，如图 4-3-15 所示。

（6）在"即将完成"页面上单击"完成"按钮，如图 4-3-16 所示。

图 4-3-15　确认切换设置

图 4-3-16　即将完成

4.3.9　将物理网卡分配给链路聚合组的端口

在上一节的操作中，已在分布式端口组的成组和故障切换顺序中将新的链路聚合组（LAG）设置为备用状态。通过将 LAG 设置为备用状态，可在不丢失网络连接的情况下，将物理网卡安全地从独立上行链路迁移到 LAG 端口。在操作之前，应确认如下的前提条件是否已经满足：第一，所有 LAG 端口以及物理交换机上对应的已启用 LACP 的端口均处于被动 LACP 协商模式。第二，为 LAG 端口分配的物理网卡具有相同的速度，并配置为全双工。

（1）在 vSphere Web Client 的"导航器"中单击"🖳"网络图标，选中分布式交换机 DSwitch 右键单击，在快捷菜单中选择"添加和管理主机"，如图 4-3-17 所示。

（2）在"选择任务"对话框选择"管理主机网络"，如图 4-3-18 所示。

图 4-3-17　添加和管理主机

图 4-3-18　管理主机网络

（3）在"选择主机"对话框单击"+"，弹出"选择成员主机"对话框，选择要为 LAG 端口分配其物理网卡的主机，如图 4-3-19 所示。

（4）在"选择网络适配器任务"对话框选择"管理物理适配器"，如图 4-3-20 所示。

（5）在"管理物理网络适配器"对话框选择某块网卡，然后单击分配上行链路，如图 4-3-21 所示。

（6）在"为 vmnic 选择上行链路"对话框选择 LAG 端口（或者选择"自动分配"），然后单击"确定"按钮，如图 4-3-22 所示。

图 4-3-19　选择成员主机

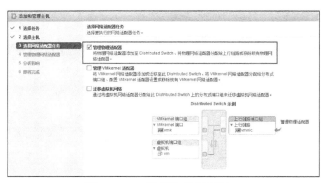

图 4-3-20　管理物理适配器

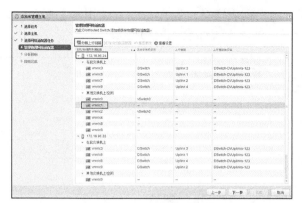

图 4-3-21　分配上行链路　　　　　　　　　图 4-3-22　为网卡选择上行链路

（7）对要分配给 LAG 端口的所有物理网卡重复步骤（5）和步骤（6），直到所有网卡分配完毕，如图 4-3-23 所示。

【注意】不要错误地选择网卡，应将原来分布式交换机中的上行链路分配以 LAG 端口。如果分配了错误的网卡，则可能会引发 vSphere 的管理问题并导致 vSphere 管理中断。

（8）在"即将完成"对话框单击"完成"按钮，完成向导中的操作，如图 4-3-24 所示。

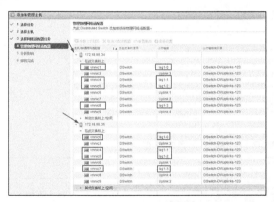

图 4-3-23　分配上行链路　　　　　　　　　图 4-3-24　即将完成

4.3.10　在分布式端口组的成组和故障切换顺序中将链路聚合组设置为活动状态

在将物理网卡迁移到链路聚合组（LAG）的端口后，应在分布式端口组的成组和故障切换顺序中将 LAG 设置为活动状态，并将所有独立的上行链路移至未使用状态。

（1）在 vSphere Web Client 的"导航器"中单击"🖥"网络图标，选中分布式交换机 DSwitch 右键单击，在快捷菜单中选择"分布式端口组→管理分布式端口组"，如图 4-3-25 所示。

（2）在"管理分布式端口组"对话框选择"成组和故障切换"，如图 4-3-26 所示。

（3）在"选择端口组"中选择要在其中使用 LAG 的端口组，在此添加所有端口组，如图 4-3-27 所示。

（4）在"故障切换顺序"中使用向上和向下箭头移动"活动"列表中的 lag1、"未使用"

列表中的所有独立上行链路,并将"备用"列表留空。选择 lag1 并使用向上箭头将其移至备用上行链路列表中,如图 4-3-28 所示。该项设置如表 4-3-4 所列。

图 4-3-25　管理分布式端口组

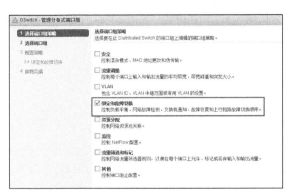

图 4-3-26　成组和故障切换

图 4-3-27　选择端口组

图 4-3-28　成组和故障切换

表 4-3-4　　　　　分布式端口组的 LACP 成组和故障切换配置

故障切换顺序	上 行 链 路	描　　　述
活动	单个 LAG	只能使用一个活动 LAG 或多个独立上行链路来处理分布式端口组的流量。无法配置多个活动 LAG,也无法配置活动 LAG 和独立上行链路的混合设置
备用	空	支持一个活动 LAG 和备用上行链路组合,但不支持备用 LAG 和活动上行链路组合。不支持一个活动 LAG 和另一个备用 LAG 的组合
未使用	所有独立上行链路和其他 LAG(如果有)	由于只能有一个 LAG 处于活动状态,且"备用"列表必须为空,因此必须将所有独立上行链路和其他 LAG 设置为"未使用"

(5)在"即将完成"页面上单击"完成"按钮,如图 4-3-29 所示。

4.3.11　检查验证

在为分布式交换机的端口组指定了 LAG 之后,可

图 4-3-29　即将完成

以在 vSphere Web Client 管理界面导航到 Distributed Switch，在"配置→拓扑"中选中分布式端口组，查看绑定的上行链路，如图 4-3-30 所示。

图 4-3-30　查看端口组绑定的上行链路

【说明】图 4-3-30 中，在端口组中选择了一台虚拟机，而这台虚拟机是运行在 172.18.96.111 上，所以显示的上行链路是 172.18.96.111 的 LAG。如果选择了端口组，则会绑定两台主机的上行链路。

在 vSphere Web Client 中，打开"主机和群集"，选中某个主机，可以查看"vSphere Distributed Switch"，选择端口组，状态如图 4-3-31 所示。

图 4-3-31　vSphere Client 看到的界面

登录接入交换机，查看链路聚合状态，如图 4-3-32 所示。可以看到当前状态激活。

如果登录核心交换机，使用 disp inte eth-trunk 查看链路聚合组，可以看到接入交换机 2 与核心交换机 eth-trunk 3 状态如图 4-3-33 所示。

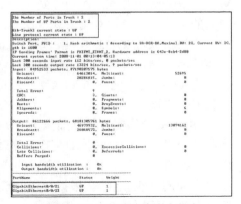

图 4-3-32　查看接入交换机链路聚合状态　　　　图 4-3-33　查看链路聚合状态

同时启动一台虚拟机，使用分布式交换机的 VLAN2002 端口，可以看到虚拟机的网络状态正常，如图 4-3-34 所示。

图 4-3-34　虚拟机网络工作正常

4.4　理解 vSphere 虚拟交换机中的 VLAN 类型

VMware vSphere 虚拟机交换机支持无、VLAN、VLAN 中继、专用 VLAN 四种 VLAN 类型。

在路由/交换领域，VLAN 的中继端口叫作 Trunk。Trunk 技术用在交换机之间互连，使不同 VLAN 通过共享链路与其他交换机中的相同 VLAN 通信。交换机之间互连的端口就称为 Trunk 端口。Trunk 是基于 OSI 第二层数据链路层（Data Link Layer）的技术。

如果没有 VLAN 中继，假设两台交换机上分别创建了多个 VLAN（VLAN 是基于 Layer 2 的），在两台交换机上相同的 VLAN（比如 VLAN10）要通信，则需要将交换机 A 上属于 VLAN10 的一个端口与交换机 B 上属于 VLAN10 的一个端口互连；如果这两台交换机上其他相同 VLAN 间也需要通信（例如 VLAN20、VLAN30），那么就需要在两台交换机之间 VLAN20 的端口互连，而划分到 VLAN30 的端口也需要互连，这样不同的交换机之间需要更多的互连线，端口利用率就太低了。

交换机通过 Trunk 功能，事情就简单了，只需要两台交换机之间有一条互连线，将互连线的两个端口设置为 Trunk 模式，这样就可以使交换机上不同 VLAN 共享这条线路。

Trunk 不能实现不同 VLAN 间通信，VLAN 间的通信需要通过三层设备（路由/三层交换机）来实现。

vSphere 网络支持标准虚拟交换机及分布式虚拟交换机。可以将 vSphere 虚拟交换机，当成一个"二层"可网管的交换机来使用。普通的物理交换机支持的功能与特性，vSphere 虚拟交换机也支持。vSphere 主机的物理网卡，可以"看成"vSphere 虚拟交换机与物理交换机之间的"级联线"。根据主机物理网卡连接到的物理端口的属性（Access、Trunk、链路聚合），可以在 vSphere 虚拟交换机上实现不同的网络功能。

当 vSphere 虚拟交换机（标准交换机或分布式交换机）上行链路（指主机物理网卡）连接到交换机的 Access 端口时，虚拟机的类型为"无"，即该虚拟交换机与其上行链路物理交换机端口属性相同。

当 vSphere 虚拟交换机上行链路连接到物理交换机的 Trunk 端口时，VMware 虚拟交换机的"虚拟端口组"可以分配三种属性。

VLAN：在虚拟交换机的端口组中，指定 VLAN ID，该虚拟端口组所分配的虚拟机属于对应的 VLAN ID，可以与其他虚拟机及物理网络通信。

VLAN 中继：在虚拟交换机端口组，指定允许通过的 VLAN，然后在虚拟机中，在虚拟网卡中指定 VLAN ID。

专用 VLAN：指定 VLAN ID，虚拟端口组所分配的虚拟机，属于对应的专用 VLAN，受物理交换机专用 VLAN ID 的功能限制。

下面通过具体的实例进行介绍。

4.4.1　网络拓扑描述

在本节仍然采用前几节的实验环境，当前环境中有 2 台 ESXi 主机，每台主机有多块网卡，其中每台主机的第一、二块网卡创建了标准交换机，这两块网卡连接到物理交换机的 Access 端口，属于 vlan2006；其中每台主机的其他网卡创建了分布式交换机，这些网卡都连接到物理交换机的 Trunk 端口。拓扑如图 4-4-1 所示。

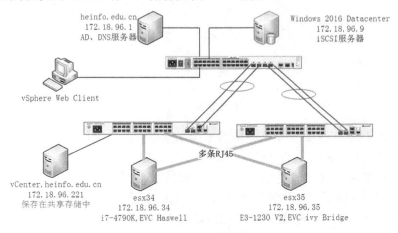

图 4-4-1　网络拓扑

主机所连接的物理交换机的部分 VLAN 划分如表 4-4-1 所列。

表 4-4-1　　　　　　　　　　　本节实验部分 VLAN 划分

VLAN ID	IP 地址段	网　关	说　明
2001	172.18.91.0/24	172.18.91.254	
2002	172.18.92.0/24	172.18.92.254	
2006	172.18.96.0/24	172.18.96.254	
2004	172.18.94.0/24	172.18.94.253	主 VLAN

续表

VLAN ID	IP 地址段	网　　关	说　　明
2021	172.18.94.0/24	172.18.94.253	隔离型
2022	172.18.94.0/24	172.18.94.253	互通型

4.4.2　虚拟端口组"无 VLAN"配置

在规划大多数的 vSphere 虚拟化数据中心时，每台 ESXi 主机至少需要配置 4 块吉比特网卡，并且遵循每两块网卡一组的原则配置虚拟交换机。一般情况下将其中的两块网卡连接到交换机的 Access 端口，用作管理（即设置 ESXi 的管理地址）；而将剩余的另两块网卡连接到交换机的 Trunk 端口，用于承载虚拟机的网络流量，如图 4-4-2 所示。

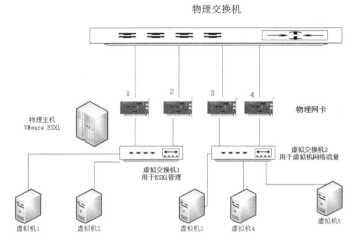

图 4-4-2　配置有 4 块物理网卡的虚拟交换机示意图

在图 4-4-2 中画出了 1 台物理主机的连接示意图，其中第一、二块网卡连接到物理交换机的 Access 端口（即某个 VLAN 端口，一般为服务器专门规划一段 VLAN），这 2 块网卡创建一台虚拟交换机（一般是标准交换机，安装 ESXi 的时候创建）。如果有虚拟机，例如图中的虚拟机 1～虚拟机 2，则与主机的管理地址属于同一个 VLAN。而网卡 3、网卡 4 则连接到物理交换机的 Trunk 端口，由这两块网卡作为虚拟交换机 2 的上行链路，而虚拟交换机 2 中的"虚拟端口组"可以根据需要设置为 VLAN、VLAN 中继或专用 VLAN 方式。

【说明】在同一台虚拟交换机中可以创建多个端口组，并且端口组的类型可以不同。

在本节中，虚拟交换机（vSwitch0）的虚拟端口组与物理网卡 1、2 所属的 VLAN 是同一个网段，不需要指定 VLAN ID（默认 ID 为空即可）。如图 4-4-3、图 4-4-4 所示是类似"虚拟交换机 1"中，虚拟端口组的 VLAN 类型设置页。

如果有虚拟机使用该端口组（图 4-4-3 中端口组名称为 VM Network，这是在安装 ESXi 的时候，其默认创建的端口组），则与管理地址属于同一网段。在我们的示例中，当前 ESXi 主机的管理地址段为 172.18.96.0/24，属于 VLAN2006，则图 4-4-2 中的虚拟机 1 与虚拟机 2 所使用的 IP 地址也应该是 VLAN2006 的 IP 地址段（172.18.96.0/24）才可。

图 4-4-3　VLAN ID 为空

图 4-4-4　VLAN ID 为无

4.4.3　虚拟端口组"VLAN"配置

当虚拟交换机的上行链路（绑定的主机物理网卡）连接到交换机的 Trunk 端口时，虚拟端口组需要在 VLAN、VLAN 中继、专用 VLAN 之间进行选择设置。本节先介绍"VLAN"功能，这也是最常用的功能。我们仍然以图 4-2-2 为例，其中第三、四块网卡连接到物理交换机的 Trunk 端口，物理交换机中划分了 2001、2002、2003、2004、2005、2006 等 VLAN，则在 VMware 虚拟交换机的虚拟端口组中，可以添加对应 ID 的 VLAN 端口组，并且采用"同名"的端口组以方便管理。例如，图 4-4-5 所示是 vSphere Client 管理界面中，配置好分布式

图 4-4-5　多个指定了 VLAN ID 的虚拟机端口组

虚拟交换机后，创建的 VLAN2001、VLAN2002、VLAN2003 等指定了 VLAN ID 的虚拟机端口组。

对于每一个端口组，在 VLAN 类型中都指定了 VLAN ID，如图 4-4-6 所示。

当虚拟机选择"网络标签"时，选择哪个端口组，则虚拟机网络会被限制为端口组所指定的 VLAN，如图 4-4-7 所示。

图 4-4-6　指定 VLAN ID

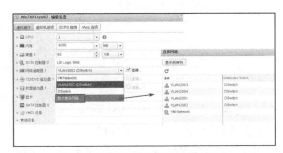

图 4-4-7　为虚拟机选择网络标签

例如，如果在图 4-4-7 中选择 VLAN2002，则虚拟机的网络属于 VLAN 2002（即 172.18.92.0/24 网段）。

4.4.4 虚拟端口组"VLAN 中继"配置

如果要在虚拟机中指定 VLAN ID，则需要添加一个类型为"VLAN 中继"的端口组，并为虚拟机分配这个端口组，同时虚拟机使用 VMXNET3 虚拟网卡，才能使用这一功能。

1. 在虚拟交换机中创建 VLAN 中继端口组

在虚拟交换机（标准交换机或分布式交换机）中，创建端口组，设置端口组的属性为"VLAN 中继"，主要步骤如下。

（1）在 vSphere Web Client 中，导航到分布式交换机，右键单击，在弹出的菜单中选择"分布式端口组→新建分布式端口组"，如图 4-4-8 所示。

（2）在"属性"对话框的"名称"文本框中输入新建的端口组的名称，在此命名为 Trunk（如图 4-4-9 所示），在"VLAN 类型"下拉列表中选择"VLAN 中继"，在"VLAN 中继范围"文本框中输入该端口 VLAN 中继范围，例如 1～4、5、10～21 等，这需要与物理交换机的 VLAN 相对应。如果要允许所有 VLAN 通过，则键入 0-4094，如图 4-4-10 所示。

图 4-4-8　新建端口组

图 4-4-9　创建分布式端口组

（3）在"即将完成"对话框单击"完成"按钮，如图 4-4-11 所示。

图 4-4-10　VLAN 类型

图 4-4-11　创建端口组完成

2. 在虚拟机中测试 VLAN 中继

要使用属性为"VLAN 中继"的端口组，就需要在虚拟机的网卡上设置 VLAN ID，而这一功能只有 VMXNET3 的虚拟网卡才能支持，下面介绍这一过程。

（1）打开一台测试用的虚拟机 Win7X01-test，修改虚拟机配置，删除虚拟机原来的网卡，添加"适配器类型"为"VMXNET3"的网卡，并为虚拟网卡选择名为 Trunk 的端口组（上一节中创建的），如图 4-4-12 所示。

（2）进入虚拟机控制台，打开网络连接，选择新添加的 VMXNET3 虚拟网卡，在连接属性中单击"配置"按钮,如图 4-4-13 所示。

(3)在"高级"选项卡的"VLAN ID"选项中,在"值"文本框中键入一个 VLAN ID,该 VLAN ID 需要是物理交换机上已经存在的 VLAN,例如 2001,如图 4-4-14 所示。

(4)设置完成之后,查看网络连接信息,如果当前 VLAN ID 有 DHCP,则会获得 VLAN 2001 的 IP 地址,如图 4-4-15 所示。

图 4-4-12 添加 VMXNET 3 虚拟网卡并选择 Trunk 端口   图 4-4-13 网卡配置

图 4-4-14 键入 VLAN ID   图 4-4-15 获得 VLAN 2001 的 IP 地址

如果网络中没有 DHCP,可以设置 VLAN 2001 的 IP 地址、子网掩码、网关,然后使用 ping 命令进行测试。这些不一一介绍。

【说明】该方法的优点是非常灵活,所有的虚拟机都可以属于不同的 VLAN,缺点就是工作量大,需要对每一台虚拟机进行修改。

4.5 在 VMware 网络测试"专用 VLAN"功能

在使用 vSphere 虚拟数据中心时,同一个网段有多台虚拟机。有的时候,安全策略不允许这些同网段的虚拟机互相通信,这时候就可以使用"专用 VLAN"这一功能。

4.5.1 专用 VLAN 介绍

专用 VLAN,思科称为 PVLAN,华为称为 MUX VLAN。叫法不同,但功能、原理都相同。思科 Private VLAN 的划分如图 4-5-1 所示。

每个 PVLAN 包括主 VLAN 和辅助 VLAN 两种 VLAN。辅助 VLAN 又分为隔离 VLAN、联盟 VLAN。

辅助 VLAN 是属于主 VLAN 的，一个主 VLAN 可以包含多个辅助 VLAN。在一个主 VLAN 中只能有一个隔离 VLAN，可以有多个联盟 VLAN

华为 MUX VLAN 的划分如图 4-5-2 所示。

<table>
<tr><td>图 4-5-1　思科 PVLAN</td><td>图 4-5-2　华为 MUX VLAN</td></tr>
</table>

MUX VLAN 分为主 VLAN 和从 VLAN。从 VLAN 又分为互通型从 VLAN 和隔离型从 VLAN。

主 VLAN 与从 VLAN 之间可以相互通信，不同从 VLAN 之间不能互相通信。互通型从 VLAN 端口之间可以互相通信，隔离型从 VLAN 端口之间不能互相通信。

MUX VLAN 提供了一种在 VLAN 的端口间进行二层流量隔离的机制。比如在企业网络中，客户端口可以与服务器端口通信，但客户端口间不能互相通信。在华为交换机新的固件版本中，在配置了 MUX VLAN 的主 VLAN 是可以配置 VLAN 的 IP 地址的，这样隔离型 VLAN 与互通型 VLAN 则可以配置网关，并与其他 VLAN、外网通信。

无论是思科的 PVLAN，还是华为的 MUX VLAN，只是叫法不同，其实现的功能是相同的。

4.5.2　物理交换机配置

本节以华为 S5700 交换机为例，配置 MUX VLAN，实现专用 VLAN 功能。

在本示例中，创建 VLAN 2004、2021、2022，其中 VLAN 2004 是主 VLAN，2021 是隔离型 VLAN，2022 是互通型 VLAN。

登录华为交换机，创建 MUX VLAN，主要配置命令如下：

```
#
vlan batch 2004 2021 2022#
vlan 2004
 mux-vlan
 subordinate separate 2021
 subordinate group 2022
#
interface Vlanif2004
 ip address 172.18.94.253    255.255.255.0
#
```

【说明】S5700 交换机的 v2、r3 版本新增 mux vlan 支持 vlanif，之前版本不支持。

4.5.3　虚拟交换机配置

登录 vSphere Client 或 vSphere Web Client，修改虚拟交换机配置。在本示例中，名为

dvSwitch 的分布式交换机，上行链路连接到物理交换机的 Trunk 端口，管理员需要修改该分布式交换机，启用并添加专用 VLAN。

【说明】应在操作前先删除分布式交换机中 VLAN2004 的端口组，要确认没有虚拟机使用该端口组。

（1）在 vSphere Web Client 中，导航到分布式交换机，右键单击 DSwitch，在弹出的快捷菜单中选择"设置→编辑专用 VLAN"，如图 4-5-3 所示。

（2）在"专用 VLAN"选项卡中，单击左侧"添加"按钮，输入主 VLAN ID，在本示例中为 2004，然后在右侧单击"添加"按钮，添加 2021（选择"隔离"）、2022（选择"团体"），然后单击"确定"按钮，如图 4-5-4 所示。

图 4-5-3　编辑专用 VLAN　　　　　　　　图 4-5-4　专用 VLAN

（3）返回 vSphere Client，在"配置→专用 VLAN"选项卡中，看到新添加的专用 VLAN，如图 4-5-5 所示。

（4）新建端口组，将 VLAN2004、VLAN2021、VLAN2022 添加进来。添加的时候，与创建分布式端口组相同，只是在"VLAN 类型"中选择"专用 VLAN"，在"专用 VLAN ID"中选择主 VLAN、隔离或团体 VLAN 及端口，如图 4-5-6 所示。

图 4-5-5　添加的专用 VLAN　　　　　　　图 4-5-6　创建端口组对应专用 VLAN

在本示例中，创建名为 VLAN2004 的端口组，选择"专用 VLAN→混杂（2004，2004）"；创建名为 VLAN2021 的端口组，选择"专用 VLAN→隔离（2004，2021）"；创建名为 VLAN2022 的端口组，选择"专用 VLAN→团体（2004，2022）"，创建之后，在导航器中选中分布式交换机 DSwitch，在"网络→分布式端口组"中，可以看到创建的端口组及属性，如图 4-5-7 所示。

图 4-5-7　创建的专用 VLAN 端口组

4.5.4   创建虚拟机用于测试

在当前的实验环境中，有两台 Windows 7 的虚拟机（虚拟机名称分别是 Win7X01-test 与 Win7X01-test02），现在修改这两台虚拟机的网卡端口组属性，测试专用 VLAN 功能。

（1）修改 Win7X01-test 虚拟机，删除第 4 节做实验用的 VMXNET3 虚拟网卡，重新添加一块 Intel E1000 的网卡。然后修改网卡属性，使用"VLAN2021"，如图 4-5-8 所示。同时修改另一台虚拟机 WinX01-test02，也使用 VLAN2021。

图 4-5-8   修改网卡属性

（2）启动这两台虚拟机，分别为这两台虚拟机设置 172.18.94.11 与 172.18.94.22 的 IP 地址，子网掩码为 255.255.255.0，网关为 172.18.94.253。修改防火墙设置，允许 ping 通。在每台虚拟机中，分别 ping 另一台虚拟机并 ping 网络中的一台服务器 172.18.96.1，可以看到，当两台虚拟机属性为 VLAN2021 时，两台虚拟机不能互相 ping 通，但能 ping 通网关和其他网段的服务器，如图 4-5-9 所示。

（3）修改这两台虚拟机，修改网卡端口为 VLAN2022（互通型），再次进入测试，可以看到，这两台虚拟机可以互通，如图 4-5-10 所示。

图 4-5-9   VLAN2021 测试

图 4-5-10   VLAN2022 测试

测试结果如下：

2021 是隔离型 VLAN，2022 是互通型 VLAN。

当虚拟机分配 VLAN2021 时（即隔离型 VLAN），虚拟机可以从 DHCP 获得 IP 地址，这台虚拟机只能与 VLAN2021 的 IP 地址及网关（172.18.94.253）通信，不能与 VLAN2022 通信，也不能与其他设置为 VLAN2021 的虚拟机通信。

当虚拟机分配 VLAN2022 时（即互通型 VLAN），虚拟机可以从 DHCP 获得 IP 地址，这台虚拟机可以与 VLAN2022 的虚拟机通信，也能与网关通信。

无论是分配 VLAN2021，还是 VLAN20222（互通型），这些虚拟机都可以访问其他 VLAN，并能通过网关，访问 Internet。

第5章 从物理机到虚拟机——VMware P2V 工具应用

VMware vCenter Converter Standalone 提供了一种易于使用的解决方案，可以从物理机（运行 Windows 和 Linux）、其他虚拟机格式及第三方映像格式自动创建 VMware 虚拟机。通过简单易用的向导驱动界面和集中管理控制台，Converter Standalone 无需任何中断或停机便可快速而可靠地转换多台本地物理机和远程物理机。

通过本章的学习，可以掌握安装或使用 Converter Standalone、将物理机非侵入式地复制并转换成由 VMware vCenter 管理的 VMware 虚拟机的内容。

5.1 VMware P2V 工具 vCenter Converter 介绍

VMware vCenter Converter Standalone 是一种用于将虚拟机和物理机转换为 VMware 虚拟机的可扩展解决方案。此外，还可以在 vCenter Server 环境中配置既有虚拟机。VMware vCenter Converter Standalone 简化了虚拟机在以下产品之间的转换。

（1）VMware 托管产品既可以是转换源，也可以是转换目标。

（2）VMware Workstation。

（3）VMware Fusion。

（4）VMware Player。

（5）运行在 ESXi 主机，或者受 vCenter Server 管理的 ESXi 主机的虚拟机既可以是转换源，也可以是转换目标。

（6）运行在非受管 ESXi 主机上的虚拟机既可以是转换源，也可以是转换目标。

VMware vCenter Converter 支持的源、目标及对应的关系与功能如表 5-1-1 所列。

表 5-1-1　　　　vCenter Converter 支持的源、目标及对应的关系与功能

源	目　标	功能及代替方案
打开电源的 Windows 计算机	VMware ESXi 或受 vCenter Server 管理的 ESXi 主机或群集	通过网络，将正在运行的 Windows 操作系统计算机远程热克隆到 ESXi 主机，实现 P2V 的功能
打开电源的 Windows 计算机	VMware Workstation 或其他 VMware 虚拟机	通过网络，将正在运行的 Windows 操作系统计算机虚拟化，支持 VMware Workstation 或 Fusion
打开电源的Linux计算机	VMware ESXi 或受 vCenter Server 管理的 ESXi 主机或群集	通过网络，将正在运行的 Linux 计算机远程热克隆到 ESXi 主机，实现 P2V 的功能

续表

源	目　　标	功能及代替方案
本地计算机（指安装并运行 Converter 的 Windows 计算机）	VMware ESXi 或受 vCenter Server 管理的 ESXi 主机或群集	通过网络，将当前正在运行 Windows 操作系统的计算机远程热克隆到 ESXi 主机，实现 P2V 的功能。此功能可解决使用远程热克隆迁移失败的问题
本地计算机（指安装并运行 Converter 的 Windows 计算机）	VMware Workstation 或其他 VMware 虚拟机	通过网络，将当前正在运行 Windows 操作系统的计算机虚拟化，支持 VMware Workstation 或 Fusion
Hyper-V Server 虚拟机	VMware ESXi 或受 vCenter Server 管理的 ESXi 主机或群集	将 Hyper-V 虚拟机（虚拟机没有运行，即关闭电源）克隆到 ESXi 主机，实现 V2V 的功能
Hyper-V Server 虚拟机	VMware Workstation 或其他 VMware 虚拟机	将 Hyper-V 虚拟机（虚拟机没有运行）克隆成 VMware Workstation 或 Fusion 支持的虚拟机文件
VMware ESXi 或受 vCenter Server 管理的 ESXi 主机或群集	VMware ESXi 或受 vCenter Server 管理的 ESXi 主机或群集	实现从一个 ESXi 到另一个 ESXi 虚拟机之间的迁移。用于不受同一个 vCenter Server 管理的不同 ESXi 之间虚拟机的迁移与版本变更
VMware ESXi 或受 vCenter Server 管理的 ESXi 主机或群集	VMware Workstation 或其他 VMware 虚拟机	用于从 ESXi 主机下载虚拟机到本地，如果使用传统的方法下载，虚拟机文件是完全置备的，而此种方法可以选择"精简置备"。一个代替方法是将 ESXi 的虚拟机导出成 OVF 文件，然后再在 VMware Workstation 或 Fusion 中导入
VMware Workstation 或其他 VMware 虚拟机	VMware ESXi 或受 vCenter Server 管理的 ESXi 主机或群集	将 Workstation 或 Fusion 虚拟机上传到 ESXi 使用。如果直接使用 vSphere Client 或 Web Client，通过浏览存储器的方式上传，上传的交换机将是"完全置备"。通过转换则可以选择"精简置备"并不容易出错
VMware Workstation 或其他 VMware 虚拟机	VMware Workstation 或其他 VMware 虚拟机	Converter 有这个功能，但个人感觉实际意义不大。如果是在不同的 Workstation 版本之间转换，在 Workstation 中已经提供了这个功能

【说明】虽然我们提到的是"转换"虚拟机，但在转换的过程中并不会对源虚拟机进行任何的更改。实际上是"克隆"或"复制"的方式，将源虚拟机（或物理机）通过网络生成一个与源计算机内容相同的新的虚拟机。称为"转换"是一个习惯性的叫法。

本章介绍 VMware vCenter Converter Standalone 6.1 的使用。

5.1.1　通过 Converter Standalone 迁移

使用 Converter Standalone 进行迁移涉及转换物理机、虚拟机和系统映像以供 VMware 托管和受管产品使用，可以转换 vCenter Server 管理的虚拟机以供其他 VMware 产品使用。可以使用 Converter Standalone 执行以下转换任务：

（1）将正在运行的远程物理机和虚拟机作为虚拟机导入到 vCenter Server 管理的 ESXi 或独立的 ESXi 主机。

（2）将由 VMware Workstation 或 Microsoft Hyper-V Server 托管的虚拟机导入到 vCenter

Server 管理的 ESXi 主机。

（3）将第三方备份或磁盘映像导入到 vCenter Server 管理的 ESXi 主机中。

（4）将由 vCenter Server 主机管理的虚拟机导出到其他 VMware 虚拟机格式。

（5）配置由 vCenter Server 管理的虚拟机，使其可以引导，并可安装 VMware Tools 或自定义其客户机操作系统。

（6）自定义 vCenter Server 清单中的虚拟机的客户机操作系统（例如，更改主机名或网络设置）。

（7）缩短设置新虚拟机环境所需的时间。

（8）将旧版服务器迁移到新硬件，而不重新安装操作系统或应用程序软件。

（9）跨异构硬件执行迁移。

（10）重新调整卷大小，并将各卷放在不同的虚拟磁盘上。

5.1.2　物理机的克隆和系统重新配置

转换物理机时，Converter Standalone 会使用克隆和系统重新配置步骤创建和配置目标虚拟机，以便目标虚拟机能够在 vCenter Server 环境中正常工作。由于该迁移过程对源而言为无损操作，因此，转换完成后可继续使用原始源计算机。

克隆是为目标虚拟机复制源物理磁盘或卷的过程。克隆涉及复制源计算机硬盘上的数据，并将该数据传输至目标虚拟磁盘。目标虚拟磁盘可能有不同的几何形状、大小、文件布局及其他特性，因此，目标虚拟磁盘可能不是源磁盘的精确副本。

系统重新配置可调整迁移的操作系统，以使其能够在虚拟硬件上正常运行。

如果计划在源物理机所在的同一网络上运行导入的虚拟机，则必须修改其中一台计算机的网络名称和 IP 地址，使物理机和虚拟机能够共存。此外，还必须确保 Windows 源计算机和目标虚拟机具有不同的计算机名称。

【注意】不能在物理机之间移动原始设备制造商（OEM）许可证。从 OEM 购买许可证后，该许可证会附加到服务器，而且不能重新分配。只能将零售和批量许可证重新分配给新物理服务器。如果要迁移 OEM Windows 映像，则必须拥有 Windows Server Enterprise 或 Datacenter Edition 许可证才能运行多台虚拟机。

1. 物理计算机的热克隆和冷克隆

Converter Standalone 4.3 及更高版本只支持热克隆，4.3 以前的版本支持热克隆与冷克隆，虽然可以使用 VMware Converter 4.1.x 引导 CD 执行冷克隆，但在 6.0 版本以后，推荐采用热克隆的方式。

热克隆也叫作实时克隆或联机克隆，要求在源计算机运行其操作系统的过程中转换该源计算机。通过热克隆，可以在不关闭计算机的情况下克隆计算机。

由于在转换期间进程继续在源计算机上运行，因此生成的虚拟机不是源计算机的精确副本。

转换 Windows 源时，可以设置 Converter Standalone 使其在热克隆后将目标虚拟机与源计算机同步。同步执行过程是将在初始克隆期间更改的块从源复制到目标。为了避免在目标虚拟机上丢失数据，Converter Standalone 可在同步前关闭某些 Windows 服务。根据用户的设置，Converter Standalone 会关闭所选的 Windows 服务，以便在同步目标期间源计算机上不会发生重要更改。

Converter Standalone 可在转换过程完成后,关闭源计算机并打开目标计算机电源。与同步结合时,此操作允许将物理机源无缝迁移到虚拟机目标。目标计算机将接管源计算机操作,尽可能缩短停机时间。

【注意】热克隆双引导系统时,只能克隆 boot.ini 文件指向的默认操作系统。要克隆非默认的操作系统,应更改 boot.ini 文件以指向另一个操作系统并重新引导。在引导另一个操作系统后,可以对其进行热克隆。如果另一个操作系统是 Linux 系统,则可以使用克隆 Linux 物理机源的标准过程引导和克隆该系统。

冷克隆也称为脱机克隆,用于在源计算机没有运行其操作系统时克隆此源计算机。在冷克隆计算机时,通过其上具有操作系统和 vCenter Converter 应用程序的 CD 重新引导源计算机。通过冷克隆,可以创建最一致的源计算机副本,因为在转换期间源计算机上不会发生任何更改。冷克隆在源计算机上不留痕迹,但要求可直接访问所克隆的源计算机。

在冷克隆 Linux 源时,生成的虚拟机是源计算机的精确副本,且将无法配置目标虚拟机。必须在克隆完成后才能配置目标虚拟机。表 5-1-2 列出了两种克隆模式的比较。

表 5-1-2 热克隆和冷克隆的比较

比较标准	使用 Converter Standalone 4.3 和 5.x 的热克隆	使用 Converter Enterprise 4.1.x 的冷克隆
许可	使用 VMware vCenter Converter Standalone 4.3 和 5.x 时不需要任何许可证	对于 VMware Converter Enterprise 的企业功能需要许可证文件
必需的安装	必须进行完全的 Converter Standalone 安装。在克隆期间,Converter Standalone 代理会远程安装在源计算机上	无需进行任何安装。转换所需的所有组件都在 CD 上提供。
受支持的源	本地和远程打开电源的物理机或虚拟机	本地已关闭电源的物理机或虚拟机
优点	不需要直接访问源计算机。 在源计算机运行期间克隆该计算机	创建最一致的源计算机副本。 在源计算机上不留痕迹
缺点	经常修改文件的应用程序需要支持 VSS,以便 Converter Standalone 创建一致的快照进行克隆。 在基于卷的转换期间,动态源磁盘会被读取但不会保留。动态磁盘在目标虚拟机上会转换为基本卷	要求源计算机已关闭电源。 需要以物理方式访问源计算机。 引导 CD 的硬件检测和配置。 不支持 Converter Standalone 4.x 的功能
适用情况	克隆正在运行的源计算机,而不关闭这些计算机。 克隆引导 CD 无法识别的特殊硬件	克隆 Converter Standalone 不支持的系统。 在目标中保留完全相同的磁盘布局。 在动态磁盘(Windows)或 LVM(Linux)中保留逻辑卷
不适用情况	不希望在源系统上安装任何内容时	希望 Linux P2V 具有自动重新配置功能时。 当无法通过物理方式访问源计算机时。 当无法承担源系统的长时间停机成本时。 在克隆后执行同步

2. 运行 Windows 的物理机源的远程热克隆

可以使用转换向导设置转换任务，使用 Converter Standalone 组件执行所有克隆任务。以下工作流程是远程热克隆的示例，在此流程中克隆的物理机不会停机。

（1）vCenter Converter Server 在源计算机上安装 vCenter Converter Agent（迁移代理），该代理程序执行源卷的快照，如图 5-1-1 所示。

（2）vCenter Converter 在目标计算机上新建虚拟机，然后代理将源计算机的卷复制到目标计算机，如图 5-1-2 所示。

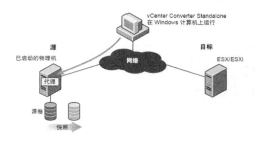

图 5-1-1 安装迁移代理程序

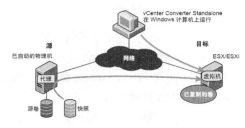

图 5-1-2 准备虚拟机

（3）vCenter Converter 完成转换过程后，vCenter Converter 代理程序安装所需的驱动程序以允许操作系统在虚拟机上引导，然后自定义虚拟机，包括更改 IP 地址、设置计算机名称等，如图 5-1-3 所示。

（4）完成迁移与配置后，vCenter Converter Server 从源计算机卸载 vCenter Converter 代理程序。该功能是一个可选项。

（5）完成迁移后，关闭源计算机，在 vSphere 中启动迁移后的虚拟机，完成最后的配置。

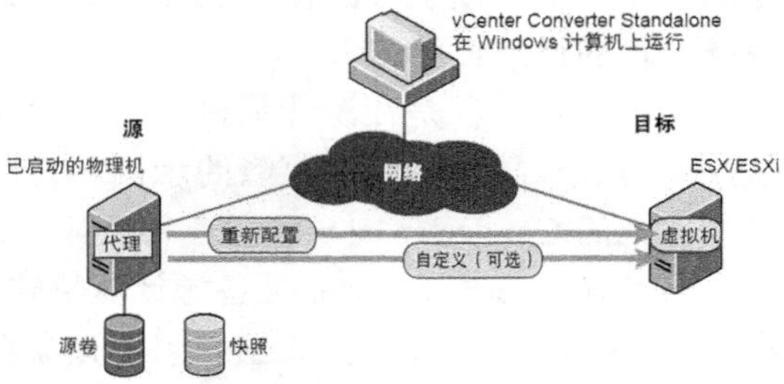

图 5-1-3 重新配置虚拟机

3. 运行 Linux 的物理机源的远程热克隆

运行 Linux 操作系统的物理机与 Windows 计算机的转换过程不同。

在 Windows 转换中，Converter Standalone 代理将安装到源计算机上，且源信息将被推送到目标。在 Linux 转换中，在源计算机上不会部署任何代理。相反，在目标 ESXi 主机上会创建并部署助手虚拟机。之后，源数据会从源 Linux 计算机复制到助手虚拟机。转换完成后，助手虚拟机将关闭，在下次启动后会成为目标虚拟机。Converter Standalone 仅支持将 Linux 源转换为受管目标。

以下工作流程演示了将运行 Linux 的物理机源热克隆到受管目标的原理。

（1）Converter Standalone 使用 SSH 连接到源计算机并检索源信息。Converter Standalone 将根据用户的转换任务设置，创建一个空的助手虚拟机。助手虚拟机在转换过程中用作新虚拟机的容器。Converter Standalone 在受管目标（ESXi 主机）上部署助手虚拟机。助手虚拟机从 Converter Standalone 服务器计算机上的*.iso 文件中引导，如图 5-1-4 所示。

（2）助手虚拟机启动，从 Linux 映像引导，通过 SSH 连接到源计算机，然后开始从源检索所选数据。设置转换任务时，用户可以选择要将哪些源卷复制到目标计算机，如图 5-1-5 所示。

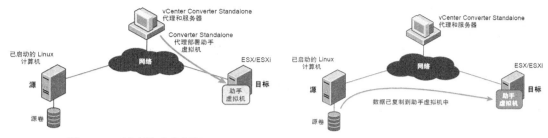

图 5-1-4 创建助手虚拟机　　　　　　　　　图 5-1-5 从源检索数据

（3）数据复制完成后，重新配置目标虚拟机以允许操作系统在虚拟机中引导（可选）。

（4）Converter Standalone 将关闭助手虚拟机。转换过程完成。

可以配置 Converter Standalone，使其在转换完成后启动新创建的虚拟机。

4. 物理机的本地冷克隆工作

由于 Converter Standalone 4.3 及更高版本不支持冷克隆，因此必须使用早期 vCenter Converter 版本的引导 CD。引导 CD 上支持的功能取决于用户选择的产品版本。

在冷克隆计算机时，通过具有其自身的操作系统并同时包含 vCenter Converter 应用程序的 CD 光盘重新引导源计算机。在用户决定使用的引导 CD 的文档中，可以找到关于冷克隆过程的详细说明。

以下工作流程是在源计算机未运行操作系统期间对源计算机执行冷克隆的示例。使用引导光盘上的 Converter 向导设置迁移任务。

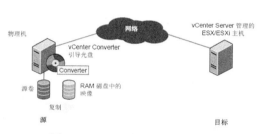

（1）vCenter Converter 准备源计算机映像。在从 VMware vCenter Converter 引导光盘引导源计算机并使用 vCenter Converter 定义和启动迁移之后，vCenter Converter 将源卷复制到 RAM 磁盘中，如图 5-1-6 所示。

图 5-1-6 用光盘引导源计算机

（2）vCenter Converter 在目标计算机上新建虚拟机，然后将源计算机的卷复制到目标计算机，如图 5-1-7 所示。

（3）vCenter Converter 安装所需的驱动程序以允许操作系统在虚拟机上引导，然后自定义虚拟机（例如，更改 IP 信息），如图 5-1-8 所示。

（4）克隆完成后，取出 vCenter Converter 引导光盘，关闭源物理机。然后启动迁移后的虚拟机，完成迁移过程。

图 5-1-7 复制源计算机卷到目标计算机　　　　图 5-1-8 重定义虚拟机

5.1.3　vCenter Converter 的克隆模式

VMware vCenter Converter Standalone 支持基于磁盘的克隆、基于卷的克隆和链接克隆模式，各种克隆模式对比如表 5-1-3 所列。

表 5-1-3　　　　　　　　　　　　　克隆模式对比

数据复制类型	应用程序	描　　　述
基于卷的	将卷从源计算机复制到目标计算机	基于卷的克隆相对较慢。文件级克隆比块级克隆速度慢。动态磁盘在目标虚拟机上会转换为基本卷
基于磁盘的	为所有类型的基本磁盘和动态磁盘创建源计算机的副本	无法选择要复制哪些数据。基于磁盘的克隆比基于卷的克隆速度快
链接克隆	用于快速检查非 VMware 映像的兼容性	对于某些第三方源，如果转换后启动了源计算机，则链接克隆将会遭到损坏。链接克隆是 Converter Standalone 所支持的最快的（但不完整的）克隆模式

1. 基于卷的克隆

在基于卷的克隆过程中，源计算机中的卷会复制到目标计算机。Converter Standalone 对于热克隆和冷克隆以及在导入现有虚拟机的过程中支持基于卷的克隆。

在基于卷的克隆过程中，无论目标虚拟机中的各个卷在相应的源卷中为何种类型，目标虚拟机中的所有卷均被转换为基本卷。

基于卷的克隆可在文件级别或块级别执行，具体取决于用户选择的目标卷大小。

（1）基于卷的文件级克隆。当选择小于 NTFS 原始卷的大小或选择调整 FAT 卷大小时执行这种克隆。只有 FAT、FAT32、NTFS、ext2、ext3、ext4 和 ReiserFS 文件系统支持基于卷的文件级克隆。在基于卷的转换期间，动态源磁盘会被读取但不会保留。动态磁盘在目标机上会转换为基本卷。

（2）基于卷的块级克隆。当选择保持源卷的大小或为 NTFS 源卷指定更大的卷大小时执行这种克隆。

对于一些克隆模式，Converter Standalone 可能不支持某些类型的源卷。表 5-1-4 列出了受支持的源卷类型和不受支持的源卷类型。

表 5-1-4　　　　　　　　　受支持的源卷和不受支持的源卷

克　隆　模　式	受支持源卷	不受支持源卷
虚拟机转换	基本卷 所有类型的动态卷 主引导记录（MBR）磁盘	RAID GUID 分区表（GPT）卷
已打开电源的计算机转换	Windows 可识别的所有类型的源卷 Linux ext2、ext3 和 ReiserFS	RAID GUID 分区表（GPT）卷

2. 基于磁盘的克隆

Converter Standalone 支持使用基于磁盘的克隆来导入现有虚拟机。

基于磁盘的克隆会转移所有磁盘的所有扇区，并保留所有卷元数据。目标虚拟机接收的分区类型、大小和结构与源虚拟机完全相同。源计算机分区上的所有卷均按原样复制。

基于磁盘的克隆支持所有类型的基本磁盘和动态磁盘。

3. 完整克隆和链接克隆

根据从源计算机复制到目标计算机的数据量，克隆可以是完整克隆或链接克隆。

完整克隆是虚拟机的独立副本，在完成克隆操作之后将不与父虚拟机共享任何内容。完整克隆的后续操作独立于父虚拟机。

由于完整克隆不与父虚拟机共享虚拟磁盘，因此完整克隆的执行通常优于链接克隆。完整克隆的创建时间要比链接克隆长。如果所涉及的文件很大，则创建完整克隆可能需要几分钟时间。

可以使用除链接克隆类型以外的任何磁盘克隆类型来创建完整克隆。

链接克隆是虚拟机的副本，它与父虚拟机持续共享虚拟磁盘。链接克隆是转换和运行新虚拟机的一种快速方式。

可以根据当前状况或已关闭虚拟机的快照来创建链接克隆。此做法可节省磁盘空间并可允许多台虚拟机使用同一软件安装。

执行快照时源计算机上的所有可用文件对链接克隆继续保持可用。对父虚拟机的虚拟磁盘的后续更改不会影响链接克隆，而且对链接克隆磁盘的更改不会影响源计算机。如果对源 Virtual PC 和 Virtual Server 计算机或对 LiveState 映像进行更改，链接克隆将会损坏并将再也无法使用。

链接克隆必须具有访问源的权限。如果不具有访问源的权限，则根本无法使用链接克隆。

4. 目标磁盘类型

根据所选择目标的不同，有几种类型的目标磁盘可用。有关目标虚拟磁盘类型的详细信息如表 5-1-5 所列。

表 5-1-5 目标磁盘类型

目　　标	可访问磁盘类型	描　　述
VMware　Infrastructure 虚拟机	厚磁盘	无论是已使用的空间还是可用空间，将整个源磁盘空间复制到目标中
	精简磁盘	对于通过 GUI 支持精简置备的受管目标，在目标上创建可扩展磁盘。例如，如果源磁盘大小为 10GB，但仅使用了 3GB，则已创建的目标磁盘为 3GB，但其可以扩展至 10GB
VMware Workstation 或其他 VMware 虚拟机	预先分配	无论是已使用的空间还是可用空间，将整个源磁盘空间复制到目标中
	未预先分配	在目标上创建可扩展磁盘。例如，如果源磁盘大小为 20GB，但仅使用了 5GB，则已创建的目标磁盘为 5GB，但其可以扩展至 20GB。计算目标数据存储上的可用磁盘空间时，应将扩展这一点考虑在内
	已预先分配 2GB 拆分空间	在目标上将源磁盘拆分为 2GB 的部分
	未预先分配 2GB 拆分空间	在目标上创建 2GB 的部分，其中仅包括源磁盘上真正使用的空间。随着目标磁盘的增大，要创建新的 2GB 部分来容纳新的数据直到原始的源磁盘空间已满

要在 FAT 文件系统上支持目标虚拟磁盘，应将源数据划分为多个 2GB 的文件。

5.2　VMware vCenter Converter Standalone 的安装

可在物理机或虚拟机上安装 Converter Standalone，也可修改或修复 Converter Standalone 安装。

本地安装可安装 Converter Standalone 服务器、Converter Standalone 代理和 Converter Standalone 客户端以供在本地使用。

本地安装 Converter Standalone 应遵循以下安全限制：

（1）完成初始设置后，要求对产品进行物理访问后才能使用管理员账户。

（2）只能从安装了 Converter Standalone 的计算机对其进行管理。

在客户端—服务器安装过程中，可以选择要安装到系统中的 Converter Standalone 组件。

安装 Converter Standalone 服务器和远程访问时，本地计算机将成为用于转换的服务器，用户可以对其进行远程管理。安装 Converter Standalone 服务器和 Converter Standalone 客户端时，可以使用本地计算机访问远程 Converter Standalone 服务器或本地创建转换作业。

如果仅安装 Converter Standalone 客户端，则可以连接到远程 Converter Standalone 服务器，然后可使用远程计算机转换托管虚拟机、受管虚拟机或远程物理机。

5.2.1　操作系统兼容性和安装文件大小要求

Converter Standalone 组件只能安装在 Windows 操作系统上。Converter Standalone 支持将 Windows 和 Linux 操作系统用作源，用于已打开电源计算机的转换和虚拟机的转换。无法重新配置 Linux 分发包。

受 Converter Standalone 6 支持的操作系统如表 5-2-1 所列。

表 5-2-1　　　　　　受 Converter Standalone 6 支持的操作系统

受支持的操作系统	Converter Standalone Server 支持	用于已打开电源计算机转换的源	用于虚拟机转换的源	配置源
Windows Vista(32 位与 64 位)SP2	支持	支持	支持	支持
Windows Server 2008(32 位与 64 位)SP2	支持	支持	支持	支持
Windows Server 2008 R2(64 位)	支持	支持	支持	支持
Windows 7(32 位与 64 位)	支持	支持	支持	支持
Windows 8(32 位与 64 位)	支持	支持	支持	支持
Windows 8.1(32 位与 64 位)	支持	支持	支持	支持
Windows 10(32 位与 64 位)	支持	支持	支持	支持
Windows Server 2012(64 位)	支持	支持	支持	支持
Windows Server 2012 R2(64 位)	支持	支持	支持	支持
CentOS 6.x(32 位与 64 位)	支持	支持	支持	不支持

续表

受支持的操作系统	Converter Standalone Server 支持	用于已打开电源计算机转换的源	用于虚拟机转换在源	配置源
Red Hat Enterprise Linux 4.x (32 位与 64 位)	不支持	支持	支持	不支持
Red Hat Enterprise Linux 5.x (32 位与 64 位)	不支持	支持	支持	不支持
Red Hat Enterprise Linux 6.x (32 位与 64 位)	不支持	支持	支持	不支持
Red Hat Enterprise Linux 7.x (64 位)	不支持	支持	支持	不支持
SUSE Linux Enterprise Server 10.x (32 位与 64 位)	不支持	支持	支持	不支持
SUSE Linux Enterprise Server 11.x (32 位与 64 位)	不支持	支持	支持	不支持
Ubuntu 12.04.5 LTS (32 位与 64 位)	不支持	支持	支持	不支持
Ubuntu 14.04 LTS (32 位与 64 位)	不支持	支持	支持	不支持
Ubuntu 15.04 (32 位与 64 位)	不支持	支持	支持	不支持
Ubuntu 15.10 (32 位与 64 位)	不支持	支持	支持	不支持

【说明】vCenter Converter 6.x 支持的最低 Windows 操作系统版本是 Vista，如果要迁移更低版本例如 Windows Server 2003、Windows XP，则需要使用 vCenter Converter 5.x 的版本。5.x 的版本的使用与 6.x 版本相同。

Converter Standalone 可以转换 BIOS 与 UEFI 的源虚拟机，在转换的过程中，保留原来的固件接口（传统 BIOS 格式的源物理机或虚拟机转换为 BIOS 格式的虚拟机，新型的 UEFI 的源物理机或虚拟机转换之后仍然是 UEFI 格式）。不能将源虚拟机从 BIOS 格式转换为 UEFI，反之亦然。Converter Standalone 支持的源操作系统与固件如表 5-2-2 所列。

表 5-2-2　　　　　　　　　　支持的源操作系统与固件

操 作 系 统	BIOS	64 位 UEFI
Windows Vista SP2	支持	支持
Windows Server 2008 SP2	支持	支持
Windows Server 2008 R2	支持	支持
Windows 7、8、8.1、10	支持	支持
Windows Server 2012	支持	支持
Windows Server 2012 R2	支持	支持
Cent OS 6.x、7.x	支持	支持
Red Hat Enterprise Linux 4.x、5.x	支持	不支持
Red Hat Enterprise Linux 6.x、7.x	支持	支持
SUSE Linux Enterprise Server 10.x	支持	不支持
Ubuntu 12.04.5 LTS	支持	支持

续表

操 作 系 统	BIOS	64 位 UEFI
Ubuntu 14.04 LTS	支持	支持
Ubuntu 15.04、15.10	支持	支持

使用 Converter Standalone 可以对远程已打开电源的计算机、已关闭电源的 VMware 虚拟机、Hyper-V 虚拟机以及其他第三方虚拟机和系统映像进行转换。受支持的源类型如表 5-2-3 所列。

表 5-2-3　　　　　　　　　　　Converter Standalone 支持的源

源 类 型	源
已打开电源的计算机	远程 Windows 物理机 远程 Linux 物理机 本地 Windows 物理机 已打开电源的 VMware 虚拟机 已打开电源的 Hyper-V 虚拟机 已打开电源的、运行在 Red Hat KVM 或 RHEL XEN 的虚拟机
VMware vCenter 虚拟机	由以下服务器管理的已关闭电源的虚拟机: vCenter Server 4.0、4.1 和 5.0、5.1、5.5、6.0 ESX 4.0 与 4.1 ESXi 4.0、4.1 、5.0、5.1、5.5 与 6.0
VMware 虚拟机	以下 VMware 产品上运行的已关闭电源的托管虚拟机: VMware Workstation 10.x、11.x 与 12.x VMware Fusion 6.x、7.x 与 8.x VMware Player 6.x、7.x 与 12.x
Hyper-V Server 虚拟机 Hyper-V Server 版本: Windows Server 2008 R2、Windows Server 2012 与 Windows Server 2012 R2	已关闭使用以下客户机操作系统的虚拟机的电源: Windows Server 2003 (x86 和 x64)、SP1、SP2 和 R2 Windows Server 2008 (x86 和 x64) SP2 和 R2 SP2 Windows Server 2012 与 R2 Windows 7 (Home Edition 除外) Windows Vista SP1 和 SP2 (Home Edition 除外)

使用 Converter Standalone 可以创建与 VMware 托管和受管产品兼容的虚拟机。这些产品与版本包括:

创建 ESXi 主机 (ESXi 4.0 与 4.1、ESXi 4.0、4.1、5.0、5.1、5.5 与 6.0);

vCenter Server (版本 4.0、4.1、5.0、5.1、5.5、6.0 版本);

VMware Workstation (版本 10.x、11.x、12.x);

VMware Fusion (6.x、7.x、8.x);

VMware Player (6.x、7.x、12.x)。

可以将运行 Windows 7 和 Windows Server 2008 R2 的源转换为 ESX 3.5 Update 5、ESX 4.0 或更高版本的目标。ESX 3.5 Update 4 或更早版本不支持 Windows 7。对于 UEFI 源,Converter Standalone 支持目标是 VMware Workstation 10.0 或更高版本,ESXi 5.0 与更高版本。

其中，vCenter Converter Server 文件需要 120MB 空间，vCenter Converter Client 文件需要 25MB，vCenter Converter Agent 文件需要 25MB。

为正常显示向导，Converter Standalone 要求屏幕分辨率至少为 1024×768 像素。

5.2.2 在 Windows 上本地安装 vCenter Converter

VMware vCenter Converter 支持本地安装与服务器模式安装，在大多数情况下，本地安装就可以完成物理机（包括本地计算机）到虚拟机、虚拟机到虚拟机的迁移工作。

【说明】VMware vCenter Converter 的 5.x 版本的安装程序是支持中、英、日、法、德的多语言版本（如图 5-2-1 所示），而在 6.x 版本中只有英文版，但这并不影响产品的使用。

图 5-2-1　Converter 5.1.1 安装时选择语言的界面

管理员可以在网络中的一台工作站上安装 vCenter Converter，实现对本地计算机、网络中的其他 Windows 与 Linux 计算机到虚拟机的迁移工作，也可以完成将 VMware ESXi 中的虚拟机、由 VMware vCenter 管理的虚拟机迁移或转换成其他 VMware 版本虚拟机的工作，还可以完成将 Hyper-V 虚拟机迁移到 VMware 虚拟机的工作。管理员也可以将 VMware vCenter Converter 安装在要迁移的物理机或虚拟机中。

不管使用哪种迁移或转换工作，VMware vCenter Converter 的使用都类似，本节将在 vSphere Client 管理工作站（一台 Windows 7 企业版的计算机）安装 VMware vCenter Converter 6.1.1，并介绍 vCenter Converter 的使用方法。在本示例中，安装文件名为 VMware-converter-en-6.1.1-3533064.exe，大小为 173MB。

（1）运行 VMware Converter 安装程序，在"Welcome to the Installation Wizard for VMware vCenter Converter Standalone"（欢迎使用 VMware vCenter Converter Standalone 的安装向导）对话框中单击"Next"按钮，如图 5-2-2 所示。

（2）在"End-User Patent Agreement"（最终用户专利协议）对话框中，单击"Next"按钮，如图 5-2-3 所示。

图 5-2-2　安装向导　　　　　　　　　　图 5-2-3　最终用户专利协议

（3）在"End-User License Agreement"（最终用户许可协议）对话框中，单击"I agree to the terms in the License Agreement"（我同意许可协议中的条款）单选按钮，然后单击"Next"，如图 5-2-4 所示。

（4）在"Destination Folder"（目标文件夹）对话框中选择 VMware vCenter Converter 的安装位置，通常选择默认值，如图 5-2-5 所示。

图 5-2-4　接受许可协议　　　　　　　　　　图 5-2-5　目标文件夹

（5）在"安装类型"对话框中单击"Local installation"（本地安装）单选按钮，如图 5-2-6 所示。

（6）其他选择默认值，直到安装完成，如图 5-2-7 所示。

图 5-2-6　本地安装　　　　　　　　　　　图 5-2-7　安装完成

5.2.3　Windows 操作系统远程热克隆的要求

为了避免与权限和网络访问相关的问题，务必关闭简单文件共享并保证 Windows 防火墙没有阻止文件和打印机共享。此外，要访问文件和打印机共享端口，可能需要更改防火墙允许的 IP 地址范围。

要确保成功实现 Windows 平台的远程热克隆，应在启动应用程序之前确认源计算机上的以下项目：

（1）关闭了简单文件共享。

（2）Windows 防火墙没有阻止文件和打印机共享。

须在下列情况下允许传入文件共享连接：

（1）当将计算机用于主机独立映像时。

（2）当将计算机用作独立目标时。

（3）当远程热克隆计算机时。

如果 Converter Standalone 连接远程 Windows XP 计算机失败，并发出 bad username/password 的错误消息，应确保 Windows 防火墙没有阻止文件和打印机共享。

如果远程热克隆的系统是 Windows XP，应确认在 Windows XP Professional 上关闭简单文件共享。

本章将使用图 5-2-8 的拓扑进行介绍。

在图 5-2-8 中，有 5 台 ESXi 主机，其中 172.18.96.40 的是一台独立的 ESXi 主机，这台主机使用本地硬盘作为存储，在这台 ESXi 主机上创建了一台 vCenter Server 虚拟机，用于管理另外 4 台 ESXi 主机（IP 地址分别是 172.18.96.41～172.18.96.44），这 4 台主机组成
VSAN 群集。一台 Windows 7 企业版的物理计算机作为 vSphere Client，并安装 vCenter
Converter 6，用作管理端。网络中还有两台 Hyper-V 主机（分别安装 Windows Server 2008 R2
与 Windows Server 2012 R2）以及一台 Windows Server 2008 R2 的物理服务器与一台运行
RHEL 5 的 Linux 服务器。

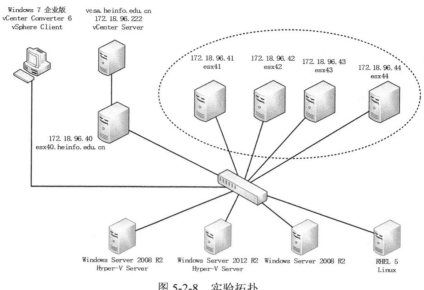

图 5-2-8　实验拓扑

5.3　转换正在运行的物理机或虚拟机

在 VMware vCenter Converter Standalone 中可以使用多种计算机，并将其中任何一种计
算机转换为 VMware 虚拟机。可以创建一个转换作业将物理机或虚拟机转换为多种目标。
可以将物理机、VMware 虚拟机、第三方备份映像和虚拟机以及 Hyper-V Server 虚拟机转
换为 VMware 独立虚拟机或 vCenter Server 管理的虚拟机。

创建转换作业的方法由所选择的源类型和目标类型决定。

（1）源类型。

源类型包括已打开电源的物理机或虚拟机、在 ESX 主机上运行的 VMware Infrastructure
虚拟机或独立虚拟机。独立虚拟机包括 VMware Workstation 虚拟机、Hyper-V Server 虚拟
机或其他 VMware 虚拟机（VMware Fusion 虚拟机、VMware Player 虚拟机）。

（2）目标类型。

vCenter Converter 支持的目标类型包括 ESX 主机、vCenter Server 管理的 ESX 主机或
VMware 独立虚拟机（VMware Fusion 虚拟机、VMware Player 虚拟机）。

在"VMware vCenter Converter Standalone"控制台单击"Convert machine"（转换计算
机）按钮，进入转换计算机向导，如图 5-3-1 所示。

图 5-3-1　转换计算机

在下面的内容中，我们将分别转换远程的 Windows 计算机、远程的 Linux 计算机、本地计算机（指运行这台 vCenter Converter 的计算机），以及 VMware Workstation、Hyper-V 的计算机作为源，并且将 vCenter Server、ESXi 及本地作为目标进行存储。不同的源、不同的目标，可能有多种组合，在本示例中，会根据实际的情况选择其中之一。

5.3.1　转换远程 Windows 计算机到 vCenter 或 ESXi

在本节的演示中，我们使用一台 Windows 7 企业版（安装了 vCenter Converter 6.1.1），通过网络将远程的一台正在运行的 Windows Server 2008 R2 的计算机克隆到由 vCenter Server（IP 地址 172.18.96.222）管理的 ESXi 主机中。在克隆（迁移）之后，原来的物理机不受影响，可以关闭源物理机，启动迁移成功的虚拟机进行测试使用，等确认迁移成功之后，再处置原来的源物理机，例如关闭电源、回收、统一管理及后期的使用。

在迁移（P2V，从物理机到虚拟机）源物理机之后，需要使用"远程桌面连接"连接到这台服务器，或者登录这台服务器的控制台为服务器进行简单的设置，才能开始 P2V。

（1）登录到预迁移的 Windows Server 2008 R2，查看当前计算机的名称、配置，如图 5-3-2 所示。

（2）打开"资源管理器"，在"文件夹选项"的在"查看"选项卡取消"使用共享向导（推荐）"的选项，如图 5-3-3 所示。

图 5-3-2　查看主机信息

图 5-3-3　取消使用简单共享

（3）打开"Windows 防火墙设置"并关闭 Windows 防火墙，如图 5-3-4 所示。

（4）关闭之后，如图 5-3-5 所示。

图 5-3-4 关闭 Windows 防火墙

图 5-3-5 关闭之后

在配置好远程的 Windows Server 2008 R2 之后，返回到安装 vCenter Converter 的 Windows 7 计算机中，运行 Converter，开始转换，主要步骤如下。

（1）在图 5-3-1 中，单击"Convert machine"（转换计算机）按钮，进入"Source System"（源系统）对话框。在此可以从多个源选项中选择要转换的计算机类型。在"Source System"（源系统）对话框中，选择要转换的源系统。源系统类型包括"Powered on"（已打开电源的计算机）、"Powered off"（已关闭电源的计算机）两种，其中"已打开电源的计算机"包括"Remote Windows machine"（远程 Windows 计算机）、"Remote Linux machine"（远程 Linux 计算机）、"This local machine"（这台本地计算机）三种，如图 5-3-6 所示。而"已关闭电源的计算机"则包括"VMware Infrastructure virtual machine""VMware Workstation or other VMware virtual machine""Hyper-V Server"三种，如图 5-3-7 所示。

图 5-3-6 打开电源的计算机

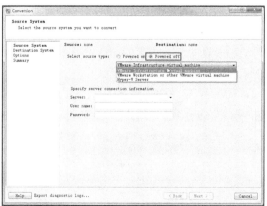

图 5-3-7 关闭电源的计算机

（2）在本示例中选择"Powered on"，然后在下拉列表中选择"Remote Windows machine"，在"Specify the powered on machine"中输入远程要迁移的 Windows 计算机的 IP 地址，在本示例中该 IP 地址为 172.18.96.103，然后输入 Administrator 账户及密码，然后单击"View source details"链接，如图 5-3-8 所示。

（3）如果输入的密码正确，并且源物理机（或虚拟机）按照图 5-3-2 至图 5-3-4 进行了设置，则会弹出"VMware vCenter Converter Standalone Agent Deployment"的对话框，选中"Automatically uninstall the files when import succeeds"，然后单击 Yes 按钮，开始在远程计算机安装 Converter 代理，如图 5-3-9 所示。

图 5-3-8　输入远程计算机 IP、账户及密码　　　图 5-3-9　在远程计算机安装代理

（4）安装代理完成之后，会弹出对话框显示预迁移的远程计算机的信息，包括机器名、Firmware 格式、操作系统版本、硬盘空间（包括每个分区的大小、使用空间、文件系统格式）、CPU 数量、内存大小、网卡数量等，如图 5-3-10 所示。

（5）如果弹出图 5-3-11 的对话框，应登录到要迁移的 Windows 主机，关闭防火墙、禁用简单文件共享的操作。

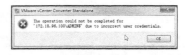

图 5-3-10　查看源物理机属性　　　图 5-3-11　不能连接到 admin$共享

（6）在"Destination System"（目标系统）对话框中，选择目标的属性，这可以选择 VMware 基础架构虚拟机或 VMware Workstation 或其他 VMware 格式虚拟机。如果选择"VMware Infrastructure virtual machine"，会将源物理机的备份保存在 ESXi 主机或由 vCenter Server 管理的 ESXi 主机中；如果选择"VMware Workstation or other VMware virtual machine"，则会将虚拟机保存成 VMware Workstation 或其他 VMware 虚拟机格式。在此选择"VMware Infrastructure virtual machine"，然后在"Server"文本框中输入 vCenter Server 的 IP 地址 172.18.96.222，之后输入 vCenter Server 的管理员账户及密码，如图 5-3-12 所示。

（7）在"Destination Virtual Machine"（目标虚拟机）对话框中，在"Name"处为克隆后的虚拟机设置一个名称，通常情况下，该虚拟机名称会默认使用源物理机的计算机名，如图 5-3-13 所示。

图 5-3-12　目标系统　　　　　　　　　图 5-3-13　目标虚拟机名称

（8）在"Destination Location"对话框的清单中选择目标群集或主机，并在"Datastore"（存储）下拉列表中，选择虚拟机位置的存储，在"Virtual machine version"（虚拟机版本）下拉列表中选择虚拟机的硬件版本（可以在 4、7、8、9、10、11 之间选择），如图 5-3-14 所示。

（9）在"Options"对话框中，配置目标虚拟机的硬件，这可以组织目标计算机上要复制的数据、修改目标虚拟机 CPU 插槽与内核数量、为虚拟机分配内存、为目标虚拟机指定磁盘控制器、配置目标虚拟机的网络设置等参数，如图 5-3-15 所示，单击"Edit"进入编辑项。

图 5-3-14　目标位置　　　　　　　　　图 5-3-15　配置

（10）在转换向导的"选项"对话框中，首先进入"Data to copy"选项组，如图 5-3-16 所示。在默认情况下，Converter 转换向导复制所有磁盘并保持其布局，所以在图 5-3-16 中显示的目标磁盘 C、D 与要转换（或迁移）的源物理机硬盘分区数量相同，并且每个分区的大小也相同。其中默认选项"Ignore page file and hibernation file"（忽略页面文件与休眠文件）、"Create optimized partition layout"（创建优化分区布局）默认为选中状态。如果要调整目标虚拟机的硬盘大小，可以单击"Destination size"下拉列表。在下拉列表中，有 4 个选项"Maintain size"（保持原大小空间）、"Min size"（最小空间）、"Type size inGB"、"Type size in MB"，其中第一项为保持原来大小的空间，即源物理机分区容量多大，目标虚拟硬盘分区大小保持同样大小；第二项为源物理分区已经使用的空间，即转换后目标分区需要占用的最小空间；第三项为管理员手动指定目标分区空间，单位为 GB；第四项为管理员手动指定目标分区空间，单位为 MB。如图 5-3-17 所示。

图 5-3-16　数据复制

图 5-3-17　目标分区容量

（11）如果要调整目标分区的大小，例如，源物理机 C 盘与（或）D 盘空间过小（或过大），在转换的过程中，在此可以调整目标分区的大小。例如在本示例中，C 分区大小保持不变，D 分区由默认的 80GB 改为 60GB，如图 5-3-18 所示。在此选项中，还可以取消选择不希望转换的分区，例如只希望迁移（转换）C 分区，不希望转换 D 分区，则取消 D 的选择即可，如图 5-3-19 所示。

图 5-3-18　调整分区大小

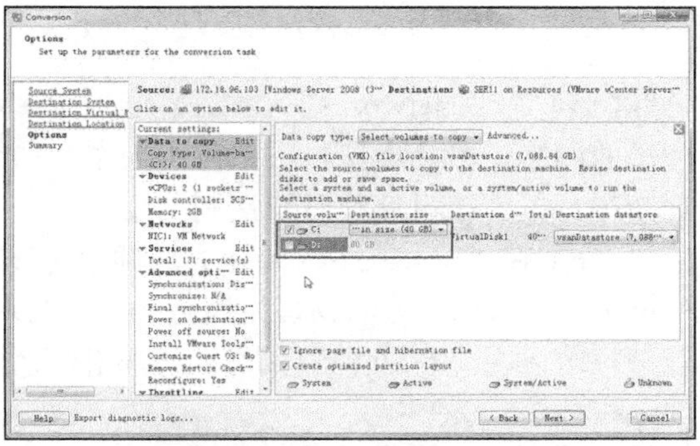

图 5-3-19　取消 D 分区选择

（12）单击"Advanced"，在"Destination layout"选项卡中，还可以选择置备属性"Thick"（厚置备磁盘）、"Thin"（精简置备磁盘），如图 5-3-20 所示。还可以修改转换后目标分区的块大小，这可以选择默认块大小、保持原来的块大小、512B、1KB、2KB、4KB、8KB、16KB、32KB、128KB、256KB 等，如图 5-3-21 所示。

图 5-3-20　置备属性

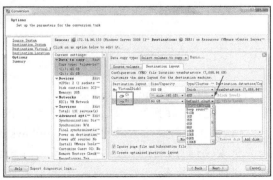

图 5-3-21　块大小

（13）在"Devices→Memory"（设备→内存）选项中，可以更改分配给目标虚拟机的内存量。默认情况下，Converter Standalone 可识别源计算机上的内存量，并将其分配给目标虚拟机。管理员可以调整目标虚拟机内存大小，单位选择是 MB 或 GB，如图 5-3-22 所示。

（14）在"Other"选项中，可以更改 CPU 插槽数目、每个 CPU 的内核数目，在"Disk controller"下拉列表中，可以选择目标虚拟机磁盘控制器类型，如图 5-3-23 所示。通常情况下，选择 Converter 转换向导推荐的磁盘控制器类型。

图 5-3-22　内存选项　　　　　　　　　　图 5-3-23　CPU 与磁盘控制器

（15）在"Networks"（网络）选项中，可以更改网络适配器的数量、选择目标虚拟机使用的网络、目标虚拟机虚拟网卡类型，如图 5-3-24 所示。此外，还可以将网络适配器设置为在目标虚拟机启动时连接到网络。

（16）在"Services"（服务）选项中可以更改目标虚拟机上任一服务的启动模式，其中"Source services"为源物理机服务类型，"Destination services"为目标虚拟机的服务类型，管理员可以在"自动""手动""已禁用"之间选择，如图 5-3-25 所示。

图 5-3-24　网络选项　　　　　　　　　　图 5-3-25　服务选项

（17）在"Administrator Options"（高级选项）的"Synchronize"（同步）选项卡中，选择是否在克隆（转换）完成之后启用同步更改，如图 5-3-26 所示，默认情况下此项为未选中。

【说明】当转换已打开电源的 Windows 计算机时，Converter Standalone 会将数据从源计算机复制到目标计算机，而源计算机仍在运行并产生更改。此过程是数据的第一次传输。可以通过只复制第一次数据传输期间做出的更改进行第二次数据传输。此过程称为同步。同步只能用于 Windows XP 或更高版本的源操作系统。

　　如果调整 FAT 卷大小或压缩 NTFS 卷大小，或更改目标卷上的群集大小，则不能使用同步选项。

　　不能添加或移除同步作业的两个克隆任务之间的源计算机上的卷，因为这可能导致转换失败。如果要启用这一功能，可停止各种源服务以确保同步期间不生成更多更改，以免丢失数据。在实际的 P2V 的过程中，最好提前通知用户，暂时停止对服务器的后台操作，等 P2V 完成之后再使用新的虚拟化后的系统。如果在 P2V 的过程中仍然使用源服务器，有可能造成数据差异。

　　（18）在"Post-conversion"选项卡中，执行转换完成后的操作，例如，可以选中"Install VMware Tools on the destination virtual machine"，在转换完成后的目标交换机安装 VMware Tools，或者选中"Customize guest preferences for the virtual machine"（定制客户机）等操作系统，如图 5-3-27 所示。

图 5-3-26　同步　　　　　　　　　　图 5-3-27　转换完成后操作

　　【说明】Windows XP 与 Windows Server 2003 需要 sysprep 程序。而 Windows Vista 及其以后的操作系统已经集成了 sysprep 程序，不再单独需要。如果使用 Converter 5.x 转换 Windows XP 与 Windows Server 2003，则需要将 XP 或 2003 的 Sysprep 文件保存到运行 vCenter Converter 的计算机上的 %ALLUSERSPROFILE%\Application Data\VMware\ VMware vCenter Converter Standalone\sysprep 中，并且不同版本的系统复制到不同的文件夹中，这一点与使用 vCenter Server 模板部署虚拟机是相同的。如果运行 vCenter Converter 的计算机是 Windows 7、Windows Server 2012，则默认保存位置为 C:\ProgramData\VMware\ VMware vCenter Converter Standalone\sysprep\，如图 5-3-28 所示。

　　（19）在"Summary"选项卡中，复查目标虚拟机的配置信息，检查无误之后，单击"Finish"按钮，如图 5-3-29 所示。

　　（20）开始转换，如图 5-3-30 所示。

　　（21）如果在图 5-3-26、图 5-3-27 进行了选择，则在转换完成后，会再次创建一个任务，如图 5-3-31 所示。

　　（22）此时目标交换机已经创建完成，打开转换后的虚拟机控制台及"快照管理器"，可以看到当前任务会创建两个快照，如图 5-3-32 所示。

　　（23）转换完成后，如图 5-3-33 所示。

图 5-3-28　复制 sysprep 程序

图 5-3-29　复查设置

图 5-3-30　开始转换

图 5-3-31　创建第二个任务

图 5-3-32　定制系统、同步过程中创建的快照

图 5-3-33　任务完成

（24）再次打开"快照管理器"，可以看到在转换过程中创建的快照已经被移除，如图 5-3-34 所示。

转换完成后，暂时关闭源物理机，启动转换后的虚拟机，如图 5-3-35 所示。对于 Windows 操作系统，从物理机迁移到虚拟机后，Windows 需要重新激活。

打开应用程序，例如源物理机安装了 SQL Server 2008，打开 SQL Server 管理控制台界面，可以看到应用正常，如图 5-3-36 所示。

图 5-3-34　转换完成

图 5-3-35　Windows 需要重新激活

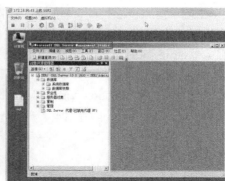

图 5-3-36　打开应用查看

对于其他的操作，则需要删除不需要的硬件驱动（因为源物理机的一些硬件例如 RAID 卡、SCSI 卡驱动已经不再需要）和软件，有关这些将在后面的操作中进一步演示。

5.3.2　转换远程 Linux 计算机到 vSphere

本节将在 Windows 7 中通过网络转换远程的一台 Red Hat Linux 到一台 ESXi 主机，主要步骤如下。

（1）运行 Converter，单击"Convert machine"（转换计算机）按钮，进入"Source System"（源系统）对话框，选择"Powered on→ Remote Linux machine"，输入远程的正在运行的 Linux 的 IP 地址、root 账户及密码，然后单击"View source details"链接，如图 5-3-37 所示。

（2）在弹出的对话框中，显示了将要转换的源物理机的计算机名称、操作系统版本、内存、处理器、网卡及硬盘大小，如图 5-3-38 所示。

图 5-3-37　转换远程 Linux

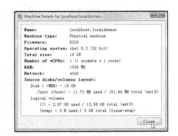

图 5-3-38　要转换的 Linux 属性

（3）弹出对话框，提示让安装 Converter 代理，如图 5-3-39 所示，这与转换远程的 Windows 时相同。

（4）在"Destination System"对话框中，在转换远程的 Linux 操作系统计算机时，只能选择将 VMware ESXi 或 vCenter Server 作为目标，如图 5-3-40 所示。在本示例中指定网络中一台 ESXi 主机作为目标，此服务器的 IP 地址为 172.18.96.40，输入 ESXi 的 IP 地址、root 账户及密码。

图 5-3-39　安装 Converter 转换代理

（5）在"Destination Virtual Machine"对话框指定转换后的目标虚拟机名称，如图 5-3-41 所示。

图 5-3-40　目标系统

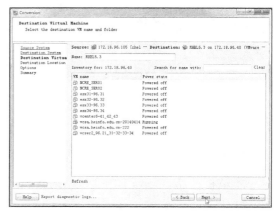

图 5-3-41　目标虚拟机名称

（6）在"Destination Location"对话框选择主机、主机存储及目标虚拟机的硬件版本，如图 5-3-42 所示。

（7）在"Options"对话框配置目标虚拟机磁盘大小、CPU 数量、内存大小、网卡数量等，如图 5-3-43 所示。如果直接单击"Next"按钮则与源物理机保持一致，也可以在转换完成之后，修改目标虚拟机的 CPU、内存、网卡等参数，如果要调整目标虚拟机的硬盘大小，则必须在此对话框中设置。

图 5-3-42　目标位置

图 5-3-43　选项

（8）在"Summary"复查转换设置，检查无误之后单击"Finish"按钮，如图 5-3-44 所示。

（9）开始转换，直到转换完成，如图 5-3-45 所示。

图 5-3-44　完成设置

图 5-3-45　开始转换 Linux

在转换完成之后，关闭源 Linux 计算机，启动转换后的 Linux 虚拟机，检查是否正常，这些不一一介绍，如图 5-3-46 所示。

图 5-3-46　启动转换后的 Linux

5.3.3　转换本地计算机到 vSphere

vCenter Converter 可以通过网络将正在运行的 Linux 与 Windows 物理机或虚拟机，克隆转换成 VMware 虚拟机。但通过网络、远程转换的过程中，有时候由于各种原因会造成转换失败。在这种时候，可以在希望转换（或迁移）的物理机上安装 vCenter Converter，以"转换本地计算机"的方式进行转换，这种转换方式的成功率会更高一些。所以在本节中，将介绍转换本地计算机到 vSphere 的内容。

在本次演示中，当前安装 vCenter Converter 6.1 的计算机共有 5 块磁盘，如图 5-3-47 所示。由于是实验的原因，我们只转换 C 盘即操作系统磁盘。

当前是一台具有 16GB 内存、安装了 Windows 7 企业版的计算机，如图 5-3-48 所示。

图 5-3-47　当前主机有 5 个分区

图 5-3-48　当前计算机信息

下面使用 Converter 将"本地计算机"的 C 盘（包括当前系统）克隆到 vSphere 主机。

（1）运行 Converter 程序，在"Source System"对话框中选择"Powered on→This local machine"，如图 5-3-49 所示。单击"View source details"链接，查看当前主机的配置信息，如图 5-3-50 所示。

图 5-3-49　转换这台本地计算机

图 5-3-50　本地计算机信息

（2）当"源主机"是本地计算机时，目标可以是 vSphere ESXi 或 vCenter Server、VMware Workstation 以及其他 VMware 虚拟机。在本示例中，将把当前计算机转换到由 172.18.96.222（这是一个 vCenter Server）管理的 vSphere 群集中，如图 5-3-51 所示。

（3）在"Destination Virtual Machine"对话框的"Name"处为目标虚拟机设置一个名称，默认情况下为源物理机或虚拟机的计算机名，如图 5-3-52 所示。

图 5-3-51　目标主机

图 5-3-52　设置目标虚拟机名称

（4）在"Destination Location"对话框的清单中选择群集或主机，在"Datastore"列表中选择存储，在"Virtual machine version"下拉列表中选择虚拟机硬件版本，如图 5-3-53 所示。

（5）在"Options"对话框中单击"Data to copy"后面的"Edit"链接，如图 5-3-54 所示。

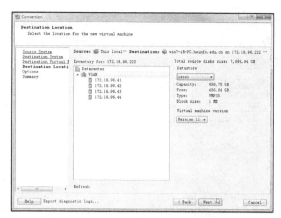

图 5-3-53　选择目标主机、存储位置

（6）在 "Data to copy" 选项中取消 D、E、F、G 等盘符的选择，只选择 C 盘及 boot 卷，如图 5-3-55 所示。

（7）单击 "Advanced" 链接，在 "Destination layout" 选择置备格式及默认块大小，如图 5-3-56 所示。在此也可以调整目标虚拟硬盘大小。

图 5-3-55　选择要复制的分区或卷

图 5-3-56　选择置备格式及块大小

（8）在 "Devices" 选项中调整内存及 CPU 的数量，如图 5-3-57、图 5-3-58 所示。因为我们转换的是物理机，源物理机内存较大、CPU 内核数较多，所以转换到虚拟机之后需要进行调整。

图 5-3-57　内存

图 5-3-58　CPU

（9）在"Networks"选项中，修改目标虚拟机网卡数量。因为源本地计算机安装了 VMware Workstation，除了主机有一块物理网卡外，还有 VMnet1、VMnet8 两块虚拟网卡。在将物理机转换到虚拟机之后，需要在转换后的目标虚拟机中卸载 VMware Workstation。所以，在此可以选择 1 块网卡，如图 5-3-59 所示。转换之后如图 5-3-60 所示。

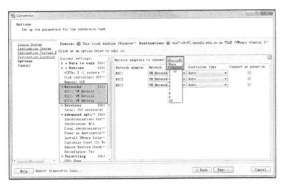 

图 5-3-59　默认虚拟网卡数　　　　　　　图 5-3-60　调整后虚拟网卡数

（10）在"Summary"对话框复查转换参数，检查无误之后单击"Finish"按钮，如图 5-3-61 所示。

（11）开始转换，如图 5-3-62 所示。

图 5-3-61　完成参数设置　　　　　　　　图 5-3-62　开始转换

（12）当前主机是吉比特网络连接，当前主机到 vSphere 也是吉比特网络。在整个转换过程中，物理网卡使用率在 10%左右，如图 5-3-63 所示。

当前数据量有 80GB 左右，转换过程持续了 1 小时 57 分。如图 5-3-64 所示是转换完成之后的截图。

在将物理机转换（迁移或克隆）到虚拟机之后，如果要测试迁移的成果，为了避免迁移后的虚拟机与源计算机冲突，可以先断开迁移的物理机网络或暂时关闭源物理机。启动转换后的虚拟机如图 5-3-65 所示。

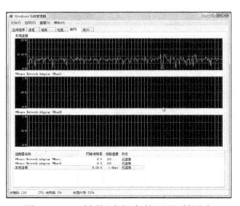

图 5-3-63　转换过程中的网络利用率

图 5-3-64　转换完成

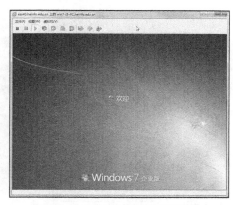

图 5-3-65　启动转换后的虚拟机

对于转换成功并且能顺利启动的虚拟机，打开虚拟机控制台后，需要进行的任务主要有以下几项。

（1）卸载不需要的驱动及软件，这可以在"控制面板→程序和功能"中删除不需要的驱动，例如源物理机的显卡驱动、其他不需要的应用软件等。如图 5-3-66 所示。

（2）卸载完一个程序或软件之后，暂时不要立刻重新启动，等卸载完所有不用的软件之后再重新启动，如图 5-3-67 所示。

图 5-3-66　卸载或更改程序

图 5-3-67　卸载显卡驱动程序

关于其他不需要的驱动程序、软件，应根据实际情况进行卸载。本节不再详细介绍。

（3）如果源物理计算机安装了 Office，则需要重新激活，如图 5-3-68 所示。

（4）迁移之后操作系统也需要重新激活，如图 5-3-69 所示。

（5）如果源计算机已经加入到域，是 Active Directory 中的一台计算机，则转换后的虚拟机在尝试以域用户登录时，会弹出"此工作站和主域间的信任关系失败"，如图 5-3-70 所示。对于这种错误，应先暂时以本地管理员账户登录，进入

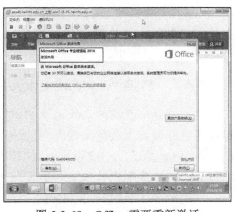

图 5-3-68　Office 需要重新激活

桌面之后，再将当前计算机从域中脱离，然后重新加入到域。这些步骤不详细介绍。

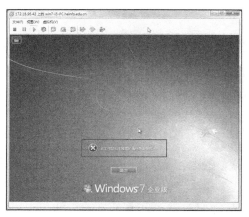

图 5-3-69　Windows 需要重新激活 　　　　图 5-3-70　信任关系失败

5.4　转换 Hyper-V Server 虚拟机

本节介绍将 Hyper-V Server 的虚拟机转换成 VMware 虚拟机的方式，这属于 V2V 的内容。以前的 VMware vCenter Converter 5.01 只支持 Hyper-V 2.0 的虚拟机硬件格式，暂时不支持转换 Hyper-V 3.0 的虚拟机。而在新的 Converter 6.x 中全面支持 Hyper-V Server 3.0（即

Windows Server 2012 R2 的 Hyper-V Server）。在连接远程 Hyper-V Server 时，需要暂时在 Hyper-V Server 上关闭防火墙，如图 5-4-1 所示，否则将不能连接到 Hyper-V Server。

本节介绍两个案例，一个是将 Windows Server 2008 R2 的 Hyper-V Server 的虚拟机，转换成 VMware Workstation 的虚拟机（保存在共享文件夹中），另一个是将 Windows Server 2012 R2 的 Hyper-V Server 虚拟机，转换到由 vCenter Server 管理的 ESXi 群集中。

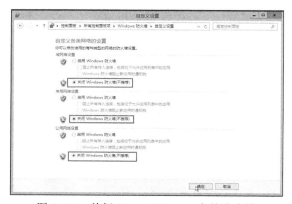

图 5-4-1　关闭 Hyper-V Server 上的防火墙

5.4.1　转换 Windows Server 2008 R2 的虚拟机到共享文件夹

在前面几节介绍的从物理机到虚拟机的转换内容中，目标位置都是 vSphere。实际上也可以将目标设置为共享文件夹，用于提供给 VMware Workstation、VMware Player 或 VMware Fusion（Mac 系统下的虚拟机）虚拟机。本节以转换 Windows Server 2008 R2 系统为例，介绍将 Hyper-V 虚拟机转换到共享文件夹的内容。

当前网络中有一台 Windows Server 2008 R2 Datacenter 的计算机，安装了 Hyper-V Server，其 IP 地址为 172.18.96.33，如图 5-4-2 所示。

在这台 Hyper-V 主机中，有一台名为 WS08R2-TP 的虚拟机，该虚拟机已经关机，如图 5-4-3 所示。

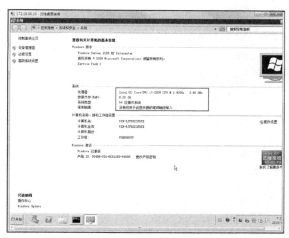

图 5-4-2　实验主机

图 5-4-3　Hyper-V 主机

在转换 Hyper-V Server 的虚拟机之前，暂时关闭这台计算机的防火墙，如图 5-4-4 所示。

在下面的操作中，将在 IP 地址为 172.18.96.113、操作系统为 Windows 7 企业版的、安装了 Converter 6.1.1 软件的计算机中，将 IP 地址为 172.18.96.33、操作系统为 Windows Server 2008 R2、安装了 Hyper-V Server 服务的计算机中的 Hyper-V Server 的虚拟机，转换到 IP 地址为 172.18.96.2、操作系统为 Windows Server 2012 R2、计算机名称为 wsusser 的

图 5-4-4　关闭防火墙

一个共享文件夹中，共享路径为\\wsusser\VM-Hyper-V。

（1）在 IP 地址为 172.18.96.113 的 Windows 7 计算机中，运行 Converter 6.1.1，单击"Convert machine"，如图 5-4-5 所示。

（2）在"Source System"对话框中选择"Powered off→Hyper-V Server"并输入要转换的远程 Hyper-V 的 IP 地址、管理员账户及密码，如图 5-4-6 所示。

图 5-4-5　转换计算机

图 5-4-6　选择 Hyper-V 并输入 IP 地址、管理员账户与密码

（3）如果出现"Unable to contact the specified host……"等错误，如图 5-4-7 所示，应检查远程的 Hyper-V Server 主机是否已经关闭了防火墙（如图 5-4-4 设置界面），在关闭防火墙之后，单击"Next"按钮继续。

（4）在连接成功之后，会弹出安装 Converter 代理到远程主机的提示，如图 5-4-8 所示。在此选择默认值"I will manually uninstall the files later"，选择此项在转换虚拟机之后 Converter 代理不会被卸载，以方便后期继续迁移 Hyper-V Server 虚拟机。只有确认不再使用 Converter 迁移 Hyper-V Server 虚拟机之后，才可由管理员卸载 Converter 代理程序。

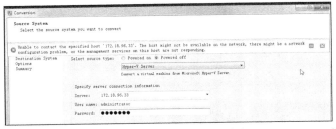
图 5-4-7　不能连接到指定的主机

图 5-4-8　安装 Converter 代理到远程主机

（5）在"Source Machine"对话框中，列表了连接到 Hyper-V Server 主机上的所有虚拟机，包括每台虚拟机的状态。在此种方式下只能迁移关闭电源的虚拟机，Converter 不能迁移正在运行的 Hyper-V 虚拟机，如果要迁移这种虚拟机，则参考第 5.3.1 节"转换远程 Windows 计算机到 vCenter 或 ESXi"、第 5.3.2 节"转换远程 Linux 计算机到 vSphere"两节内容，迁移正在运行的计算机到 vSphere 或 ESXi。从列表中选择已经关闭电源的、准备迁移的虚拟机，如图 5-4-9 所示。

（6）在"Destination System"对话框的"Select destination type"下拉列表中选择"VMware Workstation or other VMware virtual machine"，在"Select VMware product"列表中选择 VMware 产品，这可以在 VMware Workstation、VMware Fusion、VMware Player 之间选择并且有不同的版本可供选择，如图 5-4-10 所示。

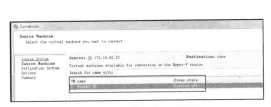
图 5-4-9　选择源虚拟机

图 5-4-10　选择 VMware 产品

（7）在"Select a location for the virtual machine"文本框中，输入共享文件夹（该文件夹不能是"只读"属性），在本示例中，共享路径为\\wsusser\VM-Hyper-V，如果当前计算机已经有了到 wsusser 的共享连接，应使用同一用户名进行登录（在 User name 处输入当前的用户名与密码，如果当前是域环境，应使用"域名称\用户名"的格式输入；如果当前是"用户组"模式，应输入原来连接 wsusser 计算机共享时提供的用户名与密码），如图 5-4-11 所示。如果当前计算机没有连接 wsusser 这一文件服务器，则可以使用 wsusser 的管理员账户与密码。

（8）如果提示"Multiple connections to 'wsusser' by the same user, using more than one user name, are not allowed. Disconnect all previous connections to the host and try again."，如图 5-4-12 所示，表示连接共享文件夹所提供的用户名与密码与当前主机连接共享文件夹所使用的用户名不是同一个，需要使用同一个账户。

图 5-4-11　选择目标属性、选择保存　　　　　　图 5-4-12　需要使用另一个用户
　　　　　虚拟机的共享文件夹位置

（9）如果在"Select a location for the virtual machine"文本框中单击"Browser"选择了一个本地，则会弹出"Error: Destination specified as a（local）drive. Please specify a UNC path such as: \\machine\sharename"的错误提示，如图 5-4-13 所示。

（10）在输入了正确的 UNC 路径、合适的用户名及密码后，进入"Options"对话框，单击"Edit"链接，进入目标虚拟机定制页，如图 5-4-14 所示。

图 5-4-13　本地文件夹不能用于目标位置　　　　　图 5-4-14　选项配置对话框

（11）在"Data to copy"选项中，有两个选择，分别是"copy all disks and maintain layout"（复制所有磁盘并保持其布局，默认选项）与"Select volumes to copy"（选择卷进行拷贝）。在"copy all disks and maintain layout"选项中，磁盘属性有"Pre-allocated"（预先分配）、"Not pre-allocated"（未预先分配）、"Split pre-allocated"（已预先分配并按 2GB 拆分）、"Split not pre-allocated"（未预先分配并按 2GB 拆分），如图 5-4-15 所示。

（12）如果在"Data copy type"下拉列表中选择"Select volumes to copy"（选择要复制的卷），则根据需要选择要复制的目标计算机的源卷，在此界面可以增加或减小目标虚拟机磁盘空间，如图 5-4-16 所示。关于"选择要复制的卷"的更多内容，已经在前文做过介绍，本节不再赘述。

图 5-4-15 磁盘属性

图 5-4-16 选择要复制的卷

（13）关于在"Options"选项中的其他设置，例如设备、网络、服务等，在前文同样做过介绍，本节也不再赘述。

（14）在"Summary"对话框，单击"Finish"按钮，完成设置，如图 5-4-17 所示。

（15）开始转换，如图 5-4-18 所示。

图 5-4-17 摘要

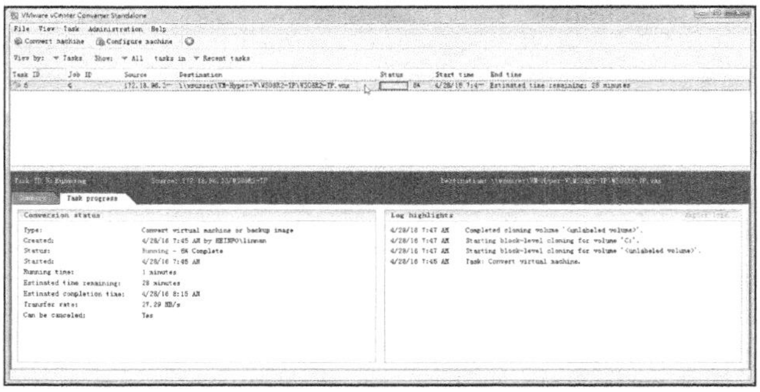

图 5-4-18 开始转换

在整个转换过程中，vCenter Converter 6 这台工作站本身的网络流量不大，表示从远程的 Hyper-V Server 转换到共享的文件服务器不通过 Converter 计算机，如图 5-4-19 所示。

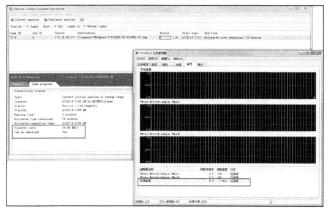

图 5-4-19 Converter 计算机无网络流量

在转换 Hyper-V Server 虚拟机到 VMware 虚拟机的过程中，速度较快，一个占用空间 7GB 左右的虚拟机大约 9 分钟即完成转换，如图 5-4-20 所示。

转换完成之后的虚拟机可以使用 VMware Workstation、VMware Player 或 VMware Fusion 打开。如图 5-4-21 所示是转换后的 VMware 格式的虚拟机。

图 5-4-20　转换完成　　　　　　　　图 5-4-21　转换后的 VMware 格式的虚拟机

5.4.2　转换 Windows Server 2012 R2 的虚拟机到 vSphere

在本节中，将介绍转换 Windows Server 2012 R2 的 Hyper-V 虚拟机的内容，本次操作与转换 Windows Server 2008 R2 的 Hyper-V 虚拟机类似，所以本节将介绍主要的步骤与流程。在 Windows Server 2012 R2 中有一台 CentOS 6 的虚拟机，我们把这个 Hyper-V 的虚拟机转换成 vSphere 的虚拟机。

（1）一台 Windows Server 2012 R2 的计算机，如图 5-4-22 所示。这台计算机安装了 Hyper-V Server，计算机的名称是 mh09，IP 地址是 172.18.96.9。

（2）在"控制面板→系统和安全→Windows 防火墙→自定义设置"中，关闭 Windows 防火墙，如图 5-4-23 所示。

图 5-4-22　Windows Server 2012 R2　　　　　　图 5-4-23　关闭防火墙

（3）在安装了 Converter 6.1.1 的 Windows 7 的计算机中，运行 Converter，运行转换虚拟机，在"Source System"对话框选择"Powered off→Hyper-V Server"，输入 Hyper-V Server 的 IP 地址 172.18.96.9，同时输入管理员账户与密码，如图 5-4-24 所示。

（4）在"Source Machine"对话框的列表中选择要进行转换的虚拟机，如果虚拟机正在运行，则不能转换，如图 5-4-25 所示。

图 5-4-24　输入源计算机　　　　　图 5-4-25　正在运行的虚拟机不能转换

（5）从列表中选择一台关闭电源的虚拟机，如图 5-4-26 所示。

（6）在"Destination System"对话框中选择 VMware 架构虚拟机，输入 vCenter Server 的 IP 地址、管理账户及密码，如图 5-4-27 所示。本次示例目标为 vSphere。

图 5-4-26　选择要转换的虚拟机　　　　　图 5-4-27　目标属性

（7）在"Destination Virtual Machine"对话框中设置目标虚拟机的名称，如图 5-4-28 所示。

（8）其他的则根据需要选择，这些不一一介绍，直到"Summary"对话框，如图 5-4-29 所示。

图 5-4-28　设置目标虚拟机名称　　　　　图 5-4-29　摘要

（9）开始转换。在转换的过程中，流量会直接在 Hyper-V Server 与目标 ESXi 主机之间产生，如图 5-4-30 所示。

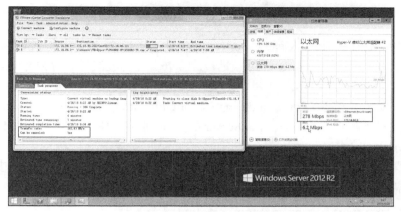

图 5-4-30　转换过程

（10）转换完成之后，在"Task progress"（任务进度）中查看用时、转换速度等数据，如图 5-4-31 所示。

（11）启动转换后的虚拟机，测试转换结果，如图 5-4-32 所示。

图 5-4-31　转换完成

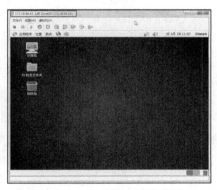

图 5-4-32　启动转换后的虚拟机

5.5　转换 vSphere 或 VMware 虚拟机

VMware vCenter Converter 还可以将 VMware ESXi 主机、受 vCenter Server 管理的 ESXi 主机、VMware Workstation 或 VMware Fusion 的虚拟机作为转换"源"，将 ESXi 主机、Workstation 或 Fusion 作为转换"目标"，进行转换。在表 5-1-1 中已经做过介绍，将 ESXi 主机中的虚拟机作为"源"，将另外的 ESXi 主机作为"目标"，实现的 V2V 功能可以在不受同一个 vCenter Server 管理的多个 ESXi 之间"克隆"虚拟机，实现迁移与版本变更（不同的 ESXi 版本、虚拟机硬件版本不同）、虚拟机硬盘格式（精简与完全置备）与硬盘大小变更的目的。

有关 Converter 的使用，在前文已经有过多次的介绍，所以在本节的操作中，对于前文已经有过介绍的内容将不再说明。

5.5.1 转换 vSphere 虚拟机到 ESXi 主机

在下面的操作中，使用 vCenter Converter 将受 172.18.96.222 这台 vCenter Server 管理的 ESXi 主机中的一个虚拟机，迁移到不受 172.18.96.222 管理的另一台独立的 ESXi 主机（IP 地址：172.18.96.40）这台 ESXi 主机，主要步骤如下。

（1）在源系统中选择"Powered off → VMware Infrastructure virtual machine"，在指定服务器连接信息对话框中，输入 vCenter Server 的 IP 地址 172.18.96.222、管理员账户及密码，如图 5-5-1 所示。

（2）在"Source Machine"对话框的清单中选群集或 ESXi 主机，在列表中选中要转换的虚拟机（需要是关闭电源的虚拟机），如图 5-5-2 所示。

图 5-5-1　指定连接信息　　　　　　　　图 5-5-2　选择要转换的虚拟机

（3）在"Destination System"对话框，选择"VMware Infrastructure virtual machine"，并输入目标 ESXi 主机的 IP 地址 172.18.96.40、管理员账户及密码，如图 5-5-3 所示。

（4）在"Destination Virtual Machine"指定转换后的计算机名称，如图 5-5-4 所示。

图 5-5-3　目标系统　　　　　　　　　　图 5-5-4　目标虚拟机名称

（5）其他的则根据需要选择，这些不一一介绍，直到"Summary"对话框，如图 5-5-5 所示。

（6）开始转换，直到转换完成，如图 5-5-6 所示。

图 5-5-5　摘要

图 5-5-6　转换完成

5.5.2　转换 VMware Workstation 虚拟机到 ESXi 主机

在本次操作中，将一台 VMware Workstation 的虚拟机使用 Converter "上传" 到 ESXi 主机，主要步骤如下。

【说明】使用 Converter 将 VMware Workstation 的虚拟机上传到 vSphere，与使用 vSphere Client 浏览存储上传有什么区别吗？通过浏览直接上传；一是虚拟机版本容易不一致，二是上传之后虚拟机硬盘是完全置备，占用空间较大；三是上传的虚拟机，有时候不能使用。

折中方法是，在 VMware Workstation 中，选中虚拟机，导出成 OVF 文件，然后在使用 vSphere Client 或 vSphere Web Client 部署，能达到同样的目的。只是 Converter 更直接。

（1）运行 Converter，在源系统中选择 "VMware Workstation or other VMware virtual machine"，并单击 "Browse" 按钮，浏览选择要转换的虚拟机，如图 5-5-7 所示。

（2）在 "Destination System" 对话框选择 "VMware Infrastructure virtual machine"，并输入目标 ESXi 主机的 IP 地址 172.18.96.222、管理员账户及密码，如图 5-5-8 所示。

图 5-5-7　选择要转换的虚拟机

图 5-5-8　目标系统

（3）在 "Destination Virtual Machine" 指定转换后的计算机名称，如图 5-5-9 所示。

（4）其他的则根据需要选择，这些不一一介绍，直到 "Summary" 对话框，如图 5-5-10 所示。

（5）开始转换，直到转换完成，如图 5-5-11 所示。

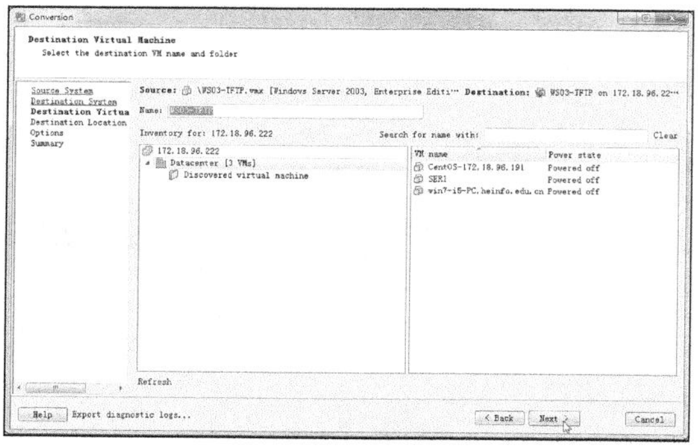

图 5-5-9　目标虚拟机名称 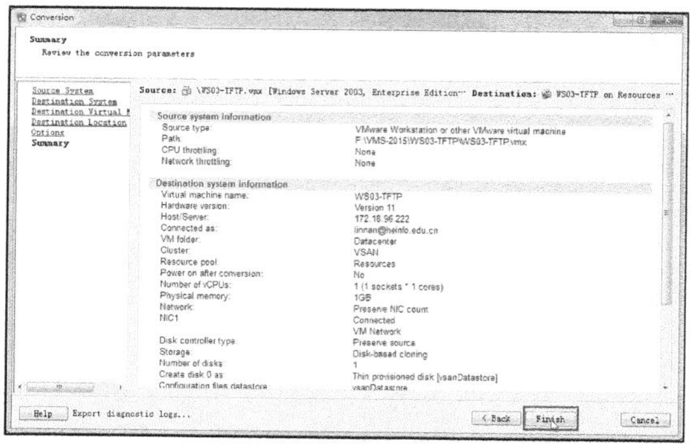　　　　　　　图 5-5-10　摘要

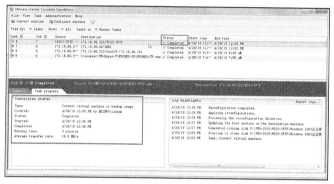

图 5-5-11　转换完成

5.5.3　转换 vSphere 虚拟机到 VMware Workstation

在下面的操作中，将使用 vCenter Converter，将受 172.18.96.222 这台 vCenter Server 管理的 ESXi 主机中的一个虚拟机，转换成本地 VMware Workstation 支持的虚拟机，这相当于从 ESXi 主机"下载"指定虚拟机到本地。

【说明】如果直接使用 vSphere Client 浏览存储下载，下载之后是"完全置备"磁盘，占用空间较大。折中的方法是，在 vSphere Client 或 Web Client，将虚拟机导出成 OVF 文件，再在 Workstation 中导入。

（1）在源系统中选择"Powered off→VMware Infrastructure virtual machine"，在指定服务器连接信息对话框中，输入 vCenter Server 的 IP 地址 172.18.96.222、管理员账户及密码，如图 5-5-12 所示。

（2）在"Source Machine"对话框的清单中选择数据中心、群集或 ESXi 主机，在列表中选中要转换的虚拟机（需要是关闭电源的虚拟机），如图 5-5-13 所示。

（3）在"Destination System"对话框选择"VMware Workstation or other VMware virtual machine"，在"Select VMware product"下拉列表中选择 VMware Workstation，并在"Select a location for the virtual machine"中浏览选择本地路径，如图 5-5-14 所示。

（4）其他的则根据需要选择，这些不一一介绍，直到"Summary"对话框，如图 5-5-15 所示。

图 5-5-12 指定连接信息　　　　　　　图 5-5-13 选择要转换的虚拟机

图 5-5-14 目标虚拟机名称及保存位置　　　　　图 5-5-15 摘要

（5）开始转换，直到转换完成，如图 5-5-16 所示。

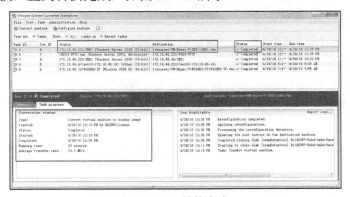

图 5-5-16 转换完成

5.6 重新配置 VMware 虚拟机

在转换虚拟机后，可能需要对其进行配置，使其可在目标虚拟环境中启动。如果虚拟机的虚拟环境改变或需要提升虚拟机的性能，也可能需要配置虚拟机。

【说明】只能配置运行 Windows XP 或更高版本的虚拟机，不能配置运行 Windows 以外的其他操作系统的虚拟机。

转换过程对源计算机而言为无损操作，与此不同的是，配置过程会对源计算机产生影响。创建配置作业时，所进行的设置将应用于配置源计算机，并且将无法恢复。

5.6.1 保存 sysprep 文件

要自定义运行 Windows Server 2003 或 Windows XP 的虚拟机的客户机操作系统，必须将 Sysprep 文件保存到运行 Converter Standalone 服务器的计算机上的指定位置，其默认位置为 %ALLUSERSPROFILE%\Application Data\VMware\VMware vCenter Converter Standalone\sysprep\。

【说明】在 Windows XP、Windows Server 2003 中，%ALLUSERSPROFILE%默认路径为 C:\Documents and Settings；在 Windows Vista 及其以后的系统，%ALLUSERSPROFILE% 默认路径为 C:\ProgramData。

5.6.2 启动配置向导

VMware vCenter Converter Standalone 可以配置 VMware Desktop 虚拟机或者由 ESX 主机或 vCenter Server 管理的虚拟机。物理机不能作为配置源，只能配置已关闭的虚拟机。

（1）运行 VMware vCenter Converter Standalone，单击"Configure machine"（配置计算机）按钮，如图 5-6-1 所示。

（2）在"Source System"（源系统）对话框的"Select source type"（选择源类型）对话框中，选择要重新配置的源，这可以选择 VMware 架构虚拟机或 VMware Workstation 虚拟机，或者其他虚拟机。如果要配置的系统是在 ESX 主机上运行或

图 5-6-1　配置计算机

在由 vCenter Server 管理的 ESX 主机上运行的虚拟机，则必须选择 VMware Infrastructure 虚拟机作为源类型。进行配置之前，应关闭源计算机。在此选择"VMware Infrastructure 虚拟机"，输入 vCenter Server 的 IP 地址、管理账户及密码，如图 5-6-2 所示。

（3）在"Source machine"（源计算机）对话框中选择要重新配置的虚拟机，如图 5-6-3 所示。

图 5-6-2　指定服务器连接信息

图 5-6-3　选择配置的虚拟机

（4）如果选择"VMware Workstation or VMware virtual machine"，则单击"Browse"按钮浏览选择要配置的虚拟机，如图 5-6-4 所示。

（5）在"Options"对话框中自定义重新配置项，如图 5-6-5 所示。在此选择"Customize guest preferences for the virtual machine"。

图 5-6-4　选择重新配置的虚拟机

图 5-6-5　选项

（6）在"Customizations"对话框单击 Edit 链接，如图 5-6-6 所示。其中有"✖"标记的为需要重新配置的项。

（7）在"Computer information"选项中指定新的计算机名称、使用者名称与组织名，如图 5-6-7 所示。

图 5-6-6　定制选项

图 5-6-7　计算机信息

（8）在"Workgroup/Domain"选项中为当前计算机设置新的组名或者选择将计算机加入到域，如图 5-6-8 所示。

（9）在"Summary"中查看设置，检查无误之后，单击"Finish"按钮，如图 5-6-9 所示。

图 5-6-8　工作组域

图 5-6-9　复查设置

（10）Converter 开始按照要求重新定制虚拟机，如图 5-6-10 所示。在定制的过程中，虚拟机不需要开机。

重新配置完成之后，启动虚拟机并打开控制台，如果定制的计算机是 Windows Vista、Windows 7、Windows 8、Windows Server 2008 及其以后的系统，Windows 需要重新激活，如图 5-6-11 所示。从图中可以看到，计算机名、工作组名已经按照要求重新配置。

图 5-6-10　定制完成

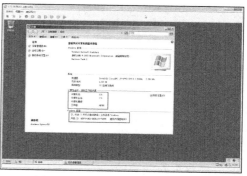

图 5-6-11　计算机已经重新配置

5.7　转换或迁移虚拟机时的注意事项

本节介绍使用 Converter 迁移物理机或虚拟机的一些注意事项。

5.7.1　迁移 Windows Server 2003 后的注意事项

迁移后，如果源服务器安装的是 OEM 的 Windows Server 2003 或者是非 VL 的 Windows Server 2003，在迁移后，由于改变了系统的硬件环境，Windows Server 会提示需要在 3 天之内激活。但 OEM 的版本，是不允许换机器的（迁移到虚拟机中相当于换了机器），遇到这类情况时，可以在迁移之后的 3 天内，在提示激活的时候选择"否"，然后使用 Windows Server 2003 R2 VL 版本，升级安装一下就可以了。主要步骤如下。

（1）迁移后，系统提示 3 天之内必须激活，如图 5-7-1 所示，在此单击"否"按钮。

（2）使用虚拟机加载 VL 版本的 Windows Server 2003 或 Windows Server 2003 R2 安装光盘镜像，升级 Windows Server 2003，如图 5-7-2 所示。

图 5-7-1　提示 3 天内激活

图 5-7-2　升级到 VL 版本

（3）升级后，系统与数据保持不变，整个升级完成。

5.7.2　卸载原有的网卡驱动

在迁移完成之后，最好是将源"物理主机"上的网卡驱动从当前系统中卸载，方法如下。

（1）进入虚拟机，在命令提示符下，执行如下的命令。

```
Set devmgr_show_nonpresent_devices=1
Start DEVMGMT.MSC
```

（2）进入"设备管理器"，从"查看"菜单中选择"显示隐藏的设备"，然后单击"网络适配器"，选择原来主机上的网卡，右键单击，从弹出的菜单中选择"卸载"选项，如图 5-7-3 所示。

（3）在卸载的时候，一定要注意，不要卸载图 5-7-3 中的"WAN 微型端口（IP）""WAN 微型端口（L2TP）""WAN 微型端口（PPPOE）""WAN 微型端口（PPTP）"，也不要卸载与原主机物理网卡无关的硬件。设置之后，关闭设备管理器，重新启动虚拟机即可。

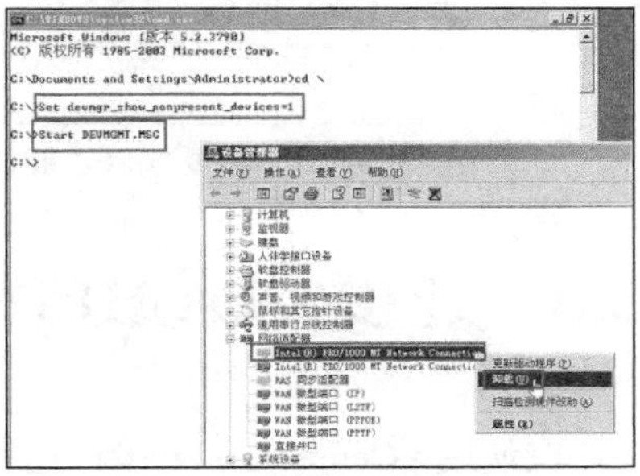

图 5-7-3　卸载原来主机上的网卡驱动

5.7.3　迁移前的规划与准备工作

使用 VMware vCenter Converter 迁移服务器时，虽然可以在不中断物理服务器运行的情况下迁移，并且可以对物理服务器不进行任何更改就可以完成迁移，但在真正的迁移中，遵循下列原则，可以提高迁移的成功性，并且可以加快迁移的速度。

（1）在迁移之前，断开网络，最好是使用 RJ45 的直通线，将要迁移的"源"服务器与"中间计算机"连接在一起，这样在迁移的过程中，将会以最大的网络速度进行。

（2）停止"源"服务器的 SQL Server 服务、退出杀毒软件的运行，关闭"源"与"中间计算机"的防火墙。

（3）使用 chkdsk 命令，检查"源"服务器每个分区是否有错误，并进行修复，其命令格式为（以检查 D 盘为例）：

```
chkdsk d: /f
```

在使用 chkdsk 命令检查系统盘（通常为 C 盘）时，会提示需要重启才能完成修复，如图 5-7-4 所示。

此时，可以重新启动计算机，当计算机再次启动时，会检查并修复系统磁盘。

在使用 chkdsk 命令检查非系统分区（如 D 盘或 E 盘）时，如果提示该卷正在使用，可以"强制卸下该卷"，这样可以不必重启，即完成其他分区的检查与修复工作，如图 5-7-5 所示。

（4）如果"源"服务器上有一些与服务无关的数据，如一些安装程序、光盘镜像等，可以将这些数据"移动"到"中间计算机"上，以后再使用时，直接通过网络共享文件夹使用，这样可以减少迁移的数据量。

图 5-7-4　需要重启才能检查磁盘

图 5-7-5　强制卸下该卷并检查

5.8　迁移失败或迁移不成功的 Windows 计算机解决方法

在使用 vCenter Converter 迁移物理机时，如果通过网络迁移正在运行的远程 Windows 计算机时，可能会出现错误。如图 5-8-1 所示是在一台安装了 vCenter Converter 的 Windows 7 企业版的计算机，通过网络（局域网，同一网段）迁移一台安装并运行了 Windows Server 2012 R2 操作系统的物理计算机时，在向这台 Windows 2012 安装 Converter 代理时出现的错误。

图 5-8-1　安装 Converter 代理时出错

对于这种错误，如果一时不能解决，则可以在这台希望迁移的物理服务器上安装 vCenter Converter 6.1，通过转换"本地计算机"的方式，将其转换成虚拟机。下面简要介绍主要步骤。

（1）使用"远程桌面连接"程序登录到要迁移的 Windows Server 2012 R2 计算机，或者是以其他方式登录到服务器控制台，如图 5-8-2 所示。

（2）在这台服务器上安装 vCenter Converter，安装完成后运行该软件，如图 5-8-3 所示。

图 5-8-2　查看要迁移的物理服务器

图 5-8-3　安装 vCenter Converter

（3）运行 VMware Converter，单击"Convert machine"，如图 5-8-4 所示。

（4）在源系统中选择这台本地计算机，如图 5-8-5 所示。

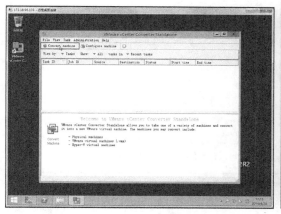

图 5-8-4　转换计算机

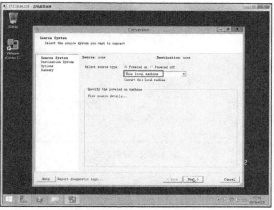

图 5-8-5　选择本地计算机

（5）在目标系统中选择 VMware Workstation 或 vSphere 架构，在此选择 vSphere 架构主机，输入 vCenter Server 或 ESXi 主机的 IP 地址，输入管理员账户与密码，如图 5-8-6 所示。

（6）在目标虚拟机处为转换后的虚拟机设置名称，如图 5-8-7 所示。

图 5-8-6　选择目标位置

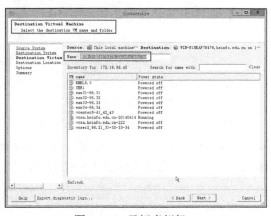

图 5-8-7　目标虚拟机

（7）为目标虚拟机选择存储及虚拟机硬件版本。

（8）在"Options"对话框的"Data to copy"选项中，选择"Thin"精简置备，如图 5-8-8 所示。

（9）在"Device"对话框为目标虚拟机设置合适的内存（例如 2GB），如图 5-8-9 所示，并选择合适的 CPU 数量。

（10）其他根据需要进行选择，直接配置完成，如图 5-8-10 所示。

（11）开始转换，如图 5-8-11 所示是转换过程中网络流量截图。

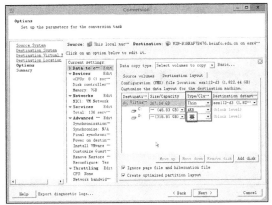

图 5-8-8　精简置备　　　　　　　　　　　　图 5-8-9　配置 CPU 与内存

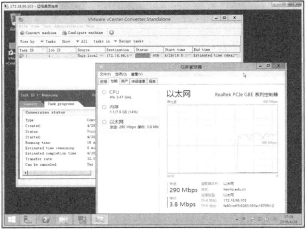

图 5-8-10　配置完成　　　　　　　　　　　　图 5-8-11　开始转换

（12）转换完成，如图 5-8-12 所示。然后关闭这台物理计算机。

（13）使用 vSphere Client 或 vSphere Web Client，打开转换后的虚拟机控制台，并打开虚拟机的电源，登录，如图 5-8-13 所示。

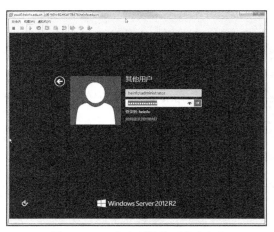

图 5-8-12　转换完成　　　　　　　　　　　　图 5-8-13　登录到转换后的虚拟机

（14）登录到转换后的虚拟机，如图 5-8-14 所示。此时可以看到桌面上的 vCenter
Converter 图标。

（15）管理员可以做进一步的检查，如图 5-8-15 所示。最后，卸载 VMware Converter、
原来物理计算机上的显卡驱动，这些不再一一介绍。

图 5-8-14 登录进转换成功的虚拟机

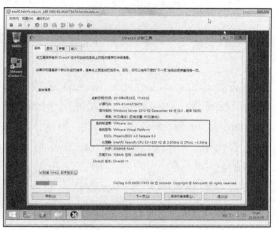

图 5-8-15 检查确认转换是否成功

第 6 章 vSphere 虚拟机备份与恢复解决方案

黄金有价，数据无价。如何保护数据及系统的安全，是每个管理员都要面对的问题。在 vSphere 数据中心中，可以使用 vSphere 提供的虚拟机及数据库备份与恢复解决方案。vSphere Data Protection（VDP）是基于虚拟机磁盘的备份与恢复解决方案，部署容易，安装配置简单。vSphere Data Protection 与 VMware vCenter Server 集成，可以对备份作业执行有效的集中管理，同时将备份存储在经过重复数据消除的目标存储中。与以前的版本相比，新的版本还能对 SQL Server 数据库进行备份。

6.1 vSphere Data Protection 概述

vSphere Data Protection（VDP）是一个基于磁盘备份和恢复的解决方案，功能强大并且易于部署。VDP 与 VMware vCenter Server 完全集成，可用来对备份作业执行高效的集中管理，同时将备份存储在经过"重复数据消除"的目标存储位置。

vSphere Data Protection 具有以下优势。

（1）针对所有虚拟机提供快速高效的数据保护，甚至可保护那些已断电或在 ESX 主机之间迁移的虚拟机。

（2）对所有备份采用获得专利的可变长度重复数据消除技术，从而极大地减少备份数据所占用的磁盘空间。

（3）通过使用更改数据块跟踪（CBT）和 VMware 虚拟机快照，降低了备份虚拟机的成本，并最大限度地缩短了备份窗口。

（4）可实现轻松备份，无需在每台虚拟机上安装第三方代理。

（5）可以作为集成组件简单直接地安装到通过 Web 门户进行管理的 vSphere 中。

（6）可直接访问已集成到 vSphere Web Client 中的 vSphere Data Protection 配置。

（7）使用检查点和回滚机制保护备份。

（8）从基于 Web 的界面中，通过终端用户启动的文件级恢复提供 Windows 和 Linux 文件的简化恢复。

使用 VMware vSphere Web Client 界面可以选择、安排、配置和管理虚拟机的备份以及恢复。

在备份期间，vSphere Data Protection（VDP）会创建虚拟机的停顿快照。在每个备份操作中会自动执行重复数据消除。

【说明】VDP 并不是一个"实时"备份的设备与软件，一般是间隔 1 天对数据进行备份，并且是从每天晚上 8 点开始备份。所以，如果要使用备份恢复系统时，从上次备份到当前还没有启动的这个备份时间之间的数据是没有的，这时数据就会有一个差异。例如，你做的策略是每天备份一次，假设你的某个备份过的虚拟机 A 是周一进行的备份，但到了周二中午，由于误操作或其他各种原因，导致这台虚拟机 A 不能启动或者数据丢失并且不能修复时，你可以将周一进行的备份进行恢复，但周一备份之后到周二中午的这段时间的数据会丢失（因为周二的数据默认是到周二晚上 8 点之后开始备份，但当前时间还没到。当然也不一定是 8 点，因为在启动多个备份时，会按进度进行一一备份，但各个备份工作是从晚上 8 点开始的）。

6.1.1　vSphere Data Protection 简介

使用 VMware vSphere Web Client 界面可以选择、安排、配置和管理虚拟机的备份以及恢复。在备份期间，vSphere Data Protection 会创建虚拟机的停顿快照。在每个备份操作中会自动执行重复数据消除。有关 VDP 的备份和恢复环境中的相关名词解释如下。

（1）"**数据存储区**" 是数据中心内基础物理存储资源组合的虚拟表示形式。数据存储区是虚拟机文件的存储位置（例如物理磁盘、RAID 或 SAN）。

（2）"**更改数据块跟踪（CBT）**" 是一项 VMkernel 功能，可以跟踪虚拟机存储数据块随时间的变化情况。VMkernel 会跟踪虚拟机的数据块更改，对于旨在利用 VMware 的 vStorage API 的应用程序，这可以增强应用程序的备份过程。

（3）借助 "**文件级恢复（FLR）**"，受保护虚拟机的本地管理员可以浏览和装载本地计算机的备份。然后，管理员可以从这些装载的备份恢复各个文件。FLR 使用 vSphere Data Protection Restore Client 来完成。

（4）借助 " **VMware vStorage APIs for Data Protection（VADP）**"，备份软件可以执行集中式虚拟机备份，而不会中断每台虚拟机中正在运行的备份任务，也不会产生相应的开销。

（5）"**虚拟机磁盘（VMDK）**" 是一个或一组文件，这些文件对于来宾操作系统显示为一个物理磁盘驱动器。这些文件可以位于主机计算机或远程文件系统上。

（6）"**VDP 应用装置**" 是一个针对 vSphere Data Protection 专门构建的虚拟应用装置。

6.1.2　映像级备份和恢复

vSphere Data Protection 可创建映像级备份，这些备份与 vStorage API for Data Protection 进行集成。vStorage API for Data Protection 是 vSphere 中的一个功能集，用于将备份处理开销从虚拟机分载到 vSphere Data Protection 应用装置。该应用装置通过与 vCenter Server 通信来创建虚拟机 .vmdk 文件的快照。重复数据消除在应用装置中使用获得专利的可变长度重复数据消除技术执行。

如果使用了内部代理，每个 vSphere Data Protection 应用装置部署了最大数目（8 个）外部代理，则每个 VDP 应用装置最多可以同时备份 24 台虚拟机。

为了提高映像级备份的效率，vSphere Data Protection 会利用 VADP CBT 功能。借助 CBT，vSphere Data Protection 可以仅备份自上次备份以来发生更改的磁盘数据块。这极大地减少了给定虚拟机映像的备份用时，并使得在特定备份窗口内处理大量虚拟机成为可能。

通过在恢复期间利用 CBT 功能，vSphere Data Protection 在将虚拟机恢复到其原始位置时可以快速高效地完成恢复。在恢复过程中，vSphere Data Protection 将查询 VADP，确定哪些数据块在上次备份后发生过更改，然后在恢复期间只恢复或替换哪些数据块。这减少了执行恢复操作期间 vSphere 环境中的数据传输，更重要的是缩短了恢复用时。

此外，vSphere Data Protection 还会自动评估分别使用两种恢复方法（完整映像恢复或利用 CBT 的恢复）时的工作负载，然后执行恢复用时最短的那种方法。这在下面的情况中非常有用：在要恢复的虚拟机中，自上次备份以来的更改率非常高，并且 CBT 分析操作的开销比直接执行完整映像恢复的开销更高。vSphere Data Protection 将以智能方式判断对于用户的特定情况或环境，采用哪种方法时虚拟机映像恢复用时最短。

VMware 映像级备份的优势包括以下方面。

（1）可以对虚拟机进行完整映像备份，而与来宾操作系统无关。

（2）如果 SCSI hotadd 这种高效传输方法可供使用并且已获得适当许可，则会采用这种方法，这样可避免通过网络复制整个 VMDK 映像。

（3）可以从映像级备份进行文件级恢复。

（4）在 vSphere Data Protection 应用装置保护的所有.vmdk 文件内部以及各文件之间执行重复数据消除。

（5）利用 CBT 加快备份和恢复速度。

（6）不再需要在每台虚拟机中管理备份代理。

（7）支持同时进行备份和恢复，从而实现出色的吞吐量。

6.1.3　来宾级备份和恢复

VDP 支持 Microsoft SQL Server、Microsoft Exchange Server 和 SharePoint 的来宾级备份。对于来宾级备份，需要在 SQL Server 或 Exchange Server 上安装客户端代理（用于 SQL Server 客户端的 VMware VDP 或用于 Exchange Server 客户端的 VMware VDP），其安装方式与备份代理在物理服务器上的典型安装方式相同。

VMware 来宾级备份的优势包括以下方面。

（1）可以实现高于映像级备份的重复数据消除。

（2）对虚拟机内的 SQL Server 或 Exchange Server 提供附加应用程序支持。

（3）支持备份和恢复整个 SQL Server、Exchange Server 或所选数据库。

（4）能够支持应用程序一致性备份。

（5）物理机和虚拟机的备份方法相同。

6.1.4　文件级恢复

借助文件级恢复（FLR），受保护虚拟机的本地管理员可以浏览和装载本地计算机的备份。然后，管理员可以从这些装载的备份恢复各个文件。FLR 使用 vSphere Data Protection Restore Client 来完成。

6.1.5　重复数据消除存储优势

企业数据是高度冗余的，在系统内部和系统之间存储着相同的文件或数据（例如，操作系统文件或发送给多个收件人的文档）。编辑过的文件也与以前版本存在极大的冗余。传统备份方法会将所有冗余数据反复存储，从而使这种情况更加恶化。vSphere Data Protection 使用获得专利的重复数据消除技术，在文件级和子文件数据段级消除冗余。

（1）可变长度与固定长度数据段。

在数据段（即子文件）级消除冗余数据的一个关键因素，是确定数据段大小的方法。固定数据块或固定长度数据段通常由快照和某些重复数据消除技术使用。遗憾的是，即使对数据集的很小更改（例如，在文件开头插入数据）也可能会更改数据集中的所有固定长度数据段，而事实上这种情况下对数据集所做的更改少之又少。

vSphere Data Protection 使用智能的可变长度方法来确定数据段大小。该方法通过检查数据来确定逻辑边界点，从而提高了效率。

（2）逻辑数据段确定。

vSphere Data Protection 使用获得专利的方法来确定数据段大小，该方法的设计目的是在所有系统上实现最佳效率。vSphere Data Protection 的算法会分析数据集的二进制结构（构成数据集的所有 0 位和 1 位），以便确定环境相关的数据段边界。可变长度数据段大小平均为 24KB，进一步压缩后的大小平均为 12KB。

通过分析 VMDK 文件中的二进制结构，vSphere Data Protection 适用于所有文件类型和大小，并且会智能地对数据执行重复数据消除。

6.1.6　vSphere Data Protection 体系结构

vSphere Data Protection（VDP）使用 vSphere Web Client 和 vSphere Data Protection 应用装置将备份存储到经过重复数据消除的存储中。

vSphere Data Protection 由一组在不同计算机上运行的组件构成（如图 6-1-1 所示）：

- vCenter Server 5.5 或更高版本；
- vSphere Data Protection 应用装置（安装在 vSphere 5.1 或更高版本上）；
- vSphere Web Client；
- Application backup agents。

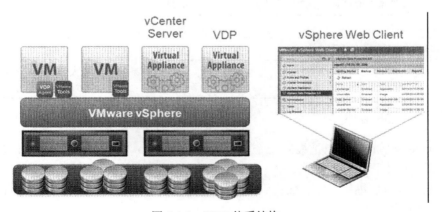

图 6-1-1　VDP 体系结构

6.1.7 了解 vSphere Data Protection 的功能

在 vSphere 5.5.x 时期,vSphere 虚拟机备份工具分为 vSphere Data Protection(VDP)及 vSphere Data Protection Advanced(VDPA)两个版本,其中 VDPA 是收费版本,功能较多。从 vSphere 6.x 开始,VDPA 与 VDP 合并成一个版本 VDP 并包括了以前 VDPA 的所有功能,所以用户再使用 VDP 6 时,不需要再购买许可证密钥。VDP 中的主要功能如表 6-1-1 所列。

表 6-1-1 VDP 主要功能

功　　能	VDP
每个 VDP 应用装置支持的虚拟机数	最多 400 台
每个 vCenter Server 支持的 VDP	最大 20 个
数据存储区大小	0.5TB,1TB,2TB,4TB,6TB,8TB
支持映像级备份	是
支持单个磁盘备份	是
支持镜像级恢复工作	是
支持镜像级复制工作	是
支持直接恢复到主机的恢复操作	
支持可分离/可重新装载的数据分区	是
支持文件级恢复(FLR)	
支持对 Microsoft Exchange 服务器、SQL Server 与 SharePoint 服务器进行来宾级备份和恢复	是
支持应用程序级复制	是
能够扩展当前数据存储区	是
支持备份到 Data Domain 系统	是
在 Microsoft 服务器上能够恢复到粒度级别	是
支持自动备份验证(ABV)	是
Replication Target Identity(RTI)	是
支持外部代理	是,如果部署了最大数目(8 个)外部代理,则最多可支持 24 台虚拟机同时运行

6.1.8 VDP 的使用

VMware vSphere 6.5 是最后一个包含 vSphere Data Protection 的版本,未来发行的 vSphere 版本将不再包含此产品。在 vSphere 6.0.x、vSphere 6.5.x 及 vSphere 5.x 中,vSphere Data Protection 可以继续使用。截止到本章写作完成时,vSphere Data Protection 的最新版本是 6.1.5,如图 6-1-2 所示。

图 6-1-2　VMware VDP 下载页

6.2　vSphere Data Protection 的系统需求与规划设计

vSphere Data Protection（VDP）的容量需求取决于诸多因素，这些包括以下方面。

（1）受保护的虚拟机的数量。

（2）每个受保护虚拟机中包含的数量。

（3）要备份的数据的类型，例如操作系统文件、文档和数据库。

（4）备份数据的保留周期（每日、每周、每月或每年，或根据需要自定义）。

（5）要备份的数据的更改率。

【说明】假定要备份的虚拟机的大小和数据更改都处于平均水平，包含的是一般的数据类型，并且采取的保留策略为 30 天（在第 31 天删除第 1 天的数据，并依次循环），则每 1TB 的 VDP 备份数据容量可支持大约 25 台虚拟机。

6.2.1　vSphere Data Protection 系统需求

对于 vSphere Data Protection，VMware 提供的是预先配置好的虚拟机（安装配置好 Linux 操作系统、安装配置了 vSphere Data Protection 软件），在使用 vSphere Client 或 vSphere Web Client，通过部署 OVF 模板的方式，部署 VDP 的虚拟机之后，在第一次备份向导中，管理员根据需要选择备份的容量，可以在 0.5TB、1TB、2TB、4TB、6TB、8TB 之间选择。

在 VDP 5.x 版本时，VDP 备份容量一旦设置将不能更改，但可以通过部署多个 VDP 来增加备份的虚拟机的数量。在 VDP 6.x 版本中，VDP 的备份容量可以扩充，但不能减少。例如，管理员可以初期部署容量为 0.5TB 的备份装置，以后可以根据需要将其扩充到 1TB、2TB、4TB 或 6TB 以至于 8TB。

在从 VMware 官方网站下载 vSphere Data Protection 的时候，一般会有两个文件，其中扩展名为 ova 的为配置好的 VDP 虚拟机，另一个扩展名为 ISO 的是 VDP 的升级镜像文件，用于从低版本 VDP（例如 5.8）升级到更新的版本（例如 6.1.1）。如图 6-2-1 所示是下载好 VDP 6.1.5 的文件。

图 6-2-1　vSphere Data Protection 的 OVA 文件

你可以根据需要为 VDP 选择备份容量。VDP 的最低系统要求如表 6-2-1 所列。

表 6-2-1　　　　　　　　　　　　　　　VDP 的最低系统要求

	0.5TB	1TB	2TB	4TB	6TB	8TB
CPU	至少 4 个 2GHz	至少 4 个 2GHz	至少 4 个 2GHz	至少 4 个 2GHz	至少 4 个 2GHz	至少 4 个 2GHz
内存	4GB	4GB	4GB	8GB	10GB	12GB
磁盘空间	873GB	1 600GB	3TB	6TB	9TB	12TB

【说明】如果 VDP 备份装置所在的主机存储性能较低，需要为 VDP 备份装置配置更大的内存与 CPU。

vSphere Data Protection 6.1 需要 vSphere 主机 5.0 或更高版本，需要 VMware vCenter Server 5.5 或更高的版本。

6.2.2　为 VDP 规划 DNS 名称

在同一个 vSphere 环境中，vCenter Server、ESXi、VDP 以及其他的 vSphere 产品最好使用同一个 DNS 服务器用于解析，并且采用内部的域名系统。因为在 vSphere 环境中，有时候是需要使用 DNS 名称进行注册或访问的，所以这时需要有一个统一的 DNS 系统。

在部署 vSphere Data Protection 之前，必须向 DNS 服务器添加一个与应用装置的 IP 地址和完全限定的域名（FQDN）对应的条目。此 DNS 服务器必须既支持正向查找，又支持反向查找。在规划 VDP 的 DNS 名称时，应以简单明了为原则。

1. 规划 1 个 VDP 应用装置

例如，在一个 vSphere 环境中，Active Directory 服务器为 172.30.5.15，为 vSphere Data Protection 虚拟机设置 DNS 名称为 vdpa，该服务器的 IP 地址为 172.30.5.237。在 DNS 中的"正向查找区域"中创建名为 vdpa 的 A 记录，其对应的 IP 地址为 172.30.5.237，如图 6-2-2 所示。在"反向查找区域"中创建 PTR 指针，IP 地址为 172.30.5.237 的地址指向 vdpa，如图 6-2-3 所示。

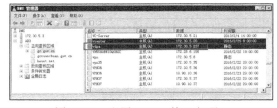

图 6-2-2　配置 VDPA 的 A 记录

图 6-2-3　创建 PTR 指针

【说明】如果 DNS 设置不正确，可能导致出现许多运行问题或配置问题。

要验证 DNS 配置，打开命令提示符，然后输入以下命令：

（1）nslookup　<VDP IP 地址><DNS IP 地址>

nslookup 命令将返回 vSphere Data Protection 应用装置的完全限定的域名，如图 6-2-4 所示。

（2）nslookup　<VDP 的完全限定的域名><DNS 的 IP 地址>

nslookup 命令将返回 vSphere Data Protection 应用装置的 IP 地址，如图 6-2-5 所示。

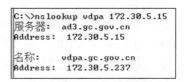

```
C:\>nslookup 172.30.5.237 172.30.5.15
服务器:   ad3.gc.gov.cn
Address:  172.30.5.15

名称:     vdpa.gc.gov.cn
Address:  172.30.5.237
```

```
C:\>nslookup vdpa 172.30.5.15
服务器:   ad3.gc.gov.cn
Address:  172.30.5.15

名称:     vdpa.gc.gov.cn
Address:  172.30.5.237
```

图 6-2-4　根据 IP 地址检查 DNS 名称　　　图 6-2-5　根据 DNS 名称检查 IP 地址

【说明】如果 DNS 服务器是 Active Directory 服务器，并且为 VDPA 创建的 DNS 域也是 Active Directory 的域名，在使用 nslookup 命令查询反向域名时，只需要使用 A 记录的名称 vdpa 查询即可，即命令为：

nslookup vdpa 172.30.5.15

2．规划多个 VDP 应用装置

如果需要在环境中规划多个 VDP 应用装备，则规划的 VDP 应用装置名称可以为 vdp 或 vdp1、vdp2 或其他你认为合适的名称，并以此类推。例如假设 DNS 域名为 heuet.com，如果要规划 2 个 VDP 备份装置，可以设置 VDP 的 DNS 名称为 vdpa.heuet.com、vdpa2.heuet.com，并且在 DNS 服务器中创建正向解析指向为 VDP 虚拟机规划的 IP 地址，如图 6-2-6 所示。

之后再在"反向查找区域"中创建 PRT 记录，如图 6-2-7 所示。

图 6-2-6　创建 A 记录　　　　　　　图 6-2-7　创建 RTP 反向记录

6.2.3　规划全新安装 VDP 还是升级现有 VDP

如果 vSphere 环境是新配置的，所有的一切都是新的，或者即使 vSphere 是从以前的版本升级而来的，但原来的环境中没有 VDP，此时可以安装一个新的 VDP，并且根据要备份的虚拟机的数量、每个需要备份的虚拟机的磁盘大小、虚拟机使用中的磁盘变化率、需要保留的备份天数等参数，规划 VDP 备份装置的容量。

如果环境中已经有了 VDP，此时就需要考虑：是升级现有的 VDP，还是新安装一个新的 VDP。为什么这样说呢？不可否认，虽然当前的 VDP 备份装置一直在工作，并且备份数据也是正确的,但不可避免这些使用了一段时间的 VDP 总是有一些问题的,例如响应慢、总是在 vSphere Web Client 连接不上、管理员需要经常重新启动 VDP 备份设备这样的问题。所以,即使当前环境中已有 VDP,也可以考虑以下的作法。

(1)保留原来的 VDP 备份装置,实际上是保留原来的备份,并且在原来的 VDP 备份装置上,停止备份作业,禁止新的备份,或者关闭 VDP 备份装置虚拟机。然后再新安装一个 VDP 备份装置,在新安装的 VDP 中,创建新的备份作业,开始新的备份。等备份一段时间之后,因为数据有时效性,所以原来的 VDP 备份装置的数据已经不再需要时,删除原来的 VDP 备份装备。

(2)关闭原来的 VDP 备份装置,安装新的 VDP。为了保留原来的备份,可以在新的 VDP 备份装置附加原来的 VDP 备份装置虚拟机的磁盘,将原来 VDP 备份装置上的数据复制到新的 VDP 备份装置,之后创建新的备份。

(3)升级现有的 VDP 备份装置。

上述三种方法都是可以的。但如果当前的 VDP 版本过低,而新的、准备部署的 VDP 版本太高,两者之间差距较大不支持升级时,则采用第(1)、(2)种方法较为合适。

在本章中,将介绍第(2)种方法,并且介绍全新部署 VDP 应用装置的内容。

另外,在部署 VDP 备份装置的时候,保存 VDP 虚拟机的存储,最好与要备份的虚拟机放置在不同的共享存储或不同的服务器(不同的服务器本地硬盘)上。例如,假设环境中有两个共享存储,一些生产中的虚拟机会保存在一个性能较高、配置较好的存储中,而另一个性能较低的存储,则可以放置 VDP 虚拟机。如果只有一个共享存储,并且所有的虚拟机都保存在这个共享存储中,则可以找一台配置较低的服务器(例如以前淘汰下来的服务器,只要稳定即可,不需要有多快的速度,也可以安装较低版本的 ESXi 例如 5.0),将 VDP 备份虚拟机放置在这台服务器的本地硬盘中。例如,在一个数据中心中,主要业务系统运行在 3 台 HP 服务器中(64GB 内存,使用一台 IBM DS3500 的存储),为了备份生产环境中的虚拟机,可以在一台较早的 DELL PowerEdge 2900 的服务器中放置 VDP 备份虚拟机,这台 DELL 服务器安装的是 ESXi 5.1 的系统,如图 6-2-8 所示。

图 6-2-8　将 VDP 放置在另一台服务器的本地硬盘中

6.2.4　NTP 配置

vSphere Data Protection 利用 VMware Tools 来通过 NTP 同步时间。所有 ESXi 主机和

vCenter Server 都应正确配置了 NTP。vSphere Data Protection 虚拟机通过 vSphere 来获取正确时间，所以不要配置 NTP。如果直接在 vSphere Data Protection 应用装置上配置 NTP，可能会造成时间同步错误。例如，图 6-2-9 是在连接 VDP 的时候经常出的一个提示。

图 6-2-9　最新请求已被 VDP 应用装置拒绝

当出现这个提示时，应检查每台 ESXi 主机的时间、vCenter Server 虚拟机的时间（应该与其所在的 ESXi 的时间同步）、VDP 应用装置的时间（登录 https://vdp_ip:8543/vdp-configurigure），在"配置"选项卡中查看当前 VDP 的时间，并且与右下角当前的 vSphere Client 的时间对比（如果 vSphere Client 时间与 ESXi 的时间同步，表明 vSphere Clienti 计算机与 ESXi 主机使用的可能是同一台 NTP 服务器，如图 6-2-10 所示（按 F5 键刷新）。

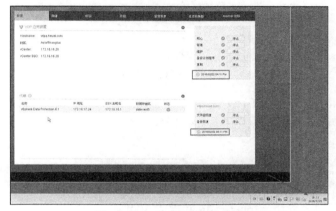

图 6-2-10　查看 VDP 的时间

6.3　在 vSphere 6.5 环境安装 VDP 6.1.5

在 vSphere 5.5.x、vSphere 6.0.x 的时候，可以使用 vSphere Client 或 vSphere Web Client 连接到 vCenter Server 部署 VDP，但在 vSphere 6.5 中，如果使用 vSphere Web Client 部署 VDP 会出错。所以可以使用 vSphere Client 登录到某台 ESXi 主机部署 VDP 6.1.5，在部署完成后，使用 vSphere Web Client 管理 VDP。本节使用图 6-3-1 所示的实验环境，介绍在 vSphere 6.5 中部署 VDP 6.1.5 的内容。其他在 vSphere 6.0.x 中的部署也可以参考本节内容。

在本案例中，当前有 2 台 ESXi 主机（IP 地址分别为 172.18.96.34、172.18.96.35），使用一个 iSCSI 共享存储（172.18.96.9）。本示例中 Active Directory 服务器的 IP 地址是 172.18.96.1，域名是 heinfo.edu.cn。在此规划 VDP 备份装置的名称为 vdpa，规划 IP 地址为 172.18.96.18。在 172.18.96.1 的 DNS 中创建了名为 vdpa 的 A 记录指向 172.18.96.18。在命令提示窗口执行 nslookup vdpa.heinfo.edu.cn 172.18.96.1 结果如下：

```
服务器：  SERVER.heinfo.edu.cn
Address:  172.18.96.1

名称：  vdpa.heinfo.edu.cn
```

Address: 172.18.96.18

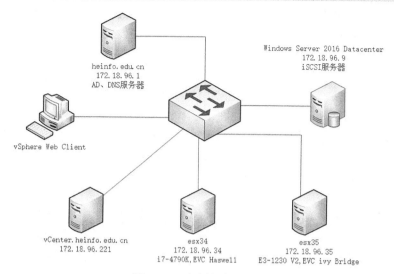

图 6-3-1　部署好的 VDP

执行 nslookup 172.18.96.18 172.18.96.1 结果如下：

服务器：SERVER.heinfo.edu.cn
Address: 172.18.96.1

名称：vdpa.heinfo.edu.cn
Address: 172.18.96.18

在本节的演示中，使用 vSphere Client 部署 VDP。

6.3.1　使用 vSphere Client 部署 VDP

使用 vSphere Client 直接登录到网络中的一台 ESXi 主机中，例如 172.18.96.34，然后在这台主机部署 VDP，主要步骤如下。

（1）使用 vSphere Client 登录 172.18.96.34 这台 ESXi 主机，在"文件"菜单中选择"部署 OVF 模板"，如图 6-3-2 所示。

（2）在"源"对话框浏览选择要部署的 VDP 虚拟机模板，扩展名为 ova，如图 6-3-3 所示。

图 6-3-2　部署 VDP 模板

图 6-3-3　选择模板

（3）在"OVF 模板详细信息"对话框，显示了要部署的产品以及需要占用的空间（精简置备 11.9GB，厚置备 200GB），如图 6-3-4 所示。

（4）在"最终用户许可协议"对话框，单击"接受"按钮，然后单击"下一步"按钮，如图 6-3-5 所示。

图 6-3-4　OVF 模板详细信息

图 6-3-5　接受许可协议

（5）在"名称和位置"对话框为将要部署的虚拟机指定名称，在此设置名称为 vdpa-1.18，如图 6-3-6 所示。

（6）如果使用 vSphere Client 连接到 vCenter Server（在 vSphere 6.0.x 或 vSphere 5.x）时，还会出现"资源池"对话框，如果是这种情况应为将要部署的虚拟机选择资源池，如图 6-3-7 所示（直接登录到 ESXi 时无此步骤）。

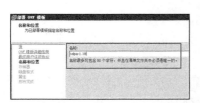
图 6-3-6　名称和位置

图 6-3-7　资源池

（7）在"存储器"对话框选择保存 VDP 虚拟机的存储，如果当前环境中有多个存储，需要将 VDP 虚拟机保存在专用于放置备份数据的存储中，而不是与生产环境中的虚拟机放置在一个存储中。如图 6-3-8 所示。

（8）在"磁盘格式"对话框选择虚拟机保存的格式，在此选择"Thin Provision"（精简置备），如图 6-3-9 所示。

（9）如果使用 vSphere Client 登录到 vCenter，则会出现"网络映射"对话框，如图 6-3-10 所示。

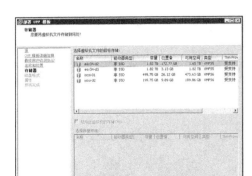 

图 6-3-8　存储器　　　　　　　　　　　　图 6-3-9　磁盘格式

（10）在"属性"对话框，为 VDP 虚拟机依次指定网关地址（本示例为 172.18.96.253）、DNS 地址（本示例为 172.18.96.1）、VDP 的 IP 地址（本示例为 172.18.96.18）、子网掩码（255.255.255.0），如图 6-3-11 所示。

图 6-3-10　网络映射　　　　　　　　　　　图 6-3-11　指定 IP 地址

（11）在"即将完成"对话框显示部署的选项，检查无误之后，单击并选中"部署后打开电源"，然后单击"完成"按钮，如图 6-3-12 所示。

（12）在部署 vSphere Data Protection 对话框中选中"完成后关闭此对话框"，如图 6-3-13 所示。

 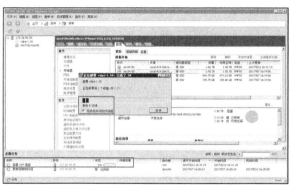

图 6-3-12　即将完成　　　　　　　　　　　图 6-3-13　部署 VDP

（13）部署完成之后，打开 VDP 虚拟机控制台，正常情况下应该出现图 6-3-11 中所规划的 IP 地址 172.18.96.18，如图 6-3-14 所示。如果出现了错误的 IP 地址（例如图 6-3-15 中出现的 10.4.14.8 的 IP 地址），应在控制台移动光标到 Login 按"Enter"键，进入终端界面，使用用户名 root、密码 changeme 登录，使用 ifconfig 查看 IP 地址，然后使用 ifconfig eht0 172.18.96.18 重新设置 IP 地址（如图 6-3-16 所示），然后执行 exit 到控制台界面，显示正确的 IP 地址（如图 6-3-14 所示）。之后记

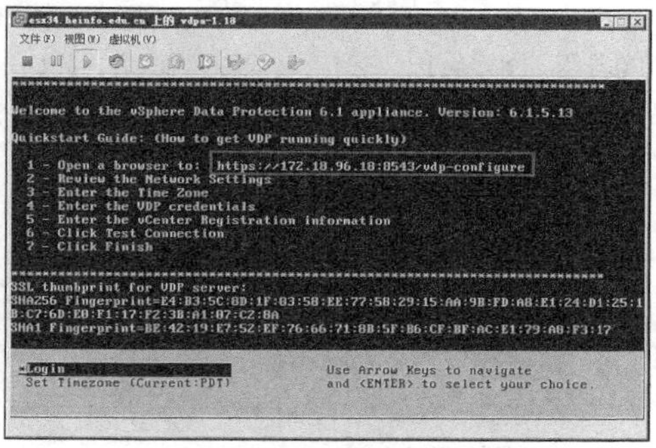

图 6-3-14　正确的 IP 地址

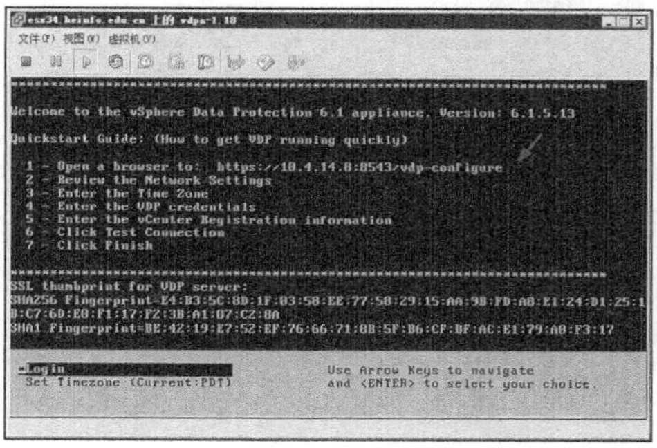

下配置地址 https://172.18.96.1:8543/vdp-configure，继续配置。

图 6-3-15　错误的 IP 地址　　　　　　　　　图 6-3-16　VDP 虚拟机启动完成

6.3.2　配置全新的 VDP 虚拟机

在 VDP 虚拟机启动后，对 VDP 进行初始配置。

（1）使用 IE 浏览器，登录 https://172.18.96.1:8543/vdp-configure，输入初始密码 changeme，如图 6-3-17 所示。

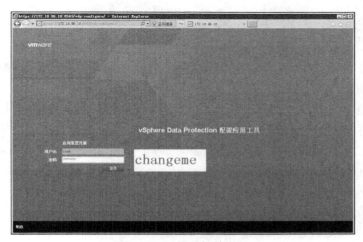

图 6-3-17　输入初始密码

（2）在"网络设置"中，输入当前 VDP 规划的 IP 地址 172.18.96.18，设置主要 DNS 为 172.18.96.1、主机名称为 vdpa、域名为 heinfo.edu.cn，如图 6-3-18 所示。

（3）在"时区"对话框中，选择"Asia/Shanghai"。在"VDP 凭据"中，为当前 VDP 虚拟机设置密码，如图 6-3-19 所示。

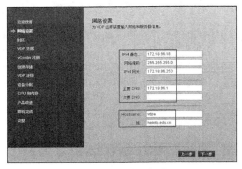

图 6-3-18 网络设置

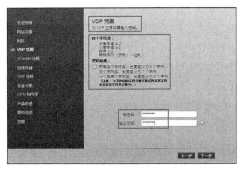

图 6-3-19 为 VDP 设置密码

（4）在"vCenter 注册"对话框中，输入 vCenter Server 的管理员账户（具有 vCenter Server SSO 权限）、密码、vCenter Server 的计算机名称或 IP 地址，然后单击"检测连接"，在连接通过之后，再单击"下一步"按钮，如图 6-3-20 所示。

（5）在"创建存储"对话框，选择"创建新存储"，并且在"容量"处选择存储大小（可选项包括 0.5、1、2、4、6、8），在此选择 1TB，如图 6-3-21 所示。

图 6-3-20 vCenter 注册

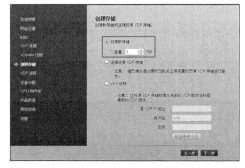

图 6-3-21 创建存储

（6）在"设备分配"对话框，选中"与应用装置一同存储"，并在"调配"下拉列表中选择新建存储的磁盘格式，在此选择"精简"，如图 6-3-22 所示。

（7）在"CPU 和内存"对话框，为 VDP 虚拟机分配内存和 CPU 数目。注意，在此步骤中不要修改 CPU 与内存的配置，如果需要调整，等 VDP 配置完成之后使用 vSphere Web Client 登录成功之后再修改。如果在此步骤中修改了 CPU 与内存的配置，可能会导致 VDP 的后续步骤配置出错。如图 6-3-23 所示。

（8）在"即将完成"对话框单击"下一步"按钮，如图 6-3-24 所示。

（9）在"警告"对话框单击"是"按钮，如图 6-3-25 所示。

（10）配置向导将开始配置，如图 6-3-26 所示。

（11）完成之后，在"完整"对话框单击"立即重新启动"按钮，如图 6-3-27 所示。

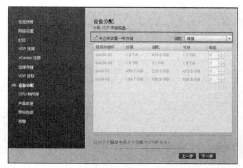

图 6-3-22　设备分配

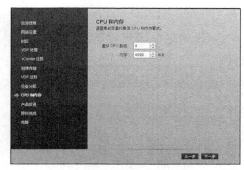

图 6-3-23　分配 CPU 和内存

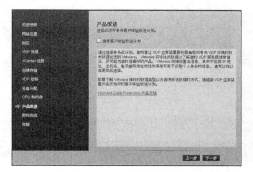

图 6-3-24　即将完成

图 6-3-25　确认更改

图 6-3-26　配置过程

图 6-3-27　重新启动

（12）再查看 VDP 虚拟机配置，可以看到当前虚拟机配置已经更改为 8GB 内存、4 个 CPU，并添加了硬盘 2～硬盘 7 共 6 块 1TB 的硬盘，如图 6-3-28 所示。

（13）启动 VDP 虚拟机，打开控制台可以看到，这是一个 SUSE Linux 的界面，如图 6-3-29 所示。

如果原来打开了 vSphere Web Client，应关闭浏览器并重新登录 vSphere Web Client，此时在导航器及主页中都会看到 VDP 的链接，如图 6-3-30 所示。

在后面的章节将详细介绍 VDP 的使用。因为当前实验环境中没有多少虚拟机，为了全面了解 VDP，后面的实验将在一个生产环境中进行，这个环境是 vSphere 6.0.0 U3、安装配置了 VDP 6.1，这个环境中有 3 台 ESXi 主机（IP 地址分别为 172.16.17.1、172.16.17.2、172.16.17.3），使用一台 IBM 3500 存储。所有的虚拟机都运行在这 3 台主机中，其中 Active Directory 服务器的 IP 地址是 172.16.17.1，域名是 heuet.com。在此规划 VDP 备份装置的名称为 vdpa，规划 IP 地址为 172.16.17.24，部署之后的效果如图 6-3-31 所示。环境中有 SQL Server、Exchange 等虚拟机用于演示 VDP 的应用程序备份，还有其他的一些 Web 服务器等虚拟机。

图 6-3-28　查看虚拟机配置

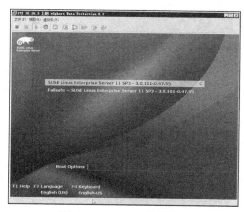

图 6-3-29　VDP 控制台

图 6-3-30　VDP 快捷方式

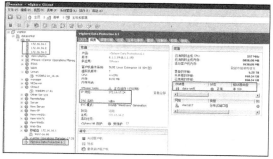

图 6-3-31　部署好的 VDP

6.4　使用 vSphere Data Protection

本节将介绍 VDP 的使用，包括访问 VDP、切换 VDP 应用装置、创建或编辑备份作业、恢复作业等操作。

6.4.1　vSphere Data Protection 界面

vSphere Data Protection（VDP）只能通过 vSphere Web Client 进行管理，vSphere Client 不支持管理 VDP。

（1）从 Web 浏览器访问 vSphere Web Client，然后以管理员账户登录。登录之后，在 vSphere Web Client 中选择"vSphere Data Protection"选项，在"欢迎使用 vSphere Data Protection"对话框中选择 vSphere Data Protection 应用装置，然后单击"连接"按钮，如图 6-4-1 所示。

（2）在 vSphere 6 的环境中，每个 vCenter Server 6 最多支持 20 个 VDP 应用装置。通过在"切换应用装置"选项右侧的下拉列表中选择应用装置，然后单击右侧的"▷"按钮，可以切换应用装置，如图 6-4-2 所示。

图 6-4-1　连接 VDP

图 6-4-2　切换应用装置

【说明】此下拉列表中的 VDP 应用装置按字母顺序排列，屏幕上所显示列表的第一项可能并非当前的应用装置。

在 vSphere Data Protection 屏幕上，左侧的应用装置名称是当前应用装置，而此下拉列表中的应用装置名称是应用装置列表中的第一个应用装置。

（3）vSphere Data Protection 用户界面由 6 个选项卡组成，如图 6-4-3 所示。

- 开始。提供 VDP 功能概述以及指向"创建备份作业"向导、"恢复"向导及"报告"选项卡（"查看概况"）的快速链接。

- 备份。提供已计划备份作业的列表以及有关每个备份作业的详细信息。还可以在此页面中创建

图 6-4-3　VDP 用户界面

和编辑备份作业。此页也提供了立即运行备份作业的功能。

- 恢复。提供可以恢复的成功备份的列表。

- 复制。有了复制功能，当源 VDP 应用装置发生故障时，由于目标上仍有备份拷贝可用，因而可避免数据丢失。复制作业决定着复制哪些备份、在什么时间复制这些备份以及将它们复制到什么位置。对于按计划或临时对无恢复点的客户端执行的复制作业，仅会将客户端复制到目标服务器。使用 VDP 应用装置创建的备份，可以复制到其他 VDP 应用装置、Avamar Server 或 Data Domain 系统。

- 报告。提供有关 vCenter Server 中的虚拟机的备份状态报告。

- 配置。显示有关 VDP 具体配置的信息并允许编辑其中的某些设置。

以下各节对这些选项卡分别进行介绍。

6.4.2　创建或编辑备份作业

备份作业由一组与备份计划及特定保留策略相关的一个或多个虚拟机构成。备份作业使用"创建备份作业"向导加以创建和编辑，下面介绍该内容。

（1）在 VDP "备份"选项卡中，单击"备份作业操作"链接，在弹出的下列菜单中选择"新建"，如图 6-4-4 所示。

（2）在"作业类型"对话框中，选择备份作业的类型。VDPA 可以备份虚拟机镜像（完整镜像或单个磁盘的镜像）与应用程序（Microsoft 的 Exchange Server、SQL Server、SharePoint

Server）。在此选择"来宾映像"，如图 6-4-5 所示。

图 6-4-4　创建备份作业

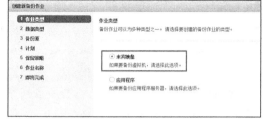

图 6-4-5　作业类型

（3）如果作业类型是"来宾映像"，则在"数据类型"对话框中有"完整映像"和"单独的磁盘"两个选择，如图 6-4-6 所示。如果选择"完整映像"，则备份完整的虚拟机映像；如果选择"单独的磁盘"，则可备份单独的虚拟机磁盘。在此选择"完整映像"。

（4）在"备份源"对话框中，可以指定虚拟机的集合（如数据中心内的所有虚拟机），也可选择单台虚拟机。如果选择了整个资源池、主机、数据中心或文件夹，则接下来的备份将包含该容器中的所有新虚拟机。

如果选择了某台虚拟机，则备份中将包含添加到该虚拟机的所有磁盘。

如果某台虚拟机从已选定的容器移动到其他未选定的容器，则备份将不再包含该虚拟机。

可以手动选择要备份的虚拟机，这可以确保即使该虚拟机已发生移动，也会对它进行备份。

在此根据需要选择要备份的虚拟机，如图 6-4-7 所示。

图 6-4-6　数据类型

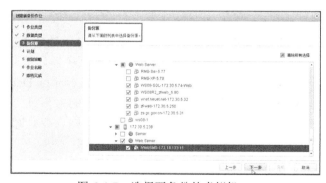

图 6-4-7　选择要备份的虚拟机

VDP 将不会备份以下专用虚拟机。虽然在该向导中，可以选择这些虚拟机，不过在单击"完成"来完成该向导时，系统将会显示一条警告，称未向该作业添加这些专用虚拟机。

- vSphere Data Protection（VDP）应用装置；
- vSphere Storage Appliance（VSA）；
- VMware Data Recovery（VDR）应用装置；

- 模板；
- 辅助容错节点；
- 代理；
- Avamar Virtual Edition（AVE）服务器。

出现以下情况时，会导致虚拟机（VM）客户端被停用，从而无法用作备份、恢复或复制作业的候选对象：

- 从清单中删除主机（当删除主机的任何父级容器，例如群集、主机文件夹、数据中心或数据中心文件夹时，也会出现这种情况）；
- 从磁盘删除虚拟机；
- 从清单中删除虚拟机。

出现以下情况时，将不会停用虚拟机客户端，并且子级虚拟机将依然在清单中：

- 从清单中删除资源池；
- 从清单中删除 vApp；
- 主机断开连接；
- 主机进入维护模式；
- 主机关闭。

（5）在"计划"对话框可指定备份作业中虚拟机的备份时间间隔。备份将在尽可能接近备份窗口开始时间的时间进行。可用的时间间隔有每日、每周（于指定日期）、每月（于每月中的指定日期），如图 6-4-8 所示。

（6）在"保留策略"对话框中可以为备份指定保留期，如图 6-4-9 所示。从备份作业创建每个恢复点时，该恢复保留其创建时的保留策略，如果修改了备份的保留策略，则新策略仅影响新创建的恢复点，以前创建的恢复点保留以前的保留策略。

图 6-4-8　计划

图 6-4-9　保留策略

前三个选项"永远""时长"和"直到"均同样地适用于组中所有虚拟机的所有备份。

永远：此备份作业中虚拟机的所有备份将永不删除。

"持续"为指定的时间间隔：此备份作业中虚拟机的所有备份将自备份创建之日起一直保存至指定时间间隔结束为止。时间间隔可以天、周、月或年为单位指定。

"直到"指定的日期：此备份作业中虚拟机的所有备份将于在"直到"字段中指定的日期删除。

第四个选项"此计划"或"自定义保留计划"只适用于在内部分配了特殊的"每日"

"每周""每月"或"每年"标记的备份。

【说明】"此计划"默认值为 60 天。"自定义保留期"默认值为"永不"。

给定日期的第一个备份将收到"每日"标记。如果此备份还是本周的第一个备份，则还将收到"每周"标记。如果此备份还是本月的第一个备份，则还将收到"每月"标记。如果此备份是本年的第一个备份，则将收到"每年"标记。"此计划"或自定义保留计划中指定的时间间隔只适用于具有内部标记的备份。

为分配了"每日""每周""每月"或"每年"内部标记的备份指定保留时间间隔。由于备份可能有多个内部标记，因此时间间隔最长的标记具有优先权。例如，如果将具有"每周"标记的备份设置为保留 8 周，将具有"每月"标记的备份设置为保留 1 个月，则同时分配了"每周"和"每月"标记的备份将保留 8 周。

（7）在"创建新备份作业"向导的"名称"对话框中，可为备份作业指定名称。该名称必须是唯一的，长度最多为 255 个字符。在此设置备份作业名称为 JST2016-01，如图 6-4-10 所示。

【说明】在备份作业名称中不能使用以下字符：～ !@$^%（）{}[]|,`;#V:*?<>'"&

（8）在"即将完成"对话框中显示备份作业摘要。如果要更改备份作业的任何设置，可使用"后退"按钮返回相应屏幕，或单击向导屏幕左侧相应的编号步骤。检查无误之后，单击"完成"按钮，如图 6-4-11 所示。

图 6-4-10　备份作业名称

图 6-4-11　完成

【说明】完整映像备份作业会将整台虚拟机中的所有磁盘聚合成一份映像备份，而单独磁盘备份作业则允许只选择需要的磁盘。在使用此功能时，可以根据特定的配置条件进行筛选，例如，按操作系统或按保留策略进行筛选。在规划单独磁盘备份时，应确保所用的磁盘受 VDP 支持。目前 VDP 不支持以下类型的虚拟硬件磁盘：

- 独立磁盘；
- RDM 独立磁盘—虚拟兼容模式；
- RDM 物理兼容模式；
- 与 SCSI 控制器相连并且启用了总线共享的虚拟磁盘。

如果虚拟机包含不受支持的 VMDK，则该 VMDK 将显示为灰色，相应的复选框将不可用。

6.4.3　查看状态和备份作业详细信息

"备份"选项卡上显示了已通过 VDP 创建的备份作业的列表。单击备份作业，即可在"备份作业详细信息"窗格中查看该作业的详细信息。

名称。备份作业的名称。

状态。备份作业是已启用还是已禁用。

源。备份作业中虚拟机的列表。如果该备份作业中的虚拟机超过 6 台，将出现一个"更多"链接。单击"更多"链接将出现"受保护项列表"对话框，其中显示了该备份作业中所有虚拟机的列表。

过时。上次运行该作业时备份失败的所有虚拟机的列表。如果过时的虚拟机超过 6 台，则会显示一个"更多"链接。单击"更多"链接将出现"受保护项列表"对话框，其中显示了该备份作业中所有虚拟机的列表。

创建备份作业之后，在"备份"选项卡中可以选中新创建的备份作业。在"备份作业操作"命令中，选择相关的命令进行操作，如图 6-4-12 所示。

（1）编辑备份作业。

创建一个备份作业后，可通过突出显示该备份作业并选择"备份作业选项→编辑"选项，编辑该备份作业。

（2）克隆备份作业。

"克隆"，以该作业为模板创建其他作业。执行克隆操作将会启动"克隆备份作业"向导，并使用原始作业中的信息来自动填写该向导的前三页（即"虚拟机""计划"和"保留策略"）。通过克隆得到的作业需要有一个唯一的名称。从原作业复制的任何设置均可修改。

（3）删除备份作业。

创建一个备份作业后，可通过突出显示该备份作业并选择"备份作业选项→删除"选项，删除该备份作业。

【注意】在"备份"选项卡中使用"删除"时，删除的只是作业。VDP 仍将根据该作业的保留策略，保留该作业之前创建的所有备份。要删除备份，可在"恢复"选项卡中使用"删除"。

（4）启用或禁用备份作业。

如果要临时禁止备份作业运行，可以禁用该作业。可以编辑和删除已禁用的备份作业，但在已禁用的作业重新启用前，VDP 不会运行它。

可通过突出显示备份作业并选择"备份作业选项→启用/禁用"选项，启用或禁用这些备份作业。

（5）立即运行现有备份作业。

在通常情况下，备份作业会在晚上空闲时间（后文介绍该时间设置）备份作业中指定的虚拟机。但也可以在"备份"选项卡中选择一个或多个作业（单击时可同时使用 Ctrl 或 Shift 键选择多项），然后单击"立即备份"按钮，并选择"备份所有源"或"只备份过时源"，以立刻启用备份，如图 6-4-13 所示。

图 6-4-12　备份作业操作

图 6-4-13　立刻备份

6.4.4 从 VDP 备份恢复虚拟机

如果要从备份中恢复虚拟机，可以有两种恢复方式，一种是恢复整个虚拟机（即恢复虚拟机的所有磁盘），另一种是恢复虚拟机中的某个磁盘。

（1）在 vSphere Data Protection 屏幕的"入门"选项卡上单击"恢复备份"，如图 6-4-14 所示。

（2）从"恢复"选项卡中选择一个要恢复的虚拟机，例如本示例口腔科为"dcser-17.1"的虚拟机，如图 6-4-15 所示，然后用鼠标双击。

图 6-4-14　恢复映像备份

图 6-4-15　双击要恢复的虚拟机

（3）双击之后，会显示当前虚拟机已经备份的选项，选中其中的一个备份项（一般选择时间最近的备份项），然后单击"恢复"按钮，进入恢复向导，准备恢复，如图 6-4-16 所示。

选择之后，可以单击"《"按钮后退，继续选择要恢复的虚拟机。即在同一个恢复向导中，可以选中多台虚拟机进行恢复。

（4）如果在图 6-4-16 中继续双击，则会列出当前虚拟机的所有磁盘，如图 6-4-17 所示。可以选中其中的一个或多个磁盘，进行恢复。

图 6-4-16　从清单中选择恢复到那个备份

图 6-4-17　选中一个或多个磁盘进行恢复

【说明】恢复整个虚拟机与恢复整个磁盘，后续步骤相似，这里不展开介绍。

（5）在图 6-4-16 中选中整个虚拟机，然后单击"恢复"，进入"选择备份"对话框，验证要恢复的列表是否正确，如图 6-4-18 所示。

（6）在"恢复备份"向导的"设置恢复选项"对话框中，可指定要将备份恢复到的位置，如图 6-4-19 所示。如果选中"恢复到原始位置"框，备份将恢复到其原始位置。如果原始位置仍存在该 vmdk 文件，系统会覆盖它。如果选中"恢复虚拟机以及配置"，则同时会恢复虚拟机的配置文件（即虚拟机的内存、CPU、网卡等配置），如图 6-4-20 所示。恢复虚拟机的配置。

图 6-4-18　选择一个或多个用于恢复

图 6-4-19　恢复到新位置

（7）对于大多数的管理员来说，一旦到了数据恢复或虚拟机恢复的阶段，表示原来正在使用的虚拟机可能因为各种原因不能正常工作或丢失了数据，此时会变得更加谨慎、小心，所以管理员会有顾虑：如果选择"恢复到原始位置"，如果备份有问题，恢复的数据比现有数据"更有问题"怎么办？对于这种情况，可以将虚拟机恢复到一个新的位置，并且启动恢复后的虚拟机，等虚拟机启动之后进行检查，如果恢复后的虚拟机可以满足要求，则可以再次运行恢复向导，将虚拟机恢复到原始位置。如果选择了将虚拟机恢复到新的位置，在启动恢复后的虚拟机之前，修改虚拟机的网络标签到其他 VLAN，这样避免恢复的虚拟机与当前正在运行（可能是有问题）的虚拟机的 IP 地址冲突。

在图 6-4-20 中取消"恢复到原始位置"的选择，此时会弹出新的对话框，为恢复的虚拟机命名为一个新的名称，如图 6-4-19 所示，一般采用此名称，表示这是一个恢复的、用于检查测试的虚拟机。

（8）在"恢复映像备份"向导的"即将完成"对话框中显示了将恢复的虚拟机的摘要。此摘要明确了将替换多少个虚拟机（或恢复到其原始位置）以及将创建多少个虚拟机（或恢复到新位置），如图 6-4-21 所示。

图 6-4-20　恢复选项

图 6-4-21　即将完成

如果要更改恢复请求的任何设置，可使用"上一步"按钮返回相应屏幕，或者单击向导屏幕左侧有编号的相应步骤标题。

（9）在"信息"对话框单击"确定"按钮，如图 6-4-22 所示。

（10）此时在 vSphere Client 的"近期任务"中会显示恢复的进程，同时会创建恢复的虚拟机，如图 6-4-23 所示。

【说明】早期版本的 VDP 即使在原始虚拟机包含快照时也允许用户执行到该虚拟机的恢复。使用 VDP 5.5 及更高版本时，不允许虚拟机上存在快照。所以，在执行任何恢复前，应先从虚拟机中删除可能存在的所有快照。如果要恢复到包含快照的虚拟机,恢复作业将会失败。

图 6-4-22　信息　　　　　　　　　　　　　　　图 6-4-23　近期任务

【注意】许多管理员习惯通过为虚拟机创建"快照"的方式进行"备份",实际上这不是备份,而只是保存了一个系统的状态。作者强烈建议不要采取这种行为,因为一旦误操作恢复到以前快照,则从该快照之后的所有设置、数据将会被删除并且无法恢复。

6.4.5　检查恢复后的虚拟机

当虚拟机恢复之后,修改虚拟机的网络设置(修改为另一个交换机的端口),这样可以防止恢复后的虚拟机的 IP 地址与原有的虚拟机冲突,检查无误之后,可以关闭原来有问题的虚拟机,使用这个新恢复的虚拟机代替原虚拟机工作,也可以重新启动恢复向导,在恢复向导中覆盖原虚拟机,等恢复之后,启动覆盖后的虚拟机检查无误之后,删除这个用于测试的恢复后的虚拟机。

(1)在 vSphere Client 中选中恢复后的虚拟机,在此虚拟机名称为"dcser-17.1_2016225_204910_533",单击"编辑虚拟机设置"按钮,如图 6-4-24 所示。

(2)在"虚拟机属性"对话框中,修改网络适配器为另一个网段,例如,在当前的环境中,原来虚拟机使用 vlan1017 的网络标签,在此修改为 vlan1020,如图 6-4-25 所示。修改之后单面"确定"按钮,保存设置。

图 6-4-24　编辑虚拟机设置

(3)启动虚拟机,这是一个 Active Directory 的虚拟机,输入用户名、密码登录,如图 6-4-26 所示。

(4)进入系统时,会弹出一个"关闭事件跟踪程序"对话框,因为我们备份的是"正在运行"的虚拟机,而备份的时候没有保存内存状态,所以恢复后的是一个"强制关机"的虚拟机。在此输入一个意外关闭原因,如图 6-4-27 所示。

(5)检查恢复后的虚拟机,重点是虚拟机的设置、数据以及硬盘上的数据,如图 6-4-28 所示,这些不一一介绍。

图 6-4-25　修改虚拟机网络连接

图 6-4-26　输入管理员账户登录

图 6-4-27　关闭事件跟踪程序

图 6-4-28　检查恢复后的虚拟机

（6）如果要使用这个虚拟机代替原来的虚拟机进行测试，可以先关闭原来有问题的虚拟机，等原来有问题的虚拟机关闭之后，修改当前虚拟机的设置，如图 6-4-29 所示。

（7）在"虚拟机属性"对话框中，将网络适配器改为原来的 vlan1017 即可，如图 6-4-30 所示。

图 6-4-29　编辑设置

图 6-4-30　修改为正确的 vlan

6.4.6　删除备份

VDP 将根据备份作业中设置的保留策略来删除备份。不过，也可以从"恢复"选项卡中选择要删除的备份作业，然后单击"删除"图标手动删除，如图 6-4-31 所示。

图 6-4-31　手动删除备份

6.4.7　报告信息

单击"报告"选项卡，查看 VDP 报告信息。

（1）"报告"选项卡的上半部分显示了以下信息（如图 6-4-32 所示）。

- 应用装置状态。VDP 应用装置的状态。
- 完整性检查状态。单击绿色的向右箭头可启动完整性检查，此值状态为"正常"或"过时"。
  - ➢ "正常"表示过去两天内成功完成了完整性检查。
  - ➢ "过时"表示过去两天内未执行完整性检查或完整性检查未成功完成。
- 已用容量。备份所用容量占 VDP 总容量的百分比。
- 最近失败的备份。在最近一次完成的备份作业中，备份失败的虚拟机数量。
- 最近失败的备份验证。最近失败的备份验证作业数目。
- 最近失败的复制。最近失败的复制作业数目。
- 受保护的虚拟机总数。VDP 应用装置上受保护的虚拟机的总数。

（2）在"任务失败"选项卡（如图 6-4-33 所示）显示有关过去 72 小时内失败的作业的详细信息。

失败时间。作业失败的日期和时间。

原因。作业失败的原因。

客户端名称。与 vCenter 关联的客户端。

作业名称。失败作业的名称。

作业类型。失败作业的类型，例如"计划备份"或"按需备份"。

下次运行时间。按计划下次运行该作业的日期和时间。

图 6-4-32　报告

图 6-4-33　虚拟机信息

（3）在"作业详细信息"选项卡，可选择企事业的类型（备份、复制或备份验证），并显示选定作业的详细信息。"备份"为默认作业类型，如图 6-4-34 所示。

作业详细信息分成三个部分，分别是"客户端""上次执行""下次执行"。其中在"客户端"信息中有以下几项。

- 客户端名称：与 vCenter 关联的客户端。Replicate 域中的常规虚拟机客户端和已停用的虚拟机客户端会显示追加到复制、恢复和导入的名称且经过哈希处理的掩码值。
- 类型：显示类型有"映像 MS SQL Server、MS SharePoint Server、MS Exchange Server"和应用程序（MS SQL Server、MS SharePoint Server、MS Exchange Server）。
- 作业：作业名称，如果一台虚拟机驻留在两个不同的作业中，则会显示多个作业名称。

"上次执行"有以下几项。

- 作业名称：作业的名称。
- 完成：作业完成的日期和时间。
- 结果：作业是已成功、已失败还是已取消。

"下次执行"显示以下几项。

- 作业名称：显示计划运行的下一作业的名称。如果一台虚拟机驻留在两个采用不同计划的不同作业中，则会显示计划运行的下一作业名称。
- 已计划：按计划该作业下次运行的日期和时间。

也可以从位于"作业详细信息"选项卡右侧的"操作"图标列表中执行以下任务。

- 导出到 CSV：单击此任务可将当前表导出为逗号分隔值（.CSV）文件。
- 显示所有列 CSV：通过单击列名称上的"×"可隐藏一个或多个列，然后单击"显示所有列"可在用户界面中显示隐藏的列。

（4）在"无保护客户端"选项卡，显示没有受保护的虚拟机，如图 6-4-35 所示。

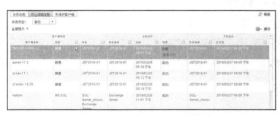

图 6-4-34　作业详细信息

图 6-4-35　无保护客户端

在此有以下选项卡。

- 客户端名称：无保护客户端的虚拟机名称。
- IP 地址：无保护客户端的 IP 地址或主机名。
- 虚拟机路径：虚拟机所有的路径。

也可以从位于"作业详细信息"选项卡右侧的"操作"图标列表中，单击"导出到 CSV"，单击此任务可将当前表导出为逗号分隔值（.CSV）文件。

6.4.8　备份应用装置

"备份应用装置"中提供的信息包括"备份应用装置详细信息""存储摘要"和"备份窗口配置"信息，如图 6-4-36 所示。

图 6-4-36　备份应用装置

"备份窗口配置"以图形方式显示了备份窗口配置。每天 24 小时分为如下 3 个运行窗口。

（1）备份窗口。每天为执行正常的计划备份保留的时间段。

（2）维护窗口。每天为执行 VDP 日常维护活动（如完整性检查）保留的时间段。当 VDP 处于维护模式时，不应计划备份或执行"立即备份"，否则的话，备份作业虽然将会运行，但会占用 VDP 在执行维护任务时所需的资源。

在维护窗口开始时已处于运行状态或者在维护窗口期间运行的作业将继续运行。

（3）中断窗口。每天为执行需要不受限制地访问 VDP 应用装置的服务器维护活动保留的时间段（如评估备份保留期）。这些活动将被授予最高优先级，它们将取消所有正在进行的备份。此外，在运行这些高优先级流程时，不允许启动任何备份作业。不过，一旦这些高优先级流程完成工作，即使为中断窗口分配的时间未用完，也允许运行备份作业。

在中断窗口开始时已处于运行状态或者在中断窗口期间运行的作业可以继续运行。不过，中断窗口中的某些维护流程可能会取消这种作业。

可以根据需要更改可用于处理备份请求的时间，方法如下。

（1）在备份窗口配置选项中，如图 6-4-37 所示，单击"编辑"按钮。

（2）设置"备份开始时间""备份持续时间""中断持续时间"，如图 6-4-38 所示。设置之后单击"保存"按钮。

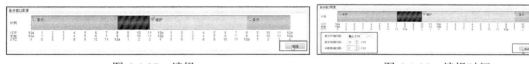

图 6-4-37　编辑　　　　　　　　　　　　　　　图 6-4-38　编辑时间

6.4.9　配置电子邮件

可以配置 VDP 以便将 SMTP 电子邮件报告发送给指定的收件人。如果启用了电子邮件通知，则将发送电子邮件，其中包含下列信息：

- VDP 应用装置状态；
- 备份作业摘要；
- 虚拟机摘要。

在配置电子邮件时，需要有一个支持 SMTP 发信的电子邮件，并记录下所需要的电子邮件地址、STMP 服务器地址及端口、邮箱用户名及密码。下面介绍配置的步骤。

（1）在"配置→电子邮件"选项卡中单击"编辑"按钮。

（2）选中"启用电子邮件报告"，在"发送邮件服务器"地址栏中输入要用于发送电子邮件的 SMTP 服务器的名称。此名称可以为 IP 地址、主机名称或完全限定的域名。VDP 应用装置需能够解析所输入的名称。在默认情况下，未经验证的电子邮件服务器的默认端口为 25，经验证的邮件服务器的默认端口为 587。

对于国内大多数邮件服务器来说，其默认端口为 25，但邮件服务器都需要验证。对于这种情况，可以在服务器名称后面附加一个端口号。例如，QQ 企业邮箱的服务器地址是 smtp.exmail.qq.com，端口号为 TCP 的 25，则输入 smtp.exmail.qq.com:25，如图 6-4-39 所示。

然后输入用户名、密码，并选中"我的服务器要求我登录"，并输入"收件人地址""发送时间""发送日期"等，之后单击"保存"按钮。

【说明】如果使用腾讯邮件服务器 smtp.exmail.qq.com，在使用 SSL 时其端口是 465，但在当前的 VDP 6 版本中，如果在服务器中指定 smtp.exmail.qq.com:465 时，会长时间停留在"正在发送测试电子邮件。请稍候"，最后出现"错误原因是: Could not connect to SMTP host: smtp.exmail.qq.com, port: 465"提示，如图 6-4-40 所示。

图 6-4-39　指定邮件服务器地址及端口

图 6-4-40　不能连接到 SMTP 主机服务

在以前的版本中，例如 VDP 5.5 的时候，是可以使用 465 端口的，但当前的版本，我在不同的主机、不同的网络中测试过多起，发现不能使用 SSL SMTP，但使用 SMTP 的 25 端口则是可行的。这也是在本章配置 SMTP 时，VDP 的电子邮件使用 25 端口的原因。

（3）单击右上角的"发送测试电子邮件"按钮，测试邮件发出后，会弹出"确认"对话框，如图 6-4-41 所示。

（4）打开收件箱，查看是否收到测试邮件，如图 6-4-42 所示。

图 6-4-41　确认发出测试电子邮件

图 6-4-42　收到测试邮件

（5）收到 VDP 的报告邮件，报告内容如图 6-4-43 所示，这是一个实际工作的 VDP 报告。首先在"需要注意的项"中显示管理员需要注意的事项，例如备份失败的虚拟机、无保护虚拟机数量、上次备份的虚拟机清单等。该邮件是 HTML 格式，单击每个链接都会显示具体的信息，如图 6-4-44 所示。

图 6-4-43　VDP 电子邮件备份报告

图 6-4-44　查看具体信息

（6）向下滑动列表，可以看到总体报告，包括报告日期、上次报告日期、VDP 版本号、成功的备份、失败的备份等，如图 6-4-45 所示。继续向下滑动，可以看到备份的每台虚拟机的信息，如图 6-4-46 所示。

图 6-4-45　VDP 报告信息

图 6-4-46　备份的每台虚拟机信息

（7）在"无保护的虚拟机"列表中，显示每台没有备份的虚拟机的名称，如图 6-4-47 所示。

（8）在邮件的最后，还有一个报名的 csv 格式的附件，如图 6-4-48 所示，单击"下载"按钮，可以下载该附件。

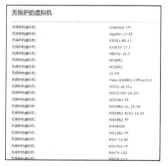

图 6-4-47　无保护的虚拟机

图 6-4-48　附件

（9）用 Notepad ++打开该附件，如图 6-4-49 所示。

图 6-4-49　查看下载的附件

如果使用日常的工作邮箱接收 VDP 的报告，可能会收到许多份报告信息，这样过多的 VDP 报告（也可能你还会有其他的报告，例如 vRealize Operations Manager 的报告）会对正常的工作造成影响，如图 6-4-50 所示，就收到了大量的报告。

可以使用"收信规则"，根据不同来源（发件人地址）、主题，将这些邮件移动到不同的文件夹中整理。如图 6-4-51 所示是我的 QQ 邮箱的收信规则，你可以根据你的实际情况配置。

图 6-4-50　收到的报告

图 6-4-51　创建收信规则整理文件夹

6.4.10　为多个 VDP 配置专用邮件

如果管理多个 VDP（或者同时也管理其他的服务器），并且需要经常以电子邮件的方式接收各种报告，为了方便管理，可以申请多个邮箱，让每个邮箱只用于一个产品的一个服务，而用其中的一个邮箱专用于接收报告，然后通过收信规则，将不同服务或不同应用发送来的邮件移动到不同的文件夹。下面简单介绍这方面的管理。

（1）例如，某管理员管理两台 VDP，基于此，这个管理员申请了三个邮箱，其中两个邮箱名称分别为 vdp-zczx@heuet.com、vdp-gc@heuet.com，且 vdp-zczx@heuet.com 这个邮箱只应用于标记为"注册中心"的 vdp 服务器，vdp-gc@heuet.com 只应用于标记为"GC"的 VDP 服务器发送信息。如图 6-4-52、图 6-4-53 所示。

图 6-4-52　申请名为 vdp-zczx 的邮箱　　　　图 6-4-53　申请名为 vdp-gc 的邮箱

（2）申请一个账号为 report@heuet.com（姓名为"接收报告专用邮箱"）的邮箱，如图 6-4-54 所示。

（3）登录 report@heuet.com 邮箱，配置"收信规则"，如图 6-4-55 所示。

图 6-4-54　创建专用于收取报告的邮箱　　　　图 6-4-55　创建收信规则

（4）其中第一条规则，如果发件人包含"vdp-gc@heuet.com"，则将其移动到名为"VDP-GC"的文件夹中，并标记为"已读"，如图 6-4-56 所示。

（5）其中第二条规则，如果发件人包含"vdp-zczx@heuet.com"，则将其移动到名为"VDP-注册中心"的文件夹中，并标记为"已读"，如图 6-4-57 所示。

图 5-5-56　创建发件人为 vdp-gc@heuet.com 的　　图 6-4-57　创建发件人为 vdp-zczx@heuet.com
　　　　　　　收信规则　　　　　　　　　　　　　　　　　的收信规则

（6）返回"注册中心"的 VDP 服务器，配置电子邮件，发件人地址为 vdp-zczx@heuet.com，收件人为 report@heuet.com，如图 6-4-58 所示，保存之后单击"发送电子邮件地址"。

（7）返回 report@heuet.com 的邮箱，在"我的文件夹→VDP-注册中心"中可以看到，收到的测试邮件已经被移动到这个指定的文件夹，如图 6-4-59 所示。

图 6-4-58　配置"注册中心"VDP 服务器　　　图 6-4-59　收到的邮件按规则移动到指定文件夹

（8）切换另一台 VDP 服务器，进行同样的设置，设置"用户名"与"发件人地址"为 vdp-gc@heuet.com，输入密码，设置"收件人地址"为"report@heuet.com"。如图 6-4-60 所示。

（9）发送测试邮件之后，在"我的文件夹→VDP-GC"文件夹中收到测试邮件，如图 6-4-61 所示。

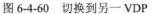

图 6-4-60　切换到另一 VDP　　　图 6-4-61　在指定的文件夹收到另一 VDP 发来的测试邮件

（10）可以在不同的文件夹收到不同的 VDP 发来的备份报告了。这些不一一介绍。

6.5　vSphere Data Protection 应用程序支持

vSphere Data Protection 支持 Microsoft SQL Server、SharePoint Server 和 Exchange Server 细粒度来宾级备份和恢复。为支持来宾级备份，需要在 SQL Server、SharePoint Server、Exchange Server 上安装 VDP 客户端。在本节内容中，我们提供的 VDP 实验（测试环境）如图 6-5-1 所示。

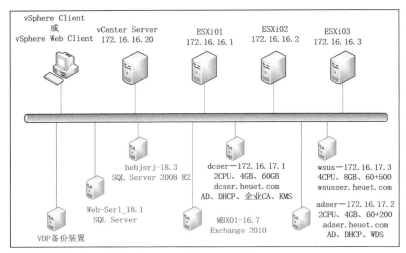

图 6-5-1　VDP 实验环境

在图 6-5-1 中，有 3 台 ESXi 主机，其他 vCenter Server 计算机、VDP、Exchange、SQL Server 等都是 ESXi 中的虚拟机，所有虚拟机保存在一台 IBM V3500 的共享存储中。在本示例中，有 2 台 SQL Server 服务器，虚拟机名称分别为"hebjsrj-18.3"和"Web0Ser1_18.1"，这两个安装的都是 SQL Server 2008 R2，并且宿主机操作系统是 Windows Server 2008 R2（集成 SP1 补丁）；1 台 Exchange Server 2010，安装在名为"MBX01-16.7"的虚拟机中，宿主机操作系统也是 Windows Server 2008 R2（集成 SP1 补丁）。

在下面的示例中，我们将分别在 SQL Server 与 Exchange 的虚拟机中安装 VDP 备份插件，然后创建备份向导，分别备份 SQL Server 与 Exchange。

6.5.1　下载 VDP 代理插件

VDP 支持 SharePoint Server 2007 SP2、SharePoint Server 2010、SharePoint Server 2010 SP1、SharePoint Server 2013、SharePoint Server 2013 SP1 等版本。要启用"应用程序"支持，需要在要备份的应用服务器上安装 VDP 代理插件。

在安装 VDP 代理之前，需要检查 Microsoft Windows 中的"用户账户控制设置（UAC）"。用户账户控制（UAC）功能将应用程序软件限制为仅具有标准用户权限。用户必须为某些任务（例如安装软件）提供管理员权限。默认情况下 UAC 处于启用状态。可以使用 msconfig，在"系统配置→工具"选项卡中选中"更改 UAC 设置"，单击"启动"按钮（如图 6-5-2 所示），在"用户账户控制设置"对话框中，移动滑动块到最下，选择"从不通知"，如图 6-5-3 所示，然后单击"确定"按钮完成设置。

在 vSphere Web Client 中，登录并连接 VDP 备份装置，在"配置→备份应用装置"选项卡的"下载"选项组中，把后文所需要的 RDP 代理一一下载。如图 6-5-4 所示，可以下载所有 4 个软件，分别是用于 64 位 Exchange Server 代理、32 位与 64 位 SQL Server 代理以及 64 位的 SharePoint 的 VDP 插件。

可以将这些下载的软件保存在当前网络的一个文件服务器提供的共享文件夹中，如图 6-5-5 所示。以后需要安装 VDP 代理的软件可以访问这个共享文件夹直接使用，而无需再次下载。

图 6-5-2　系统配置

图 6-5-3　用户账户控制设置

图 6-5-4　下载 VDP 代理插件

图 6-5-5　将 VDP 代理保存在一个共享文件夹中

6.5.2　在 SQL Server 服务器上安装 VDP 代理

在当前的环境有两台 SQL Server 的虚拟机，其中一台虚拟机名称为 Web-Ser1_18.1，配置为 16GB 内存、4 个 CPU，如图 6-5-6 所示。在这台虚拟机中 SQL Server 有多个数据库，如图 6-5-7 所示。

图 6-5-6　第一台 SQL Server 虚拟机

图 6-5-7　该 SQL Server 中数据库

另一台虚拟机名称为 hebjsrj-18.3，这个 SQL Server 数据库有 4GB 内存，如图 6-5-8 所示。这台虚拟机的 SQL Server 数据库如图 6-5-9 所示。

图 6-5-8　SQL Server 虚拟机 1

图 6-5-9　SQL Server 虚拟机 2

切换到 SQL Server 的虚拟机，安装用于 SQL Server 的 VDP 客户端。由于这两台 SQL Server 都是 2008 R2 的 64 位版本，所以在本示例中安装 64 位 SQL Server 客户端，主要步骤如下。

（1）访问保存 VDP 客户端共享，并运行对应的安装程序，如图 6-5-10 所示。

（2）进入安装向导，如图 6-5-11 所示。

图 6-5-10　运行 VDP 客户端程序

（3）在"最终用户许可协议"对话框中接受许可协议，如图 6-5-12 所示。

图 6-5-11　安装向导

图 6-5-12　接受许可协议

（4）在"用于 SQL Server 的 VMware VDP 安装程序"中选择希望执行的操作，对于 SQL Server 来说只有一个默认选项，如图 6-5-13 所示。

（5）在"VDP 应用装置"对话框中输入要连接（或使用）的 VDP 应用装置，注意应使用 DNS 名称，在此为 vdpa.heuet.com，如图 6-5-14 所示。

（6）在输入 VDP 应用装置名称之前，可以进入命令提示窗口，使用 ping vdpa.heuet.com 查看当前虚拟机能否正确解析 vdpa 应用装置的名称，如图 6-5-15 所示。如果不能解析，需要修改本地 hosts 文件强制解析，或者在图 6-5-14 中输入 VDP 应用装置的 IP 地址 172.16.17.24

（当前环境），并且要在命令窗口中能 ping 通这个 IP 地址。

（7）在"已准备好安装用于 SQL Server 的 VMware VDP"对话框中单击"安装"按钮，如图 6-5-16 所示。

图 6-5-13　安装组件

图 6-5-14　输入 VDP 应用装置的 DNS 名称

图 6-5-15　VDP 应用装置

图 6-5-16　安装

（8）开始安装 VDP 客户端（如图 6-5-17 所示），直到安装完成，如图 6-5-18 所示。

图 6-5-17　开始安装 VDP 客户端

图 6-5-18　安装完成

6.5.3　在 Exchange Server 服务器上安装 VDP 代理

在我们当前的演示环境中，Exchange Server 2010 安装在"MBX01-16.7"的虚拟机中，如图 6-5-19 所示。在这个 Exchange 中，有 3 个数据库，其中一个是 public 公共文件夹数据库。

以域管理员账户登录到 Exchange Server，关闭 Exchange Server 管理控制台，开始安装用于 Exchange Server 的 VDP 代理程序，主要步骤如下。

（1）打开存放 VDP 代理客户端的共享文件夹，双击用于 Exchange Server 的 VDP 代理程序，如图 6-5-20 所示。

图 6-5-19　Exchange Server 虚拟机　　　　图 6-5-20　运行用于 Exchange Server 的 VDP 代理程序

（2）在"欢迎使用用于 Exchange Server 的 VMware VDP 安装向导"对话框单击"下一步"按钮，如图 6-5-21 所示。

（3）在"最终用户许可协议"对话框单击"我接受许可协议中的条款"，然后单击"下一步"按钮，如图 6-5-22 所示。

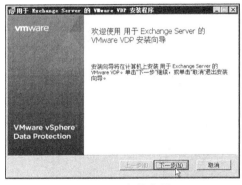

图 6-5-21　安装向导　　　　　　　　　　图 6-5-22　接受许可协议

（4）在"用于 Exchange Server 的 VMware VDP 安装程序"对话框中选择要安装的组件，默认情况下，用于 VDP 精度恢复的组件"Exchange GLR"没有选中，如果要使用这一功能，应选中这个组件，如图 6-5-23 所示。

（5）在"目标文件夹"对话框选择安装目录，在此选择默认值，如图 6-5-24 所示。

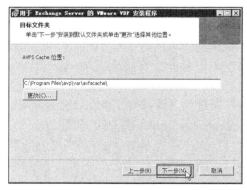

图 6-5-23　选择安装组件　　　　　　　　图 6-5-24　目标文件夹

（6）在"请输入 VDP 信息"对话框中输入 VDP 应用装置的名称，在本示例中名称为 vdpa.heuet.com，如图 6-5-25 所示。同样，也需要在命令提示窗口使用 ping vdpa.heuet.com，测试当前虚拟机到该应用装置的网络连通性及域名解析情况，如图 6-5-26 所示，只有解析无误、网络连通的情况下才能继续。

图 6-5-25　输入 VDP 信息

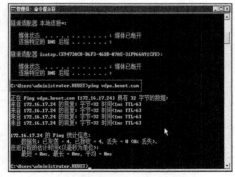

图 6-5-26　检查 VDP 应用装置名称

（7）在"已准备好安装用于 Exchange Server 的 VMware VDP"对话框中单击"安装"按钮，开始安装，如图 6-5-27 所示。

（8）在"Windows 安全"对话框选中"始终信任来自 EMC Corporation 的软件"，然后单击"安装"按钮，如图 6-5-28 所示。

图 6-5-27　已准备好安装

图 6-5-28　Windows 安全

（9）继续安装（如图 6-5-29 所示）直接安装完成，如图 6-5-30 所示。

图 6-5-29　继续安装

图 6-5-30　安装完成

安装完 Exchange 的 VDP 代理之后，会进入 VMware VDP Exchange 备份配置工具，创建一个专用账户，步骤如下。

（1）在"VMware VDP Exchange Backup User Configuration Tool"对话框单击"确定"按钮，如图 6-5-31 所示。

（2）打开"VMware VDP Exchange Backup User Configuration Tool"对话框，VMware 安装程序会在当前 Active Directory 中创建一个名为"VMwareVDPBackupUser"的用户。如果当前 Active Directory 中没有这个账户，则选择"新建用户"，然后为这个账户设置密码（复杂密码），之后单击"配置服务"按钮。如图 6-5-32 所示。

图 6-5-31　确定　　　　　　　　　　　图 6-5-32　配置服务

（3）在弹出的"VMware VDP Roles Notification"对话框单击"是"按钮，如图 6-5-33 所示。

（4）完成配置，如图 6-5-34 所示。

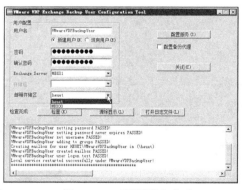

图 6-5-33　VMware VDP Roles Notification 对话框　　　图 6-5-34　配置账户完成

应记下这个账户的名称及密码，后面将使用到。

如在运行 VDP Exchange Backup User Configuration Tool，创建 VMwareVDPBackupUser 账户后，修改"服务→备份服务"，应让该服务以"VMwareVDPBackupUser" 账户以运行 VDP 备份服务。

（1）打开"服务"，双击"备份代理"，如图 6-5-35 所示。

（2）在"备份代理的属性"对话框中单击"登录"选项卡，选择"此账户"，浏览选择域 VMwareVDPBackupUser 账户（在此为 **VMwareVDPBackupUser@heuet.com**），然后输入图 6-5-34 中为此设置的密码，单击"确定"按钮，如图 6-5-36 所示。

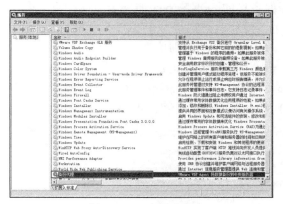

图 6-5-35　备份代理　　　　　　　　　　图 6-5-36　备份代理的属性

安装完成 VDP 代理之后，如果提示系统重新启动，应重新启动 Exchange 服务器。

6.5.4　创建 SQL Server 备份任务

本节介绍使用 VDPA 备份 SQL Server 的操作，主要步骤如下。

（1）使用 vSphere Web Client 登录，在左侧选择"vSphere Data Protection"，在右侧选择"备份"选项卡，并新建备份作业，如图 6-5-37 所示。

（2）在"作业类型"选择"应用程序"，在"应用程序"备份中可以选择 SQL Server、Exchange Server、SharePoint Server，如图 6-5-38 所示。

（3）在"数据类型"对话框中有两种选择（如图 6-5-39 所示），分别是"完整服务器"和"所选数据库"。这样"完

图 6-5-37　新建备份作业

整服务器"将备份完整的应用程序服务器；选择"所选数据库"将能够备份单个应用程序服务器数据库。

图 6-5-38　应用程序　　　　　　　　　　图 6-5-39　数据类型

（4）在图 6-5-39 中选择"完整服务器"，则在下一步"备份源"对话框中选择"Microsoft SQL Server"之后，会显示已经安装了用于 SQL Server 的 VDP 代理软件的服务器，如图 6-5-40 所示，在此可以根据需要选择要备份的 SQL Server 服务器右侧的复选框，然后单击"下一步"按钮。通常的做法是为每个备份作业只选择一个 SQL Server。

（5）如果在图 6-5-39 中选择了"所选数据库"，则单击"下一步"之后，在"备份源"对话框的"Microsoft SQL Server"列表中，可以选中 SQL Server 服务器，然后可以单击"展开"该 SQL Server 数据库列表，会显示当前 SQL Server 服务器中所有数据库，并可根据需要选择要备份的数据库，如图 6-5-41 所示。如果有多台 SQL Server，可以一一选择。

图 6-5-40　选择 SQL Server 服务器

图 6-5-41　选择要备份的数据库

（6）在"配置高级选项"对话框中选择备份的类型及其他选项，如图 6-5-42 所示。

在"备份类型"下拉列表中可以选择"全部""差异"或"增量"备份类型。可以配置的选项取决于用户选择的选项。

选择"全部"选项将备份整个数据库，包括所有对象、系统表和数据。用于完整备份的选项说明如下。

a）在完整备份后强制执行增量备份：选中或取消选中此复选框可指定是否对两次完整备份间发生的事务强制进行增量备

图 6-5-42　配置高级选项

份。执行该备份会创建一个时间点恢复，即恢复到两次完整备份之间的某一时间点。

不要在采用简单恢复模式的数据库上使用此选项，因为这些数据库不支持事务日志备份。这包括 master 数据库和 msdb 数据库等系统数据库。

对于简单恢复模式数据库，应使用"对于简单恢复模型的数据库"选项。

b）启用多流备份：可以按照每个数据库一个数据流来并行备份多个数据库，或者使用多个并行数据流来备份单个数据库。如果选择使用多个并行流备份单个数据库，则可指定备份期间每个流的最小大小。

确定最小流大小后，可采用以下公式计算用于备份数据库的流数：

流数＝数据库大小/最小流大小

例如，如果数据库为 1280MB，将最小流大小设置为默认值 256MB，则用于执行该数据库完整备份的流数为 5，如以下等式所示：

$$1280MB/256 = 5$$

对于事务日志备份和差异备份，应使用要备份的数据大小而不是数据库总大小来计算流数。如果数据库大小小于最小流大小，VDP 将使用单数据流来备份数据库。

在基于最小流大小计算用于数据库的流数时，如果该流数超过为备份配置的最大流数，则备份数据库时将仅使用最大流数。

c）对于简单恢复模式数据库：此选项指定对于采用简单恢复模式（不支持事务日志备份）的数据库，VDP 处理数据库增量（事务日志）备份的方式包括以下几种。

c1）跳过存在错误的增量备份（默认设置）：如果选择采用不同恢复模式的数据库进行备份，则备份将不包括使用简单恢复模式的数据库。备份将因异常而结束，错误消息会写入日志。如果只选择对采用简单恢复模式的数据库进行备份，备份将失败。

c2）跳过存在警告的增量备份：如果选择采用不同恢复模式的数据库进行备份，则备份将不包括使用简单恢复模式的数据库。备份将成功完成，但对于采用简单恢复模式的每个数据库，系统会将警告写入其日志。如果只选择对采用简单恢复模式的数据库进行备份，备份将失败。

c3）将增量备份提升到完整备份：对使用简单恢复模式的数据库自动执行完整备份，而非执行事务日志备份。

d）截断数据库日志：该选项指定控制数据库事务日志截断行为的方式。截断选项包括以下三个。

d1）仅限增量备份（默认设置）：在备份类型设置为增量（事务日志）备份时截断数据库事务日志。如果备份类型是完整备份或差异备份，则不会发生日志截断。

d2）针对所有备份类型：无论何种备份类型，均截断数据库事务日志。该设置会中断日志备份链，除非备份类型设置为完整备份，否则不应使用该设置。

d3）从不：在任何情况下均不截断数据库事务日志。

e）身份认证方法：指定连接到 SQL Server 时是采用"NT 身份认证"还是采用"SQL 身份验证"。如果选择 SQL Server 身份认证，应指定 SQL Server 登录名和密码。

f）用于备份的可用性组复制副本：一共有四个选项。

f1）Primary：如果选择此选项，则在选定 AlwaysOn 可用性组的主复制副本上执行备份。

f2）首选辅助：如果选择此选项，则在选定 AlwaysOn 可用性组的辅助复制副本上执行备份。如果无辅助复制副本可用，则将在主复制副本上执行备份。

f3）仅限辅助：如果选择此选项，则在选定 AlwaysOn 可用性组的辅助复制副本上执行备份。如果无辅助复制副本可用，则将中断备份并向日志文件中写入相应的错误消息。

f4）由 SQL Server 定义：如果选择此选项，则根据 SQL Server 配置在主复制副本或辅助复制副本上执行备份。如果"Automated_Backup_Preference"设置为"none"，将在主复制副本上执行备份。

差异或增量：选择"差异"选项，会对自上次完整备份以来发生变化的所有数据进行备份；选择"增量"选项，则仅备份事务日志。唯一不同于"完整"备份的配置选项是，可以强制执行完整备份，而不是增量备份。

g）强制完整备份：通过选中或取消选中此复选框，可决定当 VDP 检测到日志间隙或者没有之前的完整备份可用来应用事务日志（增量）备份或差异备份时，是否执行完整备份。实际上，该选项在必要时会自动执行完整备份。

如果选择"差异"或"增量"，则应使该选项保持选中状态（默认设置）。否则，如果

VDP 上没有现有完整备份，则可能无法恢复数据。

（7）在"计划"对话框中选择备份的频率、服务器上的开始时间，如图 6-5-43 所示。

（8）在"保留策略"对话框中选择备份的时间长度，如图 6-5-44 所示。

图 6-5-43　备份频率　　　　　　　　　图 6-5-44　保留策略

（9）在"名称"对话框中指定备份作业名，如图 6-5-45 所示。在此设置作业名为 SQL-Server_hbjsrc。

（10）在"即将完成"对话框中显示了备份的计划、保留策略、备份名称，确定无误之后单击"完成"按钮，如图 6-5-46 所示。

图 6-5-45　备份作业名称　　　　　　　图 6-5-46　创建备份作业完成

【说明】在本节实验中，我们为 SQL Server 创建了三个备份：两个"完整服务器备份"，分别用于备份两个 SQL Server 服务器；一个"所选数据库"备份，用于备份这两个 SQL Server 服务器上的数据库。如图 6-5-47 所示。

创建备份作业后，备份作业会在指定的时间按指定的频率进行备份。如果要开始第一次备份，可单击"立即备份→备份所有源"，如图 6-5-48 所示。

图 6-5-47　创建的 SQL Server 备份任务　　　图 6-5-48　备份所有源

【说明】如果在生产环境中，如无必要，不要执行"立即备份"，应等待备份任务到达指定的时间自动备份。

发出"立即备份"命令之后的一定时间内，在 vSphere Client"近期任务"中将会看到备份进度，如图 6-5-49 所示。

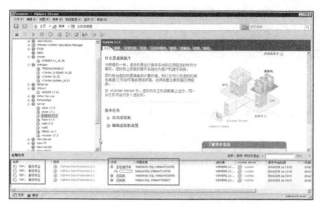

图 6-5-49　备份任务

关于 SQL Server 的恢复将在后文介绍。

6.5.5　创建 Exchange Server 备份任务

本节将在当前的环境中备份 Exchange Server。与 SQL Server 相同，备份类型同样有"完整服务器"与"所选数据库"，在此分别介绍。下面首先介绍备份 Exchange 完整服务器的操作步骤。

（1）使用 vSphere Web Client 连接到 VDP，在"备份"选项中单击"备份作业操作"，从下拉菜单选择"新建"，如图 6-5-50 所示。

（2）在"作业类型"对话框选择"应用程序"，如图 6-5-51 所示。

（3）在"数据类型"对话框选择"完整服务器"，选择此选项将备份完整的应用程序服务器。如图 6-5-52 所示。

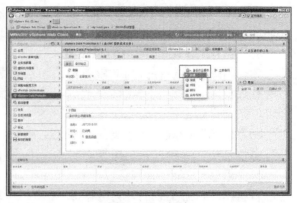

图 6-5-50　新建

图 6-5-51　应用程序

图 6-5-52　完整服务器

（4）在"备份源"对话框选择"Microsoft Exchange Server"，然后从列表中选中要备份的 Exchange Server 旁边的复选框，在此选中的 Exchange 服务器名称为 mbx01.heuet.com，如图 6-5-53 所示。

（5）先在"配置高级选项"对话框的"用户名"文本框中输入当前 Active Directory 域管理员账户，在本示例为"heuet\administrator"，再输入管理员密码，之后为备份 Exchange 选择备份参数，如图 6-5-54 所示。

图 6-5-53　选择要备份的 Exchange 服务器　　　　图 6-5-54　配置高级选项

【说明】如果客户端是以本地系统账户身份运行的，则用户必须提供 Exchange 管理员凭据。如果不是以本地系统账户身份运行的，则不需要提供凭据。

在"备份类型"中选择"全部"或"增量"备份类型。如果完整备份不存在，增量备份将自动提升为完整备份。

如果选择"增量"，则可以指定"循环"日志记录选项。借助循环日志记录，可以减少系统上驻留的事务日志数目。对于部分而非全部存储组或数据库已启用循环日志记录的混合环境，可选择以下设置之一来指定 VDP 处理增量备份的方式。

a）**"提升"（Promote）（默认设置）**：如果保存集内的任何数据库已启用循环日志记录，此选项会将增量备份提升为完整备份。无论数据库是否已启用循环日志记录，系统均将备份所有数据库。如果一个或多个数据库启用了循环日志记录，则保存集内的所有数据库均会将任意增量备份提升为完整备份。

b）**"循环"（Circular）**：此选项会将启用循环日志记录的所有数据库的所有增量备份提升为完整备份，并跳过未启用循环日志记录的所有数据库。

c）**"跳过"（Skip）**：此选项对已禁用循环日志记录的所有数据库执行增量备份，并跳过已启用循环日志记录的任何数据库。

（6）在"计划"对话框中选择备份的频率、服务器上的开始时间，如图 6-5-55 所示。

（7）在"保留策略"对话框中选择备份的时间长度，如图 6-5-56 所示。

图 6-5-55　备份频率　　　　　　　　　　图 6-5-56　保留策略

（8）在"名称"对话框中指定备份作业名，如图 6-5-57 所示。在此设置作业名为 Exchange Server。

（9）在"即将完成"对话框中显示了备份的计划、保留策略、备份名称，确定无误之后单击"完成"按钮，如图 6-5-58 所示。

图 6-5-57　备份作业名称

图 6-5-58　创建备份作业完成

接下来，再次创建备份任务，以"应用程序→所选数据库"方式备份 Exchange Server，主要步骤如下。

（1）使用 vSphere Web Client 登录 vCenter Server，连接到 VDP，参照图 6-5-50、图 6-5-51，创建备份向导。

（2）在"数据类型"选择"所选数据库"，如图 6-5-59 所示。

（3）在"备份源"对话框中单击浏览将要备份的 Exchange 服务器，此时会弹出"凭据"对话框，输入第 6.5.3 节"在 Exchange Server 服务器上安装 VDP 代理"中创建的 VMwareVDPBackupUser 账户，以格式 heuet\vmwarevdpbackupuser 的方式输入，并输入当时设置的密码，然后单击"确定"按钮，如图 6-5-60 所示，之后就可以浏览列表 Exchange 服务器上的数据库，选中要备份的数据库。在此选中当前 Exchange 中的所有数据库。

图 6-5-59　所选数据库

图 6-5-60　输入凭据并选择要备份的数据库

（4）在"配置高级选项"对话框选择备份类型，如图 6-5-61 所示。上文已经介绍过，这里不再过多介绍。

（5）在后续的步骤中指定备份计划、保留策略。这些不一一介绍。

（6）在"作业名称"对话框指定当前的 Exchange 备份作业名称，在此设置名称为 Exchange EDB，如图 6-5-62 所示。注意，备份名称允许的特殊字符仅限空格、下划线、连字符和英文句点，不能使用汉字。

图 6-5-61 配置高级选项

图 6-5-62 备份名称

（7）在"即将完成"对话框显示了备份的设置，如图 6-5-63 所示，单击"完成"按钮，完成创建新备份作业。

（8）创建完成之后，可以看到创建的两个 Exchange 备份作业，如图 6-5-64 所示。

图 6-5-63 即将完成

图 6-5-64 Exchange 备份作业

6.5.6 从备份恢复 SQL Server

在 Microsoft SQL Server 上运行备份后，可以将这些备份恢复到它们的原始位置或备用位置。恢复的步骤如下。

（1）在 vSphere Web Client 连接到 VDP，选择"恢复"选项卡。在"恢复"选项卡的列表中选择 SQL Server 备份，如图 6-5-65 所示。

（2）在图 6-5-65 中选择一个 SQL Server 备份之后，用鼠标单击，会显示当前备份任务的所有备份，在此选中一个备份进度（在"名称"列表中有备份的日期与时间）作为要恢复的备份，然后单击"恢复"链接，如图 6-5-66 所示。虽然可以选择多个 SQL Server，但对于每个 SQL Server 只能选择一个恢复点。

图 6-5-65 选择一个 SQL Server 备份

（3）在"选择备份"页上选择要恢复的备份作业，然后单击"下一步"，如图 6-5-67 所示。

图 6-5-66　选择一个备份进度进行恢复

图 6-5-67　选择备份

（4）在"选择恢复选项"页上执行以下步骤之一。

a）保留"恢复到原始位置"选项的选中状态（默认设置）以将备份恢复到其原始位置。

b）清除"恢复到原始位置"选项以将备份恢复到备用位置，然后执行以下操作。

b1）单击"选择"以选择目标客户端。

b2）在"SQL 实例"框中键入 SQL 实例的名称。如果采用"local"，则必须用圆括号将它括起来，即（local）。应确保是英文半角，不能是全角括号及字母，也不能是其他的名称，否则在向导中不会提示错误，但最后会恢复失败。

b3）在"位置路径"框中键入要将数据库文件恢复到的现有完整 Windows 路径，例如 d:\1234。注意，该路径一定要存储，如果该位置路径不存在，则不会创建它，恢复将失败。

b4）在"日志文件路径"框中键入要将日志文件恢复到的现有完整 Windows 路径。

在本示例中，选择"恢复到原始位置"，如图 6-5-68 所示。

（5）如果要指定高级选项，应单击"高级选项"旁的箭头以展开该列表，如图 6-5-69 所示。

图 6-5-68　恢复到原始位置

图 6-5-69　高级选项

在图 6-5-69 中，"结尾日志备份"为默认选项，在实际的恢复中一般不选择此项，并在"使用 SQL REPLACE 选项""恢复系统数据库"两项之间选择一项或两项，才能完成数据库的恢复。

（6）如果在上一步中选择的不是"恢复到原始位置"而是单击"选择"按钮选择当前系统中安装了 VDP 恢复代理的其他 SQL Server 数据库，也要单击"高级选项"取消"结尾日志备份"的选项，如图 6-5-70 所示。

其中每个选项说明如下。

a）**使用 SQL REPLACE**：此选项指定即使同名的另一数据库或文件已经存在，SQL Server 也应创建所有必要的数据库和相关文件。该选项将替代旨在防止意外覆盖其他数据库或文件的 SQL Server 安全检查。

b）**结尾日志备份**：要在恢复过程中执行结尾日志备份，数据库必须在线并使用完整恢复模式或大容量日志恢复模式。由于系统数据库（例如 master 数据库和 msdb 数据库）采用简单恢复模式，因此无法对其执行结尾日志备份。如果向其他 SQL Server 实例执行重定向恢复，则不要选择结尾日志备份。

c）**恢复系统数据库**：很少需要只恢复系统数据库。但是，如果一个或多个系统数据库损坏，则可能需要对其进行恢复。

实际情况更有可能是，在恢复用户数据库的同时还需要恢复系统数据库。如果同时选择系统数据库和用户数据库进行恢复，则首先恢复的是系统数据库。

恢复系统数据库时，VDP Microsoft SQL Server 客户端会按照管理 SQL Server 服务的正确顺序（master 数据库、msdb 数据库、model 数据库）来自动恢复数据库。

d）**身份认证方法**：指定连接到 SQL Server 时是采用 NT 身份验证还是采用 SQL Server 身份验证。如果选择 SQL Server 身份认证，应指定 SQL Server 登录名和密码。

（7）在"即将完成"页上查看恢复请求，然后确认恢复，单击"完成"按钮，如图 6-5-71 所示。

图 6-5-70　恢复到其他位置

图 6-5-71　即将完成

【注意】在恢复到原始位置时，应备份现有的数据库。因为此种恢复将用备份覆盖服务器中的现有内容，并且不能恢复。所以现有内容应先经过备份，之后才能恢复。

（8）在声明已成功启动恢复的消息框中单击"确定"。

（9）在"最近的任务"面板中监视恢复进度，如图 6-5-72 所示。

（10）打开 SQL Server 虚拟机，打开 SQL Server 管理控制台，可以看到恢复后的数据库。如果恢复到其他 SQL Server 实例，并且指定了恢复的文件夹，打开"资源管理器"，可以看到恢复的数据库。如图 6-5-73 所示是在实际的环境中，恢复的一个名为 AdventureWorks2008R2 示例数据库在 D 盘 1234 文件夹的截图。

图 6-5-72　恢复进度

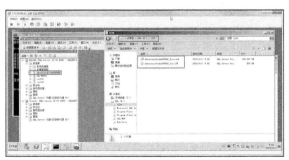

图 6-5-73　恢复示例数据库

6.5.7　恢复 Microsoft Exchange Server 备份

在 Microsoft Exchange Server 上运行备份后，可以将这些备份恢复到它们的原始位置或备用位置。

【注意】目标 Microsoft Exchange Server 必须与作为备份执行位置的 Exchange Server 具有相同的 Microsoft Exchange Server 版本和服务包。否则，恢复将失败。

（1）在 vSphere Web Client 中选择"恢复"选项卡，从列表中选择 Exchange Server 备份（备份类型为 MS Exchange），如图 6-5-74 所示。

（2）单击 Exchange 备份任务，然后在列表中选择一个备份进度，在"名称"列表中会显示备份的日期和备份时间，如图 6-5-72 所示，然后单击"恢复"按钮，如图 6-5-75 所示。

图 6-5-74　选择 Exchange Server 备份　　　　　图 6-5-75　选中一个任务进行恢复

也可以双击这个备份的进度，选择其中的一个或多个 Exchange 的数据库，如图 6-5-76 所示。如果需要重新选择恢复的数据库，可以单击"清除所有选择"链接，重新进行选择。

（3）在"选择备份"对话框选择要恢复的备份，如图 6-5-77 所示。

图 6-5-76　选中数据库　　　　　　　　　图 6-5-77　选择备份

（4）在"选择恢复选项"页上为要恢复的每个备份设置恢复选项，默认情况下是"恢复到原始位置"，如图 6-5-78 所示。

（5）如果网络中有另外的 Exchange Server（相同版本和服务包（SP1、SP2 等）），可以取消"恢复到原始位置"，并在"客户端名称"中单击"选择"按钮，在弹出的"请选择要将备份恢复到的位置"中浏览选择其他的 Exchange Server（同样需要安装 VDP 代理），如图 6-5-79 所示。

图 6-5-78　恢复到原始位置　　　　　　　　图 6-5-79　恢复选项

（6）如果不希望恢复到其他 Exchange Server（或者只有一台 Exchange Server），也不希望覆盖原来的数据库，则可以取消"恢复到原始位置"。此时"客户端名称"列表中的则是原备份的 Exchange Server 名称，在"位置路径"中指定要恢复的 Exchange 数据库的新文件夹也可以，例如 d:\1234（该文件夹及盘符需要在目标 Exchange Server 上存在）。如图 6-5-80 所示。

（7）如果客户端是以本地系统账户身份运维，则用户必须提供 Exchange 管理员凭据。如果不是以本地系统管理员身份运行，则不需要提供凭据。单击"高级选项"，在"用户名"处输入域管理员账户，例如 heuet\administrator，之后输入管理员密码，如图 6-5-81 所示。

图 6-5-80 恢复到同一服务器的同一文件夹

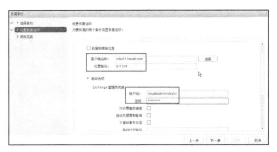

图 6-5-81 高级选项

（8）在"即将完成"页上查看恢复请求，然后单击"完成"，如图 6-5-82 所示。

（9）在弹出的"信息"对话框单击"确定"按钮，如图 6-5-83 所示。

图 6-5-82 即将完成

图 6-5-83 确定

（10）在 vSphere Client 的"近期任务"中可以看到 VDP 恢复作业进度，如图 6-5-84 所示。

（11）恢复完成之后，打开 Exchange Server 虚拟机，在 D 盘 1234 文件夹可以看到恢复成功的 Exchange 的 EDB 数据库，如图 6-5-85 所示。

图 6-5-84 恢复作业进度

图 6-5-85 恢复成功的 Exchange 数据库

6.6　使用文件级恢复

vSphere Data Protection（VDP）会创建整个虚拟机的备份。可以通过 vSphere Web Client 使用 vSphere Data Protection 用户界面完整地恢复这些备份。不过，如果只希望从这些虚拟机中恢复特定文件，可使用 vSphere Data Protection Restore Client（通过 Web 浏览器加以访问）。这种恢复称作"文件级恢复"（FLR）。

通过 Restore Client 可以将特定虚拟机备份作为文件系统装载，然后"浏览"该文件系统以查找需要恢复的文件。

Restore Client 服务仅适用于具有 VDP 所管理备份的虚拟机。为进行这种恢复，需要通过 vCenter 控制台或其他某种远程连接登录到其中一台由 VDP 备份的虚拟机。

【注意】不支持对从以前使用的 VDP 磁盘导入的恢复点使用文件级恢复（FLR）。此限制不适用于为导入后执行的任何后续备份创建的恢复点。

6.6.1　登录 Restore Client 的两种方式

Restore Client 可以按下列两种模式之一运行。

基本——采用基本登录时，需从已由 VDP 备份的虚拟机连接到 Restore Client。需要使用所登录虚拟机的本地管理凭据登录 Restore Client。Restore Client 将仅显示本地虚拟机的备份。

例如，如果从名为"TMG2010"的 Windows 主机登录到"基本"模式下的 Restore Client，则只能装载和浏览"TMG2010"的备份，如图 6-6-1 所示。

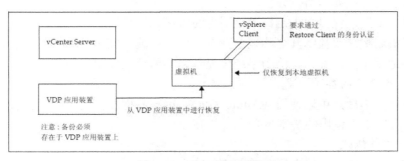

图 6-6-1　FLR 基本登录

高级——采用高级登录时，需从已由 VDP 备份的虚拟机连接到 Restore Client。需要使用所登录虚拟机的本地管理凭据以及用于向 vCenter Server 注册 VDP 应用装置的管理凭据来登录 Restore Client。连接到 Restore Client 之后，可以从任何已通过 VDP 进行备份的虚拟机装载、浏览和恢复文件。系统会将所有恢复文件恢复到当前登录的虚拟机，如图 6-6-2 所示。

【注意】FLR 高级登录要求使用在安装 VDP 应用装置时所指定的那些 vCenter 用户凭据。Windows 备份中的文件只能恢复到 Windows 计算机，Linux 备份中的文件只能恢复到

Linux 计算机。

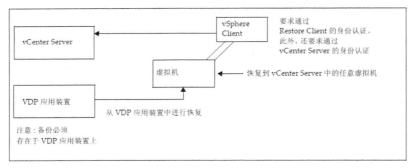

图 6-6-2 FLR 高级登录

1. 装载备份

成功登录后，将显示"管理已装载的备份"对话框。默认情况下，此对话框显示可用于装载的所有备份。此对话框的格式会因登录方式的不同而变化。

- 如果使用的是基本登录，则会显示所登录客户端中可供装载的所有备份的列表。
- 如果使用的是高级登录，则会显示已备份到 VDP 的所有客户端的列表。每个客户端下将显示所有可用于装载的备份的列表。

【注意】使用对话框右下角的"装载""卸载"或"全部卸载"按钮，最多可以装载 254个 vmdk 文件映像。

2. 筛选备份

在"管理已装载的备份"对话框中，可以选择显示所有备份或筛选备份列表。筛选列表的方法如下。

- 所有恢复点：显示所有备份。
- 恢复点日期：仅显示指定日期范围内的备份。
- 虚拟机名称：仅显示其名称包含筛选字段中所输入文本的主机的备份。注意，此选项不适用于基本登录，因为系统仅显示属于所登录虚拟机的备份。）

3. 浏览已装载的备份

备份装载完毕后，可以使用 Restore Client 用户界面左侧的树视图在备份的内容中导航。树的外观取决于使用的是基本登录还是高级登录。

4. 执行文件级恢复

使用 Restore Client 的主屏幕可以恢复特定的文件，方法是：在左侧列中的文件系统树中导航，然后单击树中的目录或单击右侧列中的文件或目录。

下面通过具体的例子进行介绍。

6.6.2 使用基本登录恢复本机的备份

在下面的实例中，我们将在一台已经备份过的 Windows 虚拟机中使用文件级恢复，将 VDP 对于本机的备份恢复。

【说明】使用这一功能，每台虚拟机的管理员可以使用 VDP 的"文件级恢复"这一功能，恢复由自己所管理的虚拟机的备份，而不是由系统管理员恢复备份。例如 A 是当前虚拟化环境中一个名为"TMG2010-RAID10"虚拟机的管理员,而 B 则是 VDP 的管理员,如果 A 管理的"TMG2010-RAID10"虚拟机出现问题,则 A 登录"TMG2010-RAID10"虚拟机(可以使用"远程桌面登录连接"的方式远程),然后启用文件级恢复这一功能即可。

首先在 vSphere Web Client 中连接到 VDP,在"恢复"选项卡中查看 VDP 已经备份的虚拟机的名称,如图 6-6-3 所示。

从列表中可以看到当前已经备份了多台虚拟机,其中有一台名为"TMG2010-RAID10"。

(1)登录到"TMG2010-RAID10"虚拟机,可以使用 vSphere Client 打开"TMG2010-RAID10"控制台,也可以以远程桌面方式登录,打开 IE 浏览器,启动 VDP 文件级恢复链接,该地址是 https://172.16.17.24:8543/flr,其中 172.16.17.24 是当前 VDP 备份装置的 IP 地址。然后输入"TMG2010-RAID10"虚拟机的管理员账户及密码,单击"登录"按钮,如图 6-6-4 所示。

图 6-6-3　查看 VDP 已经备份的虚拟机名称

图 6-6-4　基本登录

(2)VDP 会对客户端进行身份验证,如果验证不通过,则会提示"登录失败:找不到登录客户端",如图 6-6-5 所示,表示当前登录的这台机器没有在 VDP 中进行备份。

(3)登录成功之后,进入 VDP 的文件级恢复页面,首先会弹出"管理已装载的备份"对话框,在此可浏览出当前所有的恢复点,从中选择一个,然后单击"装载"按钮,如图 6-6-6 所示。装载之后,单击"关闭"按钮。

图 6-6-5　登录失败

图 6-6-6　装载设备

(4)装载之后,返回到 IE 浏览器,此时在"恢复文件"列表中显示了装载的镜像,单击"Disk#1"以展开磁盘。如果有多个磁盘或分区,则会以 Disk#2、Disk#3 等方式排序。依次展开并进行浏览,之后可以选中要恢复的文件或文件夹,如图 6-6-7 所示,然后单击右下角的"恢复选定文件"按钮。

（5）弹出"选择目标"对话框，在此选择一个文件夹，然后单击"恢复"按钮进行恢复，如图 6-6-8 所示。一般情况下，应该将文件恢复到一个空的文件夹。如果没有空的文件夹，可以打开"资源管理器"，新建一个文件夹，在图 6-6-8 中单击"刷新"按钮后选择新建的文件夹。

图 6-6-7　恢复选择文件

图 6-6-8　选定文件夹进行恢复

（6）在"启动恢复"对话框单击"是"按钮，如图 6-6-9 所示。之后弹出"信息"对话框，单击"确定"按钮。

（7）单击"监视恢复"按钮，此时会看到恢复的状态。如果状态为"SUCCESS"，表示恢复成功；如果状态为"失败"，表示恢复失败，需要重新恢复，直到恢复成功为止。如图 6-6-10 所示。

图 6-6-9　启动恢复

图 6-6-10　恢复成功

（8）打开"资源管理器"，打开恢复文件夹，查看恢复文件，如图 6-6-11 所示。

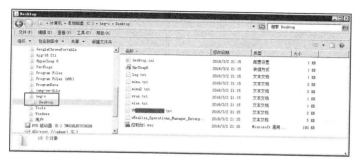

图 6-6-11　查看恢复文件

如果要恢复到其他日期，也可以重新加载备份。

（1）返回到 Restore Client 客户端，在"恢复文件"中单击"　"，在弹出的下拉列表中选择"管理已装载的备份"，如图 6-6-12 所示，或者单击"卸载备份"或"全部卸载"，卸载已装载的备份。

（2）在弹出的"管理已装载的备份"对话框中，先"全部卸载"已挂载的备份，然后浏览选择一个其他日期的备份，单击"装载"，如图 6-6-13 所示，开启新一轮的恢复。这些内容与上文介绍相同，不一一介绍。

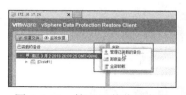

图 6-6-12　管理已装载的备份

图 6-6-13　管理已装载的备份

6.6.3　使用高级登录恢复文件

本节介绍"高级登录"，恢复本机或其他已备份的虚拟机的文件。

（1）在已经使用 VDP 备份的一台虚拟机（同样不能使用没有被 VDP 备份的虚拟机）中登录 https://172.16.17.24:8543/flr，选择"高级恢复"，在"本地凭据"中输入当前计算机的管理员账户与密码，然后在"vCenter 凭据"中输入在向 VDP 注册时输入的 vCenter Server 的管理员账户与密码，单击"登录"按钮，如图 6-6-14 所示。

（2）登录之后，同样打开"管理已装载的备份"对话框，在此会显示当前 VDP 备份的所有虚拟机的备份，如图 6-6-15 所示。可以在列表中选择一台要恢复的虚拟机（还会显示每台备份虚拟机有几个备份），展开并选中一个备份点，然后单击"装载"按钮，如图 6-6-15 所示。

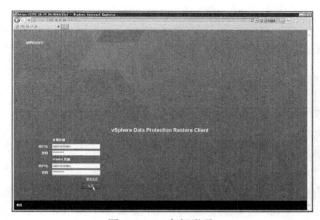

图 6-6-14　高级登录

图 6-6-15　装载备份

（3）之后的恢复就与第 6.6.2 节"使用基本登录恢复本机的备份"操作一样，如图 6-6-16 所示，从中选择一个恢复的文件或文件夹，单击"恢复选定文件"。

（4）选定恢复文件夹进行恢复，并在"监视恢复"中，查看恢复进度如图 6-6-17 所示。

图 6-6-16　恢复选定文件　　　　　　　　　　　图 6-6-17　恢复进度

（5）打开"资源管理器"，查看恢复后的文件，如图 6-6-18 所示。

图 6-6-18　查看恢复后的文件

最后，在退出文件级恢复之前，卸载已挂载的备份，这些不一一介绍。

6.7　安装后重新配置 VDP

在安装 vSphere Data Protection（VDP）期间，VDP 配置应用工具以"安装"模式运行。在此模式下，可以输入初始联网设置、时区、VDP 应用装置密码和 vCenter 凭据。初始安装完成后，VDP 配置应用工具将以"维护"模式运行，并显示另一个用户界面。

6.7.1　重新配置 VDP 应用装置

要访问 VDP 配置应用工具，应打开 Web 浏览器，然后输入以下内容：

https://<VDP 应用装置的 IP 地址>:8543/vdp-configure/

此时，需要使用 VDP 应用装置的用户名（root）和密码登录。

（1）登录 https:// <VDP 应用装置的 IP 地址>:8543/vdp-configure，并输入用户名及密码，登录 VDP，首先看到"配置"选项卡。"配置"选项卡列出了 VDP 所需的所有服务以及每项服务的当前状态，如图 6-7-1 所示。

VDP 各服务的意义如下。

核心服务：这些服务是组成应用装置备份引擎的服务。如果禁用这些服务，则不会运行任何备份作业（包括计划的作业和"按需"作业），也无法启动任何恢复活动。

管理服务：只有在技术支持人员的指导下才能停止管理服务。

维护服务：这些服务用于执行维护任务，如评估备份的保留期是否已到期。在 VDP 应用装置部署后的前 24 至 48 小时内，维护服务处于禁用状态。这就给初始备份创造了较长的备份窗口。

备份计划程序：备份计划程序是启动计划备份作业的服务。如果停止此服务，则不会运行任何计划备份。但是，仍然可以启动"按需"备份。

复制服务：管理复制服务。

文件级恢复服务：这些服务用于支持文件级恢复操作的管理。

备份恢复服务：这些服务用于支持备份恢复。

【说明】如果这些服务中的任何服务停止运行，vCenter Server 上均会触发警报。如果重新启动已停止的服务，将会清除该警报。警报触发或清除前可能会有最长可达 10 分钟的延迟。

（2）同时在"VDP 应用装置"的"配置"选项卡显示了当前 VDP 应用装置的计算机名称、时区、注册的 vCenter Server 的计算机名称、vCenter SSO 的名称。如果需要更改这些信息，可以在"配置"选项卡单击"　❖　"图标，在弹出的"网络设置""时区""密码""vCenter 注册"等选项中进行更改，如图 6-7-2 所示。

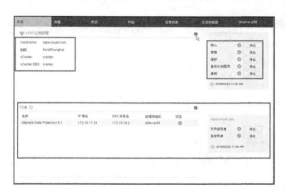

图 6-7-1　状态选项卡

图 6-7-2　配置页

（3）如果选择"网络设置"，则可以修改当前 VDP 应用装置的名称、IP 地址、子网掩码、网关与 DNS 参数，如图 6-7-3 所示。

（4）如果选择"时区设置"，则进入时区设置对话框，重新选择 VDP 应用装置的时区，如图 6-7-4 所示。

图 6-7-3　管理网络设置

图 6-7-4　时区设置

（5）如果选择"密码"，则进入"更改密码"对话框，输入 vdp 应用装置的旧密码，并设置新密码，如图 6-7-5 所示。

（6）如果选择"管理代理吞吐量"，则设置当前 vdp 最多可以同时运行几个备份和恢复请求，最大为 8 个，最小为 1 个，如图 6-7-6 所示。如果 VDP 虚拟机所在存储性能有限，则应配置为较小数量，例如设置为 2。

图 6-7-5　更改密码　　　　　　　　　　图 6-7-6　管理代理吞吐量

（7）如果选择"产品改进"，则选择是否参与客户体验改进计划，如图 6-7-7 所示。

如果选择"vCenter 注册"，则会进入重新配置 vCenter Server 向导，此任务将用来配置 vdpa 与 vCenter Server 的关系。如果更改 vCenter Server 主机名、IP 地址或端口号，将导致删除与该应用装置关联的所有备份、复制和备份作业，现有备份不受影响。但必须重新创建所有作业和策略。

（1）在"vCenter 注册"对话框中单击"我已查看该信息，我要重新配置 vCenter"，如图 6-7-8 所示。

图 6-7-7　产品改进设置

（2）在"vCenter 配置"对话框中输入 vCenter用户名、密码，填写新的 vCenter 的 IP 地址或域名，之后单击"下一步"按钮，如图 6-7-9所示。

图 6-7-8　确认重新配置 vCenter　　　　　图 6-7-9　vCenter 配置

（3）在"即将完成"对话框中单击"完成"按钮，如图 6-7-10 所示。

（4）在"即将完成"对话框中显示配置信息及配置进度，如图 6-7-11 所示，完成之后，单击"关闭"按钮。

在"代理"一行，可以单击"✿"图标，弹出下拉列表，可以选择添加外部代理、管理代理、重新启动代理等操作，如图 6-7-12 所示。

图 6-7-10　配置完成

图 6-7-11　即将完成

图 6-7-12　代理

6.7.2　扩展 VDP 可用存储容量

在"存储"选项卡显示了存储摘要、容量利用率、存储性能分析，如图 6-7-13 所示。

在"存储"选项卡还可以扩展当前 VDP 的存储总量。例如，在当前的 VDP 备份装置中，当前 VDP 可用存储总量是 2TB，如果使用一段时间之后，该空间不够时，可以扩展该 VDP 的备份容量。

（1）如果要扩展 VDP 的可用存储总量，在扩展之后，最好在保存 VDP 备份装置的数据存储区执行"性能分析"。在此演示中，选中保存 VDP 备份装置的数据存储，单击"运行"按钮，如图 6-7-14 所示。

图 6-7-13　存储摘要

（2）弹出"配置状态"对话框，向导运行性能分析工具，如图 6-7-15 所示。

（3）运行完成之后，返回 VDP 配置页，此时在"结果"列表中显示"已经通过"，然后单击右上角的"⚙"按钮，在弹出的对话框中选择"扩展存储"，如图 6-7-16 所示。

（4）在弹出的"扩展存储"对话框中显示了当前容量，并且可以设置新容量，如图 6-17-17

所示。VDP 的存储容量可以在 0.5TB、1TB、2TB、4TB、6TB、8TB 之间选择，扩充容量时可以根据当前的容量进行扩展，例如，当前容量是 2TB，则可以选择 4TB、6TB、8TB 进行扩展。在本示例中将新容量选择为 4TB。

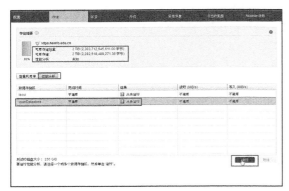

图 6-7-14　运行性能分析

图 6-7-15　配置状态

图 6-7-16　扩展存储

图 6-7-17　扩展存储

（5）在"设备分配"对话框分配新的 VDP 存储磁盘。当 VDP 应用装置容量是 2TB 时，需要 3 个 1TB 的磁盘；当 VDP 应用装置容量扩展到 4TB 时，则需要 6 个 1TB 的磁盘。在"磁盘"一列中将磁盘容量增加为 6，如图 6-7-18 所示。

（6）在"CPU 和内存"对话框查看最低 CPU 和内存需求，当前为 4 个 CPU、8GB 内存。如图 6-7-19 所示。

图 6-7-18　设备分配

图 6-7-19　CPU 和内存

　　在实际的生产环境中，如果存储性能较差，最好分配较多的 CPU 和较大内存，但也不宜过多。VDP 或其他生产环境中的虚拟机，是否要为其分配更多的 CPU 或内存，可以根据 vRealize Operations Manager 建议进行。如图 6-7-20 所示是 vRealize 提示 VDP 虚拟机长期处于高工作负载状态需要更多 CPU 的截图。

图 6-7-20　风险警示

　　（7）在"即将完成"对话框单击"完成"按钮，如图 6-7-21 所示。

　　（8）向导开始配置 VDP 应用装置，并扩展存储容量，如图 6-7-22 所示。

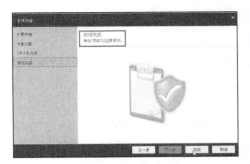
图 6-7-21　完成

图 6-7-22　配置 VDP 应用装置

6.7.3　回滚 VDP 配置

　　vSphere Data Protection 应用装置可能变得不一致或不稳定。在某些情况下，vSphere Data Protection 配置应用工具可以检测到这种状况，并且会在用户登录后立即显示类似下面的消息：

　　您的 VDP 应用装置似乎经历了非正常关闭，很可能需要进行检查点回滚以恢复数据保护功能。您可通过"回滚"选项卡启动此过程。

　　在默认情况下，VDP 保留两个系统检查点。如果回滚到某个检查点，则在该检查点与回滚之间对 VDP 应用装置进行的任何备份或配置更改都将丢失。

　　第一个检查点在 VDP 安装时创建，后续的检查点由维护服务创建。在 VDP 最初的 24 至 48 小时运行时间内，此服务处于禁用状态。如果在此时间段内回滚，则 VDP 应用装置将设置为默认配置，任何备份配置或备份都将丢失。

　　如果在检查点和回滚发生之间安装了用于 Exchange Sever 客户端的 VMware VDP 或用于 SQL Sever 客户端，或 SharePoint Server 的 VMware VDP，则必须重新安装这些客户端。

　　【注意】强烈建议仅回滚到经过验证的最近检查点。

　　（1）在"回滚"选项卡中单击"解除锁定以启用回滚操作"，在弹出的对话框中输入 VDP 应用装置的密码，单击"确定"按钮解锁，如图 6-7-23 所示。

　　（2）解除锁定之后，从列表中选择一个经过验证的最近检查点，这可在"有效"列表中看到，其中一个是"已验证"，另一个为"未验证"。选中"已验证"的标记，单击"执行 VDP 回滚至选定检查点的操作",如图 6-7-24 所示。

图 6-7-23 回滚   图 6-7-24 执行回滚

（3）此时会弹出"VDP 回滚前检查"对话框，提示当前核心服务和管理服务似乎运行正常，询问是否继续。单击"否"按钮，取消回滚，如图 6-7-25 所示。如果确定 VDP 出现了故障，可以单击"是"按钮执行回滚操作。

图 6-7-25 回滚前检查

6.7.4 升级 VDP

在下载 vSphere Data Protection 的软件包时，除了下载的 OVA 文件外，还有一个 ISO 的镜像文件，这个镜像文件就是用来升级 VDP 的。如果网络中有低版本的 VDP，可以在低版本的 VDP 应用装置虚拟机中加载高版本的 VDP 的 ISO 镜像，然后在"升级"选项卡执行升级操作。如图 6-7-26 所示。

图 6-7-26 升级选项卡

6.7.5 vCenter 出错后使用 VDP 紧急恢复

VDP 依靠 vCenter Server 来执行其很多核心操作。当 vCenter Server 不可用或用户无法使用 vSphere Web Client 访问 VDP 用户界面，而用户又需要紧急恢复备份的虚拟机时，就可以使用"紧急恢复"功能。

VDP 的紧急恢复功能可以将 VDP 备份的虚拟机直接恢复到当前运行 VDP 应用装置的 ESXi 主机，如果 VDP 对 vCenter Server 进行了备份，此时也可以恢复 vCenter Server 虚拟机。

在执行紧急恢复操作前，应确认满足以下要求：

- 要恢复的虚拟机所采用的虚拟硬件版本受当前运行 VDP 应用装置的主机支持。
- 目标数据存储区域中有充足的可用空间来容纳整台虚拟机。
- 虚拟机要恢复到的目标 VMFS 数据存储区支持 VMDK 文件大小。
- 从当前运行 VDP 应用装置主机恢复的虚拟机有可用的网络连接。
- 在当前运行 VDP 应用装置的主机上至少有一个具有管理员权限的本地账户。

VDP 紧急恢复限制和不受支持的功能包括以下：

（1）如果 vSphere 主机上正在执行紧急恢复操作，则不能将该主机纳入到 vCenter 清单中。如果 vSphere 主机当前由 vCenter Server 加以管理，则必须临时解除它与 vCenter Server 的关联，才能执行紧急恢复。管理员可以使用 vSphere Client 直接连接到 vSphere 主机，在"摘要"选项卡的"主机管理"选项组中单击"解除主机与 vCenter Server 的关联"链接，如图 6-7-27 所示，以解除与 vCenter Server 的关联。

（2）使用紧急恢复时，只能恢复到清单中的根级，即主机级别。

（3）紧急恢复要求 VDP 使用的 DNS 服务器可用且完全解析目标 vSphere 主机名。

（4）紧急恢复以"断电"状态恢复虚拟机，必须手动登录到 ESXi 主机为恢复后的虚拟机通电。

（5）紧急恢复会将该虚拟机恢复为新的虚拟机。必须确认为该虚拟机提供的名称不与已经存在的虚拟机的名称重复。

（6）紧急恢复不会列出 Exchange、SQL Server、SharePoint 等应用程序客户端。

（7）执行紧急恢复操作时，会自动激活内部代理。如果内部代理和外部代理都已激活，则管理员必须在 VDP 配置应用工具中禁用内部代理，紧急恢复才能成功完成。

下面简单介绍紧急恢复的主要步骤。

（1）使用 IE 浏览器登录 VDP 应用装置（https://VDP 应用装置的 IP 地址:8543/vdp-configure），在"紧急恢复"选项卡中选中一台要恢复的虚拟机，并展开从中选择一个备份进度，然后单击"恢复"，如图 6-7-28 所示。

图 6-7-27　解除当前主机与 vCenter Server 的关联　　　　　图 6-7-28　恢复

（2）在弹出的"主机凭据"对话框输入当前 VDP 所在的 ESXi 主机的密码，单击"确定"按钮，如图 6-7-29 所示。

（3）如果当前主机没有与 vCenter 解除关联，则会弹出如图 6-7-30 所示的提示。如果主机已经与 vCenter 解除关联，则会进入恢复备份向导，显示客户端名称、备份的日期和时间戳、新名称等，之后单击"恢复"进行恢复，这些不一一介绍。

图 6-7-29　主机凭据　　　　　　图 6-7-30　当前 ESXi 主机未与 vCenter 解除关联

第 7 章　安装配置 VMware vRealize Log Insight

vRealize Log Insight 可以为 VMware 虚拟机提供实时日志管理，用于收集 VMware vSphere 和 NSX 的日志工具。在安装配置 VMware vSphere（包含 VMware ESXi、vCenter 等）之后，日志保存在系统本地存储，使用 vRealize Log Insight 可以集中实时收集这些产品的日志用于后期的管理需求。本章介绍 vRealize Log Insight 的概念、安装与配置。关于 vRealize Log Insight 的日志更多管理，本章不做过多介绍。

7.1　vRealize Log Insight 介绍与规划

在虚拟化数据中心有多台服务器，每一台虚拟化服务器可能会有成百上千个软件在运行，每个软件都会产生日志，很多软件还会产生不止一个日志。vSphere hypervisor 会产生日志，虚拟机中运行的各种操作系统、数据库、中间件、应用软件都会在运行时生成日志。要查看这些日志，必须登录不同的操作系统，进到不同的文件系统路径。如果要管理、查看多个系统的日志并对其进行分析，需要专门的日志管理工具，vRealize Log Insight 就是一个解决方案，可以帮助管理员完成那些看上去不可能完成的工作。

Log Insight 能够收集的日志种类非常多，除了 vSphere、vCenter、NSX、Horizon 等各种 VMware 的软件外，还能收集像 EMC 存储、CISCO 交换机等大量第三方的系统和设备日志。Log Insight 提供了一种称为 Content Pack 的扩展机制，任何第三方的厂商只要依照规定的接口提供相应的 Content Pack 包，就能实现 Log Insight 的支持。因为 VMware 在数据中心虚拟化中的领导者地位，所以几乎主流的设备供应商都实现对 Log Insight 的集成和支持。

vRealize Log Insight 的前身为 vCenter Log Insight，是 VMware 的分析工具，能够为 VMware 环境提供实时记录档案管理。

如果将 vSAN 主机安装在 U 盘中，ESXi 的日志则不推荐保存在 vSAN 群集中，而是保存在 Log Insight 中。

vRealize Log Insight 功能特性如下。

1. 通用日志收集和分析

利用 vRealize Log Insight 收集和分析机器生成的所有类型的日志数据。管理员可将其应用于环境中的所有内容——操作系统（包括 Linux 和 Windows）、应用、存储、防火墙、网络设备等——从而通过日志分析获得整个企业范围的可见性。

2．企业级可扩展性

高度可扩展，并且专为处理机器生成的所有类型的数据而设计。有内部测试表明，Log Insight 在针对 10 亿条日志消息的查询测试中比其他业内领先的解决方案快 3 倍。每个节点接收的数据量翻番，并且每个节点每秒最多可支持 15 000 个事件。

3．直观的图形用户界面、轻松部署

借助基于 GUI 的直观界面，用户可以轻松运行简单的交互式搜索以及深入的分析查询，快速获得见解，从而能够即时提供价值并提高 IT 效率。vRealize Log Insight 自动为数据选择最佳显示方式，从而节省用户的宝贵时间。

4．内置的 vSphere 知识库

由 VMware 专家开发的 vRealize Log Insight 附带内置的知识库和对 VMware vSphere with Operations Management 的原生支持。用户可以分析虚拟基础架构之外的日志，并使用中央日志管理解决方案来分析整个 IT 环境中的数据。

5．与 vRealize Operations 集成

与 vRealize Operations 平台的集成可将运维可见性和主动管理功能延展到基础架构和应用。这种集成还可将非结构化数据（例如日志文件）与结构化数据（例如衡量指标和关键绩效指标）融合在一起，帮助用户最大限度提高投资回报。

vRealize Log Insight 不同版本如表 7-1-1 所列。

表 7-1-1　　　　　　　　　　　　　　vRealize Log Insight 不同版本

	vRealize Log Insight for vCenter Server Standard	vRealize Log Insight for NSX (*)	完整版 vRealize Log Insight
包括在 VMware 产品套件中	随 vCenter Server 标准版提供 25 个 OSI	NSX 的 1 个 CPU 许可= 有限 vRealize Log Insight for NSX 的 1 个 CPU 许可	单行版 vRealize Log Insight、vRealize Suite 的所有版本、vCloud Suite 的所有版本
基本功能			
仪表板	√	√	√
自定义仪表板	√	√	√
交互式分析	√	√	√
vSphere 集成（从 vCenter、ESXi 收集）	√	√	√
vRealize Operations 集成	√	√	√
警报	√	√	√
机器学习/分析	√	√	√
Active Directory 集成	√	√	√
代理	√	√	√
基于角色的访问控制	√	√	√
查询 API	√	√	√
客户体验改善计划（同意后加入）		√	√

	vRealize Log Insight for vCenter Server Standard	vRealize Log Insight for NSX (*)	完整版 vRealize Log Insight
高级功能			
集群、High Availability		√	√
事件转发		√	√
存档		√	√
内容包			
内容包市场	√	√	√
VMware 内容包	√	√	√
导入自定义内容包			√
第三方内容包			√

Log Insight 完整功能版，但仅 vSphere 和 NSX 事件需要强制接受 EULA。Log Insight 许可证只适用于 vSphere 和 NSX-v 内容包。

vRealize Log Insight 有两种购买方式。可以采用统一费率按操作系统映像（OSI）数量购买，以便从任何服务器、虚拟机或 hypervisor 收集日志。也可以采用统一费率按 CPU 数量购买，以便从单个 CPU 插槽上的 hypervisor 和任何客户机收集所生成的所有日志。

- 按操作系统数量：按操作系统实例（OSI）数量授予 vRealize Log Insight 许可，实例是指 IP 地址可生成日志的任何虚拟或物理服务器，包括网络设备和存储阵列。用户可以分析每个 OSI 的无限数量的日志数据。此选项的优点是定价模式基于基础架构的大小，简单且可预测。用户不必为了应对最坏情形额外购买许可证，也不必为日志量增长额外付费。这一特点很重要，因为系统和设备可能会在高峰时间或在对各种 IT 问题进行监控和故障排除时生成海量日志数据。

- 按 CPU 数量：还可以按 CPU 数量授予 vRealize Log Insight 许可，采用这种方式时，将对来自单个 CPU 的所有日志数据源采用统一费率，而不考虑 hypervisor 或客户操作系统的数量。有关定价的更多信息，可联系销售部门。

本章将采用图 7-1-1 所示的拓扑，介绍 vRealize 的安装、配置与使用。

在本示例中，vRealize Log Insight 设置 IP 地址 172.18.96.48，为 3 台 vCenter Server、7 台 ESXi 7 机提供日志服务。在本示例中，172.18.96.10 与 172.18.96.22 管理的是 vSAN 群集，172.18.96.10 管理的是标准 vSAN 群集，172.18.96.22 管理的是 2 节点 vSAN 延伸群集（节点主机 172.18.96.43、172.18.96.44，见证主机 172.18.96.47），vRealize Log Insight 则部署在这个 2 节点 vSAN 群集中。

在接下来的操作中，我们需要使用 vSphere Web Client 登录 172.18.96.22 这台 vCenter Server，在其中部署 vRealize Log Insight，然后添加这 3 个 vCenter（及其管理的 ESXi）为 vSphere 环境提供日志服务。

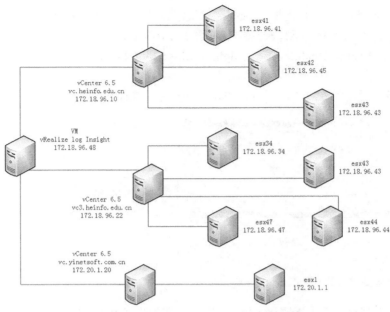

图 7-1-1　vRealize Log Insight 应用环境

7.2　部署 vRealize Log Insight

在本示例中，我们将在 vCenter Server 的地址为 172.18.96.22 所管理的环境中部署 vRealize Log Insight，主要步骤如下。

（1）使用 vSphere Web Client 登录 vCenter Server，当前登录地址为 https://vc3.heinfo.edu.cn/vsphere-client，输入管理员账户与密码之后进入 vSphere 页面。如图 7-2-1 所示，是一个两节点的 vSAN 群集，其中 172.18.96.47 为虚拟见证设备，172.18.96.43 与 172.18.96.44 是两台 vSAN 主机。

（2）右键单击数据中心、群集或一台主机，在弹出的快捷菜单中选择"部署 OVF 模板"，如图 7-2-2 所示。

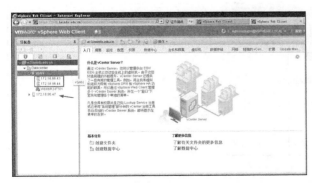

图 7-2-1　登录 vCenter Server

图 7-2-2　部署 OVF 模板

（3）在"选择模板"对话框中选择"本地文件"并单击"浏览"按钮，在弹出"选择要加载的文件"对话框中浏览选择要部署的 vRealize Log Insight 的 OVF 文件。本示例中文件名为"VMware-vRealize-Log-Insight-4.0.0-4624504.ova"，大小为 860MB，如图 7-2-3 所示。

（4）选择之后，如图 7-2-4 所示，单击"下一步"按钮继续。

图 7-2-3　选择要部署的 vRealize Log Insight 文件

图 7-2-4　选择要部署的 OVF 模板

（5）在"选择名称和位置"对话框中为要部署的虚拟机设置名称，并选择部署位置，如图 7-2-5 所示。

（6）在"选择资源"对话框中选择运行已部署模板的位置，如图 7-2-6 所示。

图 7-2-5　选择名称和位置

图 7-2-6　选择资源

（7）在"查看详细信息"对话框中显示了要部署的产品名称、版本、发布者、需要占用的磁盘空间，如图 7-2-7 所示。

（8）在"接受许可协议"对话框中单击"接受"按钮，接受许可协议，如图 7-2-8 所示。

图 7-2-7　查看详细信息

图 7-2-8　接受许可协议

（9）在"选择配置"对话框中选择部署配置。vRealize Log Insight 支持微型、小型、中型、大型配置，各种配置支持的主机数目与占用的系统资源如表 7-2-1 所列。在本示例中选择微型，如图 7-2-9 所示。

表 7-2-1　　　　　　　　　　　　　　　　vRealize Log Insight 配置

配置	支持的主机上限	占 用 资 源
微型	20 台 ESXi 主机，每秒 200 个事件或每天 3GB 数据	2 个 vCPU、4GB 内存、132GB 磁盘空间
小型	200 台 ESXi 主机，每秒 2000 个事件或每天 30GB	4 个 vCPU、8GB 内存、510GB 磁盘空间
中型	500 台 ESXi 主机，每秒 5000 个事件或每天 75GB 数据	8 个 vCPU、16GB 内存、510GB 磁盘空间
大型	1500 台 ESXi 主机，每秒 15000 个事件或每天 225GB 数据	16 个 vCPU、32GB 内存、510GB 磁盘空间

（10）在"选择存储"对话框选择要置备的虚拟机的磁盘格式（精简置备或厚置备）、虚拟机存储策略、保存虚拟机的数据存储，如图 7-2-10 所示。

（11）在"选择网络"对话框中为虚拟机选择目标网络，如图 7-2-11 所示。

图 7-2-9　选择配置

图 7-2-10　选择存储

图 7-2-11　选择网络

（12）在"自定义模板"对话框中为要部署的 vRealize Log Insight 虚拟机设置 DNS（本示例为 172.18.96.1）、DNS 域名（本示例为 heinfo.edu.cn）、DNS 搜索路径（留空）、网关地址（本示例为 172.18.96.253）、主机名称（设置为 vlog）、IP 地址（规划设置为 172.18.96.48）、子网掩码（255.255.255.0），如图 7-2-12 所示。

之后在"Other Properties→Root Password"设置根用户密码，如图 7-2-13 所示。

（13）在"即将完成"对话框显示要置备的虚拟机名称、配置参数等，检查无误之后单击"完成"按钮开始部署虚拟机，如图 7-2-14 所示。

（14）在部署完 vRealize Log Insight 虚拟机之后，打开虚拟机的电源及控制台，当出现图 7-2-15 所示页面时，部署完成。

图 7-2-12　设置网络参数

图 7-2-13　设置根目标

图 7-2-14　即将完成

图 7-2-15　打开 vRealize Log Insight 控制台

7.3　配置 vRealize Log Insight

部署好 vRealize Log Insight 之后，在 IE 浏览器中输入 vRealize Log Insight 的 IP 地址（本示例为 http://172.18.96.48），进入配置页。

（1）在 IE 浏览器中输入 172.18.96.48 并按回车键，进入配置向导，如图 7-3-1 所示。

（2）在"选择部署类型"对话框中选择"启动新部署"，如图 7-3-2 所示。

图 7-3-1　配置向导

图 7-3-2　启动新部署

（3）在"管理员凭据"对话框中为管理员指定一个邮箱，并为 admin 设置新的密码，然后单击"保存并继续"按钮，如图 7-3-3 所示。

（4）在"许可证"对话框中可以添加许可证密钥，也可以单击"跳过"按钮，在进入系统以后再添加，如图 7-3-4 所示。

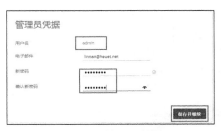

图 7-3-3　管理员凭据

图 7-3-4　添加许可证

（5）在"常规配置"对话框中输入系统通知电子邮件收件人，如图 7-3-5 所示。

（6）在"时间配置"对话框中指定要与之同步的 NTP 服务器，如果当前虚拟机配置能连接到 Internet，可以使用 VMware 推荐的 NTP 服务器，这些服务器有 4 台，分别是 0.vmware.pool.ntp.org、1.vmware.pool.ntp.org、2.vmware.pool.ntp.org、3.vmware.pool.ntp.org，单击"测试"按钮可以检测 vRealize Log Insight 是否可以使用指定的 NTP 服务器，如图 7-3-6 所示。如果测试成功，单击"保存并继续"按钮。如果测试不通过，可以使用单位自建的 NTP 服务器。

图 7-3-5　常规配置

图 7-3-6　时间配置

（7）在"SMTP 配置"对话框中设置是否启用关于警示和重要系统通知的电子邮件外发服务。如果需要启动这一功能，需要指定 SMTP 服务器地址、端口，并指定发件人邮箱、用户名及密码，配置之后单击"发送测试电子邮件"。如果不需要这项服务，单击"跳过"按钮，如图 7-3-7 所示。

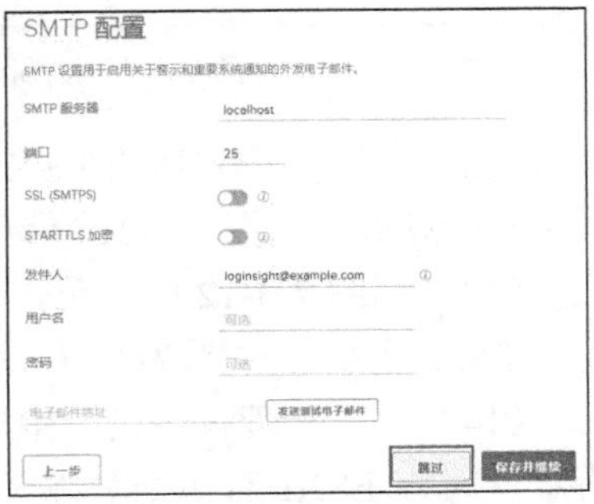

（8）在"设置完成"对话框单击"完成"按钮，开始使用 vRealize Log Insight，如图 7-3-8 所示。

（9）设置完成后显示"已准备好载入数据"对话

图 7-3-7　SMTP 配置

框，在此可以配置 vSphere 集成、下载 Log Insight 代理等，如图 7-3-9 所示。在此还提示 Log Insight 可以通过 syslog 载入任意源中的位置。在此单击"配置 vSphere 集成"，添加 vCenter 及 ESXi。

图 7-3-8　设置完成

图 7-3-9　已准备好载入数据

（10）进入"集成→vSphere 集成"对话框，在"vCenter Server→主机名"选项中输入 vCenter Server 的主机名或 IP 地址，在此使用 IP 地址，先添加第一个 vCenter Server 的 IP 地址 172.18.96.10，然后输入管理员账户 administrator@vsphere.local 及密码，勾选"收集 vCenter Server 事件、任务和警报"、"将 ESXi 主机配置为发送日志到 Log Insight"这两项，然后单击"测试连接"按钮，在测试成功之后单击"保存"按钮，如图 7-3-10 所示。

（11）在弹出的"172.18.96.10"对话框中选中"配置所有 ESXi 主机"，如图 7-3-11 所示。

图 7-3-10　vSphere 集成

图 7-3-11　配置所有主机

（12）保存并配置所有 ESXi 主机之后，在"vSphere 集成"中显示已经添加的 vCenter Server 计算机，如图 7-3-12 所示。

（13）在图 7-3-12 中，单击"查看详细信息"链接，可以查看当前 vCenter Server 中配置的 ESXi 主机，如图 7-3-13 所示。

（14）在"管理→主机"中也能看到添加的 vCenter Server 与 ESXi 主机，如图 7-3-14 所示。因为 ESXi 有多个名称（短名称与 DNS 名称），所以同一台主机可能会被识别为两台主机。

图 7-3-12　已经添加的 vCenter Server

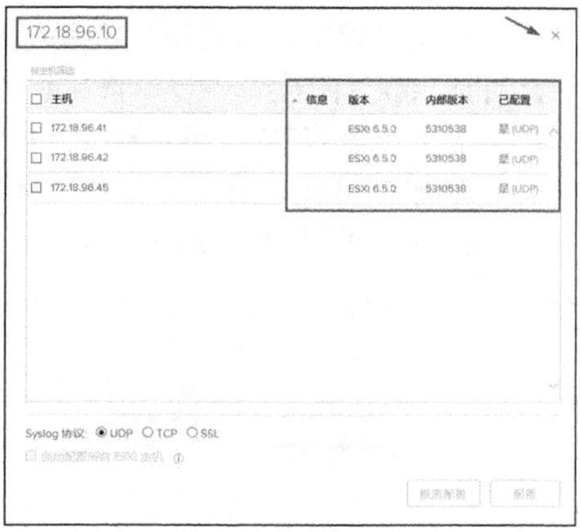

图 7-3-13　已经配置的 ESXi 主机

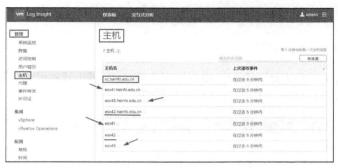

图 7-3-14　查看主机

7.4　为 vRealize Log Insight 添加许可

一个 vRealize Log Insight 可以添加多个 vCenter Server 及多台 ESXi 主机，但在图 7-3-12 中没有"看到"添加其他 vCenter Server 的按钮，这是因为当前 Log Insight 使用的是 vCenter Server 许可证的原因。如果要添加其他 vCenter Server，必须添加 Log Insight 许可。

（1）在"管理→许可证"中可以看到当前已经添加的许可证，如图 7-4-1 所示。这是一个用于 vCenter Server 的许可。

【说明】OSI（操作系统实例）许可基于向 Log Insight 发送日志数据的系统的数量。OSI 通过主机名识别，包括但不限于虚拟化物理服务器、存储阵列和网络设备。

CPU 许可基于 ESXi 主机上的物理处理器数，包括 ESXi 主机及其运行的所有虚拟机的许可。

图 7-4-1　当前安装的许可证

TAP 许可证是 VMware Technology Alliance Partner 的评估许可证。此许可证只能在非生产环境中用于评估目的。一个 vCenter 许可证可提供 25 个 OSI 许可证。

（2）单击"添加新许可证"链接，添加新的许可证。添加之后在"密钥"列表中显示添加的许可证，在"类型"中显示许可证类型，在"OSI 计数"中显示许可证计数。如图 7-4-2 所示是添加了一个 NSX 许可、50 个 OSI 许可之后的截图。

（3）添加许可证之后，定位到"集成→vSphere"中，此时可以看到已经出现了"添加 vCenter Server"的链接，如图 7-4-3 所示。

图 7-4-2　添加新的许可　　　　　　　　　　图 7-4-3　vSphere 集成

（4）单击"添加 vCenter Server"链接，分别将 172.18.96.22 与 172.20.1.20 添加到列表中，如图 7-4-4 所示。添加之后单击"保存"按钮。

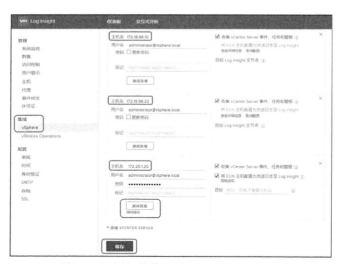

图 7-4-4　添加其他 vCenter Server 及 ESXi

7.5　vRealize Log Insight Web 用户界面

登录 http://172.18.96.48，输入账户名 admin 及密码（如图 7-5-1 所示），进入 vRealize Log Insight 界面（如图 7-5-2 所示），在该界面中包括"仪表板"与"交互式分析"两个选项卡。

"仪表板"选项卡包含自定义仪表板和内容包仪表板。在仪表板选项卡上，可以查看环境中日志事件的图表或创建自定义小组件集以访问对用户个人来说最重要的信息。在"交互式分析" 选项卡上，可以搜索和筛选日志事件，并创建查询以基于日志事件中的时间戳、文本、源和字段提取事件。vRealize Log Insight 提供了查询结果的图表。可以保存这些图表，以便以后在仪表板选项卡上查找它们。

图 7-5-1　登录界面

图 7-5-2　vRealize Log Insight 界面

（1）在图 7-5-2 中单击左侧 "General" 右侧的 "▦" 弹出下拉菜单。在菜单中可供选择的项有 "自定义仪表板（我的仪表板、共享仪表板）" 与 "内容包仪表板（General 与 VMware vSphere）"，如图 7-5-3 所示。内容包包含与特定产品或日志集相关的仪表板、已提取字段、已保存查询和警示。可以从 vRealize Log Insight Web 用户界面右上角的下拉菜单中访问内容包。内容包可由 vRealize Log Insight 用户导入或创建。

（2）选择 "VMware vSphere"，可以显示 Overview、Problems、Performance 等事件，如图 7-5-4 所示。

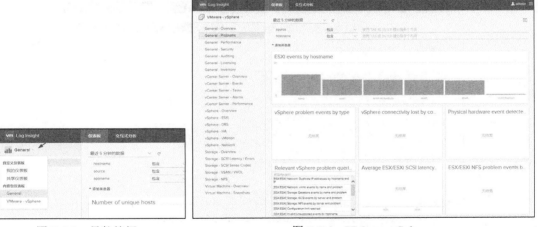

图 7-5-3　导航按钮

图 7-5-4　VMware vSphere

（3）通过 "交互式分析" 页面顶部的图表，可以对查询结果执行可视化分析，如图 7-5-5 所示。

（4）图表表示日志搜索查询的图形快照。可以使用图表下方的下拉菜单更改图表类型，如图 7-5-6 所示。

（5）可以使用左侧的第一个下拉菜单控制图表的聚合级别，如图 7-5-7 所示。默认情况下，计数函数处于选中状态。

图 7-5-5　交互式分析

图 7-5-6　图表类型

图 7-5-7　计数

（6）可以将 vRealize Log Insight 集成到 vRealize Operations Management 中。如图 7-5-8 所示是在 vRealize Operations Management 调用 vRealize Log Insight 的截图。

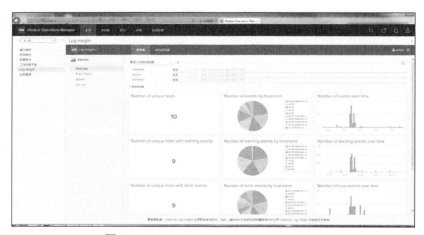

图 7-5-8　vRealize Operations Management

第 8 章　VMware 超融合架构——vSAN 群集

在传统的数据中心，主要采用大容量、高性能的专业共享存储。这些存储设备由于安装了多块硬盘或者配置有磁盘扩展柜，具有数量较多的硬盘，因此具有较大的容量；再加上采用阵列卡，同时读写多块硬盘的数据，因此也有较高的读写速度及 IOPS。存储的容量、性能会随着硬盘数量的增加而上升，但随着企业对存储容量、性能要求的进一步增加，存储不可能无限地增加容量及读写速度。同时还有一个不可避免的问题是，当需要的存储性能越高、容量越大，则存储的造价也会越高。随着高可用系统中主机数据的增加，存储的配置、造价以几何级的形式增加。

为了获得较高的性能，主要是高 IOPS，高端的存储硬盘全部采用固态硬盘即全闪存设备，虽然带来了较高的性能，但成本增加也是非常的昂贵。在换用固态硬盘后，虽然磁盘系统的 IOPS 提升了，但存储接口的速度仍然是 8Gbit/s 或 16Gbit/s，此时接口又成了新的瓶颈。

为了解决单一存储引发的这个问题，一些厂商提出了"软件定义存储"或"超融合"的概念。VMware 的 vSAN 就是一种"软件定义的存储"的技术，也可以说是专为虚拟化设计的"超融合软件"。

vSAN（版本初期称为 Virtual SAN），是 VMware 推出的、用于 VMware vSphere 系列产品、为虚拟环境优化的、分布式可容错的存储系统。Virtual SAN 具有所有共享存储的品质（弹性、性能、可扩展性），但这个产品既不需要特殊的硬件也不需要专门的软件来维护，可以直接运行在 X86 的服务器上，只要在服务器上插上硬盘和 SSD，vSphere 会搞定剩下的一切。加上基于虚拟机存储策略的管理框架和新的运营模型，存储管理变得相当简单。

本章首先介绍 vSAN 概念、vSAN 的功能、组成等基础知识，然后以实验的方式介绍 vSAN 的安装与配置，并且用实验的方式介绍 vSAN 的故障排除、硬件替换、vSAN 的"横向"与"纵向"扩展，还介绍 vSAN 的"延伸群集"等。考虑读者的实际情况，为了方便学习与实验，本章将使用 VMware Workstation 搭建 vSAN 实验环境，验证 vSAN 的主要功能。

vSAN 有多个不同的版本，更新的版本会有更多的功能。本章所介绍的 vSAN 功能，是以 vSphere 6.5.0e 版本为例的。

8.1　VMware vSAN 基础知识

VMware Virtual SAN 是一个新的聚合了管理程序的存储层，可以将 vSphere Hypervisor 扩展至池服务器端磁盘（HDD）和固态驱动器（SSD）。通过将服务器端 HDD 和 SSD 群集化，Virtual SAN 创建了一个针对虚拟环境设计并优化的分布式共享数据存储。vSAN 是一个独立的产品，与 vSphere 分开销售，因此需要有自己的许可密钥。

VMware vSAN 是 VMware 对 ESXi 主机本地存储设备（包括 SSD 与 HDD）进行集中管理、空间分配使用的一种方式或一种新的技术。我们知道，服务器的本地硬盘只能由服务器本身的操作系统"直接使用"，如果要将服务器本地硬盘空间分配给其他主机使用，那么其他主机则是通过类似"共享文件夹""NFS 共享""iSCSI 服务"的方式，以网络共享的方式分配给其他主机使用的。

对于 Windows 主机来说，将服务器本地硬盘分配给其他主机使用，可以通过"共享文件夹"、FTP 服务、iSCSI 服务，为其他主机提供空间服务。

对于 Linux 主机来说，将服务器本地硬盘分配给其他主机使用，可以通过"FTP 服务""NFS 服务"等，为其他主机提供服务。

如果主机是 VMware ESXi 系统，在 vSAN 之前，ESXi 主机上的本地硬盘只能供 ESXi 主机自己使用，不能为其他 ESXi 主机提供空间服务（当然，在 ESXi 主机中创建虚拟机，再在虚拟机中配置成 FTP、iSCSI 服务，再通过网络给其他 ESXi 主机提供 iSCSI 服务，这种不算）。

上面说的无论是 Windows 主机还是 Linux，提供的 FTP、共享文件夹服务，只能是"应用"级的服务，并不是"系统"级的服务。

传统的共享存储，为其他主机提供存储空间时，提供的都是"系统级"的服务，这些共享存储提供的空间，在没有安装操作系统、没有进入操作系统界面之前就已经被"识别""支持"。这些共享存储提供的空间可以用于操作系统的安装、启动。

而"应用"级的服务，必须得在进入操作系统之前，并且通过一个应用程序才能访问、使用其他服务器提供的"文件"或磁盘空间的服务。

VMware vSAN 提供的是"系统"级的服务，vSAN 已经内嵌于 ESXi 内核或者说与 ESXi 的内核集成。

VMware vSAN 以"vSAN 群集"的方式将多个 ESXi 主机组成 vSAN 群集，同时群集中提供"vSAN 存储"，同一群集中的 ESXi 主机可以使用"vSAN 存储"，vSAN 存储由提供"vSAN 群集"服务的主机本地存储空间组成，vSAN 群集的架构如图 8-1-1 所示。

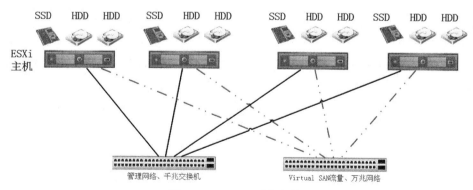

图 8-1-1　vSAN 群集架构

在图 8-1-1 中，画出了 4 节点主机的 vSAN 群集架构。每个节点主机配置了 1 个 SSD、2 个 HDD，每个节点主机配置了 4 端口吉比特网卡、2 端口 10 吉比特网卡，其中 4 端口吉比特网卡分别用于 ESXi 主机的管理、虚拟机的流量，2 端口 10 吉比特网卡用于 vSAN 流量。vSAN

群集有如下特点（截止到本书完成时，vSAN 的最新版本是 6.6，本章以 vSAN 6.6 版本为例进行说明）。

（1）vSAN 支持混合架构与全闪存架构两种架构。所谓混合架构，是指组成 vSAN 的服务器的每个磁盘组包括 1 个 SSD 以及 1 个或最多不超过 7 个的 HDD。全闪存架构，是指组成 vSAN 的服务器的每个磁盘组都由 SSD 组成。无论是混合架构还是全闪存架构，组成 vSAN 的每个服务器节点最多支持 5 个磁盘组，每个磁盘组有 1 个 SSD 用于缓存，有 1～7 个 HDD（或 SSD）磁盘用于存储容量。

（2）在混合架构中，SSD 充当分布式读写缓存，并不用于永久保存数据。每个磁盘组只支持一个 SSD，其中 70% 的 SSD 容量用于"读"缓存，30% 用于"写"缓存。

在全闪存架构中，SSD 充当分布式缓存时，并不用于永久保存数据。每个磁盘组只支持一个 SSD 作为缓存层，由于全闪存架构的存储容量也用固态硬盘实现，所以读性能不是瓶颈，缓存层 SSD 100% 用于"写"缓存。

（3）每个 vSAN 群集最多支持 64 个节点主机，每个 vSAN 节点主机最多支持 5 个磁盘组。

（4）在 vSAN 架构中，虚拟机保存在 vSAN 存储中，其占用的空间依赖"虚拟机存储策略"中的参数"允许的故障数（FTT）"。允许的故障数可选数值是 1、2、3。在混合架构中，允许的故障数为 1 时（这是默认的虚拟机存储策略），虚拟机（虚拟机配置文件 vmx、虚拟机硬盘 vmdk）除了具有一个完全相同的副本外，还有一个"见证文件"。见证文件占用的空间较小。

在混合架构中，虚拟机保存在 vSAN 存储中，整体效果相当于 RAID-10。在全闪存架构中，整体效果相当于 RAID-5 或 RAID-6。

（5）在当前版本中，对于用作缓存的 SSD 磁盘，最多使用 600GB 的空间。但考虑到 SSD 的使用寿命与 P/E（完全擦除）次数有关，采用较大容量的 SSD，其总体使用寿命要比同型号容量更小的 SSD 更高。例如，同样型号的 SSD，800GB 的 SSD 的使用寿命会高于 600GB。因为虽然 vSAN 最多只使用 600GB，但这 600GB 的空间对于 SSD（闪存）磁盘来说，在不同的时间对应的存储区域是不同的。

（6）在 vSAN 架构中，要达到允许的故障数，与提供 vSAN 存储容量的主机数量有关（如表 8-1-1 所列），关系如下：

提供 vSAN 存储容量的主机数量≥允许的故障数×2+1

表 8-1-1　　　　　　　　　　　允许的故障数与主机数量关系

允许的故障数	主机最小数量	推荐的主机数量
0	1	1
1	3	4
2	5	6
3	7	8

在实际的生产环境中，考虑到冗余、维护，要实现"允许的故障数"，推荐的主机数量是"最小数量"加 1。

（7）vSAN 使用服务器直连存储，使用的是标准的 X86 的服务器，不需要使用特殊硬件或者专用的网卡、专用的芯片。它所使用的服务器、硬盘、网络，都是标准的配件。

（8）存储动态扩容：vSAN 架构具有良好的"横向扩展"与"纵向扩展"能力。所谓"纵向扩展"，是在一个配置好的 vSAN 群集中（已经有虚拟机正常运行），向现有主机的一个或多个磁盘组中通过一个或多个添加容量磁盘的方式，也可以通过向主机添加磁盘组（同时添加 SSD 与 HDD）对 vSAN 进行"扩容"，在 vSAN 存储扩容的过程中，整个业务系统不需要关停。所谓"横向扩展"，是通过向现有 vSAN 群集中，通过添加节点主机的方式对 vSAN 进行扩容。同样在扩容的过程中，业务系统不停顿。

（9）存储收缩能力：除了具备扩展能力外，vSAN 群集同样支持"收缩"，在 vSAN 群集节点计算资源（CPU 与内存）足够、存储资源足够的提前下，可以从 vSAN 群集中移除不用的 ESXi 主机节点，也可以移除某些 ESXi 主机的磁盘组或者磁盘组中的 1 个或多个 HDD。

（10）总体来说，vSAN 具有良好的扩展性、优秀的存储性能（虚拟机硬盘在主机存储中相当于 RAID-0，用 RAID-0 来获得较为优秀的存储性能，跨主机做 RAID-1 来实现数据的冗余，整体效果相当于 RAID-10，混合架构）。

（11）因为 vSAN 存储本身就带数据冗余（例如混合架构的 RAID-10），通过 vSAN 延伸群集技术，可以很容易用 vSAN 技术实现双活的数据中心，也可以组建最小的 2 节点 vSAN 延伸群集，实现 2 节点双机热备系统。相关内容本章稍后会进行介绍。

（12）在同一个 vSAN 群集中，可以有不提供磁盘容量的 ESXi 主机，但使用其他主机提供的 vSAN 空间。

下面简要介绍 vSAN 版本号、vSAN 各版本的功能。vSAN 版本与 ESXi 版本对应关系如表 8-1-2 所列。

表 8-1-2

发行日期	版本	vSAN 版本	vSAN 磁盘格式	文件名（版本号）	大小/MB	主要功能
2014/3/25	5.5	1.0	1.0	VMware-VMvisor-Installer-5.5.0.update01-1623387.x86_64.iso	327	群集节点 32，相当于软件 RAID-1、RAID1-0
2015/3/12	6.0.0	6.0	1.0	VMware-VMvisor-Installer-6.0.0-2494585.x86_64.iso	348	群集节点 64
2015/9/10	6.0 U1	6.1	2.0	VMware-VMvisor-Installer-6.0.0.update01-3029758.x86_64.iso	352	延伸群集，支持虚拟机容错（FT）包括性能和快照的改进
2016/3/15	6.0 U2	6.2	3.0	VMware-VMvisor-Installer-6.0.0.update02-3620759.x86_64.iso	357.95	嵌入式重复数据消除和压缩（仅限全闪存）、纠删码 – RAID-5/6（仅限全闪存）
2016/11/15	6.5.0	6.5	4.0	VMware-VMvisor-Installer-6.5.0-4564106.x86_64.iso	328	iSCSI 目标服务。具有见证流量分离功能的双节点直接连接。PowerCLI 支持。512e 驱动器支持
2017/4/18	6.5.0d	6.6	5.0	VMware-VMvisor-Installer-201704001-5310538.x86_64.iso	331.09	单播、加密、更改见证主机

【说明】vSAN 版本 6.5 之前，VMware 称为 Virtual SAN。从版本 6.6（vSphere 6.5.0d）开始，Virtual SNA 命名为 vSAN。

8.1.1　Virtual SAN 6.0 新增功能

VMware Virtual SAN 6.0 在 2015 年 3 月 12 日发布，其内部版本号为 2494585。

Virtual SAN 6.0 引入了许多新功能和增强功能。以下是 Virtual SAN 6.0 版本的主要增强功能。

（1）新磁盘格式：Virtual SAN 6.0 支持基于 Virsto 技术的新磁盘虚拟文件格式 2.0。Virsto 技术是基于日志的文件系统，可为每个 Virtual SAN 群集提供高度可扩展的快照和克隆管理支持。

（2）混合和全闪存配置：Virtual SAN 6.0 支持混合和全闪存群集。

（3）故障域：Virtual SAN 群集跨越数据中心内多个机架或刀片服务器底盘时，Virtual SAN 6.0 支持配置故障域以保护主机免于机架或底盘故障。

（4）主动再平衡：在 6.0 版本中，Virtual SAN 能够触发再平衡操作以便利用新添加的群集存储容量。

（5）磁盘簇（JBOD）：Virtual SAN 6.0 支持在刀片服务器环境中使用 JBOD 存储。

（6）磁盘可维护性：Virtual SAN 能够启用/禁用 vSphere Web Client 中的定位符 LED 以确定故障存储设备的位置。

（7）设备或磁盘组撤出：删除设备或磁盘组时，Virtual SAN 能够撤出设备或磁盘组中的数据。

8.1.2　Virtual SAN 6.1 新增功能

VMware Virtual SAN 6.1 在 2015 年 9 月 10 日发布，其内部版本为 3029758。

Virtual SAN 6.1 引入了以下新功能和增强功能。

（1）延伸群集：Virtual SAN 6.1 支持跨两个地理位置的延伸群集以保护数据免受站点故障或网络连接丢失影响。

（2）VMware Virtual SAN Witness Appliance 6.1 是打包为虚拟设备的虚拟见证主机。它充当配置为 Virtual SAN 延伸群集的见证主机的 ESXi 主机。可以从 VMware Virtual SAN 下载网站下载 Virtual SAN Witness Appliance 6.1 OVA。

（3）新的磁盘格式。Virtual SAN 6.1 支持通过 vSphere Web Client 升级到新的磁盘虚拟文件格式 2.0。此基于日志的文件系统采用 Virsto 技术，可为每个 Virtual SAN 群集提供高度可扩展的快照和克隆管理支持。

（4）混合和全闪存配置。Virtual SAN 6.1 支持混合和全闪存群集。要配置全闪存群集，可单击 Virtual SAN 磁盘管理（"管理→设置"）下的创建新磁盘组，然后选择闪存作为容量类型。声明磁盘组时，可以选择闪存设备同时用于容量和缓存。

（5）改进升级过程。支持直接从 Virtual SAN 5.5 和 6.0 升级到 Virtual SAN 6.1。

（6）Virtual SAN 6.1 包括集成的运行状况服务，该服务可监控群集运行状况并诊断和修复 Virtual SAN 群集的问题。Virtual SAN 运行状况服务提供了多项有关硬件兼容性、网络配置和运行、高级配置选项、存储设备运行状况以及 Virtual SAN 对象运行状况的检查。如果运行状况服务检测到任何运行状况问题,将触发 vCenter 事件和警报。要查看 Virtual SAN 群集的运行状况检查,应单击"监控→Virtual SAN→运行状况"。

(7) Virtual SAN 可监控固态驱动器和磁盘驱动器运行状况,并通过卸载不正常的设备主动将其隔离。检测到 Virtual SAN 磁盘逐渐失效后将隔离该设备,避免受影响的主机和整个 Virtual SAN 群集之间产生拥堵。无论何时在主机中检测到不正常设备都会从每个主机生成警报,如果自动卸载不正常设备将生成事件。

8.1.3 Virtual SAN 6.2 新增功能

VMware Virtual SAN 6.2 在 2016 年 3 月 15 日发布,其 ISO 内部版本为 3620759。

Virtual SAN 6.2 引入了以下新功能和增强功能。

(1) 去重复和压缩。Virtual SAN 6.2 提供去重复和压缩功能,可以消除重复的数据。此技术可以减少满足要求所需的总存储空间。在 Virtual SAN 群集上启用去重复和压缩功能后,特定磁盘组中冗余的数据副本将减少为单个副本。在全闪存群集中,可以在群集范围内设置去重复和压缩。

(2) RAID-5 和 RAID-6 擦除编码。Virtual SAN 6.2 支持 RAID-5 和 RAID-6 擦除编码,进而减少了保护数据所需的存储空间。在全闪存群集中,RAID-5 和 RAID-6 可用作虚拟机的策略属性。可以在至少四个容错域的群集中使用 RAID-5,在至少六个容错域的群集中使用 RAID-6。

(3) 软件校验和。Virtual SAN 6.2 在混合和全闪存群集中支持基于软件的校验和。默认情况下,在 Virtual SAN 群集中所有对象上启用软件校验和策略属性。

(4) 新的磁盘上格式。Virtual SAN 6.2 支持通过 vSphere Web Client 升级到新的磁盘上虚拟文件格式 3.0。此文件系统可为 Virtual SAN 群集中的新功能提供支持。磁盘上格式版本 3.0 基于内部 4K 块大小技术,此技术可以提高效率,但是,如果客户机操作系统 I/O 不是 4K 对齐,则会导致性能降低。

(5) IOPS 限制。Virtual SAN 支持 IOPS 限制,可以对指定对象的每秒 I/O(读/写)操作数进行限制。读/写操作数达到 IOPS 限制时,这些操作将延迟,直到当前秒到期。IOPS 限制是一个策略属性,可以应用于任何 Virtual SAN 对象,包括 VMDK、命名空间等。

(6) IPv6。Virtual SAN 支持 IPv4 或 IPv6 寻址。

(7) 空间报告。Virtual SAN 6.2"容量"监控显示有关 Virtual SAN 数据存储的信息,包括已用空间和可用空间,同时按不同对象类型或数据类型提供容量使用情况细目。

(8) 运行状况服务。Virtual SAN 6.2 包含新的运行状况检查,可帮助监控群集,能够诊断并修复群集问题。如果 Virtual SAN 运行状况服务检测到运行状况问题,则会触发 vCenter 事件和警报。

(9) 性能服务。Virtual SAN 6.2 包含性能服务监控,可以提供群集级别、主机级别、虚拟机级别以及磁盘级别的统计信息。性能服务收集并分析性能统计信息,并以图表格式显示这些数据。可以使用性能图表管理工作负载并确定问题的根本原因。

(10) 直写式内存缓存。Virtual SAN 6.2 使用驻留在主机上的直写式读取缓存提高虚拟机性能。此缓存算法可减少读取 I/O 延迟和 Virtual SAN CPU 和网络使用量。

8.1.4　vSAN 6.5 新增功能

VMware vSAN 6.5 在 2016 年 11 月 15 日发布，其 ISO 内部版本为 4564106。

VMware vSAN 6.5 引入了以下新功能和增强功能。

（1）iSCSI 目标服务。借助 vSAN iSCSI 目标服务，vSAN 群集外部的物理工作负载可以访问 vSAN 数据存储。此外，还支持具有 MSWindows Server 故障切换群集（WSFC）等块需求的虚拟机。远程主机上的 iSCSI 启动器可以将块级数据传输到 vSAN 群集中存储设备上的 iSCSI 目标。

（2）具有见证流量分离功能的双节点直接连接。vSAN 6.5 支持通过备用 VMkernel 接口与延伸群集配置中的见证主机通信。此功能可以将见证流量与 vSAN 数据流量分离，而无需从 vSAN 网络路由到见证主机。在某些延伸群集和双节点配置中，可以简化见证主机的连接。在双节点配置中，可以针对 vSAN 数据流量建立一个或多个节点到节点的直接连接，而无需使用高速交换机。在延伸群集配置中，可以为见证流量使用备用 VMkernel 接口，前提是该备用 VMkernel 接口与 vSAN 数据流量的接口连接到同一物理交换机。

（3）PowerCLI 支持。VMware vSphere PowerCLI 添加了针对 vSAN 的命令行脚本支持，可以帮助自动完成配置和管理任务。vSphere PowerCLI 为 vSphere API 提供 Windows PowerShell 接口。PowerCLI 包含用于管理 vSAN 组件的 cmdlet。

（4）512e 驱动器支持。vSAN 6.5 支持 512e 硬盘驱动器（HDD）。该驱动器物理扇区大小为 4096 字节，但逻辑扇区大小模拟了 512 字节的扇区大小。

8.1.5　VMware vSAN 6.6 新增功能

VMware vSAN 6.6 在 2017 年 4 月 18 日发布，其 ISO 内部版本为 5310538。从这个版本开始，VMware 将原来的"Virtual SAN"命名为"vSAN"。VMware Virtual SAN（vSAN）6.6 引入了以下新功能和增强功能。

（1）单播。在 vSAN 6.6 及更高版本中，支持 vSAN 群集的物理交换机不需要多播。如果 vSAN 群集中的部分主机运行早期版本的软件，则仍需要多播网络。

（2）加密。vSAN 支持对 vSAN 数据存储进行静态数据加密。启用加密时，vSAN 会对群集中的每个磁盘组逐一进行重新格式化。vSAN 加密需要在 vCenter Server 和密钥管理服务器（KMS）之间建立可信连接。KMS 必须支持密钥管理互操作协议（KMIP）1.1 标准。

（3）通过本地故障保护实现增强的延伸群集可用性。可以在延伸群集中的单个站点内为虚拟机对象提供本地故障保护。可以为群集定义允许的故障数主要级别，并为单个站点中的对象定义允许的故障数辅助级别。当一个站点不可用时，vSAN 会在可用站点中保持可用性和本地冗余。

- 通过本地故障保护实现增强的延伸群集可用性。可以在延伸群集中的单个站点内为虚拟机对象提供本地故障保护。为群集定义允许的故障数主要级别，并为单个站点中的对象定义允许的故障数辅助级别。当一个站点不可用时，vSAN 会在可用站点中保持可用性和本地冗余。
- 更改见证主机。可以更改延伸群集的见证主机。在"故障域和延伸群集"页面上单击更改见证主机。

（4）配置帮助和更新。可以使用"配置帮助"和"更新"页面检查 vSAN 群集的配置，并解决任何问题。"配置帮助"可帮助验证群集组件的配置、解决问题并对问题进行故障排除。配置检查分为几个类别，类似于 vSAN 运行状况服务中的类别。配置检查涵盖硬件兼容性、网络和 vSAN 配置选项。可以使用"更新"页面更新存储控制器固件和驱动程序以满足 vSAN 要求。

（5）重新同步限制。可以限制用于群集重新同步的 IOPS。如果重新同步导致群集中的延迟增加或者主机上的重新同步流量太高，则使用此控件。

（6）运行状况服务增强功能。针对加密、群集成员资格、时间偏差、控制器固件、磁盘组、物理磁盘、磁盘平衡等方面的新增和增强的运行状况进行检查。联机运行状况检查可以监控 vSAN 群集运行状况，并将数据发送给 VMware 分析后端系统进行高级分析。必须参与客户体验改善计划，才能使用联机运行状况检查。

（7）基于主机的 vSAN 监控。可以通过 ESXi 主机客户端监控 vSAN 的运行状况和基本配置。在主机客户端导航器中，单击 vSAN，然后单击选项卡以查看主机的 vSAN 信息。在常规选项卡上，单击编辑设置可以更正主机级别的配置问题。

（8）性能服务增强功能。vSAN 性能服务包括网络、重新同步和 iSCSI 的统计信息。可以选择性能视图中保存的时间范围。每次运行性能查询，vSAN 都会保存选定的时间范围。

（9）vSAN 与 vCenter Server Appliance 集成。部署 vCenter Server Appliance 时可以创建一个 vSAN 群集，然后将该设备托管到群集上。vCenter Server Appliance 安装程序可以创建一个从主机声明磁盘的单主机 vSAN 群集。vCenter Server Appliance 部署在该 vSAN 群集上。

（10）维护模式增强功能。"确认维护模式"对话框提供有关维护活动的指导信息。可以查看每个数据撤出选项的影响。例如，可以检查是否有足够的可用空间来完成选定选项。

（11）重新平衡和修复增强功能。磁盘重新平衡操作更高效。手动重新平衡操作提供更好的进度报告。

- 重新平衡协议优调后更加高效，能够实现更好的群集平衡。手动重新平衡提供更多的更新和更佳的进度报告。
- 更高效的修复操作只需较少的群集重新同步。即使 vSAN 无法使对象合规，也能够部分修复已降级或不存在的组件以便增加允许的故障数。

（12）磁盘故障处理。如果磁盘出现持续高延迟或拥堵，vSAN 会将此设备视为即将消亡的磁盘，并撤出磁盘中的数据。vSAN 通过撤出或重建数据来处理即将消亡的磁盘。不需要用户操作，除非群集缺少资源或存在无法访问的对象。当 vSAN 完成数据撤出后，运行状况会显示为 DyingDiskEmpty。vSAN 不会卸载故障设备。

（13）新的 esxcli 命令。

- 显示 vSAN 群集运行状况：esxcli vsan health。
- 显示 vSAN 调试信息：esxcli vsan debug。

8.1.6 vSAN 的功能与主要特点

vSAN 使用 X86 服务器的本地硬盘做 vSAN 群集的容量一部分（磁盘 RAID-0），用本地固态硬盘提供读写缓存，实现较高的性能，通过 10 吉比特网络，以分布式 RAID-1 的方式，实现了数据的安全性。简单来说，vSAN 总体效果相当于 RAID-10（Virtual SAN 6.2 可实现类似 RAID-5、RAID-6）。

当前 vSAN 的主要特点如下。

1. 适合所有工作负载

vSAN 6.2 适合所有 vSphere 的工作负载，包括关键业务应用、桌面虚拟化、备份与容灾、测试和开发、DMZ/隔离区、管理集群、第二或第三层应用、远程或分支办公室（ROBO）等八大场景。vSAN 支持关键业务应用，全新的高性能快照和克隆，可容忍机架故障的机架感知，基于硬件的校验与加密。

2. 高 IOPS

截止到 vSAN 6.2，组成 vSAN 群集的每台主机最高可达 90K IOPS；每个 vSAN 集群增加到 64 个节点；vSAN 群集提供的单一虚拟磁盘（也即 VMDK）扩大到 62TB。

3. 延伸集群（Stretched Cluster）

vSAN 6.1 能够在两个位于不同地理位置的站点之间，通过同步地复制数据建立 Stretched Cluster（延伸集群）。这实际上为 vSphere 虚机提供了低成本高可靠的双活存储，提供了持续的可用性。

vSAN 延伸集群相当于一个 vSAN 集群横跨两个不同的站点，每个站点是一个故障域。与其他存储硬件的双活方案类似，两个数据站点之间的往返延时少于 5ms（距离一般在 100km 以内），另外还需要一个充当仲裁的见证（Witness）存放在不同于两个数据站点之外的第三个站点上。"见证节点"不一定是安装为 ESXi 的物理服务器，也可以运行在第三个站点的一个 ESXi 虚机，或者可以运行在公有云上，如国内的天翼混合云，或者 AWS、Azure、阿里云等。如图 8-1-2 所示，Witness 所在站点与数据站点之间的网络要求较为宽松，往返延时在 200ms 以内，带宽超过 100Mbit/s 即可。

【说明】为了减少单独为见证节点安装一台 ESXi 虚拟机或物理机所增加的许可问题，VMware 已经准备好了特殊的见证虚拟设备（witness appliance），实际上就是装有 ESXi 并且预先设置好序列号的的虚拟机。

与其他外置磁盘阵列的双活方案（如 EMC VPLEX，DELL Compel lent Live Volume 等）类似，延伸群集对于网络的要求比较苛刻，两个站点之间数据同步要求高带宽低延迟，vSAN 也要求 5ms 以内的延时。

另外，vSAN 的延伸集群还需要"见证"节点，这个节点只存放元数据，不存放业务虚拟机，它的作用是与两个站点建立心跳机制，当其中一个站点故障或站点间发生网络分区的时候，见证节点可以判断出发生了什么，并决策如何确保可用性。而见证节点与其他两个站点之间的延时可以在 100ms 以内。

当前 vSAN 延伸群集最大支持 15+15+1 节点（每个故障域包括 15 台 ESXi 主机，其中 1 是指见证节点），它的优点是可以有效避免灾难、允许有计划的维护、Zero RPO（Recovery Point Objective），但见证节点也降低了系统的性能、增加了数据中心的成本，这是以冗余换安全的一种作法。

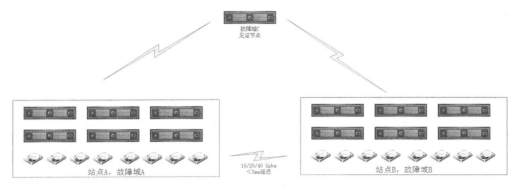

图 8-1-2　vSAN 延伸群集与见证节点

4．vSAN 6.1 支持多核虚拟机的容错（SMP-FT）

vSAN 6.1 开始，能够支持 vSphere 的 Fault Tolerance 功能，并且最多可达 4 个 CPU，这提高了关键业务应用在硬件故障（如主机故障）下零停机的持续可用性。这一技术具有重要的意义。这项技术在一定程度上可以弥补某些应用所缺乏的集群高可用性，也以 vSphere 的集群（HA）高可用和 vSAN 的高可用（多副本）来部分替代以往成本高昂的应用高可用的方案，如图 8-1-3 所示。

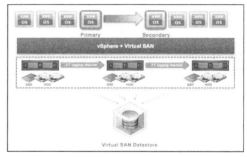

5．vSAN 容灾技术的 RPO 最低可达 5min

vSAN 6.1 利用 vSphere 的 Replication 技术实

图 8-1-3　在 vSAN 存储实现 FT

现了数据复制（容灾）。RPO 从以前版本的最低 15min，缩短至 5min。VMware Site Recovery Manager（SRM）能够利用其构成完整的灾难恢复解决方案，如图 8-1-4 所示。

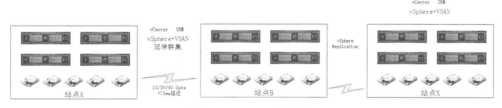

图 8-1-4　vSAN 的容灾

6．支持两节点的 vSAN 集群

在 vSAN 5.5 和 vSAN 6.0 时，vSAN 至少需要三个以上的节点（FTT=1，也即最大允许的故障数为 1 时）。从 vSAN 6.1 开始支持部署两节点的 vSAN 集群，这样就为 ROBO（远程办公室和分支办公室）这种员工存储经验有限的站点提供了便利。ROBO 的 vSAN 也可以被远程的 vCenter 集中管理起来。需要注意的是，两节点 vSAN 群集实际上仍然是 3 个节点，只是第三个节点作为见证节点可以位于主数据中心的虚机或者公有云 vCloud Air 上，这与前面提到的 vSAN 延伸群集对于见证节点的要求类似，如图 8-1-5 所示。从 vSAN 6.5 开始支持见证流量分离功能，可以配置两节点直连的 vSAN 群集（2 台主机的 vSAN 流量网卡，通过光纤或网线直连）。

2 节点 vSAN 方案的特点包括：

（1）每个节点独自成为一个故障域。

（2）每个 vSAN 集群有一个见证，见证节点是一台 ESXi 的虚拟机。

（3）所有站点由一个 vCenter 集中管理。

（4）两节点主机的 vSAN 数据流量网卡可以通过交叉线直连，以节省 10 吉比特交换机。
vSAN 见证流量可以通过管理网络进行通信。

7. vSAN6.1 支持 Oracle RAC 和 WSFC 集群技术

vSAN 6.1 现在支持包括 Oracle RAC（Real Application Cluster）和 Windows 故障转移
集群（Windows Server Failover Clustering），如图 8-1-6 所示。借助于 vSAN 的特性，使得
Oracle RAC 用户、Windows 故障转移集群的用户能够拥有更高性能、能在线扩展、更高可
靠性的存储。

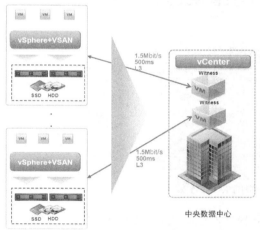

图 8-1-5　两节点 vSAN 群集

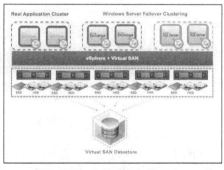

图 8-1-6　支持 RAC 及 WSFC

8. 去重（重复数据删除）和压缩

vSAN 的去重和压缩是集成在一起的，有如下特点。

（1）目前仅支持全闪存架构，不支持混合架构。

（2）按照磁盘组的级别，实现近线（7200r/min 磁盘）的去重和压缩。磁盘组越大，去
重比率越高。

（3）当数据从缓存层 De-staging（刷新）到持久化层时实现去重，在去重后实现压缩。
去重在缓存写确认后执行。

（4）可以在 vmdk 的颗粒度上，即在 SPBM（虚拟机存储策略）里设置是否启用去重
和压缩功能。

（5）仅去重一项即可将空间最高缩减到 1/5，实际情况取决于虚拟机的类型和工作负载。

（6）压缩采用 LZ4 算法。

（7）在 vSAN 延伸群集和 ROBO 方式下也支持去重和压缩。

vSAN 6.2 中的去重与压缩如图 8-1-7 所示。

9. 纠删码（Erasure Coding, EC）

采用 Erasure Coding 能够提高存储利用率，它类似跨服务器做 RAID-5 或 RAID-6。vSAN 可以在 vmdk 的颗粒度上实现 Erasure Coding，可在 SPBM（虚拟机存储策略）里设置。目前不支持在 vSAN Stretched Cluster（延伸群集）里使用。

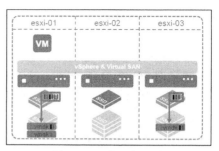

图 8-1-7　去重与压缩

原来 FTT=1 时（最大允许的故障数为 1，即两份副本），需要跨服务器做数据镜像，类似 RAID-1，存储利用率较低，不超过 50%。

当 FTT=1，同时又设置成 Erasure Coding 模式，这就意味着跨服务器做 RAID-5，校验数据为一份。它要求至少 4 台主机，并不是要求 4 的倍数，而是 4 台或更多主机。以往 FTT=1 时，存储容量的开销是数据的 2 倍，现在只需要 1.33 倍的开销。举例来说，以往 20GB 数据在 FTT=1 时消耗 40GB 空间，采用 RAID-5 的 Erasure Coding 模式后，消耗约为 27GB。如图 8-1-8 所示。

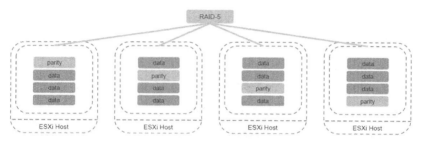

图 8-1-8　vSAN 中的 RAID-5 效果

当 FTT=2，同时又设置成 Erasure Coding 模式，这就意味着跨服务器做 RAID-6，校验数据为两份。它要求至少 6 台主机。以往 FTT=2 时，存储容量的开销是数据的 3 倍，现在只需要 1.5 倍的开销。举例来说，以往 20GB 数据在 FTT=2 时消耗 60GB 空间，采用 RAID-6 的 Erasure Coding 模式后，消耗约为 30GB。这样在确保更高的高可用性的基础上，存储利用率得到大幅提升。如图 8-1-9 所示。

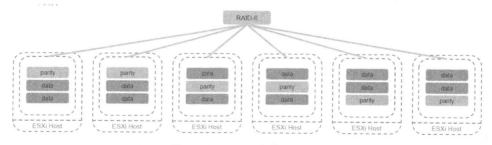

图 8-1-9　vSAN 中的 RAID 6

无论是 RAID-5 还是 RAID-6，用户都可以在 vmdk 的颗粒度上，即在 SPBM（Storage Policy，存储策略）里设置，如图 8-1-10 所示。

10. QoS（IOPS 限制值）

vSAN 的 IOPS 限制有如下特点。

（1）基于每个虚机或每个 vmdk，能以可视化的图形界面来设置 IOPS 的限制值。

（2）一键即可设置。

（3）消除 noisy neighbor（相邻干扰）的不利影响。

（4）可以在 vmdk 的颗粒度上满足性能的服务等级协议（SLA），在 SPBM 里设置。

（5）IOPS 限制值可以动态地修改。

（6）在一个集群/存储池，可以为不同虚机/vmdk 提供不同的性能，将原本可能相互影响的负载区分开来。

（7）用户在图形界面中，可以看到每个 vmdk 的 IOPS 值，并通过颜色（绿色，黄色，红色）判断实际 IOPS 与 IOPS 限制值的关系。

在图 8-1-11 中可以看出，用户在为 vmdk 创建存储策略时，设置 IOPS 限制值为 50。

图 8-1-10　在虚拟机存储策略中设置　　　　图 8-1-11　设置 IOPS 限制

11. 软件校验和（Software Checksum）

这一功能执行数据的端到端校验，检测并解决磁盘错误，从而提供更高的数据完整性。

软件校验和在集群级别默认是开启的，可以通过存储策略在 vmdk 级别关闭。它在后台执行磁盘扫描（Disk Scrubbing），如果通过校验和验证发现了错误，则重建数据。能够自动检测和解决静态磁盘错误（silent disk errors）。

12. vSAN 6.5 的许可方式

vSAN 6.5 的许可分成标准、高级、企业三个级别。如表 8-1-3 所列，在高级版里支持全闪存、去重和删除以及纠删码（Erasure Coding），在企业版本里支持双活和 QoS（IOPS 限制）。

表 8-1-3　　　　　　　　　　　　　　vSAN 版本概览

	标 准 版	高 级 版	企 业 版
概述	混合式超融合部署	全闪存超融合部署	站点可用性和服务质量控制
许可证授权	按CPU 数量或VDI 桌面数量	按 CPU 数量或 VDI 桌面数量	按 CPU 数量或 VDI 桌面数量
基于存储策略的管理	√	√	√
读/写 SSD 缓存	√	√	√

续表

	标 准 版	高 级 版	企 业 版
分布式RAID（RAID1）	√	√	√
vSAN 快照和克隆	√	√	√
机架感知	√	√	√
复制（RPO 为 5min）	√	√	√
软件检验和	√	√	√
全闪存支持	√	√	√
数据块访问（iSCSI）	√		
服务质量（Qos-IOPS 限制）	√		
嵌入式重复数据消除和压缩（仅限全闪存）		√	√
纠删码（RAID-5/6，仅限全闪存）		√	√
具有本地故障保护能力的延伸集群			√
静态数据加密			√

8.1.7　vSAN 与传统存储的区别

尽管 vSAN 与传统存储阵列具有很多相同特性，但它的整体行为和功能仍然有所不同。例如，vSAN 可以管理 ESXi 主机，且只能与 ESXi 主机配合使用。一个 vSAN 实例仅支持一个群集。

vSAN 和传统存储还存在下列主要区别。

（1）vSAN 不需要外部网络存储来远程存储虚拟机文件，例如光纤通道（FC）或存储区域网络（SAN）。

（2）使用传统存储，存储管理员可以在不同的存储系统上预先分配存储空间。vSAN 会自动将 ESXi 主机的本地物理存储资源转化为单个存储池。这些池可以根据服务质量要求划分并分配到虚拟机和应用程序。

（3）vSAN 没有基于 LUN 或 NFS 共享的传统存储卷概念。

（4）iSCSI 和 FCP 等标准存储协议不适用于 vSAN。

（5）vSAN 与 vSphere 高度集成。与传统存储相比，vSAN 不需要专用的插件或存储控制台。可以使用 vSphere Web Client 部署、管理和监控 vSAN。

（6）不需要专门的存储管理员来管理 vSAN，vSphere 管理员即可管理 vSAN 环境。

（7）使用 Virtual SAN，在部署新虚拟机时将自动分配虚拟机存储策略。可以根据需要动态更改存储策略。

8.2　使用 VMware Workstation 14 搭建 vSAN 实验环境

在前面的内容中已经简单介绍了 vSAN 一些基础知识，通过这些基础知识我们可以了解到，VMware vSAN 只是对本机存储的另一种管理方式，本质上或核心还是 VMware vSphere。组建 vSAN 群集，同样需要安装 VMware ESXi，然后安装 vCenter Server，并通过 vCenter Server 管理 ESXi、将 ESXi 的本地硬盘配置成 vSAN 存储。在生产环境中，vCenter Server 同样运行在其管理的 ESXi 虚拟机中。

本节以实验的形式，学习安装配置 vSAN。要完成本节的实验，实验用机至少需要有 32GB 内存、Intel i5 及其以上的 CPU、1 块 200GB 的固态硬盘（为虚拟机提供 SSD 虚拟磁盘）、1 块台式机硬盘存放 vCenter Server 的及 ESXi 虚拟机。主机操作系统推荐安装 64 位的 Windows 7 企业版或 Windows Server 2008 R2 企业版或数据中心版。建议使用台式机而不是使用笔记本，因为笔记本的存储性能较低，在使用 VMware Workstation 14 模拟 vSAN 环境时，可能不能同时启动较多数量的 ESXi 虚拟机，从而导致实验失败。

8.2.1　vSAN 实验用机需求

本节的实验计算机是一台 Intel E3-1230 V2 的 CPU、32GB 内存、1 块 240GB 的 SSD 磁盘、4 块 2TB 硬盘（RAID-10 划分 2 个卷，第 1 个卷 60GB 用来安装系统，剩余的空间划分第 2 个卷用作数据盘）、安装了 Windows Server 2008 R2 操作系统及 VMware Workstation 14 的计算机中，如图 8-2-1 所示。在这台计算机中，系统分区有 60GB，数据分区大约 3.63TB，E 分区是 SSD，大约 237GB，如图 8-2-2 所示。

图 8-2-1　计算机配置

图 8-2-2　磁盘数量及分区

在这个实验中，用于 vSAN 实验的 ESXi 虚拟机的 SSD 磁盘都会保存在这个（约）240GB、盘符为 E 的分区中。

8.2.2　规划 vSAN 实验环境

要组成 vSAN 实验环境，需要至少 3 台 ESXi 主机，除了 ESXi 系统磁盘外（ESXi 可以安装在 U 盘或 SD 卡或存储划分的空间），还需要至少 1 个 SSD、1 个 HDD。

在本节使用 VMware Workstation 搭建一个具有 4 个 ESXi 主机、1 个 vCenter Server 的实验环境，其中每个 ESXi 主机具有 8GB 内存、4 块网卡、4 个硬盘。具体参数如表 8-2-1 所列。

表 8-2-1 vSAN 群集实验环境各虚拟机配置清单

虚拟机名称	IP 地址	网卡	内存、CPU	HDD	SSD
esx11-80.11	192.168.80.11	VMnet8，2 块	8GB、2CPU	20GB、500GB、500GB	240GB
	192.168.10.11	VMnet1，2 块			
esx12-80.12	192.168.80.12	VMnet8，2 块	8GB、2CPU	20GB、500GB、500GB	240GB
	192.168.10.12	VMnet1，2 块			
esx13-80.13	192.168.80.13	VMnet8，2 块	8GB、2CPU	20GB、500GB、500GB	240GB
	192.168.10.13	VMnet1，2 块			
esx14-80.14	192.168.80.14	VMnet8，2 块	8GB、2CPU	20GB、500GB、500GB	240GB
	192.168.10.14	VMnet1，2 块			
	192.168.10.16	VMnet1，2 块			
vcenter-80.5	192.168.80.5	VMnet8，2 块	10GB、2CPU		

【说明】为了合理地分配磁盘性能，获得更好的实验结果，vCenter-80.5 虚拟机保存在 SSD 所在分区，实验所用的 esx11～esx16 则保存在 D 分区。在 VMware Workstation 及 VMware ESXi 的虚拟机中，虚拟机虚拟硬盘属性会"继承"所在分区的存储属性（即 HDD 或 SSD）。例如，在 VMware Workstation 或 ESXi 中，创建了一个名为 VM1 的虚拟机，该虚拟机有两个虚拟硬盘（例如大小分别为 40GB 及 80GB），这两个虚拟硬盘文件分别保存在 HDD 及 SSD 硬盘分区中，则在虚拟机中保存在 HDD 的 40GB 硬盘被识别为 HDD，而保存在 SSD 中的 80GB 硬盘则被识别为 SSD。

在 ESXi 中，如果硬盘识别错误（例如 HDD 硬盘被识别成了 SSD 或 SSD 被识别成 HDD，或者"远程"磁盘或"本地"硬盘识别错误），可以在 vSphere Web Client 管理界面中将识别错误的硬盘标识为正确的属性。但有时候为了实验的原因，也可以将不是 SSD 属性的 HDD 磁盘"强行"标识为 SSD，用了满足实验的需求。

在 VMware Workstation 中，可能进行许多次实验，为了不互相影响，推荐为每个实验类别创建一个文件夹，同一个实验的虚拟机放在同一个文件夹中。例如在本文的实验中，用到 D、E 两个磁盘，则分别在 D、E 各创建一个文件夹，例如 vSAN01，将 vCenter-80.5 保存在 D 盘 vSAN01 文件夹中，将 esx11～esx16 虚拟机保存在 E 盘 vSAN01 中。

根据表 8-2-1 配置，新建 4 个 ESXi、1 个 vCenter Server 的虚拟机，然后重新安装。在创建虚拟机之前，先对实验主机进行简单配置。

（1）在 D 盘及 E 盘各创建一个文件夹，例如 vSAN01，然后打开 VMware Workstation，在"编辑"菜单选择"首选项"，将"工作区"→虚拟机的默认位置改为 D:\vSAN01，如图 8-2-3 所示。

（2）修改"内存"选项为"允许交换大部分虚拟机内存"，如图 8-2-4 所示。因为在这节实验中需要同时运行多台虚拟机，并且每台虚拟机

图 8-2-3 虚拟机默认位置

又需要较大的内存，如果设置为"调整所有虚拟机内存使其适应预留的主机"则会提示内存不足。

（3）在"编辑"菜单选择"虚拟网络编辑器"，修改 VMnet1 虚拟网卡默认子网为 192.168.10.0，修改 VMnet8 虚拟网卡默认子网为 192.168.80.0，如图 8-2-5 所示，然后单击"确定"按钮完成设置。

图 8-2-4　修改内存

图 8-2-5　修改 VMnet1 与 VMnet8 默认网络

8.2.3　创建第一台 ESXi 实验虚拟机

批量创建多台相同的虚拟机是有"技巧"的。另外，像本节中，同一个虚拟机即保存在 D 分区，虚拟机的其他磁盘在另一个分区，这就更需要一定的技巧。基本上，采用如下的步骤可以更快速地创建虚拟机。

（1）先创建第一台 ESXi 虚拟机，为虚拟机分配 4 块网卡（根据表 8-2-1 所列）、8GB 内存、2 个 CPU、3 块 HDD（大小为 20GB、500GB、500GB）。大小为 240GB 的 SSD 磁盘暂时不创建。

（2）将第一步创建的虚拟机克隆出其他 3 台同配置的虚拟机。

（3）修改这 4 台虚拟机的配置，为每台虚拟机添加一个 240GB 的虚拟硬盘，该虚拟硬盘保存在 E 分区。

下面先介绍第一台 ESXi 虚拟机的创建，主要步骤如下。

（1）在 VMware Workstation 中单击"文件"菜单选择"新建虚拟机"。在"欢迎使用新建虚拟机向导"时选择"自定义"，如图 8-2-6 所示。

（2）在"选择虚拟机硬件兼容性"对话框选择"Workstation 14.x"，如图 8-2-7 所示。

图 8-2-6　自定义

图 8-2-7　硬件兼容性

（3）在"安装客户机操作系统"对话框选择"稍后安装操作系统"，如图 8-2-8 所示。

（4）在"新建虚拟机向导→选择客户机操作系统"时选择"VMware ESXi 6.5 和更高版本"，如图 8-2-9 所示。

图 8-2-8　稍后安装操作系统

图 8-2-9　选择 ESXi 6

（5）在"命名虚拟机"对话框设置虚拟机的名称为 esx11-80.11，如图 8-2-10 所示。

（6）在"处理器数量"对话框选择默认值（保持 2 个 CPU 选项）。

（7）在"此虚拟机内存"对话框调整内存为 8192MB，如图 8-2-11 所示。

图 8-2-10　命名虚拟机

图 8-2-11　虚拟机内存

（8）在 "网络类型"选择"使用网络地址转换（NAT）"，在"选择 I/O 控制器类型"选择推荐值（使用准虚拟化 SCSI）。

（9）在"指定磁盘容量"对话框设置硬盘大小为 20GB（第一个硬盘），这个硬盘将用来安装 VMware ESXi 6 的操作系统。在"指定磁盘容量"对话框中同时还要选中"将虚拟磁盘存储为单个文件"，这将会把虚拟硬盘保存为单个的文件。在后面的操作中，创建的所有实验的虚拟硬盘，例如 500GB 以及 240GB 或者其他容量的磁盘，都要选择"将虚拟磁盘存储为单个文件"，如图 8-2-12 所示。

（10）在"指定磁盘文件"对话框设置磁盘文件名称为 "esx11-80.11-20GB-OS.vmdk"，如图 8-2-13 所示。以后再添加虚拟硬盘时，也应按照这种格式来保存（包括虚拟机的名称、磁盘大小、用途或序号）。

【说明】现在 Windows 操作系统默认分区是 NTFS 文件

图 8-2-12　硬盘容量

格式，NTFS 单个文件最大为 2TB。所以，在使用虚拟机做实验时，只有虚拟机虚拟硬盘实际占用空间超过 2TB 时，才建议选择"将虚拟磁盘拆分成多个文件"。一般情况下，即使创建的虚拟机虚拟硬盘划分超过了 2TB（实际占用空间不超过 2TB），也可以选择"将虚拟磁盘存储为单个文件"。

（11）创建虚拟机之后，编辑虚拟机的设置，如图 8-2-14 所示。

图 8-2-13　指定磁盘文件名

图 8-2-14　编辑虚拟机设置

根据表 8-2-1 的规划，为当前虚拟机添加两个 500GB 的 SCSI 磁盘。注意，不要添加 IDE 或 SATA 的硬盘，否则 ESXi 不会支持。

（1）在"虚拟机设置"对话框中单击"添加"按钮，在"添加硬件向导"对话框选中"硬盘"，在"指定磁盘容量"对话框中设置新添加的硬盘为 500GB、选择"将虚拟磁盘存储为单个文件"，如图 8-2-15 所示。

（2）在"指定磁盘文件"对话框指定磁盘文件名为 esx11-80.11-500GB-01.vmdk，如图 8-2-16 所示。

图 8-2-15　指定磁盘大小

图 8-2-16　指定磁盘文件名

（3）返回到"虚拟机设置"对话框，添加第一个 500GB 硬盘完成。

（4）根据（1）至（3）的步骤，添加第二个 500GB 的虚拟硬盘（硬盘文件名 esx11-80.11-500GB-02.vmdk）。添加之后如图 8-2-17 所示。

（5）添加完虚拟硬盘之后，根据表 8-2-1 的规划，再为虚拟机添加 3 个网卡。添加完成之后，修改每个网卡的属性，其中第一、二块网卡属性为 VMnet8，第三、四块网卡属性为 VMnet1（仅主机模式），如图 8-2-18 所示。

（6）修改"CD/DVD"设置，选择"使用 ISO 映像文件"，并单击浏览 VMware ESXi 6.5.0d 的安装镜像文件，如图 8-2-19 所示。设置完成之后，单击"确定"按钮返回到 VMware

Workstation。

（7）VMware Workstation 创建的 esx11-80.11 的虚拟机如图 8-2-20 所示。

图 8-2-17　再次添加 500GB 硬盘

图 8-2-18　添加 3 块网卡

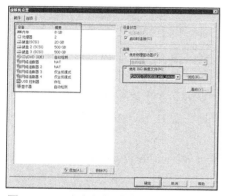

图 8-2-19　为虚拟机加载 ESXi 安装程序

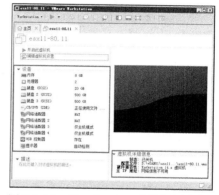

图 8-2-20　第一个 ESXi 虚拟机创建完成

【说明】在本节中，将使用 ESXi 版本为 6.5.0-201704001-5310538 的安装文件，vCenter Server 使用文件名为 VMware-VCSA-all-6.5.0-5705665.iso 的文件，如图 8-2-21 所示。

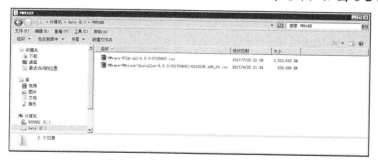

图 8-2-21　本节实验所用的软件

8.2.4　修改虚拟机网卡为 10 吉比特

在规划与实施 vSAN 时，推荐为服务器选择 10 吉比特网卡及 10 吉比特网络。在 VMware Workstation 中，可以通过修改虚拟机配置文件，将虚拟机默认的网卡从"吉比特"改为"10 吉比特"，方法和步骤如下。

（1）关闭 VMware Workstation，退出正在运行的虚拟机。

（2）使用"记事本"打开虚拟机配置文件，以上一节创建的名为 esx11-80.11 的虚拟机为例，用"记事本"打开"E:\vSAN01\esx11-80.11"文件夹中的 esx11-80.11.vmx 文件，将配置文件中的 e1000 修改为 vmxnet3。修改前：

ethernet0.virtualDev = "e1000"

修改后：

ethernet0.virtualDev = "vmxnet3"

然后存盘退出即可。如图 8-2-22 所示，使用"替换"命令将 e1000 替换为 vmxnet3（一共有 4 个网卡，需要全部替换）。

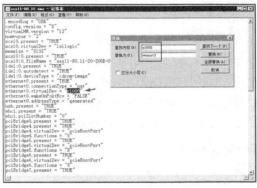

图 8-2-22　替换网卡

8.2.5　使用克隆方法创建其他 ESXi 虚拟机

创建第一台 ESXi 虚拟机之后，在没有安装操作系统之前，可以以现在新建的虚拟机为"模板"，通过"克隆"的方式复制多份，主要步骤如下。

（1）右键单击 esx11-80.11 虚拟机，在弹出的快捷菜单中选择"管理→克隆"，如图 8-2-23 所示。

（2）在"克隆源"对话框选择"虚拟机中的当前状态"，如图 8-2-24 所示。

（3）在"克隆类型"对话框选择"创建完整克隆"，如图 8-2-25 所示。

图 8-2-23　克隆虚拟机

图 8-2-24　克隆源

图 8-2-25　克隆类型

（4）在"新虚拟机名称"设置虚拟机名称为 esx12-80.12，如图 8-2-26 所示。

（5）在"正在克隆虚拟机"对话框中，克隆完成之后，单击"关闭"按钮，如图 8-2-27 所示。

图 8-2-26　克隆新虚拟机

图 8-2-27　克隆完成

克隆完成后，打开"资源管理器"，查看克隆后的 esx12-80.12 虚拟机的文件。可以看到，其虚拟硬盘名称是在原来的名称后面加上-cl1，如图 8-2-28 所示。如果是继续克隆虚拟机，克隆后的名称仍然是加-cl1，如图 8-2-29 所示。但可以从同一文件夹中的 vmx 配置文件看到虚拟机的区别（图 8-2-28 与图 8-2-29 分别是 esx11-80.12 及 esx14-80.14）。

图 8-2-28　克隆后的虚拟机文件

图 8-2-29　另一个克隆虚拟机文件

之后参照（1）至（5）的步骤，克隆创建名为 esx13-80.13～esx16-80.14 的虚拟机，这些不一一介绍。

8.2.6　为每台 ESXi 主机添加一块 240GB 的硬盘

接下来，修改 esx11-80.11～esx14-80.14 共 4 个 ESXi 主机的配置，为每个虚拟机添加一个 240GB 的硬盘，但虚拟硬盘保存在 E 盘（即 SSD 固态硬盘分区）。为虚拟机添加虚拟硬盘并指定硬盘大小，在第 8.2.3 节"创建第一台 ESXi 实验虚拟机"中已经有过详细的介绍，不同之处在于，本节创建的虚拟硬盘要保存在其他位置（本示例为 E 分区 vsan01 文件夹）。例如，为 esx11-80.11 的虚拟机添加 240GB 的硬盘，保存在 E:\vSAN01\目录中，文件名为 esx11-80.11-240GB.vmdk，如图 8-2-30 所示。其他虚拟机，例如为 esx12-80.12 创建的 240GB 硬盘保存在 E:\vSAN01\esx12-80.12-240GB.vmdk 中，如图 8-2-31 所示。

其他虚拟机，例如为 esx13-80.13 创建的 240GB 硬盘保存在 E:\vSAN01\esx13-80.13-240GB.vmdk 中，如图 8-2-32 所示；为 esx14-80.14 创建的 240GB 硬盘保存在 E:\vSAN01\esx14-80.14-240GB.vmdk 中，如图 8-2-33 所示。

图 8-2-30　为 esx11 添加 240GB 硬盘

图 8-2-31　为 esx12 添加 240GB 硬盘

图 8-2-32　为 esx13 添加 240GB 硬盘

图 8-2-33　为 esx14 添加 240GB 硬盘

8.2.7　在 ESXi 虚拟机中安装 6.0

创建 ESXi 的虚拟机之后，修改虚拟机配置，加载 VMware ESXi 6.5.0 d 的安装镜像（文件名为 "VMware-VMvisor-Installer-6.5.0.201704001-5310538.x86_64.iso"，大小为 331MB），启动虚拟机，在虚拟机中安装 VMware ESXi。在安装的时候，需要注意以下问题。

【说明】不要同时启动这 4 台虚拟机，需要安装完一台再启动下一台安装。如果同时启动 4 台 ESXi 虚拟机，并进行系统安装，占用的资源较多。

（1）启动虚拟机，安装 ESXi 6.5.0，在 "Select a Disk to Install or Upgrade" 对话框中选择 20GB 的分区作为系统分区，如图 8-2-34 所示。

（2）为 ESXi 设置管理员密码，在此设置一个简单密码 1234567。

（3）安装完成后，进入 ESXi 控制台界面，在 "Configure Management Network" 中选中 "Network Adapters"，如图 8-2-35 所示。

图 8-2-34　选择系统分区

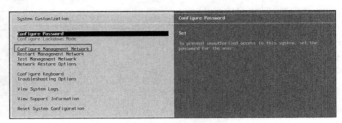

图 8-2-35　配置管理网络

（4）在 "Network Adapters" 对话框选中 vmnic0 及 vmnic1（即第一、二块网卡）作为管理网络，如图 8-2-36 所示。

（5）返回图 8-2-35 的"Configure Management Network"界面，进入"IPv4 Configuration"对话框，为第一台 ESXi 设置管理地址为 192.168.80.11，如图 8-2-37 所示。

图 8-2-36　选择管理网卡

图 8-2-37　设置管理地址

（6）返回图 8-2-35 的"Configure Management Network"界面，进入"DNS Configuration"对话框，设置"Hostname"为 esx11，如图 8-2-38 所示。

（7）保存设置并返回到控制台界面，如图 8-2-39 所示。

图 8-2-38　设置主机名称

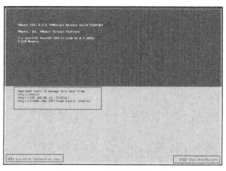
图 8-2-39　设置完成

之后分别为另外几台机器安装系统，并依次设置管理地址为 192.168.80.12（如图 8-2-40所示）、192.168.80.13、192.168.80.14（如图 8-2-41 所示）。

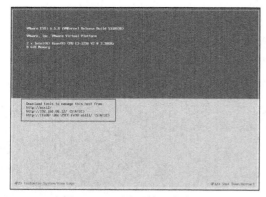
图 8-2-40　设置第二台主机

图 8-2-41　设置第四台主机

【说明】一台 32GB 内存并按照上文设置的环境中（"允许交换大部分虚拟机内存"），可以同时启动 5 台 ESXi 的虚拟机、1 台 vCenter Server 的虚拟机（后文创建）。如果 VMware Workstation 内存选项设置为"允许交换部分虚拟机内存"，则最多只能同时启动 4 台 ESXi

及 1 台 vCenter Server 的虚拟机。安装完成后关闭 esx11～esx14 四台虚拟机（在图 8-2-39、图 8-2-41 等界面，按 F12 键，输入管理员密码 1234567，按 F2 键关闭），等安装完 vCenter Server 之后再启动这些虚拟机。

8.2.8　在 VMware Workstation 14 中导入 vcsa 6.5

准备好 ESXi 虚拟机之后，接下来准备 vCenter Server 6.5 的虚拟机。如果有多个磁盘，为了提高系统性能、加快实验速度，可以在其他磁盘放置 vCenter Server 的虚拟机。

在实际的生产环境中，vCenter Server 部署在 ESXi 虚拟机中。因为当前是实验环境，ESXi 已经是虚拟机。如果再在 ESXi 虚拟机中部署 vCenter Server 的虚拟机并运行，就属于"嵌套"的虚拟机，性能较差。为了获得较好的体验，需要将 vCenter Server 直接部署在 Workstation 的虚拟机中。

在 VMware Workstation 14.0 的版本中，VMware 通过改进的 OVA 支持快速测试 vSphere，该支持能够轻松测试 vCenter Server Appliance 以快速完成实验室部署。在 VMware Workstation 14.0 的版本中，导入 vCenter Server 的 OVA 或 OVF 文件更加简便。

在 vSphere 6.0 的时候，在 Workstation 中创建 Windows Server 2008 R2 或 Windows Server 2012、Windows Server 2016 的虚拟机并在虚拟机中安装 Windows 版本的 vCenter Server 6.0，也可以在 Workstation 中部署 vCenter Server Appliance（vcsa）。在 vSphere 6.5 的版本中，在生产环境中推荐使用 vcsa 6.5。所以在本节中的实验环境中，将在 Workstation 的虚拟机中部署 vcsa 6.5。

在 VMware Workstation 中部署 vcsa 6.5 比较简单，只要用虚拟光驱加载 vcsa 6.5 的 ISO 文件，导入其中的 OVF 文件即可。下面介绍主要步骤（本节以 VMware-VCSA-all-6.5.0-5705665.iso 为例）。

（1）使用虚拟光驱加载 VMware-VCSA-all-6.5.0-5705665.iso，浏览展开 vcsa 文件夹，可以看到 vcsa 的 OVA 文件。

（2）在 VMware Workstation 单击"文件"菜单选择"打开"命令，如图 8-2-42 所示。

（3）在"打开"对话框中浏览第（1）步加载的虚拟光驱的 vcsa 文件夹，选择 OVA 文件，如图 8-2-43 所示。

图 8-2-42　打开

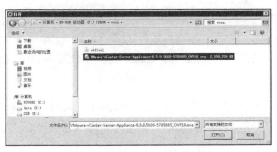

图 8-2-43　打开 OVA 文件

（4）在"导入虚拟机"对话框中，弹出 VMware vCenter Server 许可协议，单击选中"我接受许可协议条款"，然后单击"下一步"按钮，如图 8-2-44 所示。

（5）设置新虚拟机的名称（本示例为 vcsa-80.5），单击"浏览"选择新虚拟机的存储路径，本示例选择为 e:\vSAN01\vcsa-80.5，如图 8-2-45 所示。

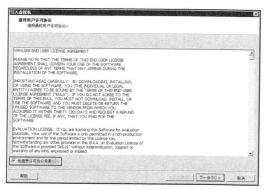

图 8-2-44　接受许可协议

图 8-2-45　虚拟机文件夹

（6）在"部署选项"对话框选择"Tiny vCenter Server With Embedded PSC"，如图 8-2-46 所示。

（7）在"属性"对话框的"Networking Configuration"选项中，在"Host Network IP Address Family"文本框中输入 ipv4；在"Host Network Mode"文本框中输入 static；在"Host Network IP Address"输入当前要部署的 vCenter Server 的 IP 地址，本示例为 192.168.80.5；在"Host Network Prefix"输入子网掩码位数，在此为 24（表示 255.255.255.0）；在"Host Network Default Gateway"中输入网关，当前示例为 192.168.80.2；在"Host Network DNS Servers"文本框中输入 DNS 名称，本示例为 192.168.80.2；在"Host Network Identtity"输入 192.168.80.5。如图 8-2-47 所示。

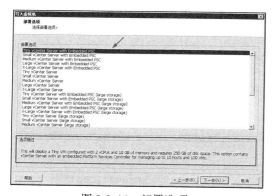

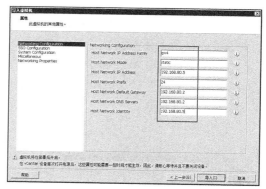

图 8-2-46　部署选项

图 8-2-47　网络配置

（8）单击"SSO Configuration"选项卡，设置 SSO 账户（默认为 administrator@vsphere.local）密码，在此需要设置复杂密码（大小写字母、数字、非数字字符、长度超过 6 位），如图 8-2-48 所示。

（9）单击"System Configuration"选项卡，设置 root 账户密码，如图 8-2-49 所示。

（10）在"Miscellaneous"选项卡选择默认值，如图 8-2-50 所示。

（11）在"Networking Properties"先期选择默认值，如图 8-2-51 所示。

图 8-2-48　设置 SSO 账户密码

图 8-2-49　设置 root 账户密码

图 8-2-50　Miscellaneous

图 8-2-51　保持空白

（12）单击"导入"按钮，开始导入 vcsa，如图 8-2-52 所示。

（13）导入虚拟机完成之后，vcsa 虚拟机自动启动，修改虚拟机配置，将网卡从默认的"桥接"改为"NAT"，如图 8-2-53 所示。

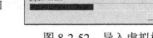

图 8-2-52　导入虚拟机

（14）当 vcsa 虚拟机出现如图 8-2-54 所示界面时，耐心等待一会。

图 8-2-53　修改网卡

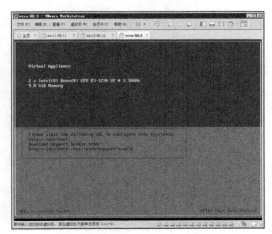

图 8-2-54　vCenter Server 界面

（15）等出现 IP 地址之后，系统会继续配置，再多等待一段时间，如图 8-2-55 所示。

（16）此时打开 IE 浏览器中，输入 https://192.168.80.5:5480，首先会让输入密码（图 8-2-49 设置的 root 密码），如图 8-2-56 所示。

图 8-2-55　已经配置 IP 地址　　　　　　　　　图 8-2-56　输入密码

（17）显示系统配置界面，如图 8-2-57 所示。

（18）等 vCenter Server 系统启动完成之后，配置完成，如图 8-2-58 所示。

图 8-2-57　系统正在启动　　　　　　　　　　图 8-2-58　部署完成

（19）部署完成之后，在登录 https://192.168.80.5 或 https://192.168.80.5/vsphere-client 页面时，提示关闭，如图 8-2-59 所示。

（20）这是没有"信任"根证书的原因。应使用下载软件（例如 IDM）从 https://192.168.80.5/certs/download.zip 下载根证书文件（如图 8-2-60 所示），下载并解压缩"信任"根证书，详细步骤参见第 3.4.4 节"学习环境介绍与信任根证书"中的内容。信任根证书之后就可以登录 vCenter Server，如图 8-2-61 所示。

图 8-2-59　不能登录 vSphere Web Client　　　　图 8-2-60　下载根证书压缩文件

（21）如果是在"下午"做的这个实验，会提示"证书错误"，此时查看证书，再与当前计算机时间对比，可以发现证书的时间"超过"当前计算机时间一天，这实际上是相差了 12 小时，如图 8-2-62 所示。这是时区的原因，忽略即可。第二天再登录 vSphere Web Client 时，证书就会显示正常。

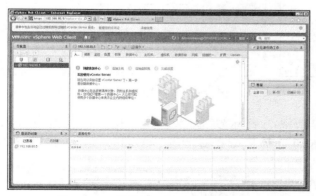

图 8-2-61　登录到 vSphere Web Client

图 8-2-62　证书时间与当前计算机时间不一致

准备好 ESXi 及 vCenter Server 虚拟机之后，启动 esx11～esx14 共 4 台虚拟机的电源，登录 vCenter Server，进行下面的操作。

- 添加 vCenter Server、ESXi 及 vSAN 许可；
- 创建数据中心；
- 向数据中心添加 ESXi；
- 为 vSAN 配置标准或分布式交换机、设置虚拟 SAN 流量；
- 创建群集（用于启动 vSAN），为群集分配 vSAN 许可证；
- 移动主机到 vSAN 群集，启用 vSAN；
- 检查 vSAN 环境；
- 查看、编辑、创建 vSAN 虚拟机存储策略；
- 向 vSAN 存储中部署虚拟机；
- 查看虚拟机存储策略，修改虚拟机存储策略。

下面一一进行介绍。

8.2.9　配置 vCenter Server

在本节将登录 vCenter Server、添加许可、创建数据中心、向数据中心添加 ESXi 主机，主要步骤如下。

（1）在一台 Windows 7 或 Windows Server 2008 R2 的计算机上，使用 IE 11 的版本登录 vSphere Web Client，使用 SSO 账户名 Administrator@vsphere.local 及密码登录。

（2）登录之后，添加许可，包括 vCenter Server、ESXi 及 Virtual SAN 许可，如图 8-2-63 所示。如果只是用于做实验则不需要输入许可，vSphere 产品在不输入许可的情况下有 60 天的试用期，试用期间功能没有任何的限制。

（3）添加之后，先为 vCenter Server 分配许可，如图 8-2-64 所示。

图 8-2-63 添加许可

图 8-2-64 为 vCenter Server 分配许可

（4）创建数据中心，设置数据中心名称为 Datacenter，并向该数据中心添加 192.168.80.11。添加之后，查看 192.168.80.11 的 EVC 配置，当前为 Intel ivy Bridge，如图 8-2-65 所示。因为当前实验中所有 ESXi 都是相同的配置（CPU），知道了其中一个的 EVC，其他的也就都知道了。所以只需要查看其中一台的即可。

（5）右键单击数据中心选择"新建群集"（如图 8-2-66 所示），在"新建群集"中，设置群集名称，本示例为 vsan01，打开 DRS 选项，暂时先不要选中"vSphere HA"，在"EVC"下拉列表中选择 Intel ivy Bridge，Virtual SAN 选项暂时不要选中，如图 8-2-67 所示，然后单击"确定"按钮，创建群集。

图 8-2-65 查看新添加的这台 ESXi 主机的 EVC

图 8-2-66 新建群集

图 8-2-67 设置群集参数

（6）在创建名为 vSAN01 的群集之后，将 192.168.80.11 移入这个群集，然后将其他 ESXi 主机（192.168.80.12、192.168.80.13、192.168.80.14）添加到这个群集，如图 8-2-68 所示。

（7）添加之后，在左侧导航器中选中一个主机，在右侧窗格中单击"配置→存储设备"选项卡，在列表中可以看到当前主机所配置的硬盘，列表中显示了每块硬盘的大小及驱动器类型。在本示例环境中，包括 3 个 HDD（1 个 20GB、2 个 500GB）、1 个 240GB 的闪存磁盘即 SSD，如图 8-2-69 所示。

之后可以依次查看另 3 台主机的存储设备。

图 8-2-68　向群集中添加其他 ESXi 主机

图 8-2-69　查看当前主机存储设备

8.2.10　修改磁盘属性

在大多数的情况下，VMware ESXi 可以正确地识别磁盘属性。但有时 ESXi 可能不能正确地识别磁盘，例如：

（1）ESXi 会将连接到存储划分给 ESXi 主机的磁盘识别为"远程"磁盘。有时候也会直接将服务器本地磁盘识别为"远程"磁盘。但这些一般不会影响 ESXi 的使用。

（2）在服务器配置有支持 RAID-5 的阵列卡时，或者服务器的 RAID 配置中不支持对 JBOD 或磁盘直通模式时，单块 SSD 或多块 SSD 或者需要单块使用的磁盘需要配置成 RAID-0 使用时，ESXi 会将这些配置为 RAID-0 的磁盘识别为 HDD。

（3）在实验环境中，例如使用 VMware Workstation（或在 VMware ESXi）创建的 ESXi 虚拟机，这些虚拟机的硬盘保存在何种介质存储上，则 ESXi 会将该磁盘识别为同格式。例如 ESXi 虚拟机硬盘保存在 SSD，则在 ESXi 中会识别成 SSD；如果虚拟机硬盘保存在 HDD，则 ESXi 中会将对应的硬盘识别成 HDD。

所以在实际的生产环境中，如果固态硬盘被识别成 HDD，可以在 vSphere Web Client 中登录 vCenter Server，在导航器中选中主机，在"配置→存储设备"中可以选中这块磁盘，单击工具条上的"F"将被"识别"为 HDD 的磁盘重新标记为 SSD。也可以选中 SSD，单击"HDD"图标将其标为 HDD。如果 SSD 或 HDD 磁盘已经使用（例如这些磁盘安装了 Windows 操作系统，或者原来保存过 ESXi 的虚拟机，但不想使用，希望清除磁盘上所有数据用于 vSAN），可以单击"全部操作"选择"清除分区"命令，清除磁盘上所有数据及分

图 8-2-70　更改 HDD 或 SSD 属性

区，如图 8-2-70 所示。在这个操作中还可以开启或关闭定位符 LED（即让选中硬盘亮、灭指示灯来选定硬盘）。

8.2.11 为 vSAN 配置分布式交换机及 VMkernel

在配置 vSAN 存储时，最好单独为每台主机规划一个单独传输"虚拟 SAN"流量的 VMkernel。在当前的实验环境中，每台主机有 4 块网卡，规划时将每台主机的第一、二块

图 8-2-71　查看标准交换机

网卡用于 ESXi 的管理、VMotion、置备流量，而将每台主机的第三、四块网卡用于"虚拟 SAN"。因为本节实验环境每台主机的物理网络连接方式相同（第一、二块网卡用于管理，第三、四块网卡用于 vSAN 流量），所以可以使用分布式交换机，并通过"模板"的方式快速置备网络。

（1）使用 vSphere Web Client，在导航器中先选中其中一台主机，例如 192.168.80.11，单击"配置→网络→虚拟交换机"，在此可以看到当前有一台标准交换机，这台标准交换机绑定了第一、二块网卡，网卡连接速度显示为 10000（即 10 吉比特网络），如图 8-2-71 所示。

（2）在"VMkernel 适配器"中选择"vmk0"，单击"　"（如图 8-2-72 所示），将 vmk0 配置为"VMotion"及"管理流量"，如图 8-2-73 所示。其他另外 3 台主机也要进行同样设置。

图 8-2-72　VMkernel

图 8-2-73　编辑流量

在下面的操作中，新建分布式交换机，并以 192.168.80.11 为模板，将每台主机的第三、四块网卡用于分布式交换机，并为每台主机创建一个 VMkernel，设置 VMkernel 的 IP 地址分别为 192.168.10.11、192.168.10.12、192.168.10.13、192.168.10.14，这个 VMkernel 将用于 vSAN 流量。

（1）在 vSphere Web Client 的"网络"中选中数据中心，单击"创建 Distributed Switch"，如图 8-2-74 所示。

（2）在"名称和位置"对话框中设置交换机名称为 DSwitch，如图 8-2-75 所示。

图 8-2-74　创建分布式交换机

图 8-2-75　设置交换机名称

（3）在"编辑设置"对话框中，"上行链路数"选择 2，选中"创建默认端口组"，设置端口组名称为"vlan10"，如图 8-2-76 所示。

（4）创建分布式交换机完成后，右键单击新建的分布式交换机选择"添加和管理主机"，如图 8-2-77 所示。

图 8-2-76　编辑设置

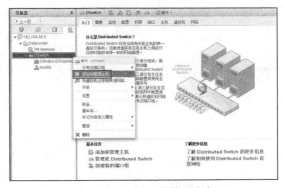

图 8-2-77　添加和管理主机

（5）在"选择任务"中选择"添加主机"，如图 8-2-78 所示。

（6）在"选择主机"中添加 192.168.80.11～192.168.80.14 共 4 台主机，然后选中"在多个主机上配置相同的网络设置（模板模式）"，如图 8-2-79 所示。

图 8-2-78　添加主机

图 8-2-79　选择主机（模板模式）

（7）在"选择模板主机"对话框中选中其中的一个主机，例如 192.168.80.11，如图 8-2-80 所示。

（8）在"选择网络适配器任务"对话框选中"管理物理适配器（模板模式）"和"管理 VMkernel 适配器（模板模式）"，如图 8-2-81 所示。

图 8-2-80　选择模板主机

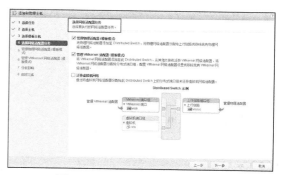

图 8-2-81　选择网络适配器任务

（9）在"管理物理网络适配器"对话框的 192.168.80.11（模板）中，为 vmnic2 与 vmnic3 分配上行链路（Uplink1、Uplink2）后，单击"应用于全部"（如图 8-2-82 所示），其他主机的 vmnic2 与 vmnic3 也将分别分配上行链路为 Uplink1、Uplink2，如图 8-2-83 所示。

图 8-2-82　应用于全部

图 8-2-83　检查分配情况

（10）在"管理 VMkernel 网络适配器（模板模式）"对话框中选中 192.168.80.11→在此交换机上，单击"新建适配器"，如图 8-2-84 所示。

（11）在"选择目标设备"对话框中选择现有网络并选中 vlan10，如图 8-2-85 所示。

图 8-2-84　新建适配器

图 8-2-85　选择现有网络

（12）在"端口属性"对话框选中"Virtual SAN"，如图 8-2-86 所示。

（13）在"IPv4 设置"对话框中选择"使用静态 IPv4 设置"，并为 192.168.80.11 的 ESXi 主机、用于 vSAN 流量的 VMkernel 设置为 192.168.10.11，如图 8-2-87 所示。

图 8-2-86　选择 vSAN 流量　　　　　　　　图 8-2-87　设置 VMkernel 的 IP 地址

（14）在"即将完成"对话框中单击"完成"按钮，如图 8-2-88 所示。

（15）在"管理 VMkernel 网络适配器（模板模式）"对话框中单击"应用于全部"，如图 8-2-89 所示。

图 8-2-88　即将完成　　　　　　　　　　　图 8-2-89　应用模板

（16）在"将 VMkernel 网络适配器的配置应用到其他主机"的"IPv4 地址（需要 3）"对话框中，一一输入另三台主机的 VMkernel 的 IP 地址，本示例为 192.168.10.12，192.168.10.13，192.168.10.14，注意其中的"逗号"应该是英文的标点，如图 8-2-90 所示。然后单击"确定"按钮。

（17）返回"管理 VMkernel 网络适配器（模板模式）"对话框中，单击"下一步"按钮，如图 8-2-91 所示。

图 8-2-90　指定其他主机 VMkernel　　　　　图 8-2-91　应用模板之后

（18）在"分析影响"对话框单击"下一步"按钮，如图 8-2-92 所示。

（19）在"即将完成"对话框单击"完成"按钮，完成 VMkernel 配置，如图 8-2-93 所示。

图 8-2-92　分析影响　　　　　　　　　　图 8-2-93　即将完成

（20）返回 vSphere Web Client，在导航器中选中主机，在"配置→网络→VMkernel 适配器"中可以看到每台主机添加了 vmk1 的 VMkernel，可以看到 VMkernel 的 IP 地址及启用的服务，如图 8-2-94 所示。

图 8-2-94　检查 vSAN 流量的 VMkernel

8.2.12　在群集启用 vSAN

在做好上述准备工作之后，就可以启用 vSAN 群集。主要步骤如下。

（1）在 vSphere Web Client 的导航器中单击"vsan01"，在"配置→Virtual SAN→常规"中单击"配置"按钮，如图 8-2-95 所示。

（2）在"vSAN 配置"中单击"下一步"按钮，如图 8-2-96 所示。

（3）在"网络验证"中查看 vSAN VMkernel 适配器，因为在上一节已经配置完成，所以单击"下一步"按钮即可，如图 8-2-97 所示。

（4）在"声明磁盘"中将"驱动器类型"为 HDD 的声明成"容量层"，将驱动器类型为闪存的声明成"缓存层"，如图 8-2-98 所示。

图 8-2-95　配置　　　　　　　　　　　　图 8-2-96　vSAN 功能

图 8-2-97　网络验证　　　　　　　　　　图 8-2-98　声明磁盘

（5）在"即将完成"对话框，显示了 vSAN 的配置，如图 8-2-99 所示。

（6）返回 vSphere Web Client，如图 8-2-100 所示。

图 8-2-99　即将完成　　　　　　　　　　图 8-2-100　配置完成

（7）在导航器中选中 vsan01（群集名称），在"配置→Virtual SAN→磁盘管理"中，可以看到当前节点主机数量、每个节点主机的 SSD 与 HDD 数量，主要是在"网络分区组"中，正常情况下应该都在"组 1"，如图 8-2-101 所示。如果在同一 vSAN 群集中，有的主机处于"组 1"，有的主机处于"组 2"或"组 3"，则属于"分区"，需要检查 vSAN 流量网络。

（8）查看 vSAN 存储，在导航器中单击 vsan01 群集名称，在"数据存储→数据存储"中可以看到当前群集中的所有存储，其中名为 vsanDatastore 的即是 vSAN 存储，如图 8-2-102 所示。以后创建的虚拟机保存在 vSAN 存储中，这个存储也是"共享存储"，可以用于 HA、FT 等操作。

图 8-2-101　磁盘管理

图 8-2-102　vSAN 共享存储

图中 datastore1 等存储则是每个 ESXi 主机的本地存储，是安装 ESXi 的系统存储。可以将每个 ESXi 本地存储重新命名，一般为了管理方便，为每个存储加上主机名称（或 IP 地址）。如图 8-2-103 所示是重命名后的截图，分别将每个主机的本地存储命名为 os-esx11、os-esx12、os-esx13、os-esx14，表示这是每个主机安装系统的本地存储，将字

图 8-2-103　重命名每个主机本地存储

母 os 排在前面，是为了在排序时默认名称可以排在名为 vsanDatastore 的后面，以方便创建虚拟机时、选择存储时的选择（说明，在导航器中依次选中每台主机，在"数据存储→数据存储"选项卡中一一重命名）。

8.2.13　为 vSAN 分配许可

vSAN 需要单独的许可。下面介绍为 vSAN 分配许可的内容，步骤如下。

（1）在导航器中选中 vSAN 群集，在"配置→配置→许可"中可以看到当前是试用许可，显示了许可证过期时间是 2017 年 11 月 21 日，当前已获许可的功能包括 iSCSI、全闪存、延伸群集、RAID5/RAID6 支持、重新数据删除和压缩功能、vSAN 加密等，如图 8-2-104 所示。单击"分配许可证"按钮。

（2）在弹出的"分配许可证"对话框中为 vSAN 选择可用的许可证，如图 8-2-105 所示。这是添加的 vSAN 标准版的许可证，此时会有"某些功能将不可用"的提示。

（3）分配 vSAN 标准版许可证之后，在"已获许可功能"中可以看到当前的功能只包括 iSCSI、全闪存、延伸群集，如图 8-2-106 所示。

（4）如图 8-2-107 所示是分配了 vSAN 企业版许可的截图。从图中可以看到，企业版许可功能最多。

图 8-2-104　试用版许可证

图 8-2-105　正式版许可证

图 8-2-106　vSAN 标准版许可证

图 8-2-107　vSAN 企业版

8.2.14　为 vSAN 启用 HA

最后为群集启用 vSphere HA，主要步骤如下。

（1）在导航器中单击 vSAN 群集名称，在右侧单击"配置→vSphere 可用性"，单击"编辑"，如图 8-2-108 所示。

（2）在"vSAN-编辑群集设置"对话框单击选中"打开 vSphere HA"，如图 8-2-109 所示。

图 8-2-108　编辑 vSphere HA

图 8-2-109　打开 vSphere HA

（3）在 vSAN 群集中的"vSphere DRS"中，默认的电源管理策略是"关闭"的，并且不能开启，如图 8-2-110 所示。

设置之后单击"确定"按钮返回 vSphere Web Client。

（1）在刚打开 vSphere HA 之后，系统会有一个初始化时间，此时在"群集→摘要"中可以看到提示为"资源不足，无法满足 Datacenter 中群集 vSAN 上的 vSphere HA 故障切换级别"的提示，如图 8-2-111 所示，这是正常现象，稍等一会，等 vSphere HA 在每个主机初始化之后即会消失。

图 8-2-110   电源管理策略为关闭

图 8-2-111   配置未完成前的提示

（2）查看每台主机的"摘要"，在"配置"中会显示"vSphere HA 状况"为"未初始化"，如图 8-2-112 所示。

（3）稍等一会，等所有主机 HA 配置完成之后，在"摘要→配置"中会显示 vSphere HA 的状况，如图 8-2-113 所示。同时，在此显示"Fault Tolerance"的状态为"受支持"，表示当前 vSAN 群集支持 FT 的虚拟机。

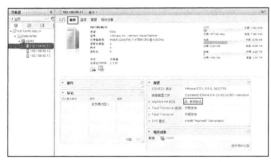

图 8-2-112   vSphere 未初始化

图 8-2-113   vSphere HA 已连接

（4）要启用 FT 功能，需要为每台主机在标准交换机名为 vmk0 的 VMkernel 中启用"Fault Tolerance 日志记录"流量，如图 8-2-114 所示。

（5）现在当前运行 4 个 ESXi、1 个 vCenter Server 6.5，打开"Windows 任务管理器"，当前 CPU 使用率 6%，内存使用 24.3GB，如图 8-2-115 所示。

图 8-2-114   允许 FT 日志记录

图 8-2-115   任务管理器

8.2.15　查看 vSAN 数据保存方式

vSAN 群集中数据保存方式与传统的数据保存方式不太一样，当然对于 VMware vSphere 的应用以及大多数用户无需关心这些问题，但 VMware vSphere 数据中心管理员要了解这种区别。下面通过向 ESXi 本地存储创建虚拟机以及向 vSAN 存储创建虚拟机的方式来进行对比并查看区别。

（1）使用 vSphere Web Client 登录到 vCenter Server，单击"■"打开存储管理，在左侧可看到当前 vSphere 环境中所有存储。其中名为 os-esx11～os-esx14 的为每台 ESXi 主机的本地存储，vsanDatastore 为 vSAN 存储。单击其中一个存储例如 os-esx11，当前存储只有一个.sdd.sf 的文件夹，如图 8-2-116 所示。

（2）单击 vsanDatastore 存储，当前存储为空（只有一个根目录），如图 8-2-117 所示。此时看不出这两个存储格式的区别。

图 8-2-116　查看 ESXi 本地存储

图 8-2-117　浏览 vSAN 存储

（3）分别在这两个存储的根目录单击"□"，分别创建一个文件名，文件名为 tools，如图 8-2-118 所示。此时可以看到，在传统的存储（本地存储）创建的文件夹 tools 是一个目录，而在 vSAN 存储创建的文件夹除了有一个名为 vsan 的路径外，还有一个"f00cc559-73be-fe47-c9f0-000c29f4c234"的文件夹。

在此可以看出，在 vSAN 存储中，每一个文件夹除了具有"原名"外，还有一个类似"f00cc559-73be-fe47-c9f0-000c29f4c234"的 UUID 格式的同名文件夹，这两个文件夹实质是同一个文件夹。另外，这个 UUID 序列的文件夹不能直接更名，如果删除这个 UUID 格式的文件夹，则对应的实际的文件夹 tools 也会一同被删除。如果删除 tools 文件夹，其对应的 UUID 序列文件夹也一同被删除。

图 8-2-118　创建文件夹后的 vSAN 存储格式

（4）在 vSAN 数据存储中向 tools 文件夹上传一个文件，例如"软件说明.txt"，分别浏览 tools 及该文件夹对应的 UUID 文件夹，此时可以看到这个上传后的文件，如图 8-2-119、图 8-2-120 所示。

图 8-2-119　查看 tools 文件夹

图 8-2-120　查看 tools 文件夹对应的 UUID 文件夹

接下来创建一个虚拟机，保存在 vSAN 存储。

（1）在 vSphere Web Client 中创建新虚拟机，如图 8-2-121 所示。

（2）设置虚拟机的名称为 Win7X，在"选择存储"对话框中选择"vsanDatastore"，如图 8-2-122 所示。

图 8-2-121   创建新虚拟机

图 8-2-122   选择虚拟机存储位置

（3）其他选择默认值，直接虚拟机创建完成。

（4）浏览 vSAN 存储，可以看到创建的虚拟机，除了具有同名的文件夹外，同样还有一个与其关联的 UUID 序列的文件夹，这两个文件夹保存相同的内容，如图 8-2-123、图 8-2-124 所示。

图 8-2-123   创建的名为 Win7X 的虚拟机

图 8-2-124   虚拟机同名文件夹

（5）再在 vSphere Client 中创建多个虚拟机，并将虚拟机保存在 vSAN 存储中，之后在数据存储浏览器中按""刷新存储可以看到，每个虚拟机（或每个文件夹）都有一个对应的 UUID 序列的文件夹，并且这两个文件夹的排列是依次排列，即原名文件夹在前，对应的 UUID 序列的文件夹在后，如图 8-2-125 所示。

使用 vSphere Web Client 创建虚拟机，虚拟机保存在 vSAN 存储中。在默认情况下，虚拟硬盘为"精简置备"。使用 vSphere Client 登录到某个主机（例如 192.168.80.11），浏览 vsan 存储，查看创建的虚拟机的配置，单击其中一个 vmdk 文件，这是一个 Windows 10 的虚拟硬盘文件，当时创建的时候虚拟硬盘大小为 40GB，实际占用的空间是 36MB（当前还没有安装操作系统，只是一个"空"的虚拟硬盘），如图 8-2-126 所示。

图 8-2-125   浏览 vSAN 存储

图 8-2-126   精简置备

使用 vSphere Client 创建虚拟机，虚拟机保存在 vSAN 存储中，在创建虚拟机硬盘时，如果选择了"厚置备磁盘"（如图 8-2-127 所示，当前创建 10GB 硬盘厚置备），则虚拟机硬盘空间会立刻分配，在使用默认虚拟机存储策略时，其容错方式为 RAID-1（即镜像），此时 VMDK 会占用 2 倍的空间，如图 8-2-128 所示。在该图示中，创建的虚拟机硬盘大小为 10GB，实际占用了 20.43GB 的空间。

图 8-2-127　创建厚置备磁盘

图 8-2-128　厚置备占用 2 倍空间

8.2.16　查看 vSAN 对象与组件

在 vSAN 数据存储上部署的虚拟机由一系列**对象**组成，每个对象以多个"组件"的形式存储在 vSAN 数据存储中。对象（Object）是设置存储策略的最小单位，可以通过"管理虚拟机存储策略"为"虚拟机主页""虚拟机硬盘"设置不同的存储策略。vSAN 对象有以下 4 种类型。

（1）VM Home：放置虚拟机配置文件（.vmx、.log 文件等），也叫"命名空间"、"名字空间目录"、NameSpace。

（2）交换文件 Swap：交换文件只在虚拟机开机的时候产生。

（3）VMDK：虚拟机磁盘文件。

（4）快照（Snapshot）：虚拟机快照存储对象文件。

（5）vmem，虚拟机内存文件。在虚拟机开机时创建快照才有这个文件。

在 vSphere Client 或 vSphere Web Client 启动虚拟机，之后为虚拟机创建快照，浏览数据存储，可以看到上述的几个文件，其中扩展名为 vmsn 的为"快照文件"，扩展名为 vmkd 的为虚拟机磁盘文件，扩展名为 vswp 的为交换文件，扩展名为 vmx 的为配置文件，扩展名为 vmem 的为虚拟机内存文件，如图 8-2-129 所示。

vSAN 对象由分布到不同主机节点的组件构成。在 vSAN 5.5 中每台主机最多包含 3000 个组件，vSAN 6.0 每台主机最多包含 9000 个组件。在 vSAN 中，容量大于 255GB 的对象（通常是指 VMDK 文件）自动分成多个组件，每个组件消耗 2MB 的磁盘容量存放元数据。例如 300GB 的对象（例如虚拟机硬盘）会被分成 2 个组件，1TB 的虚拟机硬盘会被分成 4 个组件。

在后文中介绍磁盘带数（磁盘条带数），每个对象的磁盘带数默认值为 1，则每个磁盘带数为一个单独的组件。例如一个只有 200GB 的对象，如果磁盘带数设置为 1 时，是 1 个对象；如果设置磁盘带数为 2 时，则会被分成 2 个对象。

在 vSAN 中，每个存储对象都存在"见证"文件（或称"仲裁"文件，Witness。也有的称为"证明"文件），使用 vSphere Web Client，左侧导航器中选中 vSAN 存储，在右侧窗格中单击"监控→vSAN→虚拟对象"，之后选中查看虚拟机主页或虚拟机硬盘，在"物理磁盘放置"选项卡中可以看到组件（Component）及见证文件（Witness），如图 8-2-130 所示。

图 8-2-129　查看虚拟机文件　　　　　　图 8-2-130　虚拟机组件和见证文件

8.3　部分 vSAN 应用案例

VMware vSAN 配置好后，在 vSAN 群集中创建虚拟机、为虚拟机配置 HA 等，就是传统的、使用共享存储的 vSphere 没有多大区别，所以虚拟机的使用这里不再重复介绍。本节介绍生产或实验中的一些 vSAN 应用案例。

8.3.1　五节点标准 vSAN 群集

本节介绍一个由 5 台 PC 组成的 vSAN 实验环境，网络拓扑如图 8-3-1 所示。

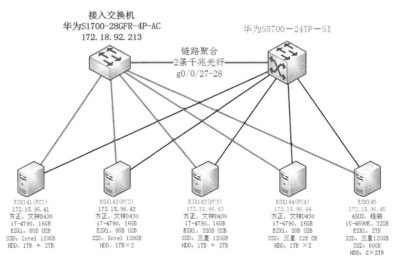

图 8-3-1　五节点标准 vSAN 群集

在如图 8-3-1 所示的拓扑中，使用了 5 台 PC 机组成标准的 vSAN 群集。群集主机配置如表 8-3-1 所列。

表 8-3-1　　　　　　　　　　　　五节点 vSAN 群集主机参数

序号	CPU	内存/GB	ESXi 系统盘	SSD（缓存盘）	HDD（容量盘）	管理 IP 地址 VMkernel	vSAN 流量 IP 地址 VMkernel
1	i7-4790	16	8GB U 盘	Intel 120GB 磁盘 1 个	1 个 1TB，1 个 2TB	172.18.96.41	172.18.93.141
2	i7-4790	16	8GB U 盘	Intel 120GB 磁盘 1 个	2 个 1TB	172.18.96.42	172.18.93.142
3	i7-4790	16	32GB U 盘	三星 750 EVO 120GB 磁盘 1 个	1 个 1TB，1 个 2TB	172.18.96.43	172.18.93.143
4	i7-4790	16	2GB U 盘	1 块三星 750 EVO 120GB SSD	2 个 1TB	172.18.96.44	172.18.93.144
5	85-4690K	32	2TB 硬盘	1 块三星 750 EVO 120GB SSD	2 个 2TB	172.18.96.45	172.18.93.145

在图 8-3-1 中，每台主机配置了三块吉比特网卡，其中每台主机第一块网卡用作管理网络，创建的"标准交换机"如图 8-3-2 所示（这是以 172.18.96.41 的 ESXi 主机为例，其他每台主机的配置与此相同）。

主机第二、三块网卡用于创建分布式交换机（如图 8-3-3 所示），用于虚拟机流量及 vSAN 流量。分布式交换机创建了 vlan2001、vlan2002、vlan2003、vlan2006 共 4 个端口组，其中 vSAN 流量属于 vlan2003 端口组。

图 8-3-2　标准交换机绑定 vmnic0 网卡　　　图 8-3-3　分布式交换机及端口组、上行链路网卡

每台主机用于 vSAN 流量的 VMkernel 绑定分布式交换机的 vlan2003，用于 vSAN 流量的 VMkernel 的 IP 地址依次为 172.18.93.141、172.18.93.142、172.18.93、143、172.18.93.144、172.18.93.145。如图 8-3-4 所示是 172.18.96.45 的 vSAN 流量的 VMkernel 的截图。

在导航器中选中 vSAN 群集，在"配置→Virtual SAN→磁盘管理"中可以看到当前共

5 个节点主机，每台主机使用的磁盘是 3 个，在"磁盘格式版本"中看到当前 vSAN 磁盘版本为 5，在"网络分区组"中看到当前都在"组 1"，在"类型"中看到当前 vSAN 属于"混合"架构，选中某个主机或磁盘组，可以列出当前所选节点 SSD 及 HDD 的大小、vSAN健康状况、是否挂载等，如图 8-3-5 所示。在"vSAN 健康状况"为"正常"，并且"状态"为"已挂载"的，才属于磁盘组中正常使用的磁盘。

图 8-3-4　vSAN 流量 VMkernel 及绑定的端口组

图 8-3-5　磁盘管理

　　在"故障域和延伸群集"中，可以看到当前没有配置"故障域"，这是一个标准的 vSAN群集。当前也未配置为"延伸群集"，如图 8-3-6 所示。当前有 5 台主机，允许的主机故障数为 2。

　　在"运行状况和性能"中可以查看"Health Service 版本"、HCL 数据库等信息，如图 8-3-7 所示。

图 8-3-6　故障域和延伸群集

图 8-3-7　运行状况和性能

　　在"iSCSI 目标"可以看到是否为 vSAN 开启了 iSCSI 服务，并且已经添加的 iSCSI目标。如图 8-3-8 所示，在当前示例中，添加了两个 iSCSI 目标，其中一个 iSCSI 目标创建了一个 500GB 的磁盘。

　　在"监控→vSAN→运行状况"中，可以看到当前 vSAN 运行状况，如图 8-3-9 所示。可以通过单击"重新测试""重新测试联机运行状况"按钮以更新运行状况信息。

　　在"容量"中可以看到当前 vSAN群集中总容量（当前为 12.71TB）、已使用容量（当前为 1.63TB）、已用容量细目，如图 8-3-10 所示。

图 8-3-8　iSCSI 目标

图 8-3-9　运行状况

图 8-3-10　容量概览

在"重新同步组件"中，显示了 vSAN 群集当前正在重新同步的对象的状态。当为虚拟机应用了新的存储策略时，当 vSAN 磁盘组中磁盘平衡时，当有坏的磁盘、磁盘组时，当主机离线超过 60 分钟，这些情况都会导致涉及的数据重新同步。下面通过更改虚拟机的存储策略查看重新同步组件进度。

（1）右键单击一个虚拟机（可以是正在运行的虚拟机），在弹出的快捷菜单中选择"虚拟机策略→编辑虚拟机存储策略"，如图 8-3-11 所示。

（2）在"虚拟机存储策略"中，选择一个与当前虚拟机存储策略不同的策略，登录当前默认情况是 SW=1，本示例选择一个 SW=2 的策略，并单击"应用于全部"，为虚拟机应用新的存储策略，在"预测的影响"中显示应用新策略后对虚拟机的存储消耗，如图 8-3-12 所示。

图 8-3-11　编辑虚拟机存储策略

图 8-3-12　应用虚拟机存储策略

（3）在"监控→vSAN→重新同步组件"中，看到正在重新同步的组件以及需要的时间，如图 8-3-13 所示。

（4）在"虚拟对象"中浏览选中应用新存储策略的虚拟机，也可以看到"组件状态"为"重新配置"，如图 8-3-14 所示。

（5）在"监控→性能→概览"中，可以查看"主机、资源池和虚拟机"在 1 天、1 周、1 年或自定义时间范围内的 CPU、内存、磁盘、网络使用缩略图，如图 8-3-15 所示。

（6）在"高级"选项中，可以查看 CPU、内存、群集服务、虚拟机操作的使用情况，如图 8-3-16 所示。

图 8-3-13　重新同步组件　　　　　　　　图 8-3-14　虚拟对象

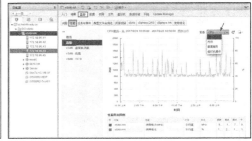

图 8-3-15　概览　　　　　　　　　　　图 8-3-16　高级

（7）在"vSAN-虚拟机消耗"选项中，可以查看虚拟机消耗的 IOPS、吞吐量、延迟、拥堵、未完成 IO 等情况，如图 8-3-17 所示。

（8）在"vSAN-后端"选项中，可以查看 vSAN-后端的 IOPS、吞吐量、延迟、拥堵、未完成 IO 等情况，如图 8-3-18 所示。

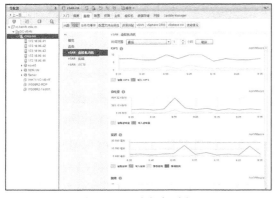

图 8-3-17　虚拟机消耗　　　　　　　　图 8-3-18　vSAN-后端

8.3.2　使用 vSAN 延伸群集组建双活数据中心

在承担重要与关键业务的单位，出于灾备（Disaster Recovery）的目的，一般会建设 2

个（或多个）数据中心。一个是主数据中心用于承担用户的业务，一个是备份数据中心用于备份主数据中心的数据、配置、业务等。数据中心的数据进行"实时"的同步。主备数据中心之间一般有热备、冷备、双活三种备份方式。

在热备的情况下，只有主数据中心承担用户的业务，此时备数据中心对主数据中心进行实时的备份。当主数据中心挂掉以后，备数据中心可以自动接管主数据中心的业务，用户的业务不会中断，所以也感觉不到数据中心的切换。

冷备的情况下，也是只有主数据中心承担业务，但是备用数据中心不会对主数据中心进行实时备份，这时可能是周期性地进行备份或者干脆不进行备份，如果主数据中心挂掉了，用户的业务就会中断。

双活是用户觉得备用数据中心只做备份太浪费了，所以让主备两个数据中心都同时承担用户的业务，此时，主备两个数据中心互为备份，并且进行实时备份。一般来说，主数据中心的负载可能会多一些，比如分担 60%～70%的业务，备数据中心只分担 40%～30%的业务。

组建"双活"数据中心，需要综合考虑主机系统、网络系统、数据存储系统，最主要的是存储"双活"。简单来说，组成双活数据中心的 A、B 两地，如果以 A 地为主，则 B 地也应该与 A 地有相同的主机（数量可以少一些）、相同的网络，最主要的是 A、B 两地的数据要能做到同步，最好是做到"实时"的数据同步，如果不能做到实时，做成异步也可以。

主机与网络做到冗余很容易，关键是数据系统的冗余与同步，一个最简单的存储双活如图 8-3-19 所示。在这个示例中画出了 3 台 ESXi 主机、2 台光纤存储交换机、2 台 DELL MD 8320 的存储进行数据镜像。

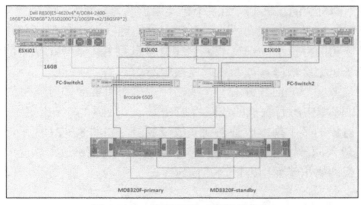

图 8-3-19　存储双活（存储镜像）

本节不做过多其他架构双活数据中心的介绍，主要介绍基于 VMware vSAN 延伸群集组成双活数据中心的内容。

要了解 vSAN 延伸群集组建双活数据中心的原理，先要了解 vSAN "故障域"及"故障域"可以解决的问题。在标准的 vSAN 群集中，例如上一节的实验环境（如图 8-3-20 所示），是 5 台 ESXi 主机组成的标准 vSAN 群集，当 SW=1 时，虚拟机的多个副本及"见证"文件保存在其中的 3 台主机中；在有多个虚拟机的时候，当 SW=1 时，在某个主机上保留虚拟机的一个副本，在另一个主机保留另一个副本，而在第三台主机上保留见证文件。这 5 个节点主机的作用是"对等"的，并不存在"主""从"之分。

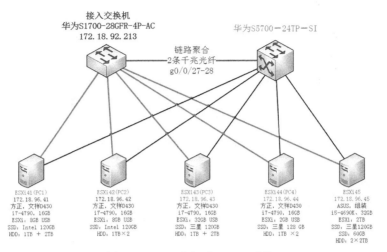

图 8-3-20　一个标准 vSAN 群集

　　在同一个 vSAN 群集中，虚拟机的存储会根据 vSAN 存储策略自动配置，这样相对来说，多个虚拟机会"均衡"地分布在每台主机中，vSAN 存储策略不会有"偏好"地选择是否将虚拟机保存在某些主机。但在实际的生产环境中，管理员可能需要将主机"分区"或"划片"，让某些虚拟机"优先"保存在那些主机上，vSAN 群集"故障域"概念会达到类似目的。例如，在一个数据中心中，有两个机架，每个机架各放置了一批主机，这两个机架中的主机组成一个 vSAN 群集，考虑到机架供电、网络或其他可能，管理员会根据机架来将主机分组：虚拟机的两个副本保存在不同机架的主机上，当某个机架由于电力或网络问题引起整个机架不可访问时，由于有另一个完全相同的副本在另一个机架，这样可以获得较高的可靠性。

　　vSAN 故障域功能将指示 vSAN 将冗余组件分散到各个计算机架中的服务器上。因此可以保护环境免于机架级故障，如断电或连接中断。

　　可以通过创建故障域并向其分配一个或多个主机对可能会同时发生故障的 vSAN 主机进行分组。单个故障域中所有主机的故障将被视为一个故障。如果指定了故障域，则 vSAN 永远不会将同一对象的多个副本放置在同一故障域中。如图 8-3-21 所示，可以将每个机架中的 ESXi 主机放入同一个故障域，不要将不同机架中的主机放入相同的故障域，这样可以避免机架供电或网络出错而引发的潜在问题。

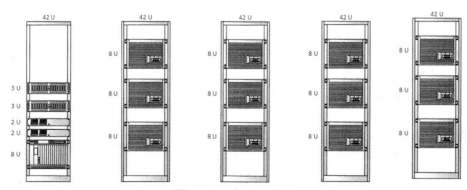

图 8-3-21　机架示意图

要构造故障域，需要遵循如下的规则。

（1）必须至少定义三个故障域，每个故障域可能包含一个或多个主机。故障域定义必须确认可能代表潜在故障域的物理硬件构造，如单个计算机架。

（2）如果可能，应使用至少四个故障域。使用三个故障域时，不允许使用特定撤出模式，vSAN 也无法在故障发生后重新保护数据。在这种情况下，需要一个使用三域配置时无法提供的备用容量故障域用于重新构建。

（3）如果启用故障域，vSAN 将根据故障域而不是单台主机应用活动虚拟机存储策略。

考虑一个包含四个服务器机架的群集，每个机架包含两台主机。如果允许的故障数等于 1 并且未启用故障域，vSAN 可能会将对象的两个副本与主机存储在同一个机架中。因此，发生机架级故障时应用程序可能有潜在的数据丢失风险。当将可能一起发生故障的主机配置为"故障域"时，vSAN 将确保将每个保护组件（副本和证明）置于单独的故障域上。

如果要添加主机和容量，可以使用现有的故障域配置或创建一个新配置。

要通过使用故障域获得平衡存储负载和容错，应考虑以下准则。

（1）提供足够的故障域以满足在存储策略中配置的允许的故障数。

（2）至少定义 3 个域。要获得最佳保护，应至少定义 4 个域。

（3）向每个故障域分配相同数量的主机。

（4）使用具有统一配置的主机。

（5）如果可能，应在出现故障后将一个具有可用容量的域专用于重新构建数据。

在图 8-3-21 中，将每个"机架"中的 ESXi 主机定义为一个故障域，虚拟机的多个副本及见证文件会放置在不同"机架"中的主机上，这可以避免"机架"级的故障。在采用"故障域"的时候，多个虚拟机的副本及见证文件会保存在不同的机架中的不同主机中。

"故障域"可以解决同一机房不同机架中服务器的问题（即解决"机架级"故障）。如果有更高的需求，例如需要跨园区、不同的楼，或者同一个城市因距离受限制的园区，可以使用 vSAN 延伸群集，通过延伸群集跨两个地址位置（或站点）扩展数据存储，延伸群集是对"故障域"的进一步定义应用。在 vSAN 延伸群集中，有三个"故障域"，其中定义 A、B 两个站点（故障域）用于放置数据（即虚拟机的副本），定义站点 C（第三个故障域）放置"见证文件"。如图 8-3-22 所示。

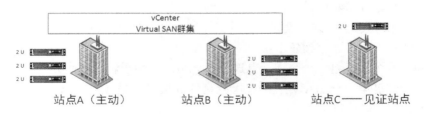

图 8-3-22　vSAN 延伸群集

延伸群集可以跨两个站点扩展 vSAN 数据存储，以将其用作延伸存储。如果一个站点上发生故障或进行计划的维护，延伸群集将继续工作。

在延伸群集中，有两个地方放置较多的 ESXi 主机组成延伸群集，而第三个位置则放置一台见证主机，见证主机可以是一台安装了 ESXi 的物理主机，也可以是运行在 VMware vSphere 中的一台 ESXi 的虚拟机（嵌套虚拟机）。

延伸群集跨两个地理位置的数据中心提供冗余和故障保护。延伸群集将 vSAN 群集从一个站点扩展到两个站点，从而提供更高级别的可用性和站点间负载平衡。含见证主机的 vSAN 延伸群集是指部署中构建了含两个主动/主动站点的 vSAN 群集，这两个站点上均匀分布着数量相同的 ESXi 主机，同时还有一个见证主机驻留在第三个站点中。两个数据站点之间通过高带宽/低延迟链路进行连接。托管 vSAN 见证主机的第三个站点会同时连接到这两个主动/主动数据站点。数据站点和见证站点之间可以通过低带宽/高延迟链路进行连接。

在延伸群集架构中，所有站点都配置为 vSAN 故障域。一个站点可以认为是一个故障域。最多支持三个站点（两个数据站点、一个见证站点）。

用于描述 vSAN 延伸群集配置的命名规则是 X+Y+Z，其中 X 表示数据站点 A 中 ESXi 主机的数量，Y 表示数据站点 B 中 ESXi 主机的数量，Z 表示站点 C 中见证主机的数量。数据站点是指部署了虚拟机的站点。

vSAN 延伸群集中的最小主机数量为 3。在此配置中，站点 1 包含一台 ESXi 主机，站点 2 包含一台 ESXi 主机，第三个站点（即见证站点）包含一台见证主机。此配置的 vSAN 命名规则为 1+1+1。

vSAN 延伸群集中的最大主机数量为 31。此时，站点 1 包含 15 台 ESXi 主机，站点 2 包含 15 台 ESXi 主机，第三个站点包含一台见证主机，因此，主机数量总共为 31 台。此配置的 vSAN 命名规则为 15+15+1。

【说明】当配置为最低配置时，可以实现所谓"两节点"群集，即两台 ESXi 主机加一个用于作为"见证"节点的虚拟机。

在 vSAN 延伸群集中，任何配置都只有一台见证主机。对于需要管理多个延伸群集的部署，每个群集必须具有自己唯一的见证主机。见证主机不在 vSAN 群集中。

对于在 vSAN 延伸群集中部署的虚拟机，它在站点 A 上有一个数据副本，在站点 B 上有第二个数据副本，见证组件则放置在站点 C 中的见证主机上。

如果整个站点发生故障，环境中仍会有一个完整的虚拟机数据副本以及超过 50%的组件可供使用。这使得虚拟机仍可在 vSAN 数据存储上使用。如果虚拟机需要在另一个数据站点中重新启动，vSphere HA 将处理这项任务。

使用 vSAN 延伸群集时，应注意下列准则。

（1）为延伸群集配置 DRS 设置。必须在群集上启用 DRS。将 DRS 置于半自动模式后，可以控制将哪些虚拟机迁移到各个站点。

（2）创建两个主机组，一个用于首选站点，另一个用于辅助站点。

（3）为延伸群集配置 HA 设置。在配置延伸群集时，必须在 vSAN 群集上启用 HA，并禁用 HA 数据存储检测信号。

（4）延伸群集需要磁盘格式 2.0 或更高版本。

（5）在 vSAN 延伸群集中，允许的故障数（FTT，Number Of Failures To Tolerate）的最大值为 1，而在标准 vSAN 中，允许的故障数最大值为 3。在 vSAN 延伸群集中，容错域的数量最多为 3 个。标准 vSAN 可以支持更多容错域。将延伸群集允许的故障数配置为 1。

为保证完全可用性，VMware 建议客户在整个 vSAN 延伸群集中使用的资源不超过 50%。如果整个站点发生故障，所有虚拟机都可以在正常站点上运行。

在规划 vSAN 时，有些客户希望在运行时利用接近 80%甚至是 100%的资源，因为他们不希望将一部分资源仅用于预防极少出现的整个站点故障这一情形。但客户要明白，在此情况下，他们的虚拟机并非都能在正常站点中重新启动。

初学者会问到的一个问题是，延伸群集与容错域有何区别。容错域（故障域）是随 vSAN 6.0 版本引入的一种 vSAN 功能。容错域支持的"机架感知能力"，即虚拟机组件可以分布在多个机架的多台主机上，如果某个机架发生故障，虚拟机仍可继续使用。但是，这些机架通常托管在同一个数据中心，如果整个数据中心发生故障，容错域将无助于保证虚拟机可用性。

延伸群集实质上是基于容错域构建的，只不过它现在可提供的"数据中心感知能力"。即使数据中心发生灾难性故障，vSAN 延伸群集也可保证虚拟机的可用性。这主要通过跨数据站点和见证主机智能放置虚拟机对象组件来实现。

在非延伸 vSAN 群集中，虚拟机的读取操作会分布到群集的所有数据副本中。如果策略设置是"允许的故障数"=1，则会生成两份数据副本，此时 50%的数据读取来自副本 1，50%的数据读取来自副本 2。同样地，如果非延伸 vSAN 群集中的策略设置是"允许的故障数"=2，则会生成三份数据副本，此时 1/3 的数据读取来自副本 1，1/3 的数据读取来自副本 2，1/3 的数据读取来自副本 3。

但在使用延伸 vSAN 群集时则希望避免这种情况，因为我们不希望通过站点间链路读取数据，这会增加不必要的 I/O 延迟。由于 vSAN 延伸群集最多支持 "允许的故障数"=1，因此将会生成两份数据副本（副本 1 和副本 2）。现在，我们不希望从站点 1 读取 50%数据并通过站点间链路从站点 2 读取 50%数据，而是只要有可能就尽量从本地站点读取 100%数据。

vSAN 中的分布式对象管理器（DOM）负责处理读取局部性（read locality）事宜。DOM 不仅负责在 vSAN 群集中创建虚拟机存储对象，而且负责向这些对象提供分布式数据访问路径。每个对象都有一个 DOM 所有者。DOM 中包含 3 个角色，分别是客户端、所有者和组件管理器。DOM 所有者会协调对象访问操作，包括读取、锁定以及对象配置和重新配置。此外，所有者还负责所有对象变更和写入。在 vSAN 延伸群集中，对象的 DOM 所有者的功能得到进一步增强，意味着它现在会考虑所有者运行时所在的"容错域"，并从位于该"容错域"的副本读取 100%数据。

此时，还有一个与读取局部性有关的问题需要引起注意。管理员应当避免跨数据站点对虚拟机执行不必要的 vMotion 操作。由于读取缓存块存储在一个（本地）站点中，如果虚拟机自由迁移到远程站点，迁移后站点上的缓存为冷缓存。此时，在该缓存预热前，性能达不到最佳水平。为避免这种情况，应在条件允许时使用软关联性规则，确保虚拟机位于同一个站点/容错域。

vSAN 延伸群集配置需要使用 vSAN 高级许可证。如果没有，则无法创建 vSAN 延伸群集配置。

vSAN 延伸群集的管理员可以受益于 vSphere DRS 提供的一些功能。这些功能仅在使用 vSphere Enterprise 或 Enterprise Plus 许可证时可用。虽然 vSphere DRS 并不是成功实施或管理 vSAN 延伸群集的必要前提，但它非常有用。

使用见证设备作为见证主机时，不会占用客户的 vSphere 许可证，因为见证设备中捆绑了自己的许可证。如果将物理 ESXi 主机用作见证主机，则需要进行相应的许可，因为如果客户愿意，这台主机仍可用于置备虚拟机。

在使用 vSAN 延伸群集规划 A、B、C 站点时，需要规划 vSAN 主机管理流量、VMotion 流量、vSAN 流量。一个基于 vSphere 6.0.x（vSAN 6.1、vSAN 6.2）的规划示意拓扑如图 8-3-23 所示。

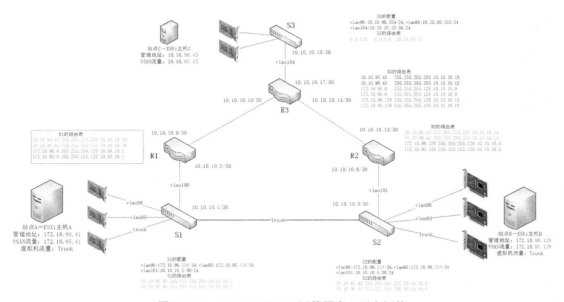

图 8-3-23　vSAN 6.1/6.2 双活数据中心示意拓扑

在图 8-3-23 的设计拓扑中，S1 与 S2 是站点 A、站点 B 中的两台交换机，站点 A、站点 B 采用一条"裸"光纤直连，站点 A、B 与见证站点 C 通过路由器（广域网、低速线路）互连。站点 A、B、C 的管理地址及 vSAN 流量、网关如下。

站点 A：

管理地址可用　172.18.96.1～172.18.96.125，子网掩码 255.255.255.0，网关地址 172.18.96.126（设置在 S1 交换机上）；

vSAN 流量地址可用　172.18.95.1～172.18.95.125，子网掩码 255.255.255.0，网关地址 172.18.95.126（设置在 S1 交换机上）。

站点 B：

管理地址可用　172.18.96.129～172.18.96.252，子网掩码 255.255.255.0，网关地址 172.18.96.253（设置在 S2 交换机上）；

vSAN 流量地址可用 172.18.95.129～172.18.95.252，子网掩码 255.255.255.0，网关地址 172.18.95.253（设置在 S2 交换机上）。

站点 C：

管理地址可用 10.10.96.1～10.10.96.253，子网掩码 255.255.255.0，网关地址 10.10.96.254（设置在 S3 交换机上）；

vSAN 流量地址可用　10.10.95.1～10.10.95.253，子网掩码　255.255.255.0，网关地址

10.10.95.254（设置在 S3 交换机上）。

　　在站点 A 的交换机 S1 上，添加如下的路由表：

ip route-static　　10.10.95.0　　255.255.255.0 ˙ 10.10.10.2

ip route-static　　10.10.96.0　　255.255.255.0　　10.10.10.2

　　在站点 A 的路由器 R1 上，添加如下的路由表：

ip route-static　　10.10.95.0　　　　255.255.255.0　　　　10.10.10.10

ip route-static　　10.10.96.0　　　　255.255.255.0　　　　10.10.10.10

ip route-static　　172.18.96.0　　　　255.255.255.128　　10.10.10.1

ip route-static　　172.18.95.0　　　　255.255.255.128　　10.10.10.1

　　在站点 B 的交换机 S1 上，添加如下的路由表：

ip route-static　　10.10.95.0　　255.255.255.0　　10.10.10.6

ip route-static　　10.10.96.0　　255.255.255.0　　10.10.10.6

　　在站点 B 的路由器 R1 上，添加如下的路由表：

ip route-static　　10.10.95.0　　　　255.255.255.0　　　　10.10.10.14

ip route-static　　10.10.96.0　　　　255.255.255.0　　　　10.10.10.14

ip route-static　　172.18.96.128　　255.255.255.128　　10.10.10.5

ip route-static　　172.18.95.128　　255.255.255.128　　10.10.10.5

　　在站点 C 的交换机 S3 上，添加如下的路由表：

ip route-static　　0.0.0.0　　　　0.0.0.0　　10.10.10.17

　　在站点 C 的路由器 R3 上，添加如下的路由表：

ip route-static　　10.10.95.0　　　　255.255.255.0　　　　10.10.10.18

ip route-static　　10.10.96.0　　　　255.255.255.0　　　　10.10.10.18

ip route-static　　172.18.95.0　　　　255.255.255.128　　10.10.10.9

ip route-static　　172.18.96.0　　　　255.255.255.128　　10.10.10.9

ip route-static　　172.18.95.128　255.255.255.128　　10.10.10.13

ip route-static　　172.18.96.128　255.255.255.128　　10.10.10.13

　　在配置好交换机与路由器的路由之后，分别在站点 A、站点 B 安装 ESXi，在站点 C 安装见证主机，之后配置 vSAN 延伸群集即可。至于 vCenter Server，可以放置在站点 A 或站点 B。

　　因为已经熟悉 vSphere 6 的安装，也学习了 vSAN 的配置，所以本节只介绍"vSAN 延伸群集"关键的配置。本节将图 8-3-23 的拓扑简化为图 8-3-24，其中站点 A 用一台 ESXi 主机代替，其 IP 地址为 172.18.96.41；站点 B 用另一台 ESXi 主机代替，其 IP 地址为 172.18.96.43；站点 C 的 ESXi 主机 IP 地址为 172.18.96.45，这台主机上配置 vCenter Server（其 IP 地址为 172.18.96.220），见证虚拟机为 172.18.96.38。

　　下面介绍主要内容与步骤。

　　（1）在图 8-3-24 所示的三台主机中，安装 VMware ESXi 6.5.0，并根据图示分别设置 IP 地址。

　　（2）在 172.18.96.45 主机安装 vCenter Server 及见证虚拟机。

　　（3）使用 vSphere Web Client 登录 vCenter Server，创建名为"VSAN01"的群集，将 172.18.96.41 与 172.18.96.42 加入到群集。将 172.18.96.45 加入数据中心，如图 8-3-25 所示。

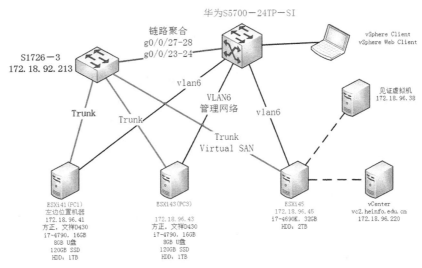

图 8-3-24 vSAN 延伸群集实验拓扑

图 8-3-25 将 3 台主机添加到 vCenter Server

（4）为 172.18.96.41、172.18.96.43 添加 vSAN 流量的 VMkernel，设置 IP 地址分别为 172.18.95.41、172.18.95.43，为见证节点设置 vSAN 流量的 VMkernel 地址为 172.18.91.138。vSAN 延伸群集 A、B 站点及见证节点的 IP 地址配置如表 8-3-2 所列。

表 8-3-2　图 8-3-24 实验环境中各主机管理地址及 vSAN 流量 VMkernel 地址设置

	管理网络/VMotion 网络	Virtual SAN 流量	VM 流量
ESXi41	172.18.96.41	172.18.95.41	Trunk
ESXi43	172.18.96.43	172.18.95.43	Trunk
见证节点	172.18.96.38	172.18.91.138	无
vCenter Server	172.18.96.220	无	无

（5）将见证虚拟机添加到数据中心（不要添加到群集），如图 8-3-26 所示。

（6）使用 Xshell 登录到每台 ESXi 主机，添加静态路由。对于 172.18.96.41，添加的静态路由如下：

esxcli　network ip　route ipv4 add –n 172.18.91.0/24 –g 172.18.95.253

该静态路由的命令为，站点 A 中的 ESXi 主机，vSAN 流量通过三层交换机的 IP 地址 172.18.95.253，访问见证虚拟机的 172.18.91.138 这个 VMkernel 流量。另一台主机 172.18.96.43 也需要添加同样的静态路由。在 172.18.96.41 上的操作如图 8-3-27 所示。

图 8-3-26　将见证虚拟机添加到数据中心

图 8-3-27　为 ESXi 主机添加静态路由

同样，见证虚拟机 172.18.96.38 访问 172.18.95.41、172.18.95.43 的 vSAN 流量时，需要通过 172.18.91.253（三层交换机的 IP 地址），其命令格式如下：

esxcli　network ip　route ipv4 add –n 172.18.95.0/24 –g 172.18.91.253

（7）在为 VMkernel 配置了启用 vSAN 流量之后，在"配置→Virtual SAN→常规"中单击"配置"按钮，如图 8-3-28 所示。

（8）在"Virtual SAN 功能"中选择"配置延伸群集"，如图 8-3-29 所示。

（9）在"配置故障域"的"首选"选择 172.18.96.41，在"辅助"选择 172.18.96.43，如图 8-3-30 所示。

图 8-3-28　配置

图 8-3-29　配置延伸群集

图 8-3-30　为站点 A、站点 B 选择节点主机

（10）在"选择见证主机"中选择 172.18.96.38，如图 8-3-31 所示。

（11）配置 vSAN 延伸群集完成，如图 8-3-32 所示。

图 8-3-31　选择见证主机　　　　图 8-3-32　配置 vSAN 延伸群集完成

【说明】关于本节内容"使用 vSAN 延伸群集组建双活数据中心"更加详细的内容，可参见 "http://edu.51cto.com/course/7798.html"，里面有详细的配置步骤。由于章节所限，本章不做过多的介绍。

8.3.3　使用 10 吉比特光纤直连的两节点 vSAN 延伸群集

两节点直连 vSAN 延伸群集，是延伸群集应用的一个"特例"。延伸群集主要用于构建"异地双活"数据中心。两节点直连 vSAN 延伸群集，主要用于同一机房，组建最小的"双机热备"或"双机、双活、双热备"系统。本节通过图 8-3-33 的拓扑进行介绍。

在图 8-3-33 的拓扑中，2 台高配置的服务器（172.18.96.43、172.18.96.44）配置一块单口或双口 10 吉比特网卡，10 吉比特网卡使用 10 吉比特直连光纤直接连接，如图 8-3-34 所示。

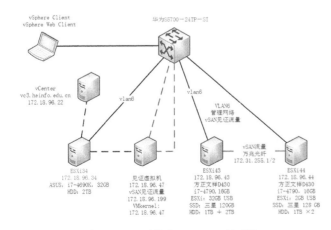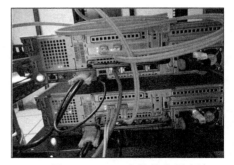

图 8-3-33　两节点 vSAN 延伸群集　　　　图 8-3-34　10 吉比特光纤直连

10 吉比特光纤直连的网卡用于承担 vSAN 数据流量。而 vSAN 的管理流量则使用吉比特网络（管理地址），这是 vSphere 6.5.0（vSAN 6.5）版本开始支持的"见证流量分离功能"（将 vSAN 流量分成 vSAN 数据流量、vSAN 见证流量）。

　　在实际的应用中，两节点 vSAN 主机配置较高，配置较多的磁盘，存放数据，而见证节点配置较低，可以保存 vCenter Server 及见证虚拟机。如表 8-3-3 所列是某单位两节点 vSAN 延伸群集的配置。

表 8-3-3　　　　　　　　　　　某单位两节点 vSAN 延伸群集主机配置

项　　目	描　　述	数量	单位
数据服务器 （两节点 ESXi 主机）	IBM X3650 M5，2 个 Intel E5-2637 V4（4 核，3.5GHz），128GB 内存，1 个 240GB SSD（安装系统），2 个 S3710 480GB 2.5 英寸（约 5.1 厘米）SSD；12 个 10K 900GB 2.5 英寸（约 5.1 厘米）SAS 磁盘；M5210 控制器，8-16 口硬盘背板，双电源系统	2	台
10 吉比特接口卡	Intel x520 Dual Port 10GbE SFP+ Adapter for IBM System x	2	块
直连光纤	两台热备服务器直连使用，包含 10 吉比特 SFP+模块及跳线等	2	套
管理服务器 （vCenter 及见证虚拟机）	IBM X3650 M5，1 个 Intel E5-2630 V4（10C，2.2Ghz），64GB 内存，1 个 480GB SSD，M5210 控制器，双电源系统	1	台

　　在表 8-3-3 的配置中，每台主机配置 2 个磁盘组，每个磁盘组配置 1 个 480GB 的固态硬盘、6 个 900GB 的 SAS 磁盘。系统安装在 240GB 的普通固态硬盘上。这个两节点 vSAN 延伸群集的存储容量大约是 18TB（实际使用容量大约 9TB，相当于 RAID-10）。

　　两节点 vSAN 延伸群集，与 vSAN 延伸群集配置类似，只是将 vSAN 见证流量分离。下面介绍主要步骤。

　　（1）在每台主机安装 VMware ESXi 6.5，安装配置 vCenter Server，使用 vSphere Web Client 登录 vCenter Server，创建数据中心、创建群集，将节点主机添加到群集，将见证主机添加到数据中心（群集之外），如图 8-3-35 所示。

图 8-3-35　添加节点主机及见证主机

　　（2）对于图 8-3-35 中的三台主机，每台主机有两个 VMkernel，对于 172.18.96.43 与 172.18.96.44 主机来说，默认情况下，vmk0 为管理网络，将 vmk1 设置为"vSAN 流量"。

　　使用 ssh 登录 ESXi 主机，将 vmk0 的 VMkernel，设置为支持 vSAN 见证流量。方法有两种。

　　第一种方法是在 vSphere Web Client 的管理界面中，也为 vmk0 配置为支持"vSAN 流量"，然后使用

```
esxcli vsan network ip set -i vmk0 -T=witness
```

命令将 vmk0 的 vSAN 流量设置为"见证流量"。

　　第二种方法是在 vSphere Web Client 中，不需要将 vmk0 配置为"vSAN 流量"，而是直接使用以下命令（添加）设置：

```
esxcli vsan network ip set -i vmk0 -T=witness
```

　　无论是哪一种方法，在设置完成之后都可以使用 esxcli vsan network list 命令验证新网络配置。

例如，对于 172.18.96.44 主机，执行 esxcli vsan network list 命令，如图 8-3-36 所示。

之后执行 esxcli vsan network ip set -i vmk0 -T=witness 将 vmk0 配置为见证流量，并执行 esxclii vsan network list 进行验证，如图 8-3-37 所示。

<table>
<tr>
<td></td>
<td></td>
</tr>
<tr>
<td>图 8-3-36　查看网络配置</td>
<td>图 8-3-37　设置见证流量并验证</td>
</tr>
</table>

另外可以使用 esxcli network ip interface list 命令确定用于管理流量的 VMkernel 网络适配器。

同样对于 172.18.96.43 与 172.18.96.47，也需要将 vmk0 设置为 vSAN 见证流量。

（3）在设置之后，在"配置→故障域和延伸群集"中单击"配置"按钮，如图 8-3-38 所示。

（4）启用延伸群集，并在"配置故障域"中将 172.18.96.43 添加为"首选"故障域，将 172.18.96.44 添加为"辅助"故障域，如图 8-3-39 所示。

图 8-3-38　配置延伸群集	图 8-3-39　配置故障域

（5）在"选择见证主机"中选择 172.18.96.47，如图 8-3-40 所示。

（6）在"声明见证主机的磁盘"中选择缓存磁盘与容量磁盘，如图 8-3-41 所示。

（7）在"即将完成"对话框中显示了 vSAN 延伸群集的配置，检查无误之后单击"确定"按钮，如图 8-3-42 所示。

（8）vSAN 延伸群集配置完成之后如图 8-3-43 所示。

（9）在"配置→Virtual SAN→磁盘管理"中可以看到磁盘状态，如图 8-3-44 所示。

图 8-3-40　选择见证主机

图 8-3-41　声明见证主机的磁盘

图 8-3-42　配置延伸群集完成

图 8-3-43　vSAN 延伸群集配置完成

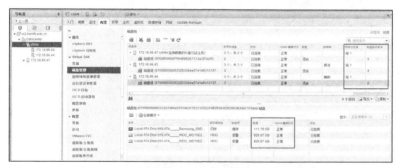

图 8-3-44　磁盘管理

　　本节简要介绍了两节点 vSAN 延伸群集的配置，关于本节内容的更详细步骤，可参看"使用 10 吉比特光纤直连的两节点 vSAN 延伸群集"的视频内容，地址链接为"http://edu.51cto.com/course/10437.html"。

欢迎来到异步社区！

异步社区的来历

异步社区（www.epubit.com.cn）是人民邮电出版社旗下 IT 专业图书旗舰社区，于 2015 年 8 月上线运营。

异步社区依托于人民邮电出版社 20 余年的 IT 专业优质出版资源和编辑策划团队，打造传统出版与电子出版和自出版结合、纸质书与电子书结合、传统印刷与 POD（按需印刷）结合的出版平台，提供最新技术资讯，为作者和读者打造交流互动的平台。

社区里都有什么？

购买图书

我们出版的图书涵盖主流 IT 技术，在编程语言、Web 技术、数据科学等领域有众多经典畅销图书。社区现已上线图书 1000 余种，电子书 400 多种，部分新书实现纸书、电子书同步出版。我们还会定期发布新书书讯。

下载资源

社区内提供随书附赠的资源，如书中的案例或程序源代码。

另外，社区还提供了大量的免费电子书，只要注册成为社区用户就可以免费下载。

与作译者互动

很多图书的作译者已经入驻社区，您可以关注他们，咨询技术问题；可以阅读不断更新的技术文章，听作译者和编辑畅聊好书背后有趣的故事；还可以参与社区的作者访谈栏目，向您关注的作者提出采访题目。

灵活优惠的购书

您可以方便地下单购买纸质图书或电子图书，纸质图书直接从人民邮电出版社书库发货，电子书提供多种阅读格式。

对于重磅新书，社区提供预售和新书首发服务，用户可以第一时间买到心仪的新书。

用户账户中的积分可以用于购书优惠。100 积分 =1 元，购买图书时，在 里填入可使用的积分数值，即可扣减相应金额。

纸电图书组合购买

社区独家提供纸质图书和电子书组合购买方式，价格优惠，一次购买，多种阅读选择。

社区里还可以做什么？

提交勘误

您可以在图书页面下方提交勘误，每条勘误被确认后可以获得 100 积分。热心勘误的读者还有机会参与书稿的审校和翻译工作。

写作

社区提供基于 Markdown 的写作环境，喜欢写作的您可以在此一试身手，在社区里分享您的技术心得和读书体会，更可以体验自出版的乐趣，轻松实现出版的梦想。

如果成为社区认证作译者，还可以享受异步社区提供的作者专享特色服务。

会议活动早知道

您可以掌握 IT 圈的技术会议资讯，更有机会免费获赠大会门票。

加入异步

扫描任意二维码都能找到我们：

| 异步社区 | 微信服务号 | 微信订阅号 | 官方微博 | QQ 群：436746675 |

社区网址：www.epubit.com.cn

投稿 & 咨询：contact@epubit.com.cn